国际焊接工程师培训教程

第一册　焊接工艺及设备

机械工业哈尔滨焊接技术培训中心（WTI）　编

钱　强　主编

中国科学技术出版社

·北　京·

图书在版编目（CIP）数据

国际焊接工程师培训教程 . 第一册，焊接工艺及设备 / 机械
工业哈尔滨焊接技术培训中心（WTI）编；钱强主编 . -- 北京：
中国科学技术出版社，2023.3
ISBN 978-7-5046-9886-5

I.①国⋯ Ⅱ.①机⋯ ②钱⋯ Ⅲ.①焊接 – 技术培训 – 教材

Ⅳ.① TG4

中国版本图书馆 CIP 数据核字（2022）第 221407 号

策划编辑	王晓义
责任编辑	李新培　付晓鑫　徐君慧
封面设计	郑子玥
责任校对	张晓莉　邓雪梅　焦　宁　吕传新
责任印制	徐　飞

出　　版	中国科学技术出版社
发　　行	中国科学技术出版社有限公司发行部
地　　址	北京市海淀区中关村南大街16号
邮　　编	100081
发行电话	010-62173865
传　　真	010-62173081
网　　址	http://www.cspbooks.com.cn

开　　本	889mm×1194mm　1/16
字　　数	3220千字
印　　张	126.5
版　　次	2023年3月第1版
印　　次	2023年3月第1次印刷
印　　刷	北京荣泰印刷有限公司
书　　号	ISBN 978-7-5046-9886-5 / TG·25
定　　价	298.00元（全四册）

《国际焊接工程师培训教程》
编委会

主　编　钱　强

副主编　徐林刚　常凤华　陈　宇

主　审　解应龙

副主审　李慕勤　闫久春　方洪渊　朴东光

本册编委会

主　编　钱　强

副主编　张　岩

主　审　李慕勤

编审人员（按姓氏笔画排序）

王厚勤　冯剑鑫　吕同辉　朱　艳　刘　频

闫久春　许志武　杜文玉　李　淳　李俐群

李海超　杨文杰　何珊珊　张　岩　陈　君

邵　辉　郑光海　俞韶华　贺文雄　钱　强

徐林刚　高　欣　高洪明　黄永宪　常凤华

葛振超　董　捷　蔡笑宇

注：编审人员详细情况见《第四册　焊接生产及应用》中"《国际焊接工程师培训教程》全四册编审人员"一览表。

序

随着全球经济一体化的不断发展，通过消除各国之间包括人员资质在内的技术壁垒，可以大大促进我国制造业的国际合作。焊接是机械工程行业在全球最早实现资质统一的专业，国际焊接学会（IIW）于1998年建立了国际统一的焊接人员培训与资格认证体系，截至目前，已实现国际焊接工程师（IWE）、国际焊接技师（IWS）等7类焊接人员全球范围内的培训、考试及资格认证的统一。

我国于2000年获得IIW的授权，在全国范围内推广和实施国际焊接培训及资格认证体系。成立于1984年的机械工业哈尔滨焊接技术培训中心，在中德政府开展合作项目期间成功引入德国及欧洲焊接人员培训与资格认证体系，为我国获得国际授权奠定了坚实基础。作为首家授权培训机构，获得授权20年来，机械工业哈尔滨焊接技术培训中心共举办各类国际资质人员培训班600多期，培训认证IWE等7类国际资质人员25000多人，除西藏自治区，全国各省（自治区、直辖市）均有人员参加学习。据国际焊接学会国际授权委员会（IIW-IAB）统计，我国国际资质人员培训认证累计人数居全球第二，其中IWE累计认证人数居全球第一。

我国推广国际化的焊接培训与资格认证体系，可以提高焊接专业人员的水平，培养一批了解、熟悉并掌握国际焊接标准和最新技术的人才，促进我国高校及职业院校焊接人才培养与国际接轨，为我国焊接企业开展国际企业认证提供人才保证，助力我国制造业高质量发展。

《国际焊接工程师培训教程》作为IWE培训使用的内部培训教程，经过20余年的编写与修订，很好地满足了IWE培训的需要。该培训教程此次正式出版，必将促进国际焊接培训认证体系在我国的推广。借此机会感谢积极支持和推广国际化焊接培训与资格认证体系的各界人士！感谢参与此书编审工作的全体人员！

中国机械工程学会　监事长

IIW授权（中国）焊接培训与资格认证委员会（CANB）　执委会主席

2021年12月

前　　言

国际焊接学会（IIW）于1998年建立了国际统一的焊接人员培训与资格认证体系，截至目前，已实现国际焊接工程师（IWE）、国际焊接技术员（IWT）等七类焊接人员全球范围内的培训、考试及资格认证的统一。其中，IWE是ISO 14731标准中所规定的最高层次的焊接技术和质量监督人员，是焊接相关企业获得国际质量认证的关键要素之一，他们可以负责焊接结构设计、工艺制定、生产管理、质量保证、研究和开发等方面的技术工作，在企业中起着极其重要的作用。

我国于2000年得到IIW的授权，开始在全国推广和实施国际焊接培训认证体系。为满足IWE、IWT等培训及认证的需求，编委会组织编写了国际焊接资质人员系列培训教程。这套《国际焊接工程师培训教程》是根据IIW最新培训规程IAB-252R5-19要求编写的，共四册，总计300余万字。本教程系统地讲授了焊接相关基础理论，介绍了与焊接技术及生产相关的国际标准（ISO）、欧洲标准（EN）、美国标准（ASME）、德国标准（DIN）和中国标准（GB）及相关规程，且标准介绍与理论和生产实际相互融合；密切结合生产实际，突出实用性；汇集了国际先进的焊接技术、科研成果及焊接生产实践经验。

本套IWE培训教程由机械工业哈尔滨焊接技术培训中心（WTI）组织编写，除WTI的专家和教师，还邀请了参与在校生IWE联合培养的哈尔滨工业大学等高校的教授和来自制造业各领域的焊接工程专家参与编审工作。在此向参与编审工作的所有人员表示衷心的感谢！

编者在教程编写中援引了大量参考文献，包括我们的长期合作伙伴德国焊接培训与研究所（GSI SLV）的相关培训资料，这里向文献的所有原作者表示衷心的感谢！

本培训教程除用于IWE的培训使用，还可作为IWT培训教材使用，也可作为从事焊接工作的各类人员的参考书籍。

书中不当之处在所难免，欢迎学员和读者指正并提出宝贵意见。

编　者

2021年12月

目 录
CONTENTS

第 1 章　焊接技术概述　　/ 001

　1.1　制造技术与焊接　　/ 001

　1.2　焊接技术（ISO 17659、ISO 4063、ISO 6947）　　/ 002

　1.3　典型焊接方法简介　　/ 008

　1.4　焊接方法的选择原则　　/ 012

　1.5　焊接技术在我国工程领域的应用　　/ 014

第 2 章　气焊及相关技术　　/ 020

　2.1　火焰技术概述　　/ 020

　2.2　燃气和氧气　　/ 021

　2.3　氧 – 乙炔火焰　　/ 023

　2.4　气焊的原理及应用　　/ 024

　2.5　气焊的设备及材料　　/ 025

　2.6　气焊焊材及其标准（EN 12536）　　/ 027

　2.7　气焊的操作工艺　　/ 028

　2.8　其他火焰技术　　/ 030

第 3 章　电工基础　　/ 033

　3.1　电工学基础　　/ 033

　3.2　电源及其种类　　/ 037

　3.3　电磁学基础　　/ 038

　3.4　整流电路　　/ 041

　3.5　焊接设备常用的电气元件及其工作原理　　/ 043

　3.6　电气安全（危险性、健康与安全）　　/ 046

第 4 章　电弧　　/ 049

　4.1　电弧　　/ 049

　4.2　电弧中的带电粒子　　/ 049

4.3 电弧静特性 / 052

4.4 电弧力及其影响因素 / 055

4.5 磁偏吹 / 059

第 5 章 弧焊电源 / 064

5.1 概述 / 064

5.2 弧焊电源各部分要求（IEC 60974） / 065

5.3 弧焊电源的选择 / 075

5.4 弧焊电源的发展方向（数字化弧焊电源） / 076

第 6 章 焊条电弧焊 / 080

6.1 焊条电弧焊工作原理、特点及应用 / 080

6.2 电源种类与极性 / 081

6.3 焊接设备 / 082

6.4 焊条（ISO 2560） / 084

6.5 焊接工艺参数 / 088

6.6 典型的焊接缺欠及防止措施 / 091

6.7 焊条电弧焊的典型应用实例 / 092

6.8 焊条电弧焊的特殊方法 / 094

6.9 健康与安全 / 095

第 7 章 气体保护焊简介 / 099

7.1 气体保护焊分类 / 099

7.2 常用气体保护焊工艺简介 / 100

7.3 保护气体特性及选择要求（ISO 14175） / 103

7.4 保护气体的制造、供给、储存 / 106

7.5 保护气体需求量的计算 / 107

第 8 章 钨极惰性气体保护焊 / 110

8.1 TIG 焊原理、特点和应用 / 110

8.2 TIG 焊设备及组成（ISO 6848） / 112

8.3 TIG 焊电流与极性 / 118

8.4 TIG 焊焊接工艺（ISO 636） / 123

8.5 TIG 焊特别焊接技术 / 132

8.6 极惰性气体保护焊的健康与安全 / 139

第9章　熔化极气体保护焊　　/ 141

9.1 熔化极气体保护焊原理、特点及应用　　/ 141

9.2 熔化极气体保护焊焊接设备组成　　/ 142

9.3 熔化极气体保护焊熔滴过渡　　/ 145

9.4 熔化极气体保护焊焊接材料（ISO 14341）　　/ 149

9.5 MIG/MAG 焊接工艺　　/ 152

9.6 MIG/MAG 焊常见的焊接缺欠及防止措施　　/ 158

9.7 熔化极气体保护焊特殊技术　　/ 160

第10章　药芯焊丝电弧焊　　/ 168

10.1 药芯焊丝电弧焊原理、分类、特点及设备　　/ 168

10.2 药芯焊丝电弧焊熔滴过渡　　/ 171

10.3 焊接材料（ISO 17632）　　/ 172

10.4 工艺参数　　/ 176

10.5 典型焊接缺欠及防止措施　　/ 177

10.6 药芯焊丝电弧焊典型应用　　/ 178

第11章　埋弧焊　　/ 181

11.1 埋弧焊相关基础　　/ 181

11.2 埋弧焊工艺　　/ 185

11.3 电弧焊缺欠　　/ 191

11.4 埋弧焊焊接材料及其标准（ISO 14171、ISO 14174）　　/ 193

11.5 埋弧焊的几种形式　　/ 199

11.6 埋弧焊的典型应用　　/ 202

11.7 健康与安全　　/ 204

第12章　电阻焊　　/ 206

12.1 电阻焊原理、特点及分类　　/ 206

12.2 点焊（21，RP）　　/ 207

12.3 凸焊（23，RB）　　/ 224

12.4 缝焊（22，RR）　　/ 227

12.5 闪光对焊　　/ 229

12.6 电阻对焊（25，RPS）　　/ 231

12.7 电阻焊接头质量　　/ 232

12.8 电阻焊安全与防护　　/ 238

12.9 电阻焊相关标准　　/ 239

第13章　激光焊、电子束焊和等离子弧焊　/243

13.1　激光焊　/243

13.2　电子束焊　/263

13.3　等离子弧焊　/274

13.4　激光、电子束、等离子弧焊接工艺对比　/286

第14章　其他焊接工艺　/290

14.1　电渣焊　/290

14.2　摩擦焊　/307

14.3　扩散焊　/314

14.4　高频焊　/318

14.5　旋弧焊　/322

14.6　超声波焊　/325

14.7　螺柱焊　/330

14.8　爆炸焊　/334

14.9　铝热焊　/338

14.10　冷压焊　/339

14.11　电磁脉冲焊　/341

14.12　搅拌摩擦焊　/344

第15章　切割与坡口加工工艺　/366

15.1　切割及坡口加工方法（ISO 9692）　/366

15.2　火焰切割原理、设备与辅件　/367

15.3　火焰切割工艺　/370

15.4　等离子弧切割　/373

15.5　激光切割　/376

15.6　热切割质量等级标准　/378

15.7　其他切割工艺　/382

第16章　表面工程技术　/387

16.1　表面工程技术　/387

16.2　热喷涂技术介绍（ISO 14924、ISO 14922）　/389

16.3　堆焊技术　/404

第17章　焊接机械化与机器人　/412

17.1　焊接机械化与自动化概述　/412

17.2 焊接机器人 / 416

17.3 焊接过程传感技术 / 424

17.4 全位置焊 / 430

17.5 窄间隙焊 / 433

17.6 焊接机器人及自动化的其他应用 / 435

17.7 实例：大型刮板输送机中部槽数字化 / 自动化焊接 / 437

17.8 机器人焊接的推广应用 / 440

17.9 增材制造技术 / 441

第 18 章 钎焊 / 448

18.1 钎焊工艺 / 448

18.2 钎焊材料（ISO 3677） / 456

18.3 钎焊方法选择及产品钎焊实例 / 464

18.4 钎焊的健康与安全 / 470

第 19 章 塑料连接工艺 / 474

19.1 塑料 / 474

19.2 热塑性塑料的焊接原理和焊接方法的分类 / 475

19.3 热塑性塑料的种类 / 476

19.4 塑料焊接设备和焊接工艺 / 477

19.5 塑料焊工的培训与考试 / 482

19.6 健康与安全 / 484

第 20 章 陶瓷及复合材料连接工艺 / 486

20.1 陶瓷材料的定义 / 486

20.2 陶瓷材料连接 / 488

20.3 陶瓷基复合材料的定义 / 490

20.4 陶瓷基复合材料的连接 / 493

20.5 陶瓷基复合材料的焊接方法 / 494

20.6 陶瓷连接所涉及的标准 / 496

第 21 章 焊接工艺实验 / 498

21.1 焊条电弧焊实验 / 498

21.2 TIG 焊实验 / 503

21.3 熔化极气体保护焊实验 / 509

21.4 埋弧焊实验 / 514

21.5 气焊与热切割实验 / 517

焊接技术概述

编写：钱强　审校：常凤华

焊接技术是现代制造业不可缺少的关键技术，本章为焊接技术概述性介绍。在介绍焊接技术的概念、特点及分类的基础上，还介绍了典型焊接方法、焊接基本术语及图示（ISO 17659）、焊接方法的数字标记（ISO 4063）、焊接位置（ISO 6947）、焊接方法选择的影响因素及如何正确选择、焊接技术在一些大型典型工程中的应用等内容。

1.1 制造技术与焊接

1.1.1 制造技术与构件的连接

制造技术是人类用于创造财富的基本手段，是生产力的核心内容，同时也是国富民强的技术基础。制造技术有很多种，简单地可以归纳成 3 种基本功能，分别是成形、改性和连接。

因为任何机器都是由零部件构成的，而零部件都是需要按照设计的要求加工而成，既要加工成所要求的形状，同时也要保证它的尺寸精度，这就是成形。比如我们比较熟悉的机械加工，属于冷加工成形，车、铣、刨、磨、钻，实际上都是成形工艺。再如我们所熟悉的铸造、锻压、焊接也是成形工艺，属于热加工成形。

改性就是用各种方法改进加工零件的性能和延长加工零件的寿命。我们比较常见的像热处理，一个轴承如果没有经过热处理，可能只可以运行几百个小时，经过热处理以后它就可以延长到几千个小时；像化学处理和电镀防锈，还有我们现在非常重视的表面工程等，这些都属于改性。

连接有很多种方法，如焊接、机械连接（螺钉连接、铆接）、粘接等，在所有连接方法中焊接是应用最广的一种，也是最重要的金属材料的连接方法。它是采用外加能量的方法来促使分离的材料永久地连接在一起，有时候也把焊接叫作熔接。生产加工的一个重要任务是金属构件的连接，而金属构件的连接一般可分为通过螺钉、销钉、热压配合的可拆连接和通过焊接、钎焊、铆接、粘接的不可拆连接。

也有人从材料加工的角度，将焊接作为连接技术之一，比如德国标准 DIN 8580 将材料加工工艺分为原始成形、成形、切割、连接、覆合层和材料改性技术方法，如图 1.1 所示。

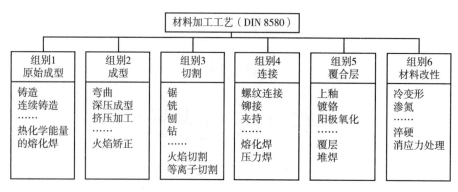

图 1.1　材料加工工艺（DIN 8580）

1.1.2　一种重要的连接技术——焊接

现在世界上从外层空间到深海水下，从十几万吨大油轮到集成电路中的只有头发丝直径几十分之一的集成电路片的引线，这些都需要焊接技术。可以这样讲，焊接技术已成为现代制造业中不可缺少的连接技术，甚至成为某些制造领域的关键技术，之所以这样是由于以下原因。

（1）焊接技术用于材料连接优点突出：具有高性能（可达到与母材等强度、等塑性、等韧性、优良动载性能）、高可靠性（永久连接）、高适应性（在各种环境下能焊接各种复杂构件）、高效率（适应工业大批量生产）等特点。

（2）焊接技术应用面广：用于机械制造、石油化工、造船、车辆制造、航空航天、冶金、家用电器、仪器仪表、军工武器装备、通信、IT 业等领域。

（3）焊接技术使用量大：行业上通常认为，钢材产量的 50%~60% 需要通过焊接实现其钢材的应用，我国 2009 年钢材产量为 5.7 亿吨（全球为 11 亿~12 亿吨），2019 年钢材产量为 12.05 亿吨，焊接用钢量相对庞大。根据国内焊接材料行业市场供需情况分析，焊材用量 2016 年为 450.16 万吨。

1.2　焊接技术（ISO 17659、ISO 4063、ISO 6947）

1.2.1　焊接的基本概念

焊接是将相同材料或不同材料的两个或多个部件连接到一起，并希望焊接接头的性能达到或超过被焊材料即母材的性能。焊接的基本原理就是采用施加外部能量的办法，促使分离材料的原子接近，形成原子键的结合，同时又能除掉一切阻碍原子键结合的表面膜和吸附层，以形成一个优质的焊接接头。焊接技术常常采用施加外部能量的方法，可以概括为一是加热，把材料加热到熔化状态，或者把材料加热到塑性状态；二是加压，使这个材料产生塑性流动。

要想实现焊接需要外加能量，目前热能是施加外部能量的主要形式之一。我们把为焊接过程提供的热源称为焊接热源。焊接热源的发明和发展往往会诞生新的焊接方法以及技术变革和进步。19世纪末，电弧的发明使得焊接技术进入了熔化焊的时代，而 20 世纪 90 年代随着对摩擦热源的深入研究，发明了搅拌摩擦焊方法，为焊接技术进入一个新的发展时期起到了重要的作用。目前作为焊接热源的能量源有电弧热、电阻热、电子束、激光束、化学反应热、高频热源和摩擦热等。对焊接热源的要求越来越追求能量密度高度集中，快速完成焊接过程得到高质量的焊缝和热影响区。常规焊接方法有气焊、焊条电弧焊、熔化极惰性气体保护焊、熔化极活性气体保护焊、钨极惰性气体保护焊等方法，各种方法均有各自特点。

1.2.2　焊接、钎焊与粘接

焊接、钎焊与粘接是连接材料的 3 种主要方法，其各自特点如下。

（1）焊接是一种不可拆的连接方法，它是工件在加热或加压作用下，或者在加热与加压共同作用下实现材料连接的方法。在连接区，材料一般被熔化和（或）产生塑性变形，焊接可分为（根据 DIN 1910-1）熔化焊接（采用加热方法时）和压力焊接（采用加压或加压与加热共同作用时）。

（2）钎焊是一种不可拆的热连接方法，它是采用熔化的钎料，而该处母材不被熔化或产生塑性变形的情况下实现材料连接的方法。在连接区，母材被熔化了的钎料所浸润，连接是通过母材与钎料之间的扩散过程实现的。

（3）粘接是在采用中间层（黏合剂）情况下实现材料的一种不可拆连接。在连接区，母材被黏合剂湿润，连接是通过表面粘附（附着力）实现的。

1.2.3　焊接技术的发展

有人将焊接技术的发展分为古代焊接技术、近代焊接技术和现代焊接技术 3 个不同的阶段。古代焊接技术主要的代表有：公元前 4000 年，美索不达米亚人用铅或锡连接铜；公元前 350 年，罗马人用铅连接铜制水管；我国在春秋中晚期用锡或锡 - 铅合金作为钎料；1000 年前的唐代使用锻焊技术等。真正意义上的焊接标志是近代焊接技术，在 19 世纪西方国家出现具有代表性的一些典型代表，如俄罗斯人 1802 年发现电弧现象，在 1885 年发明碳弧焊；1867 年，电阻焊的发明；1908 年，瑞典的 Kiellberg 开始使用药皮电焊条；1930 年，苏联的 Robinoff 发明了埋弧焊并取得专利；1936年，在美国出现熔化极惰性气体保护焊（MIG）技术；1948 年，德国的 Steigerwald 发明了电子束焊；1953 年，相继在苏联、日本等国的企业使用 CO_2 气体保护焊；1960 年，美国的 Maiman 发明激光焊等。

传统意义上的焊接，是指采用物理方法或化学方法使分离的材料产生的原子或分子间结合，形成具有一定性能要求的整体。而当今的现代焊接技术，不大容易用简单的文字概括，但现代焊接技术凸显以下几个特点。

（1）方法多样。各种焊接工艺技术近百种，采用了力、热、电、光、声和化学等一切可以利用的相关技术。

（2）应用广泛。焊接技术的应用涉及能源、交通、航空航天、建筑工程、电气工程、微电子等几乎所有工业领域。

（3）发展迅猛。随着冶金和材料科学的发展得到广泛应用，材料连接的理论及焊接制造技术也得到了空前的迅猛发展，以及由于焊接技术与互联网络＋及人工智能技术的不断融合发展，它已成为当前制造业不可缺少的基本保障。

（4）挑战不断。随着新材料不断诞生和传统材料扩大应用，对材料的连接提出更为苛刻的要求。比如异种材料的连接、生物材料的连接、微电子及微机械的连接、特殊环境条件下的焊接等面临严峻的挑战。

1.2.4　焊接方法的分类

焊接方法的分类方式很多，可以根据能量载体形式、母材种类、焊接目的、焊接过程、生产形式等不同进行分类。德国标准 DIN 1910 第 1 部分中，依据不同方面给出了焊接方法的分类，详见表1.1。

表 1.1　焊接方法的分类

根据能量载体形式分类	根据母材种类分类	根据焊接目的分类	根据焊接过程分类	根据生产形式分类
气体（火焰） 电流 气体放电 能量束 运动 液体	金属 塑料 复合材料	连接（焊接） 堆焊	熔化焊 压力焊	手工焊 半机械化焊 全机械化焊 自动焊

原国际标准 ISO 857 中对焊接方法进行了命名，分别为熔化焊和压力焊，并以图示的方式介绍了各种焊接及相关工艺方法。近期，国际标准化委员会以技术报告的形式（ISO/TR 25901-3）更加详尽地介绍了相关内容。依据此标准的焊接方法进行分类，焊接过程通常伴随出现"熔化和压力"两大特性，故将焊接方法分类为熔化焊和压力焊（不含钎焊），如图 1.2 所示。

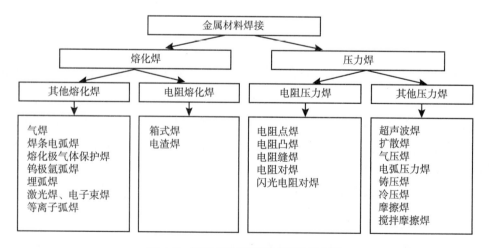

图 1.2　焊接方法按焊接过程进行分类

1.2.5　焊接基本术语介绍

1.2.5.1　焊接基本术语举例

（1）熔化焊：使局部区域熔化，在无压力的作用下，带或不带填充材料的焊接。

（2）压力焊：在力的作用下，带或不带填充材料，实施局部性加热（至熔化状态）的焊接。

（3）连接焊：两个或更多的工件通过焊接而形成永久性的连接。

（4）堆焊：为增大或恢复焊件尺寸，或使焊件表面获得具有特殊性能的熔敷金属而进行的焊接。

（5）单道焊：只熔敷一条焊道完成整条焊缝或者一个焊层中只熔敷一条焊道的焊接。

（6）多道焊：熔敷多条焊道完成整条焊缝或者一个焊层中熔敷多条焊道进行的焊接。

（7）单面焊：仅在焊件的一面施焊以完成整条焊缝而进行的焊接。

（8）双面焊：在焊件的两面施焊以完成整条焊缝而进行的焊接。

（9）焊接操作：通过焊接完成工件连接的过程。

（10）焊接条件：焊接时周围的条件，包括环境因素（例如天气）；应力和环境因素（例如噪声、热度和拘束状态）；工件因素（例如母材材质、坡口形状和工作位置）。

（11）焊接工艺参数：焊接时为保证焊接质量而需要的数据。

（12）熔化速度：填充材料熔化的速度，指填充材料在单位时间内熔化的重量。

（13）焊接速度：单位时间内完成焊缝的长度。

（14）焊接时间：完成焊接接头所需要的时间（不包括准备和完成操作），包括焊接生产时间和辅助时间。

（15）熔敷效率：熔敷金属的重量与熔化的焊芯或焊丝重量之比，常用百分数表示。

（16）焊接材料：焊接时被熔化用尽，并有利于焊缝形成的材料。例如填充金属、气体、焊剂。

其他术语参见 GB/T 3375—1994 和 ISO/TR 25901-1：2016《焊接及相关工艺　词汇　第 1 部分：通用术语》。

1.2.5.2　焊接术语及图示（ISO 17659）

国际标准 ISO 17659《焊接　焊接接头多语种术语并附图解》分别用英、法、德 3 种文字对较常用的接头形式、接头坡口准备以及焊缝相关术语做出规定，并配以图示说明。现以熔化平板对接部分焊接接头制备的基本术语为例，如图 1.3 至图 1.5 所示（图中字母和数字代表内容见表 1.2），其他请参考标准原文。

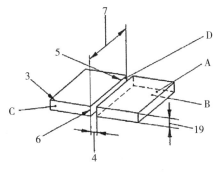

图 1.3　I 型对接接头

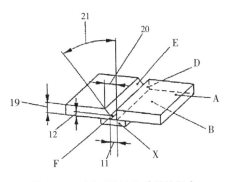

图 1.4　V 型对接接头（带垫板）

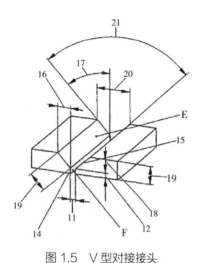

图 1.5 V 型对接接头

表 1.2 对接接头制备的基本术语

A	B	C	D	E	F	X	1	3	4	5	6
板材表面	板材背面	板材边缘	坡口面	坡口加工面	钝边	背面熔池保护	板厚	工件边缘	根部间隙	坡口边缘	熔化面边缘

7	9	11	12	14	15	16	17	18	19	20	21
焊缝长度	焊缝厚度	根部间隙	钝边高度	钝边棱边	坡口面棱边	坡口面宽度	单面坡口角度	坡口面高度	坡口面宽度	坡口宽度	坡口角度

1.2.6 焊接方法的符号及数字表示

国际标准 ISO 4063 是关于焊接和相关方法名称和图示中的数字符号，其构成方式如下。

构成：Process ISO 4063 – Ⓐ Ⓑ Ⓒ

第一个数字（A）为大的分类，1—电弧焊（Arc Welding）；2—电阻焊（Resistance Welding）；3—气焊（Gas Welding）；4—压力焊（Welding with Pressure）；5—能束焊接（Beam Welding）；7—其他焊接方法（Other Welding Processes）；8—切割和气刨（Cutting and Gouging）；9—硬钎焊、软钎焊及坡口钎焊（Brazing，Soldering and Braze Welding）。

第二第三个数字（B、C）为附加详细分类，故方法名称的数字标记可由 1~3 个数字构成。例如，11—金属电弧焊（无气体保护）；111—焊条电弧焊；12—埋弧焊。

表 1.3 列出了常用焊接方法的数字标记，同时为了便于对照也将德文缩写（DIN 1910）和英文缩写一并列出。

表 1.3 常用焊接方法的数字标记（ISO 4063）及德文缩写（DIN 1910）和英文缩写（节选）

方法	数字标记（ISO 4063）	德文缩写（DIN 1910）	英文缩写（节选）
氧 – 乙炔火焰气焊	311	G	OAW
焊条电弧焊	111	E	SMAW
药芯焊丝金属电弧焊（自保护）	114	MF	—
埋弧焊	12	UP	SAW
金属极活性气体保护焊	135	MAG	MAG
药芯焊丝活性气体保护焊	136	—	FCAW
金属极惰性气体保护焊	131	MIG	MIG

续表

方法	数字标记（ISO 4063）	德文缩写（DIN 1910）	英文缩写（节选）
钨极惰性气体保护焊	141	WIG	TIG
等离子弧焊	15	WP	PAW
激光焊	52	LA	LBW
电子束焊	51	EB	EBW
电阻点焊	21	RP	RSW
电弧螺柱焊	781	B	—
电渣焊	72	RES	ESW
搅拌摩擦焊	43	—	FSW

1.2.7　焊接位置（ISO 6947）

焊接位置国际标准（ISO 6947）与 ASME 标准代码见表 1.4。

表 1.4　焊接位置国际标准（ISO 6947）与 ASME 标准代号

焊接位置代号简图	ISO 6947 标准代号	ASME 标准代号	简要说明
	PA	1G	板、管对接接头平焊位置 管子水平旋转
	PA	1F	板角接接头平焊位置（船形位置）
	PB	2F	板、管角接接头平角焊位置 管件水平旋转或垂直固定
	PC	2G	板对接接头横焊位置 垂直固定管对接接头横焊位置
	PG	3Gd	板对接接头立向下焊接位置
	PG	3Fd	板角接接头立向下焊接位置
	PF	3GU	板对接接头立向上焊接位置
	PF	5GU	管对接接头水平固定向上立焊位置
	PF	5FU	管角接接头水平固定向上立焊位置
	PE	4G	板对接接头仰焊位置
	PD	4F	板角接接头仰焊位置 垂直固定管件角接接头仰焊位置
	PG	5Gd	水平固定管对接接头向下立焊位置
	PG	5Fd	水平固定管件角接接头向下立焊位置
	H-L045	6G	管件倾斜 45° 对接接头全位置焊

1.3 典型焊接方法简介

1.3.1 氧-乙炔火焰气焊（311）

气焊时，焊接熔池是由火焰加热形成的，火焰是由可燃气体与氧气的化学反应产生的，火焰的热量使材料熔化。

通常用手将焊棒送入熔化区，把焊接坡口填满。火焰气体覆盖着熔池，并保护熔池免受空气的影响，如图1.6所示。

应用范围：主要用于非合金、低合金钢板和管材的焊接（也可用于铸铁的焊接），板厚0.8~6mm，用于除立向下以外所有焊接位置的管道工程、车体结构、安装和修复等焊接。

1.3.2 焊条电弧焊（111）

用药皮焊条进行焊条电弧焊接时，焊接电源提供焊接电流，使之在焊条和工件之间产生一个燃烧的电弧。电弧的温度高于4000℃，电弧的热量使母材和焊条熔化，熔化的焊条以熔滴状向母材过渡。焊条药皮受热作用产生气体与熔渣，保护焊条末端、过渡的熔滴以及母材上的液态金属，使其免受空气的影响。凝固的熔渣覆盖着焊缝金属，同样起着保护作用，如图1.7所示。

应用范围：适用于全位置焊接，工件厚度3mm以上的低碳钢、低合金钢和高合金钢的焊接及堆焊。

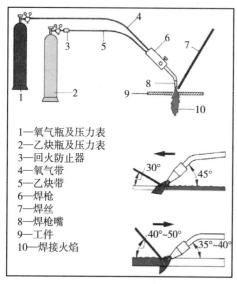

1—氧气瓶及压力表
2—乙炔瓶及压力表
3—回火防止器
4—氧气带
5—乙炔带
6—焊枪
7—焊丝
8—焊枪嘴
9—工件
10—焊接火焰

图1.6 气焊示意图及现场照片

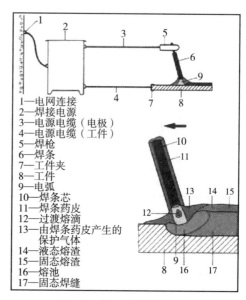

1—电网连接
2—焊接电源
3—电源电缆（电极）
4—电源电缆（工件）
5—焊枪
6—焊条
7—工件夹
8—工件
9—电弧
10—焊条芯
11—焊条药皮
12—过渡熔滴
13—由焊条药皮产生的保护气体
14—液态熔渣
15—固态熔渣
16—熔池
17—固态焊缝

图1.7 焊条电弧焊示意图

1.3.3 钨极惰性气体保护焊（141）

钨极气体保护焊的焊接方法分为钨极惰性气体保护焊（TIG）、钨极等离子焊（WP）和钨极氢原子焊（WHG）3种。

钨极惰性气体保护焊在焊接时，焊炬中夹持的非熔化的钨极和工件之间燃烧的电弧所产生的能量使材料熔化。通常使用焊棒作为填充材料进行焊接。惰性保护气体如氩、氦或它们的混合气体保护钨极和焊缝，使之免受空气的侵入，工件的加热集中在由具有圆锥状尖端钨极产生的小电弧区域上，因此特别有利于薄壁构件的焊接。钨极惰性气体保护焊在焊接时，既不形成熔渣，也不会出现焊缝表面的氧化现象，如图 1.8 所示。

应用范围：适用于工件厚度 0.5~4.0mm 范围内的钢及有色金属全位置焊接以及堆焊。

1.3.4 熔化极气体保护焊（131、135）

熔化极惰性气体保护焊（MIG）和熔化极活性气体保护焊（MAG）均属于熔化极气体保护焊的焊接方法。

通过软管束的不同通道，将保护气体、焊接电流和作为焊接填充材料的焊丝送入焊炬。送丝机构通过焊炬导电嘴的滑动接触面将焊接电流传输到焊炬中正在移动着的焊丝上。在焊丝与工件之间可见的燃烧电弧为供给焊丝和工件熔化所需要的能量，电弧温度可达上万度，焊丝熔化成熔滴状。

焊接有色金属时，用惰性气体保护熔池，使之免受空气的侵入；焊接碳钢、低合金钢和高合金钢时，可使焊丝具有较高的电流承载能力（例如直径 1mm 的焊丝，可承载 40~200A 的焊接电流），从而也提高了熔敷效率，如图 1.9 所示。

应用范围：适用于工件厚度 0.6~100mm 范围内的全位置焊接及堆焊。

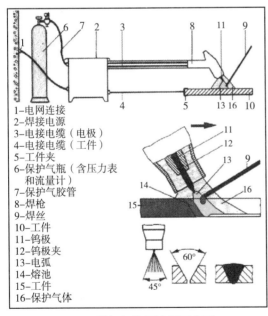

1—电网连接
2—焊接电源
3—电接电缆（电极）
4—电接电缆（工件）
5—工件夹
6—保护气瓶（含压力表和流量计）
7—保护气胶管
8—焊枪
9—焊丝
10—工件
11—钨极
12—钨极夹
13—电弧
14—熔池
15—工件
16—保护气体

图 1.8　钨极气体保护焊示意图

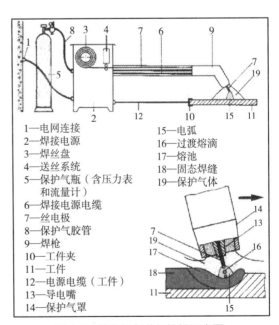

1—电网连接
2—焊接电源
3—焊丝盘
4—送丝系统
5—保护气瓶（含压力表和流量计）
6—焊接电源电缆
7—丝电极
8—保护气胶管
9—焊枪
10—工件夹
11—工件
12—电源电缆（工件）
13—导电嘴
14—保护气罩
15—电弧
16—过渡熔滴
17—熔池
18—固态焊缝
19—保护气体

图 1.9　熔化极气体保护焊示意图

1.3.5 埋弧焊（12）

焊丝盘、送丝机构、导电嘴和焊剂都安装在一个行走小车上，焊接电流（电流强度 200~2000A）通过导电嘴里的滑动接触面传输到移动的焊丝上，焊丝端部与工件之间的电弧，埋在焊剂层下燃烧（暗弧）。电弧的能量熔化工件，熔深较深，焊丝被熔化且以熔滴形式过渡，部分熔化成液态的焊剂形成保护渣层，覆盖在焊缝金属上。焊丝具有较大的电流承载能力，从而提高了熔敷效率，如图 1.10 所示。

应用范围：主要用于工件厚度 8mm 以上的碳钢、低合金钢和高合金钢长焊缝的水平位置（包括船形位置）焊接；以及用带极堆焊高合金钢的堆焊层；尤其在容器制造、钢结构、造船工业和车辆制造中获得了广泛的应用。

1.3.6 电阻点焊（21）

将待焊接的金属件搭接放置在两个电极之间，通过电极施加一定的力将工件压在一起以后，在给定的时间（瞬间）内，电流从一个电极通过板材流到另一个电极。在电阻最大的部分，即工件与工件的接触部位，由于电阻产生的热量熔化了接触部分的材料。断电后，在电极压力的作用下，熔池凝固，如图 1.11 所示。

应用范围：适用于工件厚度 0.5~3.0mm 范围内的钢板或铝板焊接，尤其适用于成批生产。

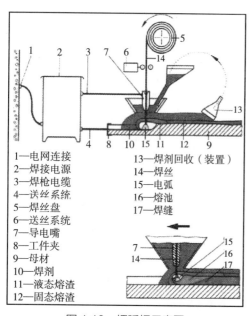

1—电网连接
2—焊接电源
3—焊枪电缆
4—送丝系统
5—焊丝盘
6—送丝系统
7—导电嘴
8—工件夹
9—母材
10—焊剂
11—液态熔渣
12—固态熔渣
13—焊剂回收（装置）
14—焊丝
15—电弧
16—熔池
17—焊缝

图 1.10　埋弧焊示意图

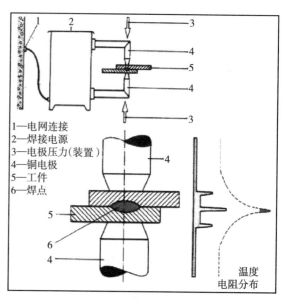

1—电网连接
2—焊接电源
3—电极压力（装置）
4—铜电极
5—工件
6—焊点

温度
电阻分布

图 1.11　电阻点焊示意图

1.3.7 激光焊（52）

激光焊是激光最先进入工业应用领域之一。激光焊有 2 种基本模式，即激光热导焊和激光深熔焊。

激光热导焊类似于 TIG 焊，表面吸收激光能量，通过热传导的方式向内部传递；激光深熔焊和电子束焊相似，高功率密度激光引起材料局部蒸发，在蒸发压力作用下熔池表面下陷形成小孔，激光束通过"小孔"深入熔池内部实现焊接，如图 1.12 所示。

应用范围：它可用于几乎所有材料焊接，适用于工件厚度 0.01~200mm 范围内的材料焊接。

1.3.8 电子束焊（51）

高压加速装置形成的高功率电子束流，通过磁透镜会聚，得到很好的焦点（其功率密度可达 10^4~$10^9 W/mm^2$），轰击置于真空或非真空的焊件时，电子的动能转变为热能，熔化金属实现焊接，如图 1.13 所示。

应用范围：可用于金属的焊接（一次焊接厚度可达 300mm），也可用于表面处理和打孔等。

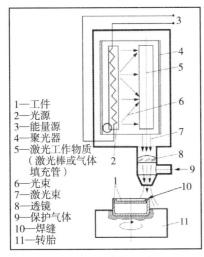

1—工件
2—光源
3—能量源
4—聚光器
5—激光工作物质
（激光棒或气体
填充管）
6—光束
7—激光束
8—透镜
9—保护气体
10—焊缝
11—转胎

图 1.12　激光焊示意图

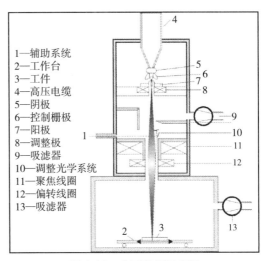

1—辅助系统
2—工作台
3—工件
4—高压电缆
5—阴极
6—控制栅极
7—阳极
8—调整极
9—吸滤器
10—调整光学系统
11—聚焦线圈
12—偏转线圈
13—吸滤器

图 1.13　电子束焊示意图

1.3.9 搅拌摩擦焊（43）

搅拌摩擦焊基本原理是利用高速旋转的搅拌头插入被焊接工件，并沿着焊接方向移动，由于高速旋转的搅拌头与其接触的工件部分会产生摩擦热，工件生热会使搅拌头周边金属工件发生塑性软化，软化的金属工件在搅拌头旋转的作用下填充搅拌针后方形成的空腔，并在搅拌头轴肩和搅拌针的搅拌及挤压共同作用下形成焊接接头，从而达到材料连接目的，如图 1.14 所示。

搅拌头的旋转速度、行进速度（焊接速度）、压入量（焊接压力）、焊接线能量、焊接扭矩、接头对接间隙、板材错边量和焊前表面状态、搅拌头偏移量等因素均会影响焊接质量。搅拌摩擦焊接头组织通常划分为 4 个区域：焊核区、热机（力）影响区（TMAZ 区）、热影响区（HAZ 区）和轴肩影响区（SAZ 区）。

应用范围：目前主要用于连接铝合金，也用于镁合金、钛、碳钢和不锈钢连接。

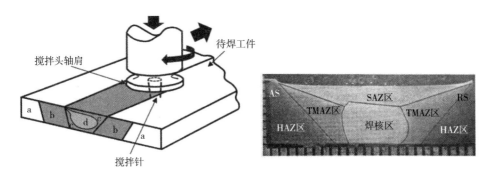

图 1.14　搅拌摩擦焊示意图

1.4 焊接方法的选择原则

焊接方法通常按如下原则进行选择，所选用的焊接方法必须能保证焊接质量，达到产品设计的技术要求；同时能提高焊接生产效率、降低制造成本和改善劳动条件。焊接方法的选择应充分考虑构件的几何形式、产品特点、生产条件和经济性 4 个方面，如图 1.15 所示。

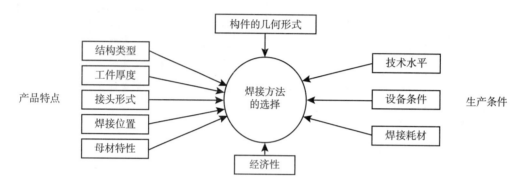

图 1.15 焊接工艺选择应考虑的因素

1.4.1 结构的几何形式

主要考虑的产品是：①结构类，如桥梁、船舶、容器、钢结构等；②机器零件，如汽车零部件等；③半成品，如工字梁、管子等；④复杂大型类，如船体等的大型金属结构，由于其体积过于庞大，需选用能全位置焊的方法；⑤微型的电子器件，一般尺寸小，焊后不再加工，要求精密，宜选用热量小而集中的焊接方法，如电子束焊、激光焊等。

1.4.2 产品特点

产品特点是选择焊接方法要考虑的重要方面。下文从结构类型、工件厚度、接头形式、焊接位置、母材性能几个方面介绍。

1.4.2.1 结构类型

从生产制造的角度考虑，焊件的结构类型大体上可分为简单和复杂两大类。结构简单的焊件，如平板和管子的拼接，压力容器简体和管道的纵环缝，焊接 H 型钢和箱形梁角焊缝，以及各种肋板的角焊缝等。对于这类焊件，可以采用各种高效的、易于实现机械化和自动化的焊接方法，如单丝埋弧焊、多丝埋弧焊、高效 MIG 焊、MAG 焊、等离子弧焊和激光焊等。结构复杂的焊件，例如内燃机机体、汽车车身构架、车厢结构、船体结构、工程机械部件和工程建筑构架等。这些结构部件大都由不同方位、长度不等的短焊缝连接，可采用操作灵活性较好的焊条电弧焊和半自动 MAG 焊。另外，对于大批量生产，且设备投资回收率快的焊件，如轿车车身的焊接，可以采用机器人或机械手，与变位机械组成的 MIG 焊、MAG 焊机器人工作站。

1.4.2.2　工件厚度

每一种焊接方法都有一定的适用厚度和范围，超出此范围难以保证焊接质量。对于熔焊而言，是以焊透而不烧穿为前提。可焊最小厚度是指在稳定状态下单面单道焊恰好焊透而不烧穿的厚度。

1.4.2.3　接头形式与焊接位置

焊接接头形式通常由产品结构形状、使用要求和材料厚度等因素决定。对接、搭接、T 形接、角接和端接是最基本的 5 种形式。这些接头形式对大部分熔焊方法均能适应，有些搭接接头常常是为了适应某些压焊或钎焊方法而设计。对于杆、棒、管子的对接，一般宜选用闪光对焊或摩擦焊等。

在不能变位的情况下焊接焊件上所有的焊缝，会因焊缝处在不同空间位置而采用平焊、立焊、横焊和仰焊 4 种不同位置的焊接。一种焊接方法能进行这 4 种位置的焊接称可全位置焊的方法。平焊最容易操作，焊接质量也容易得到保证，生产中应尽可能选择平焊位置。

接头形式和焊接位置往往与选择焊接方法密不可分，如图 1.16（a）代表开宽坡口，需填充大量熔敷金属的对接接头。首先应考虑采用熔敷效率高的焊接方法，如埋弧焊、药芯焊丝电弧焊、多丝 MIG 焊和多丝 MAG 焊等；图 1.16（b）相反，要求焊缝金属的体积很小，焊接速度很快，并保证焊缝成形良好，应当选用热量高度集中的焊接方法，如 TIG 焊、等离子弧焊和激光焊等；图 1.16（c）属于相对难焊位置的接头形式，这些焊接位置包括立焊、仰焊和横焊，能适应全位置焊的焊接工艺方法有：焊条电弧焊、CO$_2$ 气体保护焊、脉冲电弧 MIC 焊和脉冲电弧 MAG 焊，以及钨极氩弧焊等；图 1.16（d）是开浅坡口留大钝边或不开坡口的直边对接接头，为完成全焊透的焊缝，必须采用具有深熔特性的焊接工艺方法，如埋弧焊、等离子弧焊和电子束焊等。

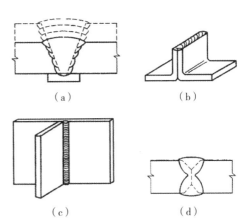

（a）宽坡口、要求大量的填充金属　（b）端接接头、熔敷金属量最少　（c）难焊位置，要求控制焊接熔池　（d）厚板对接、要求深熔

图 1.16　4 种典型接头形式

1.4.2.4　母材性能

（1）母材的物理性能。须注意母材的导热、导电、熔点等性能。对于热导率高的金属材料，如铜、铝及其合金，应选用热输入大，焊透能力强的焊接方法；对于热敏感的材料，宜采用热输入小的激光焊、超声波焊等焊接方法；电阻率较高的材料宜采用电阻焊。

（2）母材的力学性能。 主要指母材的强度、塑性、韧性和硬度等。一方面看母材的力学性能是否易于实现金属之间的连接，如塑性温度区间窄的铝、镁类不易采用电阻焊，延展性或者塑性差的材料不易采用需大幅度变形的冷压焊。另一方面要考虑焊后接头的组织和力学性能会不会发生改变，发生改变后会不会影响安全使用等，热输入较大的电渣焊、埋弧焊容易使焊接接头冲击韧性降低，相反电子束焊接头焊接热影响区（HAZ 区）窄，宜焊接不锈钢或经过热处理的零件。

（3）母材的冶金性能。材料的化学成分是冶金性能的主要决定因素，从而影响其焊接性。高碳钢或碳当量高的合金结构钢宜采用冷却速度缓慢的焊接方法，以减少热影响区开裂倾向；铝、镁类合金宜采用惰性气体保护焊；对于冶金相容性较差的异种金属应选择固相焊法，如扩散焊、钎焊等。

1.4.3 产品经济性

从经济性方面考虑，焊接方法的选择主要有以下 3 个方面。

（1）产品性能和质量。焊接结构制造的经济性考虑的基本原则是在确保产品性能和质量的前提下，生产成本要低。现代工业中的焊接结构，多数对焊缝的质量提出了严格要求。一些重要焊接结构的制造规程，都对所应采用的焊接工艺方法做出明确的规定，例如欧洲的某些国家，对食品和饮料加工所用的不锈钢薄壁容器筒身的纵环缝，在产品施工图样中，强制性规定采用等离子弧焊工艺方法。因为多年的生产经验表明，目前只有等离子弧焊焊制的焊缝，才能满足该类容器对焊缝表面质量的要求。又如对于电站锅炉、压力容器和管道等全焊结构，为了提高钢材的利用率、减轻结构的自重，目前已普遍采用焊缝与母材等强度的原则进行设计。这就要求焊缝金属不应存在任何超标的缺欠，而且其力学性能和化学稳定性不能低于母材标准规定的下限值。因此，在选择焊接方法时，首先应以满足性能和质量要求为前提，其次才是焊接效率和生产成本。

（2）焊接效率。焊接结构的生产模式可分为单件、小批量、批量和大批量。某些焊接结构，如大型船舶、大型电站锅炉和重型容器等，虽然产量较低，但工作量十分巨大。按焊接工作量作为选择焊接工艺方法的依据：一方面对于单件或小批量生产，且结构多变的焊件，应采用机动、灵活性较好的焊接方法，如焊条电弧焊、药芯焊丝电弧焊及半自动 MIG 焊和半自动 MAG 焊。而对于结构相同的焊件，接头形式基本相同，例如焊件结构均为圆柱形，只是直径和长度不同，筒体的纵、环缝均为对接接头，则应考虑采用各种高效焊接工艺方法。另一方面对于批量和大批量生产的焊件，无疑应当选用效率最高、经济性最好的、易于实现焊接生产过程机械化和自动化的焊接工艺方法。同时应通过详细的经济核算和周密的对比分析，在所适用的各种焊接工艺方法中进行优化选择。对于大批量生产的焊件，在保证焊缝质量的前提下，经济指标是决定企业发展的关键。

（3）生产成本。生产成本是由众多因素决定的，其中主要包括焊接方法可能达到的最高熔敷效率、最高的焊接速度、焊接材料的消耗量、焊件结构外形、接头的壁厚、接头的形式和坡口形状、所焊金属材料的种类及其焊接性、焊件组装的难易程度、焊前清理的要求、焊接位置、对焊工技能等级的要求、焊缝焊后清理和处理，以及焊接设备和辅助设施的投资费用和折旧回收期等。

从生产条件方面考虑如何选择焊接方法，由于需要相应技术及设备等方面知识的支撑，将在后面的章节中介绍，在这里就不赘述了。

1.5 焊接技术在我国工程领域的应用

1.5.1 油气长输管线

油气长输管线无论是管线现场焊接还是管线（无缝管和螺旋管）焊接制造，焊接技术都起到非常重要的作用。典型的工程是天然气西气东输的管道工程，自新疆维吾尔自治区塔里木盆地的轮南镇，终点到上海市，全长 4200km，它是中国境内第一条达到国际标准的大口径、高压力、长距离输气管道。

西气东输工程焊管的直径最大为 1016mm，壁厚 14.6~26.2mm，X70 级管线钢。其中螺旋埋弧焊管约占 80%，其余为直缝埋弧焊管，管线钢用量 1.7×10^6t。在西气东输工程中，由于钢的强度等级较高，管径和厚度较大，管线建设中以自动焊和半自动焊为主，焊条电弧焊为辅。自动焊主要涉及熔化极气体保护焊、自保护药芯焊丝电弧焊。焊条电弧焊主要为纤维素焊条下向焊和低氢焊条上向焊。在大直径厚壁管道施工中，自动焊的优势是非常明显的，也是当今世界大直径管道焊接施工的主流，但需要内对口机、管端坡口整形机等配套机具。技术关键是管道对口根焊道的焊接成形。

1.5.2 超大型水电装备

水力发电装备中发电机转轮、定子座和蜗壳等机构均为典型的焊接结构。大家熟知的三峡水电站和近期完工的白鹤滩水电站是世界举世瞩目西电东送工程的重要组成部分。三峡水电站总装机容量 2.25×10^7kW，2009 年建成，是全球最大的水电站，水电站 32 台 7.0×10^5kW 的水轮发电机组，采用的是全焊结构。白鹤滩水电站，装备有全球单机容量最大的 1.0×10^6kW 水轮发电机组共 16 台，总装机容量 1.6×10^7kW。

以三峡水电站为例，其水轮机不锈钢焊接转轮直径 10.7m，高 5.4m，重达 440t，每个转轮消耗 12t 焊丝。水电站电机定子座直径 22m，高 6m，重 832t；蜗壳进水口直径 12.4m，总重量 750t。水轮发电机组的转轮材料为 410NiMo 马氏体不锈钢（质量分数为 13%Cr、4%Ni、0.5%Mo），焊接用于转子部件的组装和铸造缺欠的修补。主要焊接方法是焊条电弧焊和双丝埋弧自动焊，焊丝有实心和金属粉芯 2 种，每个转子的组装需焊接材料 7~10t。对焊接接头的性能要求是：0℃ 最低冲击吸收功 50J（热处理状态）和 20J（焊态）；热处理后接头最低屈服强度 550MPa，抗拉强度 760MPa。另外，金属结构的焊接工作量也很大。仅各种闸门就有 282 扇，闸门长度为 40~60m，焊接变形不得超过 5mm。

1.5.3 钢桥建设

近年来，我国桥梁建设得到了飞速的发展，设计与制造的各类大跨度钢桥已是世界先进水平。据统计，中国已建的梁桥、（钢）拱桥、斜拉桥和悬索桥的最大跨径分别达到 330m（2006 年）、552m（2009 年）、1088m（2008 年）和 1490m。2018 年 10 月 24 日，世界最长跨海大桥——港珠澳大桥正式开通，总长约 55km 超大型跨海交通工程，大桥集桥、岛、隧于一身，有 3 座斜拉桥，桥体全部采用钢结构，用钢量相当于 64 座埃菲尔铁塔。

钢桥用的材料由 16Mnq 发展到 14MnNbq，钢板厚度发展到 50mm。14MnNbq 有较低的碳含量，加入铌等微量元素，降低杂质含量，控温控轧，正火细化晶粒，降低了 16Mnq 的板厚效应，保证了桥梁的焊接性能和抗断性能。以芜湖长江大桥为例，采用了先进的钢材生产技术，实际 14MnNbq 钢板供货的冲击吸收功可达 234 J，远高于冲击吸收功的要求值 >120J（-40℃）。在公路斜拉桥和悬索桥钢箱梁的制造中，高效的自动焊和半自动焊得到了广泛应用。对于桁梁式铁路桥或公路铁路两用桥，主要采用埋弧焊，如芜湖长江大桥，埋弧焊占 60%。

1.5.4 压力容器及核容器制造

随着工程焊接技术的迅速发展，现代压力容器及核容器也已发展成典型的全焊结构，压力容器及核容器的焊接成为其制造中最重要和最关键的一个环节，焊接质量直接影响压力容器及核容器的制造质量。

锅炉汽包是典型的压力容器，锅炉汽包筒体的厚度取决于强度计算，而在其他条件相同或相近时，汽包筒体的厚度在一定程度上反映了焊接制造的难度，高压汽包的板厚为 40~100mm，我国制造的 600MW 电站锅炉汽包壁厚 203mm，汽包长 30m，重 250t。用于核电设计的核容器制造对焊接技术的要求更加苛刻，我国制造的千吨级热壁加氢反应器，其总重量达千吨级，壁厚 280mm。近期中国首台完全自主设计、自制锻件、自主制造的百万千瓦级核电站反应堆压力容器制造完成。

1.5.5 船舶制造

焊接技术在船舶制造中占有举足轻重的位置，是最主要的工艺技术。船舶制造水平主要体现在船舶吨位和特种船舶等方面，如液化天然气船（LNG 船）。目前，在下料工序中普遍采用数控火焰切割和数控水下等离子切割；在大拼板工序中采用多丝埋弧焊，单面焊双面成形，焊接的板厚为 5~35mm；对船体的分段构件装焊采用自动和半自动气体保护焊。船厂已普遍采用药芯焊丝 CO_2 气体保护焊。近期，激光+MIG 焊的复合热源焊接技术用于船体的焊接。而对于大型液化天然气（LNG）船是国际上公认的高技术、高难度、高附加值的"三高"船舶，LNG 船的液货维护系统使用的超低温材料包括 9%Ni 钢、5083 铝合金、304L 不锈钢和因瓦合金。其中 9%Ni 钢焊接可用传统的焊条电弧焊和埋弧焊，高功率激光焊和交流方波埋弧焊等得到应用，5083 铝合金主要采用 MIG 焊、激光－MIG 焊、窄间隙焊等方法，因瓦合金的焊接是 LNG 船的核心制造技术之一。我国第一艘大型 LNG 运输船"大鹏昊"于 2004 年 12 月 15 日由上海沪东中华造船厂开工建造，于 2008 年 4 月 3 日完工交付。该轮船舶总长为 292m，型宽 43.35m，型深 26.25m，货舱总容积 147210m³，全船的焊缝长度达到 130km，大部分因瓦钢的厚度只有 0.7mm，所有焊缝不能有丝毫的泄漏，一旦有一个点出现焊接质量问题，将导致相邻的一大片因瓦钢的更换和重新焊接，一个泄漏点返修工时至少要 1000h。

1.5.6 建筑钢结构

建筑钢结构包括工业厂房、商用办公楼、民用住宅和其他大型公共设施等。自 20 世纪 80 年代以来，我国高层钢结构的发展迅速，重要建筑钢结构有浦东的上海金茂大厦、深圳地王大厦、北京世纪坛等。其中上海金茂大厦高度为 421m，总建筑面积为 289500m²；深圳地王大厦高度为 325m。2008 年建成的奥运场馆国家体育场，其建筑顶面呈鞍形，长轴为 332.3m，短轴为 296.4m，最高点高度为 68.5m，最低点高度为 42.8m。基本材料为 Q460 钢材，共用了 4.2×10^4t 钢材。国家大剧院椭球形穹顶，东西向长轴跨度为 212.2m，南北向短轴跨度为 143.64m，高度为 46.285m。壳体钢结构总重 6750t，网

壳面积为 $3.5 \times 10^4 m^2$，没有立柱，全靠 148 根弧型钢梁承重，主桁架由 60mm 厚钢板组焊而成。

大型建筑钢结构广泛采用的 H 型及箱型截面构件，由厚钢板焊接而成。常用材料为低碳结构钢 Q235、低合金结构钢 Q345、Q390 等。广泛采用高效埋弧焊和熔化极气体保护焊。焊接构件的尺寸大和焊接工作量大是高层钢结构制造安装的突出问题，一般焊接梁柱的截面厚度都在 30mm 以上，如深圳发展中心大厦的箱型柱最大壁厚达 130 mm，焊接工作量达 35 万延长米；深圳地王大厦的焊接工作量达 60 万延长米。在制造安装过程中，对装配、焊接应力和变形的要求十分严格。

1.5.7　汽车制造

2020 年中国汽车产量达到 2500 多万辆。焊接技术广泛用于车身制造，目前我国广泛采用的车身材料是汽车专用薄钢板，包括涂层钢板，焊接生产以熔化极气体保护电弧焊、电阻点焊和激光焊为主。为了减少油耗，又发展了汽车用高强度钢板、铝合金、镁合金、复合材料等多种新型车身材料。车身结构的不同部位采用不同厚度或不同级别的钢板，焊接后整体冲压成形，还采用了铝钢混合结构等设计方法。目前的汽车车身结构正朝着减轻质量，增加刚度和抗冲击能力，提高疲劳寿命，降低成本的方向发展。

1.5.8　轨道交通车辆

轨道交通车辆主要由车体、转向架、车载设备和车内装饰设施组成，而车体是由底架、侧墙、端墙、车顶 4 个部分构成。车体结构材料主要有碳钢材料、不锈钢材料和铝合金材料。碳钢材料通常用于低端车辆的制造，不锈钢材料通常用于城市地铁、轻轨和中等速度的铁路车辆的制造。铝合金材料制作的车体已广泛用于地铁、轻轨和高速铁路车辆的制造。在高速铁路市场，铝合金车体占全球 95% 以上的份额。

铝合金车体的焊接主要使用自动和半自动 MIG 焊以及少量 TIG 焊方法，目前搅拌摩擦焊方法大量用于铝合金车体大部件和总成的焊接，另外还有采用激光焊和激光 -MIG 复合热源用于铝合金车体的焊接。

1.5.9　海洋装备

广义来讲，海工装备包含的范围很广，可大致分为用于海洋油气和矿产资源开发的装备、利用海洋可再生能源的装备、利用海洋空间资源的装备、海水的淡化及利用海洋生物资源的装备和共性海洋基础设施 5 个方面。涉及各类典型材料焊接的海洋工程装备有海洋平台、海洋能源设备和海底油气管线。2010 年 2 月 26 日，我国制造的"海洋石油 981"深水半潜式钻井平台拥有多项自主创新设计，平台稳性和强度按照南海恶劣海况设计，能抵御南海 200 年一遇的波浪载荷。它选用大马力推进及 DP3 动力定位系统，在 1500m 水深内可使用锚泊定位，甲板最大可变载荷达 9000t。该平台可在中国南海、东南亚、西非等深水海域作业，设计使用寿命 30 年。

由于海洋平台服役时间长，并且要长期抵抗恶劣的风浪条件，水下修理维护的成本极高，其采用的钢板必须具有高强度、高韧性、抗疲劳、抗层状撕裂和耐海水腐蚀等特性。由于海洋平台采用焊接结构，平台用钢要有良好的可加工性。一是要保证良好的可焊性，可焊性主要通过控制碳当量和裂纹敏感系数（P_{cm}）来实现，并且要通过焊接试验进行验证。二是要有良好的冷加工能力，由于很多大直径钢管要通过钢板卷制而成，钢板要保证在卷制后仍然能够具有良好的机械性能，尤其是韧性。海洋工程材料用到高强厚板、高强度无缝管、高强度大规格球扁钢、大管径厚壁管线钢。在平台部分关键部位还要用到超厚板，其要求的最大厚度能够达到 150mm，如 Z 向钢的焊接。目前涉及大厚板的焊接方面主要采用双（多）丝焊、热丝 TIG 焊、T.I.M.E 焊、高效 MAG 焊等增加熔敷速度的焊接方法，I 型坡口的"三束"焊接、复合热源焊接、窄间隙焊接等减少焊接填充量焊接方法，并简化工序、增加高效自动化。

1.5.10　航天航空

2003 年 10 月 15 日发射的神舟五号是我国首艘载人飞船，使杨利伟成为中国太空第一人，中国成为世界上第三个能够独立开展载人航天活动的国家。2011 年 11 月 3 日神舟八号载人飞船和天宫一号目标飞行器成功实施交会对接形成组合体，中国由此成为世界上第三个掌握空间交会对接技术的国家。2021 年 6 月 17 日神舟十二号载人飞船成功升空，把 3 名航天员送到空间站"天和"核心舱。

焊接技术在我国的航天事业发展中起到了非常重要的作用。比如作为我国首个空间实验室，天宫一号目标飞行器不同于以往的载人飞船，其结构复杂、尺寸大、在轨时间长，因此对舱体结构精度和密封性要求更高。天宫一号实验舱采用整体壁板结构，不同于以往的蒙皮加筋结构，保证壁板的加工、成形、焊接等精度，进而保证舱体结构精度和各设备安装接口的位置精度，是产品研制过程中的难点之一。为了消除材料内应力和机械加工应力，特别是焊接残余应力，采取了振动时效技术，实现了产品的在线去应力，壁板零件在加工中的变形得到有效控制。

参考文献

［1］GSI.SFI–Aktuell［M］. Duisburg: Gesellschaft für Schweißtechnik International mbH，2010.

［2］史耀武. 中国材料工程大典：第 22 卷：材料焊接工程（上）［M］. 北京：化学工业出版社，2006.

［3］中国机械工程学会焊接学会. 焊接手册：第 1 卷［M］. 北京：机械工业出版社，2008.

［4］王国庆，赵衍华. 铝合金的搅拌摩擦焊接［M］. 北京：中国宇航出版社，2010.

［5］陈裕川. 焊接工艺设计与实例分析［M］. 北京：机械工业出版社，2010.

［6］Welding – Multilingual terms for welded joints with illustrations：ISO 17659：2002［S/OL］.［2002–03］.https://www.iso.org/standard/29997.html.

［7］Welding and allied processes – Welding positions：ISO 6947：2019［S/OL］.［2019–10］.https://www.iso.org/standard/72741.html.

［8］Welding and allied processes – Nomenclature of processes and reference numbers：ISO 4063：2009［S］.［2009–08］.https://www.iso.org/standard/38134.html.

本章的学习目标及知识要点

1. 学习目标

（1）理解焊接技术基本概念及与其他连接方法的不同点。

（2）掌握常用的焊接方法和各自特点及常用焊接方法的数字标记（ISO 4063）。

（3）熟知焊接基本术语及图示（ISO 17659）和焊接位置（ISO 6947）。

（4）了解焊接方法选择的影响因数，能正确选择焊接方法。

（5）了解焊接技术在我国工程领域的应用。

2. 知识要点

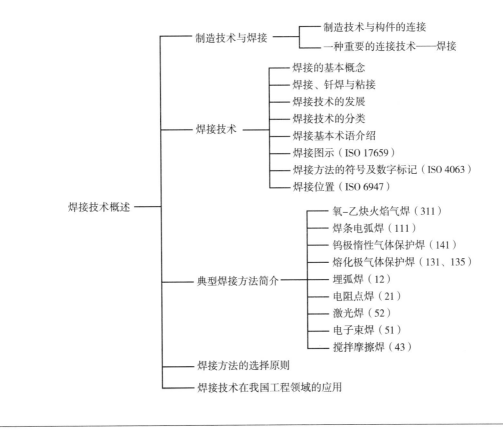

—— 第 **2** 章 ——

气焊及相关技术

编写：郑光海　审校：徐林刚

气焊又称为火焰焊接，是利用燃气火焰加热材料进行的焊接方法。气焊用的燃气火焰还可以用于预热、切割、热喷涂、热矫正、表面热处理等诸多场合。本章从火焰技术的种类、用途、火焰的构成、气焊的原理、其他火焰技术等方面介绍气焊及相关的火焰技术。

2.1 火焰技术概述

2.1.1 火焰技术的原理

火焰技术是利用氧气助燃下的燃气火焰进行焊接、切割及其他热加工的工艺方法。工业上用于火焰技术的燃气主要有乙炔、天然气和液化石油气。这些气体在氧气的助燃下能产生较高的热量，可以完成材料的熔化、软化和热处理。

2.1.2 火焰技术的用途

火焰技术的应用，见德国标准 DIN 8522：2009 中，见表 2.1。火焰技术主要用于焊接、涂覆、切割、预热、整形和材料改性等方面。

表 2.1　DIN 8522：2009 对火焰技术的分类

焊接	涂覆	切割	预热	整形	材料改性
气焊 气体压力焊 火焰钎焊 （硬钎焊和 软钎焊）	气体表面堆焊 （同种材料及异种材料） 火焰钎焊 （硬钎焊和软钎焊） 火焰喷涂 火焰爆炸喷涂	火焰切割 火焰气刨 火焰开坡口 火焰表面清理 氧熔剂切割	火焰预热	热成形 火焰校正	火焰热处理 火焰消除应力

2.2 燃气和氧气

欧洲标准 EN 730：1995 对可燃性气体、氧气和压缩空气做了规定。相应的国际标准为 ISO 5175。

2.2.1 燃气

2.2.1.1 乙炔（C_2H_2）

1. 基本性质

乙炔为无色无味气体，因含有少量的警戒气 H_2S 和 H_3P 而略带臭味。标准状态下，乙炔的密度约为 $1.17kg/m^3$，比空气（$1.29\ kg/m^3$）轻。因此，一旦有泄漏，容易嗅到。

乙炔在纯氧中完全燃烧反应，放出大量热量：

$$C_2H_2 + 2.5O_2 = 2CO_2 + H_2O + 1302.7kJ / mol$$

氧 – 乙炔火焰的最高温度可达 3100 ~ 3300℃，因空气中含有氧，实际的氧 – 乙炔火焰中氧与乙炔的比例一般在 1.1：1 时，即可完全燃烧。

2. 制备与储运

工业上采用水解电石的方法制备乙炔：

$$CaC_2 + H_2O = C_2H_2 + CaO$$

乙炔直接加压容易引起爆炸。乙炔在丙酮中溶解度较大，常温下每升丙酮可溶解 23~25L 乙炔。利用其溶于丙酮的特点，将气瓶中充填浸满丙酮的多孔物质，比如活性炭或木屑，再向瓶内充填乙炔。因此，瓶装乙炔也称为溶解乙炔。国家标准 GB 6819—2004《溶解乙炔》规定，40L 乙炔瓶可充 5~7kg 乙炔（5.85~$8.19m^3$），充瓶压力 ≤ 1.5MPa。国家标准 GB/T 7144—2016《气瓶颜色标志》规定，乙炔瓶身为白色，涂红字"乙炔不可近火"，如图 2.1 所示。

3. 安全规程

国家标准 GB 9448—1999《焊接与切割安全》规定了乙炔气的安全使用规程。乙炔气接触铜、银等金属，会发生化学反应生成乙炔铜（Cu_2C_2）和乙炔银（Ag_2C_2），这些物质遇明火极易燃烧和爆炸。因此，制备和储运乙炔的容器不能接触银和铜含量超 70% 的铜合金。

乙炔气瓶在搬运、使用期间，禁止碰撞、晃动、倾斜，禁止暴晒，气瓶表面温度不得高于 40℃。否则，瓶内乙炔会析出或膨胀，发生爆炸。

乙炔瓶距离氧气瓶、火源、热源的距离不能低于 5m。

乙炔着火不能用四氯化碳（CCl_4）灭火，因为乙炔接触氯离子会燃烧。

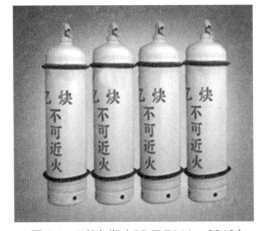

图 2.1　乙炔气瓶（GB/T 7144—2016）

2.2.1.2 天然气（CH_4）

1. 基本性质

天然气是油田或煤田伴生气田的天然矿藏，其主要成分是甲烷（CH_4），同时含有少量丙烷（C_3H_8）和丁烷（C_4H_{10}）。甲烷为无色气体，略带臭味。标准状态下，甲烷的密度为 $0.77kg/m^3$，比空气轻。

甲烷在纯氧中完全燃烧的反应方程式：

图2.2 压缩天然气瓶

$$CH_4 + 2O_2 = CO_2 + 2H_2O + 890kJ/mol$$

2. 储运

使天然气液化需要很高的压力，瓶装天然气压力 ≥ 20.7MPa，需要使用高压气瓶。国家标准 GB/T 7144—2016 规定，天然气瓶瓶身为棕色，涂白字"天然气"，如图 2.2 所示。

2.2.1.3 液化石油气（C_3H_8）

1. 基本性质

液化石油气是石油提炼的副产品，其主要组成是丙烷（C_3H_8），同时含有少量丙烯（C_3H_6）。气态时，丙烷无色，略带臭味。标准状态下，液化石油气的密度为 $1.8\sim2.5kg/m^3$。

丙烷在纯氧中充分燃烧的反应方程式：

$$C_3H_8 + 5O_2 = 3CO_2 + 4H_2O + 222.15kJ/mol$$

2. 储运

工业上切割用液化石油气瓶多为 20~30kg。国家标准 GB/T 7144—2016 规定，液化石油气瓶身为银灰色，涂红字"液化石油气"，如图 2.3 所示。表 2.2 所示为常用燃气的性质。

图2.3 液化石油气瓶

表 2.2 常用燃气性质

特性		燃气			
		乙炔（C_2H_2）	丙烷（C_3H_8）	天然气（甲烷 CH_4）	氢气（H_2）
发热量 /$kJ \cdot m^{-3}$		57120	93000	36000	10750
爆炸范围 /%	空气	2.4~80	2~10	4~17	4~76
	氧气	2.4~93	2~55	4~60	4~95
最低燃点 /℃	空气	235	510	640	510
	氧气	295	490	690	450
点燃速度 /$m \cdot s^{-1}$	空气	1.3	0.3	0.4	2.7
	氧气	13.5	0.7	33	8.9
最高温度 /℃	空气	2325	1925	1920	2045
	氧气	3200	2850	2750	2650
火焰功率 /$kJ \cdot cm^{-2} \cdot s^{-1}$		45	11	13	14
与氧气最高温度的混合比		1 : 1.1	1 : 4	1 : 1.6	1 : 0.3

2.2.2 氧气

2.2.2.1 基本性质

标准状态下，氧气为无色无味气体。密度约为 1.43kg/m³，比空气重。自身不燃烧，是有效的助燃气体。

2.2.2.2 生产与储运

通过深冷空气分离出氧气。常用的氧气瓶为高强钢热挤压成形。国家标准 GB/T 7144—2016 规定，氧气瓶为淡蓝色（天蓝色）瓶身，涂黑字"氧"。满瓶氧气压力为 15MPa，如图 2.4 所示。

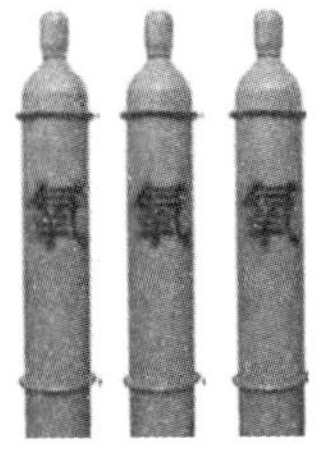

2.2.2.3 安全规程

氧气浓度达到 23% 将会发生燃烧和爆炸，氧气的存储房间需要保持通风。氧气接触各种油脂会燃烧，所以生产、储运、使用氧气的各种容器、管道、工具严禁接触油脂。禁止将氧气与其他可燃气体混放，使用期间彼此安全距离不低于 5m。氧气瓶表面温度不能高于 40℃。瓶阀结冰，不能用火烤，可以用热水解冻。搬运期间不能与坚硬物体碰撞。

图 2.4　氧气瓶

2.3 氧 – 乙炔火焰

2.3.1 氧 – 乙炔火焰构成、反应、温度分布

图 2.5 是中性火焰的构成。中性火焰就是氧气和乙炔的比例恰好使乙炔能够充分燃烧，没有多余的氧，也没有多余的乙炔。

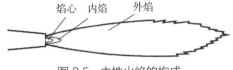

图 2.5　中性火焰的构成

从图 2.5 可以看出，中性氧 – 乙炔火焰由焰心、内焰和外焰 3 个区域构成。焰心紧贴火焰喷嘴，呈锥形，非常明亮。焰心中发生乙炔的初步氧化和分解反应：

$$C_2H_2 \rightarrow 2C+2H$$

$$C_2H_2+O_2 \rightarrow 2CO+H_2$$

这一区域乙炔的燃烧很不充分，其最高温度约为 950℃。焰心向外是内焰，内焰区无明显轮廓，但能见到有火苗跳动。内焰区发生乙炔分解产物的进一步燃烧：

$$2C+O_2 \rightarrow 2CO$$

碳的剧烈燃烧，使内焰区成为火焰温度最高的区域，最高温度可达 3300℃。

外焰区发生 CO 和 O_2 的燃烧：

$$2CO+O_2 \rightarrow 2CO_2$$

$$2H_2+O_2 \rightarrow 2H_2O$$

因这一区域形状发散，所以温度在 1200~2500℃。

火焰加热时用到的是内焰区靠近焰心前端 3~5mm 处温度最高的区域。

2.3.2 火焰类型与用途

焊接用各种不同的火焰（见表2.3）可通过改变氧气和乙炔的混合比例调节而成。其中，乙炔过剩焰也称之为碳化焰，是指乙炔过多，氧气不足，乙炔燃烧不充分。燃烧产物中有较多的 CO，适合于对氧气敏感的材料和容易脱碳金属的焊接，如铸铁、铝和铝合金等。氧气过剩焰也称之为氧化焰，是指氧气过多，乙炔充分燃烧后还有多余的氧气，火焰氧化性强，适合焊接导热快的金属，比如黄铜。中性焰是指乙炔和氧气的比例恰好使乙炔充分燃烧，反应产物中没有过多的氧气和乙炔，适合焊接钢、铜等金属。

表 2.3　焊接各种材料所需要的火焰

材料	乙炔过剩焰	中性焰	氧气过剩焰
铸铁	+	0	-
铜	-	+	-
黄铜	-	-	+
铝	+	0	-
钢	-	+	-

注：+好；0可以；-不好。

2.4 气焊的原理及应用

2.4.1 气焊的原理和特点

气焊也叫火焰焊，是利用氧-燃气火焰加热母材及焊材，使之熔化后凝固形成焊缝的焊接方法。根据板厚不同，气焊可以填焊丝，也可以不填焊丝。根据生产上用于气焊的燃气不同，火焰主要有氧-乙炔火焰、氧-丙烷火焰和氧-天然气火焰。气焊的特点如下。

（1）气焊加热速度慢，火焰温度与电弧相比较低，只适合焊接薄板（5mm 以下）。

（2）气焊设备简单，无须电源，操作技术简单易学。

（3）因其加热慢，所以接头变形和应力大。

（4）火焰具有氧化性，不适合焊接对氧化敏感的重要结构。

（5）气焊用的气体有爆炸的风险，对安全要求高。

（6）手工操作，生产率和焊接质量不高，不适合大批量生产，特别是重要焊接构件的生产。

（7）气焊可以进行单件小批量生产。

（8）可以进行机械设备零件的维修。

（9）可以焊接对接头质量要求不高的产品。

2.4.2　气焊的用途

气焊可以焊接碳钢、低合金钢、铸铁、铜、铝和硬质合金等材料。

2.5　气焊的设备及材料

气焊的设备由焊炬、胶管、减压器与流量计和气瓶（或管道）4 个部分组成。气瓶在前面已进行介绍，这里介绍其他 3 个部分。

2.5.1　焊炬

焊炬是用来混合燃气和氧气，产生气焊火焰进行焊接的部分。按照结构类型和工作原理，焊炬分为射吸式和等压式。

射吸式焊炬如图 2.6 所示。JB/T 6969：1993《射吸式焊炬》规定了这种焊炬的结构形式和技术要求。

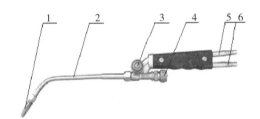

1—焊嘴；2—射吸管；3—乙炔阀门；4—氧气阀门；5—乙炔管接头；6—氧气管接头
图 2.6　射吸式焊炬（JB/T 6969：1993）

射吸式焊炬工作时，先打开氧气阀门，使射吸管内充满氧气，乙炔以较低的压力（0.001~0.05MPa）输出，靠氧气的射吸过程将其带出，进入射吸管混合，在焊嘴出口处燃烧。因乙炔的工作压力小，所以射吸式焊炬回火的可能性大，仅可用于手工操作。

国产射吸式焊炬的型号示例如下：

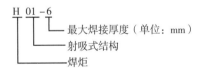

H 01 - 6
　最大焊接厚度（单位：mm）
　射吸式结构
　焊炬

射吸式焊炬最大焊接厚度有 2mm、6mm、12mm、20mm。每种型号的焊炬可以配装 5 种规格的焊嘴。焊嘴的样式和规格尺寸如图 2.7 和表 2.4 所示。

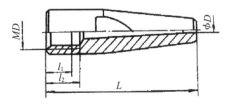

图 2.7　国产射吸式焊炬焊嘴尺寸

表 2.4 国产射吸式焊炬焊嘴号码及技术参数

单位：mm

型 号	D					MD	L	l_1	l_2
	焊嘴1	焊嘴2	焊嘴3	焊嘴4	焊嘴5				
H01–2	0.5	0.6	0.7	0.8	0.9	M6×1	≥ 25	4	6.6
H01–6	0.9	1.0	1.1	1.2	1.3	M8×1	≥ 40	7	9
H01–12	1.4	1.6	1.8	2.0	2.2	M10×1.25	≥ 45	7.5	10
H01–20	2.4	2.6	2.8	3.0	3.2	M12×1.25	≥ 50	9.5	12

等压式焊炬工作时，乙炔以较高压力输出，无须氧气的射吸作用。这种焊炬工作时回火的可能性小，因此适合机械化操作。国产等压式焊炬的型号有 H02–12 和 H02–20。

2.5.2 胶管

GB/T 2550—2016《气体焊接设备　焊接、切割和类似作业用橡胶软管》规定了胶管的规格、颜色和技术要求。氧气胶管为天蓝色，试验压力为 3MPa。乙炔胶管为红色，试验压力为 0.5MPa。氧气胶管和乙炔胶管不能混用，发现胶管老化、变脆、出现裂纹等情况必须更换。

2.5.3 减压器

减压器是将瓶内的高压气体压力降到适合使用的工作压力，同时调节并显示输出的气体压力。JB 7496：1994《焊接、切割及类似工艺用气瓶减压器安全规范》规定了减压器的规格和技术条件。按照用途，有氧气减压器、乙炔减压器、丙烷减压器、氩气减压器、二氧化碳减压器等。按照结构形式和工作原理，有正作用式减压器和反作用式减压器。图 2.8 是反作用式减压器，其密封性好，因此是生产中常用的减压器。

图 2.9 和图 2.10 分别是国产氧气减压器和乙炔减压器。氧气减压器高压表量程为 0~25MPa，低压表量程为 0~2.5MPa。乙炔减压器高压表量程为 0~4MPa，低压表量程为 0~0.25MPa。

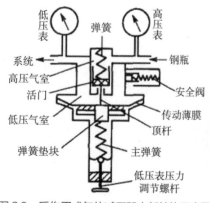

图 2.8 反作用式气体减压器内部结构示意图

图 2.9 氧气减压器

图 2.10 乙炔减压器

2.6 气焊焊材及其标准（EN 12536）

2.6.1 气焊焊丝及其标准

气焊焊丝有碳钢焊丝、低合金钢焊丝、铜焊丝、铝焊丝等。在实际生产中，可以采用非专用焊丝进行气焊。埋弧焊、气体保护焊的焊丝，只要牌号或成分接近，均可用于气焊生产。

焊丝的规格有 1.6mm、2.0mm、2.5mm、3.2mm、4.0mm、5.0mm、6.0mm 等。

EN 12536：2000《非合金钢和热强钢气焊焊丝标记》规定了气焊用焊丝的规格和技术要求，见表 2.5。

表 2.5　EN 12536 中焊丝的化学成分标记及含量（质量百分比 /%）

标记	C	Si	Mn	S	P	Mo	Ni	Cr
O Z	协商							
O I	0.03~0.12	0.02~0.20	0.35~0.65	0.025	0.030	—	—	—
O Ⅱ	0.03~0.20	0.05~0.25	0.50~1.20	0.025	0.025	—	—	—
O Ⅲ	0.05~0.15	0.05~0.25	0.95~1.25	0.020	0.020	—	0.30~0.80	—
O Ⅳ	0.08~0.15	0.10~0.25	0.90~1.20	0.020	0.020	0.45~0.65	—	—
O Ⅴ	0.10~0.15	0.10~0.25	0.80~1.20	0.020	0.020	0.45~0.65	—	0.80~1.20
O Ⅵ	0.03~0.10	0.10~0.25	0.40~0.70	0.020	0.020	0.90~1.20	—	2.00~2.20

各种焊丝对气焊的适应程度反映在它们的性能上，即流动性、渗透性（在焊接过程中）以及在熔池中的气孔倾向，见表 2.6。

表 2.6　气焊焊丝性能对比表

	焊丝等级						
	I	Ⅱ	Ⅲ	Ⅳ	Ⅴ	Ⅵ	Ⅶ
流动性	好	较好	黏性				
渗透性	大	小	无				
气孔倾向	有	有	小	无			小

2.6.2 气焊用焊剂

焊剂的作用是熔化溶解掉母材表面的氧化膜，降低填充材料的熔点，去除杂质，防止熔池中金属的进一步氧化。

气焊焊剂主要用于铸铁、合金钢和有色金属的焊接，低碳钢气焊不需要焊剂。

2.7 气焊的操作工艺

2.7.1 焊前准备

焊前准备包括设备检查和接头准备 2 个方面。

2.7.1.1 设备检查

气焊使用易燃易爆的燃气，需要严格按照安全操作规程检查设备情况。ISO 5175：1987《燃气和氧气或压缩空气的安全装置》和 GB 9448—1999《焊接与切割安全》均对气焊生产提出了明确的安全规程。为此，在进行气焊操作之前，要进行设备检查，做到"七个确保"。

（1）确保气瓶与气瓶之间、气瓶与工作点之间、气瓶与其他火源或热源之间的距离不小于安全距离（5m）。

（2）确保气瓶摆放稳固。

（3）确保气体胶管无老化和无破损。

（4）确保所有接头连接牢固，无气体泄漏。

（5）确保所有设备不接触油脂。

（6）确保工作点周围 5m 内没有可燃物和易燃物。

（7）开启瓶阀前，确保减压器顶针是松开的。

2.7.1.2 接头准备

接头准备包括接头形式的设计、坡口形式与尺寸的设计、坡口的加工与清理。

通常，气焊适合焊接 6mm 以下的薄板。接头形式有对接接头、搭接接头、角接接头和 T 形接头。对接接头中，板厚≤1mm 时，要制备卷边接头，防止烧穿。板厚超过 3mm 时，要双面焊接。母材两侧 30mm 范围内，要清除表面锈蚀、油污和熔渣。

2.7.2 焊接工艺参数

气焊工艺参数包括焊丝直径、火焰能率、焊嘴倾角、火焰高度、焊接速度等。

2.7.2.1 焊丝直径

根据板厚选择，板厚增加，焊丝直径增大。表 2.7 给出了推荐焊丝直径。

表 2.7　推荐焊丝直径

工件厚度 /mm	1~2	2~3	3~5	5~10	10~15
焊丝直径 /mm	1~2	2	2~3.2	3.2~4	4~6

2.7.2.2 火焰能率

火焰能率是单位时间内氧气与燃气的消耗总量（L/min）。火焰能率越大，表明加热速度越快，熔深越大。火焰能率根据板厚、材料热导率和焊接位置选择。板厚越大，材料热导率越高，火焰能率就越大。空间位置火焰能率比平焊位置略小，而火焰能率受到焊炬型号和焊嘴的孔径限制。

2.7.2.3 焊嘴倾角

焊嘴倾角越大，火焰热效率越高。焊嘴倾角应根据板厚和材料的热导率选择。板越厚，热导率越高，焊嘴倾角应越大，如图 2.11 所示。

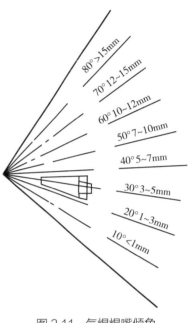

2.7.2.4 火焰高度

火焰温度最高的区域位于内焰区，即焰心前端 3~5mm 处。所以，不论焊接还是切割，母材表面要置于这个区域。

2.7.2.5 焊接速度

要配合火焰能率、焊嘴倾角和火焰高度，确保良好的焊缝成形。

图 2.11　气焊焊嘴倾角

2.7.3　手工操作要领

手工气焊使用的是射吸式焊炬，所以这里简要介绍气焊操作的要领，重点介绍其注意事项。

2.7.3.1 检查射吸能力

连接氧气胶管，开启氧气瓶阀和减压器，打开焊炬上的氧气阀门，用拇指堵住乙炔进口，若感到手指被吸住，证明氧气射吸能力正常。若感觉不到吸力，证明焊炬存在堵塞需要清理，重点检查焊嘴。因为焊嘴孔容易积聚炭黑，用专用通针进行清理后，再重复上述步骤。

2.7.3.2 点火与熄火

先开焊炬上的氧气阀门，再开乙炔阀门，用点火器点火。将氧气和乙炔阀门调整到合适的火焰类型。熄火时，先关闭乙炔阀门，后关闭氧气阀门。

2.7.3.3 回火的处置

一旦发生回火，应立即将乙炔胶管折起，防止火焰回烧。然后立即关闭乙炔阀门并松开乙炔减压器的螺钉。

2.7.3.4 定位焊接

通常，3mm 及以下的薄板从中间开始定位焊，然后对称向两端布置焊点。3mm 以上的板则从一端开始定位焊，再到另一端焊，然后对称向中间布置焊点。

2.7.3.5 左焊法与右焊法

图 2.12 是左焊法与右焊法示意图。左焊法熔深浅，熔池可见性差。右焊法熔深大，熔池可见，容易控制。

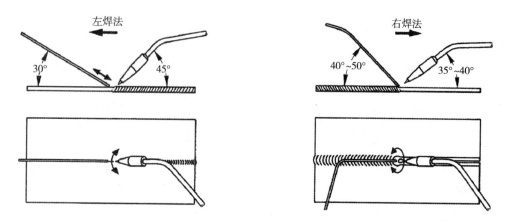

左焊法　右焊法

30°　45°　40°~50°　35°~40°

图 2.12　左焊法与右焊法

2.7.3.6 焊炬与焊丝的摆动

在对 V 型坡口进行填充焊接时，为填满坡口，需要扩大熔宽，利用焊炬和焊丝的摆动可以实现。摆动的轨迹有锯齿形、月牙形、螺旋线形等，如图 2.13 所示。

图 2.13　摆动轨迹

2.7.3.7 填满火口

焊缝收尾处的火口容易形成缩孔和裂纹，需要填满。焊炬在此停留或小幅摆动，反复添加 2~3 次焊丝即可。

2.8 其他火焰技术

2.8.1 气压焊

图 2.14 是气压焊的基本原理示意图。这种焊接方法结合了气焊与压力焊的优势，通过环形焊嘴将接头加热软化，通过顶锻力将接头压紧并发生塑性变形达到焊接的目的。这种方法克服了气焊无法进行批量生产和焊接变形大、质量不稳定等缺欠，大大拓展了气焊的应用范围。

2.8.2 火焰切割

火焰切割又叫气割，是板材下料和切割坡口的主要方法。因其设备简单、效率高、适应性强而得到广泛应用。图 2.15 是切割过程示意图。

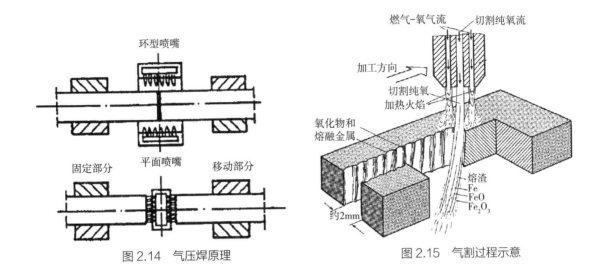

图 2.14　气压焊原理

图 2.15　气割过程示意

2.8.3　火焰矫正

将焊件变形部分用火焰加热，迅速急冷，用新产生的变形矫正原有变形。用于焊接、切割、堆焊等变形的矫正。图 2.16 是火焰矫正的典型用法。在板材和型材变长的部位进行加热，然后水冷，可以使长边（长面）变短，从而矫正变形。火焰矫正需要操作者有丰富的经验，且只能对碳钢进行矫正，因为火焰加热和随后的冷却会导致表面严重的氧化和纤维组织性能的变化。

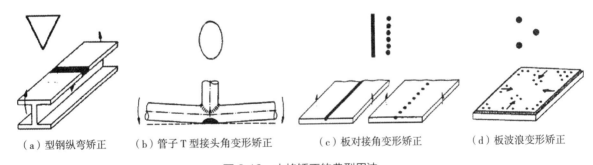

（a）型钢纵弯矫正　　（b）管子 T 型接头角变形矫正　　（c）板对接角变形矫正　　（d）板波浪变形矫正

图 2.16　火焰矫正的典型用法

2.8.4　火焰热处理

火焰热处理是用火焰热将工件加热到一定温度后进行冷却，使工件组织性能发生变化的热加工方法。包括焊件的预热、消应力处理、消氢处理等，还包括火焰表面淬火。

火焰热处理的特点是操作灵活，对工件尺寸的适应性强。可以将工件局部加热，相对于工件整体加热，能节约大量能源和工时。

2.8.5　火焰喷涂

火焰喷涂是一种表面处理技术，将喷涂材料（粉末、线材或药芯线材）熔化，用压缩空气将熔滴雾化喷涂到工件上，制备耐蚀、耐磨、抗氧化或装饰涂层。图 2.17 是火焰喷涂的原理。

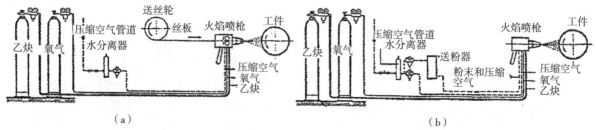

图2.17　火焰喷涂原理

参考文献

［1］中国机械工程学会焊接学会.焊工手册：手工焊接与切割［M］.北京：机械工业出版社，2004.

［2］张子荣，时炜.简明焊接材料选用手册［M］.北京：机械工业出版社，2004.

本章的学习目标及知识要点

1. 学习目标

（1）了解工业燃气的种类及各自的物化性质和安全使用规程。

（2）了解工业氧气的物理、化学性质和安全使用规程。

（3）掌握气焊的原理、特点、用途。

（4）了解手工气焊操作的基本要领和工艺要点。

（5）了解除气焊以外的其他火焰技术原理和用途。

2. 知识要点

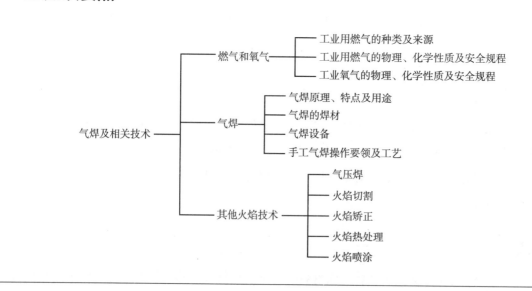

第 3 章

电工基础

编写：刘频　审校：张岩

本章主要介绍焊接技术所涉及的电工和电子学科的相关基础知识，包括电工学基础理论及基本电路定律、常用的电路基本元件、电源、电磁学基础知识、焊接设备中整流电路、焊接设备中常用的功率电气元件及其工作原理和焊接设备电气安全等几部分内容。

3.1 电工学基础

3.1.1 电路和电路模型

由若干个电子器件或电器设备经若干导线连接起来形成的通路叫电路。电路可实现诸如供电、传输、存储、信号处理、运算等多种功能。在电路分析过程中，通常不直接研究实际电路，而是研究实际电路的数学模型，即电路模型。电路模型是由理想化的电路元件相互连接构成的，理想化电路元件（简称电路元件）是从实际器件的电磁特性抽象出来的数学模型。电路的基本理想元件有电阻、电容、电感、电流源和电压源等（本章中所讨论的电路和电路元件等，除特别说明外，均指电路模型和理想化电路元件）。

3.1.2 电流、电压、参考方向和极性

带电粒子（电子、离子）定向移动形成电流。单位时间内通过导体横截面的电荷定义为电流，用符号 i 或 I 表示，SI（国际单位制）单位是安培（A）。

电荷在电路中移动，会发生能量的交换。单位正电荷由电路中 a 点移动到 b 点所获得或失去的能量，称为 ab 两点的电压，用符号 u 或 U 表示，SI 单位是伏特（V）。

为了电路分析和计算的需要，可任意规定电流参考方向，用箭头标在电路图上。若电流实际方向与参考方向相同，电流取正值；若电流实际方向与参考方向相反，电流取负值，如图 3.1（a）、图 3.1（b）所示。对于电压而言，习惯上认为电压的实际方向是从高电位（正极性）指向低电位（负极性）。在分析电路时，必须规定电压的参考方向或参考极性，用"+"和"–"分别标注在电路图的 A 点和 B 点附近。若计算出的电压 $u_{AB}(t) > 0$，表明该时刻 A 点电位比 B 点电位高，反之，则表明

该时刻 A 点电位比 B 点电位低。如果指定流过元件的电流与电压的参考方向一致，则把电流和电压的这种参考方向称为关联参考方向，如图 3.1（c）所示。

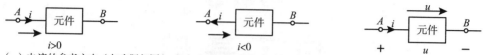

（a）电流的参考方向（与实际相同）（b）电流的参考方向（与实际相反）（c）电流、电压关联参考方向

图 3.1　电流、电压与参考方向

3.1.3 电路的基本物理量及其符号和单位

电路的特性是由电流、电压、电功率等物理量来描述的，表 3.1 给出了常用的电路物理量及其符号单位。

表 3.1　常用的电路基本物理量及其符号单位

名称（符号）	单位名称（符号）	导出单位	名称（符号）	单位名称（符号）	导出单位
频率（f）	赫兹（Hz）	1 / s	电阻（R）	欧姆（Ω）	V / A
角频率（ω）	弧度 / 秒（rad/s）	2π / s	电导（G）	西门子（S）	A / V
能量或功（W）	焦耳（J）	N·m	电容（C）	法拉（F）	C / V
功率（P）	瓦特（W）	J / s	磁通量（Φ）	韦伯（Wb）	V·s
电荷（Q）	库仑（C）	A·s	电感（L）	亨（H）	Wb / A
电流（I）	安培（A）	C / s	磁场强度（H）	安 / 米（A/m）	A / m
电压（U）	伏特（V）	W / C	磁感应强度（B）	特斯拉（T）	N /（A·m）

3.1.4 电功率、电流的热效应和焦耳定律

电路的分析和计算中，电功率与电压和电流密切相关。当正电荷从元件上电压的"+"极经元件运动到电压的"–"极时，与此电压相应的电场力要对电荷做功，这时元件吸收能量；反之，正电荷从电压的"–"极经元件运动到电压"+"极时，与此电压相应的电场力要对电荷做负功，元件向外释放电能。

电路中一段电路或一个元件单位时间电路所失去或得到的能量为电功率，简称功率。数学表达式为 $p = \mathrm{d}w / \mathrm{d}t$ 或 $p = u \times i$，在直流电路中用大写字母 P 表示，表达式为 $P = U \times I$。

当电流通过电阻时，电流做功而消耗电能，产生了热量，这种现象叫作电流的热效应，该现象可用焦耳定律来定量描述，电流通过导体产生的热量跟电流的二次方成正比，跟导体的电阻成正比，跟通电的时间成正比，其数学表达式为 $Q = I^2Rt$，其中，Q 为电流在电阻上产生的热量，SI 单位是焦耳（J）。利用电流的热效应可将电能转换成热能，诸多焊接设备如钎焊用电炉和电阻焊机等，均使用该热效应来产生热能。

3.1.5 电阻、电容和电感元件

3.1.5.1 电阻元件和欧姆定律

　　电阻元件是从实际电阻中抽象出来的理想化电路模型，电阻元件可以这样定义：一个二端元件，在任一瞬间，流过它的电流 $i(t)$ 与两端产生的电压 $u(t)$ 的关系由 u-i 平面上的一条曲线所决定，则此二端元件称为电阻元件。如果电阻的伏安特性曲线是通过原点的直线，电压与电流的关系为线性关系，称为线性电阻。如果电阻的伏安特性曲线不随时间变化，称为非时变电阻。电阻的电气符号和电压、电流关系特性曲线如图 3.2 所示。

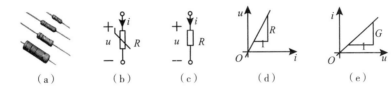

（a）色环电阻实物图　（b）非线性电阻符号　（c）线性电阻符号　（d）线性非时变电阻伏安特性曲线
（e）线性非时变电阻安伏特性曲线

图 3.2　电阻的电气符号和电压、电流关系特性曲线

　　线性非时变电阻的电压电流关系可由欧姆定律来描述，该定律可简述为：在同一电路中，通过某段导体的电流跟这段导体两端的电压成正比，跟这段导体的电阻成反比，其数学表达式为 $I = U/R$ 或 $I = GU$。其中，R 称为电阻，SI 单位是欧姆（Ω），G 称为电导，SI 单位是西门子（S）。

　　电阻元件是吸收电路电能，且不存储电能的电路元件，电阻的功率表达式为：$p = u \times i = i^2 \times R = u^2/R$（W）。

3.1.5.2 电容元件

　　电容是以聚集电荷的形式储存电能的电路元件，可以将电容定义为：在任一时刻 t，它的电荷 q 与端电压 u 之间的关系可以用 q-u 平面上的一条曲线来确定，则称该二端元件为电容元件。电容的电气符号和电荷电压关系特性曲线如图 3.3 所示，电流输入端为电压的正极性端。线性非时变电容的数学表达式为 $Q = CU$，用 C 来表示电容，SI 单位是法拉（F）。在电路的分析中，常用伏安关系表达式 $i_c = C\dfrac{du_c}{dt}$ 来描述电容元件电气特性，由此可见，电容元件是储能性元件。电容元件的功率关系式为 $p = u_c \times i_c$，能量关系式为 $W_c = \dfrac{1}{2} C \times u_c^2$。

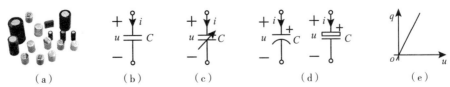

（a）电容实物图　（b）无极性电容符号　（c）可变电容符号　（d）有极性电容符号　（e）线性非时变电容的库伏特性

图 3.3　电容的电气符号和电荷电压关系特性曲线

3.1.5.3 电感元件

　　电感是储存磁场能量的电路元件，其瞬时磁通量正比于通过它的瞬时电流。因此，可以将电感

定义为：如果在任一时刻 t，它的磁通链 ψ 和通过它的电流 i 之间的关系可以用 Ψ–i 平面上的一条曲线来确定，则此二端元件称为电感元件。电感元件的符号如图 3.4 所示，依据电磁感应定律可得线性非时变电感的数学表达式为 $\psi = Li$，用 L 来表示电感，SI 单位是亨利（H）。在电路的分析中，常用伏安关系表达式 $U_L = L\dfrac{\mathrm{d}i_L}{\mathrm{d}t}$ 来描述电感元件电气特性，电感元件也是储能性元件。电感元件的功率关系式为 $p = u_L \times i_L$，能量关系式为 $W_c = \dfrac{1}{2}L \times i_L$。

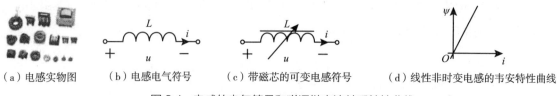

（a）电感实物图　　（b）电感电气符号　　（c）带磁芯的可变电感符号　　（d）线性非时变电感的韦安特性曲线

图 3.4　电感的电气符号和磁通链电流关系特性曲线

3.1.6　电阻电路的并联、串联和等效电阻

仅由电源和线性电阻元件构成的电路称为电阻电路，对电阻电路进行分析和计算时，可用电路等效变换的方法简化电路。

若干个电阻首尾两端相接，流过同一个电流，如图 3.5 所示，称为串联。串联电路的特点如下。

（1）所有电阻流过同一电流，总电压等于各串联电阻的电压之和，电阻上的电压与电阻的大小成正比，因此串联电阻电路可作为分压电路。

（2）等效电阻，串联电路的总电阻等于各分电阻之和：$R_{eq} = R_1 + R_2 + \cdots + R_n = \sum\limits_{k=1}^{N} R_k$。

（3）电阻串联时，各电阻消耗的功率与电阻大小成正比：$P = \sum\limits_{k=1}^{N} P_K = i^2 R_{eq} = \dfrac{u^2}{R_{eq}}$。

若干个电阻的两端跨接在一起，承受同一个电压，如图 3.6 所示，称为并联。并联电路的特点如下。

（1）所有电阻施加同一电压，总电流等于流过各并联电阻的电流之和，流过电阻的电流与电阻的大小成反比，因此并联电阻电路可作为分流电路。

（2）等效电导，并联电路的总电导等于各分电导之和：$G_{eq} = G_1 + G_2 + \cdots + G_n = \sum\limits_{k=1}^{N} G_k$。

（3）所有电阻消耗的总功率：$P = \sum\limits_{k=1}^{N} P_K = u^2 G_{eq} = \dfrac{i^2}{G_{eq}}$。

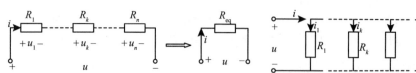

图 3.5　串联电阻电路及其等效电路

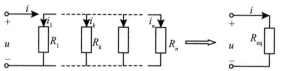

图 3.6　并联电阻电路及其等效电路

3.2 电源及其种类

就电路分析而言，电源是一类为电路提供（或吸收）电能的电路元件，用以维持电路中的电压或电流，依据该特点，在理想化的电路模型上，可将电源分为电压源和电流源。

对于电压源而言，无论流过电源的电流为何值，电源两端的电压都是一定的时间函数 $u_s(t)$ 或恒定值 U。CO_2 和 MIG/MAG 焊机在其部分输出外特性工作区段，可等效视为电压源。同理，无论电源的端电压为何值都能输出定值的电流 I 或一定的时间函数的电流 $I_s(t)$，此类电源称为电流源，TIG 或等离子焊机在其部分输出外特性工作区段，可等效视为电流源。

通常依据电源的电压或电流是否随时间的变化而改变方向，可以将电源分为直流电源和交流电源。

3.2.1 直流电

直流电（Direct Current，DC），广义上讲，直流电是指方向不随时间变化而变化的电流或电压，但电流或电压的大小可以不为恒值或形成周期波形（如由交流电整流、滤波后而得的脉动直流）。有时直流也可特指方向和幅值大小均不随时间变化的电流或电压（即恒定直流）。

3.2.2 交流电与三相交流电

交流电（Alternating Current，AC）也称"交变电流"，简称"交流"。从广义上讲，交流电一般指大小和方向随时间做周期性变化，且周期内平均值为零的电流或电压，它的最基本的形式是正弦电流或电压，故交流电有时也可特指正弦交流电。以正弦电压为例，式（3–1）为正弦信号的一般表达式，对应的波形如图 3.7（a）所示。

$$u(t) = U_m \sin(\omega t + \theta) = U_m \sin(2\pi f t + \theta) = U_m \sin\left(\frac{2\pi}{T} t + \theta\right) \tag{3-1}$$

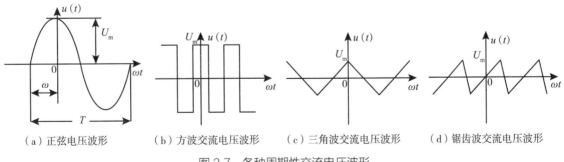

（a）正弦电压波形　　（b）方波交流电压波形　　（c）三角波交流电压波形　　（d）锯齿波交流电压波形

图 3.7　各种周期性交流电压波形

表达式中的 U_m 称为振幅，$\omega t + \theta$ 是随时间变化的弧度或角度，称为瞬时相位。θ 是在 $t = 0$ 时的相位，称为初始相位或初相角。ω 是相位随时间变化的速率，称为角频率（单位为 rad / s）。U_m、ω（或频率 f）、θ 称为正弦相量的三要素。

交流电随时间变化能以多种多样的形式表现出来，如图 3.7（b）、图 3.7（c）、图 3.7（d）所示的方波交流、三角波交流、锯齿波交流等，各种周期波形，均可按傅里叶级数展开成若干个不同频率的正弦或余弦波形，再叠加而成，其基本的分析方法与正弦交流电路相同。不同表现形式的交流电其应用范围和产生的效果也是不同的。

正弦交流信号的平均值为零，对于正弦信号是无法用平均值来表示其大小的。在工程应用中，经常用有效值来衡量正弦信号的幅度，有效值又称为均方根（RMS）值。如正弦电压的有效值 U 与最大幅值 U_m 的关系为 $U_m = \sqrt{2}\,U$。常用的 220 V 交流电压和 380 V 交流电压都是指有效值。交流电压、交流电流的有效值分别用大写字母 U 和 I 表示。通常交流电的数值在无特殊说明时，均是指有效值，常用的交流电压表、交流电流表测量的也是有效值。

三相交流电是由三个频率相同、电势振幅相等、相位差互差 120° 的正弦交流电源按星形（Y）或三角形（△）方式连接组成的电力系统。世界上绝大多数国家的电力系统均采用三相制。与单相交流电相比，三相交流电可以为感应电机提供持续、均匀、平稳的旋转磁场，因此三相交流电也称动力电。

3.2.3 正弦交流电路中基本元件的阻抗与导纳

电阻支路：阻抗 $Z_R = R$；导纳 $Y_R = 1/R = G$；均为实数，所以电阻上电压与电流同相。

电容支路：阻抗 $Z_C = 1/(j\omega C) = -j/(\omega C)$；导纳 $Y_C = j\omega C$，为复数。阻抗还可以表示为 $Z_C = -jX_C$，其中 $X_C = 1/\omega C$，称为容抗，电容上的电流超前于电压 90°。

电感支路：阻抗 $Z_L = j\omega L$；导纳 $Y_L = 1/(j\omega L)$。阻抗还可以表示为 $Z_L = jX_L$，其中 $X_L = \omega L$ 称为感抗，电感上的电流滞后于电压 90°。

3.3 电磁学基础

3.3.1 磁场与磁路的基本概念

3.3.1.1 磁场常用的几个物理量

磁场是一种特殊物质，由于电流伴有磁效应，有电流的地方就会伴随着磁场的存在，常用于表征磁场特性的物理量如下。

（1）磁感应强度：表征磁场中某点的磁场强弱和方向的矢量 $B = F/(I \times l)$，方向符合右手定则。用 B 表示磁感应强度，SI 单位是特斯拉（T），$1T = 1Wb/m^2$。

（2）磁通：穿过垂直于 B 方向的面积 S 中的磁力线总数，$\varPhi = B \times S_c$。磁力线是闭合曲线，磁通是连续的。用 $\varPhi$ 表示磁通，SI 单位是韦伯（Wb），$1Wb = 1V \cdot s$（伏·秒）。

（3）磁场强度：磁场强度是描述磁场性质的一个导出物理量，通过安培环路定律 $\oint H \times dl = \sum I$ 可将电流与磁场强度联系起来。在均匀磁场中 $H = (I \times N)/l = F/l$，F 为磁通势，$H \times l$ 为磁压降。常用 H 表示磁场强度，SI 单位是 A/m（安培/米）。

（4）磁导率：$\mu = B/H$，表征磁介质磁性的物理量，用 μ 表示磁导率，SI 单位是 H/m（亨/米）。

3.3.1.2 磁路及其相关定律

（1）磁路：由于磁性物质具有高导磁性，可用来构成磁力线的集中通路。

（2）磁路欧姆定律：根据 $\oint H dl = \sum I$ 可得 $\Phi = F/R_m$，其中 R_m 称为磁阻。

（3）磁路的基尔霍夫第二定律：对于分段均匀磁路有 $\sum Hl = IN$ 称为磁路的基尔霍夫第二定律。

3.3.1.3 交流铁芯线圈电路

（1）电磁关系：铁芯线圈中通入交流电流 i 时，在铁芯线圈中产生交变磁通，其参考方向可用右手螺旋定则确定，绝大部分磁通穿过铁芯中闭合，称为主磁通 Φ，少量磁通由空气中穿过，称为漏磁通 Φ_σ。这两部分交变磁通分别产生感应电动势 e 和 e_σ，其大小和方向可用法拉第－楞次电磁感应定律和右手螺旋定则来确定 $e = d\Phi / dt$。

（2）电压与电流关系：根据基尔霍夫电压定律（KVL 电路定律）可推导出 $U \approx E = 4.44fN\Phi_m$，但当电压超过某一特定值时，磁路会出现饱和现象，随着励磁电流的增加，线圈的发热量会大大增加。

3.3.1.4 带耦合电感电路

耦合电感元件属于多端储能性元件，在如图 3.8 的线圈 L_1 中通入电流 i_1 时，在线圈 L_1 中产生磁通，同时，有部分磁通穿过邻近的线圈 L_2，这部分磁通称为互感磁通，两线圈间有磁的耦合，图 3.9 为互感元件的电路模型。

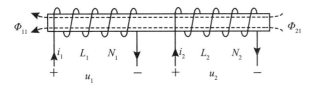 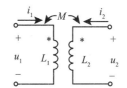

图 3.8　互感元件的原理示意图　　　　图 3.9　互感元件的电路模型

当线圈周围无铁磁物质（空心线圈）时，磁通链 $\psi = N\Phi$，ψ 与 i 成正比，当只有一个线圈时，$\psi_1 = \psi_{11} = L_1 i_1$，$\psi_{11}$ 是电流 i_1 产生的磁通在交链自身的线圈时产生的磁通链，称为自感磁通链，L_1 为自感系数，单位亨（H）。

当两个线圈都有电流时，两线圈相互感应的现象称为互感现象，每一线圈的磁链为自磁链与互磁链的代数和：$\psi_1 = \psi_{11} \pm \psi_{12} = L_1 i_1 \pm M_{12} i_2$；$\psi_2 = \psi_{22} \pm \psi_{21} = L_{22} i_2 \pm M_{21} i_1$，其中 ψ_{21} 是电流 i_1 产生磁通的一部分或者全部在交链线圈 L_2 时产生的磁通链，称为互感磁通链，M_{12}、M_{21} 为互感系数，单位亨（H）。

为了表征两个线圈之间耦合的紧密程度，引入了耦合系数的概念，用 k 来表示：$k = \dfrac{M}{\sqrt{L_1 L_2}} \leq 1$。耦合系数 k 与线圈的结构、相互几何位置和空间磁介质有关。

3.3.2 变压器的结构和工作原理

变压器是利用电磁感应原理，将某一幅值的交流电压（或电流）转换为同频率的另一幅值或另外多个幅值交流电压（或电流）的电气装置。理想变压器是实际变压器的理想化模型，同时满足耦合电路的无损耗、全耦合和参数无限大 3 个理想化条件。在一些实际工程概算中，在误差允许的范围内，通常把实际变压器当理想变压器来处理，可使计算过程简化。

变压器由闭合铁芯和两个或两个以上的匝数不同且相互绝缘的绕组（线圈）组成，其工作原理如图 3.10 所示。它只比铁芯线圈电路多了一个副绕组 W_2，其工作原理的分析与交流铁心线圈相类似。在一次绕组上施加电压，产生了空载电流和磁通。磁通中的一部分经铁芯闭合为空载主磁通，它是耦合磁通；另一部分经空气闭合为空载漏磁通。主磁通分别与 W_1（一次）和 W_2（二次）绕组耦合，分别产生感应电动势，在二次输出端输出空载电压。由于变压器的磁通可被看作是按正弦规律变化的，故有：$e_{10} = -N_1 \dfrac{\mathrm{d}\Phi_0}{\mathrm{d}t} = -N_1 \dfrac{\mathrm{d}(\Phi_{0m}\sin\omega t)}{\mathrm{d}t}$，有效值 $E_{20} = \dfrac{N_2}{N_1}E_{10} = U_1\dfrac{N_2}{N_1}k_M = U_0$。

对于理想变压器无漏磁 $k_M = 1$，则有：$E_{10} = \dfrac{N_1\omega\Phi_{0m}}{\sqrt{2}} = 4.44fN_1\Phi_{0m}$。

推出初、次级电压关系为：$\dfrac{u_1}{u_2} = \dfrac{N_1}{N_2} = n$ 或 $\dfrac{U_1}{U_2} = \dfrac{N_1}{N_2} = n$。

推出初、次级电流关系为：$\dfrac{i_2}{i_1} = \dfrac{N_1}{N_2} = n$ 或 $\dfrac{I_2}{I_1} = \dfrac{N_1}{N_2} = n$。

其中 $N_2/N_1(1/n)$ 称为变比或匝比。由于实际变压器的一次绕组和二次绕组内部均存在一定的电阻和漏抗，当变压器工作时，电流流过绕组和内部的漏抗必然会产生压降，由于该部分能量损耗较小，普通变压器输出外特性基本呈略带下降的水平外特性，如图 3.11 中的曲线 b 和曲线 c 所示。

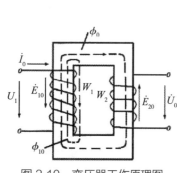

图 3.10 变压器工作原理图

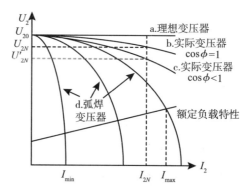

图 3.11 变压器与弧焊变压器外特性曲线图

3.3.3 弧焊变压器

弧焊变压器是一类为适应弧焊工艺需要而制造的特殊变压器，主要用于焊条电弧焊、埋弧焊和钨极氩弧焊等焊接方法。该类型变压器具有以下特点：①为保证引弧容易和交流电弧稳定燃烧，要有足够大的空载电压（$U_0 \approx 60\sim70\mathrm{V}$）和较大的输出电感；②通过串联电抗器或增强漏磁的方法，使弧焊变压器具有下降的输出外特性；③为适应焊接工艺参数变化，输出外特性在一定范围内应可调，其调节范围（$I_{min}\sim I_{max}$）如图 3.11 中的曲线（d）所示。

图 3.12 为实际弧焊变压器的工作原理图，为了方便分析，可用图 3.13 的电路，简化替代两个相互之间有磁联系的电路，并将原边的相关阻抗均折算到副边得到其等效电路。在实际工程运算中，

由于变压器的原、副边的等效电阻和电抗器的等效电阻较小，为计算方便可将其忽略，并将原、副边的漏抗和镇流电抗器合并，用 X_z 表示，由此得到简化后的等效电路图，如图 3.14 所示。根据 KVL 列回路方程可得 $\dot{U}_f = U_0 - j\dot{I}_f \cdot X_z$，将其写成标量式可得 $\left(\dfrac{I_f}{U_0/X_z}\right)^2 + \left(\dfrac{U_f}{U_0}\right)^2 = 1$。从该表达式可知弧焊变压器的输出外特性曲线，如图 3.15 所示，为伏安平面第一象限内的一个分别以 U_0/X_z 和 U_0 为其长、短轴的 1/4 椭圆。

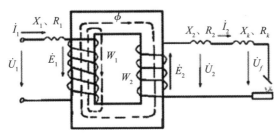

图 3.12　弧焊变压器的工作原理

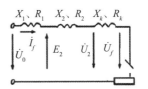

图 3.13　弧焊变压器等效电路

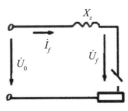

图 3.14　简化等效电路

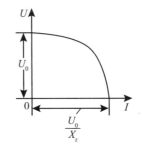

图 3.15　弧焊变压器外特性曲线

3.4 整 流 电 路

将交流电变换成直流电的过程称为整流。整流电路分类方式众多，主要的分类方式如下。

（1）按整流电路中使用器件是否可控可以分为：不可控整流和可控整流。

（2）按整流电路的电路结构形式不同可以分为：半波整流、全波整流和桥式整流。

（3）按整流电路输入交流电的相数不同可以分为：单相整流、三相整流和多相整流。

（4）按整流电路的用途不同可以分为：普通整流电路和特殊整流电路（如倍压整流、倍流整流和同步整流等）。

以上各种分类方式可以以相互组合的形式出现在同一个整流电路中，如三相桥式全控整流电路等，本节主要介绍普通整流电路，其功能主要是将单相或三相的工频交流电整流成直流电。

3.4.1 单相整流电路

单相整流电路主要包括单相半波整流电路、单相全波整流电路和单相桥式整流电路等几种电路形式。

3.4.1.1 单相半波整流电路

单相半波整流电路是仅利用一个二极管除去交流的半周剩下半周的方法进行整流的电路，其电路原理图与输出波形如图 3.16 所示，其输出电压的平均值为 $U_d = \dfrac{1}{2\pi}\displaystyle\int_0^\pi \sqrt{2}\,U_2\sin\omega t\,\mathrm{d}\omega t \approx 0.45U_2$。

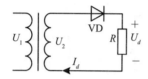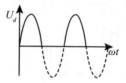

图 3.16 单相半波整流电路及其波形图

3.4.1.2 单相全波整流电路和单相桥式整流电路

单相全波整流电路和单相桥式整流电路的电路原理图与输出电压波形如图 3.17 所示，两者的输出电压的波形和平均值是一样的，均为 $U_d = \dfrac{1}{\pi}\displaystyle\int_0^\pi \sqrt{2}\,U_2\sin\omega t\,\mathrm{d}\omega t \approx 0.90U_2$。

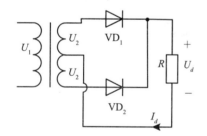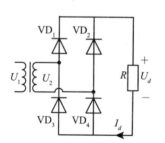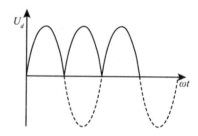

图 3.17 单相全波整流电路和单相桥式整流电路及其波形图

3.4.2 三相整流电路

焊接电源中使用的三相可控整流电路主要有三相桥式半控整流电路（见图 3.18）、三相桥式全控整流电路（见图 3.19，其整流输出波形见图 3.20）和带平衡电抗器双反星形整流电路等几种形式。

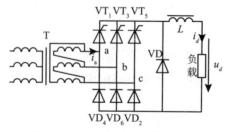

图 3.18 三相桥式半控整流电路

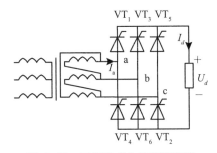

图 3.19 三相桥式全控整流电路

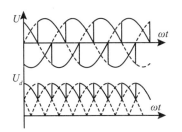

图 3.20 三相桥式全控电路电压波形图（$\alpha = 30°$）

带平衡电抗器双反星形整流电路如图 3.21 所示，由于该电路具有晶闸管利用效率高、输出波形脉动小和触发电路简单等诸多优点，被广泛地应用于各类晶闸管相控整流式焊接电源设备中。

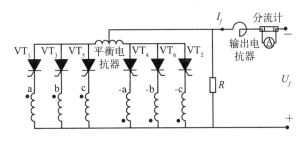

图 3.21 晶闸管整流式焊机主电路电气原理图

3.5 焊接设备常用的电气元件及其工作原理

焊接设备（主要是焊接电源）中主电路的电气元件与用于电子电路（如信号放大、处理电路和逻辑时序电路）有所不同，为大功率电子器件（导通电流为数十至数千安，电压为数百伏以上）。通常称这类电子器件为电力电子器件（Power Electronic Device）或功率电子器件，这类器件主要用于电气设备的电能变换及其相关电路。根据此类器件使用时是否可控，可将电力电子器件分为以下几类。

（1）不可控型器件：功率二极管为不可控器件。

（2）半控型器件：晶闸管为半控型器件。

（3）全控型器件：可以分为电压驱动型器件和电流驱动型器件，其中 GTO 和 GTR 为电流驱动型器件，IGBT 和 MOSFET 等为电压驱动型器件。

随着焊接设备制造技术的发展，尤其是由 IGBT 和 MOSFET 等全控型器件组成的各类逆变式焊机，因其具有高效节电、省材轻巧、动态响应快、电气性能和焊接工艺性能优良等诸多优点，目前已成为市场主流产品。

3.5.1 功率二极管

二极管是由半导体 PN 结构成，具有正向导通反向截止的特点，因此二极管适用做交流电变为直流电的整流器件，其符号及外形如图 3.22 所示。PN 结的 P 端引线称为阳极，PN 结的 N 端引线称为阴极，当二极管接上正向电压（简称正偏）时，即阳极接电源正极，阴极接电源负极，二极管导通；当二极管接上反向电压（简称反偏）时，二极管不导通（简称截止或阻断），但反偏时外加电压超过二极管的反向击穿电压时，二极管会被"反向击穿"。二极管结构和原理简单，工作可靠，用于焊接设备主电路中的二极管均为功率二极管或整流模块（导通电流较大，反向耐压较高），主要用于工频整流与续流和逆变次级整流等。常用的功率二极管的种类主要有以下几种。

（1）普通二极管：反向恢复时间较长，耐压值和导通电流值较大，该类型的二极管常用于焊接电源中电网输入工频整流电路。

（2）快速恢复二极管（FRD）和超快速二极管（UFRD）：快速恢复二极管和超快速二极管反向恢复时间较普通二极管大为缩短，通常快速恢复二极管的反向恢复时间在一百至几百纳米级别，超快速二极管的反向恢复时间在几十至一百纳米级别，该类型的二极管主要应用于逆变式焊接电源的中频整流电路和高频整流电路。

（3）肖特基势垒二极管（SBD）：肖特基势垒二极管是一种低功耗、超高速半导体整流器件，优点是开关速度快，通态压降低，缺点是耐压值较低，反向漏电流较大，易热击穿，一般用于低压高频信号电路，随着高压制造工艺的逐渐成熟（尤其是 SiC 肖特基势垒二极管制造工艺），因其具有高频、高温和低开关损耗等优良性能，目前已经开始在各种焊接设备的高频整流电路中有所应用。

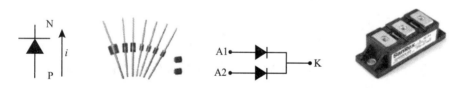

图 3.22 二极管与快速整流模块的电气符号及外形

3.5.2 晶闸管

3.5.2.1 晶闸管概述

晶闸管是晶体闸流管的简称，1957 年美国通用电气公司研制出世界上第一款晶闸管产品，晶闸管在 1958 年被商业化后，立刻取代早期的整流器件，成为当时最主要的大容量可控整流器件。晶闸管内部为 4 层 PNPN 半导体结构，有阳极 A、阴极 K 和门极 G 3 个输出端，其外形及电气符号如图 3.23 所示。20 世纪 80 年代后期，逐渐开始被功率晶体管（GTR）、功率场效应晶体管（MOSFET）和绝缘栅双极型晶体管（IGBT）等全控型器件替代，但在大容量电力变换场合还有重要的应用。

（a）螺栓式（中等容量）　　　（b）平板式（大容量）　　　（c）电气符号

图 3.23　晶闸管的外形及电气符号

3.5.2.2　晶闸管的特性、分类和应用场合

优点：容量大，耐压值高，工作电路可靠。

缺点：为半控型器件，依靠外部条件关断电路；相位控制器件，开关频率低（组成的开关设备有噪声）；电流控制型器件，驱动电路较复杂，控制能量损耗较大。

分类：普通晶闸管、快速晶闸管、双向晶闸管、逆导晶闸管和光控晶闸管等多种类型。国产普通晶闸管主要有 KP（普通）、KK（快速）、KG（高频）、KS（双向）等系列型号，目前商用 KP 系列的可以达到 6.5kV/4kA 或 2.8kV/6.8kA 的技术水平。

应用场合：晶闸管目前主要应用于各种容量的次级相控整流式焊接电源。

3.5.2.3　晶闸管的静态工作特性

（1）承受反向电压时，不论门极是否有触发电流，晶闸管都不会导通。

（2）承受正向电压时，仅在门极有触发电流的情况下晶闸管才能开通。

（3）晶闸管一旦导通，门极就失去控制作用。

（4）要使晶闸管关断，只能使晶闸管的正向电流小于维持电流。

3.5.2.4　晶闸管的触发（延迟）角 α 和导通角 β 或 θ

晶闸管导通角 β 越大，整流电压越大，触发角 α 则相反。值得注意的是，在单相可控整流电路中，触发角 α 是从相位角零点开始计算的；而在三相可控整流电路中，触发角 α 是从自然换相点（通常为相位角的 30°）开始计算的。

3.5.3　功率晶体管

功率晶体管（Giant Transistor，缩写为 GTR，或称 Power Transistor）与电子设备中常见的普通双极结型晶体管 BJT（Bipolar Junction Transisitor）基本原理是一样的，通常采用至少由两个晶体管按达林顿接法组成的单元结构，采用集成电路工艺将许多这种单元并联而成。晶体管用于电能变换电路时与数字电路一样，基本工作在开关状态。其主要优点是耐压较高、电流容量较大、开关频率较高（可达十几至几十千赫兹），主要缺点存在二次击穿问题，为电流控制型器件，负温度系数器件。商用的大功率晶体管模块可以达到 1.2~2kV/1~2kA 的技术水平。随着 MOSFET 和 IGBT 等性能更为优良的全控型功率半导体器件的出现，目前功率晶体管已经开始逐渐退出了电能变换领域，在日系的焊接设备中还有少量的应用。

3.5.4　功率场效应晶体管

功率场效应晶体管（Power MOSFET）是一种单极型电压控制器件。通过栅极电压来控制漏极电流，该器件不但有自关断能力，而且有驱动电路简单、驱动功率小、开关速度快、工作频率高、无二次击穿问题、安全工作区域宽、易于并联使用等优点；缺点主要是电流容量较小，耐压值低，其电气符号如图 3.24 所示。目前商用大功率 MOSFET 单管可以达到 75V/1500A 或 1000V/38A 的技术水平，采用新型 SiC 技术的商用 MOSFET 单管可以达到 650V/120A 的技术水平，并具有更好的高频、高温性能和低开关损耗等优点，具有良好的发展前景。目前 MOSFET 器件主要应用于开关频率较高的紧凑型或中、小型体积的各式逆变式焊接电源和各种钎焊用高频感应加热设备中。

3.5.5　绝缘栅双极型晶体管

绝缘栅双极型晶体管（Insulated Gate Bipolar Transistor，IGBT）是 GTR 和 MOSFET 复合器件，集二者的优点于一身。具有输入阻抗高、热稳定性好、通态电阻小、耐压高、电流大、开关速度高、开关损耗小等诸多优点，其电气符号和实物图如图 3.25 和图 3.26 所示。目前商用大功率 IGBT 模块可以达到 4.5kV/3.6kA 的技术水平，在焊接电源常用低压范围内（不高于 1200V），最大开关频率可超 100kHz。由此可见 IGBT 是一种非常理想的电力半导体开关器件，可广泛应用于各种电力变换场合，是当前各种类型和用途的逆变式焊接电源的首选电力半导体开关器件。

图 3.24　N 沟道 MOSFET 电气符号　　　　图 3.25　N 沟道 IGBT 电气符号

图 3.26　IGBT 分立元件与 IGBT 模块实物图

3.6　电气安全（危险性、健康与安全）

焊接设备尤其是焊接电源设备，如果安装或使用不当，可能会引发漏电和触电等电气安全事故，触电事故主要发生在焊接设备的电网输入端、焊接电流输出连接端和接头位置。人体触电时，电流会对人体造成 2 种伤害：电击和电伤。在绝大部分触电事故中，危及人体生命安全的主要是电击。在高压触电事故电击和电伤会同时发生。电流对人体的电击伤害的严重程度与通过人体的电流大小、频率、持续时间、流经途径和人体的健康状况有关。

一般认为 30mA 以下是安全电流，工频危险电流为 50mA。当通过人体的电流小于 100mA 时，通常不会直接造成人类死亡。不过，即使通过人体的电流属于安全电流，但触电时间过长，人体抵抗力差，还是有一定危险的。

电流频率不同，对人体的伤害程度也不同。直流电流、高频电流、冲击电流对人体都有伤害作用，但其对人体造成的伤害程度一般较工频电流要小。25~300Hz 的交流电流对人体伤害最为严重，1000Hz 以上因集肤效应，伤害程度会有所减轻，但高压的高频电同样具有电击致命的危险。

通过人体的电流取决于外加电压和人体电阻，人体的电阻视人体各种组织器官而有所差异。在考虑电气设备安全问题时，人体的电阻一般按 800~1000Ω 计算。人体的电阻通常是定值，加到人体的电压越高，则通过人体的电流也就越大。在国家标准 GB/T 3805—2008《安全电压》中规定安全电压额定值的等级为 42V、36V、24V、12V、6V，通常把 36V 以下的电压定为安全电压，工厂进行设备检修使用的手灯和机床照明都采用安全电压。但 42V 和 36V 电压并非绝对安全，若人体电阻按 1000Ω 计算，触电电流仍达 36mA。所以国标也规定当电气设备采用超过 24V 的安全电压时，必须采取防直接接触带电体的保护措施。

参考文献

［1］邱关源，罗先觉．电路［M］.5 版．北京：高等教育出版社，2006.

［2］上官右黎．电路分析基础［M］.北京：北京邮电大学出版社，2003.

［3］黄石生．弧焊电源及其数字化控制［M］.2 版．北京：机械工业出版社，2019.

［4］曹孟州．交流电流对人体的伤害［J］.农村电工，2009，17（11）：47.

本章的学习目标及知识要点

1. 学习目标

（1）熟悉焊接技术相关的电工学基础理论和基本电路定律，掌握常用的电路基本元件。

（2）掌握各类电源，了解磁场与磁路相关基础知识，掌握变压器与弧焊变压器的结构和工作原理。

（3）了解整流电路及其分类，掌握单相整流电路与焊接设备中常用三相整流电路的工作原理。

（4）了解焊接设备中常用功率半导体元件及其工作原理。

（5）掌握焊接设备电气安全相关知识。

2. 知识要点

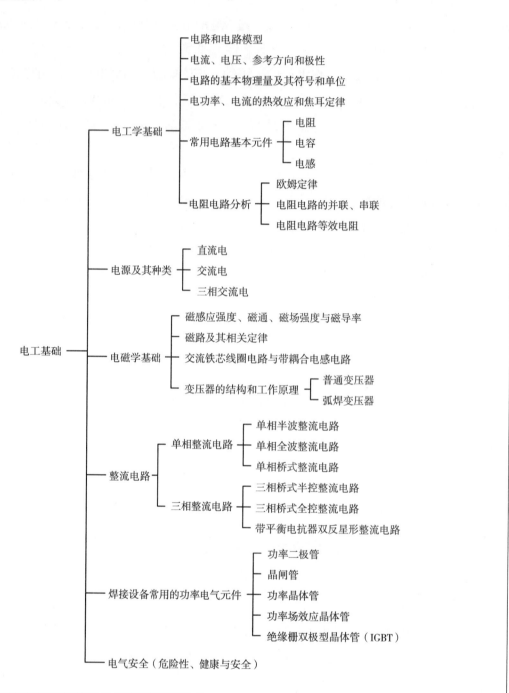

第 **4** 章

电　弧

编写：张岩　审校：钱强

电弧作为电弧焊的能量来源，在焊接过程中起到对母材和焊材加热直至熔化并形成熔池的作用，本章从电弧的产生机理、电弧组成及温度分布、电弧的特性、电弧的极性、电弧力等方面介绍电弧的基础知识，为后续各电弧焊章节的学习提供基础知识铺垫。

4.1 电　　弧

在由焊接电源供给一定电压的两电极间或电极与母材间，气体介质中产生的强烈而持久的放电现象称为焊接电弧，简称电弧，焊条电弧焊电弧示意图如图 4.1 所示。

电弧是所有电弧焊焊接工艺的热量来源，在焊接时，电弧将电能转化为热能，电弧热熔化母材和填充材料并使其形成液态熔池。焊接电弧对熔滴过渡和焊缝成形等有很大的影响。

4.2 电弧中的带电粒子

电弧是由两电极和其间的带电粒子组成的，该带电粒子一般为带正电的正离子和带负电的电子，为保证电弧的持续燃烧在两电极之间必须有一定的电场，如图 4.2 所示。电弧中带电粒子的产生有多种形式，如气体解离、气体电离、电子发射等。

4.2.1 气体解离

并非所有气体都能直接电离形成等离子体，多原子气体往往先在高温电弧作用下由多原子分解为单原子，这种气体在热作用下，由多原子向单原子分解的现象称为气体解离，也叫热解离。该现象几乎是所有多原子气体均会发生的现象。出现这种现象主要是由于多原子气体的解离能普遍较低，在焊接电弧作用下气体分子的解离度非常高而导致，常见气体的分解热见表 4.1。气体热解离时需要从电弧中吸收热量，所以该过程有降低电弧温度的作用，在相同电弧长度下，采用在单原子气体中添加多原子气体进行保护时，电弧电压和电弧温度均要比单原子气体高得多，电弧的收缩也更加明显。

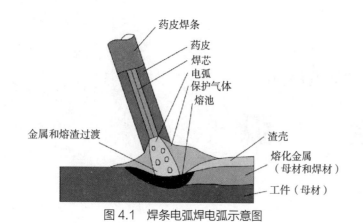

图 4.1 焊条电弧焊电弧示意图　　　　图 4.2 电弧焊过程中带电粒子的流动方向

表 4.1 气体的分解热

分解	能量 /eV	分解	能量 /eV
$H_2 \rightarrow H+H$	4.4	$NO \rightarrow N+O$	6.1
$N_2 \rightarrow N+N$	9.1	$CO \rightarrow C+O$	10.0
$O_2 \rightarrow O+O$	5.1	$CO_2 \rightarrow CO+O$	5.5
$H_2O \rightarrow OH+H$	4.7	—	—

4.2.2 气体电离

气体由于受到电场或热能的作用，会使中性气体原子中的电子获得足够的能量，从而克服原子核对它的引力而成为自由电子，同时中性的原子或分子由于失去了带负电荷的电子而变成带正电荷的正离子。这种使中性的气体分子或原子释放电子形成正离子的过程叫作气体电离。

气体并不像电解质那样本身就具有电离的性质，要把中性气体粒子分离成电子和离子，必须由外部施加一定的能量，这些能量一般是电场作用或热场作用，常见的原子电离电压见表 4.2。

电离之后的气体称之为等离子体（Plasma），等离子体由离子、电子和未电离的中性粒子的集合组成，整体呈中性的物质状态。等离子体具有与原气体不同的性质，它是一种很好的导电体。

表 4.2 原子电离电压

原子	电离电压（U_i）/V	原子	电离电压（U_i）/V	原子	电离电压（U_i）/V	原子	电离电压（U_i）/V
H	13.60	Na	5.14	K	4.34	Ni	7.64
He	24.59	Mg	7.65	Ca	6.11	Cu	7.73
Li	5.39	Al	5.99	Ti	6.82	Zn	9.39
C	11.26	Si	8.15	V	6.74	Ge	7.90
N	14.53	P	10.49	Cr	6.77	Se	9.75
O	13.62	S	10.36	Mn	7.44	Kr	14.00
F	17.42	Cl	12.97	Fe	7.87	—	—
Ne	21.56	Ar	15.76	Co	7.86	—	—

4.2.3 电子发射

4.2.3.1 阴极电子发射

在焊接回路中电源供给阴极能量，自阴极向气体空间发射电子，电子经过电弧空间后被阳极接收从而形成电流回路，该过程称为阴极电子发射。阴极电子发射是焊接电源给电弧持续提供能量的唯一途径，也是中性粒子发生电离和电弧产生热量的根源，电弧的稳定性主要与阴极电子发射的难易程度有关。

阴极电子发射需要一定的能量，该能量可以是电能、热能、动能和光能等。

使第一个电子飞出金属表面所需的最低外加能量称为逸出功，单位为电子伏（eV）。因电子电量（e）是一个常数，所以通常以逸出电压来反映逸出功的大小，单位为伏。几种常见金属材料及其氧化物的逸出功见表4.3，也可用如下方式表示：

$$Fe \rightarrow Fe^+ + e^- + 4.48 \text{ eV}$$

$$Al \rightarrow Al^+ + e^- + 4.25 \text{ eV}$$

$$Cu \rightarrow Cu^+ + e^- + 4.36 \text{ eV}$$

表 4.3　几种金属材料的逸出功

金属种类		W	Fe	Al	Cu	K	Ca	Mg
逸出功 /eV	纯金属	4.54	4.48	4.25	4.36	2.02	2.12	3.73
	金属氧化物	—	3.92	3.9	3.85	0.46	1.8	3.31

由表4.3可见，一般纯金属本身的电离逸出功要大于金属氧化物的逸出功，因而氧化物更容易产生阴极电子发射，在发射电子时金属氧化物本身被破坏，因此在阴极表面发出亮光的阴极斑点区域具有清除氧化膜的作用，可以用在焊接过程中清理铝合金或镁合金的氧化膜。

4.2.3.2 粒子碰撞发射

高速运动的粒子（主要是正离子）碰撞金属电极表面（阴极）时，将能量传给电极表面的电子，使电子能量增加并飞出电极表面的现象称为粒子碰撞发射，如图4.3所示。在焊接时，电弧中的阴极区聚集大量的正离子，正离子在阴极区电场作用下被加速从而获得了较大的动能，其撞击阴极表面就会形成碰撞发射。在一定条件下，这种发射形式也是焊接电弧阴极区提供导电所需要的带电粒子的主要方法之一。

4.2.3.3 热发射

阴极表面因受热的作用而使其内部的自由电子热运动速度加大，电子的动能也随之加大，这使得一部分电子的动能达到或超出逸出功，此时产生的电子发射现象称为热发射，如图4.4所示。热发射的强弱与材料沸点有关，如在钨极惰性气体保护焊中采用钨作为阴极时，由于其沸点为5950K，所以即使阴极被加热到3500K以上钨电极也不会挥发，故其可以通过热发射来为电弧提供足够的电子。

4.2.3.4 场致发射

当阴极表面空间存在一定强度的正电场时，阴极内部的电子受到电场力的作用，当电场力达到一定程度时电子便会逸出阴极表面，这种电子发射现象称为场致发射，也称为自发射，如图 4.5 所示。电场越强，发射电子而形成的电流密度就越大。当采用低沸点材料（如钢、铜、铝等）作为阴极时，阴极加热温度受到材料沸点限制不能过高，所以其热发射能力较弱，此时向电弧提供电子的主要方式是场致发射。

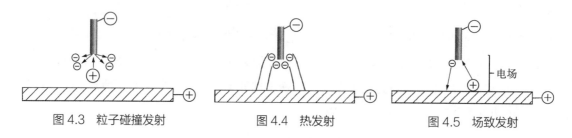

图 4.3　粒子碰撞发射　　图 4.4　热发射　　图 4.5　场致发射

4.2.3.5 光发射

当阴极表面受到光辐射作用时，阴极内自由电子的能量达到一定程度而逸出阴极表面的现象称为光发射。光发射的能量来源于光辐射，并不会从金属表面带走能量，故而光发射对电极没有冷却作用。电弧焊时，由于电弧产生光的能量并不足够强烈，所以焊接时光发射并不居主导地位。

在实际电弧焊过程中，上述几种电子发射形式常常同时存在，并且相互补充、互相促进。在不同的焊接条件下各种电子发射起到的作用各不相同。

4.3 电弧静特性

4.3.1 电弧的组成及温度分布

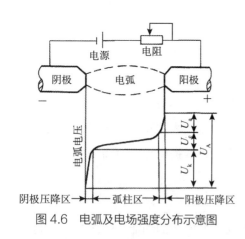

图 4.6　电弧及电场强度分布示意图

焊接电弧由阴极区、弧柱区、阳极区 3 个区域组成。由于电弧各个区域的电阻是不同的，所以电弧各区域的电压降也不一样，阴极区电压降 U_k 较大，其次是阳极区电压降 U_a，而弧柱区电压降 U_c 最小，如图 4.6 所示。另外，弧柱区的温度最高，具体最高温度与焊接保护气体的种类、电流的大小等因素有关，一般电弧焊弧柱区温度为 5000~50000K。弧柱区气体粒子将会发生以热电离为主的电离现象，部分中性气体粒子分解为电子和正离子，这些带电粒子在焊接电压的作用下将发生带正电的正离子向阴极方向运动、带负电的电子向阳极方向运动的现象，从而形成带电的离子流，所以弧柱区可以被看作是带电的导体，其电阻与弧柱长度等因素有关。

4.3.2 电弧的极性特征

极性是指直流电弧焊或电弧切割时，焊件电源输出端正极和负极的接法，分正极性（直流反接）

和负极性（直流正接）2 种。焊接电极接直流电源的正极、焊件接负极称为正极性（直流反接），如图 4.7 所示。反之，焊接电极接直流电源的负极、焊件接正极称为负极性（直流正接），如图 4.8 所示。通常欧洲使用正极性、负极性说法，而我国使用直流正接、直流反接说法。

钨极惰性气体保护焊焊接钢材时，负极性（直流正接）时的焊接熔深最大，正极性（直流反接）时焊接熔深最小，如果采用交流焊接，则熔深介于两者之间。如果焊接铝、镁及其合金则需要考虑氧化膜的清除问题，此时采用正极性（直流反接）可有效利用阴极斑点对工件表面的氧化膜进行清理，但由于此种极性会导致钨极过热烧损，所以采用交流焊接更为合适。

熔化极电弧焊时，正极性（直流反接）的焊接熔深及熔宽均大于负极性（直流正接），但此时焊丝的熔化速度较慢。考虑到熔滴过渡等问题，一般熔化极电弧焊采用正极性（直流反接），埋弧焊焊接时也是如此。

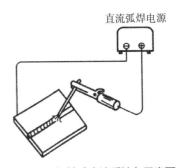

图 4.7　正极性（直流反接）示意图

图 4.8　负极性（直流正接）示意图

4.3.3　静特性

电弧静特性是指在电极材料、气体介质和弧长一定的情况下，电弧稳定燃烧时，焊接电流与电弧电压变化的关系，也称伏 - 安特性。它能反映出在某一电弧长度数值下电弧稳定燃烧状态时，在保护介质、电极等条件几乎不变的情况下，电压随电流变化的曲线，如图 4.9 所示。

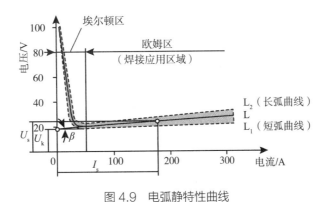

图 4.9　电弧静特性曲线

4.3.3.1　电弧静特性曲线的区域

整个静特性曲线可分为下降段、水平段和上升段 3 部分。

（1）下降段：在小电流区，电弧电压随电流的增大而减小，呈现出负阻特性。这是因为当电弧电流较小时，电弧温度偏低，气体粒子的电离偏少，电弧的导电能力比较差，需要较高的电场作用才能维持电弧的稳定，在阴极区由于电极温度较低，无法实现大量的热电子发射，所以会在此处形成较大的电压降，因此小电流时电弧会有较高的电压值。而当电流增加时，弧柱温度增加，气体离子电离增多，同时电极温度升高阴极电子发射能力增强，阴极电压 U_k 下降，而阳极蒸发量增加导致 U_a 值降低，两极之间的电场相对减弱，最终电弧电压降低，因此在此区段内，随着电弧电流的增加电压有所下降，此处电弧静特性曲线呈下降特性。

（2）水平段：当电流稍大时，电弧等离子气流增强。这是由于在电流稍大时，焊接电弧表面积增加会导致散热增加，同时等离子气流会对电弧产生冷却作用，因此在一定的电流区间，即使电流增加电弧电压依然保持在一定的数值基本不变，此处电弧静特性曲线呈水平直线特性。

（3）上升段：大电流区域，电弧中的等离子气流更为强烈，同时由于电弧自身磁场作用，电弧截面不会随电流增加而增加，但是电弧的电阻率却会急剧变小，为了保证此时的大电流能通过相对较小的电弧截面，则需要更高的电场强度，所以在大电流区域电弧电压随电流的增加而增加，此处电弧静特性曲线呈上升特性。

电弧静特性能反映电弧的导电性能和变化特征，电弧中发生的许多现象都与静特性变化有关，因此电弧静特性曲线可以用于对比并解释各种电弧焊方法的差别，如图 4.10 至图 4.12 所示。焊条电弧焊、埋弧焊和大电流钨极氩弧焊时，因电流密度不太大，电弧静特性为水平段；CO_2 气体保护焊、熔化极氩弧焊，因电流密度较大，电弧静特性为上升段，如图 4.13 所示。另外，电弧静特性曲线的形状，也决定了它对焊接电源的要求。

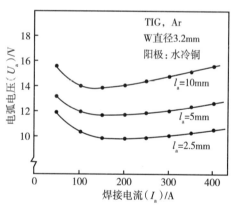

图 4.10 气体保护焊电弧静特性曲线

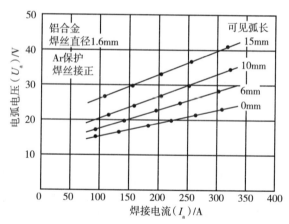

图 4.11 铝合金 MIG 焊电弧静特性曲线

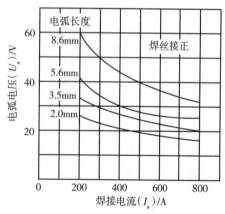

图 4.12 埋弧焊电弧静特性曲线

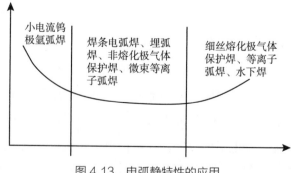

图 4.13 电弧静特性的应用

4.3.3.2 电弧静特性曲线的影响因素

1. 电弧长度的影响

当电弧长度发生改变时，其实主要是弧柱长度发生变化，此时整个弧柱区的电压降增加，电弧电压随之增加，电弧静特性曲线位置提高。

2. 产生电弧的气体介质的影响

由于电弧周围的气体介质不同，其电离时需要的能量也不同。因为各种气体的物理性能差异大，会导致不同气体在焊接时产生的电弧电压和电弧电流有所不同，因而电弧的静特性曲线也将发生改变。

3. 周围气体介质压力的影响

气体参数不变的情况下，气体介质压力的变化将会引起电弧电压的变化，从而带来电弧静特性曲线的改变。气体压力增加，冷却作用增强，电弧电压就会升高。

4.4　电弧力及其影响因素

在焊接过程中，电弧不仅仅是一个热源，同时也是一个力源，电弧的机械能是以电弧力的形式表现出来的。焊接中电弧力既影响焊件的熔深也影响熔滴过渡，同时熔池的搅拌、焊缝的成形和金属的飞溅也受电弧力的作用。因此，我们需要对电弧力有所了解，通过对电弧力的利用和控制来保证焊缝的质量。

4.4.1　电弧力

电弧力主要包括电磁收缩力、等离子流力、斑点压力、短路爆破力、细熔滴冲击力等。

4.4.1.1　电磁收缩力

由电工学可知，在两根相互平行的导体中，通过同方向的电流时，导体之间会产生相互吸引的力，若通过相反方向的电流时，则会产生相互排斥的力。这个吸引力或排斥力是由于一个导体中的电流在另一个导体的周围空间形成磁场，磁场间相互作用而导致的，其因电流方向的差异而形成了同向吸引、异向排斥的作用。

当电流在一个导体中流过时，整个电流可看作由许多平行的电流线组成，这些电流线间将产生相互吸引的力，这会引发导体截面的收缩倾向，如图 4.14 所示。焊接电弧相当于通电导体，因此电流横截面上会出现向内收缩的电磁力，称为电磁收缩力。对于固态导体，电磁收缩力无法改变其形状，但是对于液态导体，电磁收缩力是可以改变其形状的，这对熔化极活性气体保护焊的熔滴过渡是有影响的，尤其是短路过渡时表现最为明显。

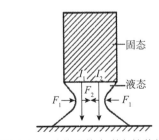

图 4.14　液体导体电磁力的收缩效应

电磁收缩力对熔滴过渡的影响取决于电弧形态，一般来讲，焊接电弧并非圆柱形，而是以圆锥形状存在，焊接时电弧根部面积笼罩整个熔滴，电磁收缩力对电弧的影响如图 4.15 所示，此时电磁收缩力对熔滴过渡起到促进作用。

4.4.1.2 等离子流力（电弧电磁动压力）

由于焊接电弧呈圆锥形，所以电磁收缩力在电弧各处的分布并不均匀，具有一定的压力差，从而形成了轴向推力。焊接时，高温气体的流动需要新的气体自电极上方进行补充，从而形成具有一定速度的连续气流，新进入电弧区的气体被加热和部分电离后，受该轴向推力作用继续冲向焊件，对熔池形成附加的压力，该压力是由高温等离子气流的高速运动引起的，所以称为等离子流力，也称为电弧电磁动压力，如图 4.16 所示。

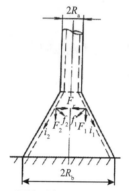

图 4.15 圆锥形电弧及其电磁力示意图

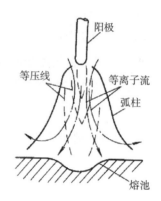

图 4.16 等离子流形成示意图

等离子气流具有很大的速度和加速度，其速度可达几百米/秒，等离子流产生的动压力的分布应与等离子流的速度分布相对应，所以动压力在电弧的中心线上最强。中心线上的动压力幅值与焊接电流呈正比，而分布区间与动压力幅值和焊接电流成反比。钨极惰性气体保护焊时如果钨极锥角较小、电流较大，或者熔化极惰性气体保护焊时采用喷射熔滴过渡，此时电弧的动压力较大，容易形成指形焊缝。

等离子流力可增大电弧的挺度，其在熔化极电弧焊时可以促进熔滴过渡，增大熔深的同时能够起到搅拌熔池的作用。

焊接时，随着电弧电流的增大，等离子流力的分布半径增大，压力峰值随之增大；随着电弧长度的增大，等离子流力的分布半径也增加，但是压力峰值降低。

另外，等离子流力是电弧的主要机械作用力，可以占电弧总机械作用力的 80% 以上。

4.4.1.3 斑点压力

电极上形成斑点时，由于斑点处受到带电粒子的撞击或金属蒸发的反作用而对斑点产生的压力，称为斑点压力或斑点力。

一般来讲阴极斑点压力要大于阳极斑点压力，这是由于阴极斑点承受质量较大的正离子的撞击，而阳极斑点承受质量较小的电子的撞击，并且电弧的阴极压降大于阳极压降，所以阴极斑点承受的撞击力要远远大于阳极斑点。另外，阴极斑点上的电流密度要大于阳极斑点的电流密度，因此阴极金属蒸发产生的反作用力也比阳极斑点金属蒸发产生的反作用力大。

但无论是阴极斑点压力还是阳极斑点压力，其方向总是与熔滴过渡方向相反，所以斑点压力是阻碍熔滴过渡的作用力,其作用方式如图4.17所示。由于该作用力阻碍熔滴过渡,不利于焊缝成形,所以在焊接时熔化极气体保护焊可采用正极性(直流反接)来降低斑点压力,减少熔滴过渡的阻碍作用,从而降低焊接飞溅,改善焊缝成形;在钨极惰性气体保护焊焊接铝、镁及其合金时,也可采用此种极性,使带正电的大质量正离子撞击焊件表面,起到阴极清理作用。

4.4.1.4 短路爆破力

在焊接时当熔滴与熔池发生短路,电弧瞬间熄灭,此时焊接电压最低而焊接电流最大,这将导致短路的熔滴中电流密度急剧上升,在熔滴中产生很大的电磁收缩力,该力使熔滴中部变细而产生缩颈,大电流使电弧产生较高的电阻热,该热量促使熔滴缩颈处温度急剧升高,使熔滴气化爆断并形成飞溅。熔滴爆断后电弧重新引燃(再引弧),电弧空间中的气体突然受到高温作用膨胀而导致气体局部压力突然升高,对熔池和焊丝端部的液态金属形成较大的冲击力,该力称为短路爆破力,如图4.18所示。短路爆破力较大时会导致焊接过程中产生飞溅。

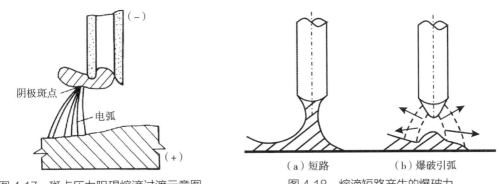

图 4.17　斑点压力阻碍熔滴过渡示意图　　图 4.18　熔滴短路产生的爆破力

4.4.1.5 细熔滴冲击力

在熔化极气体保护焊时,若采用富氩气体保护而形成射流过渡,在焊丝前端熔化的液态金属会形成连续的细熔滴并且熔滴沿焊丝轴线方向射向熔池,单个熔滴很细小,其重量只有几十毫克,在等离子气流的作用下,细熔滴以重力加速度50倍以上的高速冲向熔池,到达熔池时其速度可达几百米/秒,高速使得这些细熔滴带有很大的动能,该熔滴对熔池金属形成强烈的冲击,所以细熔滴冲击力能使焊缝熔深增加并形成指形焊缝。

4.4.2 电弧力的影响因素

4.4.2.1 气体介质的影响

电弧的气体介质不同其物理性能也不相同。在 TIG 焊中,若以纯氩气作为保护气体,其电弧压力会比氩氦混合气体保护时高很多,如图4.19所示。这是由于氩氦混合气体比纯氩气的密度低导致的。若在氩气中混入氢气时,电弧压力升高,如图4.20所示。这是由于氢气为多原子气体,并且其热导性比氩气好,故而对电弧的冷却作用比纯氩气更大,这导致了电弧的收缩和斑点压力的增加。

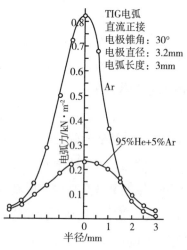

图 4.19 氦氩混合气体与纯氩气电弧的电弧力

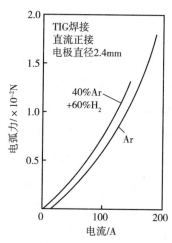

图 4.20 氢氩混合气体与纯氩气电弧的电弧力

4.4.2.2 电流和电弧电压的影响

随着焊接电流的增大，电磁收缩力和等离子流力都明显增大，所以电弧机械力增大，如图4.21所示。而在焊接电流一定时，随着电弧长度的增加，电弧电压随之升高，所以电弧机械力减小，如图4.22所示。

4.4.2.3 焊丝直径的影响

焊接时，若电流一定则焊丝越细电流密度就越大，造成电弧也越向锥形发展，此时电磁收缩力和等离子流力增大，电弧机械力增大，如图4.23所示。气体保护电弧焊时，若电弧为短弧焊时，电极直径对电弧力有明显的影响。

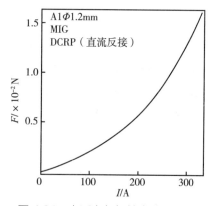

图 4.21 电弧力与焊接电流的关系

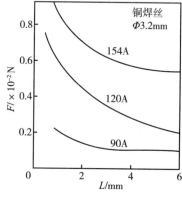

图 4.22 电弧力与弧长的关系

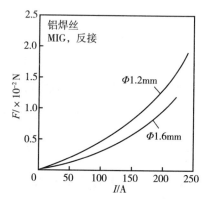

图 4.23 电弧力与焊丝直径的关系

4.4.2.4 电极极性的影响

焊接时，电极极性对电弧机械力的影响很大。钨极惰性气体保护焊使用负极性（直流正接）时，可以使用较大的焊接电流，此时电弧阴极区收缩程度增大，会形成锥度较大的电弧，从而产生很大的轴向推力，电弧压力也增大；使用正极性（直流反接）时，不能使用较大的焊接电流，所以电弧压力也较小，为保证钨极不烧损，此时一般需要使用较粗的钨极，这会导致电弧在钨极上的覆盖面积增大，形成的电磁收缩力和等离子流力变小，如图 4.24 所示。熔化极活性气体电弧焊若使用负极性（直流正接），熔滴会受到大质量的正离子的冲击，此时较大的斑点压力作用在熔滴上促使熔滴长大，但熔滴不能顺利过渡，也不能形成很强的电磁力和等离子流力，因此电弧机械力较小。在正极性（直流反接）时，所受到的斑点压力较小，会形成细小的熔滴，同时具有较大的电磁收缩力和等离子流力，电弧机械压力较大，如图 4.25 所示。

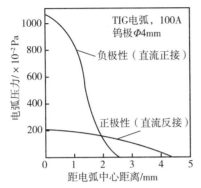

图 4.24 气体保护电弧焊电弧压力与电极极性的关系

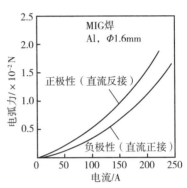

图 4.25 MIG 焊电弧力与焊丝极性的关系

4.5 磁 偏 吹

　　焊接电弧的稳定性受很多因素的影响，除了受焊接操作人员的技术熟练程度影响，还受焊接电源特性与种类、焊条药皮或焊剂类型与成分、焊接电流的大小、磁偏吹、电弧长度、焊前清理程度、焊接环境中的风和气流等因素的干扰。这里主要介绍磁偏吹及其影响因素，其他电弧偏吹会在后续章节中介绍。

　　原则上讲焊接电弧在其自身磁场作用下具有一定的挺直性，挺直性随电流的增加而增大，挺直性能使电弧尽量保持在电极的轴线方向上，即便当电极与焊件呈一定的倾角时，电弧仍能保持指向电极的轴线方向。但是在实际直流焊接时，焊接电弧会受到焊接回路中不均匀的电磁力的作用从而破坏电弧自身磁场带来的挺直性，这将导致电弧偏离电极轴线方向，这种现象称为磁偏吹，如图4.26 所示。一旦焊接过程中产生磁偏吹，电弧指向位置会发生改变，导致焊缝成形不良，影响焊缝质量。

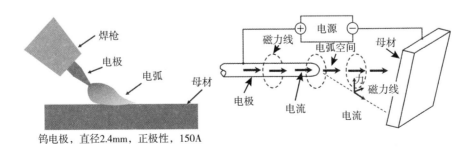

图 4.26 电弧挺直性及其产生的原因

4.5.1 磁偏吹的影响因素

4.5.1.1 接地位置的影响

焊接时焊件接线也称为地线，其位置会对磁偏吹造成影响。焊接时，电流通过电弧流入焊件，焊件中的电流也在其空间中形成磁场，该磁场与电弧中的电流所形成的磁场相互叠加，使电弧某一侧的自身磁场变大，从而在电弧周围形成不均匀的磁力线，该不均匀的磁力线会导致电弧出现磁偏吹，如图 4.27 所示。

4.5.1.2 外界不均匀磁场的影响

直流焊接时，当电弧附近存在铁磁物体（如钢板）时，因铁磁物体易导磁，所以大量的磁力线会通过铁磁物体形成回路，这将导致电弧两侧磁力线分布不均匀，此时焊接电弧会产生磁偏吹，电弧偏向铁磁物体一侧，如图 4.28 所示。

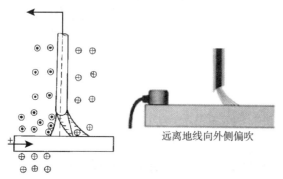

图 4.27 导线接线位置引起的磁偏吹示意图   图 4.28 铁磁物体引起的磁偏吹示意图

4.5.1.3 其他影响因素

若焊接铁磁性材料时，当电弧走到焊件端部时，导磁面积的改变将导致磁力线在靠近焊件边缘的地方聚集从而引起磁力线密度的不均匀，电弧会被吹向焊件面积较大的一侧，如图 4.29 所示。特别是在坡口内焊接时，焊件单侧铁磁性材料所占的体积较大，磁偏吹现象会更加明显。

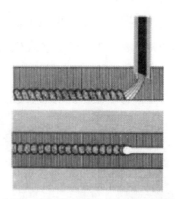

图 4.29 电弧在钢板一侧引起的磁偏吹

除此之外，若焊接时采用双电极，则会形成两个平行的电弧，直流焊接时根据电流方向的不同，两平行电弧之间会产生相互吸引或相互排斥的电磁力，这也会导致磁偏吹的产生，如图 4.30 所示。

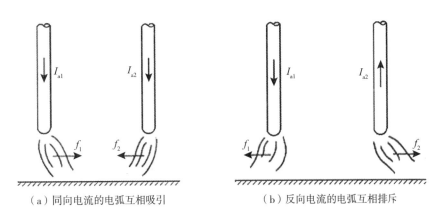

（a）同向电流的电弧互相吸引　　　　　　（b）反向电流的电弧互相排斥

图 4.30　平行电弧间产生的磁偏吹

4.5.2　磁偏吹的解决措施

磁偏吹严重时可能会导致焊接过程中电弧稳定性的下降，造成焊接操作困难、焊缝成形不良、焊缝质量下降等问题，所以在直流焊接时要尽量避免磁偏吹，如图 4.31 所示。避免磁偏吹可采用以下措施。

（1）焊接时采用交流电源，而不采用直流电源。

（2）移动地线的位置，使焊接电弧远离接地位置。

（3）采用短弧焊接，提高电弧挺直性（挺度）。

（4）沿焊缝对焊件定位或焊接，以便改变返回电流的流向和磁场区域的形状。

（5）在远离焊缝的末端放置一块钢块。

（6）焊缝远离母材边缘，或朝向已焊的焊缝一侧。

（7）调整焊接方向。

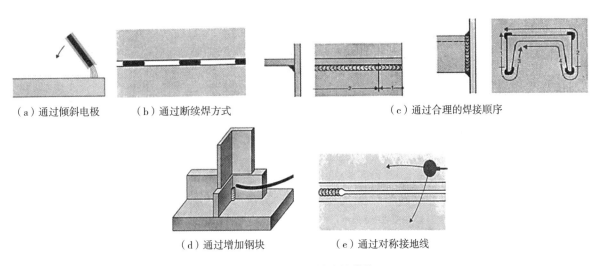

（a）通过倾斜电极　　（b）通过断续焊方式　　　　　　（c）通过合理的焊接顺序

（d）通过增加钢块　　　　（e）通过对称接地线

图 4.31　防止磁偏吹的措施

参考文献

［1］中国机械工程学会焊接分会.焊接词典［M］.3 版.北京：机械工业出版社，2008.

［2］赵熹华.焊接方法与机电一体化［M］.北京：机械工业出版社，2001.

［3］安藤宏平，长谷川光雄.焊接电弧现象［M］.北京：机械工业出版社，1985.

［4］杨春利，林三宝.电弧焊基础［M］.哈尔滨：哈尔滨工业大学出版社，2003.

［5］雷世明，任廷春.焊接方法与设备［M］.北京：机械工业出版社，2004.

［6］杨文杰.电弧焊方法及设备［M］.哈尔滨：哈尔滨工业大学出版社，2007.

［7］GSI.SFI-Aktuell［M］.Duisburg: Gesellschaft für Schweißtechnik International mbH，2010.

［8］贾昌申，肖克民，殷咸青.焊接电弧的等离子流力研究［J］.西安交通大学学报，1994，28（1）：23-28.

［9］邓开豪.弧焊电源［M］.北京：机械工业出版社，2009.

［10］王宗杰.熔焊方法及设备［M］.北京：机械工业出版社，2007.

［11］吴志生.现代电弧焊接方法及设备［M］.北京：化学工业出版社，2010.

［12］胡特生.电弧焊［M］.北京：机械工业出版社，1996.

本章的学习目标及知识要点

1. 学习目标

（1）了解电弧的基本原理和特性。

（2）了解电弧中带电粒子的产生方式。

（3）掌握电弧静特性各段的特性及适用的焊接方法。

（4）在理解电弧力概念的基础上，掌握各电弧力对焊接过程的影响。

（5）在理解磁偏吹基本概念的基础上，掌握磁偏吹产生的原因及预防措施。

2. 知识要点

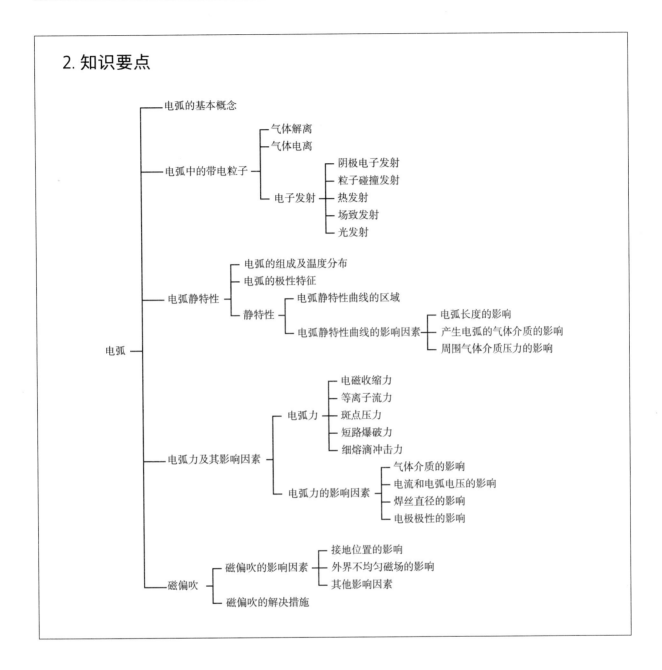

第 5 章

弧 焊 电 源

编写：张岩　审校：钱强

本章介绍对焊接质量有重要影响的弧焊电源电气特性、基本要求、电源外特性和电流种类，还介绍空载电压、负载持续率、功率因数等概念，并着重讲解根据 IEC 60974-1 标准规定的弧焊电源铭牌中的标志、焊接输出的全部数据、能量输入和辅助电源的输出等内容。

5.1 概　　述

5.1.1 弧焊电源的概念

在电焊机中，负责供给焊接所需电能，并具有适宜于焊接电气特性的设备称为弧焊电源。

具有良好性能且能保证工作稳定的弧焊电源是保证焊接电弧稳定燃烧的前提条件，而稳定燃烧的电弧是保证良好焊缝成形的基础，所以好的弧焊电源对得到良好的焊接接头性能而言是必不可少的。

5.1.2 弧焊电源的基本要求

弧焊电源需要给焊接过程供电，这就需要其具有结构简单、制造容易、消耗材料少、节省电能、成本低等特点，同时也要满足使用方便、可靠、安全等要求，另外焊接电源要容易维修。

但是由于焊接电弧是弧焊电源的最大负载，而电弧作为负载与一般电阻负载特性不同，所以弧焊电源还要满足电弧负载要求的外特性、调节特性和动特性 3 种电气特性。

弧焊电源的外特性是指在电源内部参数一定的条件下，改变负载时，弧焊电源稳态输出电压 U_y 与输出电流 I_y 之间的关系。

弧焊电源的调节特性是指弧焊电源具有输出不同的焊接电流和焊接电压的可调性能。

弧焊电源的动特性是指电弧负载状态发生瞬时变化时，弧焊电源输出电流、输出电压与时间的关系，用以表征负载瞬变的反应能力。

弧焊电源的电气特性不仅取决于电弧负载特性，也受焊接工艺方法的影响。像焊条电弧焊、熔化极气体保护焊、钨极氩弧焊、埋弧焊等方法对电源都有不同的要求，因此应用于各种弧焊工艺方法的弧焊电源其基本特性也有差异。但是一般来讲，焊接工艺方法对电源的基本要求都有以下几点。

（1）保证电弧引燃容易。

（2）保证电弧燃烧稳定。

（3）保证电弧焊过程中的焊接参数稳定。

（4）具有足够宽的焊接参数调节范围。

此外，特殊环境下（恶劣的室外环境或水下焊接等）的弧焊电源还必须根据情况具有相应的适应性。

5.2 弧焊电源各部分要求（IEC 60974）

焊接监督或管理人员需要在选购焊接电源时对各设备的使用性能有所了解，所以了解弧焊电源的铭牌是合理使用弧焊电源的前提。根据 IEC 60974-1：2005（GB 15579.1—2013）标准规定，弧焊电源铭牌划分须包含如下区域：标志、焊接输出的全部数据、能量输入和辅助电源的输出（如果有）。欧洲弧焊变压器铭牌示意图如图 5.1 所示。

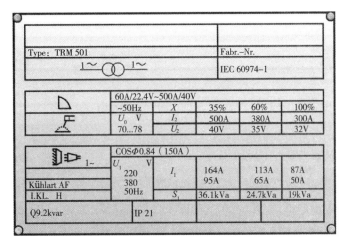

图 5.1　弧焊变压器铭牌（欧洲）

5.2.1 弧焊电源的分类

5.2.1.1 按弧焊电源的外特性分类

外特性是电源的基本特性之一。选择合理的弧焊电源外特性是保证电弧稳定燃烧和焊接质量稳定的基本要求。弧焊电源的外特性要能满足电弧这种特殊负载的稳定工作，就需要创造稳定的"电源 – 电弧"系统，即电弧静特性曲线与电源外特性曲线相交点应是稳定的工作点。这就要求弧焊电源的外特性要保证在无外界因素干扰时，为焊接电弧提供稳定的电压和稳定的电流，并维持长时间的连续的电弧放电；在受到瞬时外界干扰时，系统能够自动恢复至原来的平衡状态，保证变化了的焊接规范得以恢复。

因此，外特性曲线在反映弧焊电源功率大小的同时其曲线也要保证与焊接电弧静特性相匹配，只有选择适当形状的弧焊电源外特性，才能保证既满足了"电源 – 电弧"系统的稳定条件，又维护了焊接工艺参数的稳定。不同弧焊电源外特性形状分类及其应用见表5.1。

表 5.1 弧焊电源外特性形状的分类及其应用

外特性	下 降 特 性				平 特 性		双阶梯特性
图形	(U/V-I/A 曲线)	(U/V-I/A 曲线)	(U/V-I/A 曲线)	(U/V-I/A 曲线)	(U/V-I/A 曲线)	(U/V-I/A 曲线)	(U/V-I/A 曲线)
特性	在运行范围内 $I_f \approx$ 常数，又称垂直下降特性或恒流特性	$U=f(I)$ 图形接近 1/4 椭圆，又称陡降特性，其焊接电流变化较恒流特性大	在运行范围内 $U=f(I)$ 图形接近一斜线，又称缓降特性	在运行范围内恒流带外拖，外拖的斜率和拐点可调节	在运行范围内 $U \approx$ 常数，又称恒压特性，有时电压稍有下降	在运行范围内随电流的增加电压稍有增高，又称上升特性	由 ∟ 型和 ┐ 型外特性切换而成双阶梯外特性
通常应用范围	钨极氩弧焊、非熔化极等离子弧焊	焊条电弧焊、变速送丝埋弧焊、粗丝气保焊	焊条电弧焊（立焊、仰焊）、粗丝 CO_2 焊、埋弧焊	焊条电弧焊	等速送丝的粗丝气体保护焊和细丝	等速送丝的细丝气体保护焊（包括水下焊）	熔化极脉冲弧焊和微机控制、数字化控制的脉冲自动弧焊

不同的弧焊电源在电源铭牌上会对外特性曲线进行标记以便弧焊电源的使用，如图 5.2 所示。

5.2.1.2 按弧焊电源的电流种类和结构形式分类

我国的工业电网基本上是采用三相五线制交流供电，频率为 50Hz，线电压为 380V，相电压为 220V。从电弧的静态伏安特性曲线可知，常用电弧焊的电弧电压为 14~44V，焊接电流为 30~1500A。常用的弧焊电源的种类和结构形式见表 5.2。电流种类作为弧焊电源的重要的技术数据应按 IEC 标准给出，并在电源的铭牌上以缩写形式标记，如图 5.3 所示。

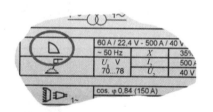

图 5.2 铭牌上的外特性曲线

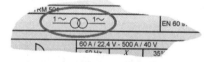

图 5.3 铭牌上的弧焊电源电流种类

表 5.2 弧焊电源的种类和结构形式（概要）

交流弧焊电源	串联电抗器式弧焊变压器 动铁芯式弧焊变压器 动线圈式弧焊变压器 抽头式弧焊变压器	直流弧焊电源	抽头式整流器 动铁芯式整流器 磁放大器式整流器 晶闸管弧焊整流器 晶体管弧焊整流器 逆变式弧焊电源
脉冲弧焊电源	一次脉冲电源 二次脉冲电源	直流弧焊发电机	三相异步电动机 + 发电机 柴（汽）油机 + 发电机

1. 交流弧焊电源

交流弧焊电源又称弧焊变压器，是一种特殊的变压器，它能将网络电压的高压交流电降至适宜于弧焊的低压交流电，变压器的工作原理是电磁感应原理。一般情况下，网络电压在单相时为220V，三相时为380V。

弧焊变压器输出端电压 U_K 的调节可有如下几种方式。

（1）抽头式：采用改变变压器的变压比（匝数比）的方式来调节电压，如图 5.4 所示。

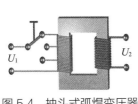

图 5.4　抽头式弧焊变压器

$$U_2 = U_1 \cdot \frac{N_2}{N_1}$$

式中：U_1——一次电压；

U_2——二次电压（输出电压）；

N_1——一次线圈匝数；

N_2——二次线圈匝数。

（2）串联可调节电抗器式：采用调节电抗器的匝数的方式来调节电压，如图 5.5 所示。

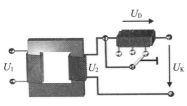

图 5.5　串联电抗器式弧焊变压器

$$U_K = U_2 - U_D = U_2 - (I_S \cdot X_L)$$

式中：U_K——电源输出端电压；

U_D——电抗器电压降；

X_L——电感电阻；

I_S——电抗器电流。

以焊条电弧焊为例，其电源外特性调节方法可选用串联电抗器的方式来实现，如图 5.6 所示，即改变电抗器线圈的阻抗来确定电源外特性曲线的位置。

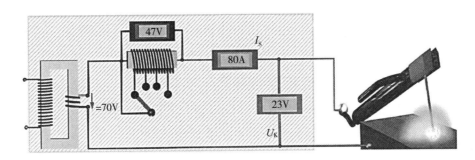

图 5.6　当焊条直径为 $\Phi = 2mm$ 时电源电路示意图

简化的二次电路是由两个电阻串联在电路中，一部分电阻是电源的内部电阻（例如感抗）；另一部分电阻是电弧电阻。改变闸刀位置即可改变感抗（内部电阻），这也改变了电源外特性斜率并确定了焊接电流和大小，如图 5.7 和图 5.8 所示。

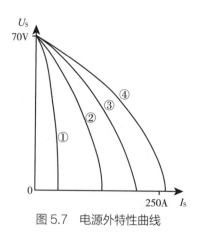

图 5.7 电源外特性曲线

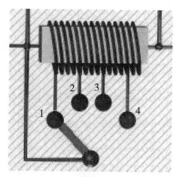

图 5.8 二次电感的变化方式

如果改变电弧长度，会使焊接电路中总电阻发生变化。当电弧长度较短时，焊接回路中总电阻减小，从而得到较大的焊接电流，如图 5.9 所示。

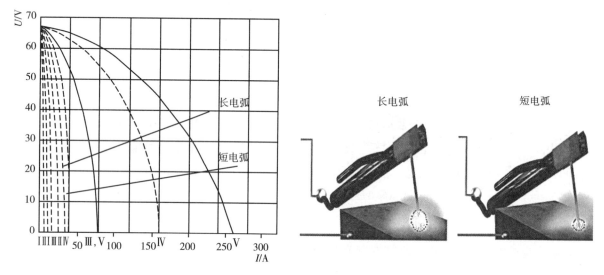

图 5.9 不同电弧长度时的电阻等级的位置

（3）动铁芯式：变压器二次电压 U_2 是由于工作磁通量 Φ_{N_2} 而产生，如图 5.10 所示。由于调节铁芯可以调节铁芯中的漏磁通量 Φ_s 的数量，这将带来工作磁通量 Φ_{N_2} 的变化，所以调节铁芯中的漏磁通量 Φ_s 将改变二次电压 U_2，也就能够调节焊接电流的大小。

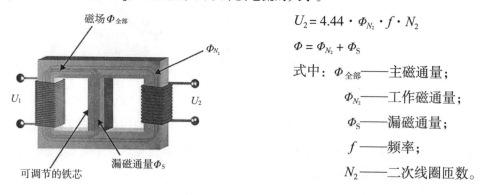

$$U_2 = 4.44 \cdot \Phi_{N_2} \cdot f \cdot N_2$$

$$\Phi = \Phi_{N_2} + \Phi_S$$

式中：$\Phi_{全部}$——主磁通量；

Φ_{N_2}——工作磁通量；

Φ_S——漏磁通量；

f——频率；

N_2——二次线圈匝数。

图 5.10 动铁芯式弧焊变压器

（4）磁放大器式：前 3 种电压调节方式是通过某种机械转换作用（分接开关或改变漏磁铁芯的位置）来实现变压器的输出电压的调节，并使其符合某一焊接工艺要求。而磁放大器是使用一个辅助线圈，利用该线圈可以通过一个控制的直流电产生一个磁通量 Φ，当这一外加磁通量达到饱和状态时将产生很高的磁阻，该磁阻能使通过 U_2 的线圈中的磁通量增大，从而实现电压的调节，如图 5.11 所示。这种设备可利用较小功率达到控制较大功率的目的，故称为

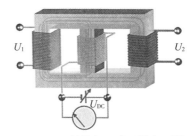

图 5.11　磁放大器式弧焊变压器

磁放大器（或称饱和电抗器）。这种电源由于体积和重量较大，会造成较大能量损耗，现已不再生产。

2. 直流弧焊电源

常用的直流弧焊电源有硅弧焊整流器、晶闸管式弧焊整流器、晶体管式弧焊整流器、逆变式弧焊电源等。

1）硅弧焊整流器

硅弧焊整流器是由降压变压器、整流桥、输出电抗器 3 部分组成的。降压变压器可采用简单易用的抽头式的三相变压器；整流桥的作用是将交流电转换成直流电，其产生的波纹度根据整流性质决定（三相整流波形波纹度为 4%，而单相整流几乎是 50%）；输出电抗器的选择对焊接工艺性（引弧、飞溅的形成）起着重要作用。硅弧焊整流器的波形及原理如图 5.12 所示。

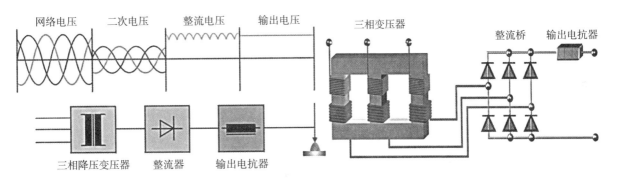

图 5.12　硅弧焊整流器电气原理图

2）晶闸管式弧焊整流器

晶闸管式弧焊整流器的主电路由三相降压变压器、晶闸管整流桥和输出电抗器组成，如图 5.13

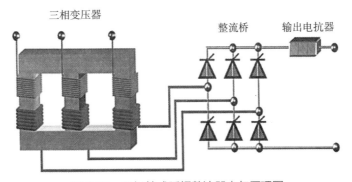

图 5.13　晶闸管式弧焊整流器电气原理图

所示。它是通过变压器将网络电压降至焊接所需的输出电压，然后使用晶闸管整流桥进行整流和控制，再经输出电抗器滤波和调节动特性，最终输出所需要的直流焊接电压和直流焊接电流。通过对电子电路触发来进行晶闸管的控制，可获得平特性、下降特性等各种形状的外特性。该电源至今仍广泛用于焊条电弧焊、TIG 焊和气体保护焊等电弧焊中。

3）晶体管式弧焊整流器

晶体管作为半导体组件在焊接电源的功率控制部分已被广泛采用，它有晶体管（双极型）、场效应管 MOSFET（单极型）、绝缘栅双极型晶体管 IGBT（混合型）3 种基本形式，其中绝缘栅双极型晶体管 IGBT（混合型）既可作为开关晶体管也可作为可变电阻开关或大功率开关管。

晶体管弧焊电源里串联的功率调节器，相当于可变电阻与电弧连接，它还能起到动态过程控制（相当于电抗器）的作用，如图 5.14 所示。该控制电路中的功率调节器（晶体管）可使焊接电流的数值和形式在几毫秒内得到改变，反应时间为 40~50μs，所预设的脉冲电流或者熔化极气体保护电弧焊工艺的喷射过渡电流，可以满足所需的工艺要求。但晶体管存在较高的功率损失，占一次输出能量的 50%，需要电源配置冷却循环系统，这会使设备的体积增大，所以晶体管式弧焊整流器并没有大批生产使用。

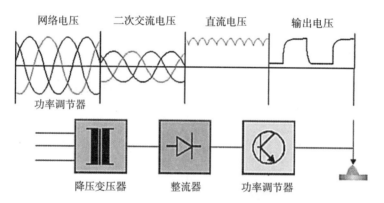

图 5.14　晶体管弧焊电源方框图

4）逆变式弧焊电源

逆变技术是一种电能变换技术，逆变电源是一种采用开关方式的电能变换装置，其最终目的是将直流转换为稳压、稳频的交流输出。逆变式弧焊电源由整流桥、逆变器、中频变压器、输出整流桥、输出电抗器、控制电路等组成，其基本结构如图 5.15 所示。

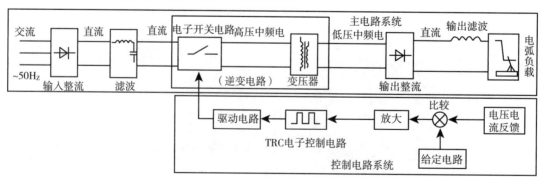

图 5.15　逆变式弧焊电源电路系统基本结构

常用的逆变形式主要有 3 种。

（1）交流→直流→交流，该逆变形式最终输出为交流电，交流电的频率是逆变器的逆变频率，远远高于工频。由于频率高的交流电传输的损耗较大，传输距离等受到限制，因此在实际弧焊电源中很少采用。

（2）交流→直流→交流→直流，该逆变形式最终输出为直流电，是目前大多数逆变式直流弧焊电源所采用的形式。

（3）交流→直流→交流→直流→交流，该形式有两次逆变，最终输出为方波交流电。方波交流电的频率可以选择得较低，一般用于铝、镁及其合金材料的焊接。

逆变电源具有体积小、重量轻、高效节能、动特性好、操作灵活等优点，但是由于其对电子元器件性能要求高，电路复杂，所以其制造成本相较于传统电源更高。

逆变弧焊电源可按照输出的电流种类、应用对象、电子功率开关的类型等进行分类，其中按电子功率开关的类型进行分类是最常见的分类方法，一般按照功率开关器件类型可分为晶闸管式逆变弧焊电源、晶体管式逆变弧焊电源、场效应晶体管式逆变弧焊电源、IGBT 式逆变弧焊电源等。

晶体管式、场效应晶体管式和 IGBT 式逆变弧焊电源中的逆变电路基本形式主要有单端式（单端反激、单端正激）、半桥式、全桥式等。其中半桥式逆变电路中变压器一次线圈的电压只是直流供电电源电压的一半，所以半桥逆变电路的输出功率比较小，适用于中等容量的逆变弧焊电源；全桥式逆变电路由于输入整流电压直接作用于变压器上，变压器工作在磁滞回线的正反两侧，利用率高，适用于大、中功率输出弧焊电源。

3. 脉冲弧焊电源

脉冲弧焊电源可使焊接电流呈现出周期性脉冲，该电流包括基本电流（维弧电流）和脉冲电流（焊接电流），焊接过程中可利用脉冲电流形成的不同热量输入率，使熔化与凝固交互进行，以低的平均电流实现射流过渡，非常适合薄板、全位置及热敏感性高的材料焊接。一般脉冲电源可以用在熔化极气体保护焊（包括 MIG 焊和 MAG 焊）和微束等离子弧焊上。

脉冲弧焊电源的外特性可以是平特性、下降特性或框形特性，具体的外特性应根据不同电弧焊方法的要求决定。一般脉冲弧焊电源的空载电压额定值为 50~75V，额定脉冲电流在 500A 以下，额定负载持续率可以为 35%、60%、100%。

形成脉冲的形式一般有电子脉冲式、阻抗变换式、改变调节电压及电流截止反馈式，也可利用大功率硅整流器式。电子控制脉冲弧焊电源应用较为广泛，它是利用控制系统中的脉冲发生器产生的脉冲信号作为给定信号使弧焊电源输出相应的脉冲电流或脉冲电压，一般电子脉冲弧焊电源用得较多的是矩形波。555 定时器（如图 5.16 所示）构成的脉冲发生器目前使用量最大，脉冲弧焊电源的脉冲信号给定电路原理如图 5.17 所示。

1）一次脉冲电源

一次脉冲电源是先将网络电压转换成直流电压，然后

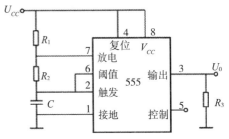

图 5.16 555 构成的方波发生器

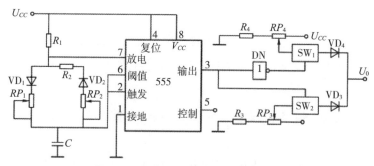

图 5.17 弧焊电源脉冲信号给定电路

按照二次脉冲程序将这种方波电压经变压器再转换成符合焊接工艺要求的波形，最后经过整流后产生脉冲电压和脉冲电流，其原理如图 5.18 所示。

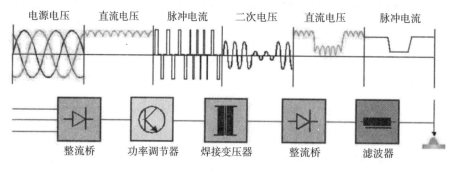

图 5.18 一次脉冲电源原理方框图

2）二次脉冲电源

由三相降压变压器、整流器和功率调节器组成的二次脉冲电源成为一套控制环节和晶体管转换开关，如图 5.19 所示，它的工作状态只有导通和关断。

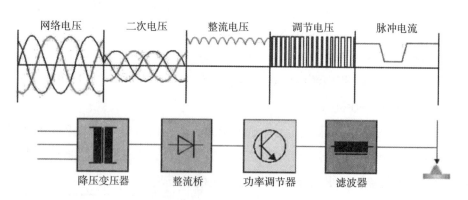

图 5.19 二次脉冲电源方框图

（1）"导通"→开关闭合→较小的导通电阻→电流导通 > 800A。

（2）"关断"→开关开启→较大的阻断电阻→电流阻断 > 10^{-6}A。

当今制造的开关电源的脉冲频率为 50kHz~200kHz，即频率为网络频率的 1000~4000 倍。因而动态调节速度得到提高，这在脉冲焊接工艺中表现得特别明显，电效率根据变压器、滤波器（电感、电容）的损耗以及整流元件（半导体、晶体管）的损耗而定。这些损耗主要产生在电路的导通和关断的过程中，但总的电效率仍在 85% 以上。

电源的调节原理是控制功率调节器导通和关断的占空比（脉冲宽度的调节 PWM）。由此可产生同样高度而宽度各不相同的脉冲，经滤波器即获得相应的占空比的直流脉冲电流，脉冲频率调节时间在 100μs 以内。这种脉冲电源主要适用于对焊接方法有特殊要求的场合，如薄板铝合金的焊接。

4. 直流弧焊发电机

直流弧焊发电机是最老的一种弧焊电源，它是由三相异步电动机或柴（汽）油机带动发电机而产生的焊接电流，故称为直流弧焊发电机。直流弧焊发电机分为碳刷式发电机和无碳刷式发电机两类，碳刷式发电机产生的直流电稳定性高、焊接过程稳定、飞溅少、焊缝成形好；无碳刷式发电机在产生交流电后通过整流桥整流和扼流圈滤波得到直流电，其引弧容易、设备维修方便。另外，直流弧焊发电机无须使用网络电，所以更加适合野外作业。

5.2.2 弧焊电源的参数

5.2.2.1 空载电压

空载电压是弧焊电源在无负载状态运行时，即焊接回路开路时的输出端电压，它是弧焊电源的重要技术特性之一，其在铭牌上的标记如图 5.20 所示。空载电压低，可提高电源的功率因数，达到节能和节省材料的目的，但引弧困难、电弧稳定性差；空载电压过高会降低操作的安全性、增加材料的消耗、降低电源的功率因数。一般空载电压 $U_0 \geq (1.5\sim2.4) U_f$（电弧电压），并不得超过 100V。

根据 IEC 60974–1 规定，不同环境下弧焊电源的空载电压有不同的最大值要求，在触电危险性较大的环境中额定空载电压不应超过直流 113V（峰值）、交流 48V（有效值），在触电危险性不大的环境中额定空载电压不应超过直流 113V（峰值）、交流 80V（有效值）。

5.2.2.2 负载持续率

负载持续率是指给定的负载持续时间与全周期时间之比，其在铭牌上的标记如图 5.21 所示。

$$负载持续率（ED）= \frac{实际焊接时间}{工作周期} \times 100\%$$

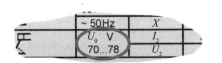

图 5.20 铭牌上的弧焊电源空载电压标记 图 5.21 铭牌上的弧焊电源负载持续率

当采用铭牌中的最大焊接电流时，其焊接时间将有所限制，否则电源的电子器件会因过载而发热，温度限制由绝缘等级而定，如图 5.22 所示的限定温度 $F = 155℃$ 为避免电源绝缘层烧损的温度。为避免电源过热，焊接电流的大小取决于实际焊接时间。IEC 60974–1 标准给出规定，负载持续率的工作周期为 10min，标识的额定负载持续率可以为 20%、35%、60%、80%、100%，一般焊条电弧焊额定负载持续率为 60%，熔化极气体保护焊电源往往规定负载持续率为 60% 和 100%。

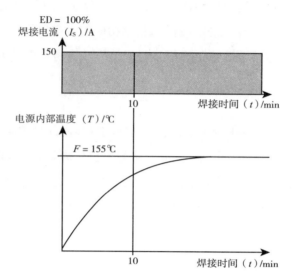

图 5.22 负载持续率 100% 时焊接电流与温度上升曲线的关系

5.2.3 弧焊电源的网络参数

5.2.3.1 功率因数 cosΦ

功率因数 cosΦ 是指视在功率 S（KVA）转换成有功功率 P（kW）时的百分比，其铭牌中的标记如图 5.23 所示。一般来讲弧焊变压器的功率因数 cosΦ 为 0.4~0.8，弧焊整流器的功率因数 cosΦ 为 0.8~0.95，逆变式电源的功率因数 cosΦ 为 0.9~0.99，该数据表明逆变式弧焊电源的节能性更好，更值得推荐。

5.2.3.2 冷却方式

正确选择焊接电源的冷却形式不仅能保持弧焊电源的工作性能正常，而且还能延长弧焊电源的使用寿命。常见的冷却形式有空冷、风冷和水冷。焊接时不仅要选择合适的冷却形式，在焊接之前也要仔细检查各部分的接线是否正确，观察焊接设备的冷却情况。弧焊电源的冷却方式铭牌上的标记如图 5.24 所示。

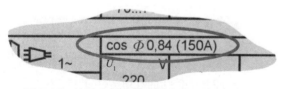

图 5.23 铭牌上的弧焊电源功率因数 cosΦ

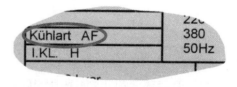

图 5.24 铭牌上的弧焊电源的冷却方式

冷却方式标记 AF 表示弧焊电源的元器件（如变压器、功率调节器、二极管、晶体管等）可在最大允许功率下采用电风扇进行冷却。电源的冷却种类也与电源类型和周围环境有关。但在室内工作条件下，其冷却通风渠道必须要经过空气过滤器进行净化，如果电源电器元件放置的空间相当大而具有足够的冷却面积，则可采用自然通风形式而不必再利用风扇冷却，这种电源冷却种类标记为：Kühlart S 。

5.2.3.3 防护等级

弧焊电源接入网络后或进行焊接时，不得随意移动或打开机壳，同时需要特别注意弧焊电源的防护等级。弧焊电源的防护等级铭牌上的标记如图 5.25 所示。

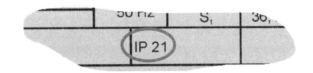

图 5.25 铭牌上的弧焊电源的防护等级

防护等级的数字代表在有电压时处于危险状态（浸水条件）下防触电保护的等级，如 IP 2X 表示可防止直径大于 12mm 的固体进入电源内部，而 X1 表示可防止垂直下落的水滴进入电源内部。

5.3 弧焊电源的选择

在实际工程中焊接工艺方法和焊接电流种类主要是根据焊接母材、焊接工件板厚、焊接结构与接头形式、焊接工作条件以及焊接质量要求、焊接成本等方面的需求来确定。而焊接工艺方法又决定了弧焊电源种类和弧焊电源的功率。对于合金钢、铸铁等材料以及桥梁、船舶等产品的重要结构部件的焊接，一般选用直流电来保证焊接接头质量，电源需选用直流弧焊电源，如弧焊整流器、弧焊逆变器和数字化弧焊电源等；对于焊接热敏感性大的奥氏体不锈钢、铝合金等材料的薄板结构、厚板的单面焊双面成形、管道以及全位置自动焊，一般选用脉冲电流焊接，电源使用脉冲焊接电源；而对于低碳钢这类对焊接质量要求不是很高的工件的焊接，则可以使用交流电，选用普通的弧焊变压器焊接。常用母材及板厚的焊接方法见表 5.3。

表 5.3 常用母材及板厚的焊接方法

材料	厚度 /mm	焊接方法							
		焊条电弧焊	埋弧焊	熔化极气体保护电弧焊				钨极氩弧焊	等离子弧焊
				射流过渡	潜弧	脉冲电弧	短路电弧		
碳钢	约 3	△	△			△	△	△	
	3~6	△	△	△	△	△	△	△	
	6~19	△	△	△		△			
	19 以上	△	△	△	△	△			

续表

材料	厚度/mm	焊条电弧焊	埋弧焊	熔化极气体保护电弧焊				钨极氩弧焊	等离子弧焊
				射流过渡	潜弧	脉冲电弧	短路电弧		
低合金钢	约3	△	△			△	△	△	
	3~6	△	△	△		△	△	△	
	6~19	△	△	△		△			
	19以上	△	△	△		△			
不锈钢	约3	△	△			△	△	△	△
	3~6	△	△	△		△	△	△	△
	6~19	△	△	△		△			△
	19以上	△	△						
铝及其合金	约3			△		△		△	△
	3~6			△		△		△	
	6~19			△				△	
	19以上			△					
钛及其合金	约3					△		△	△
	3~6			△		△		△	△
	6~19			△		△		△	△
	19以上			△		△			
镁及其合金	约3					△		△	
	3~6			△		△		△	
	6~19			△		△			
	19以上			△		△			

注：△表示推荐。

另外，随着人们越来越重视环境保护和人体健康等方面的问题，能否减少污染、努力实现绿色焊接也成为选择弧焊电源的重要依据之一。

5.4　弧焊电源的发展方向（数字化弧焊电源）

随着技术的发展，电弧焊过程对焊接电源的要求越来越高，模拟电源由于其主要采用模拟器进行电路设计，所以存在效率低、通用性差、电路调试周期长、受温度的影响严重、长时间的使用导致电源的控制精度降低、可靠性下降等问题。因此，现在数字电源有逐渐取代模拟电源的趋势。其主要方式为使用数字信号替代模拟信号来实现弧焊逆变电源的控制；以单片机、数字信号处理器等数字化控制器材来取代电子式控制器材（比例微积分电路）对逆变电源实施精确控制。数字化焊接电源在电弧焊接过程中稳定性和控制精度都要远高于模拟电源，另外数字电源也为弧焊焊接电源的智能控制（数字化焊接技术）提供了可行性。模拟电源与数字电源的电路系统示意图如图 5.26 和图 5.27 所示。

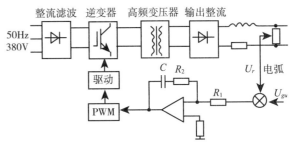

图 5.26　模拟式弧焊逆变电源原理框图

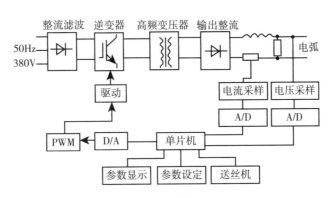

图 5.27　单片机控制的弧焊逆变电源

　　数字化焊接技术的核心就是焊接电源的数字化，主要实现三方面的数字化，即焊接电源的主电路使用开关式数字化控制、主控制电路使用数字技术、控制信号使用数字信号。焊接电源的数字控制器器中的软件可以使弧焊电源实现柔性化控制和多功能集成电源系统控制，也有利于系统控制策略的优化，并且能使多种焊接工艺集成在同一电源系统中。

　　主电路的数字化主要是指变压器的设计在传统模拟电源考虑电流、电压匹配的前提下，还要考虑对送电回路和焊接回路的电器隔离作用，所以数字化电源主电路中的功率开关元器件工作必须在 0/1 开关状态下，且其中频或高频工作在开关态，通过调节开通时间和工作周期比（占空比）来控制输出功率。这种工作方式既能提高焊接电源的效率（全数字焊机效率可达 90% 以上）以降低电源的功率损耗，也能获得更好地动态响应特性来更快地调节电弧焊的焊接电流和电压。

　　外特性控制系统的数字化可以解决传统集成电路模拟电源受模拟硬件影响无法适应复杂焊接工艺控制的要求这个问题，它采用软、硬件结合的控制方法，通过改变软件编程来获得不同的电弧外特性，从而实现了一台焊接电源用在多种焊接方法上的想法，降低了企业的设备成本。

　　控制电路的数字化可以在整个控制系统中全部使用数字化计算替代模拟信号，得到所需的焊接电源外特性、动特性和调节特性等，且能实现焊机的柔性化控制，同时由于其采用数字信号传输信息，故具有很强的抗干扰性能和控制精度。

　　控制接口的数字化和网络化可以使数字电源与焊接机器人、现场总线、互联网、送丝设备、水冷设备、焊枪等接头实现便捷地连接，从而完全实现数字化控制。这也有利于将人工智能引入焊接电源控制系统，实现仿真功能。

　　数字化焊接电源系统功能关系如图 5.28 所示。

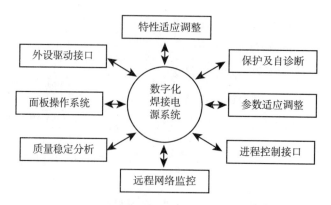

图 5.28 数字化焊接电源系统功能示意图

参考文献

[1] GSI.SFI–Aktuell [M]. Duisburg: Gesellschaft für Schweißtechnik International mbH, 2010.

[2] 黄石生. 弧焊电源及其数字化控制 [M]. 北京：机械工业出版社，2007.

[3] 中国机械工程学会焊接分会. 焊接词典 [M]. 3版. 北京：机械工业出版社，2008.

[4] 赵熹华. 焊接方法与机电一体化 [M]. 北京：机械工业出版社，2001.

[5] 杨春利，林三宝. 电弧焊基础 [M]. 哈尔滨：哈尔滨工业大学出版社，2003.

[6] 雷世明，任廷春. 焊接方法与设备 [M]. 北京：机械工业出版社，2004.

[7] 杨文杰. 电弧焊方法及设备 [M]. 哈尔滨：哈尔滨工业大学出版社，2007.

[8] 王建勋，任廷春. 弧焊电源 [M]. 3版. 北京：机械工业出版社，2009.

[9] 王宗杰. 熔焊方法及设备 [M]. 北京：机械工业出版社，2007.

[10] 胡绳荪，杨立军. 现代弧焊电源及其控制 [M]. 北京：机械工业出版社，2007.

[11] 熊振兴，黄石生. 现代数字化弧焊电源的发展 [J]. 电焊机，2010，40（4）：7-10.

[12] 邵红，吴凌燕，戚甫峰. 逆变焊接电源的发展和现状 [J]. 科技信息，2010，（29）：525.

[13] 张秀兰，马红艳，徐绪炯. 数字化焊接电源的发展 [J]. 电焊机，2003，（2）：9-10.

[14] 华学明，吴毅雄，焦馥杰，等. 数字化焊接电源系统的特征 [J]. 焊接技术，2002，31（2）：6-7.

[15] 中国电器工业协会. 弧焊设备：第1部分：焊接电源：GB/T 15579.1—2013 [S]. 北京：中国标准出版社，2014.

[16] 郑宜庭，黄石生. 弧焊电源 [M]. 3版. 北京：机械工业出版社，2003.

[17] 中国机械工程学会焊接学会. 焊接手册：第1卷：焊接方法及设备 [M]. 3版. 北京：机械工业出版社，2008.

[18] 刘云，郭风忠，周银. 双脉冲气体保护焊机研制实践 [J]. 中国设备工程，2019，（22）：143-144.

[19] 李鹤岐，徐德进，李芳. 脉冲MIG焊机数字化控制设计 [J]. 电焊机，2002，32（8）：1-4.

本章的学习目标及知识要点

1. 学习目标

（1）了解弧焊电源的定义及按电流种类的分类。

（2）掌握弧焊电源的外特性概念及常见电弧焊的外特性。

（3）掌握弧焊电源的负载持续率和额定电流的定义。

（4）交流弧焊电源（弧焊变压器）主要分为哪几类？它们都有哪些特点？

（5）了解弧焊电源的应用选择。

2. 知识要点

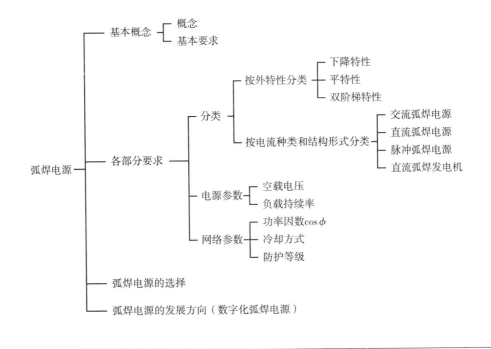

第 6 章

焊条电弧焊

编写：邵辉　钱强　审校：张岩

焊条电弧焊作为熔化焊的一种，以其操作灵活方便、可达性好等多种优点被广泛应用。本章从焊条电弧焊的工艺原理、特点及应用，弧焊电源的种类与极性，焊接设备，焊条的组成、分类与焊条药皮的特点及作用等方面介绍该工艺的基础知识，并对工艺参数对焊缝质量的影响、典型缺欠的产生及防止、健康与安全等在实际生产过程中常见的问题进行说明。

6.1 焊条电弧焊工作原理、特点及应用

6.1.1 工作原理

焊条电弧焊是电弧焊方法之一，属于熔化焊。焊条电弧焊采用接触式引弧（短路引弧），电弧在焊条末端和工件之间燃烧，电弧的高温使焊条药皮、焊芯和工件熔化，熔化的焊芯端部迅速形成细小的金属熔滴，通过弧柱过渡到局部熔化的工件表面形成熔池，药皮熔化过程中产生气体和熔渣（气渣联合保护），产生的气体充满电弧和熔池的周围，起隔绝大气保护液体金属的作用，同时药皮熔化产生的气体、熔渣和熔化了的焊芯、母材发生一系列冶金反应，随着电弧的移动，熔池金属逐步冷却结晶，形成焊缝。按照 ISO 4063 标准规定，焊条电弧焊数字标记为 111，焊条电弧焊的焊接原理图如图 6.1 所示。

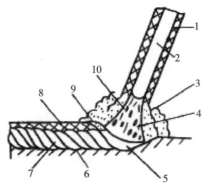

1—药皮；2—焊芯；3—保护气；4—电弧；5—熔池；6—母材；7—焊缝；8—渣壳；9—熔渣；10—熔滴

图 6.1　焊条电弧焊工作原理图

6.1.2 特点及应用

6.1.2.1 焊条电弧焊特点

（1）操作灵活方便，可达性好。

（2）主要设备仅有焊接电源，设备简单。

（3）气渣联合保护，不需要外加保护气体及焊剂，抗风能力较强，适用于野外作业。

（4）焊接操作难度相对较大，对人员操作技术要求较高。

（5）生产效率较低，焊接烟尘较大。

（6）能够实现全位置的焊接。

6.1.2.2 焊条电弧焊应用

（1）广泛应用于造船、锅炉压力容器、建筑、化工、钢结构等领域。

（2）可焊接金属广泛，但不适用于特殊金属的焊接，如活泼金属钛，由于对氧非常敏感，焊条的保护作用效果不好；低熔点金属如锌及其合金等，由于电弧的温度与其本身熔点相比较高，不建议使用焊条电弧焊进行焊接。

（3）比较适合单件或小批量生产、定位焊和空间位置受限的结构焊接。

6.2 电源种类与极性

6.2.1 电源外特性

焊条电弧焊通常采用陡降外特性电源，如图 6.2 所示，由于焊条电弧焊在焊接时，焊工操作不当或板材表面不平整都可能导致弧长发生变化（弧长依靠手工进行控制），此时电压将发生很大的变化，而采用陡降外特性电源时，虽电压变化很大，但电流变化很小，有利于保持焊接电流稳定，从而使电弧稳定燃烧，保证焊缝成形。

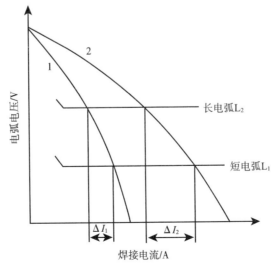

1—陡降外特性曲线；2—缓降外特性曲线

图 6.2　焊条电弧焊电源外特性曲线

6.2.2 直流焊条电弧焊

用直流弧焊电源焊接时，电极与电源输出端正、负极的接法称极性，包括正极性和负极性。

负极性（DCEN），国内通常称为直流正接，负极性是指电极与电源的负极连接，酸性焊条与金红石焊条通常使用此极性。

正极性（DCEP），国内通常称为直流反接，正极性指电极与电源的正极连接，电弧稳定性较好，通常碱性焊条采用此极性。

直流电弧是焊条电弧焊接理想的电流种类，因为通过极性选择，一方面能够满足焊接需要的热量；另一方面能够最佳地适应每种焊条药皮类型的性能。

6.2.3 交流焊条电弧焊

交流焊条电弧焊时，极性不断变化，因此不需要考虑极性接法，但由于电弧每秒钟熄灭100次（过零点时），此时焊条尖端和熔池表面的温度迅速下降，因为在这种温度较低的情况下，不能使空气导电，为了保证电弧再引燃，必须通过焊条药皮加入低电离电压的元素，如含有电离电压较低的钾元素的低氢钾碱性焊条，此焊条可以用于交流电源。

6.2.4 引弧方法

引弧是焊条电弧焊操作中最基本的动作，如果引弧方法不当会产生气孔、夹渣等焊接缺欠。焊条电弧焊一般采用接触引弧方法，包括敲击法和划擦法两种。敲击法不易掌握，操作不熟时容易粘条，用力较大时，药皮容易脱落造成偏吹，通常焊接淬硬倾向较大的材料时建议采用敲击法；划擦法容易在焊件表面造成电弧擦伤，优点是引弧容易，通常坡口焊缝采用此方法在焊缝前方的坡口内侧划擦引弧。

6.3 焊接设备

6.3.1 设备组成

焊条电弧焊的焊接设备主要包括焊接电源、焊钳、地线夹和焊接电缆等。焊条电弧焊设备构造如图6.3所示。

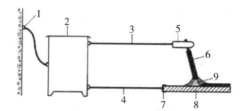

1—电网连接；2—焊接电源；3—电源电缆（焊钳）；

4—电源电缆（工件）；5—焊钳；6—焊条；7—工件夹；8—工件；9—电弧

图6.3 焊条电弧焊设备构造

6.3.2　主要设备

焊条电弧焊的主要设备为电源，焊条电弧焊电源的选择主要考虑以下因素。

（1）根据焊条药皮的类型不同，选择直流电源或交流电源。

（2）根据要求及焊条直径选择焊接电源的电流范围。

（3）电源的功率。

（4）从经济性角度考虑节能方面的要求。

6.3.3　辅助设备

焊条电弧焊的辅助工具有焊接电缆线、电焊钳、工件夹紧工具、焊条保温筒及带有弧光防护的焊接工作台、钢丝刷、敲渣锤、凿子、锉刀、测温计、焊缝量规等。

6.3.3.1　电焊钳

电焊钳用于夹持焊条并传导焊接电流，要求其导电性能好、外壳应绝缘、重量轻、装换焊条方便、夹持牢固和安全耐用等，电焊钳的构造如图 6.4 所示。

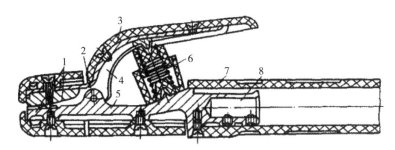

1—钳口；2—固定销；3—弯臂罩壳；4—弯臂；5—直柄；6—弹簧；7—胶木手柄；8—焊接电缆固定处

图 6.4　电焊钳的构造

6.3.3.2　面罩及过滤镜片

面罩用来保护焊工面部及颈部免受强烈的弧光及金属飞溅的灼伤。

过滤镜片针对不同的焊接电流有多种色号选择，焊工可以根据实际焊接电流的大小来选择合适的色号进行焊接。同时这里还要说明的是过滤镜片的选择不仅与焊接电流的大小有关，还与焊接方法有关，同时还要考虑焊工本人的视力。过滤镜片的选择见表 6.1。

表 6.1　过滤镜片的选择

色号	颜色深浅	适用电流 /A
7~8	较浅	≤ 100
9~10	中等	100~300
11~12	较深	≥ 300

6.3.3.3 焊条保温筒

焊条保温筒是焊条电弧焊焊接现场必备的辅助工具，要求携带方便。目的是将已经烘干的焊条放在保温筒内，焊条保温筒在实际使用过程中要采用接电连接，以起到保温、防潮湿和防止焊条吸潮而产生气孔等缺欠。

6.4 焊条（ISO 2560）

6.4.1 焊条的组成

涂有药皮的供焊条电弧焊用的熔化电极称为焊条。焊条由焊芯和药皮两部分组成，焊条的一端为引弧端，另一端药皮被除去一部分为夹持端，将引弧端的药皮磨成一定的角度，使焊芯外露，便于引弧。焊条直径指焊芯的直径，常用 $\phi1.6$、$\phi2.0$、$\phi2.5$、$\phi3.2$、$\phi4.0$、$\phi5.0$ 等多种尺寸。焊条构成示意图如图 6.5 所示。

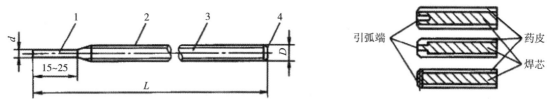

1—夹持端；2—药皮；3—焊芯；4—引弧端；L—焊条长度；D—药皮直径；d—焊芯直径（焊条直径）

图 6.5 焊条示意图

6.4.2 焊条类型

焊条可以按多种方式进行分类。

（1）按熔渣的酸碱性分类：酸性焊条和碱性焊条。

（2）按应用的材料分类：结构钢焊条、不锈钢焊条、低温钢焊条、铸铁焊条、镍和镍合金焊条等。

（3）按焊条用途分类：堆焊焊条、超低氢焊条、低尘低毒焊条、立向下焊条、底层焊条、铁粉高效焊条、抗潮焊条、水下焊条、重力焊条和躺焊焊条。

按照焊条药皮中造渣成分的类型，ISO 2560：2020 将焊条分为以下类型，见表 6.2。

表 6.2 药皮类型标记

标记	药皮类型	标记	药皮类型
A	酸性药皮	RC	金红石 – 纤维素药皮
C	纤维素药皮	RA	金红石 – 酸性药皮
R	金红石药皮	RB	金红石 – 碱性药皮
RR	金红石厚药皮	B	碱性药皮

6.4.3 A、B、C、R 药皮主要成分、特点及各成分作用

A、B、C、R 药皮成分、特点及各成分作用见表 6.3 至表 6.5。

表 6.3　4 种类型焊条药皮主要成分（%）

酸性 A		碱性 B		纤维素型 C		金红石型 R	
磁铁矿 Fe_3O_4	50	萤石 CaF_2	45	纤维素	40	金红石 TiO_2	45
石英 SiO_2	20	碳酸钙 $CaCO_3$	40	金红石 TiO_2	20	磁铁矿 Fe_3O_4	10
碳酸钙 $CaCO_3$	10	石英 SiO_2	10	石英 SiO_2	25	石英 SiO_2	20
Fe-Mn	20	Fe-Mn	5	Fe-Mn	15	碳酸钙 $CaCO_3$	10
水玻璃		水玻璃		水玻璃		Fe-Mn	15
						水玻璃	

表 6.4　焊条药皮的特点

药皮类型	纤维素型 C	酸性 A	金红石型 R	碱性 B
渣的凝固周期	几乎没有渣	长	中	短
熔滴过渡	中等熔滴颗粒	细颗粒至喷射过渡	中等毛细小颗粒	中等至大颗粒
韧性	好	一般	好	很好

表 6.5　焊条药皮成分的作用

焊条药皮	对焊接性能的作用	焊条药皮	对焊接性能的作用
石英 SiO_2	提高导电性，降低渣的厚度	$K_2O \cdot Al_2O_3 \cdot 6SiO_2$	易于电离，增加电弧稳定性
金红石 TiO_2	改善脱渣性和焊缝成形，好的再引弧性	Fe-Mn/Fe-Si	脱氧
磁铁矿 Fe_3O_4	熔滴过渡细化	纤维素	造气
碳酸钙 $CaCO_3$	降低电弧电压，造气、造渣	$Al_2O_3 \cdot 2SiO_2 \cdot 2H_2O$	润滑剂
萤石 CaF_2	碱性焊条中减薄渣，但使电离作用变差	钾或钠水玻璃	黏合剂

6.4.4 焊条药皮的作用

6.4.4.1 提高电弧的稳定性

要使电弧能够稳定燃烧，就必须使电弧空间气体成电离状态。气体容易电离的方法之一就是在药皮中加入易电离的物质，如 K_2CO_3、$CaCO_3$、$Na_2O \cdot SiO_2 \cdot H_2O$ 等电弧稳定剂，使电弧能持续而稳定地燃烧。

6.4.4.2 造渣和造气

防止空气对熔池金属的影响，药皮中加入的造气剂（如木屑、纤维素、大理石等）和造渣剂（如大理石、萤石、钛铁矿等），在焊接过程中能起到很好的保护熔滴和高温焊缝金属的作用；造气剂产生大量的还原性气体（如 CO、H_2 等），在电弧和熔池周围形成一层很好的保护气层，保护焊接区，阻隔空气中氧气、氮气等气体侵入；造渣剂形成的熔渣覆盖在焊缝的表面，既保护焊缝金属不受空气的影响，又防止焊缝快速冷却，改善结晶条件，促进焊缝中气体的排出。

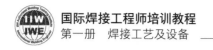
6.4.4.3 脱氧

由于焊缝本身含有一定量的氧，且焊接时还有少量空气中氧气的侵入，容易使金属氧化，合金元素烧损。为此在焊条药皮中加入易于脱氧的物质，如硅、锰等脱氧剂，保证焊缝金属顺利脱氧，以提高焊缝金属的质量。

6.4.4.4 渗入合金元素（合金化）

由于焊接高温作用，焊缝金属中某些元素被烧损（氧化或氮化），这会降低焊缝的力学性能。因此，在药皮中加入铁合金或铬、锰、钼等合金元素，使之随药皮熔化而过渡到焊缝中去，以补偿合金元素的烧损和提高焊缝金属的性能。

6.4.5 焊条的烘干和保管

焊条在长期贮运过程中容易受潮，使用前应按供应商推荐的烘干温度和保温时间进行再烘干。烘干温度由焊条药皮类型确定，通常碱性焊条的烘干温度最高。酸性焊条一般为 70~150℃，烘焙 1~2h；碱性焊条一般为 350~400℃，对氢有特殊要求的一般烘干 400~450℃，保温 1h。

焊条的保管怕受潮变质和误用乱用。所以要求进厂的焊条必须包装完好，且有合格证和质量保证书；焊条应存放在仓库内，仓库内应干燥和通风良好；堆放时应放在离地面和墙壁均不小于 300mm 的架子或垫板上，以保证空气流通；烘干时，每层焊条堆放不能太厚（以 1~3 层为好），以免焊条受热不均；施工时将烘干后的焊条放入保温筒内，保持 50~60℃，随用随取。

6.4.6 焊条电弧焊焊接材料

焊接填充材料的国际标准 ISO 2560：2020 包括 A 和 B 两个系列：A 系列是按照屈服强度和熔敷金属平均冲击功 47J 分类；B 系列是按照抗拉强度和熔敷金属平均冲击功 27J 进行分类，此系列是以泛太平洋国家填充材料标准为基础。

本章节焊条电弧焊用药皮焊条是以 ISO 2560-A 系列进行介绍，本标准规定了非合金钢和细晶粒钢焊条电弧焊用药皮焊条和熔敷金属在焊态条件和焊后热处理条件下最低屈服强度不超过 500 MPa 或者最低抗拉强度不超过 570MPa 的分类要求。

我国非合金钢和细晶粒结构钢焊条分类按照 GB/T 5117—2012 执行，主要适用于抗拉强度低于 570 N/mm² 非合金钢和细晶粒结构钢焊条。

按照 A 系列分类方法可分为 8 项，其中强制部分包含工艺标记、强度和延伸率、冲击性能、化学成分和药皮类型的标记，具体标记示例如下。

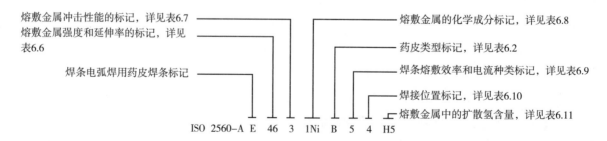

表 6.6　熔敷金属强度和延伸率的标记

标记	最低屈服强度 [a] /MPa	抗拉强度 /MPa	最低延伸率 [b] /%
35	355	440~570	22
38	380	470~600	20
42	420	500~640	20
46	460	530~680	20
50	500	560~720	18

注：a. 屈服强度，在发生屈服时使用下屈服极限（R_{eL}），或使用 0.2% 的屈服点强度（$R_{p0.2}$）。

　　b. 标准长度等于试样直径的 5 倍。

表 6.7　熔敷金属冲击性能的标记

标记	达到平均冲击功 47J 的温度 /℃	标记	达到平均冲击功 47J 的温度 /℃
Z	无要求	3	−30
A	+20	4	−40
0	0	5	−50
2	−20	6	−60

注：该冲击值为三个 ISO-V 型缺口冲击试样的平均值，其中一个试样的最小冲击值不得低于 32J。

表 6.8　熔敷金属的化学成分标记

合金标记	化学成分 [a, b] /%		
	Mn	Mo	Ni
无标记	2.0	—	—
Mo	1.4	0.3~0.6	—
MnMo	1.4~2.0	0.3~0.6	—
1Ni	1.4	—	0.6~1.2
Mn1Ni	1.4~2.0	—	0.6~1.2
2Ni	1.4	—	1.8~2.6
Mn2Ni	1.4~2.0	—	1.2~2.6
3Ni	1.4	—	2.6~3.8
1NiMo	1.4	0.3~0.6	0.6~1.2
Z [c]	其他成分		

注：a. 如果不具体指定，Mo<0.2%；Ni<0.3%；Cr<0.2%；V<0.05%；Nb<0.05%；Cu<0.3%。

　　b. 此表中的单个数字均为最大值。

　　c. 未在表中列出的焊材的化学成分应加前缀字母"Z"。因为化学成分范围并未做出具体规定，因此同样是 Z 分类的 2 个焊条并不可以互换。

表 6.9　焊条熔敷效率和电流种类标记

标记	焊条熔敷效率（η）/%	电流种类 [a, b]
1	$\eta \leqslant 105$	a.c. 和 d.c.
2	$\eta \leqslant 105$	d.c.
3	$105 < \eta \leqslant 125$	a.c. 和 d.c.
4	$105 < \eta \leqslant 125$	d.c.
5	$125 < \eta \leqslant 160$	a.c. 和 d.c.
6	$125 < \eta \leqslant 160$	d.c.
7	$\eta > 160$	a.c. 和 d.c.
8	$\eta > 160$	d.c.

注：a. 为了说明 a.c. 的操作性能，试验将在不高于 65V 空载电压下进行。
　　b. a.c.= 交流电；d.c.= 直流电。

表 6.10　焊接位置标记

标记	位置
1	PA，PB，PC，PD，PE，PF，PG
2	PA，PB，PC，PD，PE，PF
3	PA，PB
4	PA
5	PA，PB，PG

表 6.11　熔敷金属中的扩散氢含量

标记	扩散氢含量最大值 / （mL/100g 熔敷金属）
H5	5
H10	10
H15	15

6.5　焊接工艺参数

6.5.1　焊接坡口的选择

　　坡口的制定是根据设计或工艺的需要，开坡口主要是为了获得所要求的熔透深度和焊缝形状，根据工艺的特点，焊条电弧焊通常推荐厚度为大于 4mm 的非合金钢和细晶粒结构钢材料需要开坡口，表 6.12 是依据 ISO 9692-1：2013 标准推荐并结合实际焊接生产列出的焊条电弧焊对接全熔透焊缝常用的坡口形式、坡口角度、间隙和钝边高度等举例。

6.5.2　焊前清理

　　焊前清理是焊接前非常重要的一个环节，要求接头坡口及其附近（15~20mm）的表面被油、锈、漆和水等污染的清除，清除的方法包括机械修磨和化学清理等，以避免焊接过程中产生焊接缺欠，如气孔等。碱性焊条焊接时，清理要求更加严格和彻底，否则极易产生氢气孔和氢致延迟裂纹。酸性焊条对锈不是很敏感，若锈得较轻，而且对焊缝质量要求不高时，可以不清除。

表 6.12　依据 ISO 9692-1 推荐焊条电弧焊常用坡口形式举例

材料厚度 (t) /mm	坡口种类	符号 (参照 ISO 2553)	横截面	尺寸				焊缝图示	备注
				角度 (α) / (°)	间隙 (b) /mm	钝边 (c) /mm	熔透深度 (h) /mm		
3	I 型对接			—	0.5~1.5	—	3		单道焊
12	V 型坡口			40 ≤ α ≤ 60	3~5	0~1.5	12		单面焊 多道焊
12	X 型坡口			40 ≤ α ≤ 60	1~3	≤ 2	12		双面焊 多道焊

6.5.3 焊条的选用原则

由于焊条的种类较多，且不同的焊条的性能和用途也各有不同，在实际工作过程中焊条的选择也尤为重要，焊条的选用通常考虑以下原则。

（1）根据母材特性选择焊条，包括母材化学成分和力学性能等。

（2）根据电流种类选择焊条。

（3）根据焊接位置选择焊条，如立向下焊焊接时选择纤维素焊条。

（4）考虑经济性，在满足要求的前提条件下选择成本低、效率高的焊条。

（5）焊件的结构特点和受力状态。如结构复杂、应力较大、厚度大焊件容易产生裂纹的采用碱性焊条；焊接位置受限的采用全位置焊条。

（6）选择电弧稳定、飞溅少、脱渣性好的酸性焊条。

6.5.4 焊条直径的选择

焊条直径可根据焊件厚度、层道数、焊接位置、焊缝质量要求等来选择。厚壁结构选用粗焊条，薄壁结构选用细焊条。对于开坡口焊缝和角焊缝根部打底焊时，选用小直径焊条，填充和盖面焊接应选用较大直径焊条。

6.5.5 焊接电流的选择

焊条电弧焊时，焊接电流强度的选择要考虑焊条直径、药皮类型、焊条药皮厚度、焊件厚度、接头类型、焊接位置、焊道层数等因素。

焊接电流是焊条电弧焊的主要参数，焊工在焊接过程中需要调节的只有焊接电流，而焊接电压和焊接速度都是由焊工控制的，焊接电流的选择直接影响着焊接产品的质量和生产效率。电流越大，焊缝的余高和焊缝的熔深越大，可能会由于焊接电流增加导致焊缝的热输入增加，有可能产生母材塑性、韧性发生变化而影响母材的力学性能。电流越小，熔深越小，容易产生夹渣和未熔合等缺欠。所以在保证焊接质量的前提条件下，应尽量采用较大的焊接电流，以提高生产效率。

一般碳钢焊接结构是根据焊条直径来确定焊接电流的，焊条直径与焊接电流成正比，即直径越大，电流越大，焊接电流经验值见表6.13。

表 6.13 焊条直径与焊接电流的关系

直径（d）/mm	2.0	2.5	3.2	4.0	5.0	6.0
长度（l）/mm	250/300	350	350/450	350/450	450	450
电流（I）/A	40~80	50~100	90~150	120~200	180~270	220~360
经验值（最小~最大）/A	$20d$~$40d$			$30d$~$50d$		$35d$~$60d$

6.5.6 电弧电压的选择

电弧电压是由电弧长度（弧长）决定的。掌握合适的弧长对焊接优质焊缝是相当重要的，压缩弧长，可提高焊接电流，增加熔敷速度；拉长电弧会减少电弧的挺度，增大电弧热量损失，加剧熔化金属的飞溅，焊缝宽度增加、熔深减小，且容易引起咬边、未熔合等缺欠。通常碱性焊条采用短弧焊，弧长为焊条直径的一半，金红石药皮焊条、酸性药皮焊条、纤维素药皮焊条的弧长等于焊条直径。

6.5.7 焊接速度的选择

焊接速度是指焊接过程中焊条沿焊接方向移动的速度，即单位时间内完成的焊缝长度。焊接速度过快会导致焊缝过窄、凹凸不平，容易产生咬边和焊缝波形变尖；焊接速度过慢会使焊缝变宽和余高增加。焊接速度同时还影响着热输入的大小。焊条电弧焊时，在保证焊缝具有所要求的尺寸和良好的熔合原则下，焊接速度由焊工根据具体情况灵活掌握。

6.5.8 焊条倾角

焊条倾角直接影响焊接电弧的指向，从而影响焊接焊缝的成形和质量。对接时，焊条与焊缝两侧的夹角一般为90°，如果偏离90°易造成单侧工件咬边和单侧未熔合。焊条与焊缝的夹角过大，焊缝会产生余高过高等缺欠，夹角过小会造成焊接渣池后移，有可能出现夹渣现象，故应选择合适的焊条倾角，常见焊条倾角如图6.6所示。但需要强调的是，由于焊条电弧焊在焊接过程中容易产生磁偏吹现象，所以在焊接过程中为了保证电弧的稳定性，会通过变换焊条的角度来调整磁偏吹，此时焊条的角度则与以上所说的有所不同。

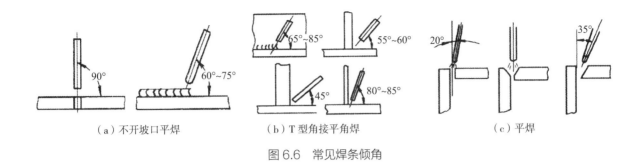

（a）不开坡口平焊　　　　　（b）T 型角接平角焊　　　　　（c）平焊

图 6.6　常见焊条倾角

6.5.9　焊道厚度及层道数

在中厚板焊接时，通常采用多层多道焊。对于低碳钢焊接时，每道焊缝的厚度不宜过大，否则焊缝韧性将受影响（热输入过大），对力学性能要求较高的焊缝，每道焊缝厚度最好不大于 4mm。采用多层焊接，前一道焊缝对后一道焊缝进行预热，后一道焊缝对前一道焊缝进行热处理，改善焊接接头的组织和性能。

6.5.10　焊接基本操作

焊条电弧焊焊接过程包括引弧、运条、收弧和接头 4 个步骤。

引弧是将焊条端部在靠近开始焊接的部位处采用接触式引弧方法引燃。焊接时，通过正确的运条可以控制焊接熔池的形状和尺寸，从而获得良好的熔合和焊缝成形，运条过程有 3 个基本动作，即前进动作、横摆动作和送进动作。每根焊条的长度有限而焊缝尺寸通常都大于每根焊条的熔敷长度，所以在一个焊条电弧焊的焊缝里通常都有多个接头，焊条电弧焊的接头方法分为热接法和冷接法。焊接结束时，若立即断弧则在焊缝终端形成弧坑，使该处焊缝截面减少，从而降低接头强度，引起应力集中，导致产生弧坑裂纹。因此，必须是填满弧坑后收弧。常用的收弧方法有 3 种，分别为划圈收弧法、回焊收弧法、反复熄弧再引弧法。

6.6　典型的焊接缺欠及防止措施

6.6.1　典型的焊接缺欠（夹渣）

夹渣是指熔池中的熔渣未浮出而存在于焊缝中的缺欠。

造成夹渣的主要原因是：多层焊时清渣不净；焊接电流太小；焊速太快。

防止夹渣措施：多道焊时仔细清理前一道焊缝表面；适当增大坡口角度；选择合理焊接参数；选择脱渣性好的焊条。

6.6.2　典型的焊接缺欠（气孔）

造成气孔的主要原因是：母材及焊缝表面的油、锈、水未清理；焊条焊前未烘干或者烘干温度未满足要求；操作时焊接电弧太长或者焊接角度太陡；保护效果较差，如风速较大。

防止气孔措施：焊前严格清理焊缝及坡口表面的油、锈和水等；焊前按照供应商的推荐烘干焊条并在使用过程中存储于保温筒中；合适的焊条角度和电弧长度；风速较大时设置防风装置。

6.7 焊条电弧焊的典型应用实例

焊条电弧焊因其操作灵活方便、设备简单、可达性好的独特优势，是工业生产中常用的一种焊接方法。特别适用于结构形状复杂、焊缝短小弯曲以及各种空间位置的焊接，可达性较差的位置焊接，以及小面积缺欠的焊接修复等。常应用于施工现场安装的焊接、钢结构的焊接、压力容器和铸件焊接修复等。现以35号钢轴与法兰的焊接、电站锅炉集箱三通支管与主管对接焊缝的焊接以及高炉壳体横缝的焊接为例进行简单介绍焊条电弧焊的应用。

6.7.1 双 C 型钢立柱的焊接

某厂制作钢结构电缆桥架项目，该项目中涉及立柱的焊接，立柱选用双 C 型钢，该 C 型钢为 Q235B 材料，其厚度约为 3mm，如图 6.7 所示。Q235B 属于非合金钢，焊接性良好，且由于工件厚度较小，不属于重要承载构件，同时产品的量不是特别多，所以采用酸性焊条进行焊接即可满足要求。

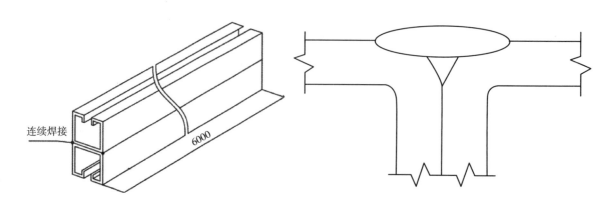

连续焊接

6000

图 6.7　双 C 型钢立柱结构示意图及焊缝坡口形式

针对 C 型钢 Q235B 焊接时选择酸性焊条 E4303（相当于 ISO 2560–B 中的 E4303）进行焊接，焊条焊前烘干 75~150℃，烘干 1~2h，定位焊缝长度为 40~50mm，焊接位置为平焊（PA），单道焊缝，电流种类及极性选择直流反接或采用交流电源，采用直径 φ3.2 焊条，电流范围为 100~120A，操作中应注意运条速度不要太慢，避免因热输入过高而产生烧穿现象，由于采用焊条进行焊接，应注意焊接接头的质量以及接头的方法，同时最终熄弧时注意填满弧坑。

6.7.2 中碳钢件焊接实例

某厂 35 号钢轴与法兰产品，其法兰的厚度为 50mm，钢轴的直径为 108mm，如图 6.8 所示。35号钢属于中碳钢（相当于欧标 EN 10083 中的材料 C35），由于工件厚度大，刚度较大，采取预热有利于降低热影响区的最高硬度，防止产生冷裂纹，采用低氢型焊条进行焊接。

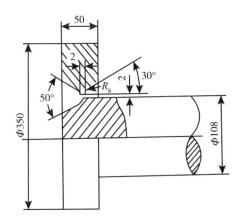

图 6.8　35 号钢轴与法兰焊接焊缝坡口形式

针对中碳钢 35 号钢焊接时选择碱性焊条 E5015（相当于 ISO 2560-B 中的 E4915）进行焊接，焊条焊前烘干 350~400℃，烘干 2h，焊前彻底清理坡口附近的油污和锈等，工件焊前预热温度为 150~200℃，定位焊缝长度为 40~50mm，焊接位置为立焊（PF），分段跳焊，电流种类为直流反接，采用 φ3.2 焊条，电流范围为 110~130A，多层多道焊接，需要注意的是焊接第一层时容易出现裂纹，操作中应注意运条速度不要太快，避免因焊缝过薄而拉裂，同时熄弧时注意填满弧坑以防止产生弧坑裂纹。

6.7.3　集箱三通支管与主管对接焊缝的焊接实例

电站锅炉集箱三通的工作压力高，厚度较厚，如 30 万千瓦发电机组电站锅炉集箱三通采用高温强度较高的耐热钢 12Cr1MoV（GB 713—2014），壁厚可达 120mm，考虑减少焊缝面积，提高效率并减少应力，采用窄间隙坡口，坡口形式如图 6.9 所示，在生产批量较小的情况下，选用工艺相对较为成熟的焊条电弧焊进行焊接。

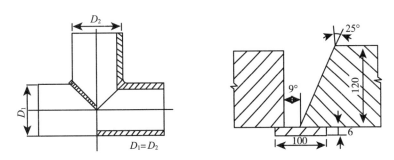

图 6.9　电站锅炉集箱三通结构示意图及主管对接焊缝坡口形式

针对耐热钢 12Cr1MoV 焊接时选择 GB/T 5118 E5515—1CMV（R317）焊条进行焊接，同时考虑板厚厚度较大，要求焊前预热温度 ≥ 200℃，层间温度 ≤ 350℃，由于采用衬垫焊接，衬垫材料为 Q235（相当于 S235），尺寸为 100mm×6mm，焊接位置为平焊（PA），电流种类为直流反接，打底

焊采用 φ3.2 焊条，电流范围为 110~130A，填充层选择 φ4.0 焊条，电流范围为 160~180A，盖面层选择 φ5.0 焊条，电流范围为 200~220A，焊后进行消应力热处理。

6.7.4 高炉壳体横缝的焊接实例

某钢铁公司高炉，高度可达 80m，炉体最大直径约 17m，炉壳板厚为 32~90mm，炉壳材料为 BB502 钢（490MPa 级低合金钢），横缝 14 条，横缝采用 K 型坡口对接焊缝，坡口角度开在上面板材上，要求装配间隙小于 3mm，焊接时，先焊接内侧焊缝，外侧进行碳弧气刨进行清根，然后焊接高炉壳体外侧。

针对 BB502 钢（490MPa 级低合金钢）焊接时选择超低氢型 YT506AH 焊条进行焊接，焊前预热温度为 100~150℃，外侧预热，内侧测温，焊接位置为横焊（PC），电流种类为直流反接，采用 φ4.0 焊条，电流范围为 170~200A，多层多道焊接。

6.8 焊条电弧焊的特殊方法

6.8.1 重力焊

重力焊是利用高效铁粉焊条和重力焊机架相结合的一种半机械化焊接方法。将重力焊条的引弧端对准焊件接缝，另一端夹持在可滑动夹具上，焊条靠重力下降进行焊接，重力焊机架如图 6.10 所示。

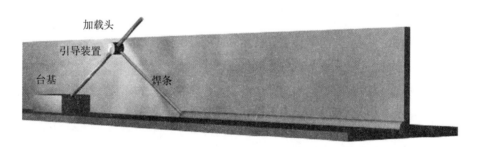

图 6.10　重力焊机架示意图

重力焊机架可使焊接时沿焊接方向自动送进焊条，一般倾斜角以小于 10° 的上坡焊接为宜，焊接时将焊条装在可沿滑轨向下滑动的焊条夹钳上，并使焊条端头抵在始焊处，利用焊条头上的引弧剂自动引弧，随着焊条的熔化，焊条夹钳在重力作用下沿着滑轨以固定的角度沿着焊接方向下滑形成焊缝。当焊条快用完时，焊条夹钳已滑到滑轨下端弧形弯头处，靠重力作用，翻转焊条夹钳，自动熄弧。

重力焊机架可模仿手工焊动作，设备简单、生产效率高、操作方便、减轻劳动强度等优点。重力焊适用于焊接碳钢、低合金钢等金属构件，最适合焊接焊脚 4.5~8mm 单道水平角焊缝，也可用对接平焊。

6.8.2 弹簧张力焊

使用弹簧张力焊时，焊条由螺旋弹簧的力操控。该种方法与重力焊相比的优点在于没有牵引棒，装置的高度要小很多。由于该焊接方法使焊条在熔化中心区，且焊条与工件的连接角度很小，故会导致焊条变短时要不断地更换，影响焊缝的外观与飞溅的形成。因此，弹簧张力焊通常只用在狭窄的空间里，如图 6.11 所示。

图 6.11　弹簧张力焊示意图

6.8.3 躺焊

该种焊接方法尤其适用于角焊缝焊接。焊条被置于坡口处并用铜栅覆盖。在正常连接电源后，焊工通过碳棒短路引燃电弧，整个流程在铜栅下进行，产生的熔渣在铜栅坡口上熔敷并且形成焊缝的表面，如图6.12 所示。由于焊条长度的原因，电能与熔敷效率并不非常高。该种焊接方法的特殊之处在于焊工可以同时进行几个焊接区域。现在这种方法几乎完全被其他的焊接工艺所取代。

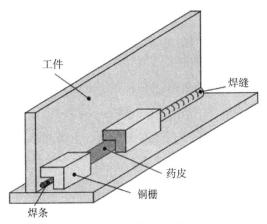

图 6.12　躺焊示意图

6.9 健康与安全

6.9.1 个人防护

6.9.1.1 防触电

在焊接过程中，焊工的手或身体某部位与带电部分（如焊钳、焊条、工件等）接触，而脚或身体的其他部位对地面或金属结构之间绝缘不好时，会造成焊工触电。另外，焊接设备漏电，人与漏电壳体相接处也会发生触电危险。设备超负荷使用、内部短路发热、腐蚀性物质作用，可致使绝缘性能降低而漏电；线圈因雨淋、受潮导致绝缘损坏而漏电；焊接设备受振动、碰击使线圈或引线的绝缘造成机械性损坏，也可导致漏电；破损的导线与铁芯或箱壳相连而漏电；金属物落入设备中，连通带电部位与壳体而漏电；人体触及绝缘损坏的电线、电缆、开关而发生触电。

以下为预防触电的措施。

（1）焊工要求穿戴绝缘性好的工作服、工作鞋和焊工手套等，以避免身体直接与漏电区直接接触。

（2）焊接设备要有良好的隔离防护装置，且焊机要有接地装置或接零措施。

（3）焊接电源要有自动断电装置，当漏电时能马上自动断电保证焊工安全。

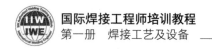

（4）焊工绝对不允许将焊接电缆线放到身体的任意部分。

6.9.1.2 防弧光辐射

在焊接时会有大量的弧光产生，弧光中的强可见光对眼睛的危害极大，焊工应根据自己视力的情况选择带有大于9号遮光玻璃的手持式或头盔式面罩进行弧光防护。

除强可见光外，焊接时还会放出大量紫外线，焊条电弧焊由于电弧温度较低产生的紫外线没有TIG、MAG焊强烈，但裸露皮肤直接照射时也会产生皮肤灼伤，所以在焊接时焊工应穿着合适的工作服。

6.9.2 车间防护

6.9.2.1 防烟尘

在焊条电弧焊时，大量的烟尘（有害气体、灰尘）会对焊工的身体健康造成巨大的影响。焊条电弧焊时会产生可溶性氟、氟化氢、锰、氮氧化物等有毒气体和粉尘，会导致氟中毒、锰中毒、电焊尘肺等，尤其是在容器、管道内部使用碱性焊条焊接时更严重，所以在焊接过程中必须要在焊接工作区内安装焊接排烟装置，大型焊接企业要安装整体排风装置，小型企业可以安装工位单独的小型排风装置。对于焊工来讲，在焊接时必须戴口罩。

6.9.2.2 防火

焊条电弧焊焊接时会产生飞溅，如果在工位附近有可燃、易燃物品就有可能被引燃造成火灾。为避免由焊接造成的火灾，可燃、易燃物品要与焊接工作点有10m以上的距离，如有不能撤离的易燃物品，应采取可靠的安全措施，如用水喷湿、覆盖湿麻袋、石棉布等。

参考文献

［1］中国机械工程学会焊接学会.焊接手册：第1卷：焊接方法及设备［M］.3版.北京：机械工业出版社，2008.

［2］黄石生.弧焊电源［M］.北京：机械工业出版社，1980.

［3］中国机械工程学会焊接分会.焊接词典［M］.2版.北京：机械工业出版社，1998.

［4］余尚知.焊接工艺人员手册［M］.上海：上海科学技术出版社，1991.

［5］刘云龙.焊工技师手册［M］.北京：机械工业出版社，2000.

［6］史耀武.中国材料工程大典：第22卷：材料焊接工程：上［M］.北京：化学工业出版社，2006.

［7］史耀武.中国材料工程大典：第23卷：材料焊接工程：下［M］.北京：化学工业出版社，2006.

［8］邱葭菲.焊接方法与设备［M］.北京：化学工业出版社，2009.

［9］Welding and allied processes – Nomenclature of processes and reference numbers: ISO 4063:2011［S/OL］.［2011-03］.https://www.beuth.de/en/standard/din-en-iso-4063/136844348.

［10］Welding and allied processes – Types of joint preparation – Part 1: Manual metal arc welding, gas-shielded metal arc welding, gas welding, TIG welding and beam welding of steels: ISO 9692-1:2013［S/OL］.［2013-09］.https://www.iso.org/standard/62520.html.

［11］Welding consumables – Covered electrodes for manual metal arc welding of non-alloy and fine grain steels – Classification: ISO 2560: 2020［S/OL］.［2020-08］.https://www.iso.org/standard/79320.html.

［12］Welding and allied processes — Classification of geometric imperfections in metallic materials — Part 1: Fusion welding: ISO 6520–1:2007［S/OL］.［2007–07］. https://www.iso.org/standard/40229.html.

［13］张宇光 . 国际焊工培训［M］. 哈尔滨：黑龙江人民出版社，2002.

［14］陈裕川 . 焊接工艺设计与实例分析［M］. 北京：机械工业出版社，2010.

［15］刘家发 . 焊工手册：手工焊接与切割［M］.3 版 . 北京：机械工业出版社，2002.

［16］李亚江 . 高强钢的焊接［M］. 北京：冶金工业出版社，2010.

［17］徐锴，郝亮，武昭妤 . 焊接概论［M］. 哈尔滨：哈尔滨工业大学出版社，2020.

本章的学习目标及知识要点

1. 学习目标

（1）了解焊条电弧焊的基本原理、特点和应用。

（2）了解焊条电弧焊焊接设备，掌握焊条电弧焊弧焊电源种类、极性和外特性。

（3）了解焊条的不同分类方式，掌握焊条药皮作用及按 ISO 2560-A 分类中各类型药皮的特点和应用。

（4）掌握焊接工艺参数对焊缝质量的影响以及典型缺欠的产生与防止措施。

（5）了解特殊焊接方法与安全防护。

2. 知识要点

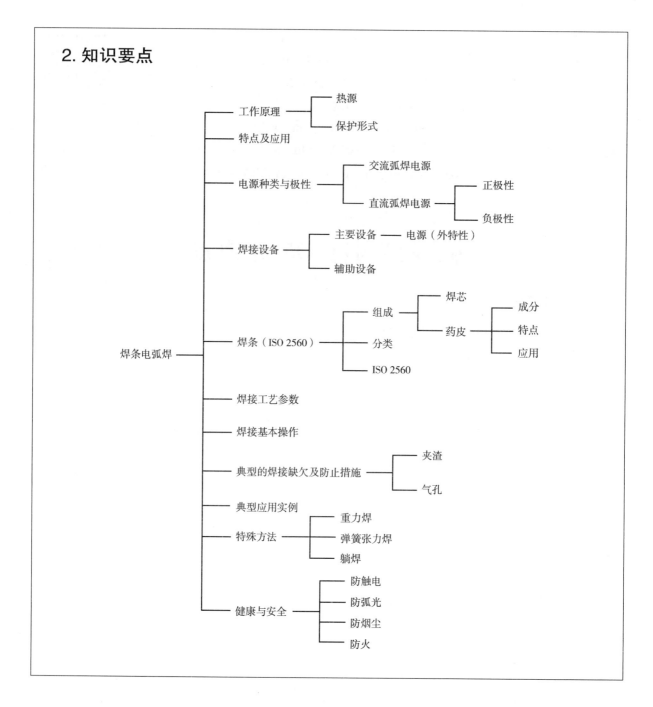

第7章

气体保护焊简介

编写：冯剑鑫　审校：常凤华

气体保护焊是气体保护电弧焊方法的简称。本章介绍气体保护焊的种类，各种气体保护焊所使用的保护气体的性质及作用，以及所使用的保护气体分类标准 ISO 14175 的具体内容。

7.1 气体保护焊分类

利用气体作为电弧介质并保护电弧、金属熔滴、焊接区的电弧焊称为气体保护电弧焊，简称气体保护焊。气体保护焊分类方法有很多，常见的分类方法是根据电极是否可以熔化，分为熔化极气体保护焊和非熔化极气体保护焊。气体保护焊分类方法如图 7.1 所示。

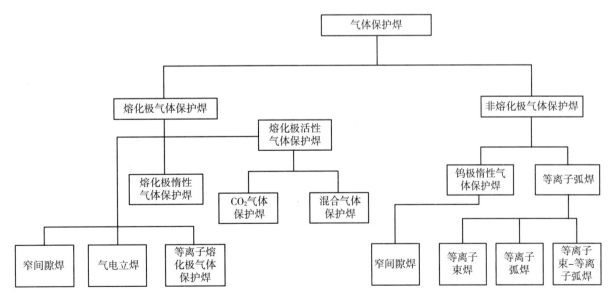

图 7.1　气体保护焊分类方法

7.1.1 熔化极气体保护焊（MIG/MAG 焊）

从 20 世纪 80 年代初期 MIG/MAG 焊技术开始逐渐成熟并超过焊条电弧焊。MIG/MAG 焊已逐渐被公认为是一种高效率和高质量的焊接工艺方法，不仅用于普通钢结构，也被用于压力容器和核设施等重要结构。

焊丝和保护气体对气体保护焊的过程和性能的影响最大，所以通常根据所选用的保护气体和焊丝种类进行分类。熔化极气体保护焊根据所使用的气体种类可以分为熔化极惰性气体保护焊（MIG 焊）和熔化极活性气体保护焊（MAG 焊）；依据所使用的焊丝种类可以分为实心焊丝气体保护焊和药芯焊丝气体保护焊。

近些年，药芯焊丝的使用在不断增加，在造船业、建筑行业、压力容器行业中已逐步被企业认可，成为主要的焊接材料，是最具发展前景的高技术焊接材料。

7.1.2 非熔化极气体保护焊（TIG 焊和等离子弧焊）

TIG 焊曾主要是焊接不锈钢和非铁素体材料的一种高质量的焊接工艺方法，但在实际应用领域这种工艺方法的使用得到了延伸。目前，TIG 焊广泛用于飞机制造、原子能、化工容器、纺织等工业中。

等离子弧焊是在 TIG 焊的基础上发展起来的一种焊接方法。TIG 焊属于自由电弧，等离子弧焊属于压缩电弧，两者在物理本质上没有区别，经压缩的电弧其能量密度更为集中，温度更高。

7.2 常用气体保护焊工艺简介

7.2.1 熔化极（金属极）气体保护焊

熔化极气体保护焊（GMAW 焊，ISO 4063 代号为 13），是利用连续送进的焊丝（既是电极也是填充材料）与工件之间燃烧的电弧作为热源，用气体保护金属熔滴、焊接熔池和焊接区高温金属的电弧焊方法，如图 7.2 所示。

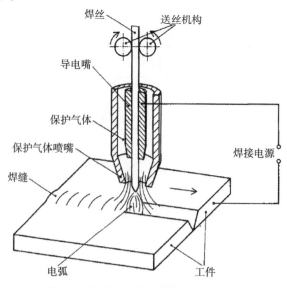

图 7.2 熔化极（金属极）气体保护焊

熔化极气体保护焊具有熔敷效率高、焊接速度快、易实现机械化和自动化，可实现各种位置焊接等特点。根据保护气体种类和焊丝形状的不同，熔化极气体保护焊可分为如下几种。

（1）熔化极惰性气体保护焊（MIG 焊，ISO 4063 代号为 131），保护气体主要采用惰性气体 Ar 和 He。

（2）熔化极活性气体保护焊（MAG 焊，ISO 4063 代号为 135），保护气体采用惰性气体中加入氧化性气体（$Ar+CO_2$ 或 $Ar+O_2$ 或 $Ar+CO_2+O_2$），或者采用 CO_2 作为保护气体（CO_2 焊）。

（3）药芯焊丝气体保护焊（FCAW 焊，ISO 4063 代号为 136），药芯焊丝（也称管状焊丝）气体保护焊通常采用 CO_2 作为保护气体，焊丝是用内部装有焊剂的管状焊丝代替实心焊丝，主要用于黑色金属的焊接。焊丝直径一般为 1.2~1.6mm。

7.2.2　非熔化极（钨极）气体保护焊

非熔化极惰性气体保护焊（GTAW 焊或 TIG 焊，ISO 4063 代号为 141），用不熔化的钨棒作为电极（称为钨极），利用钨极和工件之间的电弧使金属熔化，由焊炬的喷嘴送进惰性气体（也可能含有少量还原气体）作保护，根据需要可以添加或不添加填充金属的一种焊接方法。因常用氩气作为保护气体，一般称为钨极氩弧焊，如图 7.3 所示。该方法能很好地控制热输入，焊缝质量容易控制，几乎可用于所有金属的焊接，尤其适用于铝、镁等能形成难熔氧化物的金属，以及钛、锆等活性金属的焊接。

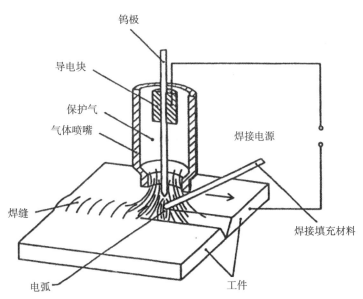

图 7.3　非熔化极（钨极）惰性气体保护焊（TIG）

手工钨极氩弧焊焊丝规格常用 Φ2.5mm、Φ2.4mm，自动钨极氩弧焊焊丝规格常用 Φ0.8mm、Φ1.0mm、Φ1.2mm、Φ1.6mm。

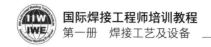
钨极惰性气体保护焊可按电源种类、保护气体种类、填充丝的状态及操作方式等进行分类，分类方法如图7.4所示。

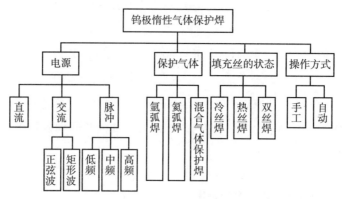

图 7.4　钨极惰性气体保护焊的分类方法

7.2.3 等离子弧焊

等离子弧焊（PAW 焊，ISO 4063 代号为 15），也是一种非熔化极电弧焊。它是利用电极和工件之间的压缩电弧（转移电弧）实现焊接的。等离子弧焊焊接时，电弧挺直度好，弧柱温度高，能量密度大，穿透能力强。

电极通常是钨极，等离子气可用氩气、氮气、氦气或其中二者的混合气，同时通过喷嘴用惰性气体保护。焊接时，可以外加或不加填充金属。根据电源的连接方式和形成等离子弧的过程不同，分为等离子束（非转移弧）、等离子弧（转移弧）、等离子束－等离子弧（联合型）3 种类型，其中等离子弧（转移弧）应用最广泛，如图 7.5 所示。

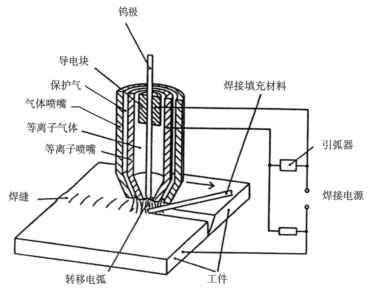

图 7.5　等离子弧焊（转移电弧）

7.3　保护气体特性及选择要求（ISO 14175）

保护气体的作用在于保护熔池，钨电极不受外围空气的有害影响，改变电弧能量，提供适于电弧燃烧的条件。如果空气进入并接触熔化金属或者高温金属，空气中的氧气将氧化金属，或者损坏钨电极，其中氮气将导致气孔和焊缝变脆，水分将产生气孔。

保护气体的组成将影响填充材料从熔化的电极过渡到焊缝熔池的过程及飞溅的产生，它还会影响焊缝表面成形、几何尺寸、焊接速度、抗气孔性、合金烧损（影响到焊缝强度）和焊缝表面氧化物的形成。

7.3.1　对保护气体的基本要求

对选择的保护气体尽可能满足如下要求。

（1）对焊接区（包括焊丝、电弧、熔滴、熔池和高温的近缝区）起到良好的保护作用。

（2）作为电弧的气体介质，它应有利于引弧和保持电弧的稳定燃烧。

（3）有助于提高对焊件的加热效率，改善焊缝成形。

（4）在焊接时，能促使获得所希望的熔滴过渡特性，减少金属飞溅。

（5）在焊接过程中，保护气体对有害冶金反应能进行控制，以减少气孔、裂纹和夹渣等缺欠。

（6）易于制取，来源容易，价格低廉。

7.3.2　保护气体的基本特性

在国际标准 ISO 14175 中，按照保护气体在焊接过程中呈现的特性，见表 7.1，有下面几种基本类型。

表 7.1　保护气体的基本特性（ISO 14175：2008）

气体种类	化学式	密度[a]（空气＝1.293）	空气密度相对值[a]	在 0.101MPa 时的沸点 /℃	焊接时的反应特性
氩气	Ar	1.784	1.380	−185.9	惰性
氦气	He	0.178	0.138	−268.9	惰性
二氧化碳	CO_2	1.977	1.529	−78.5[b]	氧化性
氧气	O_2	1.429	1.105	−183.0	氧化性
氮气	N_2	1.251	0.968	−195.8	不易起反应的[c]
氢气	H_2	0.090	0.070	−252.8	还原性

注：a. 在 0℃和 0.101MPa 下。
　　b. 升华温度（固态转化为气态的温度）。
　　c. 氮气的特性随使用材料的不同而改变，使用者应考虑不良影响。

I——惰性气体和惰性混合气体；

M——包含氧气、二氧化碳或者二者都包含的具有氧化性混合气体；

C——高氧化性气体和高氧化性混合气体；

R——具有还原性的混合气体；

N——不易起反应的气体或者具有还原性混合气体，包括氮气；

O——氧气；

Z——表中未列出的混合气体。

7.3.3 常见焊接保护气体的特点

目前焊接可以使用的保护气体有单元气体，如 Ar、He、N_2 和 CO_2 等；还可以使用混合气体，如 Ar + He、Ar + O_2、Ar + CO_2、Ar + H_2 和 Ar + He + N_2 等。通常 2 种或 2 种以上的气体按一定比例混合来使用的称为多元混合气体保护焊，目前最多用到四元气体，如 Ar + He + CO_2 + O_2。

焊接过程使用多元混合气体保护焊主要是为了适应不同金属材料和焊接工艺的需要，促使获得最佳的保护效果、电弧特性、熔滴过渡特性、焊缝成形和焊缝质量等。这里介绍一些常用保护气体的作用。

氩气（Ar）是一种惰性气体，它既不与金属发生化学反应，也不溶解于金属中。因此，可以避免焊缝金属中的合金元素的氧化烧损及由此带来的其他焊接缺欠问题，使焊接冶金反应变得简单和容易控制，为获得高质量焊缝提供良好条件。同时，Ar 不具备氧化和还原作用，所以 Ar 保护时，对焊前清理要求严格，否则会影响焊缝质量。Ar 导热系数小，而且属于单原子分子，高温时不分解吸热，所以 Ar 的热量损失小。Ar 的优点是在 Ar 中电弧燃烧非常稳定、飞溅小、密度大、保护效果好。He 也是惰性气体，具备和 Ar 相类似的性质，但它的传热系数大，和 Ar 相比，在相同的电弧长度下，电弧电压较高，电弧温度也比 Ar 电弧高得多，所以 He 最大的优点是电弧温度高，母材热输入量大。以 Ar 为基体，加入一定比例的 He 可以获得两者所具有的优点，所以焊接铝及铝合金、铜及铜合金和镍及镍合金等经常采用 Ar 和 He 的混合气体。

二氧化碳（CO_2）是一种活性气体，也是唯一适用于焊接用的单一活性气体。因为 CO_2 气体在电弧高温作用下将发生分解，同时伴随吸热反应，对电弧产生冷却作用，而使其收缩，所以 CO_2 焊具有焊接速度快、熔深大、成本低和易进行空间位置焊接等优点。CO_2 焊的主要缺点是焊接过程中产生金属飞溅和焊缝成形不良，同时 CO_2 属于强氧化性气体，造成的合金损失增加，非金属夹杂物较多，降低了焊缝的冲击韧性。Ar 和 CO_2 的混合气体既具有 Ar 的优点，又具有 CO_2 的优点，如电弧稳定、飞溅小、熔深大、可以获得喷射过渡等，这种混合气体广泛用于非合金钢和低合金钢的焊接过程。

7.3.4 保护气体分类及标准

根据国际标准 ISO 14175：2008 对焊接及切割所使用的气体进行选择，保护气体的分类见表 7.2。标准规定了熔化焊和切割用气体的分类，气体用于但不限于以下焊接方法：TIG（141）、熔化极气体保护焊（13）、等离子弧焊（15）、等离子弧切割（83）、激光焊（52）、激光切割（84）、电弧钎焊（972）。

表 7.2　保护气体的分类（ISO 14175：2008）

符号		体积百分比						应用
主组别	次组别	氧化性		惰性		还原性	不易起反应	
		CO_2	O_2	Ar	He	H_2	N_2	
I	1	—	—	100	—	—	—	TIG 焊、MIG 焊、等离子弧焊、背面保护等
	2	—	—	—	100	—	—	
	3	—	—	其余	$0.5 \leqslant He \leqslant 95$	—	—	
M1	1	$0.5 \leqslant CO_2 \leqslant 5$	—	其余 a	—	$0.5 \leqslant H_2 \leqslant 5$	—	
	2	$0.5 \leqslant CO_2 \leqslant 5$	—	其余 a	—	—	—	
	3	—	$0.5 \leqslant O_2 \leqslant 3$	其余 a	—	—	—	
	4	$0.5 \leqslant CO_2 \leqslant 5$	$0.5 \leqslant O_2 \leqslant 3$	其余 a	—	—	—	
M2	1	$5 < CO_2 \leqslant 15$	—	其余 a	—	—	—	氧化性弱
	2	$15 < CO_2 \leqslant 25$	—	其余 a	—	—	—	
	3	—	$3 < O_2 \leqslant 10$	其余 a	—	—	—	↓
	4	$0.5 \leqslant CO_2 \leqslant 5$	$3 < O_2 \leqslant 10$	其余 a	—	—	—	
	5	$5 < CO_2 \leqslant 15$	$0.5 < O_2 \leqslant 3$	其余 a	—	—	—	MAG 焊
	6	$5 < CO_2 \leqslant 15$	$3 < O_2 \leqslant 10$	其余 a	—	—	—	
	7	$15 < CO_2 \leqslant 25$	$0.5 < O_2 \leqslant 3$	其余 a	—	—	—	
	8	$15 < CO_2 \leqslant 25$	$3 < O_2 \leqslant 10$	其余 a	—	—	—	↓
M3	1	$25 < CO_2 \leqslant 50$	—	其余 a	—	—	—	
	2	—	$10 < O_2 \leqslant 15$	其余 a	—	—	—	氧化性强
	3	$25 < CO_2 \leqslant 50$	$2 < O_2 \leqslant 10$	其余 a	—	—	—	
	4	$5 < CO_2 \leqslant 25$	$10 < O_2 \leqslant 15$	其余 a	—	—	—	
	5	$25 < CO_2 \leqslant 50$	$10 < O_2 \leqslant 15$	其余 a	—	—	—	
C	1	100	—	—	—	—	—	
	2	其余	$0.5 \leqslant O_2 \leqslant 30$	—	—	—	—	
R		—	—	其余 a	—	$0.5 \leqslant H_2 \leqslant 15$	—	TIG 焊、等离子弧焊及切割、背面保护
		—	—	其余 a	—	$15 < H_2 \leqslant 50$	—	
N	1	—	—	—	—	—	100	等离子弧切割、背面保护
	2	—	—	其余 a	—	—	$0.5 \leqslant N_2 \leqslant 5$	
	3	—	—	其余 a	—	—	$5 < N_2 \leqslant 50$	
	4	—	—	其余 a	—	$0.5 \leqslant H_2 \leqslant 15$	$0.5 \leqslant N_2 \leqslant 5$	
	5	—	—	—	—	$0.5 \leqslant H_2 \leqslant 50$	其余	
O	1	—	100	—	—	—	—	
Z		混合气体中有未列入此表的成分，或者成分含量不在此表规定范围内的混合气体 b						—

注：a. 出于此分类的目的，氦气可以部分替代或者完全替代氩气。
　　b. 有相同 Z 分类标识的 2 种混合气体不可以互换。

ISO 14175：2008 国际标准中的保护气体标记举例如下。

例 1：在氩气中含有 30% 氦气的混合气体：

ISO 14175–I3；标记 ISO 14175–I3–ArHe–30

例 2：在氩气中含有 6% 二氧化碳、4% 氧气的混合气体：

ISO 14175–M25；标记 ISO 14175–M25–ArCO–6/4

例 3：在氩气中含有 5% 氢气的混合气体：

ISO 14175–R1；标记 ISO 14175–R1–ArH–5

例 4：在氦气中含有 7.5% 氩气、2.5% 二氧化碳的混合气体：

ISO 14175–M12；标记 ISO 14175–M12–HeArC–7.5/2.5

例 5：在氩气中含有 0.05% 氙气的混合气体：

ISO 14175–Z；标记 ISO 14175–Z–Ar+Xe–0.05

7.4 保护气体的制造、供给、储存

7.4.1 保护气体的制造

各类焊接所使用的保护气体的来源如下。

氩气——来自空气（液态空气分离）；

氦气——来自天然气；

氮气——来自空气；

氧气——来自空气（液态空气分离）；

二氧化碳——矿物质（化学反应或燃烧过程）。

通过对各类常用保护气体的成本比较，能够发现惰性气体价格要高于其他气体，其中氦气价格最贵，其次是氩气，所以保护气体的选择也要考虑到经济性。

7.4.2 保护气体的供给和储存

保护气体一般以气态供货，也可以为高压液态、液态和深冷液态供货。气体的储存和供应包括如下内容。

（1）管道、储罐、容器、压缩气体钢瓶。

（2）单个气瓶供气、编组钢瓶供气、集中钢瓶供气。

7.4.3 气瓶颜色标记

气体在压缩、液化和溶解条件下在气瓶中保存。气瓶的使用应遵守《气瓶安全监察规定》、GB/T 7144—2016 等标准和规程的要求。欧洲国家所使用的压缩气瓶既要符合欧洲压力容器技术规程要求，又要满足 BS EN 1089–1、BS EN 1089–2、BS EN 1089–3《气瓶标识的要求》。气瓶要漆上标志颜色，其颜色编码见表 7.3、表 7.4。

表 7.3　颜色编码（节选自 GB/T 7144—2016《气瓶颜色标志》）

气体种类	气瓶颜色	字样	字体颜色
乙炔（C_2H_2）	白色	乙炔 不可近火	大红
氢气（H_2）	淡绿	氢	大红
氧气（O_2）	淡（天）蓝	氧	黑色
二氧化碳（CO_2）	铝白	液化二氧化碳	黑色
氮气（N_2）	黑	氮	淡黄
氩气（Ar）	银灰	氩	淡绿

表 7.4　颜色编码（节选自 BS EN 1089-3：2011）

气体种类	气瓶颜色	气体种类	气瓶颜色
氧气	白色 / 蓝色	氮气	黑色 / 棕色
其他非可燃性气体	绿色 / 棕色	乙炔	棕色
其他可燃性气体	红色	氩气	绿色 / 灰色
氦气	棕色 / 灰色	二氧化碳	灰色

7.5 保护气体需求量的计算

在熔化极气体保护焊不同熔化效率时，保护气体（不包括氦气）需求量的计算，如图 7.6 所示。

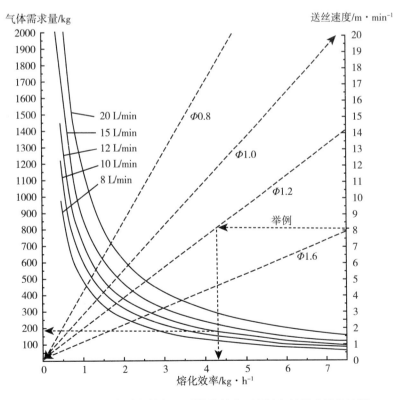

图 7.6　熔化极气体保护焊不同熔化效率时保护气体需求量的计算

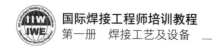
举例：焊丝直径 1.2mm，送丝速度 8m/min，熔化效率约 4.25kg/h，气体流量 12L/min，则熔化每千克填充材料需气体为 170L。

参考文献

［1］GSI.SFI-Aktuell［M］.Duisburg: Gesellschaft für Schweißtechnik International mbH，2010.

［2］杨松.锅炉压力容器焊接技术培训教材［M］.北京：机械工业出版社，2005.

［3］中国机械工程学会焊接学会.焊接手册：第 1 卷：焊接方法及设备［M］.3 版.北京：机械工业出版社，2008.

［4］中国机械工程学会焊接学会.焊接手册：焊接结构［M］.3 版.北京：机械工业出版社，2008.

［5］杨春利，林三宝.电弧焊基础［M］.哈尔滨：哈尔滨工业大学出版社，2003.

［6］Welding consumables-Gases and gas mixtures for fusion welding and allied processes：ISO 14175:2008［S/OL］.［2008-03］.https://www.iso.org/standard/39569.html.

［7］Transportable gas cylinders. Gas cylinder identification (excluding LPG) – Colour coding: BS EN 1089-3:2011［S/OL］.［2011-08］.https://www.cssn.net.cn/cssn/productDetail/abc575ef397e6f9ef18165b2f366bb81.

［8］全国气瓶标准化技术委员会.气瓶颜色标志：GB/T 7144—2016［S/OL］.［2016-02］.https://www.cssn.net.cn/cssn/productDetail/ad817f4ad4cd5a3761168dcc004fc3f4.

［9］Welding and allied processes — Nomenclature of processes and reference numbers: ISO 4063:2009［S/OL］.［2009-08］.https://www.iso.org/standard/38134.html.

本章的学习目标及知识要点

1.学习目标

（1）掌握气体保护焊的分类。

（2）了解各种气体保护焊的工艺原理。

（3）掌握保护气体的要求及作用。

（4）掌握国际标准 ISO 14175：2008 保护气体分类的具体要求。

（5）了解保护气体的制备、储存、供给方式。

（6）了解焊接材料需求量的近似计算方式。

2. 知识要点

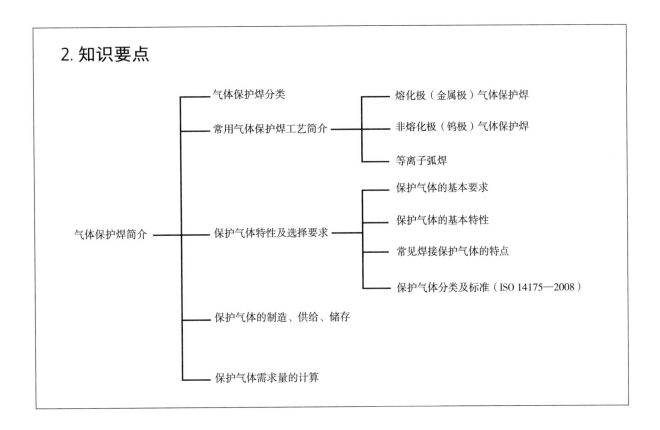

第8章

钨极惰性气体保护焊

编写：杨文杰　审校：常凤华

钨极惰性气体保护焊即 TIG 焊，是一种非熔化极电弧焊，本章主要介绍 TIG 焊工作原理，特点及适用范围，设备组成，填充材料的国际标准，焊接工艺参数的选择及对焊接质量的影响，特别介绍 TIG 焊技术在工程实际中的应用。

8.1 TIG 焊原理、特点和应用

8.1.1 TIG 焊原理

钨极惰性气体保护焊是在惰性气体的保护下，利用钨极与焊件间产生的电弧热熔化母材和填充焊丝，形成焊缝的焊接方法，如图 8.1 所示。焊接时保护气体从焊枪的喷嘴中连续喷出，在电弧周围形成保护层隔绝空气，保护电极和焊接熔池以及临近热影响区，以形成优质的焊接接头。焊接时，用难熔金属钨或钨合金制成的电极基本上不熔化，故容易维持电弧长度的恒定。填充焊丝在电弧前方添加，当焊接薄焊件时，一般不需开坡口和填充焊丝，还可采用脉冲电流以防止烧穿焊件。焊接厚大焊件时，也可以将焊丝预热后，再添加到熔池中，以提高熔敷速度。

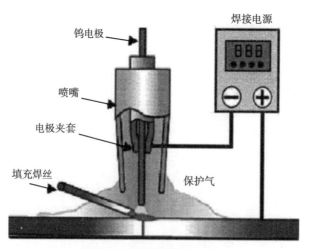

图 8.1　钨极氩弧焊的原理

8.1.2 TIG 焊特点

8.1.2.1 TIG 焊的优点

（1）焊接过程稳定。电弧能量参数可精确控制。一方面，氩气是单原子分子，稳定性好，在高温下不分解、不吸热、热导率很小，因此电弧的热量损失少，电弧一旦引燃，就能够稳定燃烧；另一方面，钨棒本身不会产生熔滴过渡，弧长变化干扰因素相对较少，也有助于电弧的稳定燃烧。

（2）焊接质量好。氩气是一种惰性气体，它既不溶于液态金属，又不与金属起任何化学反应；氩的相对原子质量较大，有利于形成良好的气流隔离层，有效地阻止氧气、氮气等侵入焊缝金属。

（3）适于薄板焊、全位置焊和不加衬垫的单面焊双面成形工艺。

（4）焊接过程易于实现自动化，易于监测及控制，是理想的自动化乃至机器人化的焊接方法。

（5）焊缝区无熔渣，焊工可清楚地看到熔池和焊缝成形过程。

8.1.2.2 TIG 焊的缺点

（1）TIG 焊利用气体进行保护，抗侧向风的能力较差。

（2）对工件清理要求较高。由于采用惰性气体进行保护，无冶金脱氧或去氢作用，为了避免气孔、裂纹等缺欠，焊前必须严格去除工件上的油污、铁锈等。

（3）生产效率低。由于钨极的载流能力有限，尤其是交流焊时钨极的许用电流更低，致使 TIG 焊的熔透能力较低，焊接速度小，焊接生产效率低。

8.1.3 TIG 焊应用

（1）钨极氩弧焊广泛应用于各种工业结构金属焊接，用于飞机制造、原子能、化工、纺织、电站锅炉工程等工业领域中。

（2）由于氩气的保护，隔离了空气对熔化金属的有害作用，可焊接易氧化的有色金属及其合金（如铝、镁等）、不锈钢、高温合金、钛及钛合金，以及难熔的活泼金属（如钼、铌、锆）等。

（3）既可以焊接厚件，也可以焊接薄件；既可以对平焊位置焊缝进行焊接，也适合于对各种空间焊缝进行焊接，如仰焊、横焊、立焊、角焊缝、全位置焊缝、空间曲面焊缝等的焊接，脉冲钨极氩弧焊适宜于焊接薄板，特别适用于全位置管道对接焊。

（4）由于钨电极的载流能力有限，电弧功率受到限制，致使焊缝熔深浅、焊接速度低、焊接效率不高，所以钨极氩弧焊一般只适于焊接厚度小于 6mm 的工件。对于厚度更大的工件，在开坡口的情况下采用 TIG 焊封底（打底）同样可以提高焊缝背面成形质量，因此也有广泛的应用。

（5）钨极氩弧焊有自动焊和手工焊 2 种焊接方式，适用于各种长度、各种位置、各种角度焊缝的焊接，应用范围得以扩展。

8.2 TIG 焊设备及组成（ISO 6848）

钨极惰性气体保护焊（TIG 焊）设备按操作方式可分为手工 TIG 焊设备和自动 TIG 焊设备；按焊接电源不同又可分为交流 TIG 焊设备、直流 TIG 焊设备和矩形波 TIG 焊设备。

手工 TIG 焊设备的一般结构如图 8.2 所示。主要由焊接电源、焊枪、供气系统、供水系统和焊接控制装置等部分组成。自动 TIG 焊设备还包括焊车行走机构和送丝机构。

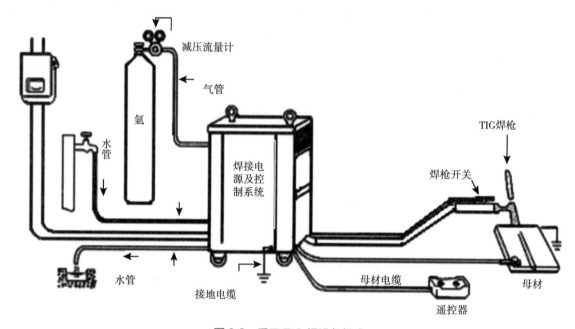

图 8.2　手工 TIG 焊设备组成

8.2.1 TIG 焊焊接电源

TIG 焊设备可以采用直流电源、交流电源和矩形波弧焊电源。要求弧焊电源的外特性为陡降或垂直下降外特性，以保证弧长变化时焊接电流的波动较小。直流电源可采用硅弧焊整流器、晶闸管弧焊整流器或弧焊逆变器等，交流电源常用动圈漏磁式弧焊变压器。近年来，在 TIG 焊中逐渐应用矩形波弧焊电源，由于它正、负半波通电时间比和电流比均可以自由调节，所以把它用于铝及其合金的 TIG 焊接时，在弧焊工艺上具有电弧稳定、电流过零点时重新引弧容易、不必加稳弧器；通过调节正、负半波通电时间比，在保证阴极雾化作用的条件下增大正极性电流时间，从而可获得最佳的熔深，提高生产效率和延长钨极的寿命；可不用消除直流分量装置等优点。

TIG 焊焊机在焊接过程中，必须按照一定的程序进行。焊接开始，焊枪对准工件，按启动按钮（ON），通保护气，同时加高频电压引弧，电弧引燃后，高频自动停止，随后释放开关（OFF），同时开始焊接。焊接结束时，再按按钮（ON），进入填充坡口阶段。再释放开关（OFF），进入延时通气阶段。

8.2.2　TIG 焊引弧及稳弧

为了保持钨极端部的形状，防止钨极熔化造成焊缝夹钨，钨极氩弧焊一般是采用非接触式引弧，主要有高频高压引弧和高压脉冲引弧 2 种方式。

8.2.2.1　高频高压引弧

利用产生的高频高压击穿钨极与工件之间的气隙而引燃电弧。高频振荡器的电气原理如图 8.3（a）所示。

工作原理：当开关 K 闭合时，B_1 开始向电容 C_K 充电。当 C_K 两端的电压达到一定值，火花放电器 P 被击穿，m、n 两点短路，电容 C_K 便通过 P 向升压变压器 B_2 的一次侧放电，形成 L–C 振荡。振荡所产生的高频高压，通过 B_2 二次升压，在 B_2 的二次侧获得一高频高压，此高频高压经电容 C 耦合输出到焊接回路，用来击穿气隙引燃电弧，其波形如图 8.3（b）所示。

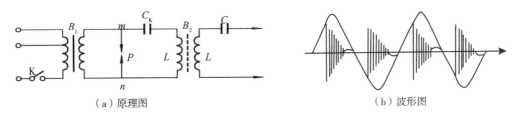

（a）原理图　　　　　　　　　　　　　　（b）波形图

图 8.3　高频高压引弧器原理及波形图

8.2.2.2　高压脉冲引弧

现在有 TIG 焊设备（如 WSJ–500 型手工钨极交流氩弧焊机）采用了高压脉冲引弧器。高压脉冲器的电路原理如图 8.4 所示。

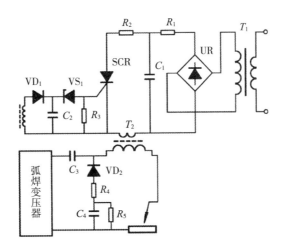

图 8.4　晶闸管高压脉冲稳弧和引弧电路

工作原理：升压变压器 T_1 升压后二次电压可达 800V，经整流桥 UR 整流后通过电阻 R_1 向电容 C_1 充电。C_1 充电电压最高可达 1120V，C_1 存储的这部分能量就作为高压脉冲的能源，引弧时，由引弧脉冲产生电路产生的触发脉冲将晶闸管 SCR 触发导通。电容 C_1，将通过 R_2、SCR 向高压脉冲变压

器 T_2 的一次侧放电，在 T_2 的二次侧感应出一个高压脉冲，施加在钨极与工件之间，将钨极与工件之间的气隙击穿而引燃电弧。

与高频高压引弧相比，高压脉冲引弧的优点是不产生高频电磁波，对周围的电器设备及工人的健康影响较小，并且其引弧脉冲和稳弧脉冲可以共用一个脉冲产生电路。其缺点是引弧的可靠性不如高频高压引弧。高频高压引弧对引弧相位没有要求，而高压脉冲引弧时，由于高压脉冲作用时间短，为保证引弧可靠，要求引弧脉冲产生在负半波（工件为负的半波）90°，如图 8.5 所示。

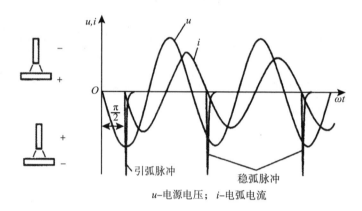

u–电源电压；i–电弧电流

图 8.5 高压引弧和稳弧脉冲与电压、电流的相位关系

8.2.3 TIG 焊焊枪

焊枪的功能是向电弧供电和供气，同时还应接通控制电线和向焊枪提供冷却水。

8.2.3.1 气冷焊枪

焊接电流 250A 气冷 TIG 焊枪结构如图 8.6 所示。

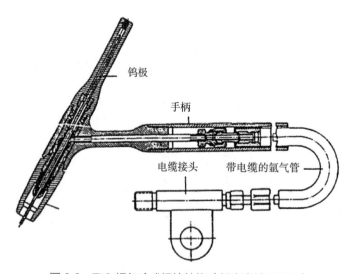

图 8.6 TIG 焊气冷式焊枪结构（额定电流 250A）

8.2.3.2 水冷焊枪

高电流和持续焊接时的 TIG 焊水冷焊枪如图 8.7 所示。

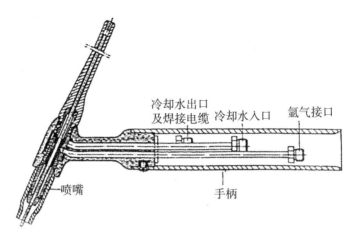

冷却水出口
及焊接电缆　冷却水入口　氩气接口

喷嘴

手柄

图 8.7　TIG 焊水冷焊枪结构

8.2.4　TIG 焊电极

8.2.4.1 电极种类及应用

在金属中由于钨具有很高的熔点，能够承受很高的温度，在较大电流范围内完全具备发射电子的能力，因此在 TIG 焊和等离子电弧焊中选择钨作为电极。如 TIG 电弧、等离子电弧的阴极电流密度通常达到（$10^6 \sim 10^8$）A/cm² 的程度，其工作温度在电极端部通常达到 3000K 以上的高温。在这样高的温度下工作，钨电极本身也会发生烧损。因此，如何维持钨电极形状的稳定性、减少钨电极的烧损是很重要的。

钨电极的烧损及形状的变化会带来如下几方面问题。

（1）形状的变化会带来电弧形态的改变，影响电弧力和对母材的热输入。

（2）对重要构件的焊接会带来焊缝夹钨的问题。

（3）影响电极的使用寿命，需要频繁更换电极，此外还涉及引弧性能等。

钨极氩弧焊使用的电极材料有纯钨极、钍钨极和铈钨极等，熔点均在 3400℃ 以上，且逸出功较低，因此具有较强的电子发射能力，近年来性能更佳的新材料电极也在发展中。为了保证引弧性能好、焊接过程稳定，要求电极具有较低的逸出功、较大的许用电流、较小的引燃电压。

1. 纯钨电极

与钍钨电极、锆钨电极相比，纯钨电极要发射出等量的电子，需要有较高的工作温度，在电弧中的消耗也较多，需要经常重新研磨，非自然消耗以外的消耗较大，一般在交流 TIG 焊中使用。

2. 钍钨电极

钍钨电极是在钨材料中加入 1% ~2% 的 ThO_2，ThO_2 的熔点为 3327K，接近钨的熔点（3653K）。与纯钨电极相比逸出功较低，能够在较低的温度下发射出同等程度的电子数，同时电极前端的熔化、烧损也少于纯钨电极（直流正接），并且电弧容易引燃。加入了钍元素，电极的许用电流值增加，相同直径的电极可以流过较大的电流。

3. 铈钨电极

铈钨电极是在纯钨材料中加入 1%~2% 微放射性稀土元素铈（Ce）的氧化物（CeO_2）。铈钨电极在低电流条件下有着优良的起弧性能，维弧电流较小；由于钍钨电极的放射性强，应用受到一定的限制，而铈钨电极是微放射性稀土元素（Ce）的氧化物，是理想的电极材料，铈钨电极成为钍钨电极的首选替代品，目前已在我国广泛使用。

铈钨电极与钍钨电极相比在焊接中使用性能有如下优点。

（1）在相同规范下，弧束较细长，光亮带较窄，温度更集中。

（2）与钍钨电极相比最大许用电流密度可增加 5%~8%。

（3）电极的烧损率下降，修磨次数减少，使用寿命延长，没有辐射性。

（4）直流焊接时，阴极压降降低 10%，比钍钨电极更容易引弧，电弧稳定性较好。

其缺点是铈钨电极并不适合于大电流条件下的应用，在这种条件下，氧化物会快速的移动到高热区，即电极焊接处的顶端，这样对氧化物的均匀度造成破坏，因而由于氧化物的均匀分布所带来的好处将不复存在。

此外，电极还有锆钨电极、镧钨电极（$W+1\% LaO_2$）、钇钨电极（$W+2\% Y_2O_3$）等。在钨中添加 2 种或 2 种以上的稀土氧化物，各种添加元素相得益彰，互为补充，使复合多元钨电极性能出众，将成为电极家族中的新贵。表 8.1 为钨电极的标记和组成成分（ISO 6848）。

表 8.1 钨电极的标记和组成成分（ISO 6848）

标记	组成成分				色标
	氧化物重量	氧化物种类	杂质 /%	钨 /%	
WP	—	—	≤ 0.20	99.8	绿色
WTh4①	0.35~0.55	ThO_2	≤ 0.20	其余	淡蓝色
WTh10	0.80~1.20	ThO_2	≤ 0.20	其余	黄色
WTh 20	1.70~2.20	ThO_2	≤ 0.20	其余	红色
WTh 30	2.80~3.20	ThO_2	≤ 0.20	其余	紫色
WTh 40	3.80~4.20	ThO_2	≤ 0.20	其余	橘黄色
WZr 3①	0.15~0.50	ZrO_2	≤ 0.20	其余	棕色
WZr 8	0.70~0.90	ZrO_2	≤ 0.20	其余	白色
WLa 10	0.90~1.20	La_2O_3	≤ 0.20	其余	黑色
WCe 20	1.80~2.20	CeO_2	≤ 0.20	其余	灰色
WLa 20②	1.80~2.20	La_2O_3	≤ 0.20	其余	深蓝色

注：①非商业用。
②非标准。

8.2.4.2 电极尖端形状

钨极端部形状可对电弧形态以及对工件热输入产生影响，如图 8.8 所示。钨极直径要根据焊接电流值和极性来选取。由于钨极作为阴极时从电弧得到的热量小于作为阳极时的情况，因此在同一直径下，直流正接时允许的电流数值较大，而直流反接和交流焊接时允许的电流小。表 8.2 为电极直径与最大允许电流的对应关系。

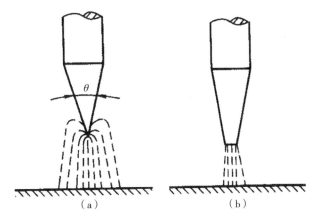

图 8.8　直流 TIG 焊时钨极端部形状对电弧形态影响

表 8.2　钨极许用电流范围

钨极直径 /mm	直流 /A				交流 /A	
	正接（电极 -）		反接（电极 +）			
	纯钨	钍钨、铈钨	纯钨	钍钨、铈钨	纯钨	钍钨、铈钨
0.5	2~20	2~20	—	—	2~15	2~15
1.0	10~75	10~75	—	—	15~55	15~70
1.6	40~130	60~150	10~20	10~20	45~90	60~125
2.0	75~180	100~200	15~25	15~25	65~125	85~160
2.5	130~230	160~250	17~30	17~30	80~140	120~210
3.2	160~310	225~330	20~35	20~35	150~190	150~250
4.0	275~450	350~480	35~50	35~50	180~260	240~350
5.0	400~625	500~675	50~70	50~70	240~350	330~460
6.3	550~675	650~950	65~100	65~100	300~450	430~575
8.0	—	—	—	—	—	650~830

钨极的端部形状对电弧的稳定性及自身的损耗有影响。例如，端面凹凸不平时，产生的电弧既不集中又不稳定，因此钨极端部必须磨光。钨极前端通常采取如图 8.9 所示的几种形式。在直流正接和小电流薄板焊接时，可使用小直径钨极并将末端磨成尖锥角，这样电弧容易引燃和稳定；但随着焊接电流的增大，将会因电流密度过大而使末端过热熔化和烧损，电弧斑点也会扩展到钨极前端的锥面上，使弧柱明显地扩散漂移而影响焊缝成形。因此，在大电流焊接时，应将钨极前端磨成带有平台的锥形或纯钝角，这样可使电弧斑点稳定，弧柱扩散减少，对焊件加热集中，增加焊缝熔深。在焊接电流 200A 以下时，钨极前端角度为 30°~50°，此时可以得到较大的熔深，因此均可以采用这一电极角度；当焊接电流超过 250A 后，钨极前端会产生熔化损失，因此都是在焊接前把电极前端磨

出一个具有一定尺寸的平台，如图 8.9（a）所示。

直流反接和交流焊接时，如图 8.9（b）所示，同一电流下，电弧对钨极的热输入大于直流正接，同时电流也不是集中在阳极的某一区域，这时把电极前端形状磨成圆形最合适。如果所使用的焊接电流处于钨极最大允许电流值附近，则不论钨极开始是何种形状，一旦电弧引燃，钨极前端都会熔化，自然形成半球形。

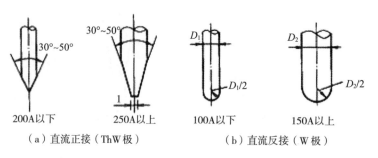

（a）直流正接（ThW 极）　　　　　（b）直流反接（W 极）

图 8.9　焊接中采用的钨极形式

8.2.4.3 钨极伸出长度

钨极伸出长度是指钨极从喷嘴端部伸出的距离。它对焊接保护效果和焊接操作性均有影响。该长度应根据接头的形状确定，并对气体流量做适当的调整。通常钨极伸出长度主要取决于焊接接头的外形。内角焊缝要求钨极伸出长度最长，这样电极才能达到该接头的根部，并能较多地看到焊接熔池。卷边焊缝只需很短的钨极伸出长度，甚至可以不伸出。常规的钨极伸出长度一般为 1~2 倍钨极直径。

实际焊接时，确定各焊接参数的顺序是：根据被焊材料的性质，先选定焊接电流的种类、极性和大小，然后选定钨极的种类和直径，再选定焊枪喷嘴直径和保护气体流量，最后确定焊接速度。在施焊的过程中根据情况适当地调整钨极伸出长度和焊枪与焊件相对的位置。

8.3 TIG 焊电流与极性

TIG 焊时，焊接电弧正、负极的导电和产热机构与电极材料的热物理性能有密切关系，对焊接工艺有显著影响。

8.3.1 直流 TIG 焊

直流钨极氩弧焊没有极性变化，电弧燃烧很稳定。按电源极性的不同接法，又可将直流 TIG 焊分为直流正接（负极性）法和直流反接（正极性）法。当采用直流负极性法时，钨极是阴极，钨极的熔点高，在高温时电子发射能力强，电弧燃烧稳定性更好。

8.3.1.1 直流反接（DCEP）

在钨极氩弧焊中，虽然很少应用直流反接，可是因为它有一种去除氧化膜的作用（一般称"阴极破碎"或"阴极雾化"作用）。去除氧化膜的作用在交流焊的负半波也同样存在，是成功焊接铝、镁及其合金的重要因素。铝、镁及其合金的表面存在一层致密难熔的氧化膜（Al_2O_3 的熔点为 2050℃，而铝的熔点为 658℃）覆盖在焊接熔池表面，如不及时清除，焊接时会造成未熔合，会使焊缝表面形成皱皮或内部产生气孔夹渣，直接影响焊缝质量。正极性时，被焊金属表面的氧化膜在电弧的作用下可以被清除掉而获得表面光亮美观，形成良好的焊缝。这种作用就是由阴极斑点有自动寻找金属氧化物的性质决定的。因为金属氧化物逸出功小，容易发射电子，所以氧化膜上容易形成阴极斑点并产生电弧。这种作用的关键条件是阴极斑点的能量密度要很高和被质量很大的正离子撞击，致使氧化膜破碎。但是直流反接的热作用对焊接是不利的，因为电弧阳极的热量多于阴极（有关资料指出：2/3 的热能产生在阳极，1/3 热能产生在阴极）。反接时电子轰击钨极，放出大量热量，很容易使钨极过热熔化，这时假如要通过 125A 的焊接电流，为不使钨极熔化，就需约 6mm 直径的钨棒。同时由于在焊件上放出的能量不多，焊缝熔深浅而宽，如图 8.10（b）所示，生产效率低，而且只能焊接约 3mm 厚的铝板。所以在钨极氩弧焊中直流反接除了焊铝、镁薄板外很少采用。

8.3.1.2　直流正接（DCEN）

除焊接铝、镁及其合金外，一般均采用直流正接，其他金属及其合金不存在产生高熔点金属氧化物问题。

采用直流正接有下列优点。

（1）工件为阳极，工件接受电子轰击放出的全部动能和位能（逸出功），产生大量的热，因此熔池深而窄，如图 8.10（a）所示，生产效率高，工件的收缩和变形都小。

（2）钨极上接受正离子轰击时放出的能量比较小，且由于钨极在发射电子时需要付出大量的逸出功，总的来说，钨极上产生的热量比较小，因而不易过热，所以对于同一焊接电流可以采用直径较小的钨棒。例如，同样通过 125A 焊接电流选用 1.6mm 直径的钨棒就够了，而直流反接时需用 6mm 直径的钨棒。

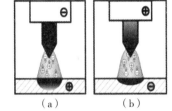

图 8.10　TIG 焊电流极性对焊缝熔深的影响

（3）钨棒的热发射力很强，当采用小直径钨棒时，电流密度大，有利于电弧稳定，所以电弧稳定性也比反接好。

8.3.2　交流 TIG 焊

8.3.2.1　工频交流 TIG 焊

在生产实践中，焊接铝、镁及其合金时一般都采用工频交流电，这样在交流正极性的半波里（铝工件为阴极），阴极有去除氧化膜的作用，它可以清除熔池表面的氧化膜。在交流负极性的半波里（钨极为阳极），钨极可以得到冷却，同时可以发射足够的电子，有利于电弧稳定，使两者都能兼顾，焊接过程又能顺利进行。实践证明，用交流焊接铝、镁及其合金是完全可行的，同时又产生如下问题：一是会产生直流分量，这是有害的，必须将其消除；二是交流电源每秒有 100 次经过零点，必须采取稳弧措施。

8.3.2.2　方波（矩形波）交流 TIG 焊

普通交流 TIG 焊的波形为工频正弦波，存在电弧稳定性差的缺点。为了提高交流 TIG 焊电弧稳定性，同时也为了保证在铝、镁合金焊接时既有满意的阴极清理作用，又可获得较为合理的两极热量分配，所以发展了方波交流弧焊电源。

方波电源焊接电流的波形如图 8.11 所示。K_R 表示正极性半周（焊件为阴极）通电时间的比例，则一般 K_R 可在 10% ~50% 范围内调节。K_R 用下式计算：$K_R = T_R/（T_R+T_S）\times 100\%$。式中，$K_R$ 为交流方波正、负极性半周宽度可调值，或称为反转比；T_R 为正极性半周时间；T_S 为负极性半周时间。

当 K_R 增大时，阴极清理作用加强，但熔深变得较浅，熔宽加大，钨极烧损加快；反之，当 K_R 减小时，对两极热量分配有利，而阴极清理作用减弱。通常是选择最小而必要的正极性时间以去除氧化膜，用余下的负极性时间加速母材的熔化，以便进行深熔透的高速焊。

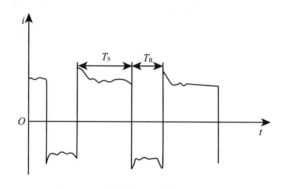

图 8.11　方波电源焊接电流波形图

8.3.3 脉冲 TIG 焊

脉冲钨极氩弧焊是指利用如图 8.12 所示等形式的变动电流进行焊接。每一次脉冲电流通过时，工件被加热熔化形成一个点状熔池，基值电流通过时使熔池冷却结晶，同时维持电弧燃烧，如图 8.13 所示。从电流波形上看，脉冲钨极氩弧焊电流有如下几项参数：脉冲电流峰值 I_P（称作"脉冲峰值电流"，也可直接称作"脉冲电流"），脉冲电流基值 I_G（称作"基值电流"），脉冲电流时间 t_P（称作"脉冲时间"），基值电流 t_G 时间（称作"基值时间"），脉冲电流频率 f（称作"脉冲频率"），以及循环周期 t_C。

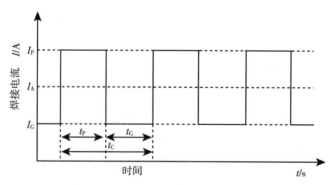

I_G—基础电流 /A；I_P—脉冲电流 /A；I_A—电流平均值 /A；
t_P—脉冲时间 /s；t_G—基础时间 /s；t_C—循环周期 /s

图 8.12　脉冲焊参数的调节

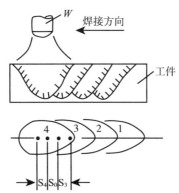

S₃—形成第三焊点时，脉冲电流作用的区间；S₄—形成第四焊点时，脉冲电流作用的区间；
S₀—基值电流作用的区间

图 8.13　PTIG 焊的焊缝形成过程

按照脉冲频率高低可分成如下 2 种。

（1）低频脉冲 TIG 焊，其频率范围为 0.5Hz~10Hz。

（2）高频脉冲 TIG 焊，其频率范围为 10kHz~30kHz。

从焊接频率范围看，由于 10Hz~10kHz 范围内，电弧的闪烁和噪声，刺激视觉和听觉等原因，实际生产应用很少。

脉冲钨极惰性气体保护焊与普通恒定电流钨极惰性气体保护焊相比具有以下优点。

（1）较小的能量输入；（2）适用于受限制位置；（3）板厚较大时，焊缝的深宽比较理想；（4）工件变形较小；（5）电弧更稳定；（6）焊接熔池形状较好；（7）均匀的焊缝根部；（8）较好的间隙"搭桥"性。

8.3.3.1　低频脉冲钨极氩弧焊工艺特点

（1）电弧线能量低。

对于同等厚度的工件，可以采用较小的平均电流进行焊接，获得较低的电弧线能量，因此利用低频脉冲焊可以焊接薄板或超薄件。

（2）便于精确控制焊缝成形。

通过脉冲规范参数的调节，可精确控制电弧能量及其分布，降低焊件热积累的影响，控制焊缝成形，易于获得均匀的熔深和焊缝根部均匀熔透，可以用于中厚板开坡口多层焊的第一道打底焊。能够控制熔池尺寸使熔化金属在任何位置均不至于因重力而流淌，很好地实现全位置焊和单面焊双面成形。

低频脉冲焊中通常没有电弧磁偏吹现象出现，斑点不出现飘移，焊缝熔深有一定程度的增加，熔宽也合适，焊缝形状良好。

（3）宜于难焊金属的焊接。

脉冲电流产生更高的电弧温度和电弧力，使难熔金属迅速形成熔池。焊接过程中由于存在电流基值时间，熔池金属凝固速度快，高温停留时间短，且脉冲电流对熔池有强烈的搅拌作用，所以焊缝金属组织致密，树枝状结晶不明显，可减少热敏感材料焊接裂纹的产生。脉冲电流的各项参数在焊接中起不同的作用。通常对基值电流 I_b 的选取以保证维持电弧稳定燃烧即可（此时也称作"维弧电流"）。决定电弧能量和电弧力的参数是峰值电流 I_p、峰值时间 t_b 和脉冲频率 f。根据被焊工件厚度、材料性质、所设定的焊接速度、接头形式等，采取配合调整的办法选取上述参数，获得良好的焊接工艺过程。

8.3.3.2 高频脉冲钨极氩弧焊的特点

脉冲频率为 10kHz~30kHz 的高频电流能够产生压缩的和挺直性好的电弧。压缩电弧提供了集中的热源。电弧压力标志了电弧刚性的大小。随着电流频率的提高，电弧压力也增大，当电流频率达到 10kHz 时，电弧压力稳定，大约为稳态直流电弧压力的 4 倍。电流频率再增加，电弧压力略有增大。随着电流频率的增加，由于电磁收缩作用和电弧形态产生的保护气流使电弧压缩而增大压力。

在钨极氩弧焊中使用高频电弧的主要特点如下。

（1）超薄板的焊接。

高频脉冲电弧在 10A 以下小电流区域仍然非常稳定。当电极出现烧损时，电弧并不出现明显的偏烧。利用这些特点进行 0.5mm 以下超薄板的焊接，特别是对不锈钢超薄件的焊接，焊缝成形均匀美观。

（2）高速焊接。

高频电弧在高速移动下仍然有良好的挺直度。在焊管作业中，焊接速度可以达到 20m/min，与普通直流电弧相比，提高焊接速度一倍以上。在其他焊件焊接中，焊接速度也高于普通 TIG 焊。

（3）坡口内焊接得到可靠的熔合。

添加焊丝情况下，在坡口内分别利用高频脉冲焊和直流焊进行堆焊，结果有很大差异。直流焊接时，如果焊丝填充量很多，熔池与坡口侧面的熔合状况恶化，焊道凸起，并偏向一侧。形成这样的焊道后，在进行下一层焊接时，焊道两端的熔化不能充分进行，将产生熔合不良。

高频脉冲焊所形成的焊道，在焊丝填充量很多时仍然呈现凹形表面，对下一层的焊接无不良影响。利用这个特点，对壁厚 6mm、外径 30mm 的管子的环缝进行焊接时，以前需要焊 4 层的焊缝，采用高频脉冲焊只需 2 层即可完成，大大提高生产效率。

（4）焊缝组织性能好。

高频电流对焊接熔池的液态金属有强烈的电磁搅拌作用，有利于细化金属晶粒，提高焊缝机械性能。

高频 TIG 焊电源是在焊接主回路中接续大功率晶体管组，工作在高频开关状态或高频模拟状态，输出高频电流。近年来随着大功率 IGBT 元件的出现，在焊接电源中使用更具优势。

低频脉冲 TIG 焊和高频 TIG 焊在焊接工艺上各具优点，有的电源采取高频对低频调制的方法输出焊接电流，或者按照低频时续改变高频脉冲宽度实现高低频输出（平均电流的低频脉冲效果），如图 8.14 所示的焊接电流波形，在焊接工艺上能够发挥两者优点，获得成形更为优良的焊缝。

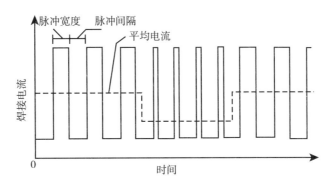

图 8.14　变化高频脉冲宽度的低频焊波形

8.4 TIG 焊焊接工艺（ISO 636）

8.4.1 焊前准备

8.4.1.1 接头及坡口形式

钨极氩弧焊的接头形式有对接、搭接、角接、T 型接和端接 5 种基本类型。端接接头仅在薄板焊接时采用。

8.4.1.2 工件和焊丝的清理

氩弧焊时，对材料的表面质量要求很高，焊前必须经过严格清理，清除填充焊丝及工件坡口和坡口两侧表面至少 20mm 范围内的油污、水分、灰尘、氧化膜等，否则在焊接过程中将影响电弧稳定性，恶化焊缝成形，并可能导致气孔、夹杂、未熔合等缺欠。

常用清理方法如去除油污、灰尘可以用有机溶剂（汽油、丙酮、三氯乙烯、四氯化碳等）擦洗，也可配制专用化学溶液清洗。

除氧化膜方法如下。

（1）机械清理。此法只适用于工件，对于焊丝不适用。通常是用不锈钢丝或铜丝轮（刷），将坡口及其两侧氧化膜清除。对于不锈钢和其他钢材也可用砂布打磨。铝及铝合金材质较软，用刮刀清理也较有效。但机械清理效率低，去除氧化膜不彻底，一般只用于尺寸大、生产周期长或化学清洗后又局部沾污的工件。

（2）化学清理。依靠化学反应的方法去除焊丝或工件表面的氧化膜，清洗溶液和方法因材料而异。

8.4.2 焊接工艺参数及其选择

钨极氩弧焊的工艺参数主要有焊接电流种类及极性、焊接电流大小、钨极直径及端部形状、保护气体流量等，对于自动焊还包括焊接速度和送丝速度。

8.4.2.1 焊接电流种类及大小

一般根据工件材料选择电流种类，焊接电流大小是决定焊缝熔深的最主要参数，它主要根据工件材料、厚度、接头形式、焊接位置、有时还考虑焊工技术水平（手工焊时）等因素选择。

8.4.2.2 钨极直径及端部形状

根据所用焊接电流种类，选用不同的端部形状。尖端角度的大小会影响钨极的许用电流、引弧性能和稳弧性能。当小电流焊接时，选用小直径钨极和小的锥角，可使电弧容易引燃和稳定；当大电流焊接时，增大锥角可避免尖端过热熔化，减少损耗，并防止电弧往上扩展而影响阴极斑点的稳定性。钨极尖端角度对焊缝熔深和熔宽也有一定影响。减小锥角，焊缝熔深减小、熔宽增大。反之则熔深增大、熔宽减小。

8.4.2.3 气体流量和喷嘴直径

在一定条件下，气体流量和喷嘴直径有一个最佳范围，此时，气体保护效果最佳，有效保护区最大。如气体流量过低，气流挺度差，排除周围空气的能力弱，保护效果不佳；流量太大，容易变成紊流，使空气卷入，也会降低保护效果。同样，在流量一定时，喷嘴直径过小，保护范围小，且因气流速度过高而形成紊流；喷嘴过大，不仅妨碍焊工观察，而且气流流速过低，挺度小，保护效果也不好。所以气体流量和喷嘴直径要有一定配合，一般手工氩弧焊喷嘴内径范围为5~20mm，流量范围为5~25L/min。

8.4.2.4 焊接速度

焊接速度的选择主要根据工件厚度决定，并和焊接电流、预热温度等配合以保证获得所需的熔深和熔宽。在高速自动焊时，还要考虑焊接速度对气体保护效果的影响。焊接速度过大，保护气流严重偏后，可能使钨极端部、弧柱、熔池暴露在空气中。因此，必须采取相应措施如加大保护气体流量或将焊炬前倾一定角度，以保持良好的保护作用。

8.4.2.5 喷嘴与工件的距离

距离越大，气体保护效果越差，但距离太近会影响焊工视线，且容易使钨极与熔池接触而产生夹钨，一般喷嘴端部与工件的距离为8~14mm。

8.4.3 焊丝及焊丝标准

薄板TIG焊可以不加填充金属，厚板的TIG焊须采用带坡口的接头，因此焊接时需用填充金属。

TIG焊焊丝国际标准ISO 636：2017包括两个系列：按照屈服强度和熔敷金属平均冲击功47J分类（相当于欧洲填充材料标准），或者按照抗拉强度和熔敷金属平均冲击功27J进行分类。

ISO 636：2017《焊接材料 非合金钢及细晶粒钢钨极惰性气体保护焊焊棒、焊丝和熔敷金属 分类》按照A系列分类方法，焊丝标记有4部分：

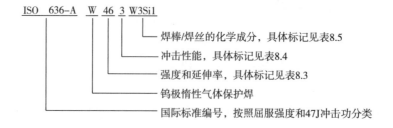

表 8.3 熔敷金属强度和延伸率

标记	最低屈服强度 ª/MPa	抗拉强度 /MPa	最低延伸率 ᵇ/%
35	355	440~570	22
38	380	470~600	20
42	420	500~640	20
46	460	530~680	20
50	500	560~720	18

注：a. 屈服强度，在发生屈服时使用下屈服极限（R_{eL}），否则，将使用 0.2% 屈服点强度（$R_{p0.2}$）。
　　b. 标准长度等于试样直径的 5 倍。

表 8.4 熔敷金属冲击功标记

标记	冲击功达到 47J ª 或者 27J ᵇ 的试验温度 /℃	标记	冲击功达到 47J ª 或者 27J ᵇ 的试验温度 /℃
Z	无要求	5	−50
Aª 或 Yᵇ	+ 20	6	−60
0	0	7	−70
2	−20	8	−80
3	−30	9	−90
4	−40	10	−100

注：a. 按照屈服强度和 47J 冲击功分类。
　　b. 按照抗拉强度和 27J 冲击功分类。

表 8.5 化学成分标记（按照屈服强度和冲击功 47J 分类）

标记	化学成分（质量分数）ª˙ᶜ/%										
	C	Si	Mn	P	S	Ni	Cr	Mo	V	Al	Ti +Zr
2Si	0.06~0.14	0.50~0.80	0.90~1.30	0.025	0.025	0.15	0.15	0.15	0.03	0.02	0.15
3Si1	0.06~0.14	0.70~1.00	1.30~1.60	0.025	0.025	0.15	0.15	0.15	0.03	0.02	0.15
4Si1	0.06~0.14	0.80~1.20	1.60~1.90	0.025	0.025	0.15	0.15	0.15	0.03	0.02	0.15
2Ti	0.06~0.14	0.40~0.80	0.90~1.40	0.025	0.025	0.15	0.15	0.15	0.03	0.05~0.20	0.05~0.25
3Ni1	0.06~0.14	0.50~0.90	1.00~1.60	0.020	0.020	0.80~1.50	0.15	0.15	0.03	0.02	0.15
2Ni2	0.06~0.14	0.40~0.80	0.80~1.40	0.020	0.020	2.10~2.70	0.15	0.15	0.03	0.02	0.15
2Mo	0.08~0.12	0.30~0.70	0.90~1.30	0.020	0.020	0.15	0.15	0.40~0.60	0.03	0.02	0.15
Zᵇ	其他允许成分										

注：a. 表中单个值为最大值。
　　b. 化学成分未列出的焊剂其符号以相似方法标出并且前面加前辍 Z。化学成分范围没有规定前且可能相同 Z 分类的两种焊剂不可以互换。
　　c. Cu（包括药皮中的 Cu）最大值为 0.35%，除非是特意添加的铜元素并且在 Z 选项中提及。

8.4.4 保护气体种类及保护方式

TIG 焊时的常用保护气体主要有氩气、氦气、氩 – 氦混合气体。

8.4.4.1 氩气（Ar）

氩气是 TIG 焊时最常用的保护气体，它是一种惰性气体，一般要求氩气的纯度要在 99.9% 以上。

氩气是无色无味的气体，比空气重25%。与其他气体相比较，氩气有如下特点。

（1）在氩气中较易引弧，电弧稳定且柔和。

（2）氩气的密度大，易形成良好的保护罩，获得较好的保护效果。

（3）氩气的原子质量大，具有很好的阴极清理效果。

（4）氩气相对便宜，广泛应用于工业生产中。

8.4.4.2 氦气（He）

氦气也是一种无色无味的惰性气体。与氩气一样都不与其他元素组成化合物，也不溶于金属，是一种单原子气体。一般在焊接厚板时，才用它作为保护气体。与氩气相比它的导热系数大，在相同的电弧长度下电弧电压高，母材输入热量大，深熔能力强，焊接速度快，能保证焊接热影响区小，从而使焊接变形也小，焊缝金属具有较高的力学性能。氦气的质量只有空气质量的14%，焊接过程中气体流量大，更适用于仰焊和爬坡立焊。氦弧的稳定性不如氩弧好，焊接过程容易产生飞溅，而且来源不足，工业中用于TIG焊的保护气体主要是氩气。

特殊情况下也有采用氦气、氩－氦混合气体和氩－氢混合气体。

8.4.4.3 氩－氦混合气体

氩气和氦气各有优缺点，所以在工程上常用氩－氦混合气体联合保护，增大氩弧焊的深熔能力，改善氦弧焊的起弧、稳弧特性，而且可以节约氦弧焊时氦气消耗，降低成本。不同的焊接方法氩－氦混合气体的比例不同，在实践经验中得出铝及铝合金交流TIG焊时，氩－氦混合气体中，氦气的体积百分含量为10%~20%时，保护效果很好。而在直流正接电源中，要获得很好的焊缝质量，氦气的体积百分含量要达到65%~93%。

不同保护气体由于其不同的物理性能，热传导性能也不同，图8.15给出TIG焊时不同保护气体对熔深的影响。

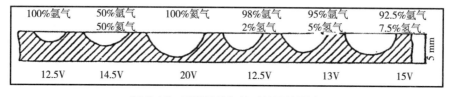

图8.15 不同保护气体对熔深的影响

角焊缝：在厚度5mm的板上使用不同的保护气体进行TIG焊接的熔池剖面，材料号1.4301（1Cr18 Ni9），电流130A，电弧长度4mm，焊接速度15cm/min，如图8.16所示。

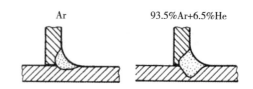

图8.16 不同保护气体TIG焊时对角焊缝熔深的影响

对于对氧化、氮化非常敏感的金属和合金（如钛及其合金）或散热慢、高温停留时间长的材料（如不锈钢），要求有更强的保护作用。

加强气体保护作用的具体措施如下。

（1）在焊枪后面附加通有氩气的拖罩，使在400℃以上的焊缝和热影响区仍处于保护之中。

（2）在焊缝背面采用可通氩气保护的垫板、反面保护罩或在被焊管子内部局部密闭气腔内充满氩气，以加强反面的保护。在焊缝两侧和背面设置紫铜冷却板、铜垫板、铜压块（水冷或空冷），都有加速焊缝和热影响区冷却、缩短高温停留时间的作用。

8.4.5　焊接过程中的问题及焊接缺欠

TIG 焊产生的工艺缺欠如咬边、烧穿、未焊透、表面成形不好等，同一般电弧焊方法相似，产生的原因也大体相同。钨极氩弧焊过程中的问题、缺欠产生的原因及防止措施见表 8.6。

表 8.6　钨极氩弧焊特有的工艺缺欠及其产生的原因和防止措施

缺欠	产生原因	防止措施
夹钨	（1）接触引弧 （2）钨电极熔化	（1）采用高频振荡器或高压脉冲发生器引弧 （2）减小焊接电流或加大钨电极直径，夹紧钨电极或减小钨极伸出长度 （3）调换有裂纹或撕裂的钨电极
保护效果差	氢气、氮气、空气、水气等污染	（1）采用纯度为 99.99% 的氩气 （2）提前送气和滞后停气时间足够 （3）正确连接气管和水管，不可混淆 （4）做好焊前清理工作 （5）正确选择保护气体流量、喷嘴尺寸、电极伸出长度
电弧不稳	（1）焊件上有油污 （2）接头坡口太窄 （3）钨电极污染 （4）钨电极直径过大 （5）电弧过长	（1）做好焊前清理工作 （2）加宽坡口 （3）去除污染部分 （4）使用正确尺寸的钨电极及夹头 （5）压低喷嘴与工件距离、缩短弧长
钨电极损耗过大	（1）保护气体不好，电极氧化 （2）反接法连接 （3）夹头过热 （4）钨电极直径过小 （5）停焊时钨电极被氧化	（1）清理喷嘴、缩短喷嘴与工件距离、适当增加氩气流量 （2）增大钨电极直径或改为正接法 （3）磨光钨极、调换夹头 （4）调大直径 （5）增大滞后停气时间，不少于 1s/10A

8.4.6　铝及其合金的 TIG 焊接

8.4.6.1　概况

铝材料焊接时的主要困难在于达到熔化温度时的氧化问题。TIG 焊时一般不使用熔剂（气焊焊接铝时几乎均采用熔剂）而是通过电弧尖端电流的破碎作用，对焊接接头而言先决条件是无氧化，为此焊前首先对工件焊接区域进行清理，包括填充材料。清理距焊接时间尽可能短，以免再次氧化，清理方式采用由高合金制成的刷子进行，绝不允许使用铁制刷子。

8.4.6.2　铝及其合金的 TIG 焊工艺

（1）铝及其合金的交流 TIG 焊。

铝及其合金的工频交流 TIG 焊、方波（矩形波）交流 TIG 焊现已得到广泛应用，如图 8.17 所示为 TIG 焊工频交流焊接过程。正半波时对熔化表面进行清理，负半波时钨极得到冷却，而每次波形通过零点时，电弧将熄灭，为此采用高压脉冲使电弧重新引燃，如图 8.18 所示。方波（矩形波）交流 TIG 焊的方波电流过零后增长快，再引燃容易，空载电压在 70V 以上，不需再加稳弧装置，可使 10A 以上的电弧稳定燃烧；可以根据焊接条件选择最小而必要的正半波对表面进行清理，使其既能满足清除氧化膜的需要，又能获得最小的钨极损耗和最大熔深；方波（矩形波）交流 TIG 焊由于采用电子电路控制，正、负半周电流幅值可调，焊接铝、镁及其合金时，无须另加消除直流分量装置。表 8.7 为交流 TIG 焊焊接铝材料的焊接参数。

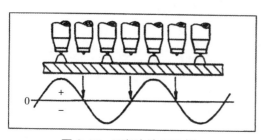

图 8.17 工频交流 TIG 焊

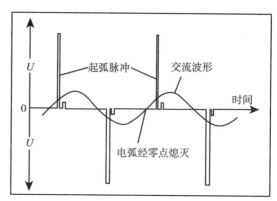

图 8.18 脉冲发生器的脉冲点燃时间

表 8.7 交流 TIG 焊焊接铝材料的参数

板厚 /mm	坡口形式	钨极直径 /mm	焊接电流[①]/A	焊丝直径 /mm	氩气消耗量 /L·min^{-1}	焊接层数
1	Ⅱ	1.6	50~60	2	4~5	1
2	Ⅱ	2.4	60~90	2	5~6	1
3	Ⅱ	2.4	90~150	3	5~6	1
4	Ⅱ	3.2	150~180	3	6~8	1
6	V	3.2	180~240	4	8~10	2

注：① 为对接接头数据，角焊缝时提高 10%~20%。

（2）铝的直流 TIG 焊。

直流 TIG 焊时，由于阳极（+）和阴极（-）的物理现象，将产生不同的热量，反映出对焊缝熔深的影响是不同的，如图 8.19 和图 8.20 所示。

电极为阳极时如图 8.19 所示。电子发射到电极使其强烈受热，同时较重的离子撞击氧化膜使其破碎，然而由于电极过热而烧损，使用这种极性焊接则须用大直径钨极来焊接薄板，从技术上看，

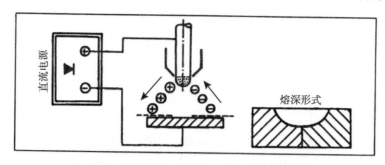

图 8.19 直流，电极为正极和熔深形式

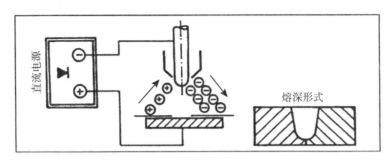

图 8.20　直流，电极为负极和熔深形式

此极性也是不合适的。

　　电极为阴极时如图 8.20 所示。所发射的电子撞击作为阳极的工件，通过能量转换将产生很高热量，使得焊缝熔深加大，与此同时钨极尖端由于受到气体离子的撞击而使热量减少，但离子与电子相比，虽具有较大的质量，但数量远不及电子多，同时其速度也不及电子。用此极性氧化膜得不到破坏，故用此极性的 TIG 焊不适用于铝的焊接。

　　直流正接型电源只适用于钨极氦（富氦）弧焊。直流正接虽无阴极破碎作用，但当电弧相当短时，电子撞击也能起到一点清除氧化膜的作用，如果焊前氧化膜清除彻底，焊接过程中生成的氧化膜数量又有限，那么，直流正接氦弧焊是可以顺利实现焊接铝及其铝合金的。它相对于钨极交流氩弧焊来说，电弧热量更为集中、熔深大、焊缝窄、变形小、热影响区小。焊接 LD10 铝合金时，焊接接头的常温和低温机械性能均比钨极交流氩弧焊高。正接时钨极受热温度低，向焊缝渗钨的危险大大减小。氦气具有特殊的物理性能，与用氦气替代通常使用的氩气相比，它具有高的电离能，在相同的电流下，焊接电压高出约 75%，故对工件输入较高的热量，同时氦气具有较高的热传导性能，但是这点同时也是氦气的缺点，因为它使电弧不稳定和难以起弧，很多场合下使用氩气和氦气的混合气体，考虑到氦气价格较昂贵，只有在少数特别重要的构件时采用氦气替代氩气作为保护气体。故目前直流正接型电源应用较少。然而，由于铝及铝合金 TIG 焊时，保护气体以氩气居多，而且氦气或富氦气体更适合于厚板焊接，氦气的高热输入量的特点可使焊接速度得到提高，如表 8.8 所示，在较低的预热温度下，可得到同样的熔深，如图 8.21 所示，由于熔池黏度降低，使得抗气孔性能提高。

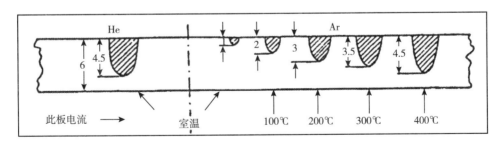

图 8.21　预热电流与熔深关系

　　使用氦气和钍钨电极证明对许多自动焊接操作是有优越性的。因为对电极的加热趋向很小，相当大的热量都被母材吸收，对于给定的焊接电流，可以使用较细的电极，这将有助于形成窄小的焊缝。对于母材来说，使用直流正接比用交流可能获得的热输入大。较大的热量密度形成的焊缝深而

窄。较大的热输入，使基体金属迅速的熔化获得极好的熔深。即使对较厚的板材焊接，都可不需要预热。可以减少坡口准备，或使坡口减小，甚至为零，因此需要的填充金属也少。直流正接的铝及铝合金 TIG 焊，具有迅速的加热率，一起弧立即形成焊接熔池，这就使母材变形减小。

直流正接 TIG 焊的表面形态和交流焊不同，焊接操作者习惯于用交流，在焊接时希望看到焊接表面清洁光亮的焊缝，而在使用直流正接时，焊缝表面被一层氧化膜盖着，这层膜很容易用金属刷刷去。表面氧化物并不表示焊缝熔化不良、存在气孔和夹杂等。

由于直流正接电弧没有氧化膜清理作用，所以焊件的焊前清理非常必要，而且一定要彻底。

表 8.8 AlMg₃ 材料 TIG 焊（双 V 型坡口，16mm 厚）

气体种类	焊接电流 /A	焊接电压 /V	焊接速度 /cm·min⁻¹
Ar		29	45
70%Ar + 30%He	400	30.5	50
30%Ar + 70%He		33	60

由此可见，TIG 焊应用氦气作为保护气体，改善了铝焊接的工艺，特别是在机械焊时。表 8.9 和表 8.10 给出了直流焊接时的焊接参数。

表 8.9 TIG 焊铝的焊接参数（直流）

工件厚度 / mm	坡口形式	钨极直径 Φ/mm	钨极直径 角度 /(°)	焊接电流 /A	焊接速度 / cm·min⁻¹	氩气消耗量 / L·min⁻¹	焊接层数
1	Ⅱ	1.6	90	85	120	15	1
2	Ⅱ	2.4	90	110	100	15	1
3	Ⅱ	2.4	90	150	80	15	1
4	Ⅱ	2.4	90	180	80	15	1
5	Ⅱ	2.4	90	200	70	20	1+1
6	Ⅱ	3.2	90	220	70	20	1+1

表 8.10 铝合金直流正接 TIG 氩弧焊参数

材料厚度 / mm	焊接位置	送丝速度（直径 1.6mm）/cm·min⁻¹	氩气流量 /L·min⁻¹	焊接电流（直流正接）/A	电弧电压 /V	每道焊接速度 /cm·min⁻¹	焊道数
合金 5083							
6	V	无	24	260	10	51	两道，每面一道
10	F, V	无	38	300	12	36	两道，每面一道
10	F	5.1	47	360	10	25	两道，每面一道
12	F, V	无	47	400	10	38	两道，每面一道
12	F	5.1	47	390	10	20	两道，每面一道
20	F, V	无	47	500	9	13	两道，每面一道
6	F, V	15.2	47	145	12	20	两道，一面
6	H	15.2	47	135	12	25	两道，一面

注：1. 钍钨极，对于 6~20mm 厚的金属，电极直径为 3.2mm，端部直径 2.5mm。对于 22mm 厚的金属，电极直径为 4mm，端部直径 3mm。对于 25mm 厚的金属，电极直径为 4.8mm，端部直径 3.6mm。

2. F—平焊；H—横焊位置；V—立焊位置。

8.4.6.3　TIG 焊焊接铝的坡口准备

坡口准备按照 ISO 9692-3，表 8.11 给出其中部分坡口形式。

表 8.11　TIG 焊焊接铝的坡口形式

序号	工件厚度（S）/mm	实施种类	定义	图示符号	坡口形式	开口角度（α）单侧角度（β）	mm	
							坡口间隙（b）	间隙高度（c）
1	到 3	单侧	凸焊缝			—	—	—
2	到 5 到 8	单侧	对接焊缝			—	0~2	—
3	到 12	单侧	V 型焊缝			约 70°	0~2	—

8.4.6.4　焊接缺欠

TIG 焊焊接铝时，通常由于焊枪和填充焊丝使用不当、保护气体、焊接坡口准备和清理不符合要求均可产生焊接缺欠，常见缺欠种类、产生原因和避免措施见表 8.12。

表 8.12　TIG 焊铝时产生缺欠及原因和避免措施

缺欠	原因	避免措施
焊缝表面无光泽，边缘不光滑，流动性不好	施焊部位及焊丝清理不够（没有金属光泽）	刷、磨、酸洗、喷砂处理
气孔	焊件不干净，有油、脂、漆或潮湿	清理干净，刷子是否干净
表面氧化，无光泽，流动性不好	氩气不纯，接头密封不严有空气进入，钨极伸出太长，氩气流太强	检查气路，焊枪倾斜，气体软管，加大喷嘴，注意氩气流量
白色烟雾，电极尖端氧化	氩气流量不够	
背面氧化，咬边	根部及背面保护不够	
深色残渣、气孔、电弧不稳	焊枪内水循环系统密封不严，枪内有冷凝水	检查焊枪，焊接间隙时关闭水阀，更换电极
电弧波动，金属蒸汽冲击，熔深较小	电极尖端未清理干净	

铝的 TIG 焊焊接主要产生的缺欠为气孔。这是由铝的物理本质特征所决定，与钢相比，它产生气孔所需临界氢分压最低，在高温时熔化的铝中吸收大量氢，在凝固时，氢的溶解度突变，以气泡形式逸出，因铝热传导系数大，熔池冷却快，所以气孔来不及逸出，故焊接铝时对气孔非常敏感，如图 8.22 所示，特别是在焊接纯铝时。一般采用预热（预热温度 100~250 ℃）和较低的焊接速度，情况会得到改善。

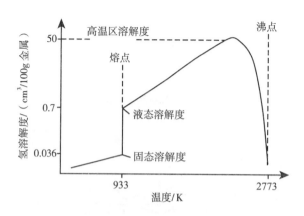

图 8.22 氢在铝中溶解度与温度的关系

8.5 TIG 焊特别焊接技术

8.5.1 TIG 点焊

TIG 点焊适用于焊接各种薄板结构以及薄板与较厚材料的焊接，所焊材料目前主要是不锈钢、低合金钢等。TIG 点焊也经常用于低碳钢、低合金钢、不锈钢和铝上的点焊。

缝焊接，一般适用范围最大的板厚为 3mm，最小的板厚为 0.5mm。同时也适用于焊接各种薄板结构以及薄板与较厚材料的连接（如设备衬里）。

焊接时焊枪端部的喷嘴将被焊的两块金属压紧，保证连接面密合，然后靠钨极与母材之间的电弧使钨极下方的金属局部熔化形成焊点。

和电阻点焊相比，TIG 点焊有如下优点：可从一面进行焊接，方便灵活。对无法从两面焊接的构件尤其适合；更易于焊接厚度相差悬殊的焊件；需施加的压力小，无须加压装置；设备费用低，耗电少。

8.5.2 热丝 TIG 焊

8.5.2.1 热丝 TIG 焊焊接技术

传统的 TIG 焊由于其电极载流能力有限，电弧功率受到限制，焊缝熔深浅，焊接速度慢。尤其是对中等厚度的焊接结构（10mm 左右）需要开坡口和多层焊，焊接效率低的缺点更为突出。热丝 TIG 焊就是为克服一般 TIG 焊生产效率低这一缺点而发展起来的，其原理如图 8.23 所示，在普通 TIG 焊的基础上，附加一根焊丝插入熔池，并在焊丝进入熔池之前约 10cm 处开始，由加热电源通过导电嘴对其通电，依靠电阻热将焊丝加热至预定温度，以与钨极成 40°~60° 角从电弧的后方送入熔池，完成整个焊接过程。与普通 TIG 焊相比，由于热丝 TIG 焊大大提高了热量输入，因此适合于焊接中等厚度的焊接结构，同时又保持了 TIG 焊具有高质量焊缝的特点。热丝 TIG 焊已成功地用于焊接碳钢、低合金钢、不锈钢、镍和钛等。但对于高导电性材料如铝和铜，由于电阻率小，需要很大的加热电流，造成过大的磁偏吹，影响焊接质量。

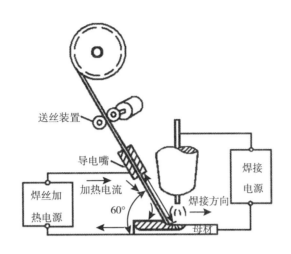

图 8.23　热丝 TIG 焊原理示意图

8.5.2.2 热丝 TIG 焊特点

热丝 TIG 焊明显提高了熔敷效率，热丝 TIG 焊的熔敷速度可比普通 TIG 焊提高 2 倍，从而使焊接速度增加 3~5 倍，大大提高了生产效率。热丝 TIG 焊和冷丝 TIG 焊熔敷速度的比较如表 8.13 所示。由于热丝 TIG 焊熔敷效率高，焊接熔池热输入相对减少，所以焊接热影响区变窄，这对于热敏感材料焊接非常有利。

表 8.13　热丝 TIG 焊和冷丝 TIG 焊 2 种焊接方法比较

		焊层	1	2	3	4	5	6
冷丝 TIG 焊		焊接电流 /A	300	350	350	350	300	330
		焊接速度 /mm·min⁻¹	100	100	100	100	100	100
		送丝速度 /m·min⁻¹	1.5	2	2	2	2	2.7
热丝 TIG 焊		焊层	1	2	3	4	5	
		焊接电流 /A	300	350	350	310	310	
		焊接速度 /mm·min⁻¹	200	200	200	200	200	
		送丝速度 /m·min⁻¹	3	4	4	4	4	

与 MIG 焊相比，其熔敷效率相差不大，但是热丝 TIG 焊的送丝速度独立于焊接电流之外，因此能够更好地控制焊缝成形。对于开坡口的焊缝，其侧壁的熔合性比 MIG 焊好得多。

8.5.3 管子－管板 TIG 焊

在化工行业中换热器的应用十分广泛，其类型和结构较多，其中管壳式换热器是最常用的一种。换热器管与管板接头焊接方法主要以手工氩弧焊为主，不仅接头外观质量差且不稳定，而且焊接速度慢劳动强度大，导致设备焊接质量和工期都无法得到保证。

采用 WSE–315 管板全位置自动脉冲氩弧用于生产，提高了管与管板接头的焊接质量和工作效率。

全位置管板焊的焊接过程如图 8.24 所示。包括平焊、上坡焊、下坡焊、仰焊等过程，重力在各点对焊缝成形影响不同。平焊位置，重力易造成熔池往管口内流淌；仰焊位置，重力易使熔池偏离焊缝，造成焊缝成形不均匀。为了减小熔池受重力因素的影响，全位置管板焊易采用脉冲方式即峰值形成熔池，基值维持电弧不熄灭，同时对熔池进行冷却，焊缝由致密的焊点叠加而成，从而形成熔合良好，外观成形均匀的焊缝。

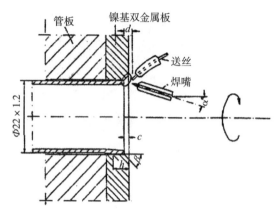

图 8.24　管子–管板 TIG 焊

8.5.4　固定管与管全位置 TIG 焊

锅炉、石油化工、电力、原子能等领域的管道制造与安装过程中，许多情况下，管道不能转动，它们的对接环焊缝必须进行包括平焊、立焊、仰焊在内的全位置单面熔透的焊接。技术关键是保证环缝根部全熔透且反面成形良好且均匀。TIG 焊具有热输入调节方便、熔深易于控制和熔池容易保持的特点，是全位置单面焊反面成形的最理想的焊接方法，如果采用脉冲 TIG 焊并采取焊接工艺参数程序控制（即根据焊接时的不同位置自动改变焊接工艺参数），就可以获得全熔透且均匀的环焊缝。现在已经有固定管子全位置自动 TIG 焊专用机，焊接机头可绕管旋转，根据需要有填丝的和不填丝的 2 种。通常管壁厚 ≤ 3mm 的不锈钢管子、全部环缝采用 TIG 焊。碳钢、低合金钢和耐热钢的厚管子环缝从经济角度考虑通常打底焊道用 TIG 焊，其余用焊条电弧焊。

8.5.4.1　坡口

根据管子壁厚和生产条件，对接环缝可采用多种形式，表 8.14 为不锈钢管子对接的各种坡口。

表 8.14　不锈钢管子对接焊坡口形式

坡口形式	焊接方法	坡口尺寸				坡口图
		δ/mm	b/mm	α/(°)	p/mm	
I 型	加填充丝钨极氩弧焊	≤ 1.5	≤ 1.0	—	—	

续表

坡口形式	焊接方法	坡口尺寸				坡口图
		δ/mm	b/mm	α/(°)	p/mm	
扩口型	无填充丝钨极氩弧焊	≤ 2	≤ 1.0	60 ± 10	—	
V 型	钨极氩弧焊或钨极氩弧焊封底加焊条电弧焊	2~10	≤ 1.0	80	0.1~1.0	
	衬熔化垫钨极氩弧焊	≥ 2	< 0.2	50	0.1~1.0	
U 型	钨极氩弧焊或钨极氩弧焊封底加焊条电弧焊	12	≤ 0.1	15	0.1~1.0	
		20	≤ 0.1	13	0.1~1.0	

8.5.4.2　焊接工艺

对不锈钢管子 TIG 焊时，管内需通入氩气，以对焊缝反面进行保护。图 8.25 是管内通气装置示意图，待管内空气排清，充满氩气后才施焊。采用全位置脉冲自动 TIG 焊时，为了保证环缝首焊处的根部完全熔透和环缝尾部能平滑地与首焊处接合，应当采用如图 8.26 所示的焊接程序，按不同的位置自动改变焊接电流、焊接速度和送丝速度，以获得高质量的环状焊缝。

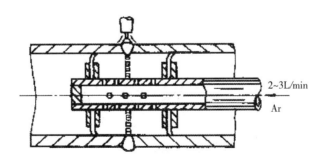

图 8.25　管内通气装置示意图

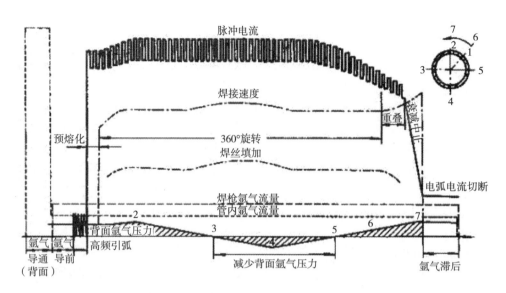

图 8.26　脉冲 TIG 焊焊接管子对接环缝自动控制

8.5.5　多阴极焊枪的 TIG 焊

在 TIG 机械化装置主焊接电弧旁各加一个辅助焊炬和尾拖焊炬就实现了多阴极 TIG 焊，如图 8.27 所示。其中一个辅助焊炬用来预热焊缝以加快焊接速度，尾拖焊炬有助于避免咬边。3 个焊炬在同一直线上共同完成 TIG 多阴极焊过程，与普通 TIG 焊方法相比它能成倍地增加焊接速度。如图 8.28 所示为焊接速度与电极的数量关系，其中预热电流大约为焊接电流的 1/2，尾拖焊炬电流是焊接电流的 1/3。

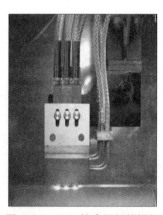

图 8.27　TIG 的多阴极焊焊炬

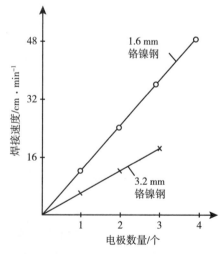

图 8.28　焊接速度与电极数量的关系

8.5.6　窄间隙 TIG 焊

随着工业科技的飞速发展，窄间隙焊接技术已经成为现代工业生产中厚板结构焊接的首选技术，其技术和经济优势决定了它是今后厚板焊接技术发展的主要方向之一，其焊缝形状如图 8.29 所示。作为一种特别工业技术，具有以下技术特征。

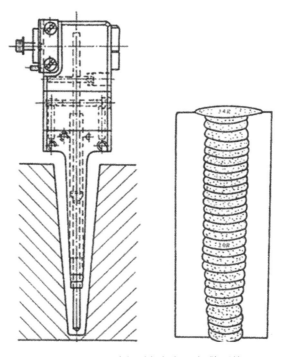

图 8.29　TIG 窄间隙焊焊炬及焊缝形状

（1）应用现有的弧焊方法来完成填充方式的熔化焊连接。

（2）焊缝截面积比传统弧焊方法减少 30% 以上，如图 8.30 所示。

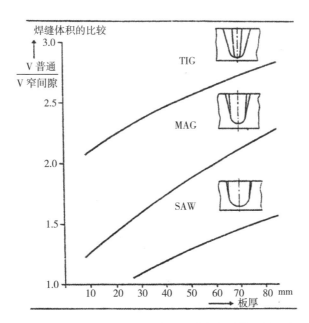

图 8.30　TIG/MAG/SAW 窄间隙节省焊缝体积的对比

（3）坡口形状多为具有极小坡口面角度（0.5°~0.7°）的 V 型、U 型和 I 型。

（4）一般采用单道多层和双道多层熔敷方式，且板厚方向上熔敷方式固定。

（5）焊接线能量相对较小（双道多层方式时最为突出）。

（6）在深窄坡口内的气、丝、电导入，侧壁熔合控制等方面分别采用了特殊技术。

窄间隙钨极惰性气体保护焊，采用惰性保护气体更有效地保护焊缝，使焊缝成形效果更加良好。

此种焊接工艺基本不产生飞溅和熔渣，由于电弧的稳定性，也很少产生明显的焊接缺欠。但是这一方法的缺点在于工作效率低，为了提高工作效率，对填充焊丝通电加热的同时，还应该采用热电阻线焊接法。但是，如果给予填充焊丝过多的通电量，会引起钨极惰性气体保护焊的磁冲击，形成的电弧不稳定。因此，采取将电弧电流和电线电流分别脉冲化或错开其相位，或将单方面的电流交流化等措施。

8.5.7 活性剂 – 钨极惰性气体护焊

活性焊剂氩弧焊（A–TIG 焊）可改进 TIG 焊的焊接质量并提高其生产效率。

A–TIG 焊的主要特征是在施焊板材的表面涂上一层很薄的活性剂（一般为 SiO_2、TiO_2、Cr_2O_3 以及卤化物的混合物），使得电弧收缩和改变熔池流态，从而大幅度提高 TIG 焊的焊接熔深，如图 8.31 所示。图 8.32 为 A–TIG 焊不同活性剂焊缝金相形貌对比。试验证明，在相同的焊接规范下，同常规的 TIG 焊相比，A–TIG 焊可以大幅度提高焊接熔深（最大可达 300%），而不增加正面焊缝宽度。

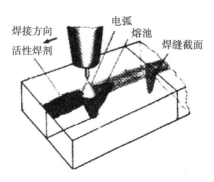

图 8.31　A–TIG 焊接过程示意图

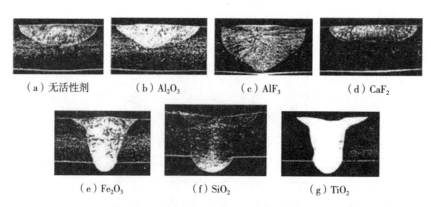

（a）无活性剂　　　（b）Al_2O_3　　　（c）AlF_3　　　（d）CaF_2

（e）Fe_2O_3　　　（f）SiO_2　　　（g）TiO_2

图 8.32　无活性剂 TIG 焊与 A–TIG 焊不同活性剂焊缝金相形貌对比

8.6 极惰性气体保护焊的健康与安全

8.6.1 氩弧焊影响人体的有害因素

氩弧焊影响人体的有害因素有如下 3 方面。

8.6.1.1 放射性

钍钨极中的钍是放射性元素，但钨极氩弧焊时钍钨极的放射剂量很小，在允许范围之内，危害不大。如果放射性气体或微粒进入人体作为内放射源，则会严重影响身体健康。

8.6.1.2 高频电磁场

采用高频引弧时，产生的高频电磁场强度为 60~110V/m，超过参考卫生标准（20V/m）数倍。但由于时间很短，对人体影响不大。如果频繁起弧，或者把高频振荡器作为稳弧装置在焊接过程中持续使用，则高频电磁场可成为有害因素之一。

8.6.1.3 有害气体——臭氧和氮氧化物

氩弧焊时，弧柱温度高。紫外线辐射强度远大于一般电弧焊，因此在焊接过程中会产生大量的臭氧和氮氧化物，尤其臭氧其浓度远远超过参考卫生标准。如不采取有效通风措施，这些气体对人体健康影响很大，是氩弧焊最主要的有害因素。

8.6.2 安全防护措施

8.6.2.1 通风措施

氩弧焊工作现场要有良好的通风装置，以排出有害气体及烟尘。除厂房通风外，可在焊接工作量大、焊机集中的地方，安装几台轴流风机向外排风。

8.6.2.2 防护射线措施

尽可能采用放射剂量极低的铈钨极。钍钨极和铈钨极加工时，应采用密封式或抽风式砂轮磨削，操作者应配戴口罩、手套等个人防护用品，加工后要洗净手和脸。钍钨极和铈钨极应放在铅盒内保存。

8.6.2.3 防护高频的措施

（1）工件良好接地，焊枪电缆和地线要用金属编织线屏蔽。

（2）适当降低频率。

（3）尽量不要使用高频振荡器作为稳弧装置，减小高频电作用时间。

（4）其他个人防护措施：氩弧焊时，由于臭氧和紫外线作用强烈，应穿戴非棉布工作服（如耐酸呢、柞丝绸等）。

（5）在容器内焊接又不能采用局部通风的情况下，可以用送风式头盔、送风口罩和防毒口罩等个人防护措施。

参考文献

[1] 王宗杰. 熔焊方法及设备 [M] 北京：机械工业出版社，2007.

［2］于增瑞.钨极氩弧焊实用技术［M］.北京：化学工业出版社，2004.

［3］黄旺福，黄金刚.铝及铝合金焊接指南［M］.长沙：湖南科学技术出版社，2004

［4］黄石生.弧焊电源及其数字化控制［M］.北京：机械工业出版社，2007.

［5］殷树言.气体保护焊技术问答［M］.北京：机械工业出版社，2004.

［6］杨春利，林三宝.电弧焊基础［M］.哈尔滨：哈尔滨工业大学出版社，2003.

［7］耿正，张广军，邓元召，等.铝合金变极性TIG焊工艺特点［J］.焊接学报，1997，（4）：42-47.

本章学习目标及知识要点

1. 学习目标

（1）了解 TIG 焊基本工作原理。

（2）了解 TIG 设备组成及引弧、稳弧方式。

（3）了解 TIG 焊特别焊接技术在生产中的应用。

（4）掌握电流种类及极性选择，合理制定 TIG 焊工艺。

（5）掌握铝及其合金交流 TIG 焊焊接主要问题，焊接缺欠产生及防止。

（6）掌握并正确运用填充材料的国际标准。

2. 知识要点

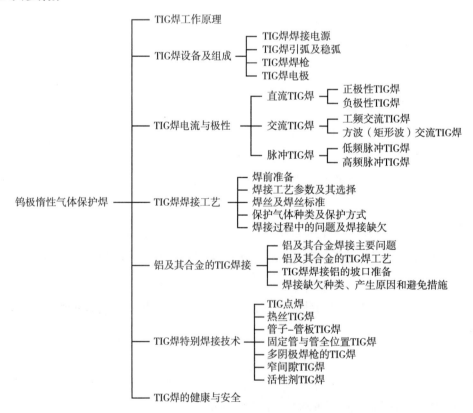

第 9 章

熔化极气体保护焊

编写：冯剑鑫　常凤华　审校：钱强

熔化极气体保护焊是采用气体保护的电弧焊方法，所采用的保护气体包括活性气体、惰性气体、其他气体及它们的混合气体。本章主要讲述熔化极气体保护焊的原理、特点与应用、焊接设备、熔滴过渡形式、焊接材料和焊接工艺过程等，并简要介绍了其他特殊的熔化极气体保护焊方法，如窄间隙焊接、气电立焊、冷金属过渡焊接（CMT）、双丝焊接等。

9.1 熔化极气体保护焊原理、特点及应用

9.1.1 熔化极气体保护焊原理

熔化极气体保护焊（GMAW）是利用连续送进的焊丝端部与工件之间产生的电弧作为热源，使用气体保护电弧、金属熔滴、熔池和焊接区的电弧焊方法，如图 9.1 所示。它与钨极惰性气体保护焊的主要区别在于，熔化极气体保护焊的焊丝既作为电极也作为填充材料，而钨极惰性气体保护焊是用非熔化的钨作为电极，单独添加填充金属。

熔化极气体保护焊按照保护气体种类分为熔化极惰性气体保护焊（MIG）和熔化极活性气体保护焊（MAG）；按照焊丝的种类分为实心焊丝气体保护焊和药芯焊丝气体保护焊。

图 9.1　熔化极气体保护焊原理示意图

9.1.2 熔化极气体保护焊特点

（1）熔化极气体保护焊机械化程度高，焊丝连续自动送进，焊接辅助时间短，是一种效率较高的焊接方法。

（2）在相同焊接电流下，熔深比焊条电弧焊大。

（3）焊接速度快，焊接变形小。

（4）可实现各种位置焊接，灵活性强。

（5）明弧操作，焊工可以清楚地观察到电弧和熔池。

（6）焊接设备比焊条电弧焊复杂，维护费用高，成本高。

（7）保护效果容易受外来气流的影响，如现场施焊时，须在周围加挡风屏障。

9.1.3 熔化极气体保护焊应用

熔化极气体保护焊是现在普遍采用的焊接工艺方法之一，主要应用如下。

（1）熔化极气体保护焊采用气体保护形式，可以进行全位置焊接。

（2）熔化极气体保护焊可以选用不同的保护气体，适用于各种材料焊接，包括非合金钢、低合金钢、不锈钢、铝及铝合金、铜及铜合金、钛及钛合金等有色金属。

（3）熔化极气体保护焊原则上焊接各种材料的厚度是不受限制的，但综合考虑后通常焊接厚度的适用范围为 0.6~100mm。

（4）熔化极气体保护焊可以用于普通钢结构的焊接，也可以用于压力容器、机械设备和核设施等重要结构的焊接。

9.2　熔化极气体保护焊焊接设备组成

熔化极气体保护焊根据机械化程度可以分为半机械化、机械化和自动化形式，其中半机械化的熔化极气体保护焊焊接设备组成如图9.2所示。包括：① 带有网络和焊接电缆的焊接电源；② 带有焊丝盘和送丝机构的送丝装置；③ 带有气体流量计和电磁阀的供气装置；④ 带有接口的控制系统；⑤ 带有送丝软管的焊枪。如果是机械化的熔化极气体保护焊，设备中还需要增加行走机构，如行走小车、机械手等。

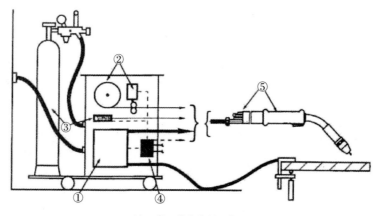

注：①～⑤名称见正文。

图9.2　半机械化的熔化极气体保护焊焊接设备示意图

9.2.1 焊接电源

熔化极气体保护焊一般使用直流焊接电源，通常的额定电流为 500A，空载电压为 55~80V，负载持续率为 60%~100%。细丝熔化极气体保护焊常使用平特性曲线的焊接电源，与等速送丝机构配合使用，能做到电弧长度在焊接过程中的自动调节。

9.2.2 送丝机构

从经济角度分析，焊接技术中的连续送丝是显著的优点，送丝马达转速应是无级调节，一般送丝机构的送丝速度为 1.5~20m/min。送丝方式有推丝式、拉丝式、推拉丝式。送丝机构组成如图 9.3 所示。

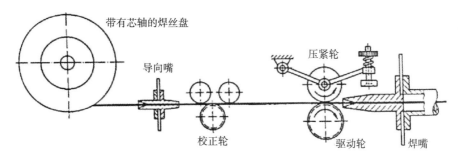

图 9.3　送丝机构组成

9.2.3 焊枪

熔化极气体保护焊常用的焊枪形式有鹅颈式焊枪和手枪式焊枪。鹅颈式焊枪应用最广泛，适合于细丝半机械化焊接过程，灵活性好，可达性好。焊枪的作用如下。

（1）将保护气体输送到焊接位置。

（2）输送焊丝。

（3）将焊接电流导通到焊丝上。

焊接内的冷却方式有水冷和气冷 2 种，其中 CO_2 作为保护气体时，高温分解有冷却作用，较大电流下依然可以选择气冷焊枪，使用混合气体或者 Ar 保护时，在较高焊接电流时必须采用水冷却的焊枪。额定电流为 200A 的气冷鹅颈式焊枪结构示意如图 9.4 所示。

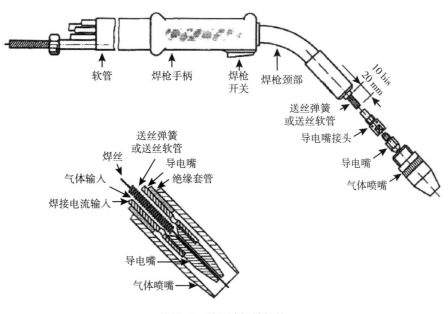

图 9.4　鹅颈式焊枪结构

9.2.4　供气系统

供气系统如图 9.5 所示。如果采用 CO_2 作为保护气体，一般还需要在气瓶出口处加装预热器和干燥器。CO_2 从液态向气态转化时要消耗大量的热，预热器防止气表结冰。气体通过干燥器可以去除保护气体中的水分。减压阀的作用是将高压气瓶中的气体压力降压到焊接所用的压力。浮子流量计是目前使用最广泛的流量计之一，用来调节输送的气体流量。电磁阀通过电信号来控制气体的通断。

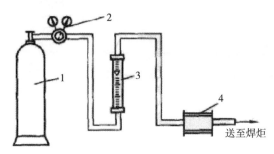

1—高压气瓶；2—减压阀；3—流量计；4—电磁阀

图 9.5　供气系统组成

9.2.5　控制系统

熔化极气体保护焊的控制系统包括基本控制系统和程序控制系统。基本控制系统主要包括焊前和焊接过程中调节参数，如焊接电源输出调节系统、送丝机构调节系统、小车行走速度调节系统和气体流量调节系统等。程序控制系统的主要作用是对整套设备的各组成部分按照预先拟定好的焊接工艺程序进行控制，以便相互协调完成焊接过程。

9.2.6　熔化极气体保护焊电弧长度的调节

熔化极气体保护焊在焊接过程中的稳定性表现在电弧长度保持不变，采用外特性为平特性的焊接电源配合等速送丝机构即可实现。当电弧长度发生变化时，电弧电压将发生变化，这一较小的变化将导致焊接电流的大幅度变化（ΔI），如图 9.6 所示。

焊接时，电弧稳定工作点在 I 点，当电弧变长时，电弧从 I 点移动至 II 点，电弧电压稍有增加，从电源外特性曲线与电弧静特性曲线可看出，此时电流明显变小，故焊丝熔化速度明显减慢，所以在最短时间内电弧恢复到原始长度（I 点）。当电弧变短时，电弧从 I 点移动到 III 点，电弧电压略有降低，焊接电流明显变大，焊丝熔化速度加快，则电弧长度又重新恢复到 I 点的原始长度。这种调节是依靠不同的电弧长度的电流差值来实现的，因此叫作 ΔI 调节。在整个调节过程中，外部没有变化，故称为"内部"调节，ΔI 调节方式适用于平特性或缓降特性的焊接电源，当电弧电压变化很小时，焊接电流有很大改变，从而改变焊丝的熔化速度。

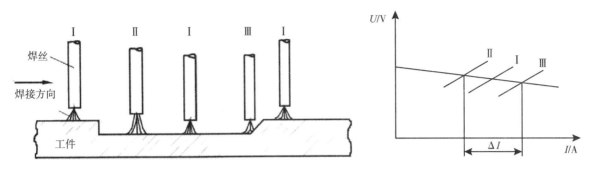

图 9.6　电弧长度调节原理图

9.3 熔化极气体保护焊熔滴过渡

9.3.1 熔化极气体保护焊的熔滴过渡形式

ISO/TR 25901-4：2016《焊接和相关工艺　词汇　第 4 部分：电弧焊接》中介绍了熔滴过渡及各种熔滴过渡的定义。熔滴过渡指的是熔滴通过电弧空间向熔池转移的过程，分为短路过渡、粗滴过渡和喷射过渡 3 种形式，如图 9.7 所示。

（a）短路过渡　　　　（b）粗滴过渡　　　　（c）喷射过渡

图 9.7　熔滴过渡形式

9.3.1.1 短路过渡

短路过渡指的是焊丝端部熔滴与熔池短路接触，由于强烈的过热和磁收缩作用使其爆断，直接向熔池过渡的形式，如图 9.7（a）所示；短路过渡发生在 MAG 焊焊接过程，细焊丝、小电流和低电压条件下容易形成短路过渡。具体来说，在小电流低电压时，熔滴在未脱离焊丝前就与熔池接触，形成液态金属短路，使电弧熄灭。短路熄弧状态下，液态金属在电磁收缩力、表面张力作用下，脱离焊丝过渡到熔池，焊丝和熔池分开，电源利用自身动特性提供空载电压进行再引弧过程，又开始下一循环周期。短路过渡过程示意图如图 9.8 所示。

短路过渡适合于焊接薄板、全位置焊和打底焊。

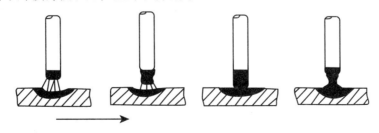

图 9.8　短路过渡过程示意图

9.3.1.2 粗滴过渡（颗粒过渡）

粗滴过渡（颗粒过渡）指的是熔滴呈粗大颗粒状向熔池自由过渡的形式，如图9.7（b）所示；熔化极气体保护焊大都采用正极性，在小电流和较高电弧电压时，不同的保护气体焊丝端头的熔滴呈下垂状和排斥状，当熔滴长大，自身重力大于表面张力时，熔滴将脱离焊丝过渡到熔池中去。不同保护气体条件下 Ar 作为保护气体时，气体高温下不分解，电磁收缩力作用在焊丝和熔滴连接位置，可以形成下垂状的熔滴；当使用 CO_2 作为保护气体时，电弧的高温作用使 CO_2 发生分解，并伴随着吸热过程，对电弧产生冷却作用，电弧的弧根集中在熔滴的底部，产生排斥状熔滴，如图9.9所示，这种粗滴熔滴过渡形式常常伴随着飞溅，电弧及焊接过程不稳定，生产中基本不采用。

CO_2 作为保护气体时，采用较大的焊接电流，中等焊丝直径，使电磁收缩力增大，让自重力不再起决定性作用，熔滴尺寸变小，形成细颗粒的过程形式，过渡频率增高，飞溅较小，焊缝成形好，在生产中广泛应用。

CO_2 细颗粒过渡的电弧穿透力强，熔深大，适用于中厚板或大厚板焊接。

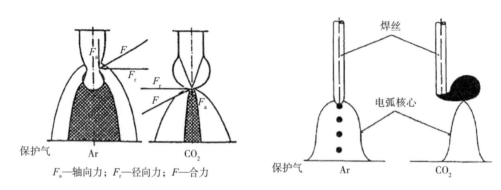

F_a—轴向力；F_r—径向力；F—合力

图9.9 不同保护气下电弧形态和熔滴形态

9.3.1.3 喷射过渡

喷射过渡指的是熔滴呈细小颗粒并以喷射状态快速通过电弧空间向熔池过渡的形式，如图9.7（c）所示。喷射过渡通常包括射流过渡、射滴过渡、亚射流过渡和旋转射流过渡等形式。当熔滴直径接近焊丝直径的称为射滴过渡，而熔滴直径为焊丝直径的 $1/3 \sim 1/2$ 的为射流过渡。

铝合金 MIG 焊经常采用射滴过渡方式，当焊接电流增加到射滴过渡的临界电流值时，熔滴从颗粒过渡形式转变为射滴过渡形式，熔滴的尺寸明显变小，接近于焊丝直径，熔滴沿着焊丝轴向过渡，速度很快，频率达到 $100 \sim 200$ 次 /s。这种熔滴过渡形式主要产生在低熔点材料焊丝焊接时。

铝合金 MIG 焊时，还有一种介于短路与射滴之间的亚射滴过渡形式，习惯性称为亚射流过渡。这种熔滴过渡方式因其弧长较短，在电弧热作用下形成熔滴并长大，形成缩颈并即将以射滴形式过渡脱离之际与熔池短路，在电磁收缩力的作用下分离，并重新引燃电弧完成过渡。亚射流过渡过程中，在形成短路之前已经形成缩颈，并且熔滴在短路过渡之前形成并达到临界脱落状态，因此短路时间很短。因其熔滴过渡平稳，焊缝成形美观，基本没有飞溅，所以在铝合金 MIG 焊中获得广泛应用。

当电流进一步增加，超过了射流过渡的临界电流值，会产生射流过渡形式。焊丝端部的液体金属呈铅笔尖状，细小的熔滴从焊丝尖端一个接一个向熔池过渡，过渡速度很快，熔滴直径为焊丝直径的

1/3~1/2，过渡频率最大可以达到 500 次 /s，这种过渡形式是 MIG 焊和 MAG 焊经常使用的过渡形式。

喷射过渡熔滴过渡平稳，飞溅小，效率高，主要用于中、厚板（填充层和角焊缝）的水平位置和船型位置。

喷射过渡一般是在一定的条件下，在氩气或富氩气气体保护时形成的。这类熔滴过渡形式，具有以下特点。

（1）焊接电弧稳定，保护效果好。

（2）焊丝熔化速度快，生产效率高。

（3）焊接电弧的热量集中，熔深比较大。

（4）焊接过程基本没有飞溅，焊缝成形好。

9.3.1.4 脉冲喷射过渡

GB 3375—1994 标准中提到，脉冲喷射过渡属于利用脉冲电流控制的喷射过渡。在使用脉冲电弧时，电磁收缩力影响最大，此收缩力使焊丝液态端部收缩，提高了收缩位置的电流密度，这也增强了收缩力，最终迫使熔滴过渡，收缩效应是以电流强度二次方的形式增大，因此对于熔化极脉冲惰性气体保护焊，较低的基础电流不会使熔滴过渡，仅当脉冲电流强度提高而使收缩效应增大，实现熔滴过渡，即每一个脉冲实现一个熔滴过渡，并可以实现无短路和小飞溅的熔滴过渡，属于理想的脉冲过渡形式，如图 9.10 所示。

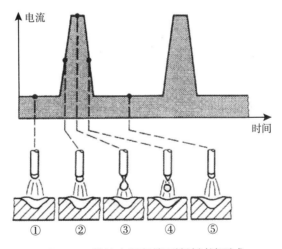

图 9.10　脉冲电弧条件下熔滴过渡形式

脉冲电弧焊的主要参数和调节如图 9.11 和图 9.12 所示。

根据所焊工件的不同，焊工可对脉冲电流强度和间歇时间进行调节，从而调节实际焊接电流的大小。此外，脉冲时间也可根据母材种类、板材厚度、焊缝形式、焊接位置、焊丝种类、直径和保护气体等进行调整和改变。

脉冲焊接过程的重要参数有基值电流、脉冲电流、脉冲频率等。其中基值电流应足够高，以保证电弧在两脉冲电流间歇期间稳定燃烧，但要注意电流过高会导致其在两脉冲电流间歇期间形成熔滴过渡。脉冲电流的大小和周期应确保金属熔滴的无短路过渡。脉冲电流过大会导致飞溅过大和焊

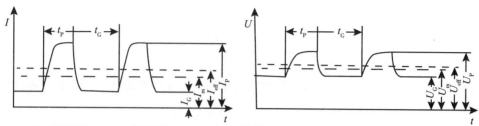

I_G—基础电流 /A；I_P—脉冲电流 /A；I_m—电流平均值 /A；U_G—基础电压 /V；U_P—脉冲电压 /V；
U_m—电压平均值 /V；I_{eff}—电流的有效值 /A；U_{eff}—有效电压 /V；t_P—脉冲时间 /ms；t_G—基础时间 /ms

图 9.11　脉冲电弧焊的电流和电压

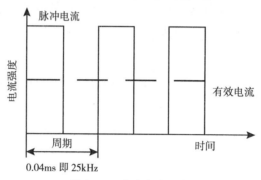

图 9.12　脉冲电流周期

缝表面缺欠（咬边）。随着脉冲频率的增加，金属熔滴过渡数量和电弧功率增加。通常随板厚等不同因素变化，可选择不同的脉冲频率（5Hz、50Hz 和 100Hz 等）。

根据脉冲电流各参数值的不同，熔滴过渡将产生 3 种过渡形式：①多个脉冲一滴熔滴；②一个脉冲一滴熔滴；③一个脉冲多滴熔滴。在实际焊接中，脉冲焊希望达到一个脉冲过渡一滴或几滴，这样可以实现稳定的焊接，同时能够控制熔滴过渡的尺寸和焊接热输入。

MIG/MAG 脉冲电弧焊与直流焊相比较，其优缺点如下。

优点：

（1）脉冲电弧焊具有良好的引弧性能，熔滴过渡平稳，在整个脉冲功率调节区内飞溅少。

（2）脉冲电弧焊可以使用较粗焊丝，可焊较薄工件，脉冲焊比直流焊熔化效率约高 25%，生产效率更高。

（3）脉冲电弧焊对熔池有明显的搅拌作用，有利于气体逸出，具有良好抗气孔性和抗腐蚀性。

（4）脉冲电弧焊的焊接参数对所焊工件的良好适应性，热输入量可保持最小，改善接头性能。

（5）脉冲电弧焊可以控制熔滴过渡的尺寸，有利于实现全位置焊接。

缺点：

（1）脉冲电弧焊的焊接设备比普通直流焊设备价格更贵，维修成本高。

（2）脉冲电弧焊的参数调节更为复杂，对焊接技术人员要求更高。

9.3.2 熔滴过渡影响因素

熔化极气体保护焊的熔滴过渡方式影响因素包括电流种类和大小、焊丝成分与直径、焊丝干伸长和保护气体介质等。

9.3.2.1　焊接电流种类和大小的影响

熔化极气体保护焊为了获得稳定的且尺寸细小的熔滴，通常采用正极性（直流反接）才能实现。氩气保护焊接钢时，当焊接电流从小到大变化，熔滴由粗变细，熔滴过渡频率由少变多，熔滴过渡形式从颗粒过渡转变为射流过渡。它们之间转变过程存在一个临界电流值。当焊接电流小于临界电流值时形成颗粒过渡，大于临界电流值时形成射流过渡，在临界电流值附近时形成介于两者之间的过渡方式，称为射滴过渡。

9.3.2.2　焊丝成分与直径的影响

不同焊丝成分和直径影响熔滴的过渡形式，成分不同，焊丝的导热性能不同，影响熔滴尺寸，同时直径不同，焊丝和熔滴相连的截面也不同，焊丝直径越小，熔滴越容易过渡，临界电流越低，越容易得到稳定的喷射过渡形式。

9.3.2.3　焊丝干伸长的影响

焊丝干伸长增加，焊丝产生的电阻热增加，有利于熔滴过渡，降低临界电流值，获得稳定的喷射过渡，但是干伸长不宜过长，否则电弧稳定性下降。

9.3.2.4　保护气体介质的影响

在纯氩气保护下，由于电离电压低，弧柱的电场强度较低，电弧弧根容易扩展，容易产生射流过渡，而 CO_2 气体保护下，由于对电弧的冷却作用较强，使电弧收缩，电弧不易扩展，容易形成颗粒过渡形式。如果采用 $Ar+CO_2$ 混合气体，随着 CO_2 含量的增加，临界电流值增大，很难形成喷射过渡形式。当在 Ar 中加入少量的 O_2，可以降低表面张力，减少过渡阻力，有利于形成喷射过渡形式。

9.4　熔化极气体保护焊焊接材料（ISO 14341）

ISO/TR 25901-1：2016《焊接及相关工艺通用术语》中规定，熔化极气体保护焊的焊接材料包括焊丝和保护气体。

9.4.1　焊丝

熔化极气体保护焊所用焊丝包括实心焊丝和药芯焊丝，其中实心焊丝多数制造商供应的是镀铜焊丝。镀铜焊丝的优点是改善了导电嘴与焊丝之间的导电性能、有助于拉拔以及具有防锈作用。焊接过程为了减少铜的有害作用，有些制造商采用有机涂层代替镀铜层。实心焊丝的制备过程与焊条的焊芯基本一样，常用的镀铜焊丝生产流程大致包括原料准备、去污、干燥、酸洗、粗拉丝、精拉丝、镀铜、绕丝、包装出库等。

熔化极气体保护焊的焊丝作为填充金属，其成分与母材相近，并且具有良好的焊接工艺性能和冶金性能，所以在选用焊丝过程中要考虑母材的成分和力学性能，同时还要与所用保护气体配合。

熔化极气体保护焊所用焊丝直径 Φ 有 0.6mm、0.8mm、0.9mm、1.0mm、1.2mm、1.4mm、1.6mm、2.0mm、2.4mm、3.2mm，常用的焊丝直径是 1.0mm、1.2mm、1.6mm。

国际标准 ISO 14341：2020 规定了非合金钢和细晶粒钢熔化极气体保护焊的实心焊丝和熔敷金属在焊态条件和焊后热处理条件下，最低屈服强度不超过 500MPa 或者最低抗拉强度不超过 570MPa 时的分类要求。

本国际标准包含两个系列：按照屈服强度和熔敷金属平均冲击功 47J 分为 A 系列，或者按照抗拉强度和熔敷金属平均冲击功 27J 分为 B 系列。

ISO 14341：2020《焊接材料　非合金钢和细晶粒钢气体保护焊实心焊丝和熔敷金属　分类》，A 系列标记如图 9.13 所示，B 系列标记如图 9.14 所示。

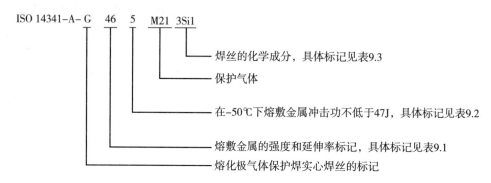

图 9.13　ISO 14341-A 系列标记示意图

表 9.1　熔敷金属抗拉强度、最低屈服强度和最低延伸率的标记

标记	最低屈服强度 [a]/MPa	抗拉强度 /MPa	最低延伸率 [b]/%
35	355	440~570	22
38	380	470~600	20
42	420	500~640	20
46	460	530~680	20
50	500	560~720	18

注：a. 屈服强度，在发生屈服时使用下屈服极限（R_{eL}），或使用 0.2% 屈服点强度（$R_{p0.2}$）。

　　b. 标准长度等于试样直径的 5 倍。

表 9.2　熔敷金属冲击功的标记

标记	最小平均冲击功达到 47J 的试验温度 /℃
Z	无要求
A	+20
0	0
2	−20
3	−30
4	−40
5	−50
6	−60
7	−70
8	−80
9	−90
10	−100

表 9.3 焊丝的化学成分

符号	化学成分 a、b/%											
	C	Si	Mn	P	S	Ni	Cr	Mo	V	Cu	Al	Ti+Zr
2Si	0.06~0.14	0.50~0.80	0.90~1.30	0.025	0.025	0.15	0.15	0.15	0.03	0.35	0.02	0.15
3Si1	0.06~0.14	0.70~1.00	1.30~1.60	0.025	0.025	0.15	0.15	0.15	0.03	0.35	0.02	0.15
3Si2	0.06~0.14	1.00~1.30	1.30~1.60	0.025	0.025	0.15	0.15	0.15	0.03	0.35	0.02	0.15
4Si1	0.06~0.14	0.80~1.20	1.60~1.90	0.025	0.025	0.15	0.15	0.15	0.03	0.35	0.02	0.15
2Ti	0.04~0.14	0.40~0.80	0.90~1.40	0.025	0.025	0.15	0.15	0.15	0.03	0.35	0.05~0.20	0.05~0.25
2Al	0.08~0.14	0.30~0.50	0.90~1.30	0.025	0.025	0.15	0.15	0.15	0.03	0.35	0.35~0.75	0.15
3Ni1	0.06~0.14	0.50~0.90	1.00~1.60	0.020	0.020	0.80~1.50	0.15	0.15	0.03	0.35	0.02	0.15
2Ni2	0.06~0.14	0.40~0.80	0.80~1.40	0.020	0.020	2.10~2.70	0.15	0.15	0.03	0.35	0.02	0.15
2Mo	0.08~0.12	0.30~0.70	0.90~1.30	0.020	0.020	0.15	0.15	0.40~0.60	0.03	0.35	0.02	0.15
4Mo	0.08~0.14	0.50~0.80	1.70~2.10	0.025	0.025	0.15	0.15	0.40~0.60	0.03	0.35	0.02	0.15
Z c	任意其他协商成分											

注：a. 表中的单个数值表示最大值。
　　b. 钢及镀层中的剩余铜含量不能超过 0.35%。
　　c. 包含未列在此表中的化学成分的焊材应该前缀字母 Z。化学成分范围没有规定，所以可能会出现 2 种不同化学成分的电极同属于 Z 分类的情况，这 2 种电极标记不能互换。

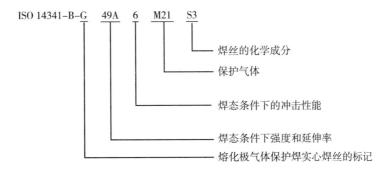

图 9.14　ISO 14341-B 系列标记示意图

9.4.2 保护气体

熔化极气体保护焊所采用的保护气体种类包括惰性气体（Ar 和 He）、活性气体（CO_2 和 O_2）、还原性气体（H_2）、不易发生反应的气体（N_2）以及它们的混合气体。焊接材料中，关于保护气体的选择依据的国际标准是 ISO 14175：2008《焊接材料　熔化焊及相关工艺用气体和混合气体》。

9.4.2.1 MIG 焊

熔化极惰性气体保护焊（MIG 焊）常用的保护气体为氩气（ISO 14175-I1），但氩气和氦气的混合气（ISO 14175-I3）具有很多优点。部分有色金属 MIG 焊采用的保护气体选取如下。

1. 铝及铝合金

采用 Ar（ISO 14175-I1）保护时，电离电压低，电弧稳定性好，飞溅小，熔滴过渡稳定。相同条件下，氦气（ISO 14175-I2）的电弧电压更高，能量密度大，效率高，熔深和熔宽都大，熔池活性强，有利于气体逸出，减少气孔，但由于氦气保护熔滴过渡不稳定，成形较差，所以经常采用氩气和氦气混合气体，氦气所占比例为 30%~70%，常用混合气体比例为 50%Ar 和 50%He（ISO 14175-I3），采用氦气混合气体既可改善熔深和抗氢气孔性能，还可降低预热温度甚至不预热。

2. 铜及铜合金

由于这些材料与铝相比具有较高的导热性能，所以氦气混合量在 70% 是适合的，板厚在 5mm 以下，可不进行预热。

3. 镍及镍合金

为获得稳定的、飞溅少的电弧过渡形式，采用脉冲 MIG 焊是必要的，纯 Ar 保护时，焊缝易产生过大的余高，改进措施是采用 Ar 和 $5\%H_2$（ISO 14175-R1）或 30%He（ISO 14175-I3）。

在实际应用中，也有时另外加入第三种保护气体 CO_2，即 Ar–He–CO_2 或者 Ar–H_2–CO_2，一般 CO_2 比例为 2%。

9.4.2.2 MAG 焊

CO_2 气体保护焊是 MAG 焊中应用最早和最为普遍的一种方法，但近年来越来越多的使用富氩气体的混合气体。采用富氩气体时，在保证高熔化效率的情况下，飞溅比 CO_2 气体保护焊少得多，使焊后清理工作明显减少。MAG 焊采用的混合气体包括 Ar–CO_2、Ar–O_2、低合金钢和高合金钢的 MAG 焊的保护气体选取如下。

1. 低合金钢

混合气体大多数采用 M2 类型，并首先考虑采用含有 $18\%CO_2$（ISO 14175-M21）和含有 $8\%O_2$（ISO 14175-M22）的混合气体。企业可采用液态 Ar 便于贮存，使用时输送到混合气罐中进行气体混合。

2. 高合金钢

高合金钢的保护气体可采用 Ar–O_2 混合气体，O_2 在 1% 或 3%（ISO 14175-M13），也可采用 Ar–CO_2 混合气体，CO_2 在 0~5%（ISO 14175-M12）。

9.5 MIG/MAG 焊接工艺

9.5.1 焊前准备

焊前准备主要包括坡口准备、焊件及焊丝的表面处理、焊件装配、焊接设备检查等。焊接坡口形式可以按照国际标准 ISO 9692 进行选择，熔化极气体保护焊对接接头常采用 V 型坡口。焊接前为了减少工件和焊丝表面油、锈、水分及氧化物的影响，需要进行清理。清理方法包括机械清理、化学清理和机械化学清理方式。

机械清理是采用钢丝刷、刮刀、砂布和喷砂等方式清理焊件表面的污物及氧化膜。

化学清理是依靠化学反应去除工件和焊丝表面的氧化膜及油污，特别适合于铝合金、钛合金等有色金属的母材和焊丝的清理过程。例如，铝合金焊接表面形成的高熔点氧化膜可以采用浓度（4%~15%）NaOH 溶液浸泡 5~15min，然后从溶液中取出，进行干燥，处理后尽快进行焊接，若放置时间过长，表面容易再形成氧化膜，影响焊接过程。

9.5.2　焊接工艺参数及对焊缝成形的影响

MIG/MAG 焊的焊接参数包括焊接电流（送丝速度）、电弧电压（弧长）、焊接速度、焊丝直径、焊丝干伸长、保护气体种类和流量等。

各焊接参数并不是孤立的，而是相互影响的。实际中，焊接参数组合并不是唯一的，但在改变某一参数的同时，其他参数也要做出相应改变。如图 9.15 所示为普通弧焊电源中电弧电压与焊接电流（送丝速度）的调节关系。

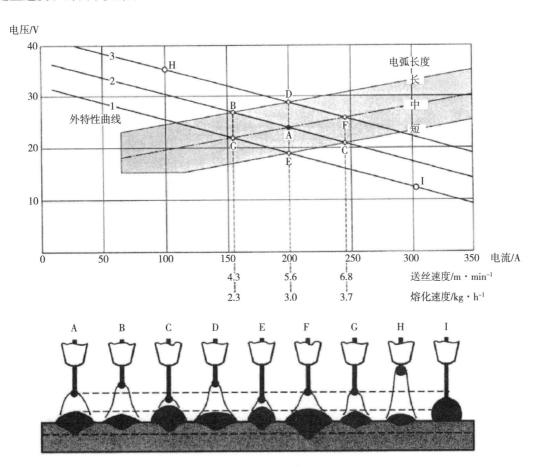

图 9.15　电弧静特性和电源外特性

表 9.4 中的参数组合适用于在富氩混合气体（如 82%Ar + 18%CO$_2$）保护条件下普通结构钢的焊接。

表 9.4 焊接参数（钢，富氩混合气体）

焊丝直径 /mm	电弧电压 /V	焊接电流 /A	送丝速度 /m·min⁻¹	电弧形态	应用
0.8	14~18	50~130	2.0~8.0		
1.0	16~19	70~160	2.0~6.5	短弧	较低熔敷效率，薄板、全位置、根部焊道的焊接，间隙搭桥
1.2	17~20	100~200	2.0~6.0		
0.8	18~22	110~140	6.0~9.0		
1.0	18~24	130~180	5.0~7.5	过渡电弧	中等熔敷效率，中厚板、立焊位置
1.2	19~26	170~240	5.0~7.5		
0.8	23~28	140~190	9.0~14.0		
1.0	24~30	180~280	7.5~18.0	喷射电弧	高熔敷效率，厚板或高速度焊接，填充和盖面层的焊接
1.2	25~32	220~340	6.5~12.0		
1.0	20~32	80~280	3.0~18.0	脉冲电弧	从较低到高熔敷效率
1.2	22~35	100~340	2.0~12.0		

9.5.2.1 电弧电压的影响

熔化极气体保护焊要获得稳定的熔滴过渡形式，除了需要考虑电流影响外，还需要考虑电弧电压的影响。焊接过程中，如果其他条件不变，随电弧电压增加，熔深和余高减小，焊缝宽度增加。各种电弧形态在不同条件下，焊接电流和电压要相互配合，否则可能造成电弧稳定性下降、焊缝成形不良和焊接缺欠问题，如图 9.16 和图 9.17 所示。

9.5.2.2 焊接电流、送丝速度的影响

焊接电流通常是根据焊件的厚度、焊丝的直径等来进行选择的，同时还要考虑所需要的熔滴过渡形式。

当其他参数稳定时，送丝速度增快，焊接电流也随之增加。当其他参数恒定不变时，焊接电流增加、送丝速度增快，将导致焊缝熔深和金属熔敷效率的增加，如图 9.18 和图 9.19 所示。

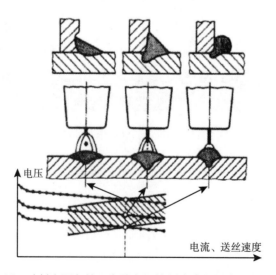

图 9.16 喷射电弧条件下电弧电压的影响（角焊缝和平板堆焊）

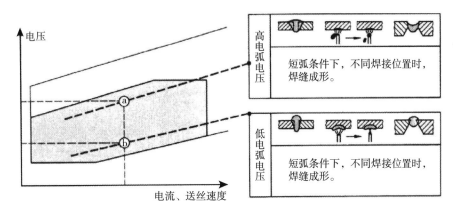

图 9.17　短路电弧条件下电弧电压的影响

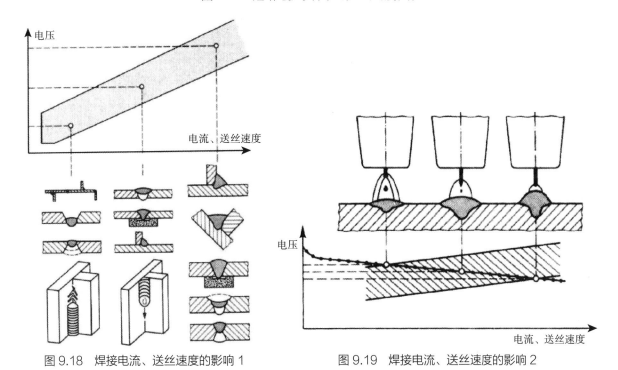

图 9.18　焊接电流、送丝速度的影响 1

图 9.19　焊接电流、送丝速度的影响 2

9.5.2.3　极性的影响

熔化极气体保护焊采用直流负极性（直流正接），不能实现稳定的喷射过渡，采取特殊措施的情况下，可以实现稳定的过渡方式，但是成本较高，所以很少采用；交流的电源，电流周期性变化，经过零点使电弧稳定性下降，一般不采用这种形式；直流正极性（直流反接）的电弧稳定，熔滴过渡平稳，飞溅较低，焊缝成形较好，焊接参数调节范围较宽，所以熔化极气体保护焊通常采用直流正极性。

9.5.2.4　焊丝干伸长的影响

焊丝干伸长度是导电嘴到焊丝端头的距离，如图 9.20 所示。焊接过程中，保持焊丝干伸长不变是保证焊接过程稳定性的重

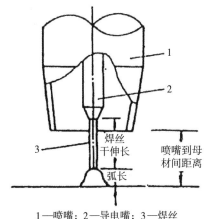

1—喷嘴；2—导电嘴；3—焊丝

图 9.20　焊丝干伸长说明图

要因素之一。

适宜的焊丝干伸长与焊丝直径有关，干伸长等于焊丝直径的 10 倍左右，并随焊接电流的增加而增加。不同电弧形态，焊丝干伸长见表 9.5。

表 9.5　焊丝干伸长

电弧形态	焊丝干伸长 /mm	抽回长度 /mm
短弧	10 d（d 为焊丝直径）	0~3
长弧	8~12 d	2~5
喷射电弧	12~16 d	5

9.5.2.5 焊接速度的影响

焊接速度指的是焊枪沿焊缝中心线方向移动的速度。其他条件不变，中等焊接速度时，熔深最大。焊接速度降低时，单位长度上熔敷量增加，电弧作用在熔池而不是母材，熔深会减小。焊接速度提高，单位长度上电弧传递给母材的热量明显减少，母材熔化速度减慢，熔深减小。焊接速度的变化对焊接熔深的影响，如图 9.21 所示。

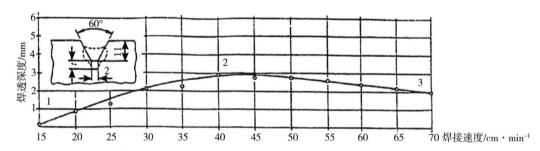

1—初始阶段，焊透深度最小；2—正确的焊接速度，最大的焊透深度；3—受焊接速度较快的影响，较小的焊透深度

图 9.21　焊接熔深与焊接速度的关系

9.5.2.6 焊枪角度的影响

焊枪相对于焊缝，焊接方向会影响焊道的形状和熔深。这种影响比电弧电压或焊接速度造成的影响还要更大一些。焊枪角度的变化会影响焊缝表面的成形，如图 9.22 所示。

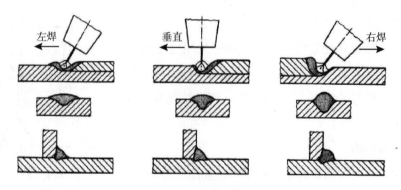

图 9.22　焊枪角度的影响

9.5.2.7 焊接位置的影响

焊接位置的定义见 ISO 6947，包括平焊（PA）、平角焊（PB）、横焊（PC）、仰焊（PE）和立向上焊（PF）等。

不同焊接位置焊接时，应考虑不同熔滴过渡形式的特点，以及熔池形成和凝固的特点。管材内外环缝平焊时（工件旋转），为了获得良好的焊缝成形，焊丝应逆旋转方法偏移距离，如果偏移量过大，则熔深变浅而熔宽增加；若反方向偏移，则熔深和余高增加而熔宽变窄，如图 9.23 所示。

图 9.23 管焊接时位置的影响

9.5.2.8 MIG/MAG 焊对接接头焊接参数参考

焊接参数的选择是比较困难的，因为参数之间是相互影响的，需要通过大量的反复实验进行验证确定。常用金属材料典型焊接参数举例见表 9.6 和表 9.7，这些参数并不是唯一的，适用于某一条件下，如果其中的一个参数改变，其他参数也需要修正才可以使用。

表 9.6 铝合金 MIG 焊对接接头焊接参数

工艺方法：半机械化 MIG 焊				母材：铝和铝合金					填充焊丝：AlMg5 或 AlMg4.5Mn			
接头形式：对接			保护气体：ISO 14175–I1						焊接位置：PA（平焊）			
板厚 / mm	坡口	间隙 / mm	钝边高度 / mm	焊道	电压 / V	电流 / A	送丝速度 / $m \cdot min^{-1}$	焊丝直径 / mm	填充材料			
									气体流量 / $L \cdot min^{-1}$	填充量 / $g \cdot m^{-1}$	气体消耗 / $L \cdot m^{-1}$	时间消耗 / $min \cdot m^{-1}$
4	I	0		1	23	180	3.2	1.2	18	30	34	2.9
5	I	0		1	25	200	4.3	1.6	18	77	60	3.3
5	V（70°）	0	1.5	1	22	160	5.6	1.6	18	126	75	4.2
6	I	0		1	26	230	7.1	1.6	18	147	69	3.9
6	V（70°）	0	1.5	1	22	170	6.0	1.6	18	147	81	4.6
8	V（70°）	0	1.5	2	26	220	6.8	1.6	18	183	90	5.0
10	V（60°）	0	2	1 2 G	26 24 25	220 200 230	6.2 6.0 7.2	1.6 1.6 1.6	20 20 20	191	109	1.9 1.6 1.9
12	V（60°）	0	0	1 2 G	26 26 28	240 220 250	13.7 12.2 15.6	1.2 1.2 1.2	23 23 23	340	185	2.6 3.0 2.5
12	V（60°）	0	0	1 2	27 27	260 280	3.6 3.6	2.4 2.4	25 25	346	189	4.0 3.6

注：G—背面焊道。

表 9.7 非合金钢 MAG 焊对接接头焊接参数

工艺方法：半机械化 MAG 焊			母材：非合金结构钢					填充焊丝：3Si1 或 4Si1			

接头形式：对接			保护气体：ISO 14175—M21					焊接位置：PA（平焊）			

板厚 / mm	坡口	间隙 / mm	坡口角度 / (°)	焊道	电压 / V	电流 / A	送丝速度 / m · min⁻¹	焊丝直径 / mm	填充材料			
									气体流量 / L · min⁻¹	填充量 / g · m⁻¹	气体消耗 / L · m⁻¹	时间消耗 / min · m⁻¹
1.5	I	0.5	—	—	18	110	5.9	0.8	10	39	17	1.7
2	I	1.0	—	—	18.5	125	4.2	1.0	10	51	19	1.9
3	I	1.5	—	—	19	130	4.7	1.0	10	69	24	2.4
4	I	2.0	—	—	19	135	4.8	1.0	10	103	35	3.5
5	V	2.0	50	W D	18.5 21	125 200	4.3 8.0	1.0	12	221	78	6.5
6	V	2.0	50	W D	18.5 21	125 205	4.3 8.3	1.0	12	249	78	6.5
12	V	2.5	50	W 2M; D	18.5 28	135 270	3.2 9.0	1.2	10~15	791	168	12.7
20	DV	3.0	50	W 3M 2D	19 29 29	140 310 310	3.8 9.5 9.5	1.2	10~15	1200	240	17.5

注：W—打底；D—盖面；M—填充。

9.6 MIG/MAG 焊常见的焊接缺欠及防止措施

熔化极气体保护焊焊接过程由于焊接参数、焊接材料或者工艺不当，可能产生各种焊接缺欠。对于这种焊接工艺方法，比较典型的焊接缺欠的产生原因及防止措施，见表 9.8。

9.6.1 未焊透和未熔合

由于坡口尺寸、装配精度和前一焊道焊接的不足，会产生根部未焊透和层间未熔合，如图 9.24 所示。

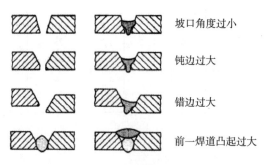

坡口角度过小

钝边过大

错边过大

前一焊道凸起过大

图 9.24 未焊透和未熔合

9.6.2 气孔

气孔产生的原因如图 9.25 所示，包括焊枪气路问题，焊枪操作角度问题，保护气体流量，电弧偏吹，电弧过长，非金属夹杂物，焊丝和保护气体配合，工件表面的油、锈等，激光切割后的氮化物及气体排出时间不够。

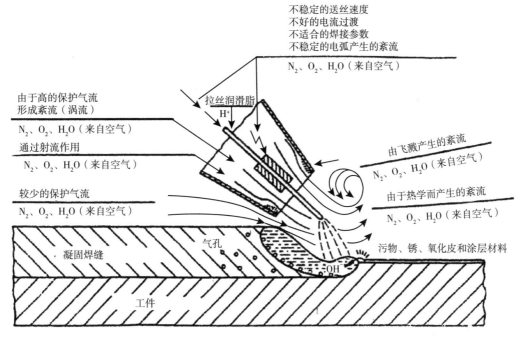

图 9.25　焊缝中的气体来源

9.6.3 咬边

焊接操作失误或焊接参数调节不当可能造成焊缝表面缺欠咬边，如图 9.26 所示。

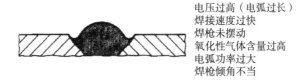

图 9.26　咬边

表 9.8　熔化极气体保护焊 MAG/MIG 焊焊接缺欠产生原因及防止措施

缺欠	产生原因	防止措施
咬边	电弧电压过高	降低电弧电压
	焊接速度过快	采用低的焊接速度，降低送丝速度
	两侧停留时间不够	增加熔池边缘的停留时间
	焊枪角度不当	改变焊枪角度，使电弧控制金属的分布

续表

缺欠	产生原因	防止措施
气孔	气体保护不当	采用合适的气体流量；防止气体管路泄漏；对于 CO_2 焊采用气体加热可防止流量计结冻阻塞；降低喷嘴与工件的距离
	气体不纯	采用焊接专用保护气体
	焊丝表面不干净	使用清洁干燥的焊丝
	工件表面不干净	焊前清除所有油、水、锈及油漆的污物至露出金属光泽
	电弧电压过高	降低电弧电压值
	焊丝干伸长过大	减小焊丝伸出长度
未熔合未焊透	热输入不够	增加焊接电流（送丝速度），降低焊接速度
	焊接坡口不合理	加大坡口角度，减小钝边厚度，增加对接焊缝的根部间隙，尽量使电弧接近坡口
	焊接技术不当	摆动焊时，焊枪应在两侧停留，改善焊缝根部的可达性，尽量保持焊丝与工件表面相垂直，保持焊丝指向熔池的前沿
	焊接区有氧化物	焊前清除坡口或焊缝表面所有氧化物、杂质
	保护气流干扰	检查和清理焊枪喷嘴

9.7 熔化极气体保护焊特殊技术

9.7.1 窄间隙熔化极气体保护焊

窄间隙熔化极气体保护焊是一种利用熔化极气体保护焊焊接厚板的特殊应用，如图 9.27 所示。焊接过程要求工件开 I 型坡口或者小角度的 V 型坡口，对接坡口间隙较小，为 6~14mm，需采用专用的焊枪，将焊枪伸入间隙内进行焊接，该技术可以用于焊接碳钢和低合金钢的厚板，也可以用于有色金属的厚板焊接。

MIG/MAG 窄间隙焊与埋弧焊窄间隙焊有所不同，它的主要问题是电弧对工件侧壁的熔合，送丝不当将会产生侧壁未熔合缺欠，故主要对送丝的方式采取措施，以减少侧壁未熔合等缺欠，药芯焊丝串联焊如图 9.28 所示，旋转式导电管焊如图 9.29 所示，使用预变形焊丝焊如图 9.30 所示。窄间隙焊接可以通过以上的方式改善坡口侧壁熔合问题。

窄间隙焊焊接大致分为两种类型：一种是采用小直径焊丝，采用小的焊接规范，因而热输入量低，主要用于焊接高强钢以及热敏感性较高的材料；另一种是粗丝，采用较大的焊接规范，热输入量较高，主要用于焊接普通碳钢，可以提高生产效率。

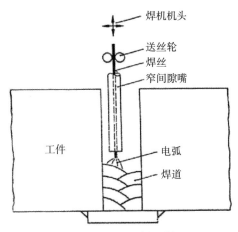

图 9.27　MIG/MAG 窄间隙焊原理图

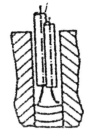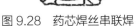

图 9.28　药芯焊丝串联焊

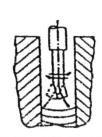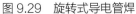

图 9.29　旋转式导电管焊

图 9.30　预变形焊丝焊

　　细丝窄间隙焊，板厚度在 50mm 以下时，主要为了获得优良的焊缝性能和实现全位置自动焊；板厚度大于 50mm，其生产效率及经济性要好于埋弧焊。

　　粗丝窄间隙焊，受焊丝干伸长和焊接参数限制，只适合于平焊位置，板厚 12~40mm 的低合金钢，厚度超过 40mm，需要特殊喷嘴和导电嘴以获得良好的保护效果，但是由于参数调节范围较窄，精度要求高，应用受到一些限制。

9.7.2　气电立焊

　　气电立焊（EGW）是结合普通熔化极气体保护焊和电渣焊特点发展出的一种焊接工艺方法，如图 9.31 所示。气电立焊是通过焊丝和母材之间产生电弧作为热源，同时输送保护气体保护熔池和熔化金属，利用工件两侧的水冷滑块挡住熔化金属，进行冷却成形，实现立向上的焊接过程。其焊接原理与熔化极气体保护焊相同，机械系统与操作应用上与电渣焊类似。气电立焊是利用电弧作为热源，保护形式是气体保护，而电渣焊是利用电流经过渣池产生的电阻热，焊剂产生的渣保护形式。采用的是从下往上与电渣焊相同的焊接位置，焊丝可以选用

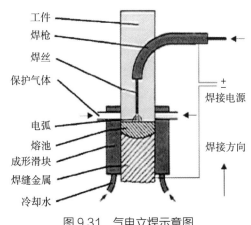

图 9.31　气电立焊示意图

实心焊丝或药芯焊丝，其保护气体一般为混合气体（如 82%Ar+18%CO$_2$）或纯 CO$_2$。

气电立焊相对于电渣焊的优点是：焊接熔池可见，可以中间停焊再引弧焊接，热输入较小，焊接产品韧性较好。缺点是：焊接过程容易产生飞溅及气孔，同时气体保护比渣保护效果要差一些。

气电立焊主要用于碳钢、低合金钢、不锈钢和其他金属合金焊接，焊接板材厚度范围在 12~80mm 较为合适。由于没有窄间隙焊的多层多道焊接过程，所以生产效率更高，很适合大型结构焊接过程，如桥梁、储罐、管道、船舶和建筑结构等。

9.7.3 T.I.M.E. 焊

T.I.M.E. 是 Transferred Ionized Molten Energyde 的缩写，是在传统 MAG 焊工艺的基础上开发，能够实现高速和高熔敷效率的焊接方法。T.I.M.E. 焊采用的是单焊丝单电弧焊接，采用四元混合气体（Ar + He + CO$_2$ + O$_2$）作为保护气体，焊接过程保持大的焊丝伸出长度和高的焊丝送进速度，熔敷效率可达普通熔化极气体保护焊的 2 倍以上，使成本大大降低。

T.I.M.E. 焊与传统的熔化极气体保护焊相比，主要区别在于保护气体、焊丝伸出长度和送丝速度。传统的熔化极气体保护焊临界电流值低，以焊丝直径 Φ1.2mm 为例，当焊接电流值达到 400A 时，熔滴过渡形式将从射流过渡变为旋转射流过渡，熔滴过渡不稳定，焊丝端头的液流柱随焊接电弧的旋转而发生无规律的旋转，飞溅大、成形差，形成不稳定的旋转射流过渡，实际应用基本不采用。T.I.M.E. 焊采用较大的焊丝干伸长和特殊的四元保护气体（65%Ar + 26.5%He + 8%CO$_2$ + 0.5%O$_2$），通过增大送丝速度，获得稳定的旋转射流过渡过程，同时还可以提高焊接效率。传统 GMAW 焊和 T.I.M.E. 焊的旋转射流过渡形态的对比，如图 9.32 所示。

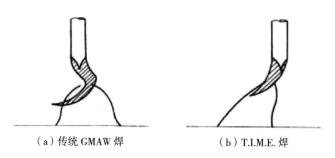

（a）传统 GMAW 焊   （b）T.I.M.E. 焊

图 9.32 旋转射流过渡的形态

在焊丝直径同为 1.2mm 的条件下，T.I.M.E. 焊的焊丝干伸长选择 20~35mm，电流最大值达 700A，最高送丝速度为 50m/min，最高的熔敷速度为 450g/min；而传统的熔化极气体保护焊的焊丝干伸长选择 10~15mm，电流值最大值为 500A，最高送丝速度为 16m/min，最高的熔敷速度为 144g/min。通过对比能够发现，T.I.M.E. 焊相较于传统的熔化极气体保护焊其主要特征是大电流、大干伸长、大功率。

T.I.M.E. 焊的主要优点是低成本、高效率、良好的焊接质量，同时，特殊的保护气体改善了焊缝金属流动性，焊缝的气孔倾向小，焊缝金属的硫、磷、氢的含量低，所得到的接头的力学性能比传统熔化极气体保护焊更好。

T.I.M.E. 焊可以用于焊接碳钢、低合金高强钢、热强钢、低温钢等材料。目前 T.I.M.E. 焊应用的领域有化工容器、机械设备、钢结构工程、船舶制造、汽车制造等。

9.7.4　冷金属过渡（CMT）熔化极气体保护焊

冷金属过渡（Cold Metal Transfer，CMT）是在熔化极气体保护焊的短路过渡的基础上开发出来的一种新型焊接工艺。

普通的熔化极气体保护焊短路过渡过程是：焊丝熔化形成熔滴，熔滴同熔池短路，短路桥爆断，短路时伴有大的电流（大的热输入）和飞溅。而 CMT 焊过渡方式恰好解决以上问题。

CMT 技术的特殊性：CMT 是首次将焊丝运动同熔滴过渡过程结合起来，熔滴过渡过程是由焊丝运动"送进 – 回抽"变化来控制。

CMT 焊焊接系统能够自动监控熔滴的短路过渡过程，在焊丝发生短路时，电压降到趋近于零的同时，电源将电流降至几乎为零，熔滴的温度迅速降低，焊丝的机械式回抽运动保证了熔滴的正常过渡。整个熔滴过渡过程相较于普通的 MIG/MAG 焊的热输入更低，飞溅量更小。CMT 焊熔滴过渡过程如图 9.33 和图 9.34 所示。

图 9.33　CMT 焊的熔滴过渡 – 电弧形态

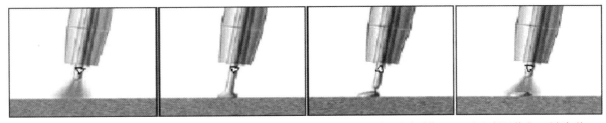

（a）焊丝前进，形成电弧　　（b）熔滴短路，电弧熄灭　　（c）焊丝回抽，熔滴脱落　　（d）焊丝前进，重新加热

图 9.34　CMT 焊的熔滴过渡 – 焊丝运动

CMT 焊与普通 MIG/MAG 焊有 3 个最大的不同，具体如下。

（1）将焊丝运动与焊接过程相结合：在焊丝前行过程中，一旦数字过程控制器检测到短路电流，便控制送丝机构回焊丝，以促成焊丝与熔滴的分离。此"前进 – 后退"频率可高达 90 次 /s。

（2）焊接热输入量降低：CMT 技术实现了无电流状态下的熔滴过渡。焊丝与工件短路时，电流转变为小的短路电流，送丝机停止送丝并自动回抽焊丝。这样就减少了电弧输入热量的时间，短路时电弧熄灭，大幅降低了热输入量。此过程不断重复，便形成了冷 – 热 – 冷 – 热的循环。如图 9.35

所示是 CMT 焊焊接短路过渡过程中电流和电压的变化。

（3）无飞溅焊接短路发生期间：焊丝回抽以帮助熔滴分离，此时短路过程是可控的，并且短路电流很小，可做到无飞溅焊接。精确的熔滴过渡及分离控制保证了每个过渡周期内过渡到焊缝的填充金属的量都是相等的。

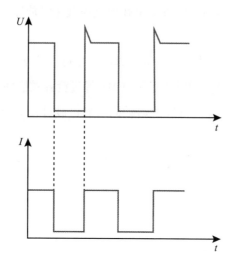

图 9.35　CMT 焊短路过渡电流电压变化

CMT 技术的主要应用在薄板及超薄板的焊接过程，厚度为 0.3~3mm 更加适用。相较于普通的熔化极气体保护焊短路过渡形式，CMT 技术的优点如下。

（1）短路过渡中，短路电流值趋近于零，整个过程依靠焊丝回抽保证熔滴过渡，使得焊接的热输入量小。

（2）CMT 技术的弧长采用机械式控制，当干伸长或者焊接速度改变时，依然保证电弧稳定性。

（3）由于焊接过程稳定，送丝速度变化时，主要参数基本不变，飞溅量更小，生产效率高，焊缝成形好。

9.7.5 双丝熔化极气体保护焊

在 MIG/MAG 焊中，双丝焊接工艺可以分为 2 种，分别为 TWIN ARC 和 TANDEM。

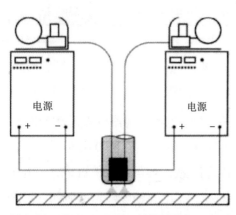

如果两个焊丝从同一导电嘴伸出，互相不隔离，称之为 TWIN ARC，如图 9.36 所示。采用这种方式，无法分别独立调节两个电弧长度，由于两个焊丝共用一个导电嘴，电流将从回路较小的通路流过，所以当一个电弧较短时，该电弧将会流过更多的电流，使焊丝熔化，电弧长度伸长，两个焊丝的电流又趋于平衡。这种双丝焊接方式对回路的接触电阻等要求较高，电弧抗扰动的能力较差，但是由于采用该种方式结构简单，只要用一台大功率电源就可以工作，所以仍具备一定的应用范围。

图 9.36　TWIN ARC 双丝焊接结构示意图

采用两台独立的焊接电源，两个电弧的电流和电压可以独立调节，这种双丝的焊接工艺称之为 TANDEM，如图 9.37 所示。两台电源中的主电源的规范一般较大，主要起到熔化焊丝和母材的作用，从电源规范稍小，主要起填充和盖面的作用。为了避免大电流下电弧的互相干涉作用，TANDEM 设备采用脉冲电源，两台电源相位相差 180°，可以减少双弧间的干涉现象，这种双丝焊接的稳定性更好，应用最为广泛。双丝焊接可以用于焊接钢以及铝等，主要应用于造船、机械工程、仪器制造、汽车工业、高速列车等领域。

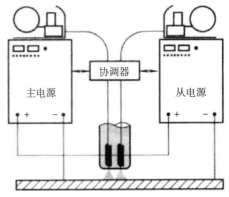

图 9.37 TANDEM 双丝焊接结构示意图

9.7.6 熔化极气体保护电弧点焊

搭接时，熔化极气体保护电弧点焊通过把一块板完全熔透到另外一块板的方式实现连接，如图 9.38 所示。点焊板材厚度一般小于 5mm，在进行较厚板材焊接时需要在上板钻或冲孔。

熔化极气体保护电弧点焊需要先将待焊工件装配好，并置于合适的焊接位置，将焊枪压在接头上，保持不动。打开焊枪开关，通入保护气体，同时送进焊丝，

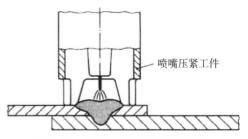

图 9.38 熔化极气体保护电弧点焊

引燃电弧，经预定的时间形成焊点，焊接结束需停丝、停电、延时送气。这样完成一个焊点的全部过程。

熔化极气体保护电弧点焊设备与普通熔化极气体保护焊设备类似，但喷嘴要做适当改变，因喷嘴要压紧在工件上，所以喷嘴端头应留出气体逸出通道。

熔化极气体保护电弧点焊可以用于焊接碳钢、铝及铝合金、镁及镁合金、不锈钢和铜及铜合金的搭接接头形式。相较于电阻点焊形式，熔化极气体保护电弧点焊设备简单、功率小、保护效果好、焊接质量好，同时还不用考虑焊点距离等造成的分流影响，更容易实现单面的点焊形式。

参考文献

［1］GSI.SFI–Aktuell［M］. Duisburg: Gesellschaft für Schweiβtechnik International mbH，2010.

［2］杨松 . 锅炉压力容器焊接技术培训教材［M］. 北京：机械工业出版社，2005.

［3］中国机械工程学会焊接学会 . 焊接手册：第 1 卷：焊接方法及设备［M］. 3 版 . 北京：机械工业出版社，2008.

［4］中国机械工程学会焊接学会 . 焊接手册：焊接结构［M］. 3 版 . 北京：机械工业出版社，2008.

［5］殷树言，邵清廉 . CO_2 焊接技术及应用［M］. 哈尔滨：哈尔滨工业大学出版社，1992.

［6］陈祝年 . 焊接工程师手册［M］. 北京：机械工业出版社，2010.

［7］史耀武 . 焊接技术手册：上［M］. 北京：化学工业出版社，2009.

［8］霍华德·B. 卡里，斯科特·C. 黑尔策 . 现代焊接技术［M］. 北京：化学工业出版社，2010.

［9］杨春利，林三宝.电弧焊基础［M］.哈尔滨：哈尔滨工业大学出版社，2003.

［10］王宗杰.熔焊方法及设备［M］.北京：机械工业出版社，2007.

［11］姜焕中.电弧焊及电渣焊［M］.北京：机械工业出版社，1988.

［12］白正华.CMT先进焊接工艺特点及应用［J］.金属加工（热加工），2012，（12）：49-51.

［13］李春亮.CMT冷金属过渡技术的应用和研究［C］//第十六次全国焊接学术会议论文摘要集.中国机械工程学会，2011：64-67.

［14］Welding consumables — Wire electrodes and weld deposits for gas shielded metal arc welding of nonalloy and fine grain steels — Classification: ISO 14341:2020［S/OL］.［2020-08］. https://www.iso.org/standard/79321.html.

［15］Welding consumables — Gases and gas mixtures for fusion welding and allied processes：ISO 14175:2008［S/OL］.［2008-03］. https://www.iso.org/standard/39569.html.

［16］Welding and allied processes — Vocabulary — Part 4: Arc welding: ISO/TR 25901-4:2016［S/OL］.［2016-03］.https://www.iso.org/standard/62523.html.

［17］全国焊接标准化技术委员会.焊接术语:GB/T 3375—1994［S/OL］.［1994-06］. https://www.cssn.net.cn/cssn/productDetail/c8b67628696e6d6b4d45456634ce65b0.

［18］Welding and allied processes — Vocabulary — Part 1: General terms: ISO/TR 25901-1:2016［S/OL］.［2016-03］. https://www.iso.org/standard/55758.html.

本章的学习目标及知识要点

1. 学习目标

（1）掌握熔化极气体保护焊的原理、特点及应用。

（2）了解熔化极气体保护焊的焊接设备组成。

（3）掌握熔化极气体保护焊的熔滴过渡形式及应用。

（4）掌握熔化极气体保护焊的焊丝及保护气体。

（5）熟悉熔化极气体保护焊的焊接工艺参数影响，能够正确选择。

（6）了解特殊熔化极气体保护焊的焊接工艺原理、特点及应用。

2. 知识要点

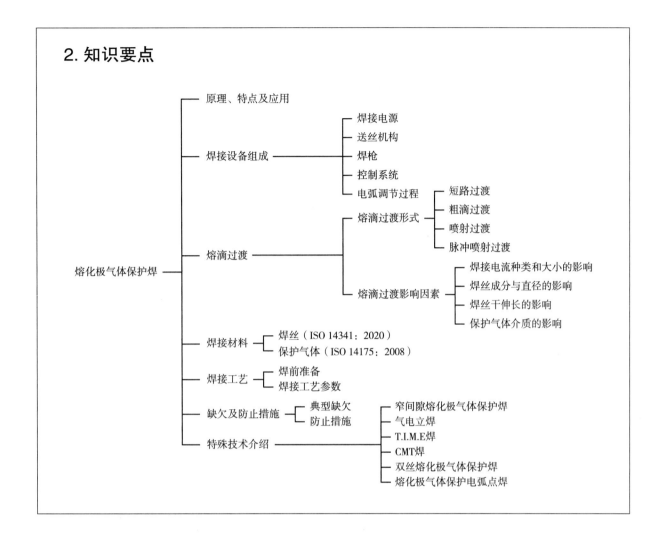

第❿章

药芯焊丝电弧焊

编写：张岩　审校：钱强

本章重点介绍药芯焊丝电弧焊的原理与工艺特点，对其使用的弧焊电源、焊枪／焊炬、送丝机及其驱动等辅助设备、配件的配置以及气体、焊丝的选用进行说明，并介绍药芯焊丝电弧焊的熔滴过渡形式，以及药芯焊丝的典型缺欠及防止措施。

10.1 药芯焊丝电弧焊原理、分类、特点及设备

10.1.1 焊接原理

药芯焊丝是在金属外皮内部加入芯部药粉构成的焊丝，使用药芯焊丝作为填充金属的各种电弧焊方法统称药芯焊丝电弧焊（FCAW），如药芯焊丝气体保护电弧焊。

药芯焊丝气体保护电弧焊的基本工作原理与普通熔化极气体保护焊一样，是以可熔化的药芯焊丝作为一个电极（通常药芯焊丝接正极，即正极性、直流反接接法），母材作为另一电极，在纯 CO_2 或 CO_2+Ar 的气体保护下熔化形成液态熔池的焊接方法。药芯焊丝气体保护电弧焊焊接过程，如图 10.1 所示。另外，还有一种不用外加气体保护的药芯焊丝电弧焊被称为自保护药芯焊丝电弧焊。其通过焊丝药芯中的造渣剂、造气剂在电弧高温作用下产生的气、渣对熔滴和熔池进行保护，焊接过程如图 10.2 所示。除药芯焊丝气体保护电弧焊和自保护药芯焊丝电弧焊以外，还有一些其他的药芯焊丝电弧焊，以下均以气体保护焊为例介绍药芯焊丝电弧焊。

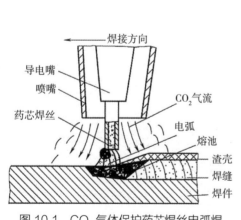

图 10.1　CO_2 气体保护药芯焊丝电弧焊

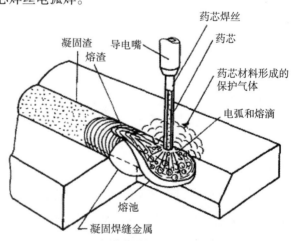

图 10.2　自保护药芯焊丝电弧焊

10.1.2　分类

药芯焊丝电弧焊有多种分类形式，具体分类见表 10.1。

表 10.1　药芯焊丝电弧焊分类

分类依据	类别		
是否使用保护气体	气体保护药芯焊丝电弧焊（136）	自保护药芯焊丝电弧焊（114）	
内层填料中有无造渣剂	熔渣型药粉型焊丝电弧焊（有造渣剂，136、114）	金属粉型药芯焊丝电弧焊（无造渣剂，138）	
熔渣的碱度	钛型药芯焊丝电弧焊 / 酸渣型	钙钛型药芯焊丝电弧焊 / 中性或弱碱性渣	钙型药芯焊丝电弧焊 / 碱性渣

10.1.3　特点

熔渣型药芯焊丝气体保护电弧焊与普通熔化极气体保护焊的主要区别在于焊丝内部装有药粉（焊剂）混合物。焊接时，在电弧热作用下，熔化状态的药粉、焊丝金属、母材金属和保护气体相互之间发生冶金作用，形成一层液态熔渣包覆熔滴并覆盖熔池，对熔化金属形成了又一层的保护，实质上药芯焊丝气体保护电弧焊是一种气渣联合保护的焊接方法。熔渣型药芯焊丝气体保护电弧焊焊缝成形美观，电弧稳定性好，飞溅少且熔滴颗粒细小；药芯焊丝熔敷速度快，熔敷效率和生产效率相对其他手工操作的工艺更高；药芯焊丝焊接各种材料的适应性更强、范围更广泛，它可以通过调整药粉的成分与比例来提供各种性能所需的化学成分；它与半自动 CO_2 电弧焊一样，可以进行全位置焊接。

无造渣剂的金属粉型药芯焊丝电弧焊的焊丝中只含有极少量的矿物熔剂，药芯的主要成分是铁粉或铁粉与铁合金的混合粉末，一般金属粉所占比例是 80%~90%，其余为矿物粉。由于金属粉型药芯焊丝是由薄钢带包裹粉剂组成，电流主要在焊丝表皮流通，所以焊接时焊丝电流密度很大，熔化速度较快，同时金属粉也具有一定的导电性，因此金属粉型药芯焊丝较实心焊丝和熔渣型药芯焊丝有更高的熔敷效率。另外，金属粉型药芯焊丝在焊接时的熔渣极少、飞溅很小、烟尘较少，其焊后无须清渣，从而进一步提高了焊接生产效率。

药芯焊丝气体保护电弧焊的焊丝制造过程复杂、成本偏高；另外药芯焊丝较软，比实心焊丝送丝难度大，需要采用低压力的送丝机构；药芯焊丝外表一般不加镀层，所以比实心焊丝更容易锈蚀，同时药粉易吸潮，需要更加严格的焊丝存储条件和管理措施，这些都将提高药芯焊丝气体保护焊的生产制造成本。

10.1.4　设备组成

10.1.4.1　焊接电源

气体保护焊中，大多数的实心焊丝的焊接设备可以直接用在药芯焊丝焊接上。一些标有实心焊丝和药芯焊丝两用的焊机，其实只是在普通的实心焊丝气体保护电弧焊焊机的基础上添加了某些功能（如极性转换、电源外特性微调和电弧挺度调节等），这类焊机能更有效地发挥药芯焊丝的优势。两用焊机的外特性测试如图 10.3 所示。

10.1.4.2 送丝机构

药芯焊丝气体保护电弧焊送丝机构与实心焊丝气体保护电弧焊没有太大的差别，都是由电动机、减速器、校直轮、送丝轮、送丝软管和送丝盘组成。但是，因为药芯焊丝较实心焊丝更软，其送丝机构一般采用两对双主动轮的送丝滚轮并配备焊丝校直机构，送丝软管需选择摩擦系数小且柔软但不易变形的软管，使用开式的送丝盘。另外，实心焊丝的送丝轮可以采用 V 型沟槽的送丝轮，而药芯焊丝则采用 U 型沟槽四轮送丝系统以避免焊丝变形，如图 10.4 所示。

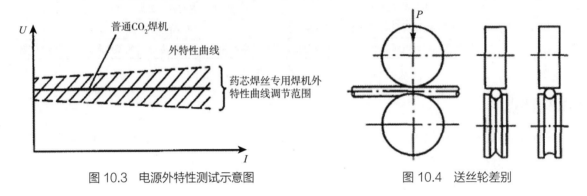

图 10.3 电源外特性测试示意图   图 10.4 送丝轮差别

药芯焊丝气体保护电弧焊的送丝方式可分为推丝式送丝、拉丝式送丝、推拉式送丝和加长式送丝。具体送丝形式如图 10.5 所示。

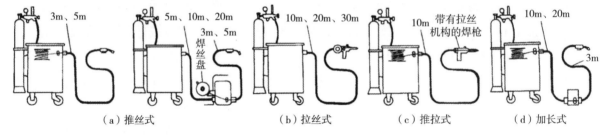

（a）推丝式   （b）拉丝式   （c）推拉式   （d）加长式

图 10.5 熔化极气体保护焊的送丝方式示意图

10.1.4.3 焊枪及软管

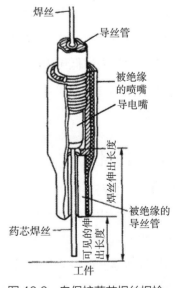

药芯焊丝焊枪一般可直接使用实心焊丝的焊枪。但在自保护药芯焊丝电弧焊焊接时，可以使用专用焊枪或 CO_2 气体保护焊枪。这两种焊枪在结构上存在差别，专用焊枪是在 CO_2 气体保护焊焊枪基础上去掉气罩，并在导电嘴外侧加绝缘护套，以满足某些自保护药芯焊丝在伸出长度方面的特殊要求，同时可以减少飞溅的影响；某些专用焊枪附有负压吸尘装置，使自保护药芯焊丝可以在室内施工中使用。自保护药芯焊丝焊枪如图 10.6 所示。

图 10.6 自保护药芯焊丝焊枪

10.2　药芯焊丝电弧焊熔滴过渡

10.2.1　气保护药芯焊丝电弧焊的熔滴过渡

10.2.1.1　CO_2 气体保护药芯焊丝电弧焊的熔滴过渡

CO_2 气体保护药芯焊丝电弧焊焊接时若采用较小的电流和较高的电压则形成大颗粒排斥过渡，随着电流的增加会逐渐转向细颗粒过渡，在较小的电流和较低的电压时则产生短路熔滴过渡。

大颗粒排斥过渡产生的原因是因为在相对的小电流大电压时，CO_2 气体高温分解需要吸热，此时电弧冷却，电场强度增高导致电弧收缩、弧根面积减少，从而增加斑点压力，阻碍熔滴过渡，最终形成了大颗粒排斥过渡。

细熔滴过渡是因为随着电流增加，斑点面积增大，作用在熔滴上的等离子流力和电磁收缩力都增加，熔滴的过渡频率变快，从而形成细熔滴过渡。此种过渡由于存在未完全熔化的渣芯阻挡了熔滴向根部传热，所以会出现左右熔滴交错过渡的现象。在相同的电流和电压下，药芯焊丝形成的细熔滴过渡熔滴尺寸要小于实心焊丝，同时其飞溅少、电弧稳定性好、焊缝成形好，是药芯焊丝的主要熔滴过渡形式。

短路熔滴过渡产生的原因与实心焊丝气体保护电弧焊短路熔滴过渡类似，也是因为在较小的焊接电流和较低的焊接电压时，熔滴尚未长大就与熔池短路接触，并在表面张力与电磁收缩力的共同作用下向母材过渡而形成的。短路过渡在实心细焊丝气体保护电弧焊时电弧稳定高、飞溅较小、焊缝成形良好，所以大量应用于薄板和全位置焊接过程；但是其在药芯焊丝气体保护焊时，由于渣芯的存在使其在短路爆断的瞬间易产生飞溅，所以短路过渡形式在药芯焊丝气体保护电弧焊中不是好的熔滴过渡形式。

10.2.1.2　Ar 保护药芯焊丝电弧焊的熔滴过渡

若药芯焊丝电弧焊采用 Ar 作为保护气体，则可能产生射滴过渡或射流过渡。

射滴过渡是因为使用 Ar 保护气体时，熔滴包围在扩大了的弧根里，此时斑点压力和电磁收缩力促进熔滴过渡、表面张力阻碍熔滴过渡，电磁收缩力、等离子流力、重力等使熔滴加速下落就形成了射滴过渡。这时熔滴下落的加速度要远远大于细颗粒过渡时的熔滴加速度。

产生射流过渡的焊接电流和焊接电压要略高于射滴过渡，药芯焊丝的射流过渡与实心焊丝的射流过渡并不相同。最主要的区别就是形状不同，实心焊丝的端部呈明显的笔尖状，而药芯焊丝则由于未完全熔化的渣芯阻挡熔滴过渡，笔尖状只形成了一半或不到一半。在被渣芯阻挡住了的熔滴前端，液态金属变成散碎的小滴并沿渣芯一侧快速滑落进入熔池，形成了射流过渡。

10.2.2　自保护药芯焊丝熔滴过渡

10.2.2.1　弧桥并存过渡

自保护药芯焊丝的熔滴过渡时会产生电弧在熔渣柱周围环绕旋转的现象，该现象持续周期出现，使熔滴沿非轴向过渡，熔滴过渡不稳定，这就破坏了电弧的稳定性，造成焊接电压的明显波动，导致大飞溅的形成。此类弧桥并存的过渡是自保护药芯焊丝的主要过渡形式，该熔滴过渡渣桥和电弧共存，熔滴附在熔渣表面形成渣桥，渣桥与熔池接触一段时间发生爆炸断裂形成弧桥并存爆炸过渡；渣桥与熔池接触后，在熔滴或渣桥的表面张力作用下形成弧桥并存的表面张力过渡。弧桥并存爆炸过渡是自保护药芯焊丝的主要过渡形式，是形成爆炸飞溅的主要原因，因此爆炸飞溅是自保护药芯焊丝主要的飞溅形式。自保护药芯焊丝弧桥并存的爆炸过渡和表面张力过渡如图 10.7 所示。

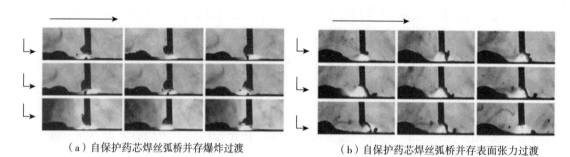

（a）自保护药芯焊丝弧桥并存爆炸过渡　　　　（b）自保护药芯焊丝弧桥并存表面张力过渡

图 10.7　自保护药芯焊丝弧桥并存过渡

10.2.2.2 颗粒过渡

自保护药芯焊丝电弧焊焊接时，弧长变长会给熔化金属留出足够的空间，此时熔滴长大到一定尺寸，从大熔滴上脱落下来的小颗粒熔滴穿越电弧空间飞入熔池，形成颗粒过渡，如图 10.8 所示。

焊接时，电弧排斥力会作用在熔滴底部使非轴向长大的熔滴在脱离焊丝落入熔池的过程中进一步偏离焊丝中心，此时电弧力可能将熔滴从焊丝端部推离从而形成大颗粒飞溅。自保护药芯焊丝电弧排斥力过渡如图 10.9 所示。

图 10.8　自保护药芯焊丝的颗粒过渡　　　　图 10.9　自保护药芯焊丝电弧排斥力过渡

10.3　焊接材料（ISO 17632）

10.3.1　药芯焊丝

10.3.1.1 药芯焊丝的结构

药芯焊丝截面形状如图 10.10 所示。可以分为 O 型简单截面和复杂折叠型截面。O 型截面分为有缝和无缝，有缝 O 型截面药芯焊丝易于加工、制造成本低；无缝药芯焊丝制造工艺复杂、生产成本高，但可进行镀铜处理，易于保存。复杂截面折叠形式主要有 T 型、E 型、梅花型和双层型等截面形状。折叠药芯焊丝制造小直径焊丝比较困难，一般焊丝直径大于 2.4mm，但折叠药芯焊丝外皮金属比较均匀地分布在整个截面上，故焊丝芯部也能导电，电弧燃烧稳定，焊丝熔化均匀，冶金反应充分，同时金属外皮会进入焊丝芯部，可改善熔滴过渡、减少飞溅、提高电弧稳定性，且此类焊丝挺度较好，在送丝轮压力作用下焊丝截面形状的变化较小。

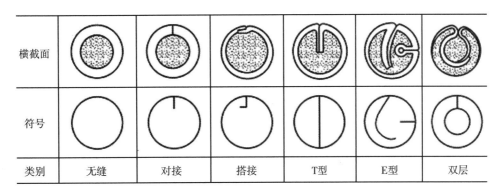

横截面						
符号						
类别	无缝	对接	搭接	T型	E型	双层

图 10.10　药芯焊丝的几种截面形状

10.3.1.2　药芯焊丝的焊药成分及作用

药芯焊丝芯部焊药的成分与焊条的药皮类似，也含有稳弧剂、脱氧剂、造渣剂以及铁合金等。其焊药能形成渣壳来保护熔池，同时也能渗合金和稳定电弧。一般来讲，焊丝外皮中包入的焊药成分主要是铁粉、TiO_2、SiO_2、BaF_2、Fe-Mn、Fe-Si、Al、Mg 等。各种成分药芯焊丝焊接特性比较见表 10.2。

表 10.2　各种药芯焊丝的焊接特性比较

项目		填充粉类型			
		钛型	钙钛型	钙型	金属粉型
工艺性能	焊道外观	美观	一般	稍差	一般
	焊道形状	平滑	稍凸	稍凸	稍凸
	电弧稳定性	良好	良好	良好	良好
	熔滴过渡	细小滴过渡	滴状过渡	滴状过渡	滴状过渡
	飞溅量	粒小，极少	粒小，少	粒大，多	粒小，极少
	熔渣覆盖性	良好	稍差	差	渣极少
	脱渣性	良好	稍差	稍差	稍差
	烟尘量	一般	稍多	多	少
焊接性能	缺口韧性	一般	良好	优秀	良好
	扩散氢 /$\frac{mL}{100} \cdot g^{-1}$	2~10	2~6	1~4	1~3
	含氧量 /ppm	600~900	500~700	450~650	600~7900
	抗裂性能	一般	良好	优秀	优秀
	抗气孔性能	稍差	良好	良好	良好
熔敷效率		70%~90%	70%~85%	70%~85%	90%~95%

10.3.1.3 药芯焊丝标准

欧洲标准委员会（CEN）20 世纪 90 年代初制定了欧洲（EN）药芯焊丝标准，现已被欧洲各国接受和采纳，ISO（国际标准化组织）/TC 44 焊接及相关工艺和 SC3 焊接填充金属委员会于 2004 年制定 ISO 17632 标准，其中 A 系列以 EN 758：1997 为基础制订，该标准于 2015 年更新。本章以 2015 年版 ISO 17632 为例介绍药芯焊丝标准内容。

ISO 17632：2015 中规定了焊态和焊后热处理条件下，最低屈服强度不超过 500MPa 或者最低抗拉强度不超过 570MPa 时，非合金钢和细晶粒钢气体保护及自保护金属电弧焊用药芯焊丝的分类要求。标准共包括 A、B 两个系列，其中 A 系列以原欧洲标准为基础、B 系列以原泛太平洋地区标准为基础制定。A 系列为按照屈服强度和 47J 冲击功分类的药芯焊丝，其标记如图 10.11 所示；B 系列为按照抗拉强度和 27J 冲击功分类的药芯焊丝，其标记如图 10.12 所示。

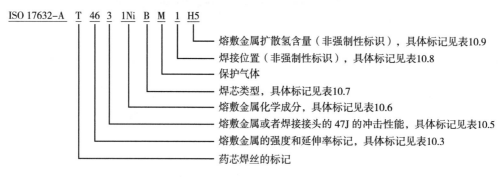

图 10.11　根据 ISO 17632 标准 A 系列给出的典型药芯焊丝示意图

对于双面单道技术使用的药芯焊丝，该标记中的左数第 3 个位置将由"46"变成"4T"，具体数值见表 10.4。

表 10.3　多道焊技术拉伸性能标记

标记	最低屈服强度 /MPa	抗拉强度 /MPa	最低延伸率 /%
35	355	440~570	22
38	380	470~600	20
42	420	500~640	20
46	460	530~680	20
50	500	560~720	18

表 10.4　单道焊技术拉伸性能标记

标记	母材最低屈服强度 /MPa	焊接接头最低抗拉强度 /MPa
3T	355	470
4T	420	520
5T	500	600

表 10.5 熔敷金属或焊接接头的冲击韧性标记

标记	最低平均冲击功达到 47J 的温度值 /℃	标记	最低平均冲击功达到 47J 的温度值 /℃
Zª	无要求	5	−50
A	+20	6	−60
0	0	7	−70
2	−20	8	−80
3	−30	9	−90
4	−40	10	−100

注：a. 标记 Z 只用于单道焊焊丝。

表 10.6 化学成分

成分标记	化学成分（质量分数）/%											
	C	Mn	Si	P	S	Cr	Ni	Mo	V	Nb	Al	Cu
无标记	—	2.0	—	—	—	0.2	0.5	0.2	0.08	0.05	2.0	0.3
Mo	—	1.4	—	—	—	0.2	0.5	0.3~0.6	0.08	0.05	2.0	0.3
MnMo	—	1.4~2.0	—	—	—	0.2	0.5	0.3~0.6	0.08	0.05	2.0	0.3
1Ni	—	1.4	0.8	—	—	0.2	0.6~1.2	0.2	0.08	0.05	2.0	0.3
1.5Ni	—	1.6	—	—	—	0.2	1.2~1.8	0.2	0.08	0.05	2.0	0.3
2Ni	—	1.4	—	—	—	0.2	1.8~2.6	0.2	0.08	0.05	2.0	0.3
3Ni	—	1.4	—	—	—	0.2	2.6~3.8	0.2	0.08	0.05	2.0	0.3
Mn1Ni	—	1.4~2.0	—	—	—	0.2	0.6~1.2	0.2	0.08	0.05	2.0	0.3
1NiMo	—	1.4	—	—	—	0.2	0.6~1.2	0.3~0.6	0.08	0.05	2.0	0.3
Z	其他本表中没有列出的化学成分											

表 10.7 焊芯类型

标记	性能	焊缝类型	保护气体
R	金红石，慢凝固熔渣	单道和多道	要求
P	金红石，快凝固熔渣	单道和多道	要求
B	碱性	单道和多道	要求
M	金属粉末	单道和多道	要求
V	金红石或碱性 / 氟化物	单道	不要求
W	碱性 / 氟化物，慢凝固熔渣	单道和多道	不要求
Y	碱性 / 氟化物，快凝固熔渣	单道和多道	不要求
Z	其他类型		

表 10.8　焊接位置

标记	焊接位置
1	PA, PB, PC, PD, PE, PF, PG
2	PA, PB, PC, PD, PE, PF
3	PA, PB
4	PA
5	PA, PB, PG

表 10.9　熔敷金属扩散氢含量标记

标记	扩散氢含量最大值，mL/100g 熔敷金属
H5	5
H10	10
H15	15

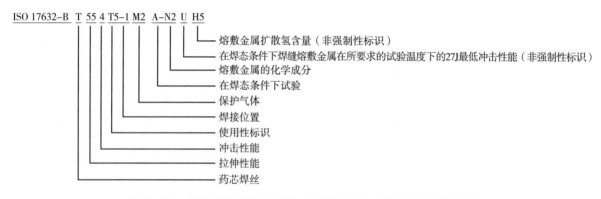

图 10.12　根据 ISO 17632 标准 B 系列给出的典型药芯焊丝示意图

10.3.2 保护气体

药芯焊丝活性气保护电弧焊焊接时，大部分采用 CO_2 作为保护气体，但有时也会使用 CO_2 + Ar 混合气体；在药芯焊丝惰性气体保护电弧焊焊接时，基本选择纯 Ar 作为保护气体。保护气体与实心焊丝气体保护一样按照 ISO 14175 标准来标记。

10.4 工艺参数

药芯焊丝电弧焊的焊接工艺参数为焊接电流、焊接电压、焊接速度和送丝速度等，在焊接时，焊接参数对焊缝的几何形状（如熔宽、熔深等）的影响与实心焊丝电弧焊几乎一致。典型药芯焊丝常用参数如表 10.10 和表 10.11 所示。

焊丝干伸长与实心焊丝略有不同。一般药芯焊丝气体保护电弧焊时，焊丝干伸长可根据电流大小、焊缝位置从长度 15~25mm 中选择。而自保护药芯焊丝电弧焊时，焊丝干伸长的范围比气保护的药芯焊丝长，一般为 25~70mm，在 3.0mm 以上直径的粗丝焊接时，焊丝干伸长甚至接近 100mm。

表 10.10　不同直径药芯焊丝常用焊接电流、电弧电压范围

CO_2 气保护药芯焊丝			
焊丝直径 /mm	1.2	1.4	1.6
焊接电流 /A	110~150	130~400	150~450
焊接电压 /V	18~32	20~34	22~38
自保护药芯焊丝			
焊丝直径 /mm	1.6	2.0	2.4
焊接电流 /A	150~250	180~350	200~400
焊接电压 /V	20~25	22~28	22~32

表 10.11　实心焊丝与药芯焊丝参数对照

焊丝种类	焊丝直径 /mm	最佳焊接电流范围 /A	可使用焊接电流范围 /A
实心焊丝	1.2	80~350	70~400
	1.6	300~500	150~600
药芯焊丝	1.2	80~300	70~350
	1.6	200~450	150~500

选择气体保护药芯焊丝进行焊接时，CO_2 气体对熔滴过渡起着重要的保护作用，气体流量的大小直接影响焊缝质量。保护气体流量一般根据焊接电流的大小、气体喷嘴的直径和保护气体的种类等因素确定，保护气体流量选择如图 10.13 所示。

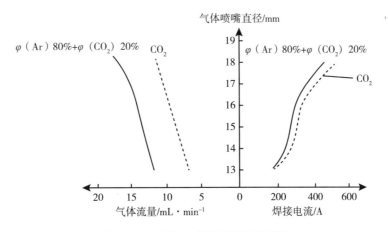

图 10.13　保护气体流量选择参考图

10.5　典型焊接缺欠及防止措施

药芯焊丝气体保护电弧焊不同位置的焊接缺欠及防止措施如表 10.12 所示。

表 10.12 药芯焊丝气体保护电弧焊缺欠产生原因及防止措施

焊接位置	缺欠名称	防止措施
平焊	背面焊缝高度不够 焊瘤 焊穿	熔池金属不宜过分超前焊丝端部 正确调整焊枪角度 焊接速度不宜过慢
平角焊	咬边 焊瘤	焊接电流不宜过大 采用适当的焊接速度和正确的焊枪倾角
立向下焊	背面焊缝高度不够 焊瘤 焊缝高度不够	熔池金属不宜过分超前焊丝端部 焊接速度不宜过慢 熔池金属不宜过分超前焊丝端部
横焊	背面焊道不够 背面焊道过大或焊穿 正面焊缝高度不够和咬边	调整适当的根部间隙，熔池金属不宜过分超前焊丝端部，选择合适的焊接速度，选择适当的摆幅 焊接速度不要太慢 保持适当的焊接速度或焊接摆动
仰焊	背面焊缝高度不够 焊穿 咬边	焊接速度不应过快或过慢 保持正确的焊枪倾角和正确的操作 焊接速度不宜过慢，电流不宜过大，电压不应过高

10.6 药芯焊丝电弧焊典型应用

船舶制造业和海洋结构业、建筑业、桥梁业、机械制造业、能源化工业和钢结构业主要使用钛型气保护药芯焊丝；输油及输气管线建设中主要使用自保护药芯焊丝；耐磨堆焊药芯焊丝应用于各行业材料的表面改进。各行业中，以船舶制造业和海洋结构业使用药芯焊丝量最大，近年来在其他行业的使用量正不断提高。典型焊接应用如图 10.14 所示。

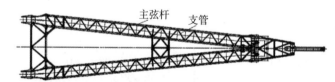

海上浮吊臂架 Q690E
采用 TWE-110K3 药芯焊丝

化工设备 UNS S 31803/1.4462
壁厚 30~40mm
采用 CN 22/9N-FD 药芯焊丝

异种钢焊缝
采用 CN 23/12 Mo PW-FD 药芯焊丝

图 10.14 药芯焊丝电弧焊典型应用

参考文献

［1］田志凌，潘川，梁东图.药芯焊丝［M］.北京：冶金工业出版社，1999.

［2］中国机械工程学会焊接学会.焊接手册：第1卷：焊接方法与设备［M］.3版.北京：机械工业出版社，2008.

［3］史耀武.中国材料工程大典：第22卷：材料焊接工程：上［M］.北京：化学工业出版社，2006.

［4］杨春利，林三宝.电弧焊基础［M］.哈尔滨：哈尔滨工业大学出版社，2003.

［5］韩国明.焊接工艺理论与技术［M］.北京：机械工业出版社，2007.

［6］Matsuda F, Ushio M, Tsuji T, et al. Arc characteristics and metal transfer with flux-cored electrode CO_2 shielding（Report I）：effect of geometrical shape in wire cross-section on metal transfer in stainless steel wire（welding physics, processes & instruments）［J］. Transactions of Jwri, 1979, 8：187-192.

［7］宋绍朋，栗卓新，李国栋.自保护药芯焊丝韧化机理及电弧特性的研究进展［J］.中国机械工程，2010，21（14）：1752-1757.

［8］牛全峰.自保护药芯焊丝的研究［D］.武汉：武汉理工大学，2005.

［9］何少卿，王朝前，吴国权.药芯焊丝及应用［M］.北京：化学工业出版社，2009.

［10］陈邦固，金立鸿，刘继元.国内外药芯焊丝制造工艺、设备现状及发展趋势［C］.北京：高效化焊接国际论坛，2002.

［11］潘川，喻萍，薛振奎，等.自保护药芯焊丝飞溅的形成机理及其影响因素［J］.焊接学报，2007，28（8）：108-112.

［12］李桓，曹文山，陈邦固，等.气保护药芯焊丝熔滴过渡的形式及特点［J］.焊接学报，2000，21（1）：13-16.

［13］王宝，杨林，王勇.药芯焊丝 CO_2 焊熔滴过渡现象的观察与分析［J］.焊接学报，2006，27（7）：77-80.

［14］孙咸，王红鸿，张汉谦，等.药芯焊丝熔滴过渡特性及其影响因素研究［J］.石油工程建设，2007，33（01）：49-53.

［15］张曙红，刘海云，王勇，等.自保护药芯焊丝熔滴过渡及飞溅分析［J］.电焊机，2014，44（7）：117-120.

［16］王皇，刘海云，王宝，等.金属粉芯型药芯焊丝熔滴过渡及飞溅观察分析［J］.焊接学报，2012，33（10）：83-86.

［17］Welding consumables-Tubular cored electrodes for gas shielded and non-gas shielded metal arc welding of non-alloy and fine grain Steels-Classification: ISO 17632：2015［S/OL］.［2015-11］.https://www.iso.org/standard/64573.html.

［18］GSI.SFI-Aktuell［M］. Duisburg: Gesellschaft für Schweißtechnik International mbH, 2010.

［19］Welding consumables-Gases and gas mixtures for fusion welding and allied processes：ISO 14175：2008［S/OL］［2008-03］. https://www.iso.org/standard/39569.html.

［20］李洪明，高丽彬.大型浮式起重机臂架 Q690E 高强钢的 FCAW 焊接工艺［J］.起重运输机械，2018，（2）：138-143.

本章的学习目标及知识要点

1. 学习目标

（1）了解药芯焊丝电弧焊的基本原理、特点。

（2）掌握气保护药芯焊丝常见的熔滴过渡形式。

（3）了解药芯焊丝电弧焊典型工艺参数。

（4）了解药芯焊丝电弧焊典型缺欠及防止措施。

2. 知识要点

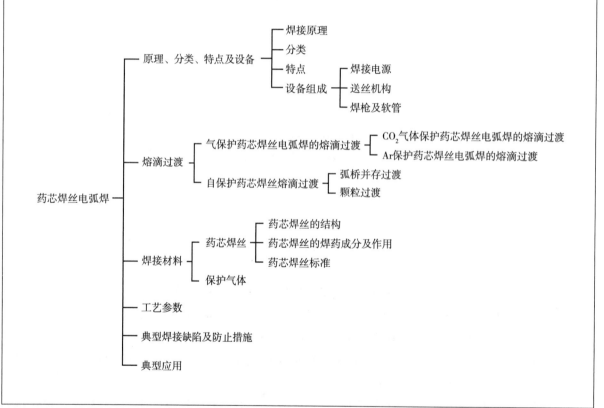

第⑪章

埋 弧 焊

编写：常凤华 审校：钱强

埋弧焊是一种常见的电弧焊方法，因其焊接质量好效率高，广泛应用于大型构件的焊接生产中。本章对埋弧焊原理、设备、工艺参数、焊接坡口等方面进行了详细叙述，也对埋弧焊焊丝和焊剂及其标准进行了介绍，同时列举了埋弧焊在工程中的典型应用。

11.1 埋弧焊相关基础

11.1.1 埋弧焊原理

埋弧焊是一种利用位于焊剂层下电极（下面都是以焊丝为例进行说明）与焊件之间的电弧产生的热量，熔化焊丝、焊剂和母材金属的焊接方法。电弧和焊接区域由焊剂覆盖，焊接熔池由焊剂所形成的熔渣保护而免受大气侵入，如图11.1所示。

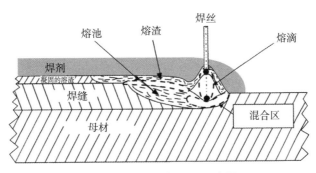

图 11.1　埋弧焊原理示意图

焊丝和工件分别与焊接电源的输出端相接，连续送进的焊丝既是电极又是填充材料，在可熔化的颗粒状焊剂覆盖下引燃电弧，电弧热使焊丝、焊剂、母材熔化并部分蒸发，在电弧区形成蒸气空腔，电弧在空腔内稳定燃烧，底部是金属熔池，顶部是熔渣，随着电弧向前移动，电弧力将液态金属推向后方并逐渐冷却凝固成焊缝，熔渣凝固形成渣壳覆盖在焊缝表面。

根据 ISO 4063 标准，埋弧焊数字代号为 12（英文缩写 SAW，德文缩写 UP）。

11.1.2 埋弧焊特点

11.1.2.1 生产效率高

埋弧焊所用焊接电流大，电弧的熔透能力和焊丝的熔化效率都大大提高，加上焊剂、熔渣的隔热作用，热辐射散失热量少，飞溅少，熔敷效率高。

11.1.2.2 焊接质量好

一是熔渣隔绝空气的保护效果好；二是电弧可通过自动调节保持稳定，使焊缝表面均匀光洁；三是熔池金属凝固较慢，使得液态金属和熔化的焊剂间的冶金反应充分，减少了焊缝中产生气孔的可能性；四是焊剂对焊缝金属有渗合金作用，可以通过焊剂和焊丝的匹配，获得成分稳定、力学性能优良的焊缝。

11.1.2.3 机械化和自动化程度高

埋弧焊一般用在厚壁大件上，焊缝很规则，方便实现机械化和自动化生产。

11.1.2.4 劳动条件好

埋弧焊过程无弧光辐射，噪声小，烟尘量也少，是一种安全、绿色的焊接方法。

11.1.2.5 焊接位置受限

埋弧焊采用颗粒状焊剂，焊接位置受到限制，对工件的倾斜度也有限制。常用于平焊和平角焊位置。

11.1.2.6 不适合焊小件、薄件

埋弧焊使用电流比较大，电流小于100A时，电弧稳定性较差，因此不适合焊接厚度小于1mm的薄件。适合厚件、长焊缝的焊接。

11.1.2.7 不便于观察

埋弧焊焊接时不能直接观察电弧与坡口的相对位置，需要采用焊缝自动跟踪装置来保证焊枪的对准，对装配精度要求高。

11.1.2.8 设备投资大

埋弧焊设备一次性投资大，除了焊接电源、送丝机构、行走机构，还经常需要采用辅助设备。

11.1.3 埋弧焊设备

丝极埋弧焊设备由焊接电源、控制系统、送丝机构、小车行走机构、导电嘴、焊丝盘、焊剂输送回收装置以及工件变位设备和焊接夹具等部分组成，如图11.2所示。

11.1.3.1 焊接电源

丝极埋弧焊可采用交流电源和直流电源。埋弧焊电源的额定电流一般为300~1500A，负载持续率必须是100%。交流电源外特性一般是陡降特性，直流电源外特性可以是平特性、缓降特性、垂降特性、陡降特性。

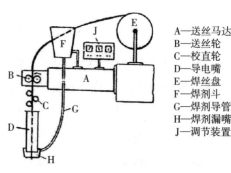

A—送丝马达
B—送丝轮
C—校直轮
D—导电嘴
E—焊丝盘
F—焊剂斗
G—焊剂导管
H—焊剂漏嘴
J—调节装置

图11.2 埋弧焊设备

11.1.3.2 控制系统

埋弧焊控制系统包括送丝控制、行走驱动控制、引弧和熄弧程序控制、电源输出特性控制，以及配套的辅助电路（如转胎、变位机等）电气联动等部分。龙门式、悬臂式专用埋弧自动焊机还可能包括横臂伸缩、升降、立柱旋转、焊剂回收等控制环节。

焊接电流、电弧长度、焊接速度是埋弧焊 3 个重要参数，控制系统的任务是使这些参数保持稳定。

11.1.3.3 送丝机构

埋弧焊送丝机构是把焊丝自动送入电弧焊焊接区，由送丝驱动系统、送丝滚轮、压紧机构和矫直滚轮等组成。

11.1.4 埋弧焊电弧调节

11.1.4.1 埋弧焊电弧的自调节原理

细丝埋弧焊的电弧静特性曲线为上升段，使用外特性为平特性或缓降特性的电源时，配合等速送丝系统，这时焊接电流由送丝速度决定，焊丝的熔化速度与送丝速度相等，保证电弧长度稳定在 I。当焊接过程中电弧突然变长时（如遇到坑洼处），电弧瞬间从 I 变到 II，此时电流明显减小，故焊丝熔化速度明显减慢，而送丝速度保持不变，所以在最短时间内电弧恢复到原始长度 I。反之，当电弧突然变短时（如遇到凸起的点固焊缝），电弧瞬间从 I 变到 III，这时焊接电流明显增大，焊丝熔化速度加快，而送丝速度不变，则电弧长度很快恢复到原始长度 I。如图 11.3（a）所示。

这种调节是依靠电弧长度变化时的电流差值来实现的，因此叫作 ΔI 调节。在整个调节过程中，外部没有变化，故称为"内部"调节。这种调节方式经常在细丝埋弧焊时使用。

11.1.4.2 埋弧焊电弧的弧压反馈调节原理

使用陡降外特性的弧焊电源时，可得到较稳定的焊接电流，焊丝的熔化速度基本不变（或变化很小），但这时弧长受干扰后的恢复很慢，难以稳定。如果此时人为地逆干扰方向变化送丝速度，同样可以使电弧长度很快恢复，这就是弧压反馈调节的原理。要使送丝速度能随弧长的变化而变化，最好的方法是实现弧长闭环控制，在实际的弧长自动控制系统中，一般都是以电弧电压作为反馈量的，这是因为电弧长度极难测出，而电弧电压与弧长成正比例关系，是代表弧长的最理想参数。

当电弧长度变小时（由 l_0 到 l_1），电弧电压降低（由 U_0 到 U_1），经采样转换为反馈信号，同弧压给定信号相比较后产生负值，再由放大环节放大后给送丝电机，使送丝速度降低，电弧就变长了。这样可使弧长得到调整。

这种调节是依靠电弧长度变化产生的电压差值来调节的，因此叫作 ΔU 调节。在调节过程中，是把电弧电压差从外部反馈给送丝机构使送丝速度改变，故称为"外部"调节。这种调节方式经常在粗丝埋弧焊时使用。如图 11.3（b）所示。

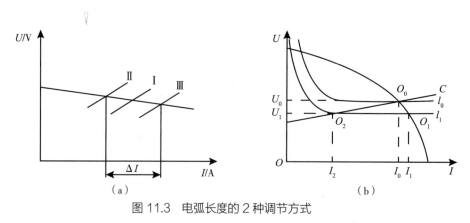

图 11.3 电弧长度的 2 种调节方式

11.1.5 埋弧焊分类和应用

埋弧焊可按电源种类、用途、送丝方式、行走机构、电极形状及数量和自动化程度等进行分类。

（1）按电源种类，可分为直流埋弧焊和交流埋弧焊。交流电源成本低、结构简单、维修方便，无磁偏吹现象，但噪声大、电流的稳定性差，尤其小电流时稳定性差。因此，交流电源多用于大电流埋弧焊和采用直流焊时磁偏吹严重的场合。直流电源用于对焊接工艺参数稳定性要求较高、较小电流、快速引弧、短焊缝、高速焊的场合。

（2）按用途，可分为通用型埋弧焊和专用型埋弧焊。通用型埋弧焊广泛用于各种结构的对接焊缝、角焊缝的焊接，如圆筒容器的纵向、环向焊缝、工字梁的角焊缝。而专用型埋弧焊则适合于特定的焊缝和构件的焊接。

（3）按电极数量和形状，可分为单丝埋弧焊、多丝埋弧焊和带极埋弧焊。应用最广泛的是单丝埋弧焊，为了加大熔深和提高焊接效率，多丝埋弧焊得到越来越多的应用，目前使用最多的是双丝埋弧焊，带极埋弧焊主要用于大面积堆焊。

（4）按送丝方式，分为等速送丝式埋弧焊和变速送丝式埋弧焊。等速送丝式埋弧焊适用于细丝高电流密度条件的焊接，变速送丝式埋弧焊适用于粗丝低电流密度条件的焊接。

（5）按行走机构，分为小车式埋弧焊、龙门式埋弧焊、悬臂式埋弧焊。通用埋弧焊焊机多采用小车式，一般适合板的对接焊缝、角焊缝；龙门式埋弧焊则适用于大型结构件的对接焊缝、角焊缝，如工字梁的角焊缝；悬臂式埋弧焊适用化工容器、锅炉锅筒等圆筒型、球型结构的纵向和环向的对接焊缝。

（6）按自动化程度，分为半机械埋弧焊、机械化埋弧焊、自动埋弧焊。

半机械埋弧焊很少使用，自动埋弧焊过程无须焊接操作者调节和监控来完成整个焊接过程。我们通常所说的埋弧焊实际上属于机械化埋弧焊，是利用焊接设备完成基本的焊接过程，而工件的就位、起焊、停焊和焊接参数调整等是由焊接操作者来完成。

11.2 埋弧焊工艺

11.2.1 埋弧焊的焊接参数

埋弧焊的主要参数有焊接电流、电弧电压、焊接速度、电流种类和极性，还有焊丝干伸长、焊剂粒度、堆散高度、焊丝倾角和偏移量等参数。

单丝埋弧焊（见图 11.4）的典型焊接参数如下。

焊丝直径（Φ）= 4mm

焊接电流（I）= 600A

电弧电压（U）= 30V

焊速（V）= 55cm/min

焊接电流的经验公式：I =（100~200）× 焊丝直径。

估计熔深的经验公式：I 型焊缝，熔深 ≈ 1mm/100A，

Y 型焊缝，熔深 ≈ 0.7mm/100A。

焊丝干伸长的经验公式：L = 10 × 焊丝直径（mm）

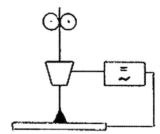

图 11.4 单丝埋弧焊（121）

11.2.2 埋弧焊参数对焊缝成形的影响

11.2.2.1 焊接电流对焊缝成形的影响

焊接电流是决定焊丝熔化速度、熔透深度和母材熔化量的最重要参数。焊接电流对熔深影响最大，焊接电流与熔深几乎是直线正比关系，随着焊接电流的提高，熔深和余高同时增大，焊缝形状系数变小，如图 11.5 所示。为防止烧穿和焊缝裂纹，焊接电流不宜选得太大，但电流过小也会使焊接过程不稳定并造成未焊透或未熔合。

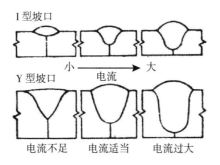
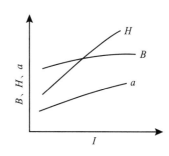

H—熔深；B—焊缝宽度；a—余高

图 11.5 焊接电流对焊缝成形的影响

11.2.2.2 电弧电压对焊缝成形的影响

电弧电压与电弧长度成正比，在其他参数不变的条件下，随着电弧电压的提高，焊缝的宽度明显增大，而熔深和余高则略有减小，如图 11.6 所示。电弧电压过高时，会形成浅而宽的焊道，并导

致未焊透和咬边等缺欠的产生。但电弧电压过低，会形成高而窄的焊道，使边缘熔合不良。

为获得成形良好的焊道，电弧电压与焊接电流应相互匹配。当焊接电流加大时，电弧电压应相应地提高。

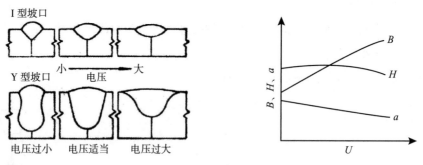

H—熔深；B—焊缝宽度；a—余高

图 11.6　焊接电压对焊缝成形的影响

11.2.2.3　焊接速度对焊缝成形的影响

在其他参数不变的条件下，提高焊接速度，单位长度焊缝上的热输入量和填充金属量减少，因而熔深、熔宽和余高都相应地减少，如图 11.7 所示。焊接速度太快，易产生咬边和气孔等缺欠，焊道成形不好。焊接速度太慢，可能引起烧穿。

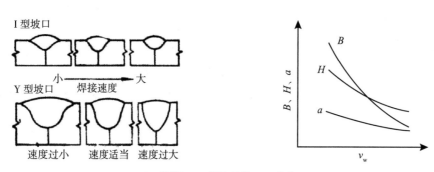

H—熔深；B—焊缝宽度；a—余高

图 11.7　焊接速度对焊缝成形的影响

11.2.2.4　其他工艺参数对焊缝的影响

其他工艺参数包括焊丝干伸长、焊丝倾角、焊丝偏移量、焊剂粒度和堆散高度等。

焊丝的熔化速度由电弧热和电阻热共同决定，电阻热是指伸出导电嘴的那段焊丝（焊丝干伸长）在焊接电流通过时产生的热量，干伸长越长，电阻热越大，焊丝熔化速度越快。在较低电弧电压下，增加焊丝干伸长，焊道变窄，熔深减小，余高增加。因此，为保持良好的焊道成形，加大焊丝干伸长时，应适当提高电弧电压和焊接速度。在不要求较大熔深的情况下，可利用增加焊丝干伸长来提高焊接效率，而在要求较大熔深时不推荐增加焊丝干伸长的做法。

焊丝的倾角对焊道的成形有明显的影响，焊丝相对于焊接方向可前倾和后倾，焊丝前倾时，电弧吹力使熔池向后推移，电弧热量集中于未熔化的母材，因而形成熔深大、余高大、焊缝窄的焊道。而焊丝后倾时，电弧热量作用于焊接熔池，从而形成熔深浅、余高小、焊缝宽的焊道，如图 11.8 所示。

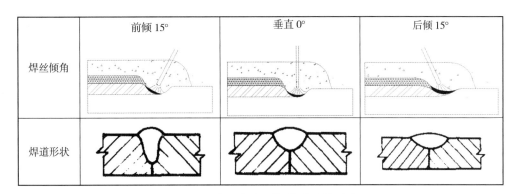

焊丝倾角	前倾 15°	垂直 0°	后倾 15°
焊道形状			

图 11.8 焊丝倾角对焊缝成形的影响

埋弧焊大多是在平焊位置进行的，但在某些特殊应用场合必须在工件略倾斜的条件下进行焊接。当工件倾斜方向与焊接方向一致时，称为下坡焊。相反，则称为上坡焊。下坡焊时，工件的倾斜度越大，焊道中间下凹，熔深减小，焊缝宽度增大，焊道边缘可能出现未熔合。上坡焊时，工件的倾斜度对焊道成形的影响与下坡焊相反。工件倾斜越大，熔深和余高随之增大，而熔宽则减小，如图 11.9 所示。

薄板高速埋弧焊时，可将工件倾斜一定角度，使其下坡焊，防止烧穿，控制焊道成形。

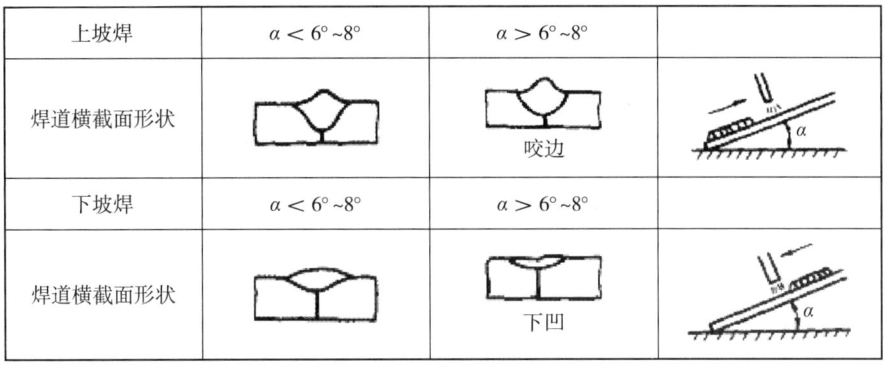

上坡焊	α < 6°~8°	α > 6°~8°	
焊道横截面形状		咬边	
下坡焊	α < 6°~8°	α > 6°~8°	
焊道横截面形状		下凹	

图 11.9 工件倾角对焊缝成形的影响

埋弧焊焊环向焊缝时，焊丝与焊件中心垂线的相对位置对焊道的成形有很大的影响。因为焊件在不断地转动，熔渣和金属熔池由于重力的作用而流动。为防止熔化金属溢流和焊道成形不良，应将焊丝逆焊件转动方向后移适当距离，使焊接熔池正好在焊件转到中心位置时凝固。后偏量过大会形成熔深浅、表面下凹的焊道，而后偏量过小，会形成深而窄的焊道，焊道中间凸起，有时还可能出现咬边，如图 11.10 所示。焊丝最佳偏移量主要取决于所焊工件的直径，也与焊接速度（转动速度）、工件厚度、焊接电流有关。

焊剂粒度应根据焊接电流来选择，细颗粒焊剂适用于大的焊接电流，能获得较大的熔深和宽而平坦的焊缝表面。如

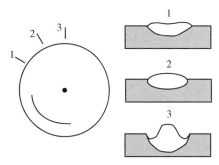

图 11.10 焊丝位置对环向焊缝成形的影响

在小电流下使用细颗粒焊剂，因焊剂层密封性较好，气体不易逸出，而在焊缝表面留下斑点。相反，如在大电流下使用粗颗粒焊剂，则因焊剂层保护不良而在焊缝表面形成凹坑或出现粗糙的波纹。所以一般在大电流使用细颗粒焊剂，小电流使用粗颗粒焊剂。

焊剂堆高太薄或太厚都会在焊缝表面引起斑点、凹坑、气孔并改变焊道的形状。焊剂堆高太薄，电弧不能完全埋入焊剂中，电弧燃烧不稳定且出现闪光、热量不集中，降低焊缝熔深。焊剂堆高太厚，电弧受到熔渣壳的物理约束，而形成凹凸不平的焊缝。因此，焊剂层的厚度应以电弧不再闪光，同时又能使气体从焊丝周围均匀逸出为准。埋弧焊焊剂堆高一般为 25~40mm，且随电流、焊丝直径增加而增加。

11.2.3 埋弧焊坡口

埋弧焊有 I 型、Y 型、U 型、双面 Y 型、双面 U 型等坡口形式，主要根据母材的厚度去选择合适的坡口，常用的坡口形式如表 11.1 所示，坡口的具体尺寸还要根据焊接工艺规程（WPS）来确定。埋弧焊一般采用双面焊接，单面焊时需要有衬垫。

表 11.1 埋弧焊常用坡口形式（选自 ISO 9692-2：1998）

序号	工件厚度（t）/mm	说明	名称	符号	示意图	α, β	b/mm	c/mm	h/mm	备注
1.2	3~12	单面焊	I 型	‖		—	≤ 0.5t 最大 5	—	—	带衬垫，衬垫厚度≥ 5mm 或 0.5$t$mm
2.2	3~20	双面焊				—	≤ 2	—	—	—
1.3	10~20	单面焊	V 型	V		30°～50°	4~8	≤ 2	—	带衬垫，衬垫厚度≥ 5mm 或 0.5$t$mm
2.5.9	10~35	双面焊	Y 型封底			30°～60°	≤ 4	4~10	—	根部焊道可用其他焊接方法
2.5.5	≥ 16	双面焊	DY 型	X		30°～70°	≤ 4	4~10	$h_1 = h_2$	—

续表

序号	工件厚度 (t) /mm	说明	名称	符号	示意图	α, β	b/mm	c/mm	h/mm	备注
2.7.9	≥ 30	双面焊	U 型 封底			5°～10°	≤ 4	4~10	—	5mm ≤ R ≤ 10mm
2.7.7	≥ 50	双面焊	DU 型			5°～10°	≤ 4	4~10	h = 0.5 (t−c)	5mm ≤ R ≤ 10mm
1.4	3~16	单面焊	单边 V 型			30°～50°	1~4	≤ 2	—	带衬垫，衬垫 厚度 ≥ 5mm 或 0.5tmm
2.6.6	≥ 12	双面焊	带钝边 的 K 型			30°～50°	≤ 4	4~10	—	必要时可进行打 底焊
2.8.9	≥ 20	双面焊	J 型 封底			5°～10°	≤ 4	4~10	h = 0.5 (t−c)	5mm ≤ R ≤ 10mm 必要时可进行打 底焊

11.2.4 埋弧焊接头形式及焊接参数

埋弧焊多数用来焊接对接焊缝，也可以用来焊接角焊缝。对接接头对接焊缝根据厚度不同，可以选择不同的坡口形式，随着厚度的增加，通常会选择直径更大的焊丝，焊接规范参数也会随之增大，表 11.2 可供参考。T 型接头角焊缝可以在平角焊位置或船型位置焊接，在船型位置焊接时，使用的焊丝直径更大些，焊接规范参数也会大一些，表 11.3 可供参考。

表 11.2　埋弧焊对接接头对接焊缝的参数

接头形式	材料厚度 /mm	焊丝直径 /mm	焊道	电压 /V	电流 /A	焊接速度 /cm·min⁻¹
对于较厚材料，建议反面清根清除熔渣	6	4	1	35	300	83
			2	35	350	
	8	4	1	35	450	77
			2	35	500	
	10	4	1	35	500	70
			2	35	550	
	12	5	1	35	600	63
			2	35	700	
	14	5	1	35	650	58
			2	35	750	
	16	5	1	35	700	58
			2	36	800	
	18	6	1	36	850	50
			2	38	850	
	20	6	1	36	925	45
			2	38	850	
	18	6	1	36	775	50
			2	36	800	
	20	6	1	36	850	42
			2	36	850	
	25	6	1	36	900	33
			2	36	950	
	30	6	1	36	975	25
			2	36	1000	

表 11.3　埋弧焊 T 型接头角焊缝的参数

接头形式	材料厚度 /mm	焊丝直径 /mm	焊喉厚度 /mm	电压 /V	电流 /A	焊接速度 /cm·min⁻¹
	≥ 6	3	3	30~32	450	75
	≥ 8	4	4	30~32	575	70
	≥ 10	4	5	30~32	650	60
	≥ 6	5	4	32~34	800	83
	≥ 8	5	6	32~34	850	58
	≥ 10	6	7	33~35	875	42
	≥ 6	5	—	36	825	45
	≥ 8	5	—	36	850	32

11.3 电弧焊缺欠

11.3.1 电弧焊缺欠类别

焊接缺欠有多种分类方式，可以按照缺欠所处的位置和方向分类，也可以按照缺欠的大小分类。按照 ISO 6520-1 标准，熔化焊的缺欠共有 6 类：裂纹、孔穴、固体夹杂、未熔合与未焊透、形状缺欠、其他。

在电弧焊中，按照缺欠是在内部和外部，包含如下。

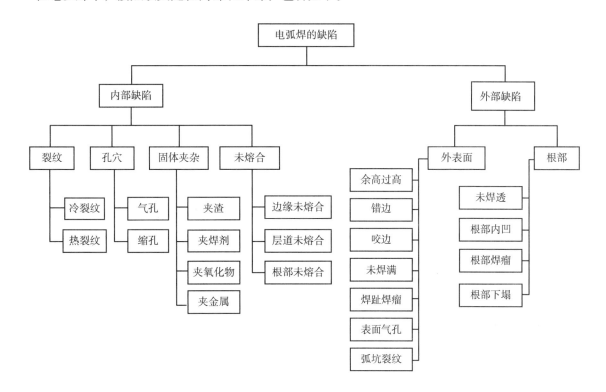

11.3.2 电弧焊缺欠产生原因及防止措施

11.3.2.1 氢致冷裂纹

冷裂纹的产生取决于母材成分，与构件厚度、接头形式、构件的表面状态等也有关。在工艺上可以从以下几方面防止冷裂纹产生。

（1）预热、后热、消氢、焊后热处理。

（2）合理焊接参数，适当增加焊接热输入。

（3）选择合适接头和坡口，减小拘束度和内应力。

（4）清理焊接区域水分、油污、铁锈。

（5）焊条和焊剂烘干。

11.3.2.2 热裂纹产生原因及防止措施

热裂纹主要取决于母材成分，坡口形式、接头拘束度等也有影响，从以下几方面防止热裂纹产生。

（1）减少钢中 C、S、P 含量，提高焊材纯净度。

（2）控制焊缝形状（宽深比 $B/T > 1$，见图 11.11）。

（3）合理的焊接参数，适当减少焊接热输入。

（4）改善坡口形式，减少拘束度和应力。

11.3.2.3　气孔

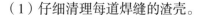

图 11.11　不正确的焊缝形状引起的缺欠

焊缝中产生气孔有 3 个方面的原因：一是由于焊接区域有油、锈、水等产生气体的来源；二是焊接过程中保护不好，将空气带入熔池；三是焊接冶金反应产生的气体。可以从以下几方面防止气孔产生。

（1）清理工件焊接区域。

（2）烘干焊条焊剂。

（3）正确选择保护气体种类和流量。

（4）调整焊剂、药皮、焊药的化学成分，改变熔渣黏度。

11.3.2.4　夹渣

焊缝中产生夹渣主要是焊道上渣壳清理不干净造成的，还与焊接参数、坡口角度、焊道布置有关。可以从以下几方面防止夹渣产生。

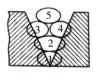

不合适　　　　　　合适

图 11.12　焊接次序对产生缺欠的影响

（1）仔细清理每道焊缝的渣壳。

（2）选择脱渣性好的焊条焊剂。

（3）合理安排焊道次序（见图 11.12）。

（4）调整焊接参数。

11.3.2.5　未焊透及未熔合

未焊透及未熔合是热量不足引起的。可以从以下几方面防止。

（1）增加焊接电流，适当降低焊接速度。

（2）选择合适的坡口，调整焊枪位置，有较好的对中性和可达性。

11.3.2.6　外部形状和尺寸缺欠（见表 11.4 和图 11.13）

表 11.4　电弧焊外部缺欠及防止措施

缺欠	防止措施
余高过大	提高电弧电压 调整焊接电流和焊接速度
表面凹陷、根部凸起凹陷 表面粗糙	选择合适焊剂颗粒度和堆厚，选择合适焊接参数和焊枪位置 选择适当焊条或焊丝尺寸
弧坑	注意收弧填满弧坑，调整送丝
咬边（对接焊缝和角焊缝）	调整电弧电压 选择正确焊条和焊枪角度

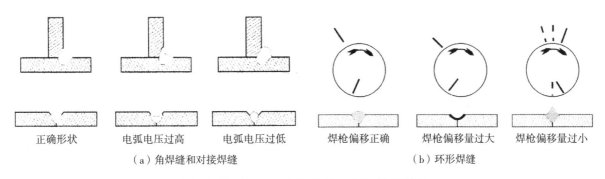

| 正确形状 | 电弧电压过高 | 电弧电压过低 | 焊枪偏移正确 | 焊枪偏移量过大 | 焊枪偏移量过小 |

（a）角焊缝和对接焊缝　　　　　　　　　　（b）环形焊缝

图 11.13　不正确的焊接参数和位置引起的缺欠

11.3.3　埋弧焊的典型缺欠

因为埋弧焊主要用于焊接大厚件，接头拘束度较大，上面提到的缺欠都可能出现，加上窄间隙坡口的应用，经常出现夹渣、气孔，以及形状缺欠。

11.4　埋弧焊焊接材料及其标准（ISO 14171、ISO 14174）

11.4.1　埋弧焊焊丝

焊丝作为填充金属，常用焊丝直径：1.2mm、1.6mm、2.0mm、2.5mm、3.0mm、3.2mm、4.0mm、5.0mm、6.0mm、6.2mm、8.0mm。

用于非合金和细晶粒钢的埋弧焊焊丝成分及标记的标准是 ISO 14171。

11.4.2　埋弧焊焊剂的作用

（1）导电作用，改善电弧的导电性，使起弧容易，使电弧稳定。

（2）保护作用，形成熔渣，保护过渡的熔滴，保护形成的熔池，覆盖在焊道上面，保护焊缝。

（3）脱氧作用，对熔池产生冶金影响，在金属与熔渣之间，通过锰铁和硅铁反应脱氧。

（4）掺合金作用，加入 Si、Mn、Cr、Ni 和 Mo 等元素。

焊剂的酸碱度及合金元素的添加和烧损

不同酸碱性焊剂对焊缝缺口冲击功的影响如图 11.4 所示，焊剂的酸碱度由下列公式表示。

$$B = \frac{CaO+MgO+BaO+CaF_2+Na_2O+K_2O+0.5（MnO+FeO）}{SiO_2+0.5（Al_2O_3+TiO_2+ZrO_2）}$$

B<1　　　酸性

B = 1　　中性

B>1　　　碱性

B>3　　　强碱性

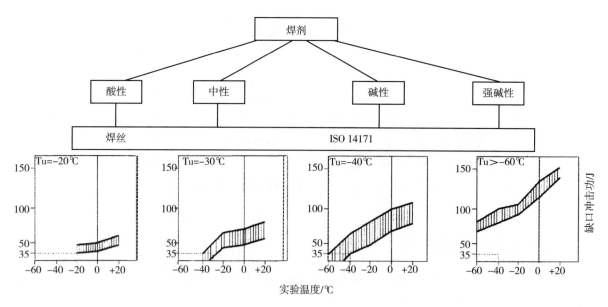

图 11.14　不同酸碱性焊剂对焊缝缺口冲击功的影响

11.4.3 埋弧焊焊接材料的标准

11.4.3.1 ISO 14171：2016《焊接材料　非合金钢和细晶粒钢用埋弧焊实心焊丝、药芯焊丝及焊丝　焊剂组合》

此标准有 2 种分类方式，分别用 A 和 B 两个系列表示，A 系列是按照屈服强度和冲击功 47J 分类，B 系列是按照抗拉强度和冲击功 27J 分类。按照 ISO 14171：2016，焊丝 – 焊剂组合或焊丝标记如下。

A 系列埋弧焊焊丝 – 焊剂组合标记举例：

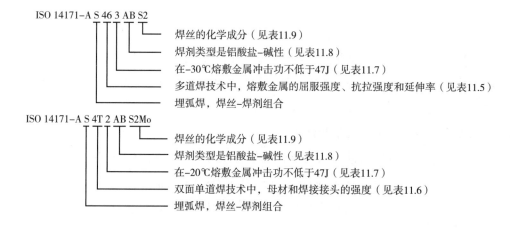

A 系列埋弧焊焊丝标记举例：

表 11.5　多道焊技术中焊态下熔敷金属的拉伸性能（ISO 14171-A 系列）

标记	最低屈服强度 [a]/N·mm^{-2}	抗拉强度 /N·mm^{-2}	最低延伸率 [b]/%
35	355	440~570	22
38	380	470~600	20
42	420	500~640	20
46	460	530~680	20
50	500	560~720	18

注：a. 屈服强度，在发生屈服时使用下屈服极限（R_{eL}），或使用 0.2% 屈服点强度（$R_{p0.2}$）。
　　b. 标准长度等于试样直径的五倍。

表 11.6　双面单道焊技术中在焊态和热处理条件下，焊接接头的拉伸性能（ISO 14171-A 系列）

标记	母材最低屈服强度 /N·mm^{-2}	焊接接头最低抗拉强度 /N·mm^{-2}
2T	275	370
3T	355	470
4T	420	520
5T	500	600

表 11.7　熔敷金属或者焊接接头冲击性能的标记

标记	冲击功达到 47J [a, b] 或者 27J [b] 的试验温度 /℃	标记	冲击功达到 47J [a, b] 或者 27J [b] 的试验温度 /℃
Z	无要求	3	−30
A [a] 或 Y [b]	+ 20	4	−40
0	0	5	−50
2	−20	6	−60

注：a. A 系列 3 个冲击试样，只有 1 个可以低于 47J 但不能低于 32J。
　　b. B 系列 5 个冲击试样，舍去最低值和最高值，3 个平均值至少 27J，1 个可以低于 27J 但不能低于 20J。后面有符号 U 表示
　　　试件热处理后，在满足至少 27J 的同时满足 47J。

表 11.8　焊剂类型标记

标记	焊剂类型	标记	焊剂类型
MS	锰 – 硅酸盐	RS	金红石 – 硅酸盐
CS	钙 – 硅酸盐	AR	铝酸盐 – 金红石
CG	钙 – 镁	AB	铝酸盐 – 碱性
CB	钙 – 镁 – 碱性	AS	铝酸盐 – 硅酸盐
CI	钙 – 镁 – 铁	AF	铝酸盐 – 氟化物 – 碱性
IB	钙 – 镁 – 铁 – 碱性	FB	氟化物 – 碱性
ZS	锆 – 硅酸盐	Z	其他类型

表 11.9 埋弧焊用焊丝的化学成分（按照屈服强度和 47J 冲击功分类）

标记	化学成分 [a, b, c]/%							
	C	Si	Mn	P	S	Mo	Ni	Cr
S0	允许成分							
S1	0.05~0.15	0.15	0.35~0.60	0.025	0.025	0.15	0.15	0.15
S2	0.07~0.15	0.15	0.80~1.30	0.025	0.025	0.15	0.15	0.15
S3	0.07~0.15	0.15	1.30~1.75	0.025	0.025	0.15	0.15	0.15
S4	0.07~0.15	0.15	1.75~2.25	0.025	0.025	0.15	0.15	0.15
S1Si	0.07~0.15	0.15~0.40	0.35~0.60	0.025	0.025	0.15	0.15	0.15
S2Si	0.07~0.15	0.15~0.40	0.80~1.30	0.025	0.025	0.15	0.15	0.15
S2Si2	0.07~0.15	0.40~0.60	0.80~1.30	0.025	0.025	0.15	0.15	0.15
S3Si	0.07~0.15	0.15~0.40	1.30~1.85	0.025	0.025	0.15	0.15	0.15
S4Si	0.07~0.15	0.15~0.40	1.85~2.25	0.025	0.025	0.15	0.15	0.15
S1Mo	0.05~0.15	0.05~0.25	0.35~0.60	0.025	0.025	0.45~0.65	0.15	0.15
S2Mo	0.07~0.15	0.05~0.25	0.80~1.30	0.025	0.025	0.45~0.65	0.15	0.15
S3Mo	0.07~0.15	0.05~0.25	1.30~1.75	0.025	0.025	0.45~0.65	0.15	0.15
S4Mo	0.07~0.15	0.05~0.25	1.75~2.25	0.025	0.025	0.45~0.65	0.15	0.15
S2Ni1	0.07~0.15	0.05~0.25	0.80~1.30	0.020	0.020	0.15	0.80~1.20	0.15
S2Ni1.5	0.07~0.15	0.05~0.25	0.80~1.30	0.020	0.020	0.15	1.20~1.80	0.15
S2Ni2	0.07~0.15	0.05~0.25	0.80~1.30	0.020	0.020	0.15	1.80~2.40	0.15
S2Ni3	0.07~0.15	0.05~0.25	0.80~1.30	0.020	0.020	0.15	2.80~3.70	0.15
S2Ni1Mo	0.07~0.15	0.05~0.25	0.80~1.30	0.020	0.020	0.45~0.65	0.80~1.20	0.20
S3Ni1.5	0.07~0.15	0.05~0.25	1.30~1.70	0.020	0.020	0.15	1.20~1.80	0.20
S3Ni1Mo	0.07~0.15	0.05~0.25	1.30~1.80	0.020	0.020	0.45~0.65	0.80~1.20	0.20
S3Ni1.5Mo	0.07~0.15	0.05~0.25	1.20~1.80	0.020	0.020	0.45~0.65	1.20~1.80	0.20

注：a.最终产品化学成分，Cu（包括铜外皮）≤ 0.30%，Al ≤ 0.030%。

b.表中单个数值为最大值。

c.结果将圆整到与 ISO 31-0：1992、附录 B 和规则 A 相同的数位。

B 系列埋弧焊焊丝 - 焊剂组合标记举例：

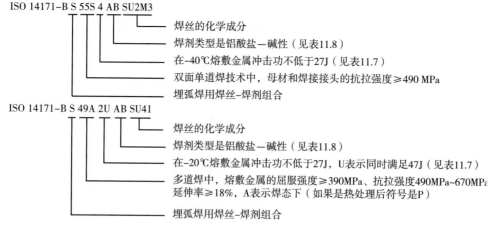

B 系列埋弧焊焊丝标记举例：

11.4.3.2 ISO 14174：2019《焊接材料 埋弧焊和电渣焊焊剂 分类》

按照 ISO 14174：2019，焊剂的标记如下。

焊剂标记举例：

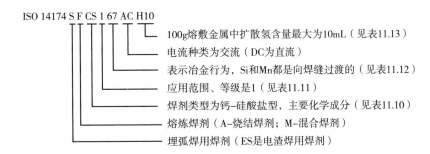

ISO 14174 S F CS 1 67 AC H10

100g熔敷金属中扩散氢含量最大为10mL（见表11.13）
电流种类为交流（DC为直流）
表示冶金行为，Si和Mn都是向焊缝过渡的（见表11.12）
应用范围、等级是1（见表11.11）
焊剂类型为钙–硅酸盐型，主要化学成分（见表11.10）
熔炼焊剂（A–烧结焊剂；M–混合焊剂）
埋弧焊用焊剂（ES是电渣焊用焊剂）

焊剂强制标记部分为：

ISO 14174 　S F CS 1

表 11.10 焊剂类型、主要化学成分的标记 [a, b]

标记	主要化学成分	主要成分限制 /%
MS 锰 – 硅酸盐型	$MnO + SiO_2$	≥ 50
	CaO	15
CS 钙 – 硅酸盐型	$CaO + MgO + SiO_2$	≥ 55
	$CaO + MgO$	≥ 15
CG 钙 – 镁型	$CaO + MgO$	0~5
	CO_2	≥ 2
	Fe	≤ 10
CB 钙 – 镁 – 碱性	$CaO + MgO$	30~80
	CO_2	≥ 2
	Fe	≤ 10
CG–I 钙 – 镁 – 铁型	$CaO + MgO$	5~45
	CO_2	≥ 2
	Fe	15~60
CB–I 钙 – 镁 – 铁 – 碱性	$CaO + MgO$	10~70
	CO_2	≥ 2
	Fe	15~60
ZS 锆 – 硅酸盐型	$ZrO_2 + SiO_2 + MnO$	≥ 45
	ZrO_2	≥ 15
RS 金红石 – 硅酸盐型	$TiO_2 + SiO_2$	≥ 50
	TiO_2	≥ 20
AR 铝酸盐 – 金红石型	$Al_2O_3 + TiO_2$	≥ 40
BA 碱性 – 铝酸盐	$Al_2O_3 + CaF_2 + SiO_2$	≥ 55
	CaO	≥ 8
	SiO_2	≤ 20

续表

标记	主要化学成分	主要成分限制 /%
AAS 酸性 – 铝 – 硅酸盐	$Al_2O_3 + SiO_2$	$\geqslant 50$
	$CaF_2 + MgO$	$\geqslant 20$
AB 铝酸盐 – 碱性	$Al_2O_3 + CaO + MgO$	$\geqslant 40$
	Al_2O_3	$\geqslant 20$
	CaF_2	$\leqslant 22$
AS 铝酸盐 – 硅酸盐型	$Al_2O_3 + SiO_2 + ZrO_2$	$\geqslant 40$
	$CaF_2 + MgO$	$\geqslant 30$
	ZrO_2	$\geqslant 5$
AF 铝酸盐 – 氟化物 – 碱性	$Al_2O_3 + CaF_2$	$\geqslant 70$
FB 氟化物 – 碱性	$CaO + MgO + CaF_2 + MnO$	$\geqslant 50$
	SiO_2	$\leqslant 20$
	CaF_2	$\geqslant 15$
Z^c	其他协定成分	

注：a. 所做计算见 ISO 14174：2019 的附录 A。

b. 每类焊剂的特征描述见 ISO 14174：2019 的附录 B。

c. 化学成分未列出的焊剂其符号以相似方法标出并且加前缀 Z。化学成分范围没有规定并且可能相同 Z 分类的两种焊剂不可以互换。

表 11.11　焊剂等级及应用范围

标记	等级	应用
1	1	用于非合金钢、细晶粒钢、高强钢、抗蠕变钢、耐大气腐蚀钢的埋弧焊。 适合于连接焊和堆焊。在连接焊时，此焊剂可应用于多道焊、单道焊和双面单道焊。
2 或 2B	2 或 2B	适合于不锈钢、耐热钢、镍及其合金的连接焊及耐蚀堆焊。 数字 2 代表等级 2，主要适用于连接焊，但也可用于带极堆焊。2B 特别适用于带极堆焊的焊剂标记。
3	3	主要用于以耐磨为目的表面堆焊，焊剂向焊缝金属中过渡合金元素，如 C、Cr 或 Mo。
4	4	适用于 1~3 等级之外的其他情况，如铜合金焊剂。

表 11.12　焊剂等级 1 的冶金行为符号

冶金行为	符号	熔敷金属中焊剂的成分（质量分数）/%
烧损 [a]	1	>0.7
	2	0.5~0.7
	3	0.3~0.5
	4	0.1~0.3
中间	5	0.0~0.1
过渡	6	0.1~0.3
	7	0.3~0.5
	8	0.5~0.7
	9	>0.7

注：a. 对于 Si，不使用符号 1、2、3 和 4。

表 11.13　熔敷金属中扩散氢含量的标记（仅适于焊剂等级 1）

标记	扩散氢含量（mL/100g 熔敷金属）max	标记	扩散氢含量（mL/100g 熔敷金属）max
H2	2	H5	5
H4	4	H10	10

表 11.14　几种常用焊剂的性能比较

| 类型 | 锰硅型 | 钙硅型 | 铝钛型 | 氧化铝碱性 | 氟化物碱性 |
	MS	CS	AR	AB	FB
承载电流能力	+++	+++	++	++	+
使用交流电性能	+	++	+++	++	0
脱渣性	+	++	+++	++	+
抗气孔性能	+++	++	++	++	++
焊缝成形	+++	+++	+++	++	+
机械性能	+	+	+	++	+++
快速焊接性	++	++	+++	++	+

注：0 不好；+ 一般；++ 好；+++ 很好。

11.4.4　我国的埋弧焊焊接材料标准

我国的埋弧焊所用焊接材料也同样包括焊丝和焊剂，并完全与国际标准接轨，在焊丝 – 焊剂组合标记上，中国标准与 ISO 14171–B 完全一样；在焊剂标记上，中国标准与 ISO 14174 完全一样。具体标准号如下。

GB/T 5293—2018《埋弧焊用非合金钢及细晶粒钢实心焊丝、药芯焊丝和焊丝　焊剂组合》

GB/T 36037—2018《埋弧焊和电渣焊用焊剂》

11.5　埋弧焊的几种形式

11.5.1　单丝埋弧焊

单丝埋弧焊示意图如图 11.4 所示。

11.5.2　并列双丝埋弧焊

并列双丝埋弧焊示意图如图 11.15 所示。

特点：双丝，一个电源，一套控制系统。

优点：高的熔化效率，好的间隙搭接性，高的焊接速度。

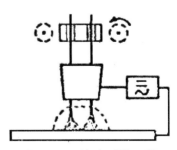

图 11.15　并列双丝埋弧焊

典型的焊接参数：焊丝直径为 2.5mm，焊接电流为 880A，电弧电压为 32V，焊接速度为 70~120cm/min。

11.5.3 纵列双丝埋弧焊

纵列双丝埋弧焊示意图如图 11.16 所示。

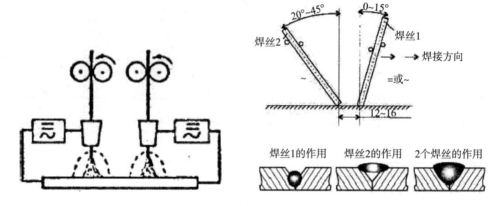

图 11.16 纵列双丝埋弧焊

特点：两根焊丝，两个电源，两套控制系统。

优点：熔化效率高，焊接速度快，焊缝成形好，机械性能好。

典型的焊接参数如下。

第一个机头：焊丝直径 4mm，电流强度 650A，电弧电压 30V，DC。

第二个机头：焊丝直径 4mm，电流强度 550A，电弧电压 32V，AC。

焊接速度为 95cm/min。

注：如在管道中焊接，两电源都为交流。

11.5.4 带极埋弧焊

带极埋弧焊示意图如图 11.17 所示。

特点：带状电极，一个电源，一套控制系统。

优点：熔深小，较高的堆焊能力，稀释率低，堆焊表面光滑。

典型的焊接参数，带极尺寸为 60mm × 0.5mm，焊接速度为 9~12cm/min，电流为 600~650A，电压为 28~30V。

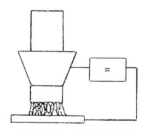

图 11.17 带极埋弧焊

11.5.5 窄间隙埋弧焊

与一般埋弧焊相比，窄间隙埋弧焊的坡口角度较小，一般为 1.5°~3°，如图 11.18 所示。在同样的焊接热输入量下，焊接热影响区宽度与坡口角度成正比，窄间隙埋弧焊的坡口角度很小，所以窄间隙埋弧焊焊接接头的性能，特别是冲击性能要比普通埋弧焊高得多。

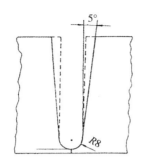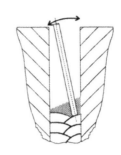

图 11.18　窄间隙埋弧焊

　　一般情况下，窄间隙埋弧焊从第二层开始每层焊缝分两道焊接。焊接工艺参数包括电流、电压和焊接速度等，其合理的匹配对焊缝成形和焊接质量有直接影响。焊接坡口宽度是确定分道焊接工艺参数的主要影响因素，因此必须控制坡口的设计角度和加工精度，保证装配间隙。与普通埋弧焊坡口相比，窄间隙埋弧焊坡口截面可以减少很多，可节约焊接材料 30%~40%，提高焊接效率 50% 以上，见表 11.15。

　　特征：单焊丝，一个电源，一个控制系统。

　　优点：减少焊接材料，改善应力状态。

　　缺点：对设备可靠性要求高，返修性差。

表 11.15　窄间隙与普通坡口的比较

可焊厚度 /mm	50	75	100	120	250	290	670
窄间隙坡口 /mm² （U 型坡口）	8.1 （9.4）	13.2 （17.5）	18.6 （27.4）	22.9 （36.6）	52.7 （123.6）	62.4 （159.9）	169.1 （729.4）
节省比率 /%	14	24	32	38	57	61	76.6

11.5.6　埋弧横焊

　　要实现埋弧横焊需要特殊的工艺装备，把焊剂托起，焊枪与工件成一定角度焊接，如图 11.19 所示。

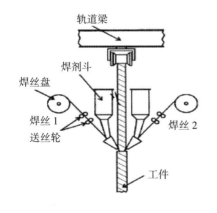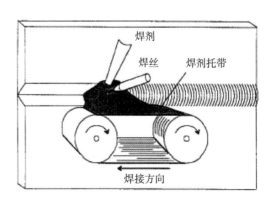

图 11.19　埋弧横焊

11.6 埋弧焊的典型应用

11.6.1 埋弧焊在造船业的应用

当使用较厚钢板制造船体时，会有很多焊缝，图 11.20 所示为船体制造时的焊缝布置图。对接焊缝如图中的 1、2、5、6 和 8，角焊缝如图中的 3、4、7。

在大型船体的拼装时，对接焊缝经常采用纵列双丝埋弧焊，有时也用三丝埋弧焊。根据板厚和部件尺寸的不同，以及生产线的不同，采用双面焊或带衬垫的单面焊。

在船体总装时，因为位置受限，目前多采用 MAG 焊焊接方法，为了提高效率，也使用药芯焊丝。

对于进行加强"骨架"的角焊缝组焊时，常采用纵列双丝或三丝埋弧焊焊接。

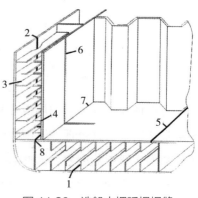

图 11.20 造船中埋弧焊焊缝

11.6.2 埋弧焊在容器制造业的应用

容器制造时，当板厚＞8mm，圆柱形筒体的环缝和纵缝常采用埋弧焊焊接，主要根据母材厚度选择合适的坡口形式，根据母材的材质选择合适的焊丝和焊剂。

对于要求抗腐蚀性能的容器，如 Cr-Ni 钢，在采用埋弧焊焊接时必须考虑一些特殊问题。

（1）热输入量必须限制，所用热输入量应限制在 15kJ/cm，使用 3mm 直径的焊丝，由此可降低焊接电流（450A），并采用多层多道焊，层间温度控制在大约 150℃。

（2）与铁素体钢相比，Cr-Ni 钢由于导热性差和热膨胀大将导致变形严重。

（3）在使用酸性焊剂时，可使焊缝含 Cr 量明显减少，所以应选择合适的焊剂。

图 11.21 所示为壁厚约 13mm 的 Cr-Ni 钢容器采用埋弧焊焊接时的坡口形式和焊道施焊顺序。产品为对接焊缝，Y 型坡口，与铁素体材料相比间隙更大。

在容器制造中，还经常使用复合钢板，对于较厚的非合金基材的焊接经常采用埋弧焊焊接。正确选择焊接填充材料和坡口对复合板的焊接是很重要的，图11.22所示为复合板焊接的焊接坡口形式。

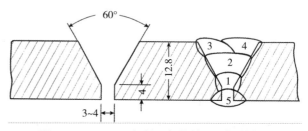

图 11.21 Cr-Ni 钢埋弧焊的坡口和焊道布置

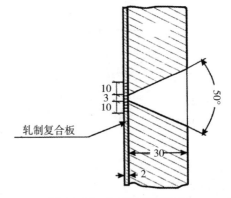

轧制复合板

图 11.22 复合板焊接坡口

11.6.3 埋弧焊在管道制造中的应用

采用埋弧焊焊接管道的焊缝形式可以有螺旋焊缝和纵向焊缝。

11.6.3.1 螺旋焊缝管

如图 11.23 所示为螺旋焊缝管制造结构示意图，螺旋焊缝管具有以下优点。

（1）可实现连续加工。

（2）焊缝不处于主应力方向上。

（3）制造过程实现自动化。

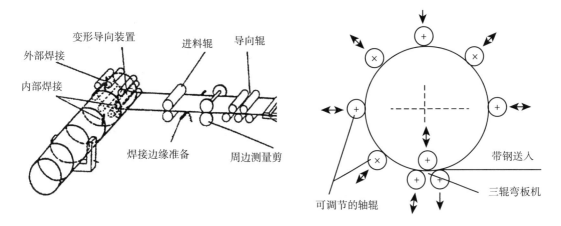

图 11.23　螺旋焊缝管制造示意图

11.6.3.2 纵缝焊接管

如图 11.24 所示为典型的纵缝焊接管的坡口形式。

（1）焊缝内坡口加工。

（2）内坡口焊接，埋弧焊单丝焊内侧典型参数：$I = 500A$，$U = 29V$，$V = 50\,cm/min$。

（3）完成内侧焊缝后，外坡口加工。

（4）外侧焊接：

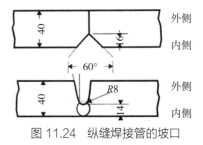

图 11.24　纵缝焊接管的坡口

单丝埋弧焊（两层）外侧典型参数：$I = 500A$，$U = 29V$，$V = 50cm/min$。

纵列双丝埋弧焊外侧典型参数：$I = 500\~600A$，$U = 30/32V$，$V = 95cm/min$。

目前纵缝焊接管长度可达 12m，这种焊接管通常用细晶粒结构钢制造，为此应严格控制热输入量，注意选择合适的焊丝和焊剂，焊剂使用前必须烘干。

11.6.4 埋弧焊在堆焊上的应用

埋弧带极堆焊是埋弧焊的重要应用之一，在非合金材料上堆覆一层特殊材料，使其具有抗腐蚀性能或耐磨损性能。

对于堆焊的母材，考虑变形等方面的因素，板厚一般是大于 15mm，如果对管子进行堆焊，管子外径不小于 300mm。

采用带极堆焊每层为 3~5mm，由于带极堆焊的稀释率较低，为 15%~20%，所以堆焊一层或两层就可以达到钢材表面所要求的化学成分。

对耐腐蚀层的堆焊通常采用带极尺寸为 60mm×0.5mm，对耐磨损层的堆焊通常采用带极尺寸为 30mm×0.5mm 和 60mm×0.5mm。由于堆焊的耐磨层要求具有较高的硬度，因此可采用药芯焊带，以保证达到需要的合金成分。表 11.16 给出了实心焊带的化学成分和应用。

表 11.16　抗腐蚀和抗磨损实心带极的选择举例

带极类型	化学成分 /%							应用
	C	Si	Mn	Cr	Ni	Mo	其他	
X30CrMoW6	0.3	0.5	1.5	6	0.2	1.5	1.6W	磨损保护
X6Cr17	0.05	0.4	0.4	17	—	—	—	磨损保护
X2CrNi2412	0.02	0.5	1.7	24	12.5	—	—	腐蚀保护
X5CrNiNb199	0.015	0.3	1.5	20	10		0.8Nb	腐蚀保护
NiCr21Mo9Nb	0.02	0.25	0.1	21.5	其余	8.5	3.0Nb	腐蚀保护

11.7 健康与安全

埋弧焊的主要危险是触电。埋弧焊所用夹具等辅助设备较多，在焊接过程中，如果电源和电缆的绝缘材料受损、焊接设备的保护性接地或接零不符合安全要求，都可能造成触电事故。

安全措施包括选用容量相匹配的弧焊电源、导线、电源开关、熔断器及辅助装置，以满足高负载持续率的工作要求，所有电缆的绝缘必须可靠，操作者使用设备前应经过相应的培训，使用前检查电路是否按照要求接好，应穿戴好工作服、绝缘鞋，做好个人防护，设备放置不用或停止焊接及操作人员离开岗位前，应切断电源。

参考文献

［1］日本焊接学会方法委员会.窄间隙焊接［M］.尹士科，王振家，译.北京：机械工业出版社，1988.

［2］杨松.锅炉压力容器焊接技术培训教材［M］.北京：机械工业出版社，2005.

［3］中国机械工程学会焊接学会.焊接手册：第1卷：焊接方法及设备［M］.2版.北京：机械工业出版社，2005.

［4］中国机械工程学会焊接学会.焊接手册：第3卷：焊接结构［M］.2版.北京：机械工业出版社，2001.

［5］GSI.SFI–Aktuell［M］.Duisburg: Gesellschaft für Schweiβtechnik International mbH，2010.

［6］Welding consumables – Solid wire electrodes，tubular cored electrodes and electrode/flux combinations for submerged arc welding of non alloy and fine grain steels– Classification：ISO 14171：2016［S/OL］.［2016–07］.https://www.iso.org/standard/68753.html.

［7］Welding consumables – Fluxes for submerged arc welding and electro slag welding – Classification：ISO 14174：2019［S/OL］.［2019–04］.https://www.iso.org/standard/73877.html.

本章的学习目标及知识要点

1. 学习目标

（1）掌握埋弧焊原理和过程。

（2）熟悉埋弧焊的优缺点。

（3）知道埋弧焊设备组成，能够描述埋弧焊电弧长度的调节方式和过程。

（4）知道埋弧焊焊接参数及其对焊缝成形的影响。

（5）掌握焊剂的作用和不同类型焊剂的特点。

（6）知道埋弧焊焊丝和焊剂 ISO 标准及表示方法。

（7）熟悉埋弧焊坡口。

（8）了解不同种类的埋弧焊的应用。

2. 知识要点

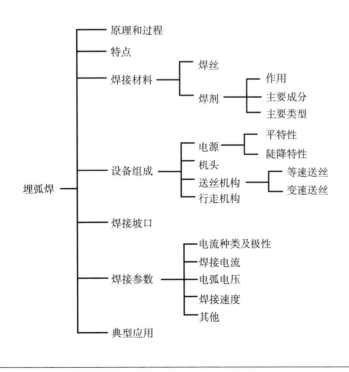

第12章

电 阻 焊

编写：冯剑鑫　杜文玉　审校：钱强

电阻压力焊是作为电阻焊的一种重要方法，在生产制造中发挥着重要作用。本章主要介绍电阻压力焊中常用的电阻点焊、缝焊、凸焊、电阻对焊及闪光对焊。通过对各种电阻压力焊方法的介绍，就焊接过程、规范参数、质量检验、焊接缺欠、防止措施及应用等进行较详细的说明。

12.1 电阻焊原理、特点及分类

电阻焊方法根据焊接过程分类包括电阻熔化焊和电阻压力焊，本章不做特殊说明的情况下，文中的电阻焊指的是电阻压力焊。电阻焊是通过电极对工件施加压力，利用电流经过工件接触面及邻近区域所产生的电阻热进行焊接的一类方法。

电阻焊是利用电阻热和电极压力的共同作用，将焊接区金属加热至熔化或者塑性变形状态，使工件间原有界面消失，在结合面上形成新的金属键而得到焊点、焊缝或对接接头的焊接方法。电阻焊的主要特点是热量来源于电阻热，焊接时需要施加压力，因此适当的热－机械（力）作用是获得电阻焊优质接头的基本条件。

电阻焊是一种焊接质量稳定，生产效率高，易于实现机械化、自动化的连接方法，广泛应用在汽车、航空航天、电子、家用电器等领域。

12.1.1 电阻焊特点

电阻焊的优点如下。

（1）热量集中，加热时间短，热影响区小，焊接应力与变形小。

（2）电阻焊冶金过程简单，一般不需要填充金属、气体和焊剂等焊接材料。

（3）焊接过程操作简单，容易实现机械化和自动化。

（4）焊接生产效率高，劳动条件好，焊接成本低。

电阻焊的缺点如下。

（1）电阻焊方法多采用搭接接头形式，不仅增加构件的重量，而且缺少可靠的无损检测方法，阻碍了电阻焊的高质量要求的应用。

（2）电阻焊设备机械化、自动化程度较高，维修较困难，使设备成本增加。

（3）电阻焊常使用大功率设备，对电网的正常运行造成影响。

12.1.2　电阻焊方法分类

电阻焊方法如图 12.1 所示，主要有点焊、凸焊、缝焊、对焊等，对焊又分为压力对焊和闪光对焊。

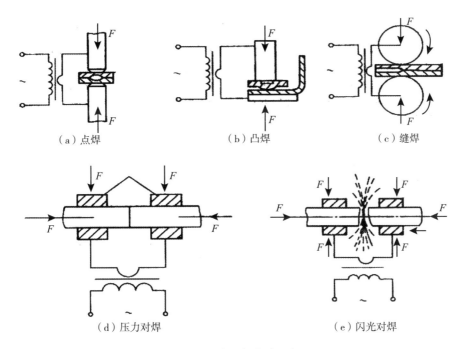

（a）点焊　　　　　（b）凸焊　　　　　（c）缝焊

（d）压力对焊　　　　　（e）闪光对焊

图 12.1　电阻焊方法示意图

12.2　点焊（21，RP）

12.2.1　点焊原理及应用

点焊是将焊件搭接并压紧在两个柱状电极之间，然后接通电流，焊件间接触面的电阻热使该点熔化形成熔核，同时熔核周围的金属也被加热产生塑性变形，形成一个塑性环，以防止周围气体对熔核的侵入和熔化金属的流失。断电后，在压力下凝固结晶，形成一个组织致密的焊点的过程，如图 12.2 所示。

点焊接头采用搭接形式。主要适用于焊接厚度 4mm 以下的薄板结构和钢筋构件，除碳钢以外，还可焊接不锈钢、钛合金和铝镁合金等，目前广泛应用于汽车、飞机等制造业。

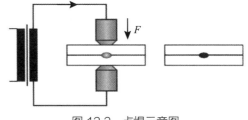

图 12.2　点焊示意图

12.2.2 点焊焊接循环

焊接循环（Welding Cycle）：电阻焊中，完成一个焊点（缝）所包括的全部过程，如图 12.3 所示。

一个完整的焊接循环：加压、热量递增、加热 1 程序、冷却 1 程序、加热 2 程序、冷却 2 程序、加热 3 程序、热量递减程序、维持程序、休止程序。

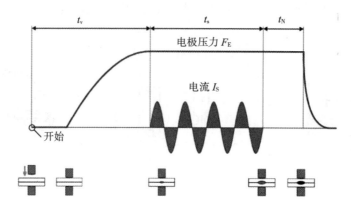

图 12.3　点焊焊接循环

12.2.3 点焊阻值

12.2.3.1 点焊的电阻

点焊过程中各部分电阻如图 12.4 所示。焊接区的总电阻 R，由工件间接触电阻 R_{BB}、2 个电极与工件间接触电阻 R_{EB} 以及 2 个工件本身的内部电阻 R_B 共同构成，即 $R = R_{BB}+2R_{EB}+2R_B$。

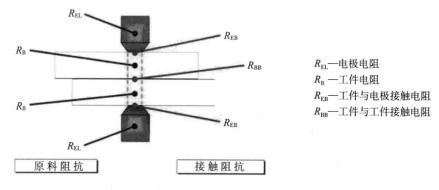

R_{EL}—电极电阻
R_B—工件电阻
R_{EB}—工件与电极接触电阻
R_{BB}—工件与工件接触电阻

图 12.4　点焊过程中各部分阻值

总的电阻分配情况和动态电阻分布情况如图 12.5 和图 12.6 所示。R_B 受板厚和电极工作面大小的影响，R_{EL} 取决于电极的长度、电极尺寸以及电极材料。

12.2.3.2 接触电阻的主要影响因素

（1）表面状态。清理方法、表面粗糙度和焊前存放时间都会影响焊件的表面状态，因而接触电阻值有很大差别。

（2）电极压力。电极压力增大将使金属的弹性与塑性变形增加，对压平接触面的凹凸不平和破坏不良导体膜均有利，其结果使接触电阻减小，如图 12.7 和图 12.8 所示。

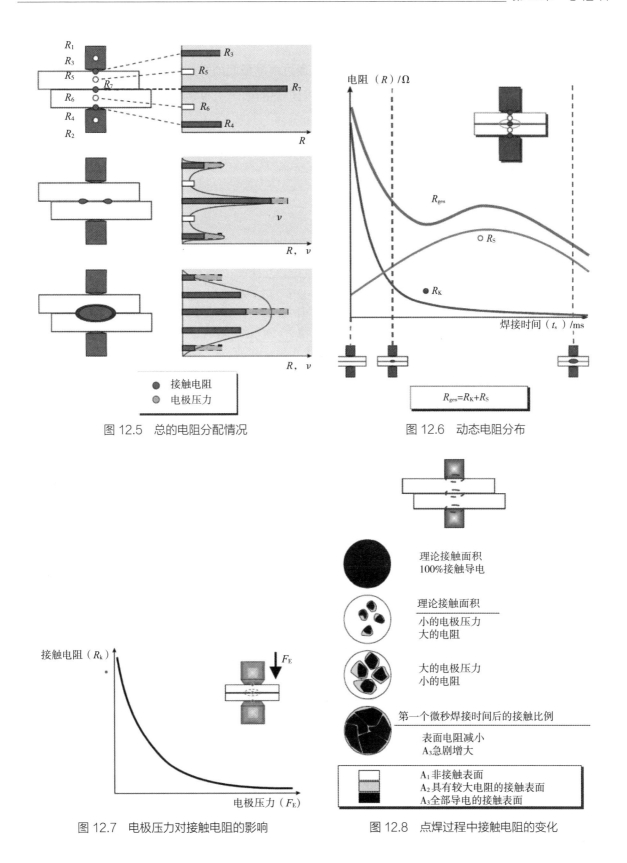

图 12.5　总的电阻分配情况

图 12.6　动态电阻分布

图 12.7　电极压力对接触电阻的影响

图 12.8　点焊过程中接触电阻的变化

（3）加热温度。温度升高，金属变形阻力下降，塑性变形增大，接触电阻急剧降低直至消失。钢材温度升高到 600℃、铝合金温度升高到 350℃时的接触电阻均接近零。

12.2.3.3 点焊热源

电阻焊的热源是电阻热，焊接时，当焊接电流通过两电极间的金属区域（焊接区）时，由于焊接区具有电阻会产热，并在焊件内部形成热源。电阻焊热能如图 12.9 所示，焊接区总产热量的大小取决于焊接参数特征和金属的热物理性质。

焊接区的总产热量：$Q_{ZU} = I^2 R t$

式中：I ——焊接电流的有效值；

$\quad\quad R$ ——焊接区总电阻的平均值；

$\quad\quad t$ ——通过焊接电流的时间。

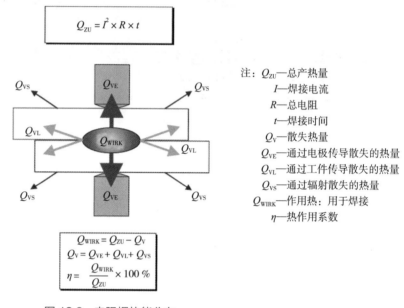

注：Q_{ZU}—总产热量

$\quad I$—焊接电流

$\quad R$—总电阻

$\quad t$—焊接时间

$\quad Q_V$—散失热量

$\quad Q_{VE}$—通过电极传导散失的热量

$\quad Q_{VL}$—通过工件传导散失的热量

$\quad Q_{VS}$—通过辐射散失的热量

$\quad Q_{WIRK}$—作用热：用于焊接

$\quad \eta$—热作用系数

图 12.9 电阻焊热能分布

12.2.4 电阻焊机

如图 12.10 和图 12.11 所示分别为单相点焊焊机压缩空气系统图和电阻焊焊机原理图。电阻焊电源相关的标准包括 ISO 669、ISO 5826、IEC 62135 等。

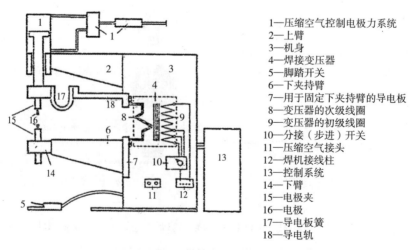

1—压缩空气控制电极力系统
2—上臂
3—机身
4—焊接变压器
5—脚踏开关
6—下夹持臂
7—用于固定下夹持臂的导电板
8—变压器的次级线圈
9—变压器的初级线圈
10—分接（步进）开关
11—压缩空气接头
12—焊机接线柱
13—控制系统
14—下臂
15—电极夹
16—电极
17—导电板簧
18—导电轨

图 12.10 单相点焊焊机压缩空气系统简图

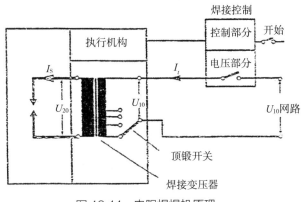

图 12.11 电阻焊焊机原理

12.2.5 电极

电极是电阻焊焊机上的一个关键易损耗零件，正确选用电极是获得优质接头提高生产率的重要手段。

12.2.5.1 电极的构造

按电极的结构形式分为整体式、分体式和复合式。整体式指的是头部、杆部和尾部用同一材料制成整体。如图 12.12 所示为应用最广泛的整体式直电极的构造及各部分名称。点焊的标准直电极的头部形状有尖头、圆锥、球面、弧面、平面和偏心 6 种。电极相关的标准包括 JB/T 3158：1999、JB/T 3948：1999、ISO 5821：2009 等。

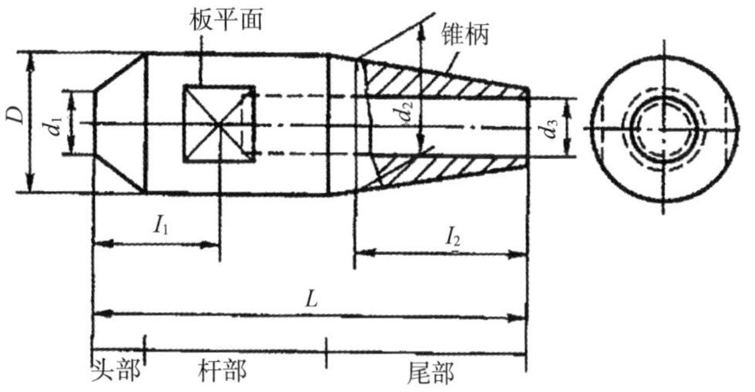

D—电极直径；d_1—工作面直径；d_2—基面直径；d_3—冷却水孔直径；l_1—工作长度；l_2—插入长度；L—电极长度

图 12.12 直极的构造及各部分名称

12.2.5.2 点焊电极的主要功能

（1）向工件传导电流。

（2）向工件传递压力。

（3）迅速导散焊接区的热量。

12.2.5.3 电极的分类

电极材料按照我国 HB 5420：1989 的标准分为 4 类，前 3 类应用较多，具体介绍如下。

（1）1 类：高电导率、中等硬度的铜及铜合金。适用于制造焊铝及铝合金的电极，也可用于镀层钢板的焊接，还常用于制造不受力或低应力的导电部件。

（2）2 类：具有较高的电导率，硬度高于 1 类合金。比 1 类具有较高的力学性能，适中的电导率，在中等程度压力下，有较强的抗变形能力。它是最通用的电极材料，广泛地用于点焊低碳钢、低合金钢、不锈钢、高温合金、电导率低的铜合金、镀层钢等，还适用于制造轴、夹钳、台板、电极夹头、机臂等电阻焊机中各种导电构件。

（3）3 类：电导率低于 1 类和 2 类，硬度高于 2 类的合金。具有更高的力学性能，耐磨性好，软化温度高，但电导率较低。适用于点焊电阻率和高温强度高的材料，如不锈钢、高温合金等。

（4）4类：具有某种特殊性能的合金，在某些情况下，此种特殊性能可通过冷变形或热处理获得。这类合金不宜互相代用。

12.2.5.4 电极材料

有关电阻焊电极材料的国内外标准较多，如 JB 4281：1986、HB/T 5420：1989 和 JB/T 7598：1994、ISO 5182 等，标准中对材料进行了分类，规定了化学成分和物理性能要求。国内电阻焊的电极材料及应用见表 12.1。

表 12.1 国内电阻焊的电极材料

名称	成分 /%	抗拉强度 / MPa	电导率 / %	软化温度 / ℃	硬度 / HBS	适用性
冷硬纯铜	Cu99.9	250~360	98	200	75~100	软的轻合金点焊
镉青铜	Cd0.9~1.2，其余为 Cu	400	84~90	250	100~120	黑色和有色金属点焊
铬青铜	Cr0.5，其余为 Cu	500	80~85	—	130	钢和耐热合金点焊
铬锌青铜	Cr0.4~0.8，Zn0.3~0.6，其余为 Cu	400~500	70~80	250	110~140	钢和耐热合金点焊
铬铝镁铜合金	Cr0.5~1.0，Al0.1~1.25，Mg0.1~1.25，其余为 Cu	480~500	65~75	510	110~135	适用性较强，适于各种材料的点焊

12.2.6 点焊分类

（1）按对焊件供电的方式可分为单面点焊和双面点焊，如图 12.13 和图 12.14 所示。

（2）按一次形成的电流波形分为工频点焊、电容储能点焊、直流冲击波点焊、三相低频点焊和次级整流点焊。

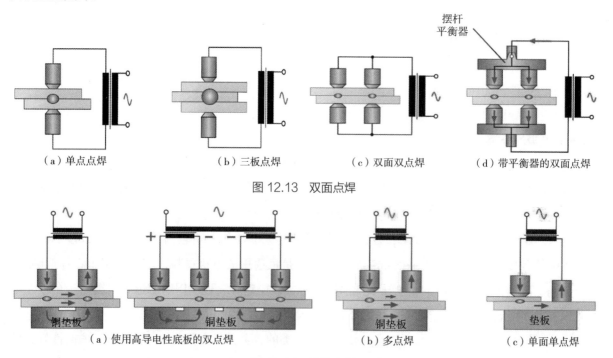

（a）单点点焊　　　　（b）三板点焊　　　　（c）双面双点焊　　　　（d）带平衡器的双面点焊

图 12.13　双面点焊

（a）使用高导电性底板的双点焊　　　　（b）多点焊　　　　（c）单面单点焊

图 12.14　单面点焊

12.2.7　点焊焊接参数

点焊焊接参数的选择，主要取决于金属材料的性质、板厚、结构形式和所用设备的特点（能提供的焊接电流波形和压力曲线）。点焊的焊接参数主要有焊接电流、焊接时间、电极压力和电极工作面尺寸等，它们之间密切相关，而且可在相当大的范围内变化来控制焊点的质量。

12.2.7.1　焊接电流

焊接时流经焊接回路的电流称为焊接电流，一般在数万安培以内，是最主要的点焊焊接参数。

焊接电流是影响析热的主要因素，析热量与电流的平方成正比。随着焊接电流增大，熔核的尺寸和焊透率是增加的。在正常情况下，焊接区的电流密度应有一个合理的上限和下限。低于下限时，热量过小，不能形成熔核；高于上限，加热速度过快，会发生飞溅，使焊点质量下降。但是，当电极压力增大时，产生飞溅的焊接电流上限值也增大。在生产中当电极压力给定时，通过调整焊接电流，使其稍低于飞溅电流值，便可获得最大的点焊强度。

焊接电流脉冲形状及电流的波形对焊接质量有一定的影响。从工艺上看，焊接电流波形陡升与陡降因加热和冷却速度过快而引起飞溅或熔核内部产生收缩性缺欠。具有缓升与缓降的电流脉冲和波形，则有预热与缓冷作用，可有效地减少或防止飞溅与内部收缩性缺欠。因此，调节脉冲的形状、大小和次数，都可以改善接头的组织和性能。

12.2.7.2　焊接时间

自焊接电流接通到停止的持续时间，称焊接通电时间，简称焊接时间。点焊时，焊接时间一般在数十周波（1 周波 = 0.02s）以内。

焊接时间既影响析热又影响散热。在规定焊接时间内，焊接区析出的热量除部分散失外，将逐渐积累，用于加热焊接区使熔核逐渐扩大到所需的尺寸，所以焊接时间对熔核尺寸的影响也与焊接电流的影响相似，焊接时间增加，熔核尺寸随之扩大，但过长的焊接时间就会引起焊接区过热、飞溅和搭边压溃等。通常是按焊件材料的物理性能、厚度、装配精度、焊机容量、焊前表面状态和对焊接质量的要求等确定通电时间的长短。

12.2.7.3　电极压力

点焊时通过电极施加在焊件上的压力一般要数千牛。电极压力过大或过小都会使焊点承载能力降低和分散性变大，尤其对拉伸载荷影响更大。当电极压力过小时，由于焊接区金属的塑性变形范围和变形程度不足，造成因电流密度过大而引起加热速度增大而塑性环又来不及扩展，从而产生严重喷溅。这不仅使熔核形状和尺寸发生变化，而且污染环境和不安全，这是绝对不允许的。电极压力过大时将使焊接区接触面积增大，总电阻和电流密度均减小，焊接散热增加，因此熔核尺寸下降，严重时会出现未焊透缺欠。一般认为，在增大电极压力的同时，适当加大焊接电流或焊接时间，以维持焊接区加热程度不变。同时，由于压力增大，可消除焊件装配间隙、刚性不均匀等因素引起的焊接区所受压力波动对焊点强度的不良影响。此时，不仅使焊点强度维持不变，稳定性也可大为提高。

12.2.7.4 电极工作面的形状和尺寸

电极端面和电极本体的结构形状、尺寸及其冷却条件影响着熔核几何尺寸与熔核强度。对于常用的圆锥形电极，其电极体越大，电极头的圆锥角 α 越大，则散热越好。但 α 角过大，其端面不断受热磨损后，电极工作面直径迅速增大；若 α 过小，则散热条件差，电极表面温度高，更易变形磨损。为了提高点焊质量的稳定性，要求焊接过程电极工作面直径的变化尽可能小。为此，α 角一般为 $90° \sim 140°$；对于球面形电极，因头部体积大，与焊件接触面扩大，电流密度降低及散热能力加强，其结果是焊透率会降低，熔核直径会减小，但焊件表面的压痕浅，且为圆滑地过渡，不会引起大的应力集中；而且焊接区的电流密度与电极压力分布均匀，熔核质量易保持稳定；此外，上、下电极安装时对中要求低，稍有偏斜对熔核质量影响小。显然，焊接热导率低的金属，如不锈钢焊接，宜使用电极工作面较大的球面形电极或弧面形电极。

12.2.8 焊接参数间相互关系及选择

点焊的焊接参数选择，主要取决于金属材料的性质、板厚、结构形式和所用设备的特点。在某一条件下，点焊参数之间存在一定的关系，如条件改变或某一个参数变化，其他参数也需要进行修正，点焊焊接参数计算的推荐公式举例，见表 12.2 和表 12.3。

表 12.2　碳钢点焊参数计算的推荐公式

焊接时间	短	中等	长
焊点直径（d_p）/mm	$5.5\sqrt{t}$	$5.5\sqrt{t}$	$5.5\sqrt{t}$
电极压力（F_E）/N	$2800t$	$2000t$	$1000t$
焊接时间（t_s）/Per	$4t$	$8t$	$16t$
焊接电流（I_S）/kA	$\sqrt{t}$	$9.5\sqrt{t}$	$6.5\sqrt{t}$
焊点剪切力（F_{max}）/N	$5000t$	$5000t$	$5000t$

注：表中 t 为工件厚度，单位为 mm。

表 12.3　几种材料的点焊参数计算的推荐公式

材料	铬镍钢	纯铝	镀锌钢板	黄铜	锌
焊点直径（d_p）/mm	$5\sqrt{t}$	$11\sqrt{t}$	$5.5\sqrt{t}$	$7\sqrt{t}$	$7\sqrt{t}$
电极压力（F_E）/N	$4000t$	$2500t$	$2500t$	$1200t$	$1200t$
焊接时间（t_s）/Per	$5t$	$7t$	$13t$	$10t$	$20t$
焊接电流（I_S）/kA	$6.5\sqrt{t}$	$30\sqrt{t}$	$12.5\sqrt{t}$	$15\sqrt{t}$	$8\sqrt{t}$
焊点剪切力（F_{max}）/N	$6500t$	$1200t$	$6000t$	$3500t$	$2500t$

注：表中 t 为工件厚度，单位为 mm。

点焊时，各焊接参数的影响是相互制约的。当电极材料、端面形状和尺寸选定以后，焊接参数的选择主要是考虑焊接电流、焊接时间和电极压力，这是形成点焊接头的三大要素，其相互配合可有 2 种方式。

（1）焊接电流和焊接时间的适当配合。这种配合是以反映焊接区加热速度快慢为主要特征。增加焊接电流或焊接时间都会使熔核尺寸和焊透率增大，提高熔核的抗剪强度。如果对这两个焊接参数进行不同的配合调节，就会得出加热速度快慢不同的 2 种焊接条件（规范），即强条件（又叫硬规范）和弱条件（又叫软规范）。

当采用大焊接电流、短焊接时间参数时，称硬规范，其效果是加热速度快，焊接区温度分布陡，加热区窄，接头表面质量好，过热组织少，接头的综合性能好，生产效率高。因此，只要焊机功率允许，各焊接参数控制精确，均应采用这种方式。但由于加热速度快，这就要求加大电极压力和散热条件与之配合，否则易出现飞溅等缺欠。一般情况下，硬规范适用于铝合金、奥氏体不锈钢、低碳钢及不等厚度板材的焊接。

当采用小焊接电流、适当长焊接时间参数时，称软规范。其特点是加热平稳，焊接质量对焊接参数波动的敏感性低，焊点强度稳定；温度场分布平缓，塑性区宽，在压力作用下易变形，可减小熔核内喷溅、缩孔和裂纹倾向；对有淬硬倾向的材料，软规范可减小接头冷裂纹倾向；所用设备装机容量小，控制精度不高，因而较便宜。但是软规范易造成焊点压痕深，接头变形大，表面质量差，电极磨损快，生产效率低，能量损耗较大。

（2）焊接电流和电极压力的适当配合。这种配合是以焊接过程中不产生喷溅为主要原则。

12.2.9 点焊过程中的影响因素

（1）电极压力。电极压力变化将改变工件与工件、工件与电极间的接触面积，从而也将影响电流线的分布。随着电极压力的增大，电流线的分布将较分散，因之工件电阻将减小。焊点强度总是随着电极压力的增大而降低。在增大电极压力的同时，增大焊接电流或延长焊接时间，以弥补电阻减小的影响，可以保持焊点强度不变。

（2）焊接电流的影响。引起电流变化的主要原因是电网电压波动和交流焊机次级回路阻抗变化。阻抗变化是因回路的几何形状变化或因在次级回路中引入了不同量的磁性金属。对于直流焊机，次级回路阻抗变化，对电流无明显影响。

（3）电流密度。通过已焊成焊点的分流，以及增大电极接触面积或凸焊时的焊点尺寸，都会降低电流密度和焊接热，从而使接头强度显著影响。

（4）焊接时间的影响。为了获得一定强度的焊点，可以采用大电流和短时间（强条件，又称强规范或硬规范），也可采用小电流和长时间（弱条件，又称弱规范或软规范）。选用强条件还是弱条件，取决于金属的性能、厚度和所用焊机的功率。但对于不同性能和厚度的金属所需的电流和时间，都仍有一个上限和下限，超过此限，将无法形成合格的熔核。应该注意，调节电流、焊接时间使之配合成硬、软规范时，必须相应改变电极压力。以适应不同加热速度和满足不同塑性变形能力的要求。硬规范时所用的电极压力显著大于软规范焊接时的电极压力。

（5）电极形状及材料性能的影响。随着电极端头的变形和磨损，接触面积将增大，焊点强度将降低。

（6）其他。表面上的氧化物、污垢、油和其他杂质增大了接触电阻，过厚的氧化物层甚至会使电流不能通过。局部的导通，由于电流密度过大，则会产生飞溅和表面烧损。氧化物层的不均匀还会导致各个焊点加热的不一致，引起焊接质量的波动。

12.2.10 点焊时的分流

点焊分流：点焊时不经过焊接区，未参加形成焊点的那一部分电流。

12.2.10.1 点焊分流的影响因素

（1）焊点距的影响，如图 12.15 所示。连续点焊时，点距越小，板材越厚，分流越大。如果所焊材料是导电性良好的轻合金，分流更严重。

（2）焊接顺序的影响，如图 12.16 所示。已焊点分布在两侧时，两侧分流比仅在一侧时分流要大。

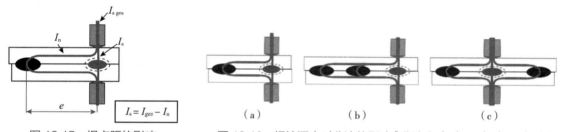

图 12.15　焊点距的影响　　　　图 12.16　焊接顺序对分流的影响 [分流率（c）>（b）>（a）]

（3）焊件表面状态的影响。表面处理不良时，油污和氧化膜使接触电阻增大，因而导致焊接区总电阻增大，分路电阻相对减小，结果使分流增大。

（4）电极与工件的非焊接区相接触，引起分流有时不仅很大，而且易烧坏工件，如图 12.17 所示。

（5）焊件装配不良或装配过紧。由于非焊接部位的过分紧密接触引起较大分流。

（6）单面点焊工艺特点的影响。当两焊件为相同板厚时，因分路阻抗小于焊接阻抗，此时分流将大于焊接处通过的电流。

（7）不同厚度单面点焊焊件位置的影响，如图 12.18 所示。

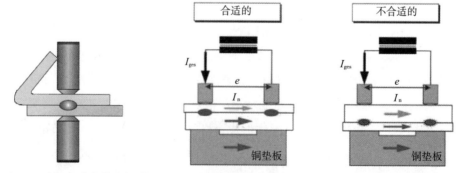

图 12.17　电极与非焊接区相碰　　　图 12.18　不同厚度单面点焊焊件位置的影响

（8）点焊过程中感应电阻对焊接电流的影响，如图 12.19 所示。由于窗口内的工件存在感应电阻，感应电阻越大，焊接点的焊接电流越小，故焊点 6 的焊接电流 I_s 比焊点 1 的焊接电流 I_s 小。

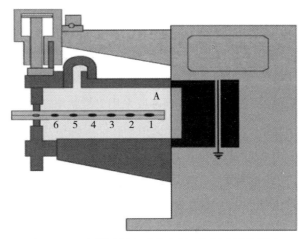

图 12.19　点焊过程中感应电阻对焊接电流的影响

12.2.10.2　点焊分流的影响

（1）焊点强度降低。

（2）单面点焊产生局部接触表面过热和喷溅。

12.2.10.3　消除和减少分流的措施

（1）选择合理的焊点距。

（2）严格清理被焊工件表面。

（3）注意结构设计的合理性。

（4）对开敞性的焊件，应采用专用电极和电极握杆。

（5）连续点焊时，可适当提高焊接电流。对于不锈钢和耐热合金增大 5%~10%；对于铝合金增大 10%~20%。

（6）单面多点焊时，采用调幅焊接电流波形。

12.2.11　不同厚度和不同材料的点焊

通常条件下，不同厚度和不同材料点焊时，熔核不以贴合面为对称，而向厚板或导电、导热性差的焊件中偏移，其结果使其在贴合面上的尺寸小于该熔核直径。同时，也使其在薄件或导电、导热性好的焊件中焊透率小于规定数值，这均使焊点承载能力降低。

12.2.11.1　偏移的原因

偏移是焊接区在加热过程中两焊件析热和散热均不相等所致。偏移方向自然向着析热多、散热缓慢的一方偏移。

12.2.11.2　克服熔核偏移的措施

（1）采用硬规范。硬规范时电流场的分布，能更好地反映边缘效应对贴合面集中加热的效果，并且由于焊接时间短使热量损失下降，散热的影响相对减小，均对纠正熔核偏移现象有利。

（2）采用不同的电极。①采用不同直径的电极。薄件（或导电、导热性好的焊件）那面采用小直径电极，以增大电流密度，减少热损失；而厚件（或导电、导热性差的焊件）那面则选用大直径电极。上下电极直径的不同使温度场分布趋于合理，减小了熔核的偏移。但在厚度比较大的不锈钢或耐热合金零件的点焊中与上述原则相反，只有小直径电极安置在厚件那面方能有效，工厂中成为"反焊"。②采用不同材料的电极。由于上、下电极材料不同，散热程度不相同。导热性好的材料放于厚件（或导电、导热性差的焊件）那面使其热量损失加大，也可调节温度场分布减小熔核偏移。③使用特殊电极。在电极头部加不锈钢环、黄铜套或采用尖锥状电极头均可使焊接电流向中间集中，从而使薄件（或导电、导热性好的焊件）析热强度增加，使温度场分布趋于合理。

（3）在薄件（或导电、导热性好的焊件）上附加工艺垫片。工艺垫片由导热性差的材料制作，厚度为 0.2~0.3mm，有降低薄件（或导电、导热性好的焊件）散热、增加电流密度的作用。

（4）焊前在薄件或厚件上预先加工出凸点或凸缘，进行凸焊或环焊是克服熔核偏移现象的一条很有效的措施。

（5）利用帕尔帖效应。帕尔帖效应是热电势现象的逆向现象，即当直流电按某特定方向通过异种材料接触面时，将产生附加的吸热或者析热现象，所以这个效应仅在单向通过时有效，而且目前仅用于铝与铜合金电极间才较明显和具有实用价值，如图 12.20 所示。

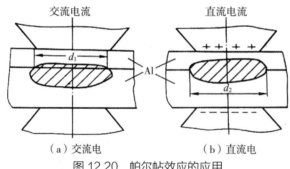

图 12.20　帕尔帖效应的应用

12.2.12　点焊接头的设计

点焊通常采用搭接接头和折边接头，接头可以由 2 个或 2 个以上等厚度或不等厚度的工件组成。在设计点焊结构时，必须考虑电极的可达性。同时还应考虑诸如边距、搭接量、点距、装配间隙和焊点强度等因素。

边距的最小值取决于被焊金属的种类、厚度和焊接条件。对于屈服强度高的金属、薄件或采用强条件时可取较小值。

搭接量是边距的 2 倍，推荐最小搭接量见表 12.4。

点距即相邻两点的中心距，其最小值与被焊金属的厚度、导电率、表面清洁度，以及熔核的直径有关。焊点的最小点距见表 12.5。规定点距最小值主要是考虑分流影响，采用强条件和大的电极压力时，点距可适当减少。采用热膨胀监控或能够顺序改变各点电流的控制器时，以及能有效地补偿分流影响的其他装置时，点距可以不受限制。

表 12.4 接头的最小搭接量（mm）

最薄板件厚度	单排点焊			双排点焊		
	结构钢	不锈钢及高温合金	轻合金	结构钢	不锈钢和高温合金	轻合金
0.5	8	6	12	16	14	22
0.8	9	7	12	18	16	22
1.0	10	8	14	20	18	24
1.2	11	9	14	22	20	26
1.5	12	10	16	24	22	30
2.0	14	12	20	28	26	34
2.5	16	14	24	32	30	40
3.0	18	16	26	36	34	46
3.5	20	18	28	40	38	48
4.0	22	20	30	42	40	50

表 12.5 焊点的最小点距（mm）

最薄板件厚度	点距		
	结构钢	不锈钢及高温合金	轻合金
0.5	10	8	15
0.8	12	10	15
1.0	12	10	15
1.2	14	12	15
1.5	14	12	20
2.0	16	14	25
2.5	18	16	25
3.0	20	18	30
3.5	22	20	35
4.0	24	22	35

装配间隙必须尽可能小，若间隙不均匀，将使焊接压力波动，引起各焊点强度的差异。许用间隙通常为 0.1~2mm。

点焊 2 个或更多个不同厚度的同种金属时，有一个能有效焊接的最大厚度比，它是由外侧工件的厚度决定的。当点焊 2 种厚度的碳钢时，最大厚度比为 4∶1；当点焊 3 种厚度的接头时，外侧两板的厚度比不得大于 2.5∶1，如果厚度比大于此数，则须从工艺方面采取措施（如改变电极形状或成分等）来保证外侧焊件的焊透率。

12.2.13 常用金属点焊

无论是点焊、缝焊还是凸焊，在焊前必须进行工件表面清理，以保证接头质量稳定。清理方法分为机械清理（喷砂、喷丸、抛光以及用纱布或钢丝刷等）和化学清理。不同的金属和合金采用不同的清理方法。

铝及铝合金存在大量氧化膜，主要清理方法为化学清理，在碱溶液中去除油和冲洗后，将工件放进正磷酸溶液中腐蚀，在腐蚀同时进行钝化处理（钝化剂：重铬酸钾和重铬酸钠）。铝合金也可用机械清理。

镁合金一般使用化学清理，经腐蚀后再在铬酐溶液中钝化。

铜合金可以通过在硝酸及盐酸中处理，然后进行中和并清除焊接处残留物。

不锈钢、高温合金可用激光、喷丸、钢丝刷和化学腐蚀进行清理。对于特别重要的工件，有时用电解抛光。

钛合金可在硝酸、盐酸和磷酸钠的混合溶液中进行深度腐蚀加以去除，也可以用钢丝刷或喷丸处理。

低碳钢和低合金钢的油膜在电极的压力下，油膜很容易被挤开，不会影响接头质量，可以不必进行焊前清理。

12.2.13.1 低碳钢的点焊

含碳量（w_c）≤ 0.25% 的低碳钢和碳当量（CE）≤ 0.3% 的低合金钢，其点焊焊接性良好，采用普通工频交流点焊机、简单焊接循环，无须特别的工艺措施即可获得满意的焊接质量。

点焊技术要点如下。

（1）焊前冷轧板表面可不必清理，热轧板应去掉氧化皮和锈。

（2）建议采用硬规范点焊，CE 大者会产生一定的淬硬现象，但一般不影响使用。

（3）焊厚板（δ）>3mm 时建议选用带锻压力的压力曲线，带预热电流脉冲或断续通电的多脉冲点焊方式，选用三相低频焊机焊接等。

（4）低碳钢属铁磁性材料，当焊件尺寸大时应考虑分段调整焊接参数，以弥补因焊件伸入焊接回路过多而引起的焊接电流减弱。

（5）焊接参数见表 12.6。

表 12.6 低碳钢板的点焊焊接参数

板厚 /mm	电极端头面直径 / mm	A			B			C		
		焊接电流 /A	焊接时间 /s	电极压力 /N	焊接电流 /A	焊接时间 /s	电极压力 /N	焊接电流 /A	焊接时间 /s	电极压力 /N
0.5	4.8	6000	0.10	1350	5000	0.18	900	4000	0.40	450
1.0	6.4	8800	0.16	2250	7200	0.34	1500	5600	0.60	750
1.6	6.4	11500	0.26	3600	9100	0.50	2400	7000	0.86	1150
2.0	8.0	13300	0.34	4700	10300	0.60	3000	8000	1.06	1500
3.2	9.5	17400	0.54	8200	12900	1.0	5000	10000	1.74	2600

注：1. 本表节选自 RWMA 规范，焊接时间栏内数据已按电源频率 50Hz 修订。

2. A—硬规范；C—软规范；B——一般规范。

12.2.13.2 镀层钢板的点焊

镀层钢板主要有镀锌板、镀铝板、镀铅板、镀锡板、贴塑板等。其中贴聚氯乙烯塑料面钢板焊接时，除保证必要的强度外，还应保证贴塑面不被破坏，因此必须采用单面点焊和较短的焊接时间，在大多数的情况下，焊件均设计成凸焊结构。

由于低熔点镀层的存在，不仅使焊接区的电流密度降低，而且使电流场的分布不稳定；若增大焊接电流又进一步促进了电极工作端面铜与镀层金属形成固溶体及金属间化合物等合金，加快了电极粘损和镀层的破坏。同时，低熔点的镀层金属会使熔核在结晶过程中产生裂纹和气孔。因此，镀层钢板合适的点焊参数范围窄，接头强度波动大，电极修整频繁，焊接性较差。

点焊技术要点如下。

（1）需要比普通钢板点焊更大的焊接电流和电极压力，提高 1/3 以上。

（2）电极材料应选用 CrZrCu 合金或弥散强化铜，或镶钨复合电极，并允许采用内部和外部的强烈水冷却。同时，电极的两次修磨间的焊点数应仅为低碳钢时的 1/10~1/20。

（3）在结构允许的条件下改用凸焊是一行之有效的措施，再配之以缓升或直流焊接电流波形会进一步提高焊接质量。

（4）点焊时应采取有效的通风措施，以防止锌、铅等元素的金属蒸气和氧化物尘埃对人体健康的侵害。

（5）焊接参数见表 12.7 和表 12.8。

表 12.7　镀锌钢板点焊的焊接参数

镀层种类		电镀锌			热浸镀锌		
镀层厚 /μm		2~3	2~3	2~3	10~15	15~20	20~25
焊接条件	级别	板厚 /mm					
		0.8	1.2	1.6	0.8	1.2	1.6
电极压力 /kN	A	2.7	3.3	4.5	2.7	3.7	4.5
	B	2.0	2.5	3.2	1.7	2.5	3.5
焊接时间 /cyc	A	8	10	12	8	10	12
	B	10	12	15	10	12	15
焊接电流 /kA	A	10.0	11.5	14.5	10.0	12.5	15.0
	B	8.5	10.5	12.0	9.9	11.0	12.0
拉剪载荷 /kN	A	4.6	6.7	11.5	5.0	9.0	13
	B	4.4	6.5	10.5	4.8	8.7	12

注：cyc 指的是周波数。

表 12.8　耐热镀铝钢板点焊的焊接参数

板厚 /mm	电极球面半径 /mm	电极压力 /kN	焊接时间 /cyc	焊接电流 /kA	拉剪载荷 /kN
0.6	25	1.8	9	8.7	1.9
0.8	25	2.0	10	9.5	2.5
1.0	50	2.5	11	10.5	4.2
1.2	50	3.2	12	12.0	6.0
2.0	50	5.5	18	14.0	13.0

注：cyc 指周波数。

12.2.13.3 不锈钢的点焊

按钢的组织可将不锈钢分为奥氏体型、铁素体型、奥氏体 – 铁素体型、马氏体型和沉淀硬化型等。其中马氏体不锈钢由于可淬硬、有磁性，其点焊焊接性与可淬硬钢相近，故点焊技术可参考淬硬钢，考虑到该型钢具有较大的晶粒长大倾向，焊接时间参数一般应选择小些，见表 12.9。

表 12.9　马氏体不锈钢（2Cr13、1Cr11Ni2W2MoVA）的带回火双脉冲点焊焊接参数

厚度 /mm	电极压力 /kN	焊接参数		间隔时间 /s	回火参数	
		电流 /kA	时间 /s		电流 /kA	时间 /s
0.3	1.5~2.0	4.0~5.0	0.06~0.08	0.08~0.18	2.5~3.5	0.08~0.10
0.5	2.5~3.0	4.5~5.0	0.08~0.12	0.08~0.20	2.5~3.7	0.10~0.16
1.0	3.5~4.5	5.0~5.7	0.16~0.18	0.12~0.28	3.0~4.3	0.18~0.24
1.5	5.0~6.5	6.0~7.5	0.20~0.24	0.20~0.42	4.0~5.2	0.20~0.30
2.0	8.0~9.0	7.5~8.5	0.26~0.30	0.24~0.42	4.5~6.4	0.30~0.34
3.0	12.0~14.0	10.0~11.0	0.34~0.38	0.30~0.50	6.5~9.0	0.42~0.50

奥氏体不锈钢、奥氏体 – 铁素体不锈钢点焊焊接性良好，尤其是电阻率高（为低碳钢的 5~6 倍），热导率低（为低碳钢的 1/3）以及不存在淬硬倾向和不带磁性（奥氏体 – 铁素体不锈钢有磁性），因此无须特殊的工艺措施，采用普通交流点焊机、简单焊接循环即可获得满意的焊接质量。

点焊技术要点如下。

（1）可用酸洗、砂布打磨或毡轮抛光等方法进行焊前表面清理，但对用铅锌或铝锌模成形的焊件必须采用酸洗方法。

（2）采用硬规范、强烈的内部和外部水冷，可显著提高生产效率和焊接质量。

（3）由于高温强度大、塑性变形困难，应选用较高的电极压力，以避免产生喷溅、缩孔和裂纹等缺欠。

（4）板厚大于 3mm 时，常采用多脉冲焊接电流来改善电极工作状况，其脉冲较点焊等厚低碳钢时要短且稀。这种多脉冲措施也可用后热处理。

（5）焊接参数见表 12.10 和表 12.11。

表 12.10　不锈钢厚板的多脉冲点焊焊接参数

板厚 /mm	电极工作面直径 /mm	最小点距 /mm	电极压力 /kN	最小搭边量 /mm	脉冲数（0.25s 通电 0.1s 断电）	焊接电流 /kA		每焊点的剪切力 /kN	
						母材 σ_b/ MPa		母材 σ_b/ MPa	
						≤ 1050	>1050	≤ 1050	>1050
4	13	48	17.8	31	4	20.7	17.5	33.8	44.5
4.7	13	50	22.2	38	5	21.5	18.5	43.4	54.7
5	16	54	24.5	41	6	22	19	47.2	57.8
6.3	16	60	31.1	45	7	22.5	20	60	75.6

注：原表采用的 60Hz 电源。

表 12.11 不锈钢点焊焊接参数

厚度 /mm	电极端头直径 /mm	焊接电流 /A	焊接时间 /s	电极压力 /N
0.3	3.0	3000~4000	0.04~0.06	800~1200
0.8	5.0	5000~6500	0.10~0.14	2400~3600
1.0	5.0	5800~6500	0.12~0.16	3600~4200
1.5	5.5~6.5	6500~8000	0.18~0.24	5000~5600
2.0	7.0	8000~10000	0.22~0.26	7500~8500
3.0	9~10	11000~13000	0.26~0.34	10000~12000

注：1. 适用于 0Cr18Ni9、1Cr18Ni9、1Cr18Ni9Ti、2Cr13Ni4Mn9、1Cr18Mn8Ni5、1Cr19Ni11Si4AlTi 的点焊。

2. 点焊 2Cr13Ni4Mn9 时电极压力应比表中值大 50%~100%。

12.2.13.4 铝合金的点焊

铝合金分为非热处理强化型铝合金和热处理强化型铝合金，焊接性均较差。

点焊技术要点如下。

（1）焊前必须按工艺文件仔细进行表面化学清洗，并规定焊前存放时间。

（2）电极一般选用 CdCu 合金，端面推荐用球面形并注意经常清理，电极应冷却良好。

（3）采用硬规范，焊接电流常为相同板厚低碳钢的 4~5 倍，因此功率强大的点焊机是焊铝的基本条件。

（4）波形选择，除板厚 δ <1.2mm 的非热处理强化型铝合金可以用工频交流波形点焊外，板厚较大的非热处理强化型铝合金及所有热处理强化型铝合金一律推荐用直流冲击波、三相低频和直流焊机点焊。

（5）焊接循环，采用缓升、缓降的焊接电流，可起到预热和缓冷作用；具有阶梯型或马鞍型压力变化曲线可提供较高的锻压力；高精确度的控制器可保证各程序的准确性，尤其是锻压力的施加时间。这样的点焊循环对防止喷溅、缩孔和裂纹等缺欠至关重要。

（6）焊接参数见表 12.12 和表 12.13。

表 12.12 铝合金在三相点焊机上的点焊焊接参数

板厚 /mm	电极直径 /mm	电极球面半径 /mm	电极压力 /kN		通电时间 /ms		电流 /A		熔核直径 /mm
			焊接	锻压	焊接	后热	焊接	后热	
三相整流式焊机									
0.5	16	75	2.4	5.2	20	无	22000	无	3
1.0	16	75	3.0	7.0	40	无	28000	无	4.1
2.0	23	200	6.6	17.3	100	140	52000	42000	7.5
3.2	23	200	11.4	30	160	340	69000	54000	11
三相变频式焊机									
0.5	16	75	2.3	无	10	无	26000	无	3.2
1.0	16	100	3.2	8.2	20	60	36000	9000	4.1
2.0	23	150	9.1	19.6	40	80	65000	22700	7.5
3.2	23	200	18.2	40.9	60	160	100000	45000	11

表 12.13　铝合金直流冲击波点焊焊接参数

铝合金种类	焊件厚度 /mm	电极球面半径 /mm	电极加压方式	电极压力 /N		焊接电流 /kA	锻压开始时间 /s	焊接通电时间 /s	熔核直径 /mm
				焊接	锻压				
非热处理强化型铝合金	0.8+0.8	75	恒压	1960~2450	—	25~28	—	0.04~0.08	—
	1.0+1.0	100		2450~3528	—	29~32	—	0.04	—
	1.5+1.5	150		3430~3920	—	35~40	—	0.06	—
	2.0+2.0			4410~4900	—	45~50	—	0.10	—
	2.5+2.5	200		5800~6370	—	49~55	—	0.10~0.14	—
	3.0+3.0		阶梯型压力	7840	21560	57~60	0.12	0.12~0.18	—
热处理强化型铝合金	0.5+0.5	75		2250~3038	2940~3136	19~26	0.06	0.02	3.0~3.2
	0.8+0.8			3136~3430	4900~7840	26~36	0.06	0.04	4.0
	1.0+1.0	100		3528~3920	7840~8820	29~36	0.06	0.04	4.5
	1.3+1.3			3920~4116	9800~10290	40~46	0.08	0.04	5.3
	1.6+1.6	150		4900~5782	13230~13700	45~54	0.08	0.06	6.4
	1.8+1.8			6664~7154	14700~15680	50~55	0.12	0.06	7.0
	2.0+2.0	200		6860~8820	18620~19110	70~75	0.12	0.10	7.6
	2.5+2.5			7840~10780	24500~25480	80~85	0.12	0.14	9.1
	3.0+3.0			10780~11760	29400~31360	80~85	0.20	0.16	9.3

12.3　凸焊（23，RB）

12.3.1　凸焊的原理、特点、分类及应用

　　凸焊是在焊接处事先加工出一个或多个凸起点，这些凸起点在焊接时和另一被焊工件紧密接触。通电后，凸起点被加热，压溃后形成焊点的电阻焊方法，如图 12.21 所示。

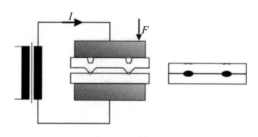

图 12.21　凸焊示意图

根据凸焊接头的结构形式，凸焊分为单点凸焊、多点凸焊、环焊、T 型焊、滚凸焊和线材交叉焊等。

凸焊与点焊工艺本质相同，主要用于焊接低碳钢、低合金钢、奥氏体不锈钢和镀锌钢板等，但不宜用于铝、铜、镍等软金属。凸焊适用的材料厚度为 0.5~4mm。

由于凸起点接触提高了凸焊时焊点的压强，并使接触电流比较集中，所以凸焊可以焊接厚度相差较大的工件。多点凸焊可以提高生产效率，并且焊点的距离可以设计得比较小。

凸焊广泛用于汽车零部件的生产过程，包括螺母、螺钉、轴套等紧固件、安装件的焊接，还适用于一些网格制品，如货架等。

凸焊基本特点如下。

（1）凸焊与点焊一样是热 - 机械（力）联合作用的焊接过程。相比较而言，其机械（力）的作用和影响要大于点焊，如对加压机构的随动性要求、对接头形成过程的影响等。

（2）在同一个焊接循环内，可高质量的焊接多个焊点，而焊点的布置也不必像点焊那样受到点距的严格限制。

（3）由于电流在凸点处密集，可用较小的电流焊接而获得可靠的熔核和较浅的压痕，尤其适合镀层板的焊接。

（4）需预制凸点、凸环等，增加了凸焊成本，有时还会受到焊件结构的制约。

12.3.2 凸焊工艺

凸焊中球状凸点参数的近似值见表 12.14，凸点的各种形状见表 12.15。

低碳钢的凸焊应用最广，凸点形状为圆球形或圆锥形。这里应注意 2 点：一是凸点通常应冲在较厚的板上；二是厚度小于 0.25mm 薄板凸焊不被推荐。因凸点易提前压溃，不如点焊合适。

表 12.14　凸焊的一些参数近似值（球状凸点）

凸板板厚 / mm	每个凸点的 电极力 / N	每个凸点的焊接电 流 /kA	焊接时间 / Per	凸点直径 / mm	凸点高度 / mm	每个凸点 的剪拉力 /N
1	2100	8.5	17	3.7	1.2	6000
1.5	3000	9.5	24	4.2	1.4	12000
2	4200	11	30	4.7	1.6	20000
2.5	5250	12	36	5.1	1.7	29000
3	6250	12	45	5.4	1.8	37000
3.5	7300	13	50	5.8	1.9	45000

注：焊接之后，接头部分应相互咬合。

表 12.15 凸点的形状

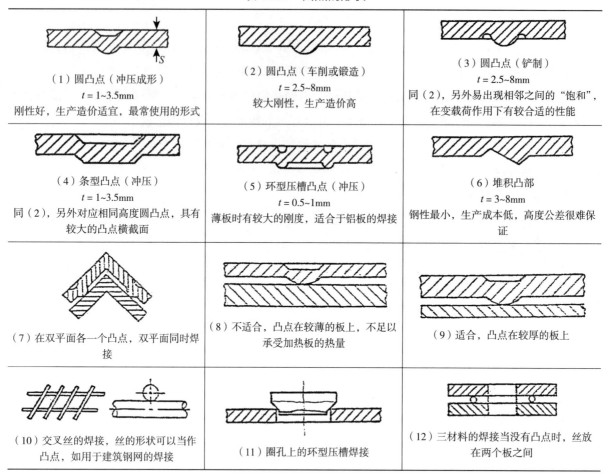

（1）圆凸点（冲压成形） $t = 1 \sim 3.5mm$ 刚性好，生产造价适宜，最常使用的形式	（2）圆凸点（车削或锻造） $t = 2.5 \sim 8mm$ 较大刚性，生产造价高	（3）圆凸点（铲制） $t = 2.5 \sim 8mm$ 同（2），另外易出现相邻之间的"饱和"，在变载荷作用下有较合适的性能
（4）条型凸点（冲压） $t = 1 \sim 3.5mm$ 同（2），另外对应相同高度圆凸点，具有较大的凸点横截面	（5）环型压槽凸点（冲压） $t = 0.5 \sim 1mm$ 薄板时有较大的刚度，适合于铝板的焊接	（6）堆积凸部 $t = 3 \sim 8mm$ 钢性最小，生产成本低，高度公差很难保证
（7）在双平面各一个凸点，双平面同时焊接	（8）不适合，凸点在较薄的板上，不足以承受加热板的热量	（9）适合，凸点在较厚的板上
（10）交叉丝的焊接，丝的形状可以当作凸点，如用于建筑钢网的焊接	（11）圈孔上的环型压槽焊接	（12）三材料的焊接当没有凸点时，丝放在两个板之间

12.3.3 凸焊设备

凸焊设备与点焊类似，凸焊焊机如图 12.22 所示。

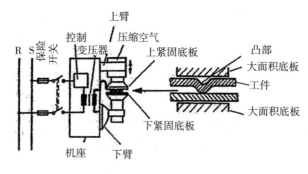

图 12.22 凸焊焊机

12.4 缝焊（22，RR）

12.4.1 缝焊原理、特点与应用

缝焊过程与点焊相似，只是用轮状滚动电极代替了柱状电极。焊接时，转动的轮状电极压紧并带动焊件向前移动，配合连续或断续送电，形成一条连续的焊缝，所以其焊缝具有良好的密封性。如图 12.23 和图 12.24 所示。

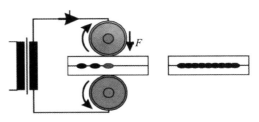

图 12.23　缝焊示意图

缝焊的分流现象比点焊严重，因此在焊接同样厚度的焊件时，焊接电流为点焊的 1.5~2 倍。

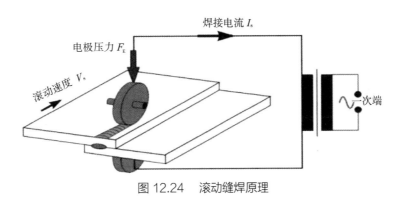

图 12.24　滚动缝焊原理

缝焊适用于 3mm 以下材料的焊接，主要应用于油桶、管道、容器等要求密封性的薄板焊接。

12.4.2 缝焊的种类

按滚轮电极的滚动与馈电方式，缝焊可分为连续缝焊、断续缝焊和步进缝焊。焊接循环示意图如图 12.25 所示。

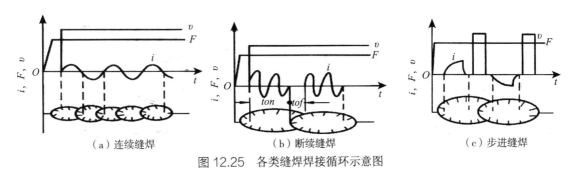

（a）连续缝焊　　　　（b）断续缝焊　　　　（c）步进缝焊

图 12.25　各类缝焊焊接循环示意图

（1）连续缝焊时，滚轮连续转动，电流不断通过工件。这种方法易使工件表面过热，电极磨损严重，因而很少使用。

（2）断续缝焊时，滚轮连续转动，电流断续通过工件，形成的焊缝由彼此搭叠的熔核组成。由于电流断续通过，在休止时间内，滚轮和工件得以冷却，因而可以提高滚轮寿命、减小热影响区宽度和工件变形，获得较优的焊接质量。

（3）步进缝焊时，滚轮断续转动，电流在工件不动时通过工件，由于金属的熔化和结晶均在滚盘不动时进行，改善了散热和压固条件，因而可以更有效地提高焊接质量，延长滚轮寿命。

12.4.3 焊接设备类型

缝焊焊接设备与点焊类似，只是电极形状不同，缝焊电极又称滚轮电极或焊枪。缝焊设备主要有 3 种形式，分别为横向缝焊机、纵向缝焊机和移动式缝焊机，如图 12.26 所示。缝焊接头形式有圆柱面缝焊、压平缝焊、垫箔对接缝焊，垫箔缝焊和金属丝电极缝焊等，如图 12.27 所示。

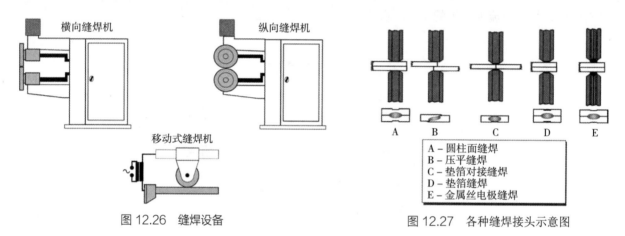

图 12.26　缝焊设备

图 12.27　各种缝焊接头示意图

12.4.4 缝焊工艺特点

缝焊与点焊或凸焊相比较主要的优缺点如下。

优点：

（1）缝焊是重叠的焊点形成的一条焊缝，可以获得气密性和水密性好的焊接接头。

（2）缝焊的接头形式多样，和点焊或凸焊的搭接接头比较，适应性更好。

（3）缝焊的焊缝宽度比点焊或凸焊的熔核尺寸小，所以缝焊的边距较小。

缺点：

（1）缝焊的焊点距小，分流比点焊严重得多，尤其是轻合金焊接。

（2）缝焊的焊接过程需要连续进行，保持直线或者曲线形式。

（3）缝焊受自身工艺限制，比点焊或凸焊的焊接接头强度低。

12.4.5 金属材料的缝焊

缝焊过程及规范参数复杂，机械作用不充分，分流严重，所以各类金属材料的缝焊焊接性比其点焊的焊接性差，但是缝焊与点焊或凸焊没有本质区别，只是缝焊是由重叠的焊点形成，所以各种金属材料对缝焊的适应性与点焊相似，焊接时产生的问题基本相同。

各种金属材料点焊工艺可作为缝焊的参考依据。

12.5 闪 光 对 焊

12.5.1 闪光对焊的原理及焊接过程

闪光对焊是将焊件装配成对接接头，接通电源，并使其端面逐渐移近达到局部接触，利用电阻热加热这些接触点（产生闪光），使端面金属熔化，直至端部在一定深度范围内达到预定温度时，迅速施加顶锻力完成焊接的方法，如图 12.28 所示。

闪光对焊焊接循环由闪光、顶锻、保持、休止等程序组成。如图 12.29 所示为闪光对焊参数与时间的关系，闪光对焊焊接过程示意图如图 12.30 所示。

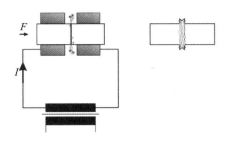

图 12.28 闪光对焊示意图

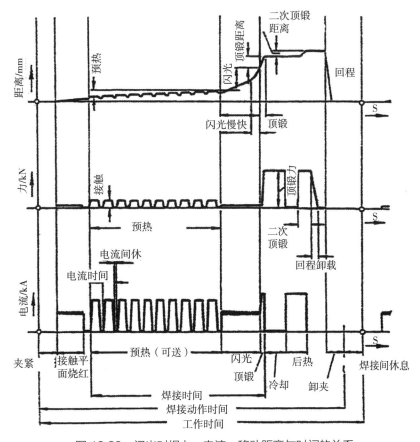

图 12.29 闪光对焊力、电流、移动距离与时间的关系

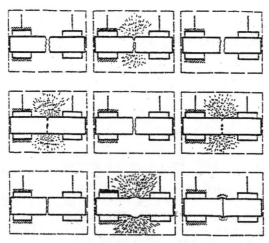

图 12.30 闪光对焊焊接过程示意图

12.5.2 闪光对焊焊接参数选择

对于低碳钢夹持长度见表 12.16，导电性不好的材料，将夹持长度变短，导电性好的材料，将夹持长度变长。工件端部的附加长度见表 12.17，必要的顶锻力见表 12.18。

表 12.16 夹持长度（举例）[参考值 = 0.8d，即夹钳口之间间距 = 1.6d（低碳钢）]

横截面积 /mm²	单侧夹持长度 /mm
300	15~35
500	18~40
1000	22~45
2000	28~55
5000	35~70
10000	50~85
20000	65~100

表 12.17 每个工件端部的附加长度

横截面积 /mm²	导热峰闪光量 /mm	顶锻量 /mm	每个工件的总损失量 /mm
100	2.0	1.5	3.5
500	3.5	2.0	5.5
1000	4.5	2.5	7.0
10000	9.0	5.0	14.0
20000	12.0	6.0	18.0

表 12.18　必要的顶锻力

非合金钢（C ≤ 0.2%）	20~60N/mm²	大的横截面积	可至 500 N/mm²
非合金钢（C > 0.2%）	40~100 N/mm²	铝合金	150~200 N/mm²
低合金钢	40~100 N/mm²	其他有色金属	5~10 N/mm²
高合金钢	60~150 N/mm²	—	—

其他参数的特性值如下。

预热时的电流为 2.5~10A/mm²、闪光时的电流为 1.8~7A/mm²、第二次空载电压 < 15V、预热速度约为 2mm/s、闪光速度为 0.5~2mm/s、顶锻速度为 25~200mm/s、端面烧热速度为 0.1~0.2mm/s、焊接时间约为横截面 /50 s。

12.5.3　闪光对焊应用范围举例

闪光对焊应用于汽车轮毂、钢轨、链、螺纹、连杆、拉杆钢等产品，如图 12.31 所示。

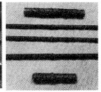

图 12.31　闪光对焊应用

12.6　电阻对焊（25，RPS）

对焊时，两工件端面相接触，经过电阻加热和加压后沿整个接触面焊接起来。其焊接过程是：预压—通电—顶锻—断电—去压，也称电阻对焊。

电阻对焊虽有接头光滑、毛刺小、焊接过程简单等优点，但其接头的力学性能较低，对焊件端面的准备工作要求高。只适于焊接截面形状简单、直径较小和强度要求不高的焊件。其与应用广泛的闪光对焊全面对比，见表 12.19。

表 12.19　电阻对焊与闪光对焊的比较

对焊方法	电阻对焊	闪光对焊
接头形式	对接	对接
电源接通时刻	焊件端部压紧后，接通电源	接通电源后，再使焊件断面局部接触
加热最高温度	低于材料熔点	高于材料熔点
加热区宽度	宽	窄

续表

对焊方法	电阻对焊	闪光对焊
顶端前端部状态	高温塑性状态	熔化状态，形成一层较厚的液态金属
接头形成过程	预压、加热（无闪光）、顶锻	闪光、顶锻（连续闪光焊）；预热、闪光、顶锻（预热闪光焊）
接头形成实质	高温塑性状态下的固相连接	高温塑性状态下的固相连接（顶端时液态金属全部被挤出）
优缺点	接头光滑，毛刺少，焊接过程简单；力学性能低，对焊接准备工作要求高	焊接质量高，焊前准备要求低，毛刺较大，有时需要专门刀具切除
应用范围	小断面金属型材焊接（丝材、棒材、板材和厚壁管的接长）	应用广，主要用于中大断面焊件焊接（各种环形件、刀具、钢轨等）

12.7 电阻焊接头质量

现代电阻焊技术可以得到高质量焊接接头。但由于电阻焊过程中受众多偶然因素的干扰（表面状况不良、电极磨损、装配间隙的变化、分流等工艺因素的随机波动、焊接参数的波动等），要想杜绝生产中个别接头质量的降低和废品的出现还是有困难的。必须对电阻焊产品的生产全过程进行监督和检验，保证其在规定的使用期限内可靠地工作，不致因焊接质量不良导致产品丧失全部或部分工作能力。

12.7.1 电阻焊主要质量问题

12.7.1.1 点、缝焊接头的主要质量问题

点焊接头的质量要求，首先体现在接头应具有一定的强度，这主要取决于熔核尺寸（直径和焊透率）、熔核和其周围热影响区的金属显微组织及缺欠情况。多数金属材料的点焊接头强度仅与熔核尺寸有关；只有可淬硬钢等对热循环敏感的材料，当点焊工艺不当时，接头由于被强烈淬硬而使强度、塑性急剧降低，这时尽管具有足够大的熔核尺寸，但也是不能使用的。

缝焊接头的质量要求，首先体现在接头应具有良好的密封性，而接头强度则容易满足。密封性主要与焊缝中存在某些缺欠（局部烧穿、裂纹等）及其在外界作用下（外力、腐蚀介质等）进一步扩展有关。

电阻焊相关缺欠分类依据压力焊缺欠分类标准 ISO 6520–2。点、缝焊接头的主要质量问题见表 12.20。此外，点、缝焊时由于毛坯准备不好（如折边不正、圆角半径不符合要求等）、组合件装配不良、焊机电极臂刚性较差等原因会造成焊接结构缺欠，这种缺欠也会带来质量问题，甚至出现废品。

表 12.20 点、缝焊接头的主要质量问题一览表

名称	质量问题	产生的可能原因	改进措施	简图
熔核和焊缝尺寸缺陷	未焊透或熔核尺寸小	电流小，通电时间短，电极压力过大	调整焊接参数	
		电极接触面积过大	修整电极	
		表面清理不良	清理表面	
	焊透率过大	电流过大，通电时间长，电极压力不足，缝焊速度过高	调整焊接参数	
		电极冷却条件差	加强冷却，改换导热好的电极材料	
	重叠量不够（缝焊）	电流小，脉冲持续时间短，间隔时间长	调整焊接参数	
		点距不当，缝焊速度过高		
外部缺陷	焊点压痕过深及表面过热	电极接触面积过小	修整电极	
		电流过大，通电时间长，电极压力不足	调整焊接参数	
		电极冷却条件差	加强冷却	
	表面局部烧穿、溢出、表面喷溅	电极修整得太尖锐	修整电极	
		电极或焊件表面有异物	清理表面	
		电极压力不足或电极与焊件虚接触	提高电极压力、调整行程	
		缝焊速度过高，滚轮电极过热	调整焊速，加强冷却	
	表面压痕形状及波纹度不均匀（缝焊）	电极表面形状不正确或磨损不均匀	修整滚轮电极	
		焊件与滚轮电极相互倾斜	检查机头刚度，调整滚轮电极倾角	
		焊速过高或规范不稳定	调整焊速，检查控制装置	
	焊点表面径向裂纹	电极压力不足，锻造压力不足或加得不及时	调整焊接参数	
		电极冷却作用差	加强冷却	
	焊点表面环形裂纹	焊接时间过长	调整焊接参数	
	焊接表面粘损	电极端面倾斜	修整电极	
		电极材料选择不当	调换合适电极材料	
	焊点表面发黑，包覆层破坏	电极、焊件表面清理不良	清理表面	
		电流过大，焊接时间长、电极压力不足	调整焊接参数	
	接头边缘压溃或开裂	边距过小	改进接头设计	
		大量喷溅	调整焊接参数	
		电极未对中	调整电极同轴度	
	焊点脱开	焊件刚性大而又装配不良	调整板件间隙，注意装配，调整焊接参数	

续表

名称	质量问题	产生的可能原因	改进措施	简图
内部缺陷	裂纹、缩松、缩孔	焊接时间过长，电极压力不足，锻造压力加得不及时	调整焊接参数	
		熔核及近缝区淬硬	选用合适焊接循环	
		大量喷溅	清理表面，增大电极压力	
		缝焊速度过高	调整焊速	
	核心偏移	热场分布对贴合面不对称	调整热平衡（不等电极端面，不同电极材料，改为凸焊等）	
	结合线伸入	表面氧化膜清除不净	高熔点氧化膜应严格清除，并防止焊前的再氧化	
	板缝间有金属溢出（内部喷溅）	电流过大、电极压力不足	调整焊接参数	
		板间有异物或贴合不紧密	清理表面、提高压力或用调幅电流	
		边距过小	改进接头设计	
	脆性接头	熔核及近缝区淬硬	采用合适的焊接循环	
	熔核成分宏观偏析（旋流）	焊接时间短	调整焊接参数	
	环形层状花纹（洋葱环）	焊接时间过长	调整焊接参数	
	气孔	表面有异物（镀层、锈等）	清理表面	
	胡须	耐热合金焊接规范过软	调整焊接参数	

12.7.1.2 对焊接头的质量问题

对焊接头的质量要求，体现在接头应具有一定的强度和塑性，尤其对后者应给予更多的注意。通常，由于工艺本身的特点，电阻对焊的接头质量较差，不能用于重要结构。而闪光对焊，在适当的工艺条件下，可以获得几乎与母材等性能的优质接头。

许多资料表明，对焊接头的薄弱环节通常是焊缝，破坏往往是由于焊缝中存在缺欠造成的。其中最有代表性的最危险的缺欠是未焊透，它将使接头塑性急剧降低。另外，在对焊接头组织缺欠中还有淬硬（出现马氏体 M）、软化（脱碳而使铁素体 F 大量增加）、晶纹（纤维流线）强烈弯曲和呈现"横流"。对焊接头的主要质量问题见表 12.21。

表 12.21　对焊接头的主要质量问题

名称	质量问题	产生的可能原因	改进措施	简图
几何形状缺陷	形状偏差、中心线（端面）偏移	毛坯弯曲、端面不平直	焊前校正毛坯	形位超差
		调伸长度过长、顶锻留量过大、顶锻力过大	调整焊接参数	
		零件装夹不正	重新装夹并检验	
		活动座板行程轨道不正确，导轨间隙过大或机架刚性不足，夹头变形太大	增加刚性	
		夹钳电极磨损、变形	更换夹钳电极	
	尺寸（长度、圆周）偏差	烧化留量、顶锻留量不当或不稳定	调整焊接参数、检修设备控制装置	
	零件表面烧伤	夹紧力太小	调整焊接参数	
		电极磨损变形或电极导电导热性太差	更换电极	
		电极与焊件表面间有异物、污垢等	清理表面	
		零件尺寸不标准	修整尺寸	
连续性缺陷	未焊透	二次空载电压（或电流密度）太低，有电顶锻时间太短，顶锻留量太小，闪光留量太小，闪光速度太大	调整焊接参数	毛刺较小；加热区窄；接口有明显夹杂；断口局部或全部无晶体断裂　氧化膜
		预热时间太短或预热温度太低		
		顶锻速度过低		
		对口端面清理不干净或端面不平齐（电阻对焊）	清理表面，加工端面，施加保护气体焊接	
	裂纹（层状撕裂）	加热不足而顶锻留量、顶锻力过大	调整焊接参数	裂纹相互平行
		过烧时顶锻留量、顶锻力较小		
		母材中有夹层或夹渣		
	裂纹（淬火裂纹）	接头产生淬硬组织	采用合适的焊接循环，焊后热处理	
	裂纹（表面纵向和环形裂纹）	有电顶锻时间太长	调整焊接参数	（纵向）　（环形）
		零件过热		
		活动座板过早载着零件后移		
		夹头和顶锻机构的零件产生弹性变形	增加刚性	
	灰斑及氧化夹杂	闪光不稳定，尤其顶锻前断电	调整焊接参数	灰斑　氧化夹杂
		闪光终了时的闪光速度太小		
		顶锻留量、顶锻速度太小		
		端面加热不均匀，区域烧化不够强烈		

名称	质量问题	产生的可能原因		改进措施	简图
组织缺陷	残留铸造组织和铸造缺欠（疏松、缩孔）	二次空载电压过高，深火口		调整焊接参数	
		顶锻留量、顶锻力过小			
		顶锻速度过低			
		母材双相区宽，固相端面不平度大			
	过热和过烧，晶粒边界熔化	有电顶锻量过大或有电顶锻时间过长		调整焊接参数，过热组织可通过常化处理消除	
		闪光速度、顶锻留量太小			
		预热过度			
		因为顶锻速度太低而使有电顶锻时间加长			

12.7.2 电阻焊接头质量检验方法

目前，相较于熔化焊方法，有关电阻焊质量检验方法较少，尤其是对焊的质量检验多见于某些产品标准之中。电阻焊接头的质量检验通常分为破坏性检验和无损检验，所涉及的国际标准包括 ISO 14270、ISO 14271、ISO 14272、ISO 14273、ISO 14323、ISO 17654 等。传统上，对焊接质量进行监控是通过破坏性试验进行的。为了节约检测成本并降低在验证过程中破坏的焊件的数量，尝试使用无损检测方式来评价电阻焊的质量。目前，应用于生产的无损评价方式主要是用于点焊的超声波扫描技术。常用的检验方法及相应的检验内容见表 12.22。

表 12.22 常用的检验方法及相应的检验内容

检验类型	检验方法	检验内容	检验数量	适用范围
无损检测	外观检验（允许 10 倍的放大镜和测量工具）	装配尺寸、焊点和焊缝的位置及尺寸、对焊焊缝尺寸和错位、表面质量（包括压痕深度、喷溅、表面裂纹、烧伤、烧穿、边缘胀裂和表面发黑等）	100%	点焊、缝焊和对焊
	X 射线检验	熔核尺寸、裂纹、气孔、缩孔、喷溅等	不同等级要求不同	点焊、缝焊和对焊
	超声波检验	大块夹杂、气孔、缩孔、氧化皮等	抽检	对焊
	特殊性能试验（如气密、耐腐蚀、耐振性等）	工件或接头的特殊性能或寿命	按产品要求	按产品要求进行

续表

检验类型	检验方法	检验内容	检验数量	适用范围
破坏性检验	剥离试验、凿离试验	焊点和焊缝熔核尺寸、未焊合、接头脆性	工艺试验时，100% 产品检验	点焊和缝焊薄件
	宏观金相检验	焊点和焊缝熔核尺寸、焊透率、熔核搭接量、压痕深度、裂纹、气孔、缩孔、结合线伸入、喷溅、对焊的未完全熔核及粗大条带组织等	抽检	点焊和缝焊（箔材可不作此项检验）、对焊
	显微金相检验	焊点、焊缝和热影响区的组织鉴别、晶粒长大、裂纹、局部熔化、夹杂物分析、白斑、灰斑	抽检	点焊、缝焊和对焊，此项不作常规检验
	硬度检验	焊点、焊缝和热影响区的组织鉴别、裂纹鉴别、接头强度与延性分析	按产品要求	常用于合金结构。此项不作常规检验
	弯曲试验	评定接头的抗弯能力、焊接缺欠的影响	抽检	对焊
	强度试验（包括拉伸、剪切、扭转、疲劳、点焊正拉）	评定接头的强度与塑性、抗扭曲力和疲劳性能	工艺试验时，100% 产品检验	点焊、缝焊和对焊
	冲击试验	接头抗冲击载荷的能力	抽检	对焊、点焊

12.7.3 电阻焊质量控制技术

电阻焊质量控制技术是属于焊接过程中的质量控制，基本上包括实时稳定控制焊接参数和控制焊接过程中反映焊点状态的物理量两方面。前者如恒电流监控、电压监控、能量监控等，后者如电极位移控制、超声波监控、声发射监控等。在大部分监控技术中，采用了微处理机，提高了运算速度和控制精度，并可以与中央计算机相连，使质量监控与企业生产管理一体化。

点焊过程是一个高度非线性、有多变量耦合作用和大量随机不确定因素的过程，具有形核过程时间极短、处于封闭状态无法观测、特征信号提取困难等自身特点。这就造成点焊质量参数（熔核直径、强度等）无法直接测量，只能通过一些点焊过程参数（焊接电流、电极间电压、动态电阻、能量、热膨胀电极位移、声发射、红外辐射和超声波等）进行间接的推断，这就极大地影响了点焊质量监控的准确性和可靠性。经过较长时间的探索和实践，研究者已获得如下共识：发展多参量综合监测技术是提高点焊质量监控精度的有效途径，即充分利用监测信息，采用合理的建模手段，建立合理的多元非线性监测模型，并使该模型能在较宽条件内提供准确、可靠的点焊质量信息，是质量控制技术关键。研究表明，利用神经元网络理论、模糊逻辑理论、数值模拟技术及专家系统等可望解决真正的点焊质量直接控制，将点焊质量控制技术的研究推向一个新高度。

12.7.4 电阻焊的质量管理体系

电阻焊质量要求的国际标准是 ISO 14554，和熔化焊质量要求 ISO 3834 分类等级类似，电阻焊的质量要求分为 ISO 14554-1《焊接质量要求 金属材料的电阻焊 第 1 部分：综合质量要求》和 ISO 14554-2《焊接质量要求 金属材料的电阻焊 第 2 部分：基本质量要求》。ISO 14554 为企业建立电阻焊质量管理体系提供依据，细化规范、法规和产品标准对焊接过程控制的要求，首先在汽车、轨道车辆、航空航天等各焊接制造领域得到了应用。

电阻焊方法由于自身工艺的特殊性，质量控制相关标准与熔化焊也有所不同，比如电阻焊安装工的焊工考试标准是 ISO 14732、电阻焊方法的焊接工艺规程标准是 ISO 15609-5 和电阻焊方法的焊接工艺评定标准是 ISO 15614-12 等。建立完整的电阻焊的质量管理体系可以预防和减少焊接缺欠，保证生产产品的稳定性，并获得高而稳定的产品质量。

12.8 电阻焊安全与防护

12.8.1 电阻焊的安全特点

电阻焊的安全特点，归纳起来表现在以下几个方面。

（1）电阻焊时的主要危险是触电，这种事故主要是在变压器的一次绕组绝缘损坏时发生。熔融金属的飞溅及火花的燃烧，或由于超载过热以及冷却水管堵塞、停供、使冷却作用失效都有可能造成一次绕组的绝缘破坏。

（2）电阻焊操作可能引起灼烫和火灾。在进行闪光对焊时，大的电流密度使电阻点及其周围的金属在瞬间熔化，甚至出现汽化状态，往往还会引起电阻点的爆裂和液体金属的溅出。点焊和滚焊时也有熔化金属溢出。这些金属飞溅和四处喷射火花是造成焊工灼伤与引起火灾的原因。

（3）电阻焊虽无电弧焊那样强烈的弧光，但闪光过程喷射的赤热金属及粉尘、有毒气体（如 CO 等），都将危害人身安全并破坏周围环境。

（4）在电阻焊时，由于焊件的夹持和顶锻等频繁操作，可能发生夹伤、挤伤和碰伤等机械性伤害。

12.8.2 电阻焊防止触电的安全措施

由于电阻焊焊机使用的变压器是降压变压器，一次绕组多为 220V 或 380V，二次绕组电压为 12~24V（属安全电压），因此二次绕组不会造成焊工及其助手的触电事故。但如果一次绕组绝缘破坏，则机壳和未经绝缘的金属部分，就会处在一次绕组的高压之下，将会发生触电事故。

防止电阻焊发生触电事故的主要安全措施如下。

（1）保持二次线路中的一点永远连接在机架上，而机架本身必须可靠地接地，或者是将焊机外壳进行可靠的接地。

（2）用踏板或按钮进行操纵时，焊接电源开头的接头必须保持完善的状态；焊工应穿绝缘胶鞋、戴皮手套和皮围裙，配电箱前的地面上应放绝缘胶皮垫；进行换挡、换电极及做修理工作时，必须停电等。

（3）操纵断续器时，必须按规定的顺序操作；各种信号灯、仪表等应良好；冷却水的压力和温度不得超过要求，不得有堵塞和渗漏的现象。

12.8.3　电阻焊防止烟尘危害的措施

进行电阻焊，尤其是闪光对焊焊接时，会产生大量有害气体、金属蒸气和灰尘，使焊工呼吸区域内的空气污染。空气中的灰尘是由于金属蒸气的氧化而形成的。实测资料介绍，工作地点的含尘量为 2000~3000mg/L，在对焊时为 6000~9000mg/L。在产生烟尘的同时还会产生一氧化碳，在个别情况下，一氧化碳能达到 0.08mg/L（超出允许含量 2.6 倍多）。

在焊接有色金属或带有特殊镀层的钢时，还会产生锌和铅的金属蒸汽，这些气体都是对人体有害的。为了预防这方面的危害，应及时排出工作地点被污染的空气，最好的方法是在工作间装设良好的通风设备。

12.8.4　电阻焊防止砸伤、割伤的安全措施

在电阻焊时，工作的夹持和顶锻都需要很大的力量，这可由风压、液压及电力机械产生，最大可达几十万牛的力。故在焊机上应安置必需的防护罩，以防止机械性的夹伤、挤伤和轧伤。特别是焊接重、大、长的焊件，应采用机械化操作。如应用可移动的或固定的滚道围式轴承支架来承托，以防焊件掉下造成砸伤，支架可装在焊机的一面或两面。此外，操作者还应戴好帆布手套，防止金属的毛刺、飞边造成割伤。

进行滚焊和对焊操作时，还应注意滚盘和电极的运动方向，避免压伤手部。

在功率稍大的电阻焊中都有水冷装置，为防止冷却水破坏绝缘和冷却水管堵塞烧坏电机、烧损电极，应保持冷却水管道完好无泄漏。冷却水必须经过敞开的漏斗排往下水道，以便焊工能随时检查冷却系统是否畅通。

12.9　电阻焊相关标准

目前，生产制造过程中，焊接方法主要以电弧焊方法为主，相关国际标准已形成完整体系，应用非常广泛。2019 年，国际焊接学会发布了 ISO/TR 23413 标准，为电阻焊方法的标准体系建立提供依据。

ISO/TR 23413：2019 标准名称是《电阻焊　电阻焊标准概述》，主要介绍了电阻点焊、凸焊、缝焊、电阻对焊及闪光对焊标准的应用，电阻焊标准的应用指南如表 12.23 所示。

表 12.23　电阻焊标准的应用指南（选自 ISO/TR 23413：2019）

标准应用范围	电阻点焊	凸焊	缝焊	闪光对焊	电阻对焊
质量管理	ISO 9000 系列	ISO 9000 系列	ISO 9000 系列	ISO 9000 系列	ISO 9000 系列
质量管理术语	ISO 9000	ISO 9000	ISO 9000	ISO 9000	ISO 9000
焊接符号/图形符号	ISO 2553 ISO 7000/IEC 60417	ISO 2553 ISO 7000/IEC 60417	ISO 2553 ISO 7000/IEC 60417	ISO 2553 ISO 7000/IEC 60417	ISO 2553 ISO 7000/IEC 60417
焊接/连接的质量要求	ISO 14554-1 ISO 14554-2	ISO 14554-1 ISO 14554-2	ISO 14554-1 ISO 14554-2	ISO 14554-1 ISO 14554-2	ISO 14554-1 ISO 14554-2
焊接工艺规程和工艺评定标准	—				
一般原则	—	—	—	—	—
工艺规程	ISO 15609-5	ISO 15609-5	ISO 15609-5	ISO 15609-5	ISO 15609-5
基于焊接材料的工艺评定，基于以前经验的、标准工艺的和以前焊接工艺的评定	N/A	N/A	N/A	N/A	N/A
基于试验的工艺评定	ISO 15614-12	ISO 15614-12	ISO 15614-12	ISO 15614-12	ISO 15614-12
连接工艺（指南）	ISO 14373 ISO 18594 ISO 18595	ISO 8167 ISO 16432	ISO 16433	—	—
试验标准和试样	ISO 10447 ISO 14270 ISO 14271 ISO 14272 ISO 14273 ISO 14323 ISO 14324 ISO 14329 ISO 17653 ISO 18592	ISO 10447 ISO 14270 ISO 14271 ISO 14272 ISO 14273 ISO 14323 ISO 14329	ISO 14270 ISO 14271 ISO 14273 ISO 14329 ISO 17654	ISO 14270 ISO 14271 ISO 14273 ISO 17654	—
非破坏性试验	—	—	—	—	—
缺欠的质量等级指南	ISO 6520-2	ISO 6520-2	ISO 6520-2	ISO 6520-2	ISO 6520-2
焊接性评估	ISO 18278-1 ISO 18278-2 ISO 18278-3 ISO 14327	—	—	—	—
焊缝的验收等级	—	—	—	—	—
术语	ISO 17677-1	ISO 17677-1	ISO 17677-1	ISO 17677-1	ISO 17677-1
焊接参数的测量	ISO 17657-1 ISO 17657-2 ISO 17657-3 ISO 17657-4 ISO 17657-5	ISO 17657-1 ISO 17657-2 ISO 17657-3 ISO 17657-4 ISO 17657-5	ISO 17657-1 ISO 17657-2 ISO 17657-3 ISO 17657-4 ISO 17657-5	ISO 17657-1 ISO 17657-2 ISO 17657-3 ISO 17657-4 ISO 17657-5	ISO 17657-1 ISO 17657-2 ISO 17657-3 ISO 17657-4 ISO 17657-5

续表

标准应用范围	电阻点焊	凸焊	缝焊	闪光对焊	电阻对焊
焊接设备的要求	ISO 669 ISO 5828 ISO 7931 ISO 1089 ISO 6210-1 ISO 7285 ISO 8205-1 ISO 8205-2 ISO 8205-3	ISO 669 ISO 5828 ISO 865 ISO 8205-1 ISO 8205-2 ISO 8205-3	ISO 669 ISO 5828	ISO 669 ISO 5828 ISO 8205-1 ISO 8205-2 ISO 8205-3	ISO 669 ISO 5828 ISO 8205-1 ISO 8205-2 ISO 8205-3
电极、适配器和电极帽	ISO 5182 ISO 5821 ISO 5184 ISO 5827 ISO 5822 ISO 5183-1 ISO 5183-2 ISO 5826 ISO 5829 ISO 5830 ISO 8430-1 ISO 8430-2 ISO 8430-3 ISO 9312 ISO 9313 ISO 20168	ISO 5182	ISO 5182 ISO 693	ISO 5182	ISO 5182
变压器	ISO 5826 ISO 10656 ISO 22829				
焊接人员、焊接操作工认可	ISO 14732	ISO 14732	ISO 14732	ISO 14732	ISO 14732
健康和安全	IEC 62135-1 IEC 62135-2 IEC 62135-3	IEC 62135-1 IEC 62135-2 IEC 62135-3	IEC 62135-1 IEC 62135-2 IEC 62135-3	IEC 62135-1 IEC 62135-2 IEC 62135-3	IEC 62135-1 IEC 62135-2 IEC 62135-3

参考文献

［1］GSI.SFI-Aktuell［M］. Duisburg: Gesellschaft für Schweißtechnik International mbH，2010.

［2］中国机械工程学会焊接学会.焊接手册：第 1 卷：焊接方法及设备［M］.3 版.北京：机械工业出版社，2008.

［3］史耀武.焊接技术手册：上［M］.北京：化学工业出版社，2009.

［4］赵熹华.压力焊［M］.北京：机械工业出版社，1989.

［5］张应立，张莉.焊接安全与卫生技术［M］.北京：中国电力出版社，2003.

［6］Resistance welding – Overview of standards for resistance welding：ISO/TR 23413：2019［S/OL］.［2019-01］. https://www.iso.org/standard/75469.html.

［7］赵熹华，冯吉才.压焊方法及设备［M］.北京：机械工业出版社，2005.

[8] 朱正行，严向明．电阻焊技术［M］．北京：机械工业出版社，2001.

[9] 陈祝年．焊接工程师手册［M］．北京：机械工业出版社，2010.

本章的学习目标及知识要点

1.学习目标

（1）掌握电阻点焊的原理、特点及应用。

（2）掌握电阻点焊的热源、接触电阻影响因素。

（3）了解电阻点焊设备及电极的作用。

（4）熟悉电阻点焊的参数影响。

（5）掌握点焊过程的影响因素。

（6）掌握电阻点焊分流的影响及防止措施。

（7）了解常用金属的点焊工艺。

（8）了解凸焊、缝焊、对焊的原理、特点及应用。

（9）了解电阻焊方法的质量检验要求。

（10）了解电阻焊方法的缺欠产生及防止措施。

（11）了解电阻焊方法涉及的标准体系。

2.知识要点

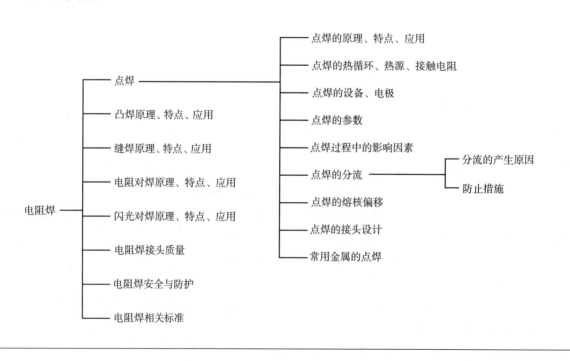

第 ⑬ 章

激光焊、电子束焊和等离子弧焊

编写：李俐群　王厚勤　蔡笑宇

本章介绍激光焊、电子束焊和等离子弧焊 3 种高能束焊接，以每种焊接方法的基本概念、原理、设备与工艺介绍为主，结合其焊接特点，重点介绍各焊接工艺，包括主要工艺参数、接头形式、典型材料的焊接和安全防护等内容，以及这 3 种焊接方法的对比。

13.1 激 光 焊

13.1.1 激光的基本特征

13.1.1.1 光束的物理特征

激光最显著的特性是单色性好、方向性好、亮度高、相干性好。

正因为激光的单色性和相干性，光束能量才可以汇聚到一个相对较小的点上，使得工件上的功率密度（激光功率/焦点面积）能达到很高（$10^7 W/cm^2$ 以上）。

13.1.1.2 激光的产生原理

处于高能级的粒子受到一个能量为 $hv = E_2 - E_1$ 光子的作用，从 E_2 能级跃迁到 E_1 能级并同时辐射出与入射光子完全一样（频率、相位、传播方向、偏振方向）的光子的过程，称为受激辐射。激光的产生就是基于受激辐射原理。

当某种物质受到外界能量的激励处于非热平衡状态时，就有可能实现粒子数反转，产生受激辐射的光放大，这种物质称为激光活性介质。将激光活性介质放入一个正反馈系统中，就可以使受激辐射光子多次通过激光活性介质，感应产生大量的同态受激辐射光子。这个正反馈系统就是光学谐振腔，通常由 2 个反射镜构成，它的主要作用有 3 个：第一，提供正反馈，使光能在谐振腔中通过多次反射实现稳定振荡，产生更多同态受激发射光子；第二，将腔内的一部分激光耦合输出；第三，保证激光的单色性和方向性。所采用的激光活性介质不同，将会产生不同波长的激光，而不同波长的激光与材料之间的耦合效应及其能量传输方法都会有所不同。

显而易见，一个激光发生器的核心部件包括使激光活性介质受激励的泵浦源、激光活性介质和光学谐振腔，粒子受激辐射与激光产生原理的示意图如图 13.1 所示。

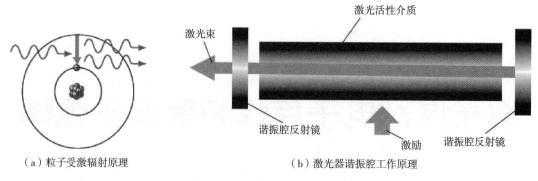

（a）粒子受激辐射原理　　　　　　（b）激光器谐振腔工作原理

图 13.1　激光产生的基本原理

13.1.1.3　工业激光器的种类与特性

目前常用的工业激光器有 CO_2 气体激光器、钇铝石榴石（YAG）固体激光器、半导体激光器和光纤激光器。根据激光波长和光束质量的不同，其应用特点也各不相同。如图 13.2 所示分别给出了几种不同工业激光器的工作原理与典型应用。

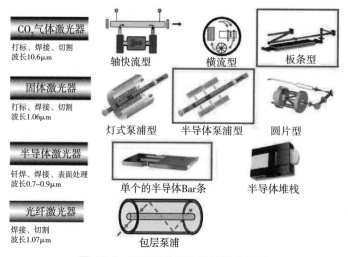

图 13.2　不同工业激光器的激励原理

CO_2 激光器发射光的波长为 $10.6\mu m$，电效率为 10%~15%。CO_2 激光器所使用的激光气体主要是氦气，同时也有部分 CO_2 气体、激光活性介质和氮气。根据气体的流动方向，CO_2 激光器可以分为轴流式和横流式，这为比较早期的产品。现在工业界应用主要是扩散式冷却大功率 CO_2 激光器（也称板条式 CO_2 激光器），采用的是大面积的电极放电，其散热效果更好。由于 CO_2 激光波长较大，只能采用反射镜进行传输，因此多与数控机床、专机配套使用。CO_2 激光的光束质量很好，可以进行精密的焊接与切割，但不适合加工高反射率的材料，如铝、铜。

Nd：YAG 固体激光器发射的波长为 $1.06\mu m$，通过气体放电灯来激励时，电效率约为 3%。激光活性物质钕（Nd^{3+} 离子）为钇－铝－石榴石（Y–A–G）组成的固态晶体。晶体为棒状时称为棒式 YAG 激光器；晶体为片状或碟状时，称为盘式 YAG 激光器（或 DISC 激光器）。大功率 YAG 激光器可采用氪弧光灯激励，也可通过激光二极管产生光学激励，与灯式泵浦激光器相比，二极管泵浦更优，可将光束质量和总效率提高 3 倍左右。YAG 激光可采用光纤进行传输，加工的灵活性更大，多与机器人配合使用，且在焊接高反射率材料时，与材料的耦合性更好。

半导体激光的波长为 0.7~0.9μm，以 GaAs 晶体为主的半导体结构内的电子空穴对复合时，可以在非常窄、非常薄的区域内产生几毫瓦功率的光。将许多这样的元件组合起来就可以形成一个激光条。要进一步提高功率，可以在每个激光条的上面再安装一些散热器，通常将这样的单元结构称为堆栈，采用专门的反射镜，将多个这样的堆栈合在一起，能够传输最大功率达万瓦级的激光。由于半导体光束由多个点阵结构的发光源排列组成，其光束能量为均匀分布，光斑形式也可根据需求设计为矩形、圆形和环形。大功率半导体激光器中发出的光束是非圆形的、散光度较高，且为非相干光束，因此此光束质量较其他激光器要差一些。比较适合用于做表面处理、激光熔覆、激光热导焊等。其波长短，与非金属材料也有较好的耦合性，因此也可以用于焊接聚合物。当前半导体激光器已广泛应用于通信、计算机等电子行业，在这些领域中，采用的都是毫瓦级的低功率激光器。近几年开发的大功率半导体激光器，可进行传统的激光材料加工，而且也开辟了一些尚未被注意甚至认为是不可能的新的应用领域。

光纤激光器发射的激光波长为 1.07μm，采用细长的掺稀土元素光纤作为激光活性介质，其表面积和体积比非常大。约为固体块状激光器的 1000 倍，在散热能力方面具有天然优势。中低功率情况下无须对光纤进行特殊冷却，高功率情况下采用水冷散热，也可以有效避免固体激光器中常见的由于热效应引起的光束质量下降及效率下降。光纤的波导结构决定了光纤激光器易于获得单横模输出，且受外界因素影响很小，能够实现高亮度的激光输出。商业化光纤激光器的总体电效率高达 25%，有利于降低成本，节能环保。由于光纤激光器采用细小而柔软的光纤作为激光活性介质，有利于压缩体积和节约成本。泵浦源也是采用体积小、易于模块化的半导体激光器，激光器一般可带尾纤输出，结合光纤布拉格光栅等光纤化的器件，只要将这些器件相互熔接即可实现全光纤化，对环境扰动免疫能力高，具有很高的稳定性，可节省维护时间和费用。光纤激光的光束品质好，光纤传输具有极好的柔韧性，结构紧凑、易于系统集成，易维护，其应用较为广泛，可用于材料的焊接、切割、增材制造、熔覆等多个领域。

如图 13.3 所示为不同高能束热源的焊接结果比较，由此可对不同激光器的光束质量有个大概的了解，可以看出，光纤激光焊的焊缝已经可以与真空电子束焊的结果相媲美，甚至更优。

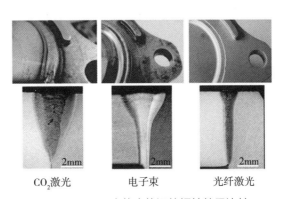

图 13.3　不同高能束热源的焊接结果比较

13.1.2　激光焊的特点

激光能量高度集中，加热、冷却过程极其迅速，一些普通焊接技术难以加工的，如脆性大、硬度高、柔性强的材料，用激光能很容易实施焊接。它还能使一些高热导率和高熔点金属快速熔化，完成特种金属或合金材料的焊接。在激光焊焊接过程中无机械接触，保证焊接部位不因热压缩而发生变形。与传统电弧焊方法相比，激光焊速度快、效率高、焊缝深宽比大、热影响区小，焊接变形小。

激光易于控制的特点使得其焊接工作能够更方便地实现自动化和智能化。采用大焦深的激光系统，还可实现特殊场合下的焊接，如由软件控制的远程焊接，高精密防污染的真空环境焊接等，这些特点是传统的焊接方法所不具备的。在汽车车体与底座、飞机机翼、航天器机身等一些特种材料的轻量化构件焊接中，激光焊正在取代传统焊接方法。

13.1.2.1　金属材料对激光的吸收特性

金属材料的激光加工主要是基于光热效应的热加工，激光辐照材料表面时，不同的功率密度下材料表面将发生各种不同的变化。这些变化包括表面温度升高、熔化、气化、形成匙孔以及产生光致等离子体等。而且，材料表面物理状态的变化极大地影响材料对激光的吸收，材料的气化是一个分界线。当材料没有发生气化时，不论处于固相还是液相，其对激光的吸收仅随表面温度的升高而有较慢的变化；一旦材料出现气化并形成等离子体和匙孔，材料对激光的吸收则会突然发生变化。

金属中存在密度很大的自由电子，自由电子受到光波电磁场的强迫振动而产生次波，这些次波造成了强烈的反射波和比较弱的透射波。由于自由电子密度大，透射波仅能在很薄的金属表层被吸收，所以金属表面对激光常有较高的反射率。对于从波长为 $0.25\mu m$ 的紫外光到波长为 $10.6\mu m$ 的红外光这个波段范围，光在各种金属内的穿透深度为 $10nm$ 数量级，其作用深度很浅。

金属对激光的吸收与波长、材料性质、温度、表面状况、偏振特性等一系列因素有关。图 13.4 所示为常用金属在室温下反射率与波长的关系曲线。可以看出，激光波长越短，金属吸收率越高，意味着加工效率越高。大部分金属在 $10.6\mu m$ 波长的红外光波段（CO_2 气体激光器）吸收率较低、反射强烈，而在 $1.06\mu m$ 波长红外光段（YAG 固体激光器、光纤激光器）的吸收率较高、反射较弱。对于铜、银等金属的加工，采用波长为 $0.4\sim0.5\mu m$ 的短波长绿光、蓝光激光器可以获得更好的效果。

13.1.2.2　激光焊的 2 种模式

根据激光焊焊接过程的不同物态变化与传热模式，一般激光焊分为热导焊和深熔焊 2 种模式，如图 13.5 所示。

当激光的入射功率密度较低时，工件吸收的能量不足以使金属气化，只发生熔化，此时金属的熔化是通过对激光辐射的吸收及热量传导进行的，这种焊接机制称为热导焊。由于没有蒸气压力作用，热导焊时熔深一般较浅，焊接过程也较稳定，多用于薄板的焊接。如图 13.6 所示为典型热导焊的焊缝形貌及其应用。

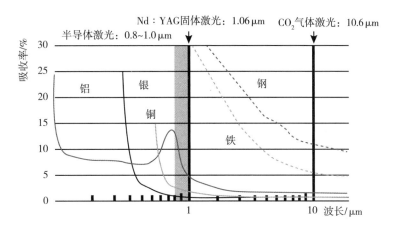

图 13.4　常用金属材料对激光吸收率与波长之间的关系

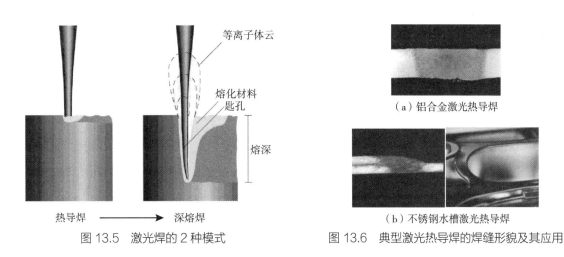

图 13.5　激光焊的 2 种模式

（a）铝合金激光热导焊

（b）不锈钢水槽激光热导焊

图 13.6　典型激光热导焊的焊缝形貌及其应用

当激光能量密度达到 10^7W/cm^2 以上时，入射的激光可以在极短时间内使加热区的金属气化，在液态熔池中形成一个匙孔。光束可以直接进入匙孔内部，通过匙孔的传热，获得较大的焊接熔深。质量极好的光束甚至可在 4×10^6 W/cm^2 的功率密度下就形成匙孔，这主要取决于激光功率密度分布特征。随着金属蒸气的逸出，在工件上方及匙孔内部形成等离子体，较厚的等离子体会对入射激光产生一定的屏蔽作用。由于激光在匙孔内的多重反射，匙孔几乎可以吸收全部的激光能量，再经过内壁以热传导的方式通过熔融金属传到周围固态金属中。当工件相对于激光束移动时，液态金属在小孔后方流动、逐渐凝固、形成焊缝，这种焊接机制称为深熔焊，也称匙孔焊，是激光焊中最常用的焊接模式。典型的深熔焊焊缝如图 13.7 所示。

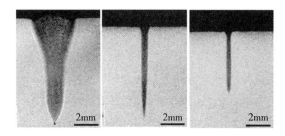

图 13.7　不同焊接速度下低碳钢深熔焊的焊缝形貌

13.1.2.3 激光焊的特点与主要问题

1. 激光焊的特点

激光焊是以聚焦激光束作为热源的一种焊接方法，与常规电弧焊相比，激光焊具有以下特点。

（1）聚焦后的激光具有很高的功率密度，焊接多以深熔方式进行。

（2）激光加热范围小，在相同功率及焊件厚度条件下，其焊接速度快。板越薄，焊接速度越快。

（3）焊接能量输入少，故焊缝及热影响区窄，焊接残余应力和变形小。

（4）设备投资大，对待焊零件的加工和组装精度要求高。

（5）可以通过光束成形技术，实现双光束焊、摆动光束焊，灵活调节焊接热场。

2. 激光焊的主要问题

（1）气孔。气孔是激光深熔焊的主要缺欠之一。气孔产生的原因比较复杂，激光焊焊接过程中一些高挥发性的合金元素（如硫、磷）从熔池中挥发出来，会导致气孔的产生；熔池冷却速度过快，使得氢元素的溶解度降低而析出，会形成细小的氢气孔；焊接过程中匙孔不稳定，容易从匙孔尾部甩出气泡，熔池凝固过程中来不及逸出也会形成气孔。此外，焊接过程中匙孔的坍塌以及熔池金属来不及在匙孔内完成回填，还有可能形成较大尺寸的缩孔。焊接过程中合理控制氢氧源、稳定匙孔和合理选择保护气体及其气流量控制都可以一定程度上减少气孔的形成。

（2）裂纹。激光焊焊接过程中可能形成的裂纹有热裂纹、凝固裂纹、液相裂纹、冷裂纹等。激光焊焊接过程中熔池冷却速率非常快，容易使焊缝金属产生成分偏析、较高的应力和应变，从而增大裂纹倾向。通常合适地选择焊缝金属的合金成分、避免高速焊接、防止应变速率快速增大都可以缓解裂纹的产生。材料的含碳量是一个非常重要的影响参数，对材料的脆化、微裂纹和疲劳强度都会有影响。过高的冷却速度，使得在焊接高碳钢时，冷裂纹倾向增大，增加材料在疲劳和低温条件下的脆断倾向。一般含硫量高于 0.04%，或含磷量高于 0.04% 的钢激光焊焊接时易产生裂纹。

13.1.2.4 激光焊主要影响因素与接头设计

1. 激光焊的主要影响因素

如图 13.8 所示，主要有以下几方面因素影响激光焊焊接过程。

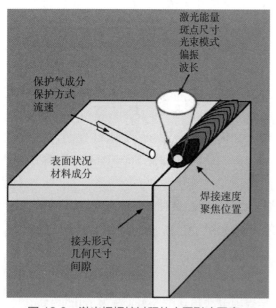

图 13.8 激光焊焊接过程的主要影响因素

（1）光束特性：激光能量、脉冲或连续、光斑尺寸和模式、偏振、波长等。

（2）焊接特性：焊接速度、聚焦位置、接头几何尺寸、间隙等。

（3）保护气特性：气体成分、保护方式、压力、流速等。

（4）材料特性：材料组分、表面状态等。

2. 激光焊的接头设计

由于激光焊的功率密度大，可以获得大深宽比的焊缝，且焊接位姿可以灵活调节，使得激光焊的接头设计与电弧焊、电子束焊相比具有更大的设计空间，这对于结构的轻量化设计、强度设计、外形设计等具有极大优势。一般来说，在充分考虑产品结构设计的前提下，激光深熔焊时接头的设计还应考虑有利于匙孔的形成与焊接过程的稳定性。图 13.9 给出了激光焊的一些典型接头形式。

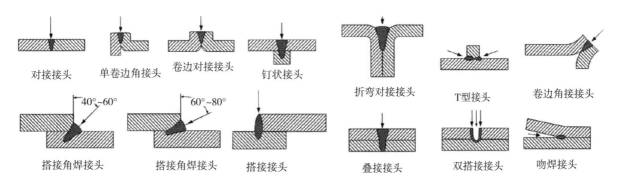

对接接头　　单卷边角接头　　卷边对接接头　　钉状接头　　　折弯对接接头　　T型接头　　卷边角接头

搭接角焊接头　　搭接角焊接头　　搭接接头　　　叠接接头　　双搭接接头　　吻焊接头

图 13.9　激光深熔焊的典型接头形式

13.1.2.5 典型材料的激光焊特性

激光焊的主要问题是裂纹敏感性、气孔、热影响区脆化和较低的吸收率等，异种材料之间的焊接还有可能存在脆性金属间化合物的问题。

从激光焊来看，合金元素的挥发对焊接性的影响非常重要，焊接过程中一些高挥发性的合金元素从熔池中挥发出来，会导致气孔的产生，而且很可能产生咬边。此外，激光焊的冷却速度很快，材料的含碳量就成为一个非常重要的影响参数，对材料的脆化、微裂纹和疲劳强度都会有影响。

1. 不锈钢

不锈钢的激光焊性能一般都较好。不过对于奥氏体不锈钢，由于加入硫、硒等元素以提高机械性能，凝固裂纹的倾向有所增加。奥氏体不锈钢的导热系数只有碳钢的 1/3，吸收率比碳钢略高，因此奥氏体不锈钢能获得比普通碳钢稍微深一点的焊接熔深（深 5%~10%）。一般来说，Cr/Ni 当量大于 1.6 时，奥氏体不锈钢较适合激光焊，Cr/Ni 当量小于 1.6 时，热裂纹倾向就会很高。

激光焊焊接铁素体不锈钢时，其韧性和延展性通常比其他焊接方法要高。由于熔化焊过程中马氏体的相变和晶粒的粗化，接头强度和抗腐蚀性降低，但相对而言，激光焊比常规弧焊的影响要低。与奥氏体和马氏体不锈钢相比，用激光焊焊接铁素体不锈钢产生热裂纹和冷裂纹的倾向最小。

在不锈钢中，马氏体不锈钢的焊接性最差，焊接接头通常硬而脆，并伴有冷裂倾向。在焊接含碳量大于 0.1% 的不锈钢时，预热和回火可以降低裂纹和脆裂的倾向。

2. 碳钢

低碳钢和低合金钢都具有较好的焊接性。碳当量较低的钢焊接性较好，碳当量超过 0.3% 的材料，焊接的难度将会增加，且冷裂纹倾向也会加大，增加了材料疲劳断裂或在低温条件下的脆断倾向。对于碳当量超过 0.3% 的材料，若在接头设计中考虑到焊缝的一定收缩量，有利于降低焊缝和热影响区残余应力和裂纹倾向。含硫量高于 0.04% 或含磷量高于 0.04% 的钢激光焊焊接时也易产生热裂纹。减小冷却速度和采用脉冲激光焊减少热输入量，均有利于减少热裂纹的产生。

镇静钢和半镇静钢的激光焊性能较好，因为材料在浇注前加入了铝、硅等脱氧剂，使得钢中含氧量降到很低程度。如果钢没有脱氧（如沸腾钢），就不利于激光进行焊接，除非钢中的含氧量原本就很低，否则气体逸出过程中形成的气泡很容易导致气孔的产生。

3. 铝合金

铝合金的反射率较高，导热系数较大，因此铝合金激光焊需要相对较高的能量密度。铝合金不适合采用长波长的 CO_2 气体激光焊来进行焊接，多采用较短波长的 Nd：YAG、光纤等固体激光器进行焊接，与材料的耦合性能更好一些。

除了能量密度的问题，铝合金激光焊还有 3 个比较重要的问题需要解决，分别为气孔、热裂纹和焊缝不规则性。激光焊焊接过程熔池的冷却速度很快，氢因在液态金属中的溶解度降低而排出，凝固后在焊缝中形成氢气孔；另外，金属表面的氧化膜在焊接过程中也会溶解到熔池中，导致气孔的产生和焊缝的脆化，焊接前可通过机械方法或化学方法除去这些氧化膜。一些铝合金的焊接熔池在凝固过程中可能产生热裂纹，从而导致焊缝机械性能下降，裂纹的形成与冷却时间（或焊接速度）有关，同时也与焊缝保护程度密切相关。焊缝金属会氧化形成 Al_2O_3 和 AlN，这两种物质一方面会成为微裂纹扩展的裂纹源，另一方面会造成焊缝的污染（Al_2O_3 是白色的，而 AlN 是黑色的）。焊缝的不规则性是指焊道粗糙、鱼鳞纹不均匀、边缘咬边和根部不规则等，造成焊缝不规则主要是由匙孔的不稳定性造成的，液态铝合金的表面张力较低，在蒸气的反作用下匙孔壁易塌陷，从而影响焊接过程的稳定性和焊缝的表面成形。

激光填丝焊焊接方法等可有效避免热裂纹和咬边的产生，并能降低焊缝的不连续性，而且焊接过程中填充金属也能降低对焊接接头装配精度的要求，提高接头强度。此外，采用激光 – 电弧复合热源焊焊接铝合金、双光束焊焊接、摆动光束焊焊接铝合金也可有效降低气孔率、减少裂纹，获得平滑的焊缝表面成形。

4. 钛合金

钛合金比较适合用激光焊，可获得高质量、塑性好的焊接接头。但是钛对氧化很敏感，对由氧气、氢气、氮气和碳原子所引起的间隙脆化也很敏感，所以要特别注意焊接区的清洁和气体保护问题。在常温下钛合金是比较稳定的，但是随着温度的升高，氧气、氮气和氢气等气体在钛合金中的溶解度也随之明显上升。钛从 250℃开始吸收氢气，从 400℃开始吸收氧气，从 600℃开始吸收氮气。空气中含有大量氮气和氧气使得钛合金在焊接时容易受到杂质的污染。一般钛合金焊接时用高纯度的氩气进行焊接，其纯度不应低于 99.9%，或采用专门的保护拖罩对高温区范围进行严格保护，否则容易出现表面氧化、气孔等缺欠。

钛合金对热裂纹一般不十分敏感，但是焊接时易在接头的热影响区出现延迟裂纹，氢气是引起这种裂纹的主要原因。防止这种裂纹产生的方法，主要是减少焊接接头上氢气的来源，必要时也可进行真空退火处理，以减少焊接接头的含氢量。

13.1.3　激光焊焊接技术的应用与发展

激光焊的优势已经是众所共知，近年来，随着激光器成本的大幅降低，激光功率与光束质量的不断提高，以及智能化、绿色制造技术的应用推广，工业界越来越多地采用激光焊焊接技术进行产品的升级。激光焊焊接技术也由最初单一的激光焊发展出多能场复合焊接技术、基于光束成形技术的多光束焊接与摆动光束焊接等，大大放宽了对工件装配精度的要求，同时也很好地解决了上述提到的各种焊接问题。

13.1.3.1 激光－电弧复合热源焊

激光－电弧复合热源焊技术，有时也称电弧辅助激光焊技术，主要目的是有效利用电弧热源，以减小激光的应用成本，降低激光焊的装配精度。激光－电弧复合热源焊技术最初由英国学者 W.Steen（斯蒂恩）教授于 20 世纪 70 年代末期首次提出，其主要思想就是有效利用电弧能量，在较小的激光功率条件下获得较大的焊接熔深，同时提高激光焊对焊缝间隙的适应性，实现高效率、高质量的焊接过程。

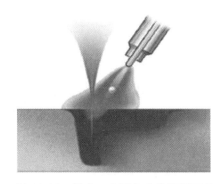

图 13.10　激光－电弧复合热源焊原理

1. 激光－电弧复合热源焊特点

激光－电弧复合热源焊指将激光与电弧共同作用一个熔池实施焊接的方法，其焊接原理与典型的焊缝形貌如图 13.10 和图 13.11 所示，复合使得 2 种热源既充分发挥了各自的优势，又相互弥补了对方的不足，从而形成了一种高效的热源。激光与电弧相互作用形成的是一种增强适应性的焊接方法，它避免了单一焊接方法的缺点与不足，既可以获得较大的焊接效率，又可以显著提高对间隙、错边

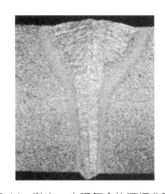

图 13.11　激光－电弧复合热源焊典型焊缝

等装配工况的适应性。该方法集合了激光焊大熔深、高焊速、小变形的特点，又具有间隙敏感性低、焊接适应性好的特点。

其优势主要体现在：可降低焊件装配要求，间隙适应性好；利于减小气孔倾向；可以在较低激光功率下获得更大的熔深和更高的焊接速度，降低成本；电弧对等离子体有稀释作用，可减小对激光的屏蔽效应；同时激光对电弧有引导和聚焦作用，提高焊接过程的稳定性；利用电弧焊的填丝可改善焊缝成分和性能，对焊接特种材料或异种材料有重要意义。

2. 激光－电弧复合热源焊种类

根据激光与电弧相对位置不同，有旁轴复合与同轴复合之分，旁轴复合是指激光束与电弧以一定角度作用在工件的同一位置，即激光可以从电弧前方送入，也可以从电弧后方送入。同轴复合是指激光与电弧同轴作用在工件的同一位置。图 13.12 所示为 2 种典型的激光－电弧复合热源焊接头外形，在工业应用中，更多的还是采用激光－电弧旁轴复合焊接头，更方便进行集成，以及可进行激光与电弧间距之间的灵

（a）激光－电弧旁轴复合焊接头（b）激光－电弧同轴复合焊接头

图 13.12　2 种不同类型的激光－电弧复合热源焊接头

活调节。

根据电弧种类的不同，激光－电弧复合焊焊接方法一般包括激光－MIG/MAG 电弧复合热源焊、激光－TIG 电弧复合热源焊、激光－等离子弧复合热源焊等。激光焊与激光－复合热源焊的焊缝比较如图 13.13 所示。

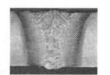

（a）激光焊　　　　　　　　（b）激光 –TIG 电弧复合热源焊　　　　　（c）激光 –MIG 电弧复合热源焊

图 13.13　激光焊与激光－电弧复合热源焊的焊缝对比（对接间隙 0.2mm）

（1）激光 –MIG/MAG 电弧复合热源焊。它是目前应用最为广泛的一种复合热源焊焊接方法，在汽车工业、造船等领域都有应用。激光–MIG/MAG 电弧复合热源焊利用 MIG/MAG 焊填丝的优点，在提高焊接熔深、增加适应性的同时，还可以改善焊缝冶金性能和微观组织结构。但由于激光–MIG/MAG 电弧复合热源焊存在送丝与熔滴过渡等问题，所以绝大多数都是采用旁轴复合方式进行焊接。与激光 –TIG 电弧复合热源焊相比，激光 –MIG/MAG 电弧复合热源焊具有较强的活力，可焊接的板厚更大、焊接适应性更高。特别是由于 MIG/MAG 电弧具有方向性强以及阴极雾化等一些特殊优势，尤其适合于大厚板以及铝合金等难焊金属的焊接。

（2）激光–TIG 电弧复合热源焊。TIG 电弧焊为非熔化极焊，因此与激光进行复合焊接时工艺过程控制较激光–MIG/MAG 电弧复合热源焊更加容易些。激光焊匙孔对 TIG 电弧根部有很强的吸引力，可对电弧起到"钉扎"作用，即使在较高的焊接速度下，也可以保证电弧的稳定性，焊缝成形美观，减少了气孔、咬边等焊接缺欠的产生。因此，激光–TIG 电弧复合热源焊多用于薄板高速焊接，或不等厚材料对接焊，在焊接较大间隙的平板时，也可采用填充金属。有时在厚板窄间隙填丝焊时为提高焊接过程稳定性，也采用激光 –TIG 复合填丝焊。

（3）激光－等离子弧复合热源焊。等离子弧具有刚性好、温度高、方向性强、电弧引燃性好、加热区窄、对外界的敏感性小等优点，非常利于进行复合热源焊接。与激光复合进行薄板对接、不等厚板连接、镀锌板搭接、铝合金焊接、切割和表面合金化等方面的应用都获得了良好的效果。

3. 激光－电弧复合热源焊焊接技术的应用

当前工业界应用较多的激光－电弧复合热源焊焊接技术还是激光–MIG/MAG 电弧复合热源焊焊接方法。几十年来，研究工作者一直在探索利用激光焊厚板，但是严格的装配要求、大功率激光的高成本限制了激光焊的应用。采用激光－电弧复合热源焊不仅可以进行厚板深熔焊接，而且对焊缝的边缘准备情况、焊缝对中性和焊缝间隙有很好的适应性。激光–MIG/MAG 电弧复合热源焊焊接技术在舰船、容器、管道、汽车、铁路车辆、航空航天等领域中都有应用。

造船工业中，多是采用 GMAW 焊或埋弧焊方法制造侧墙板和甲板，焊接过程由于热输入量大、热影响区较宽，钢板容易产生翘曲变形，导致后序的校形工作量较大，增加了生产成本，大大降低了工作效率。而且，采用 GMAW 焊时，由于单道焊熔深较浅，进行双面焊时还必须旋转沉重的钢板结构件，增加了装配与变位机构的复杂度。相比于激光焊方法，激光－电弧复合热源焊的搭桥能力得到显著加强，接头间隙最大可以放宽至1mm，这也大大减小了船舶建造中焊前装配的工作量和加工成本。采用激光－电弧复合热源焊焊接技术在船体制造中的应用，增加了焊接速度、放宽了对接头间隙的敏感性、降低焊接变形、提高焊接质量。并且可以很好地焊接热轧状态的高强钢，这在一般焊接条件下是不可行的。21 世纪初，欧洲的几大造船厂将激光-MAG 电弧复合热源焊焊接技术应用于船体结构的高效焊接中，包括加强筋角焊缝焊接、甲板对接焊缝焊接等，并建立了多条激光－电弧复合热源焊焊接生产线。图 13.14 所示为船体加强筋角焊缝的激光-MAG 电弧复合热源焊单面焊过程及其接头形貌。

图 13.14 船体加强筋的激光-MAG 电弧复合热源焊接

管线多为中厚壁钢材料,15mm 壁厚以内可以采用激光－电弧复合热源焊方法实现单道全熔透焊接，较传统电弧焊方法焊接效率大大提升。试验表明，焊接方向（向上或向下）对复合焊接的焊缝质量影响不大，对装配过程中可能出现的错边、间隙等问题都可以很好地适应。近年来，很多国家都逐步将激光－电弧复合热源焊焊接技术应用在陆地或海上管道的焊接中。图 13.15 所示为激光－电弧复合热源焊在管线环缝、纵缝焊接中的应用情况。

  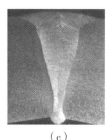 

（a） （b） （c） （d）

（a）环缝全位置焊接 （b）纵缝焊接 （c）12mm 厚不锈钢管线的高质量焊接 （d）错边 2mm 的 10mm 厚不锈钢管线对接接头

图 13.15 激光－MAG 电弧复合热源焊管线

铁路机车主要由下支架钢板、外骨架钢板和侧钢板组成。目前，侧钢板焊接主要采用埋弧焊工艺，焊接产生的较大残余应力容易使整个钢板发生扭曲变形和每条焊缝发生角变形，焊接变形是许多构件制造中的一个突出问题。将激光－电弧复合热源焊焊接技术引入铁路机车的焊接中，可有效消减侧板的焊接变形，提高生产效率、降低劳动成本。据估计，采用激光－电弧复合热源焊代替传统埋弧焊工艺，至少可以减少 20% 的制造时间。A6N01S–T5 和 Al–Mg–Si 合金因其良好的挤压特性被广泛用于客车挤压成形部件，焊接过程如果受热作用超过 320℃后，冷却缓慢则容易生成 Mg_2Si，降低接头性能。激光-MIG 电弧复合热源焊可解决这一难题，热输入较少，作用区域范围小以及较快的冷却速度都符合其要求。图 13.16 所示为轨道客车挤压铝合金激光－电弧复合热源焊焊接的部件及其焊缝形貌。利用激光-MIG 电弧复合热源焊焊接 3mm 厚的 6 系铝合金，其焊接速度可达到 5m/min，间隙的适应能力达到 1.5mm 以上。

图 13.16　激光-MIG 电弧复合热源焊轨道机车的铝合金挤压成形结构

复合焊接技术应用到汽车方面，其主要目的就是获得高焊接速度、低热输入量、小变形以及良好的焊缝力学性能。复合热源焊焊接技术用于汽车底板搭接接头的焊接，不仅可以减少焊接部件的变形，抑制下凹或者焊接咬边等焊焊接缺欠出现，而且还可以进一步提高焊接速度。搭接接头广泛应用于汽车白车身制造中，车身一般多采用镀锌钢板和铝合金。在焊接过程中，由于车门接头形式各异，激光 – 电弧复合热源焊焊接并不适用于车门上的所有焊缝。在接头装配间隙很大的位置，具有良好桥接能力的 MIG 焊比激光焊或复合焊更有优势；反之在接头间隙非常小的焊缝，热能集中，焊速快的纯激光焊是最好的方案。采用一套激光-MIG 电弧复合热源焊焊接系统装置就可以同时实现上述 MIG 焊、激光焊和激光-MIG 复合焊 3 种工艺，关闭 MIG 焊时，系统就成为激光焊；反之关闭激光则成为 MIG 焊。图 13.17 所示为焊接较大间隙搭接接头时，激光 – 电弧复合热源焊与激光焊焊接方法的比较，可以看出，此时激光 – 电弧复合热源焊焊接方法表现出更好的搭桥能力。

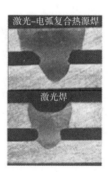

图 13.17　汽车车门激光 – 电弧复合热源焊与激光焊焊接方法的比较

13.1.3.2　多光束激光焊

激光深熔焊时，焊缝常常会出现气孔、表面针孔、咬边、驼峰等缺欠，而这些缺欠的产生大多与匙孔的稳定性有关。为提高焊接过程的稳定性，双光束多光束激光焊焊接技术越来越多地应用于工业界。与常规的单光束焊相比，双光束焊可以在熔池中建立一个更大的匙孔，提高匙孔稳定性、降低熔池冷却速率，而且在高速焊时可以有效抑制驼峰的形成。

1. 双光束激光焊特点

双光束激光焊意味着在焊接过程中同时使用两束激光，光束排布方式、光束间距、两束光所成的角度、聚焦位置以及两束光的能量比都是双光束激光焊中的相关设置参数。根据光束间距的不同，双光束激光焊可分为 3 种机制，如图 13.18 所示。

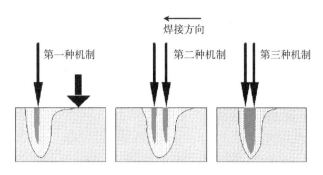

图 13.18　双光束激光焊机制示意图

第一类焊接机制中，两束光的间隔距离较大，一束光的能量密度较大，聚焦于工件表面，用于在焊接中产生匙孔；另一束光能量密度较小，只作为焊前或焊后热处理的热源。采用这种焊接机制，焊接熔池的冷却速度在一定范围内可以控制，有利于焊接一些高裂纹敏感性的材料，如高碳钢、合金钢等，同时可以提高焊缝的韧性。第二类焊接机制中，两束光焦点间距相对较小。两束光在一个焊接熔池中产生两个相互独立的匙孔，使得液态金属的流动模式发生改变，有助于防止咬边、焊道凸起等缺欠的产生，改善焊缝成形。第三类焊接机制中，两束光间距很小，此时两束光在焊接熔池中产生同一个匙孔。与单束激光焊相比，由于此匙孔尺寸变大，不易闭合，焊接过程更加稳定，气体也更容易排出，有利于减少气孔、飞溅，获得连续、均匀、美观的焊缝。

双光束系统中光束排布可以是并行的，也可以是串行的，如图 13.19 所示。采用并行的双光束可以增加光束对间隙的适应性，提高搭桥能力；采用串行的双光束可以降低熔池冷却速率，减少了焊缝的淬硬性倾向和气孔的产生。

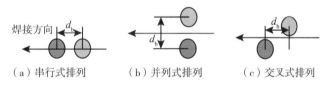

（a）串行式排列　　　（b）并列式排列　　　（c）交叉式排列

图 13.19　双光束排布方式

2. 双光束激光焊焊接技术的应用

由于铝合金材料特殊的性能特点，采用激光焊存在的困难有：铝合金对激光的吸收率较低，铝合金激光焊焊缝易产生气孔、裂纹；焊接过程合金元素烧损等。采用单激光焊焊接时，匙孔建立较难，且不易保持稳定。双光束激光焊焊接时可以增大匙孔尺寸，使得匙孔不易闭合且有利于气体排出，同时可以降低冷却速率，减少气孔和焊接裂纹的产生。由于焊接过程更加稳定，飞溅量减小，所以双光束激光焊焊接铝合金获得的焊缝表面成形也明显优于单光束激光焊，如图 13.20 所示。

镀锌钢板是汽车工业中最常用的一种材料，钢的熔点在 1500℃左右，而锌的沸点只有 906℃，因此采用熔焊方法，通常会有大量的锌蒸气产生，造成焊接过程不稳定，在焊缝中形成气孔。对于搭接接头，镀锌层的挥发不仅发生在上下表面，同时也出现在接头结合面处，因此焊接过程中有的区域锌蒸气快速喷出熔池表面，有的区域锌蒸气又难以逸出熔池表面，焊接质量很不稳定。双光束激光焊可以解决锌蒸气带来的焊接质量问题，如图 13.21 所示，通过合理匹配两束光的能量来控制匙孔尺寸、熔池存在时间和冷却速度，以利于锌蒸气的逸出，防止其滞留在熔池内形成缺欠。

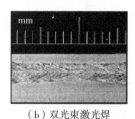
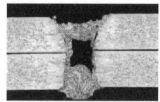

（a）单光束激光焊　　　（b）双光束激光焊　　　（a）常规单光束激光焊　　　（b）双光束激光焊

图 13.20　铝合金全熔透对接接头　　　图 13.21　镀锌钢板搭接接头单光束激光焊与双光束激光焊比较

　　在工业生产中，经常需要将两块或者多块不同厚度、不同形状的金属板材焊接起来制成一块拼接板材，如图 13.22 所示，特别是在汽车生产中，拼焊板的应用越来越广泛。通过把不同规格、表面镀层或性能不同的板材焊接起来，由此可提高强度、降低耗材、减轻重量。拼板焊接中通常采用激光焊焊接不同厚度的板材，一个主要问题就是必须将待焊板材预制成具有高精度的边缘，并保证高精度的装配。采用双光束激光焊焊接不等厚板，可以适应板材间隙、对接部位、相对厚度和板件材料的不同变化，可焊接具有更大边缘和缝隙公差的板件，提高焊接速度和焊缝质量。

图 13.22　双光束激光焊焊接不等厚板

13.1.3.3　激光扫描焊

　　激光扫描焊与传统激光焊的主要区别是激光束定位的方法不一样。其工作原理是激光束以脉冲或连续模式入射到扫描振镜的两个反射镜上，这两个反射镜可分别沿 X 轴和 Y 轴扫描，计算机控制反射镜的角度，实现激光束的任意偏转，使具有一定功率密度的激光光斑聚焦在加工工件表面的不同位置，实现焊接功能。在大范围扫描焊接中，为了纠正振镜扫描聚焦平面上的枕形畸变，激光束在入射到振镜系统前需通过动态聚焦模块，或者采用 f–θ 聚焦镜对光束进行聚焦，保证工件水平面上激光功率密度相等。所以，按照激光的聚焦方式，激光扫描焊可分为动态聚焦式（在光束进入振镜前被聚焦）和 f–θ 镜聚焦式（光束从振镜出来后再聚焦）。使用动态聚焦模块与 f–θ 聚焦镜之间的差别主要是动态聚焦单元的聚焦光斑大，更适用于扫描范围比较大的场合。

　　扫描范围比较大的焊接也被称之为远程焊接（Remote Welding），远程激光焊一般采用长焦聚焦光学系统，光学系统中的两个反射镜片通过电机控制，在计算机程序指令下，可以瞬间从一个焊接点移动到另一个焊接点，覆盖一个较大的加工范围，在短时间内焊接多条焊缝。其工作原理及应用如图 13.23 所示。

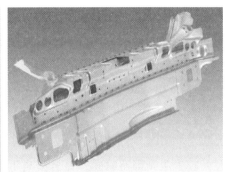

（a）3D 扫描振镜工作原理　（b）远程激光焊焊接过程　（c）远程激光焊焊接的汽车车体部件

图 13.23　扫描振镜工作原理及其远程焊接应用

远程激光焊可以实现焊接速度在 20m/min 之内的加工，最大可以实现 2m 远的长距离焊接，加工范围一般在直径 500mm 的范围之内，根据光束质量不同其加工范围与距离各异。为有效增大加工范围，实现较大零件的快速加工，扫描振镜可以与机器人或线性轴组合，集成为自动化激光加工系统，如图 13.24 所示。

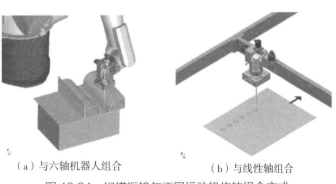

（a）与六轴机器人组合　　　　　　　　（b）与线性轴组合

图 13.24　扫描振镜与不同运动机构的组合方式

图 13.25（a）所示为扫描振镜与线性轴组合焊接的 2D 焊缝零件，如图 13.25（b）所示为扫描振镜与机器人组合焊接的 3D 焊缝零件。

（a）典型的 2D 零件焊接　　　（b）典型的 3D 零件焊接

图 13.25　激光扫描焊方法焊接的典型零件

焊点之间的距离越大，工件上的焊点数量越多，优势越明显。在大多数工业激光焊应用中，平均焊接时间相对于装载和配置整个系统的时间是很小的，大部分焊接时间只占到一个处理周期的 20%~50%。而采用这种最新的激光焊焊接技术大大减少了非生产性时间，焊接时间可以增加到

90%。采用高速扫描振镜，高品质工业控制计算机，配合专业图形加工软件，不需移动工件，快速、精确焊接扫描范围内的任意点，可比传统焊接速度提高 5 倍以上。因此，振镜扫描式的远程激光焊焊接技术可以为客户提供更快的焊接速度、更高的焊接质量和更好的经济性。

远程激光焊作为一种新型的、非接触式的焊接方法，目前正在成为取代传统汽车白车身上电阻点焊的一种手段。

与传统激光焊相比，远程激光焊具有下列优点。

（1）大大减少激光等待时间，显著提高生产效率。焊接生产中，真正增加激光器有效工作时间措施是大幅降低激光的等待时间。远程激光焊焊接过程激光可以通过振镜摆动快速到达指定位置，因此焊接不同焊点之间的寻位间隔时间就大大缩短。对于白车身上相同数量的焊点，远程激光焊所需要的时间仅为传统电阻点焊的 1/5。

（2）可定制化焊缝形状，优化部件强度。可以针对零部件的特殊服役需求，设计特殊的焊缝形状。例如，目前在汽车工业中广泛应用 S 型焊缝和 C 型焊缝，跟传统的线性焊缝相比，其焊接强度有显著提高。

（3）可以实现大功率高速焊。常规激光焊受制于机械手臂移动速度的限制，最高焊速通常只能达到 6m/min，而远程激光焊激光束的移动依赖于扫描振镜的旋转，焊速几乎没有上限。高焊接速度带来的是生产效率的提高，然而受制于激光功率的限制，通常所应用的最快焊速能够达到 20m/min。

（4）可以实现多方位焊接。常规激光焊受限于焊接距离和光学系统的干涉，无法实现灵活工位的焊接。远程激光器的出现，大大增加了激光头与工件之间的距离，为多方位焊接的实现提供了可能。

激光扫描焊的另外一个应用是利用扫描光束可以在一定的范围内以一定速度、一定运动轨迹作用在焊接区，在熔池中形成一个快速运动的匙孔，以此来达到对焊接熔池的温度场、流场分布产生影响。

通过两个反射镜的配合，可设计圆形、椭圆形、线性的光束形状，一般光束的摆动幅值最大为 2mm 左右，主要用于快速移动匙孔，改善熔池流动、冶金性能、热输入与凝固行为等。例如，在异种材料焊接中改善冶金性能、铝合金焊接中通过改善熔池流动行为而降低焊缝气孔率，厚板窄间隙焊接中有效解决侧壁熔合问题等，其摆焊工作原理及典型的应用如图 13.26 至图 13.29 所示。

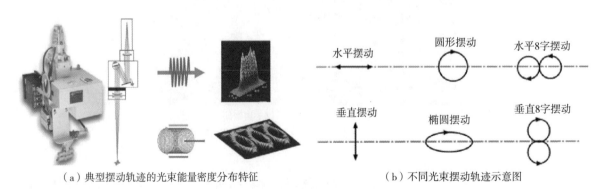

（a）典型摆动轨迹的光束能量密度分布特征　　　　（b）不同光束摆动轨迹示意图

图 13.26　摆动激光焊的工作原理

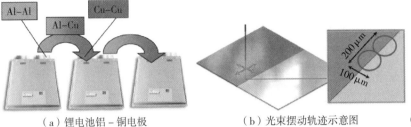

（a）锂电池铝‐铜电极　　　　（b）光束摆动轨迹示意图　　　　（c）铝‐铜异种材料摆动焊接头形貌

图 13.27　锂电池铝‐铜电极摆动激光焊

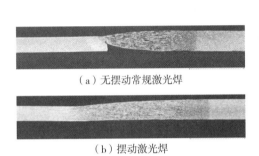

（a）无摆动常规激光焊

（b）摆动激光焊

图 13.28　不同焊接方法的对接接头焊缝比较

图 13.29　风力发电吊机臂高强钢厚板摆动激光填丝多层焊

13.1.3.4　激光钎焊

激光钎焊即以激光为热源的钎焊技术，利用激光束优良的方向性和高功率密度特点，通过光学系统将激光束聚集在很小的区域，很短的时间内在接头处形成一个能量高度集中的局部加热区，熔化填充钎料，与母材润湿，完成零件的连接。激光钎焊焊接过程中，钎料是以焊丝形式自动送入，熔化后在母材表面润湿铺展，如图 13.30 所示。与传统的炉中钎焊不同，激光钎焊的优势是局部加热，热作用区精准，可以有效避免加热过程中对母材材料特性的不利影响；其缺点是激光束运动速度较快，母材温度低，钎料的润湿铺展速度与时间受限。为提高激光作用于母材与焊丝上的有效热源尺寸，提高钎料的润湿性，改善焊缝成形，双光束激光、摆动光束越来越多地应用于激光钎焊中。

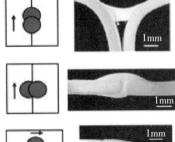

（a）激光钎焊的工作原理　　　　　　　　（b）双光束激光钎焊的接头形貌

图 13.30　激光钎焊原理及接头形式

激光钎焊技术多用于汽车工业中镀锌板的连接，采用铜合金为钎料，解决传统熔焊方法由于产生锌蒸气而导致诸如焊缝气孔过多、成形不好等方面的问题。采用激光钎焊获得的焊缝不仅可满足表面质量要求，而且大大提高了生产效率，降低了焊后清理要求，加工速度为5m/min以上，如图13.31所示为激光钎焊技术在汽车上的应用。

（a）焊缝外观　　　　　　　　　（b）激光钎焊焊接的汽车部件

图13.31　激光钎焊焊接的汽车后备厢盖

13.1.3.5　激光熔钎焊

随着汽车、航空航天、轨道交通等行业轻量化构件应用需求的剧增，异种金属材料组成的复合型构件越来越多地应用于新结构与新产品中，如铝－钢、铝－钛、铝－镁等。激光熔钎焊技术是实现异种金属复杂构件可靠连接的最佳方案。在进行铝－钢异种材料的焊接时，由于铝和钢彼此固溶度低且易发生反应生成大量的脆性金属间化合物，严重损害接头的性能，所以传统的熔焊方法无法实现铝－钛、铝－钢的连接，采用熔钎焊的方式则能避免这些问题。如图13.32所示的激光熔钎焊铝－钛异种金属焊接过程，通过控制激光能量的输入，在钛合金保持固相的同时实现焊丝和铝合金母材熔化，避免了大量金属间化合物的生成，即在钛合金一侧形成钎焊接头，在铝合金一侧形成熔焊接头。激光熔钎焊可适用对接、搭接和卷接等多种形式接头，且工件的尺寸不受影响。

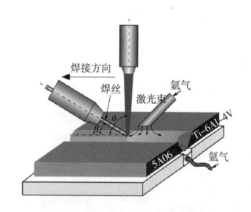
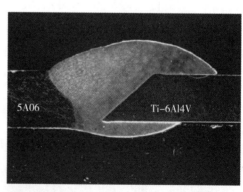

图13.32　激光熔钎焊铝－钛异种金属原理及典型接头形貌

激光作为熔钎焊的热源具有独特优势：第一，激光具有极快的加热与冷却速度，有效地减少了钎焊接头的液态金属与固态金属的相互作用时间，大大降低了金属间化合物的长大倾向。第二，由于激光光斑可调制成各种形状，可以精确地调整两种母材的能量分配。第三，由于激光的加热位置不受外界的影响，可实现对熔化位置的精确控制。随着激光在工业应用中的普及，激光熔钎焊也越来越多地被运用到异种金属的连接中。

激光熔钎焊焊接异种金属具有能量密度高、升温和冷却速度快、熔化位置控制精确、焊后变形小、自动化程度高等优势，特别适用于工业生产当中，图 13.33 所示分别为激光熔钎焊的异种材料复合结构在飞机、汽车上的应用。

（a）空中客车座椅导轨铝 – 钛异种材料焊接结构　　（b）汽车用铝 – 钢异种材料冲压成形拼板

图 13.33　激光熔钎焊技术在工业界中的应用

13.1.4　激光的安全防护

13.1.4.1　激光的危险性

激光辐射是通过热效应、光压效应及光化学效应损伤人的眼睛和皮肤的。激光射入眼睛时，因眼球的聚焦作用使到达眼底的激光辐照度增大几万倍，灼伤视网膜，引起光致角膜炎、白内障等疾病，使视力下降，甚至失明。激光辐射皮肤可引起红斑、水疱、色素沉着，加速皮肤老化、碳化灼伤等损伤。

激光加工系统工作时，除了激光束本身的危险性，还存在其他潜在危险。许多激光加工设备使用高电压，成为伴随激光加工的主要危险。其他危险还包括加工过程中产生的有害物质、电离辐射等。激光器用材料、溶剂等有害挥发物也会对空气造成污染。

可以看出，激光的危险性主要来自光危害和非光危害 2 个方面。

13.1.4.2　激光危险性的分级与防护

激光器的非光危险性大多可以借助适当的装置及措施加以防范和避免。因此，激光的主要危险性还是来自激光束本身。根据激光的危险程度加以分级，可以分别采取适当的安全措施，避免可能存在的不安全性。

一般激光产品划分为 4 个等级，对每一级别都规定了发射的最高极限。

1 级：最低等级激光，又称为安全激光。在正常操作下认为是没有危害的。典型的 1 级激光为超市里的扫描仪和 CD 机里的激光二极管。

2 级：低危害激光。一般被限制在 400~700nm 的可见光光谱段。如果观察者克服对强光的自然避害反应并且盯住光源看，才会产生伤害。通常人都有避害反应，所以这一级激光一般不会产生伤害。2 级激光应贴上标签，警告不要盯住光束看。典型的 2 级激光为激光笔和激光针。

3 级：中等危害激光。激光功率一般高于 1.0MW。在避害反应时间内（通常眨眼时间为 0.25s）

能够对人眼产生伤害。使用 3 级激光需要控制措施来保证不要直视光束。典型的 3 级激光为理疗激光和一些眼科激光。

4 级：激光功率一般高于 0.5W，属大功率激光和激光系统。该级别激光具有最大的潜在危害并且可以引起燃烧。它不但可以通过直视和镜面反射产生危害，还可以通过漫反射产生危害。大多数手术激光、工业激光都属于 4 级。对其防护应注意以下几点：①光路应尽可能封闭；②应尽量避开工作面；③尽可能采用遥控操作；④其易诱发火灾，所以其光束终止器最好选用能充分冷却的金属物或石墨电极；⑤防止不必要的远红外激光辐射的反射，且在光束周围及靶标周围由不透射所用波长激光的材料围封；⑥在 4 级激光束的光路中，准直用的光学元件要进行初始检查和周围检查。

在材料加工过程中要保护好工作人员的生命安全，应做好以下两点。

（1）对设备和环境的安全要求。对大功率或高能量的激光设备，安装时必须装配防护围封，以封闭激光光束通道；激光光路应避开座位或工作人员站立时的高度；激光加工作业场所的墙壁表面应具有漫反射的光学特性，且吸收激光辐射的性能良好，不能有镜面反射发生；激光加工作业区的进出口处必须有明显的警告标志、激光危害及相应的警告词语说明标志；激光器工作时必须有红色指示灯显示；在激光加工设备的醒目位置上必须设置激光警告标志、开机信号和应急停机装置，激光加工现场应有良好的通风设施；激光加工作业场应配置恰当的防护镜。

（2）对工作人员和生产操作的要求。在激光加工系统工作时，非本加工作业区的操作人员禁止进入激光加工作业区；激光加工系统周围不能堆放易燃、易爆物品，在激光束可能照射的区域不可放置能产生镜面反射的工具或物品；激光加工过程必须佩戴专业的防腐蚀眼镜。

激光加工作业是一项特殊工种，其操作人员必须经过严格的培训学习，经考核合格后方可上岗工作。

13.1.5 相关标准

国内标准：

GB/T 19867.4—2008《激光焊接工艺规程》

GB/T 22085.1—2008《电子束及激光焊接接头 缺欠质量分级指南 第 1 部分：钢》

GB/T 22085.2—2008《电子束及激光焊接接头 缺欠质量分级指南 第 2 部分：铝及铝合金》

JB/T 11063：2010《激光焊接工艺指南》

GB/T 29710—2013《电子束及激光焊接工艺评定试验方法》

GB/T 35085—2018《金属材料焊缝破坏性试验 激光和电子束焊接接头的维氏和努氏硬度试验》

GB/T 37901—2019《高温钛合金激光焊接技术要求》

GB/T 37778—2019《不锈钢激光焊接推荐工艺规范》

国际标准：

ISO 13919-1：2019《电子束和激光束焊接接头 缺欠质量等级的要求和建议 第 1 部分：钢、镍、钛及其合金》

ISO 13919-2：2021《电子束和激光束焊接接头　缺欠的质量等级要求和建议　第 2 部分：铝、镁及其合金和纯铜》

ISO 22826：2005《金属材料焊接的破坏试验　激光和电子束焊接窄接头的硬度试验（维氏和努氏硬度试验》

ISO 15614-11：2002《金属材料焊接程序的规范和鉴定　焊接程序试验　第 11 部分：电子束和激光束焊接》

ISO 15609-4：2009《金属材料焊接程序的规范和鉴定　焊接程序规范　第 4 部分：激光束焊接》

ISO/TR 17671-6：2005《焊接　金属材料焊接的建议　第 6 部分：激光焊接》

13.2　电子束焊

电子束焊焊接技术从 20 世纪 40 年代末至今经历了大半个世纪的发展，特别是材料制造加工技术、机械制造技术、真空技术、高压技术、电子控制技术的不断完善和发展，使得电子束焊焊接设备的制造水平得到不断提高。目前，电子束焊焊接技术已广泛地应用于航空航天、原子能、汽车制造、仪表制造、齿轮加工等重要的工业和国防工业领域中。

13.2.1　电子束焊概述

13.2.1.1　电子束焊概念

电子束焊（Electron Beam Welding，EBW）是利用会聚的高能电子流轰击工件接缝处所产生的热能，使材料熔合的一种焊接方法。

通常聚焦电子束斑直径在 0.1~0.75mm 范围内，速度可达 0.3c~0.7c（c 为光速）。电子束能量高度集中，密度可达 10^6~10^9W/cm^2，为普通电弧的 10 万 ~100 万倍。

13.2.1.2　电子束焊分类

根据不同的分类标准，电子束焊可有多种分类方法。

按照电子束加速电压不同，可分为低压电子束焊（15~30kV）、中压电子束焊（40~60kV）、高压电子束焊（100~150kV）和超高压电子束焊（300kV 以上）。

按照真空度不同，可分为高真空电子束焊（真空度 10^{-3}~10^{-6}Torr）、低真空电子束焊（真空度 10^{-2}~0.5 Torr）和非真空电子束焊（在大气下施焊）。

按照焊件是否完全处于真空室内，可分为全真空电子束焊和局部真空电子束焊。

按照功率大小，可分为大功率电子束焊（60kW~100kW）、中功率电子束焊（30kW~60kW）和小功率电子束焊（30kW 以下）。

按照加热特点，可分为普通电子束焊和脉冲电子束焊。

13.2.1.3　电子束焊特点及应用

电子束焊与常规的电弧焊工艺相比，相同点是它们都属于熔化焊。不同点是热源不同，电子束焊是以聚焦的电子束作为热源，是一种高能量密度的焊接方法，而常规的电弧焊是以电弧热作为热源；另外，电子束焊具有焊接速度快、变形小、所焊接材料范围广等独特优点使其迅速发展并在现代各工业领域中广泛采用。

1.电子束焊优点

（1）功率密度高，穿透能力强，深宽比大，不开坡口，一次焊成。一般深宽比可达 20∶1。如果采用脉冲束焊焊接则深宽比可达 50∶1，被焊金属厚度范围为 0.05~300mm，甚至更大。

（2）焊接速度快，焊缝窄，热影响区小，焊接变形小。

（3）能耗低，热效率高，90%的能量用于焊接。

（4）在真空中施焊，排除了大气中有害气体 N_2 和 O_2 对熔化金属的影响，有利于焊缝金属纯化，减少缺欠萌生。

（5）电子束焊焊接参数的再现性好，易于实现自动化。焊缝的穿透深度、尺寸及特征都能被严格控制，提高了产品焊接质量的稳定性。

（6）电子束具有精确快速的可控性，能焊接可达性差的接头。通过控制电子束的偏移完成复杂接头的自动焊，还可以通过电子束扫描熔池来消除缺欠，提高接头质量。

2.电子束焊不足

（1）设备复杂，价格昂贵。电子束焊焊机由于结构复杂，控制设备精度高。因此，成套设备价格高，维护费用大。高昂的价格在一定程度上制约了电子束焊的推广。

（2）束缝对中精度高，焊前焊件清理、加工和装夹要求高。一般在熔深要求 12mm 情况下，接头间隙不能超过 0.25mm。

（3）焊件的形状和尺寸受真空室大小的限制。

（4）电子束易受杂散磁场干扰，影响焊接质量。

（5）焊缝质量易受真空度影响。

（6）焊接时产生 X 射线，需严加防护。

电子束焊的功率密度高，焊接过程中工件的变形与收缩量可减到最小，焊接精度高，焊缝的深宽比大。在真空中焊接，焊缝的化学成分纯净。因此，可适用于下列领域的焊接作业。

（1）适用于焊接难熔金属、活泼金属及高纯度金属。

（2）适用于通常熔化焊方法无法焊接的异种金属材料。

（3）可焊接经淬火或加工硬化的金属。

（4）由于焊缝的热影响区小，可焊接紧靠热敏感性材料的零件。

（5）可对已经精加工到最后尺寸的零件进行焊接。

（6）电子可以射出几百毫米的距离，往往可以对其他焊接方法无法接近的部位进行焊接。

（7）非真空电子束焊可对大型零件进行全位置焊接，同时可以进行高速焊接。

13.2.2 电子束焊原理

13.2.2.1 电子束形成（见图 13.34）

电子束的形成经历了如下 3 个阶段。

（1）阴极发射电子。

（2）电子在阴阳极间形成的高压电场中被加速，至 0.3~0.7 倍光速。

（3）聚焦电磁场集束。

13.2.2.2　电子束焊能量转换特点

电子束与以电弧为热源的常规焊接方法相比，在能量传递方式、热量析出部位和能量转换机理这 3 方面有着本质不同。

（1）电子束焊焊接时的能量传递是以无任何化学属性的电子束作为载体，以与光速同一数量级的速度穿过真空空间，直接作用于材料，而不需要经过电弧空间的气体。

（2）与常规电弧焊时热量在材料表面上方的阴、阳极斑点和弧柱处析出不同，电子束焊焊接时热量在被轰击材料表面下的某一薄层下析出，该薄层被称为电子穿透层，如图 13.35 所示。

（3）常规电弧热源主要是依靠热交换（传导、对流和热辐射），而电子束撞击到材料表面时，电子首先穿透电子穿透层，此时电子动能损失很少，仅有极少部分的能量损耗于二次电子发射、X 辐射或被弹性散射电子带走，所以电子对穿透薄层不能进行加热。当电子进入材料内部后，在等于电子行程的那一厚度上，其动能首先转移到晶格电子上去，然后晶格电子再传送振动能量到全部晶格，晶格振荡的振幅因此增加。这就意味着材料达到非常高的温度，以至于可以使材料瞬间熔化和气化，实现焊接。该过程进行得异常迅速，在微秒级内便可完成，如图 13.36 所示。

13.2.2.3　电子束焊焊缝的形成

电子束焊的功率密度高和精确快速的可控性是这种焊接方法的最大特点。由于电子束的总动能集中到工件的一小块面积上，电子束的功率密度高达 10^7W/cm^2，可产生极高的温度，这个温度足以使焊缝处金属局部熔化甚至气化。同时，由于电子束在电磁场中独有的运动特性，可以很容易控制电子束的运动轨迹，实现电子束偏转及扫描控制，从而有效控制电子束的输入能量。

电子束焊焊缝的形成方式可分为熔化式和深穿入式 2 种。

熔化式成形：当束斑点功率密度低于 10^5W/cm^2 时，由于

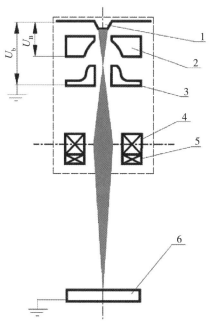

1—阴极；2—偏压电极（栅极或控制极）；
3—阳极；4—聚焦线圈；5—偏转线圈；
6—工件；U_b—加速电压；U_B—偏压

图 13.34　三级电子枪结构示意图

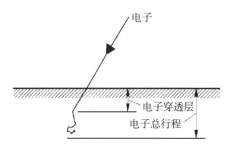

图 13.35　高能电子轨迹示意图

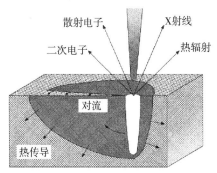

图 13.36　电子束能量转换示意图

工件表面不产生显著的气化现象，电子束能量在工件较浅的表面上转化为热能，这时电子束穿透金属的深度很小。此时，焊缝金属的熔化与通常熔化焊方法相似，主要以热传导方式完成。

深穿入式成形：当束斑点功率密度大于 $10^5 W/cm^2$ 时，形成了小孔效应，产生电子束的深穿入过程。

13.2.2.4 电子束深熔焊焊接机制

电子束深熔焊焊接（深穿入）过程如下。

（1）首先高能电子束作用待焊材料表面形成电子穿透层，在电子穿透层下方的局部区域内电子扩散受阻，由于动能→机械振动能→热能的能量转换结果，在材料表层下方形成一个梨形容积加热区，如图 13.37（a）所示。

（2）梨形容积加热区中的材料在极短的时间内被加热到熔点及过熔点温度，使材料气化，形成金属蒸气流。此时，材料表层破裂开槽，喷出高速蒸气流，如图 13.37（b）所示。

（3）在金属蒸气的反作用力下，熔融的金属液体向四周排开，露出了新的固体金属表面，形成了一个内附有金属液体薄层的梨形容积空腔，如图 13.37（c）所示。

（4）电子束重新作用于空腔底部的新的固体金属表面，形成新的梨形容积加热区，重复上述过程，就会形成一连串的梨形容积空腔。形成的梨形容积空腔连接在一起即形成了电子束的深穿匙孔，直至达到一定穿入深度的动平衡为止，如图 13.37（d）和图 13.37（e）所示。

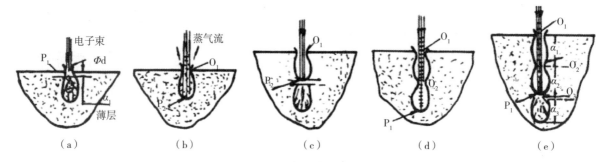

图 13.37　电子束深穿入过程示意图

在上述电子束深穿入过程的作用下，形成一道连续的电子束焊焊缝的过程如下。

（1）匙孔前沿金属熔化。

（2）熔化材料被金属蒸气流排开，绕过匙孔侧面流向后沿。

（3）匙孔向前移动，熔化材料连续流动，填充前进中的蒸气孔后沿，形成连续焊缝。

13.2.3　电子束焊设备

13.2.3.1　真空电子束焊焊机的基本构造

目前，国内外生产的真空电子束焊焊机型式多样，自动化程度越来越高。但就其基本原理与构成而言大同小异。一台典型的真空电子束焊焊机主要包括主机、高压电源、控制箱、真空抽气系统及其监测控制器 4 部分。

（1）主机：由电子枪、真空室、工件传动系统及操作台组成。

（2）高压电源：由阳极高压主电源、阴极加热电源和束流控制电源组成。

（3）控制箱：由高压电源控制装置、电子枪阴极加热电源控制系统、束流控制装置、聚焦电源控制和偏转控制装置组成。

（4）真空抽气系统及其监测控制器：包括电子枪抽真空系统、工作室抽真空系统和真空控制监测装置。

此外，还配有冷却水系统（包括水的净化过滤和软化装置）和供气系统（包括净化压缩空气的油水分离装置）等辅助设备。

13.2.3.2 电子枪的结构与功能

电子束焊焊机中的电子枪是发射、形成和会聚电子束的装置，是电子束焊焊机的核心部件。焊接用的电子枪通常为三级枪结构，如图 13.38 所示。电子枪包括静电和电磁。静电部分由阴极、聚束极和阳极组成，通常称静电透镜；电磁部分由聚焦线圈和偏转线圈组成，通常称为磁透镜。

电子枪的功能如下。

（1）从阴极发射电子。

（2）使电子在阴阳两极间加速，形成束流。

（3）电磁聚焦线圈使电子束聚焦。

（4）偏转线圈使电子束偏转；若加入函数发生器，可使束流以给定的函数图像进行扫描。

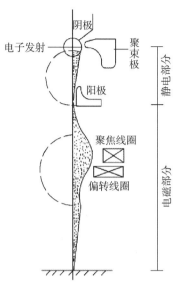

图 13.38　电子枪结构原理示意图

阴极是电子枪中的重要部件。要获得较高的发射电流密度，就要求阴极材料具有较小的逸出功，较高的熔点，高温时有足够的机械强度，足够长的寿命及化学性能稳定。同时，还要考虑加工成形的方便。阴极材料常采用难熔金属及其化合物，如钨、钽和六硼化镧等。

13.2.4　电子束焊工艺

13.2.4.1 电子束焊主要工艺参数

电子束焊的主要规范参数有加速电压、电子束电流（束流）、聚焦电流（焦点位置）、焊接速度和工作距离。这里主要讨论上述规范参数对焊缝熔深和熔宽的影响。

1. 加速电压 U_b

加速电压增加，使得束斑点功率密度提高，从而使金属的气化速率显著增加；同时，加速电压增加使得电子枪的电子光学聚焦性能改善，这也会导致束斑点功率密度的提高。综合上述，对焊缝成形的影响为加速电压增加，则熔深增加，熔宽减小，深宽比加大。

2. 束流 I_b

束流增加，将使得束斑点功率密度有所提高。但是束流增加的同时，又会使空间电荷扰动加剧，从而使电子枪的聚焦性能变差。综合作用的影响是束流增加，熔深增加，熔宽也略增加。

3. 焊接速度 v

焊接速度增加，将使焊接线输入能量减少，从而使熔深和熔宽均减小。

4. 工作距离 L

工作距离增加，为了实现深穿入式焊接需调整减小聚焦电流，从而使焦距变大，导致电磁透镜的放大倍数增加，使聚焦性能恶化，从而束斑点功率密度会下降。这样，增加工作距离的结果使得熔深减小，而熔宽增加。

5. 聚焦电流 I_f

通常在表面聚焦状态下，增加聚焦电流的大小会使焦点位置上移，从而使聚焦状态变为散焦。这将导致熔深减小，熔宽增加。在大厚度结构焊接时，常采用下聚焦的方式来增加电子束的深熔能力。

13.2.4.2 电子束焊常见接头形式

焊接接头是各种焊接结构元件的连接部分，同时又是结构传递和承受作用力的一部分。为了保证焊接结构的可靠性，应根据结构的形状、尺寸、受力情况、工作条件和电子束焊特点合理地选用焊接接头的形式。常用的电子束焊接头形式一般有对接接头、角接接头、T型接头、搭接接头和端接接头等，其中以前2种形式应用最广，下面对其进行简要说明。

1. 对接接头

对接接头是电子束焊最常用的一种接头形式，可具体地分为多种形态，如图13.39所示。其中图13.39（a）至图13.39（c）3种接头的制备工作简单，但需要装配夹具。不等厚的对接接头采用上表面对齐的设计优于台阶接头，后者焊接时需采用倾斜的电子束，如图13.39（c）所示。带锁底的接头便于装配对齐，锁底较小时，焊后可避免留下未焊合的缝隙，如图13.39（d）至图13.39（f）所示。如图13.39（g）、图13.39（h）所示皆有自动填充金属的作用，焊缝成形得以改善。斜对接接头只用于受结构和其他原因限制的特殊场合，如图13.39（i）所示。

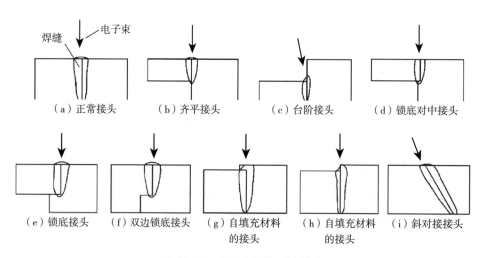

图 13.39　电子束焊的对接接头

2. 角接接头

角接接头也是电子束焊常用的接头形式，如图13.40所示。与对接接头相比，其差别在于对非破坏性试验的适用性和缺口的敏感性。如图13.40（a）所示为熔透焊缝的角接头，留有未焊合的间隙，接头承载能力较差。如图 13.40（h）所示为卷边角接，主要用于薄板，其中一件需准确弯边 90°。其他接头形式都易于装配对齐。

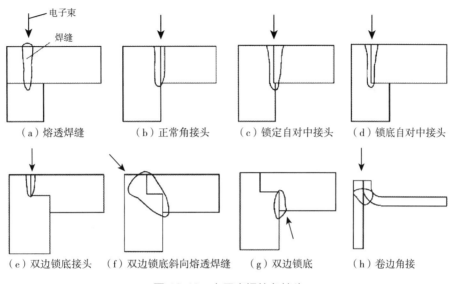

（a）熔透焊缝　　（b）正常角接头　　（c）锁定自对中接头　　（d）锁底自对中接头

（e）双边锁底接头　　（f）双边锁底斜向熔透焊缝　　（g）双边锁底　　（h）卷边角接

图 13.40　电子束焊的角接头

13.2.4.3　真空电子束焊的工艺过程

真空电子束焊焊接工艺过程（流程）如下。

（1）电子束焊经济性和焊接结构合理性分析。

（2）焊接工装夹具的设计与制造。

（3）焊接规范参数的选择确定。

（4）产品焊前的清理。

（5）装夹。

（6）施焊。

（7）焊后检测。

首先进行电子束焊经济性和焊接结构合理性分析。不重要的非主承力焊缝，一般的碳钢及低合金钢结构焊缝，接头结构复杂有遮挡，需做复杂工装的焊缝，一般不采用电子束焊。

焊接规范参数的选择主要有 3 种方法：试件法、曲线法、正交试验法。

试件法：对于一般焊接结构通常都使用这种方法。具体做法是：加工一些与工件结构类似的模拟件进行试焊，得到规范参数后，再用这些参数对正式件进行焊接。

曲线法：在积累大量资料数据的基础上，可以根据不同的参数绘制出不同的曲线，也可以通过试验做出常用材料的参数曲线。参数变量包括熔深、束流、加速电压、焊接速度和表面质量等。焊接时，可以直接通过曲线寻找参数。这种方法的特点是可以节省试件，参数范围明确，一目了然。缺点是选择的参数不是很精确，可对一般要求不高的焊缝做概略估计使用。

正交试验法：对一种陌生的材料，用大量的试件试焊，势必要浪费很多的人力、物力和时间，且不一定能找到最佳参数。通过正交试验法，利用正交表的正交性，进行少数几项试验就可以找到焊接参数的趋势和理想参数。

电子束的焊前清理通常采用机械清理（砂纸打磨、刮削等）与化学清理（酸洗、丙酮酒精揩拭）相结合的方法。

焊后内部缺欠的检测主要是采用小焦点 X 射线探伤方法。

13.2.4.4 电子束焊的缺欠

常见的电子束焊焊缝外部和内部缺欠有：焊瘤、咬边、焊缝不连续、弧坑、未焊透、下塌、焊偏、钉尖、气孔、冷隔、裂纹。其中，钉尖与冷隔是电子束焊的两大固有缺欠。

1. 钉尖

形成原因：电子束功率的脉动，液态金属表面张力和冷却速度过大而使液相金属来不及流入所致。

产生部位：常发生在未熔透焊缝的根部。

解决措施：接头采用垫板，将缺欠引出；全熔透焊接；采用扫描电子束。

2. 冷隔（空洞）

形成原因：厚件中气孔的一种特殊表现形式，与电子束焊焊缝成形机制有关。厚板焊接时，金属蒸气和其他气体逸出受阻，在较快冷却速度下留在焊缝中。

产生部位：厚件焊缝根部和稍高处会出现较大的空洞，把上下熔化金属分隔开来。

解决措施：减少工件产生气体的来源；降低加速电压，适当降低焊速；采用扫描束。

13.2.4.5 典型材料的真空电子束焊

1. 不锈钢焊接

奥氏体不锈钢的电子束焊接头具有较高的抗晶间腐蚀的能力，这是因为电子束焊焊接时高的冷却速度可以防止碳化物的析出。由于奥氏体不锈钢没有磁性，因此不会产生束偏移，焊接质量的稳定性好。

2. 铝及铝合金的焊接

焊前应对接缝两侧宽度不小于 10mm 的表面应用机械和化学方法做除油和清除氧化膜处理。表 13.1 列出了常用铝合金的电子束焊焊接条件。

表 13.1 推荐使用的铝合金电子束焊焊接条件

合金牌号	厚度 /mm	电子束功率 /kW	焊速 /cm·min⁻¹	焊接位置
LF7	0.6	0.4	102	平焊，电子枪垂直
	5	1.7	120	平焊，电子枪垂直
	100	21	24	横焊，电子枪水平
	300	80	24	横焊，电子枪水平
LC4	10	4.0	150	平焊，电子枪垂直
LD8	18	8.7	102	平焊，电子枪垂直

为了防止气孔和改善焊缝成形，对厚度小于 40mm 铝板，焊速应为 60~120cm/min。40mm 以

上的厚铝板，焊速应在 60cm/min 以下。将焊缝用电子束再熔化一次，有利于消除焊缝气孔，改善焊缝成形。填加焊丝可改善焊缝成形，补偿合金元素（Mn、Mg、Zn、Li）的蒸发，消除焊缝缺欠。

3. 钛及钛合金焊接

钛是一种非常活泼的金属，因此需在良好的真空条件下（$<1.33 \times 10^{-2}$Pa）进行焊接。氢气孔是熔化焊接钛时最常见的缺欠。预防措施是降低熔池中氢含量和保证良好的结晶条件，如焊前对焊缝进行化学清洗和刮削，施加重复焊道，焊速低于 30cm/min。

4. 铜及铜合金焊接

电子束焊焊接铜具有突出的优点，40mm 厚铜板采用电子束焊所需要的线能量是自动埋弧焊所需线能量的 1/5~1/7，焊缝横截面积是其 1/25~1/30。

焊接铜合金可能发生的主要缺欠是气孔。对于厚度为 1~2mm 的铜板，焊缝中不易产生气孔。对于厚度为 2~4mm 的铜板，焊速应低于 34cm/min 才可防止气孔产生。厚度大于 4mm 时，焊速过慢将使焊缝成形变坏，焊缝孔洞变多。增加装配间隙、焊前预热和重复施焊都是减少焊缝气孔的有效措施。

为了减少金属的蒸发，对厚度为 1~2mm 的铜板，电子束焦点应处在工件表面以上。对厚度大于 10~15mm 时可将电子枪水平放置进行横焊。

5. 难熔金属焊接

锆、铌、钼和钨等难熔金属适宜采用电子束焊进行焊接，这与电子束焊高能量密度的特点有关。焊接时需要在高真空条件下进行。以铌的电子束焊为例，焊接真空度应高于 1.33×10^{-2}Pa，真空室的泄漏率不得超过 4×10^{-4}Pa·m³/s。铌合金焊缝中常见的缺欠是气孔和裂纹。采用细电子束进行焊接不易产生裂纹；用散焦电子束对接缝进行预热，有清理和除氢作用，有利于消除气孔。

13.2.4.6 异种金属电子束焊

异种金属是指不同元素的金属或从冶金观点看性能（如物理性能、化学性能等）有显著差异的合金构成的结构材料。对于可相互溶解的异种金属，焊接难度不大，但当两种母材熔点差异较大时，会造成焊缝几何尺寸的不对称，可采用不同的占空比或电子束偏束工艺来进行控制。对于有限互溶的异种金属，可有限互溶的异种金属母材由于物理与化学的显著差异，对熔化焊造成较大困难，主要有 2 种类型：一是母材线膨胀系数相差较大，产生较大残余应力，在界面处造成严重缺欠，典型为铜和钢的焊接；二是在接头内产生大量脆性金属间化合物，无法形成有效连接，严重影响接头强度，典型为铝和钢、钛和钢、钛和铜之间的焊接。常见异种金属组合的可焊性见表 13.2。

表 13.2 常见异种金属组合电子束焊的可焊性

Al	—	2	5	2	5	5	5	5	4	2	5	5	5	5
Cu	—	—	2	5	3	2	1	1	3	2	3	5	3	5
Fe	—	—	—	3	2	5	2	1	5	5	5	5	5	5
Mg	—	—	—	—	3	4	5	5	4	5	4	3	3	3
Mo	—	—	—	—	—	1	5	2	5	3	1	1	1	5
Nb	—	—	—	—	—	—	5	5	5	5	1	1	1	1
Ni	—	—	—	—	—	—	—	1	3	5	5	5	5	5
Re	—	—	—	—	—	—	—	—	—	3	5	5	5	5
Sn	—	—	—	—	—	—	—	—	—	—	5	5	3	5
Ta	—	—	—	—	—	—	—	—	—	—	—	1	1	2
Ti	—	—	—	—	—	—	—	—	—	—	—	—	2	1
W	—	—	—	—	—	—	—	—	—	—	—	—	—	5
	Al	Cu	Fe	Mg	Mo	Nb	Ni	Pt	Re	Sn	Ta	Ti	W	Zr

注：数字越大，可焊性越差。

异种金属电子束焊主要从能量控制和焊接冶金控制 2 个方面解决上述问题。能量控制主要包括能量输入控制和能量分布控制。焊接能量输入控制可通过控制焊接参数（如束流及焊接速度）或通过采用散焦电子束流进行焊前预热和焊后热来补偿。能量分布控制则是借助电子束焊能量精确可控的特点，在焊接异种金属接头时控制能量在两侧金属的分布，从而控制两侧金属的熔化量，改善焊缝成形以及焊缝的冶金条件。能量分布控制的原理和效果如图 13.41 所示，主要包括偏束法和扫描轨迹法。偏束法指在焊接时通过焊枪的移动或偏转使电子束入射到某一侧母材上。扫描轨迹法则是通过控制线圈和扫描函数发生器，使电子束按照特定的轨迹扫描，从而实现对电子束能量分布的控制。对于焊接接头中容易出现金属间化合物的异种材料的连接，单纯依靠能量的控制很难从根本上解决接头脆性较大的问题，需要通过填充另一种（或几种）与两者皆相容的金属箔片（或金属丝）来改善接头的冶金性能。

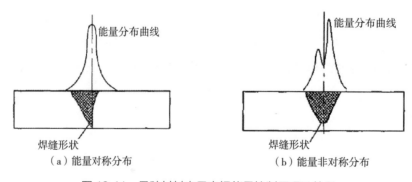

图 13.41 异种材料电子束焊能量控制原理及效果

13.2.4.7 电子束钎焊

电子束钎焊是利用散焦或扫描电子束，使电子束由点热源转化成面热源，在真空中对零件表面待钎焊的局部进行高速均匀加热的钎焊方法。该方法具有高温停留时间短、钎料对母材的溶蚀小、输入能量可精确控制、能量输入路径可任意编辑、生产效率高等优点，同时该方法结合了钎焊的优点，适合于陶瓷材料的连接、异种材料的连接和损伤零件的修复。电子束钎焊陶瓷零件时需要采用活性钎料，如在焊接立方氮化硼（CBN）时使用 Cu-Sn-Ti-Pb-Ni 或 Cu-Ni-Ti 等钎料，CBN 与钎料在

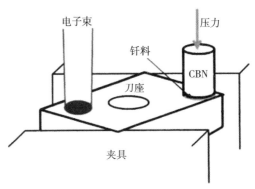

图 13.42 电子束钎焊示意图

界面处发生活化反应。如图 13.42 所示为电子束钎焊碳化钨（WC）与氮化硼刀具过程示意图。电子束作用在基体 WC 上，通过热传导熔化钎料，实现二者连接。

温度控制是电子束钎焊的重点，电子束钎焊在真空室中进行且电子束能量密度高，工件温度变化快，难以实现对温度的精确控制。可以通过控制电子束扫描方式以及扫描轨迹上点的位置和密度，对被加热工件表面各点的能量密度分布进行高精度控制，也可采用焊前逐级增加束流的预热和焊后逐级减少束流这种束流逐级跃迁控制电子束钎焊的热输入与温度分布。

13.2.5 安全防护

操作电子束焊焊机时，要防止高压电击、X 射线和烟气等，安全防护措施如下。

（1）高压电源和电子枪应保证有足够的绝缘和良好的接地。

（2）更换阴极组件和维修时，应切断高压电源，并用放电棒接触准备更换的零件，以防高压。

（3）中国规定对无监护的工作人员允许的 X 射线剂量小于等于 0.25mR/h（欧洲标准是小于等于 0.3mR/h）。焊接室观察口需使用铅玻璃，60kV 以下的电子束焊焊机采用厚钢板来防护，60kV 以上的电子束焊焊机应附加铅防护层。

（4）采用抽气装置将真空室排出的油气、烟尘等及时排出，设备周围应通风良好。

13.2.6 相关标准

ISO 15614-11：2002《金属材料焊接工艺规程及评定 焊接工艺试验 第 11 部分：电子束和激光焊接》

ISO 15609-3：2004《金属材料焊接工艺规程及评定 焊接工艺规程 第 3 部分：电子束焊》

ISO 13919-1：2019《电子束焊和激光焊接头 缺欠质量分级及指南 第 1 部分：钢、镍、钛及其合金》

ISO 13919-2：2021《电子束焊和激光焊接头 缺欠质量分级及指南 第 2 部分：铝、镁及其合金和纯铜》

GB/T 19867.3—2008《电子束焊接工艺规程》

13.3 等离子弧焊

13.3.1 等离子弧的产生及其特性

13.3.1.1 等离子弧的产生

1. 等离子弧概念

等离子弧是通过外部拘束使自由电弧的弧柱被强烈压缩所形成的电弧。

通常情况下的电弧如 GTAW 电弧和 GMAW 电弧，除受到电弧自身磁场拘束和周围环境的冷却拘束外，不受其他条件束缚，电弧形态相对比较扩展，电弧能量密度和电弧温度较低，可以称作自由电弧。如果把上述电弧的一极缩进到喷嘴里，喷嘴的孔径比较小，则电弧通过喷嘴孔时，电弧弧柱截面积受到限制，电弧不能自由扩展，即产生了外部拘束作用，电弧在径向上被强烈压缩，从而形成等离子弧。所以也把等离子弧叫作拘束电弧或压缩电弧。如图 13.43 所示为等离子弧与 TIG 电弧受拘束情况和形态的比较。

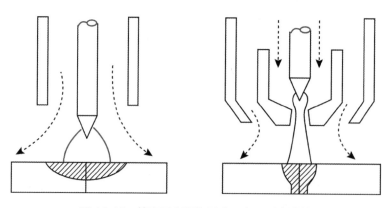

图 13.43 等离子电弧的形成及电弧形态比较

自由电弧受到外部拘束形成等离子弧后，电弧的温度、能量密度、等离子流速都显著增加，对喷嘴的加热作用也会增强，因此从保证拘束能力和自身使用性考虑，等离子弧喷嘴需要采取水冷。

2. 等离子弧的工作形式

等离子弧有如下 3 种工作形式。

（1）转移型等离子弧。如图 13.44（a）所示，在喷嘴内电极与被加工工件间产生等离子弧，主电源正负极分别接续到工件和电极上。由于电极到工件的距离较长，引燃电弧时，首先在电极与喷嘴内壁间引燃一个小电弧，称作引燃弧，电极被加热，空间温度升高，高温气流从喷嘴孔道中流出，喷射到工件表面，在电极与工件间有了高温气层，其间也含有带电粒子，随后在主电源较高的空载电压下，电弧能够自动转移到电极与工件之间燃烧，称作"主弧"或"转移弧"。主弧引燃后，通过开关切断引燃弧。

（2）等离子焰流。如图 13.44（b）所示，在钨电极与喷嘴内壁之间引燃等离子弧，电弧电源正负极分别接续到喷嘴和电极上。由于保护气通过电弧区被加热，流出喷嘴时带出高温等离子焰流，对被加工工件进行加热，因此称作等离子焰流。电极与喷嘴内壁间的电弧，其电流值较小，电弧温度低，因此等离子焰流的温度也明显低于电弧，指向性不如等离子弧。

（3）混合型等离子弧。如图 13.44（a）所示，当电弧引燃并形成转移弧后仍然保持引燃弧（这时称作小弧）的存在，即形成两个电弧同时燃烧的局面，效果是转移弧的燃烧更为稳定。

混合型等离子弧和转移型等离子弧都需要有 2 套电源供电（可以是一体式），引燃弧电源相对功率较小，一般只需要有几安培的输出。

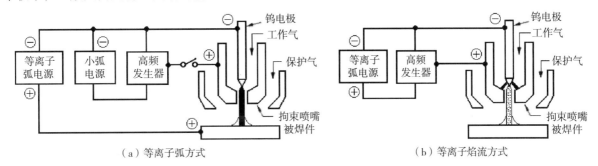

（a）等离子弧方式　　　　　　　　　　　　　（b）等离子焰流方式

图 13.44　等离子弧在工件加工中的工作形式

13.3.1.2 等离子弧特性、工艺特点及用途

1.电弧静特性

与 TIG 电弧相比，等离子弧的静态特性有如下几方面特点。

（1）受到水冷喷嘴孔道壁的拘束，弧柱截面积小，弧柱电场强度增大，电弧电压明显提高，从大范围电流变化看，静特性曲线中平特性区不明显，上升特性区斜率增加，如图 13.45（a）所示。

（2）混合式等离子弧中的小弧电流对转移弧特性有明显影响，小弧电流值增加，有利于降低转移弧电压，这在小电流电弧（主弧）中表现最显著，如图 13.45（b）所示。

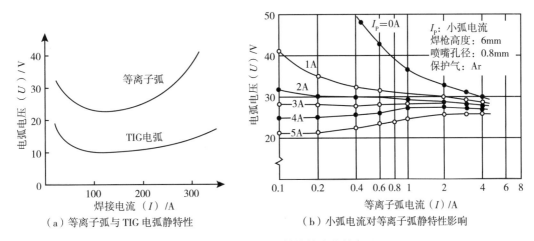

（a）等离子弧与 TIG 电弧静特性　　　　　　（b）小弧电流对等离子弧静特性影响

图 13.45　等离子弧静特性变化特点

（3）拘束孔道的尺寸和形状对静特性有明显影响，喷嘴孔径越小，静特性中的平特性区间越窄，上升特性区的斜率越大，即弧柱电场强度越大。

（4）在电极腔及喷嘴孔道中流过的气体称作工作气或离子气，离子气种类和流量对弧柱电场强度有明显影响，因此等离子弧供电电源的空载电压应按所用等离子气种类而定。

2. 热源特性

与 TIG 电弧相比，等离子弧在热源特性方面有如下特点。

（1）温度更高，能量密度更大。普通 TIG 弧的最高温度为 10000~24000K，能量密度小于 10^4 W/cm²。等离子弧温度可达 24000~50000K，能量密度可达 10^5~10^6 W/cm²。如图 13.46 所示为两者温度特征的对比。

等离子弧温度和能量密度提高的原因是：① 水冷喷嘴孔道对电弧的机械压缩作用，使电弧弧柱截面积减小，能量更为集中；② 喷嘴水冷作用使靠近喷嘴内壁的气体受到一定程度的冷却，其温度和电离度下降，迫使弧柱区带电粒子集中到弧柱中的高温高电离度区流动，这样由于冷壁而在弧柱四周产生一层电离度趋近于零的冷气膜，使弧柱有效截面积进一步减小，电流密度进一步提高。这称作热压缩效应；③ 以上 2 种压缩效应的存在，在弧柱电流密度增大以后，弧柱电流线之间的电磁收缩作用也进一步增强，使弧柱温度和能量密度进一步提高。以上 3 个因素中，喷嘴机械拘束是前提条件，而热压缩是最本质的原因。

（2）等离子弧的挺直性好。如图 13.47 所示，TIG 电弧的扩散角约为 45°，而等离子弧扩散角约为 6°，这是由于等离子弧带电粒子的运动速度提高所致，最高可达 300m/s（与喷嘴结构、离子气种类和流量有关）。

（3）普通 TIG 电弧用于焊接时，加热工件的热量主要来源于阳极斑点热（阳极区热量），弧柱辐射和传导热仅起辅助作用。在等离子弧中，弧柱高速高温等离子体通过接触传导和辐射带给焊件的热量明显增加，甚至可能成为主要的热量来源，而阳极产热则降为次要地位。

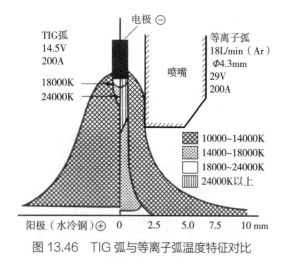

图 13.46　TIG 弧与等离子弧温度特征对比

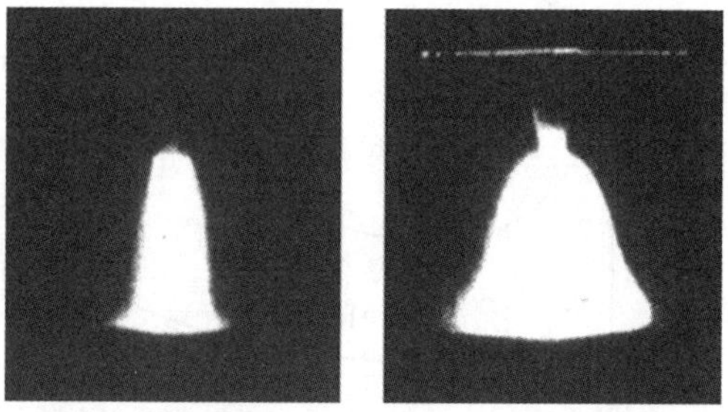

（a）等离子弧　　（b）TIG 弧

图 13.47　电弧断面形态和挺直性对比

3. 工艺特点

与 TIG 弧相比，等离子弧有如下特点。

（1）由于等离子弧弧柱温度高，能量密度大，因而对焊件加热集中、熔透能力强，在同样熔深下其焊接速度快，故可以提高效率。

（2）由于等离子弧呈圆柱形，扩散角小，挺直度好，焊接熔池形状和尺寸受弧长波动的影响小，因而容易获得均匀的焊缝成形。

（3）由于等离子弧的压缩效应及热电离充分，所以电弧工作稳定。

（4）由于钨极内缩到喷嘴孔道里，可以避免钨极与工件接触，消除焊缝夹钨缺欠。同时喷嘴至工件距离可以变长，焊丝进入熔池容易。

（5）等离子弧焊用的焊枪结构复杂，直径较粗、操作过程的可达性和可见性较 TIG 焊差。

（6）等离子弧焊设备较复杂、费用较高，对焊工的操作水平要求不高，但对焊接设备方面的知识要求高。

4. 等离子弧应用

因高温、高能量密度等热源特点，等离子弧可以对各种金属材料进行焊接、堆焊、喷涂、切割。利用等离子焰流可以对某些非金属材料进行加工。图 13.48 所示为等离子弧在焊接领域的应用分类。

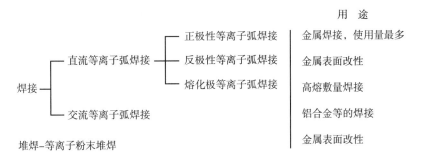

图 13.48　等离子弧焊的应用分类

13.3.2 等离子弧焊设备

等离子弧焊设备包括焊接电源、等离子弧焊枪、水路和气路系统、动作控制系统。

13.3.2.1 焊接电源

1. 电源特性

钨电极等离子弧焊采用陡降特性或垂直下降特性（恒流特性）电源。在用纯氩气作为离子气时，电源空载电压需要达到 65~80V；用氢气、氩气混合做离子气时，空载电压需要达到 110~120V。

电源形式分为直流等离子弧焊焊接电源、交流等离子弧焊焊接电源和直流脉冲等离子弧焊焊接电源。交流等离子弧焊焊接电源主要用于铝及铝合金的焊接，由于等离子弧焊对电弧稳定性要求较高，所以交流等离子弧焊焊接电源一般是方波电源或变极性电源。

2. 单电源工作

大电流下一般采用转移型等离子弧焊焊接方式，但需要有引燃弧的配合，通常可以从电源正极串联一个电阻接续到焊枪喷嘴上，如图 13.49（a）所示，以高频方式在电极与喷嘴内壁间引燃小弧，随后电弧转移到电极和工件间燃烧，此时可以通过电位器动作切断"引燃弧"。

3. 双电源工作

30A 以下的小电流焊接时要采用混合型电弧工作，因为小电流电弧稳定性差，在较长的电弧通道和离子气的强烈冷却下容易熄灭，因此需要保持小弧（引燃弧）的继续燃烧。一般需要用 2 套独立的电源分别对转移弧和小弧供电，如图 13.49（b）所示。小弧电源的空载电压为 100~150V，而转移弧电源的空载电压有 80V 即可。

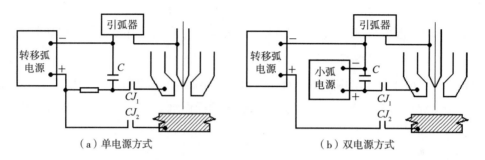

（a）单电源方式　　　　　　　　（b）双电源方式

图 13.49　等离子弧焊焊接电源供电方式

13.3.2.2 等离子弧焊焊枪

1. 焊枪基本要求和典型结构

等离子弧焊对设计使用的焊枪有如下几方面要求。

（1）能固定喷嘴与钨极的相对位置，并可进行调节。

（2）对喷嘴和钨极进行有效的冷却。

（3）喷嘴与钨极之间要绝缘，以便在钨极和喷嘴内壁间引燃小弧。

（4）能导入离子气流和保护气流。

（5）便于加工和装配，特别是喷嘴的更换。

（6）尽可能轻巧，便于使用中进行观察。

图 13.50 所示为 2 种实用焊枪的结构，其中图 13.50（a）的结构用于较大电流下的焊接（300A），图 13.50（b）的结构用于小电流焊接（16A），一般称作"微束等离子弧焊"，两者差别在于喷嘴采用直接或间接水冷。冷却水从下枪体（5）进，从上枪体（9）出。上下枪体之间有绝缘柱（7）和绝缘套（8）隔开，进出水口也是水冷电缆的接口。钨电极安置在电极夹头（10）中，电极夹头从上冷却套（上枪体）插入，通过螺帽（12）锁紧电极。离子气和保护气分两路进入下枪体。微束等离子弧焊枪体在电极夹上有一压紧弹簧，按下电极夹头顶部可实现接触短路回抽引弧。

等离子弧焊采用双气路焊枪，在内腔中的气体称作离子气或工作气，在外层气道中的是保护气。

2. 焊枪喷嘴

喷嘴是等离子弧焊枪中的关键部件，其结构是否合理，对保证等离子弧的应用性能具有决定性作用，如图 13.51 所示。

焊枪喷嘴有如下几项主要的结构参数。

（1）喷嘴孔径（d）决定等离子弧直径大小即等离子弧的被压缩程度，应根据使用电流和离子气流量确定。当电流和离子气流量给定时，孔径越大则压缩作用越小，孔径过大则无压缩效果，孔径过小易被烧损或容易引起双弧（后面介绍），破坏等离子弧的稳定性。因此，对于给定的孔径有一个合理的电流范围。表 13.3 列出了常用孔径及其电流值范围。等离子弧切割时，使用的气流量远大于焊接，故对相同的喷嘴孔径可以使用大一些的电流。

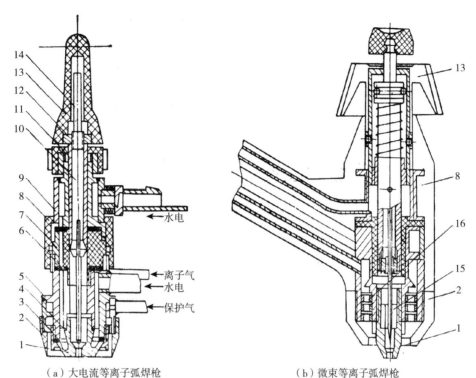

（a）大电流等离子弧焊枪　　　　　　（b）微束等离子弧焊枪

1—喷嘴；2—保护套外环；3，4，6—密封圈；5—下枪体；7—绝缘柱；8—绝缘套；9—上枪体；10—电极夹头；
11—套管；12—螺帽；13—胶木套；14—钨极；15—瓷对中块；16—透气网

图 13.50　等离子弧焊枪

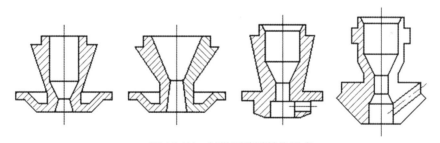

图 13.51　扩散型喷嘴结构形式

表 13.3　喷嘴孔径与许用电流

喷嘴孔径 /mm	许用电流 /A	喷嘴孔径 /mm	许用电流 /A
0.6	≤ 5	2.8	约 180
0.8	1~25	3.0	约 210
1.2	20~60	3.5	约 300
1.4	30~70	4.0	—
2.0	40~100	4.5~5.0	—
2.6	约 140	—	—

（2）喷嘴孔道长度（l）和孔径（d）给定后，l 增加，则压缩作用增强，常以孔道比（l/d）表征喷嘴孔道压缩特征，如表 13.4 所示。

表 13.4 喷嘴的主要参数

喷嘴用途	孔径（d）/mm	孔道比（l/d）	内腔锥角（α）	备注
焊接	1.6~3.5	1.0~1.2	60°~90°	转移型弧
	0.6~1.2	2.0~6.0	25°~45°	混合型弧
堆焊	6~10	0.6~0.98	60°~75°	转移型弧

（3）内腔锥角（α）又称压缩角，实际上对等离子弧的压缩状态影响不大，特别是离子气流量较小、l/d 较小时，30°~180°均可用。但应考虑与钨极端部形状相配合，以利于阴极斑点处于钨极顶端而不上爬。

（4）压缩孔道形状。大多数喷嘴均采用圆柱形压缩孔道，但也可采用圆锥形、台阶圆柱形等扩散形喷嘴，如图 13.52 所示。类喷嘴压缩程度降低，有利于提高等离子弧稳定性和喷嘴使用寿命，分别在焊接、切割、堆焊、喷涂中使用。

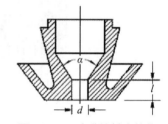

图 13.52 喷嘴的基本结构

等离子弧喷嘴采用导热性良好的紫铜制成，大功率喷嘴必须直接水冷，并保证有足够的冷却水流量和水源压力，最好配用专用高压水源 [（5~8）×10^5Pa]。大功率枪采用高压循环蒸馏水直接冷却枪体，再经换热器用自来水散热的复合冷却方法。为提高冷却效果，喷嘴壁厚不宜大于 2mm。

喷嘴结构不合理或冷却水流不足往往是造成喷嘴损坏的直接原因。大功率紫铜喷嘴的使用寿命最多几十小时。为延长喷嘴使用寿命，曾设计用钽、钨等高熔点材料为喷嘴内壁的镶嵌式结构，因制造困难而未得到推广。

3. 电极内缩和同心度

有钨电极安装位置确定的电极内缩长度（l_g）是另一个对等离子弧有很大影响的参数。内缩长度增加可以提高对等离子弧的压缩程度，但过大的内缩长度也易引起双弧。一般焊枪中取 l_g = 1 ± 0.2mm。l_g<1 时可使等离子弧稳定性明显提高。

钨电极与喷嘴的同心度也是一个很重要的因素。钨电极偏心会造成等离子弧偏斜，可能使焊缝出现单侧咬边，同时也是促成双弧的一个诱因，在焊枪设计上最好考虑调整同心的环节。

4. 电极选择

等离子弧焊中使用的非熔化极一般都是钍钨极或铈钨极，国外也有采用锆钨极或锆电极的。等离子弧用钨电极直径与使用电流范围见表 13.5。

表 13.5 等离子弧用钨电极直径与使用电流范围

电极直径/mm	使用电流/A	电极直径/mm	使用电流/A
0.25	<15	2.4	150~250
0.50	5~20	3.2	250~400
1.0	15~80	4.0	400~500
1.6	70~150	5.0~9.0	500~1000

为便于引弧和增加电弧稳定性，电极前端一般磨成60°尖角。电流小或电极直径用的较大时，尖角可以更小一些；电流大、直径大的可磨成圆台形、圆台尖锥形、锥球形、球形等，以减缓烧损。

5. 送气方式

可采用两种方式即切向或径向向焊枪中送入气体（离子气），如图13.53所示。切向送气时经一个或多个切向气道送入，气流形成的旋涡流入喷嘴孔道时其中心为低压区，有利于弧柱稳定于孔道中心。径向送气时气流将沿弧柱轴向流动。有研究结果表明，切向送气的弧柱压缩程度较高一些。

图13.53　喷嘴送气方式

13.3.3 等离子弧焊

13.3.3.1 等离子弧焊动作时序

等离子弧焊由于喷嘴尺寸较大、对喷嘴高度的要求较为严格，多数都是采用自动焊方法进行焊接。自动焊系统包括高频引弧、电流变化、焊接行走、填充焊丝、气路动作等。时序控制一般采取提前送气、高频引弧、转移弧燃烧、离子气递增、延时行走、电流和气流衰减、熄弧、延迟停气等。如图13.54所示为等离子弧焊动作时序。

13.3.3.2 熔入型等离子弧焊

当离子气流量和焊接电流较小时，等离子弧挺度和穿透能力相对较弱，这时熔池形态与TIG电弧焊相似，但与

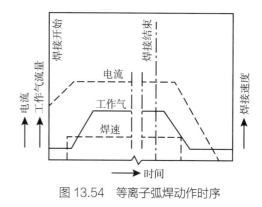

图13.54　等离子弧焊动作时序

常规TIG电弧相比等离子弧的电弧力仍然较大，电弧较深地扎入熔池中，因此称作熔入型等离子弧焊。这种焊接方式适用于薄板、多层焊缝的盖面层、角焊缝焊接等，可填加焊丝或不加焊丝，可以进行对接焊和角接焊，优点是焊接速度比常规TIG电弧焊快。

13.3.3.3 微束等离子弧焊

15~30A以下的熔入型等离子弧焊通常称作微束等离子弧焊。由于喷嘴的拘束效应和小弧的存在，小电流等离子弧也十分稳定。利用这一特性，能够实现1A以下电流的等离子弧焊，这在电子产品及极薄板的焊接中得以应用。而对于普通的GTAW电弧，要维持电流值处于1A以下是很困难的。因此，微束等离子弧焊成为焊接金属薄膜的有效方法。微束等离子弧焊应采用精密的装配夹具保证装配质量并防止焊接变形。

13.3.3.4 小孔型等离子弧焊

1. 基本特点

利用大电流等离子弧能量密度和等离子流力大的特点，可在适当的参数条件下实现穿孔型焊接。这时等离子弧把工件完全熔透并在等离子流力作用下形成一个穿透工件的小孔，熔化金属被排挤在小孔的周围，随着等离子弧在焊接方向移动，熔化金属沿电弧周围熔池壁向熔池后方流动，于是小

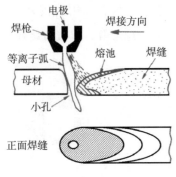

电极
焊枪
焊接方向
等离子弧
熔池
焊缝
母材
小孔

正面焊缝

背面焊缝

图 13.55 穿孔型等离子弧焊接

孔也就跟着等离子弧向前移动。稳定的小孔焊过程是不采用衬垫实现单面焊双面成形的好方法，一般大电流等离子弧焊（100~300A）大都采用这种方法。如图 13.55 所示为等离子弧小孔法焊接中小孔的形成和熔池熔化状态。

穿孔现象只有在足够的能量密度下才能出现，板厚增加时所需的能量密度也增加。由于等离子弧的能量密度难以进一步提高，因此穿孔型等离子弧焊只能在有限板厚内进行。生产应用的板厚范围为钢板 7mm，不锈钢 8~10mm，钛 10~12mm，铝合金 3~8mm。

2. 参数选择

（1）离子气流量。离子气流量增加可使等离子流力和电弧穿透能力增大。其他条件给定时，为形成穿孔需要有足够的离子气流量，但过大时不能保证焊缝成形，应根据焊接电流、焊速、喷嘴尺寸和高度等参数条件确定。采用不同种类或不同混合比的气体时，所需流量也是不相同的。用氩气焊不锈钢时可采用 $Ar+$（5%~15%）H_2，焊钛时可采用（50%~75%）$He+$（50%~25%）Ar，焊铜时也可采用 100%N_2 或 100%He。

（2）焊接电流。其他条件给定时，焊接电流增加，等离子弧穿透能力增强。同其他电弧焊方法一样，焊接电流总是根据板厚或焊透要求首先选定的。电流过小，小孔直径减小或者不能形成小孔；电流过大，小孔直径过大，熔池脱落，也不能形成稳定的穿孔焊过程。因此，实现稳定穿孔焊过程的电流都有一个适宜的范围，离子气流量也有一个使用范围，而且与电流是相互制约的。如图 13.56（a）所示为喷嘴结构、焊速等参数给定后，用实验方法对 8mm 厚不锈钢板焊接测定的小孔焊接电流和离子气流量的规范匹配关系。喷嘴结构不同时，这个范围是不同的。

（3）焊接速度。其他条件给定时，焊接速度增加，焊缝热输入量减少，小孔直径减小，因此只能在一定速度范围内获得小孔焊接过程。焊速太慢会造成熔池脱落，正面咬边，反面突出太多。为了获得小孔焊接过程，离子气流量、焊接电流、焊接速度这三个参数要保持适当的匹配，如图 13.56（b）所

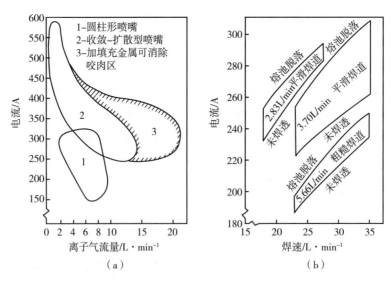

1—圆柱形喷嘴
2—收敛-扩散型喷嘴
3—加填充金属可消除咬肉区

（a）

（b）

图 13.56 穿孔型焊接规范参数匹配条件

示。可见随焊速增加，为维持小孔焊接过程，应提高焊接电流或离子气流量，即离子气流量在小孔法等离子弧焊中起到能量参数（能量控制）的作用。

（4）喷嘴高度。喷嘴到工件表面的距离一般为 3~5mm。过高会使电弧穿透能力降低，过低会使喷嘴更多受到金属蒸气的污染，易形成双孔，也不利于对焊接状态的观察。

（5）保护气流量。保护气流量应与离子气有一个恰当的比例，保护气流太大会造成气流的紊乱，影响等离子弧的稳定性和保护效果。

图 13.57 所示为 6mm 厚度不锈钢等离子穿孔型焊接的焊接速度、离子气流量、喷嘴孔径所代表的电流密度相互配合所确定的焊接条件区间。

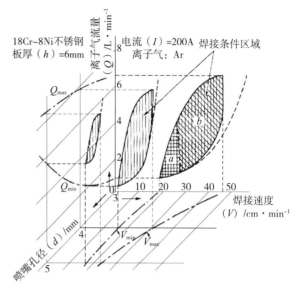

图 13.57　电流密度与可选择的焊接条件区域

3. 应用

穿孔型等离子弧焊最适用于焊接 3~8mm 厚度不锈钢、12mm 以下厚度的钛合金、2~6mm 厚度的低碳钢或低合金结构钢，以及铜、黄铜、镍及镍基合金的对接缝。利用变极性等离子弧焊电源，单面焊可以焊接 12mm 厚度的铝及铝合金。被焊材料在上述厚度范围内可不开坡口一次焊透，并实现单面焊双面成形。

为保证穿孔焊接过程的稳定性，装配间隙和错边等必须严格控制。填充焊丝可以降低对装配精度的要求，有利于防止焊穿并形成一定的焊缝余高，如图 13.58（a）所示为焊丝填充方法。对更厚的板进行开坡口多层焊时，第二层以后可以采取如图 13.58（b）所示的对焊丝通电加热的填丝方法，对提高焊接效率有利。如图 13.59 所示为小孔法焊接得到的焊缝断面形貌，图 13.60 所示为不同参数配合下等离子弧焊可能形成的母材熔化及焊缝断面形貌。

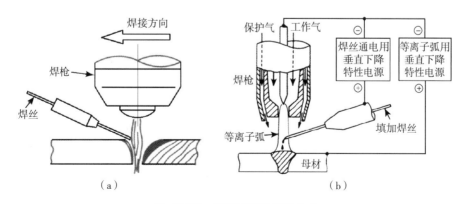

图 13.58　等离子弧焊填丝方式

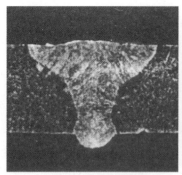 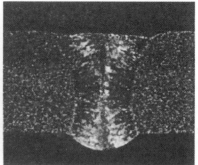

（a）6mm 厚度不锈钢焊件　　　　　（b）6mm 厚度铝合金焊件

图 13.59　穿孔型等离子弧焊焊缝成形断面形态

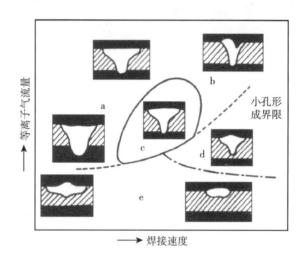

图 13.60　焊接速度与等离子气流量配合下的焊缝断面形貌

13.3.3.5 脉冲等离子弧焊

小孔型、熔入型和微束等离子弧焊均可采用脉冲焊接方法，通过对热输入量的控制，提高焊接过程稳定性，保证全位置焊的焊缝成形，减小热影响区宽度和焊接变形。其中对坡口精度的要求降低，脉冲频率一般在 15Hz 以下。

13.3.3.6 变极性等离子弧焊

变极性等离子弧焊（Variable Polarity Plasma Arc Welding，VPPAW）即不对称方波交流等离子弧焊，是一种针对铝及其合金开发的新型高效焊接工艺方法。它综合了变极性 TIG 焊接和等离子焊接的优点，一方面，它的特征参数电流频率、电流幅值和正负半波导通时间比例可根据工艺要求独立调节，合理分配电弧热量，在满足工件熔化和自动去除工件表面氧化膜的同时，最大限度地降低钨极烧损；另一方面，有效利用等离子束流所具有的高能量密度、高射流速度、强电弧力的特性，在焊接过程中形成穿孔熔池，实现铝合金中厚板单面焊双面成形。

变极性等离子弧焊焊接技术主要用于各种铝合金焊接，其单道焊接铝合金厚度可达 25.4mm。VPPAW 的工艺特点是在焊接过程中，负极性电流（DCEN）幅值、正极性电流（DCEP）幅值、一个周波内正负极性电流持续时间的比例可以分别独立调节，这既有利于焊缝熔透，又有利于清理铝合金氧化膜。VPPAW 在铝合金的焊接中采用小孔型立向上焊工艺，既有利于焊缝的正面成形，又有利于熔池中氢的逸出，减少铝合金的气孔缺欠，因此被称为零缺欠焊接方法。

图 13.61 所示为 VPPAW 设备照片。由于小孔型 VPPA 焊接对参数控制非常严格，以便形成稳定的小孔，因此必须对焊接参数（如电流、电弧电压、气体流量等）进行闭环反馈控制。

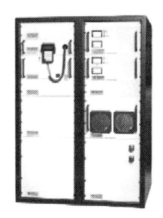

图 13.61　VPPAW 焊接系统

图 13.62 所示为 VPPA 穿孔立焊及常用的电流波形。为了减少钨极的烧损，正极性电流幅值高于负极性幅值，负正极性脉宽比约为 19∶4。国外使用经验表明，对于不同的铝合金，其负正极性幅值和脉宽参数也稍有区别，如表 13.6 所示。

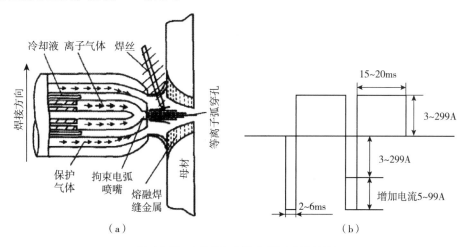

图 13.62　VPPA 穿孔立焊及电流波形

表 13.6　各种铝合金的焊接参数（5mm 板厚）

铝合金材料	DCEN 时间 /ms	DCEP 时间 /ms	DCEN 电流 /A	DCEP 电流 /A
5456	19	3	130	185
2219	19	3	140	180
5086	19	4	145	180

1978 年，美国国家航空航天局（NASA）马歇尔宇航中心决定用变极性等离子弧焊工艺部分取代钨极氩弧焊工艺焊接航天飞机外贮箱。航天飞机外贮箱材料为 2219 铝合金，共焊接了 6400m 焊缝，经 100% X 射线检测，未发现任何内部缺欠，焊接质量比 TIG 多层焊焊接明显提高。NASA 和波音公司已经将此技术应用在航天飞机外燃料箱和火箭壳体的变截面（8~16.5mm）环缝焊接生产中，在固态火箭发动机的排气管元件焊接生产中也得到了应用。

图 13.63　美国洛克希德·马丁公司生产的 2195 航天飞机燃料贮箱（直径：28 英尺，长度 154 英尺，1 英尺 =0.3048 米）

如图 13.63 所示为美国洛克希德·马丁公司生产的航天飞机燃料贮箱，材料为 2195 铝－锂合金，其焊接主要的设备采用霍巴特（Hobart）公司提供的 VPPA 和 GTAW 一体化自动化焊接系统，还包括熔透控制系统、激光焊缝跟踪系统和弧长控制系统。

与 TIG 焊相比，由于 VPPAW 工艺参数区间较窄，需要严格精确控制，因此在 21 世纪之前一直未在生产中应用。自 2003 年以来，才逐步在运载火箭贮箱（材料为 2219），以及压力容器筒体纵缝（材料为 5A06）上得到了应用。

13.3.4　相关标准

QJ 3071：1998《等离子弧焊技术条件》

ISO 6848：2004 *Arc welding and cutting - Nonconsumable tungsten electrodes - Classification*

EN 60974-8：2009 *Arc welding equipment - Part 8：Gas consoles for welding and plasma cutting systems*

ANSI/AWS C5.10/C5.10M：2003 *Recommended Practices for Shielding Gases for Welding and Cutting*

13.4　激光、电子束、等离子弧焊接工艺对比

激光、电子束和等离子弧 3 种焊接工艺均属于高能量密度的焊接方法，故具有加热集中、焊接速度快、变形小等优点，但是在程度上还有很大区别；共同的缺点是都存在设备投资大的问题。

它们之间还有很多不同之处。一是它们的热源不同，电子束焊热源是聚焦的电子束；激光焊的热源是聚焦的激光束；等离子弧焊的热源是压缩电弧热。二是工艺特点不同，电子束焊的深宽比最大，焊接厚板时可以不开坡口、不加填充金属、实现一次焊透，但一般需要在真空条件下进行，焊接的工件尺寸和形状受限，并且焊接时会产生对人体有害的 X 射线；激光焊光束不受电磁场作用，焊道很窄，由于焊接时间短，可以在没有保护下实现焊接，几乎不发生焊接变形，所以更多地用于焊接薄件；此外它们在应用上有些不同，电子束焊适合焊接活泼金属、难熔金属、异种金属，焊件多数较厚；激光焊可焊接金属及非金属材料，多数应用于较薄件的焊接；等离子弧焊可焊接钢材和大多数有色金属，但超过 8mm 厚度的金属，从经济上考虑不适合用等离子弧焊。

参考文献

［1］Katayama S. Handbook of laser welding technologies ［M］. Cambridge, UK：Woodhead Publishing Limited, 2013.

［2］陈彦宾. 现代激光焊接技术［M］. 北京：科学出版社，2005.

［3］Katayama S. Fundamentals and details of laser welding ［M］. Singapore: Springer Nature Singapore Pte Ltd, 2020.

［4］王之康，高永华，徐宾，等. 真空电子束焊接设备及工艺［M］. 北京：原子能出版社，1990.

［5］李亚江，王娟，刘鹏. 特种焊接技术及应用［M］. 北京：化学工业出版社，2004.

［6］中国机械工程学会焊接学会. 焊接手册：第 1 卷：焊接方法与设备［M］. 2 版. 北京：机械工业出版社，2005.

［7］Schultz H.Electron beam welding ［M］.Cambridge:Woodhead Publishing，1993.

［8］李少青，张毓新，王学东，等. 基于电子束能量分布控制的异种金属的焊接［J］. 机械工程材料，2005，29（9）：35-37.

［9］王廷. 钛 / 钢及钛 / 铜电子束焊接接头组织与力学性能研究［D］. 哈尔滨：哈尔滨工业大学，2012.

［10］张秉刚，何景山，刘伟娜，等. 国内外电子束钎焊及其数值模拟研究动态［J］. 焊接，2007，（9）：23-26.

［11］Jan Felba, Kazimierz P. Friedel, Peter Krull, et al. Electron beam activated brazing of cubic boron nitride to tungsten carbide cutting tools ［J］. Vacuum, 2001, 62（2-3）：171-180.

［12］王刚.K465 镍基合金叶片电子束钎焊修复及裂纹控制研究［D］.哈尔滨：哈尔滨工业大学，2009.

［13］王学东，姚舜. 扫描轨迹可控的电子束钎焊［J］.焊接学报，2004，25（6）：31-34.

［14］王之康，高永华，徐宾. 真空电子束焊接设备及工艺［M］.北京：原子能出版社，1990.

［15］李亚江，王娟，刘鹏. 特种焊接技术及应用［M］.北京：化学工业出版社，2004.

［16］陈彦宾. 现代激光焊接技术［M］.北京：科学出版社，2005.

［17］Matsunawa A. Science of laser welding －Mechanisms of keyhole and pool dynamics［C］. Scottsdale, USA: 21st International Congress on Laser Materials Processing and Laser Microfabrication, 2002.

［18］Steen W M. Laser material processing 3rd Edition ［M］. London, UK: Springer-Verlag London Limited, 2003.

［19］Emmelmann C. Introduction to industrial laser materials processing［M］. Hamburg, Germany: Rofin-Sinar Laser GmbH, 2000.

［20］李力钧. 现代激光加工及其装备［M］.北京：北京理工大学出版社，1993.

［21］杨春利，林三宝. 电弧焊基础［M］.哈尔滨：哈尔滨工业大学出版社，2003.

［22］林三宝，范成磊，杨春利. 高效焊接方法［M］.北京：机械工业出版社，2012.

［23］殷树言. 气体保护焊技术问答［M］.北京：机械工业出版社，2004.

［24］王宗杰. 熔焊方法及设备［M］.2 版.北京：机械工业出版社，2019.

［25］李桓. 连接工艺［M］.北京：高等教育出版社，2010.

本章的学习目标及知识要点

1. 学习目标

（1）了解激光的基本特征。

（2）掌握激光焊的原理及其特点。

（3）了解激光焊的应用。

（4）了解电子束焊的基本定义及焊接的特点。

（5）掌握电子束深穿焊的过程与原理。

（6）了解电子束焊主要工艺参数、工艺流程、不同材料电子束焊的特点。

（7）掌握等离子弧焊与 TIG 焊的区别。

（8）掌握等离子弧焊的特征。

（9）了解等离子弧焊的应用。

2. 知识要点

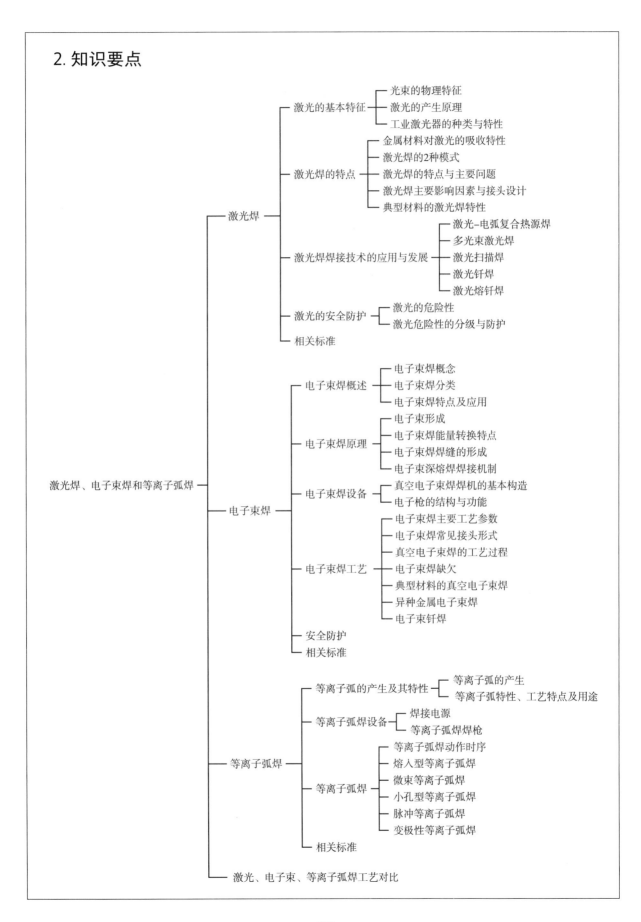

第14章

其他焊接工艺

编写：蔡笑宇　黄永宪　贺文雄　闫久春

特种焊技术是指除焊条电弧焊、气体保护焊等一些常规的焊接方法之外的焊接工艺，本章介绍电渣焊、摩擦焊、扩散焊、高频焊、旋弧焊、超声波焊、螺柱焊、爆炸焊、铝热焊、冷压焊、电磁脉冲焊、搅拌摩擦焊 12 种焊接方法，结合工程实例讲解各种焊接方法的工艺原理、特点及应用等问题。

14.1 电 渣 焊

14.1.1 电渣焊原理和分类

14.1.1.1 定义和概述

电渣焊是一种利用熔渣熔化填充金属和被焊工件表面，而使金属产生结合的焊接方法。焊接熔池由熔渣保护，在焊接过程中熔渣沿接头的整个横截面移动。焊接过程的开始是由电弧加热焊剂并将其熔化形成熔渣，然后电弧熄灭，导电的熔渣由于有一定的电阻使电流在焊丝和工件之间通过而保持熔化的状态。

通常采用 I 型坡口并处于立焊位置，除环缝电渣焊外，焊接一旦开始，工件就不再转动。电渣焊是一种机械焊接方法，在焊接开始后就一直连续焊到结束。因为没有电弧，所以焊接过程平稳且无飞溅，可以单道焊接很厚的工件。

14.1.1.2 焊接过程和原理

电渣焊的焊接过程如图 14.1 所示。焊接过程由焊丝和接头底部之间引燃电弧开始，然后添加颗粒状焊剂并为电弧热所熔化。一旦形成足够的熔渣层，整个电弧过程便结束，并且由于熔渣具有导电性，使得焊接电流可由焊丝通过熔渣流动。焊接在凹槽中或引弧板上开始，以使焊枪到达工件时焊接过程稳定。熔渣产生的电阻热足以熔化工件的边缘及焊丝。熔池中部的温度约为 1925℃，表面温度约为 1650℃。熔化的焊丝和母材在熔渣池下汇流成熔池并缓慢地凝固形成焊缝。凝固过程是从底部向上开始，而在凝固的焊缝金属上面总有熔化的金属。为了将熔渣和某些焊缝金属延伸到接头的顶部之外，需要使用引出板。通常将引弧板和引出板割掉并与接头端部平齐。

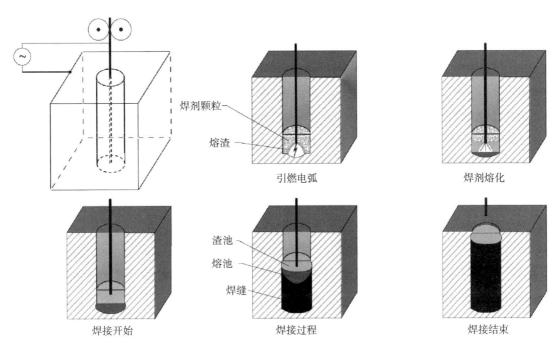

图 14.1 电渣焊焊接过程示意图

14.1.1.3 电渣焊的分类

按电极的形状，电渣焊方法有丝极电渣焊、熔嘴电渣焊（含管极电渣焊）和板极电渣焊 3 种。采用丝极电渣焊方法时，在熔敷焊缝时焊接机头逐渐向上移动。采用熔嘴电渣焊方法时，焊接机头固定在接头的顶部，而熔嘴和焊丝逐渐被熔融焊剂所熔化。

1. 丝极电渣焊

如图 14.2 所示为丝极电渣焊方法。按被焊材料的厚度，将一根或几根焊丝送入接头中。焊丝通过不熔导电嘴送给，导电嘴到熔化焊剂表面的距离为 50~75mm。焊接非常厚的材料时，可将焊丝做横向摆动。

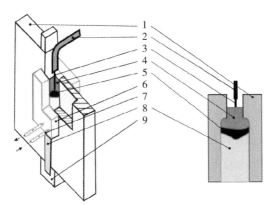

1—母材；2—导电嘴；3—焊丝；4—渣池；5—金属熔池；6—水冷滑块；7—冷却水；8—焊缝；9—引弧板

图 14.2 丝极电渣焊方法

为了保持金属熔池和渣池，通常在接头的两侧使用水冷铜滑块（挡板）。滑块安装在焊机上，并随焊机垂直移动。焊机的垂直移动应与焊丝的熔敷速度一致，移动可以是自动的，也可以由焊接操作者控制。

随着滑块的垂直向上移动，焊缝表面露出。焊缝通常有余高，余高形状由滑块的凹槽定形，焊缝表面被一层薄渣覆盖。在焊接过程中必须向渣池中添加少量的焊剂来补偿这种熔渣的消耗。

采用丝极电渣焊可焊接厚度为 13~500mm 的板材，常焊的厚度为 19~460mm。单丝摆动可成功焊接厚达 120mm 的板材，双丝可焊接到 230mm 厚度，三丝可焊接到 500mm。在这种方法中每根焊丝每小时熔敷金属量为 11~20kg，焊丝直径一般为 3.2mm。用电渣焊焊接正常尺寸焊缝时，每 45kg 熔敷焊缝金属消耗约 2.3kg 焊剂。

这种焊接方法因焊丝在接头间隙中的位置及焊接工艺参数容易调节，因而熔宽与熔深易于控制。

2. 熔嘴电渣焊

熔嘴电渣焊中，填充金属由焊丝及导丝的导电嘴供给，焊丝一般由一个占接头全长的导电嘴送到接头的底部，焊接电流由导电嘴传导，导电嘴正好在渣池表面被熔化，焊机不做垂直移动，采用固定的或不滑动的冷却挡块，如图 14.3 所示。

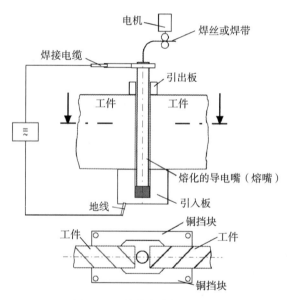

图 14.3　熔嘴电渣焊示意图

采用丝极电渣焊时，可以送一根或多根焊丝，这些焊丝可以在接头中横向摆动。因为导电嘴传导电流，必须使其与接头侧壁（母材）和冷却滑块绝缘，熔嘴的外面可涂上焊剂以使其绝缘并有助于补足渣池。其他形式的绝缘包括环形绝缘子、纤维玻璃套管和纤维玻璃带等。

随着焊接过程的继续和渣池的上升，熔嘴熔化并成为焊缝金属的一部分。熔嘴占填充金属的 5%~10%。对于短焊缝，冷却滑块的长度可以与接头相同。对于较长的接头，可以使用几组冷却滑块。当金属凝固时，可将一组冷却滑块从接头上拆掉并装在另一组上面。重复进行这种"跳蛙"式变换直到焊缝完成。

熔嘴方法可用于焊接极厚的焊缝。当焊丝不摆动时，每根焊丝焊接的板厚约为 63mm。单丝摆动可焊接到 130mm，双丝摆动可焊接到 300mm，三丝摆动可焊接到 450mm。通常采用不摆动的单丝可完成长达 9m 的焊缝。在长焊缝中可能出现控制问题，因此如果不能正确地控制所要求的摆动量，可以填加辅助焊丝并停止摆动。

熔嘴电渣焊的设备简单、体积小、操作方便，目前已成为对接焊缝和 T 型焊缝的主要焊接方法。焊接时，焊机位于焊缝上方，适合于梁体等复杂结构的焊接。由于可采用多个熔嘴、熔嘴固定于接头间隙中、不易产生短路等故障，所以适合于大截面工件的焊接。熔嘴可做成各种曲线或曲面形状，以适应具有曲线或曲面的焊缝。

当被焊工件较薄时，熔嘴可简化为一根管子或两根管子，在管子外面涂上涂料，焊丝通过管子不断向渣池送进，两者作为电极进行电渣焊，这种方法称为管极电渣焊，是熔嘴电渣焊的特殊形式，如图 14.4 所示。

管极外表面的涂料有绝缘作用，焊接时不会与工件短路，装配间隙可以缩小，因而可以节省焊接材料和提高焊接生产效率。由于薄板焊接可以只用一根管极，操作简便，而管极易于弯成各种曲线形状，所以管极电渣焊多用于薄板及曲线焊缝的焊接。可以通过管极的涂料向焊缝中渗合金，以达到调整化学成分或优化焊缝晶粒作用。

3. 板极电渣焊

板极电渣焊的熔化电极为金属板条，根据焊件厚度可采用一块或数块金属板条进行焊接。焊接时，通过送进机构将板极连续不断地向熔池中送进，板极不须做横向摆动，如图 14.5 所示。

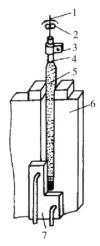

1—焊丝；2—送丝滚轮；3—管极夹持机构；4—管极钢管；
5—管极涂料；6—工件；7—水冷滑块
图 14.4　管极电渣焊示意图

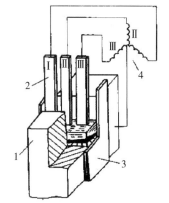

1—焊件；2—板极；3—强迫成形装置；4—电源
图 14.5　板极电渣焊示意图

板极电渣焊既可以是铸造的也可以是锻造的，其长度一般约为焊缝长度的 3 倍以上。焊缝越长，焊接装置的高度就越高。所以板极电渣焊受板极送进长度和自身刚度的限制，宜用大断面短焊缝的焊接。与丝极电渣焊相比，板极电渣焊比丝极电渣焊容易制备，对于某些难以制成焊丝的合金钢，就可以做成板极，采取板极电渣焊。因此，板极电渣焊常用于合金钢的焊接和堆焊工艺，目前主要用于模具堆焊和轧辊堆焊。

14.1.2 电渣焊特点及接头性能

14.1.2.1 电渣焊特点

与其他熔焊方法相比，电渣焊具有下列优点。

（1）可以一次焊接很厚的工件，提高焊接生产效率。理论上能焊接的板厚是无限的，但实际上要受到设备、电源容量和操作技术等方面限制，常焊的板厚为 13~500mm。

（2）无须开坡口，只要两工件之间有一定装配间隙即可，因而可以节约大量填充金属和加工时间。

（3）由于处在立焊位置，金属熔池上始终存在一定体积的高温渣池，使熔池中的气体和杂质较易析出，故一般不易产生气孔和夹渣等缺欠。又由于焊接速度缓慢，其热源的热量集中程度远比电弧焊弱，所以使近缝区加热和冷却速度缓慢，这对于焊接易淬火的钢种，减少了近缝区产生淬火裂缝的可能性。焊接中碳钢和低合金钢时均可不预热。但焊缝及热影响区存在严重的晶粒长大现象。

（4）由于母材熔深较易调整和控制，所以焊缝金属中的填充金属和母材金属的比例可在很大范围内调整，这对于调整焊缝金属的化学成分及降低有害杂质具有特殊意义。

14.1.2.2 预热和焊后热处理

电渣焊不要求或一般不采用预热，本质上电渣焊是自预热的过程，大量的热传入工件并在焊缝的前面将焊缝预热。并且由于焊后冷却速度相当慢，所以通常不必进行后热。

大多数应用电渣焊的场合，特别是钢结构的焊接，不要求焊后热处理。正如前面所讨论的，焊态的电渣焊焊缝具有有利的残余应力分布，而这种残余应力可通过焊后热处理抵消。亚临界焊后热处理（消除应力）对机械性能，特别是对缺口韧性可能有害，也可能有益，一般不采取亚临界焊后热处理。

热处理可能显著地改变碳钢和低合金钢焊缝的性能。正火几乎可全部消除焊缝的铸造组织，并使焊缝金属和母材的性能近似相等。

正火 + 回火钢通常不采用电渣焊，为了使焊缝的热影响区具有足够的强度性能，焊后必须进行热处理，而在太厚结构中这种热处理是非常困难的。

14.1.2.3 机械性能

电渣焊焊缝的机械性能取决于母材的种类和厚度、焊丝成分、焊丝 – 焊剂配合以及焊接条件。所有这些将影响焊件的化学成分、金相组织和机械性能。电渣焊焊缝一般用在受静力载荷或振动载荷的结构中。在使用条件下，特别是在低温条件下，最重要的是焊缝金属和热影响区的缺口韧性。必须针对具体的用途进行仔细的评定，以满足设计要求并使焊件具有满意的运行性能。

14.1.3 电渣焊设备

电渣焊设备的主要部件是：①电源；②送丝机构和摆动机构；③导电嘴；④焊接控制器；⑤行走小车；⑥滑块（挡块）。图 14.6 所示为典型三丝极电渣焊机头。

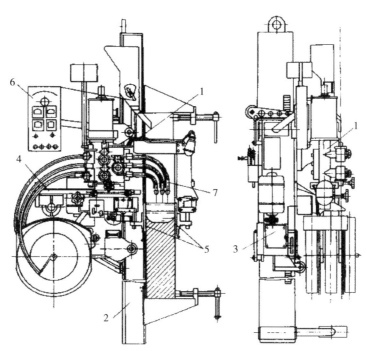

1—三丝极电渣焊机头；2—钢轨；3—行走小车；4—水平往复移动机构；5—成形装置；6—控制盒；7—导电嘴

图 14.6　三丝极电渣焊机头（A-372P 型）

14.1.3.1　电源

电渣焊可用交流恒压电源或直流恒压电源，一般多用交流恒压电源。为了保证电渣过程稳定和减小网络电压波动的影响，以及避免出现电弧放电或弧－渣混合过程，负载电压范围一般为30~50V，因此电源的最低空载电压应为60V。电渣焊变压器应该是三相供电，其次级电压应具有较大的调节范围。由于焊接时间长，中途不停顿，故其负载持续率一般为100%，每根焊丝的额定电流不应小于750A，以1000A居多，每根焊丝需接一台电源。

14.1.3.2　送丝机构和摆动机构

送丝机构的功能是将焊丝从焊丝盘通过导电嘴送向渣池，送丝机构通常装在焊接机头上。送丝机构最好由单独的驱动电机和送丝轮给送单根焊丝，在多丝焊接的情况下，一个送丝机构出了故障，如能迅速地采取补救措施，就不必中断焊接作业，因为重新起焊处的补焊可能费用很高。送丝速度可均匀无级调节，一般来说，17~150mm/s 的速度范围对于使用直径 2.4mm 或 3.2mm 的药芯焊丝或实心焊丝是合适的。

另外，当焊丝从导电嘴伸出时会产生弯曲。通常采用焊丝矫直机构（简单的三轮结构或是比较复杂的回转结构）来矫直焊丝的抛射式弯曲。

当每根焊丝所占的接头厚度在 70mm 以上时，要求配备焊丝摆动机构。导电嘴的摆动可采用电机控制的丝杠或齿条等完成。摆动机构的行走距离、行走速度，以及在每一行程终端的停留时间是可调的，目前可采用可编程逻辑控制器（PLC）控制摆动动作。

14.1.3.3　导电嘴

（1）导电嘴是将焊接电流传递给焊丝的关键器件，而且对焊丝导向并把它送入熔渣池。导电嘴的结构要求紧凑、导电可靠，送丝位置准确而不偏移，使用寿命长。通常是由钢质焊丝导管和铜质导电嘴组成，前者导向，后者导电。铜质导电嘴的引出端位置靠近熔渣，最好用铍青铜制作，因为它在高温下能保持较高强度。

为了垂直地将焊丝送入渣池，导电嘴必须是弯曲状并且要足够扁，使其能够装到接头的间隙内。导电嘴的直径一般不小于13mm。为了克服焊丝的抛射式弯曲，可将导电嘴设计成整体矫直机构。

（2）熔嘴方法的导电嘴是用与母材相匹配的钢材制成，并且比待焊接头略长些。一般外径为16mm，内径为3.2~4.8mm。当焊接部件厚度小于19mm时熔嘴直径要小些。

导电嘴装在焊接机头上的铜合金夹箍上，焊接电流从铜夹箍传到导电嘴，然后传到焊丝。

对于长度超过600~900mm的焊缝，必须将熔嘴绝缘，以防止与工件短路。可在熔嘴全长度上涂以焊剂；或者熔嘴上装上可以滑动的绝缘环，其间距为300~450mm，并借助熔嘴上的焊接小凸点保持在适当的位置上。焊剂涂层或绝缘环随熔嘴的熔化而熔化，并补充渣池。

14.1.3.4 水冷滑块

滑块是强制焊缝成形的冷却装置，焊接时随机头一起向上移动，其作用是保持熔渣池和金属熔池在焊接区内不致流失，并强迫熔池金属冷却形成焊缝，通常用热导性良好的纯铜制造并通冷却水，共分前、后冷却滑块。滑块由弹簧紧压在焊缝上，对不同形状的焊接接头，使用不同形状的滑块，如图14.7至图14.9所示。调整滑块的高低可改变焊丝的伸出长度。

采用丝极电渣焊方法时，水冷滑块装在焊接机头上并且

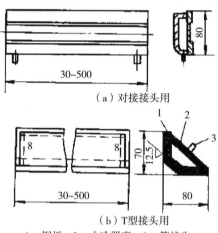

（a）对接接头用

（b）T型接头用

1—铜板；2—水冷罩壳；3—管接头

图14.7 固定式水冷成形滑块

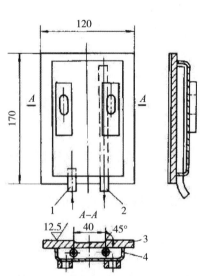

1—进水管；2—出水管；3—铜板；4—水冷罩壳

图14.8 移动式水冷成形滑块

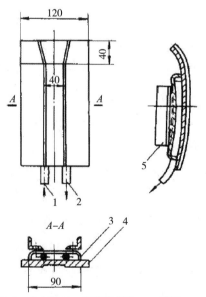

1—进水管；2—出水管；3—薄钢板外壳；4—铜板；5—角铁支架

图14.9 环缝电渣焊内成形滑块

随着焊接过程的进行而向上移动。采用熔嘴电渣焊时，滑块不移动。有时滑块也可以不水冷，但必须有足够的体积，以避免熔化。

14.1.3.5 控制系统

电渣焊焊接过程中的焊丝送进速度、导电嘴横向摆动距离及停留时间、行走机构的垂直移动速度等参数均采用电子开关线路控制和调节。其中比较复杂又较困难的是行走机构上升速度的自动控制和熔渣池深度的自动控制，目前都是采用传感器检测渣池位置并加以控制。

14.1.4 适合电渣焊的材料及焊材选择

14.1.4.1 母材

生产中很多碳钢可以用电渣焊焊接，这些钢焊后可不进行热处理。除碳钢外，电渣焊可成功地焊接其他一些钢种。这些钢种包括 AISI 4130、HY80、奥氏体不锈钢、工业纯铁等。这些钢中的大多数要求使用特殊焊丝及细化晶粒的焊后热处理，以获得所要求的焊缝性能或焊接热影响区性能。

14.1.4.2 焊接材料

电渣焊焊缝金属的成分由母材和填充金属的成分及熔合比所决定。电渣焊中所利用的焊接材料包括焊丝和焊剂，在熔嘴焊接情况下还包括可熔导电嘴及其绝缘材料，可有效地利用焊接材料来控制焊缝的成分和性能。

1. 焊丝

电渣焊使用的焊丝有 2 种，即实心焊丝和药芯焊丝。实心焊丝应用较广，主要在中国使用。每类焊丝可有各种化学成分，以使焊缝金属具有所要求的机械性能，见表 14.1。药芯焊丝也是向渣池补充焊剂的一种方法。药芯焊丝的金属表皮是低碳钢。当药芯完全是由焊剂（药芯）组成时，采用药芯焊丝可能造成熔池中的熔渣过量。

表 14.1　常用钢材电渣焊丝选用表

品种	母材钢号	焊丝牌号
钢板	Q235A，Q235B，Q235C，Q235R	H08A，H08MnR
	20g，22g，25g，Q345（16Mn），Q295（09Mn2）	H08Mn2Si，H10MnSi H10Mn2，H08MnMoA
	Q390（15MnV，15MnTi，15MnNb）	H10Mn2MoVA
	14MnMoV，14MnMoVN，15MnMoVN，18MnMoNb	H10Mn2MoVA H10Mn2NiMo
铸锻件	15，20，25，35	H10Mn2，H10MnSi
	20MnMo，20MnV	H10Mn2，H10MnSi
	20MnSi	H10MnSi

在碳钢和高强低合金钢的电渣焊中，焊丝的含碳量通常比母材低。这点与其他一些焊接方法相似。通过锰、硅和其他元素合金化来提高焊缝金属的强度和韧性。这种方式可降低含碳量 ≤ 0.35%

的钢的焊缝金属产生裂纹的倾向。

焊接合金含量较高的钢时，焊丝成分通常与母材成分相似。合金含量较高的钢，一般综合利用化学成分和热处理来提高其机械性能。合金含量较高的钢的电渣焊焊缝通常需要进行热处理，以形成所要求的焊缝金属性能及热影响区性能。因此，最好的方法是使焊缝金属具有与母材相似的成分，从而二者对热处理的反应近似相同。

选择电渣焊焊丝时，必须考虑到母材的稀释率。在典型的电渣焊焊缝中，母材的稀释率为30%~50%。稀释量或母材熔化量取决于焊接工艺。填充金属和熔化的母材充分混合而形成化学成分差不多完全均匀的焊缝。最常用的焊丝规格是直径 2.4mm 和 3.2mm，但也成功地使用过直径1.6~4.0mm 的焊丝。在相同焊接电流条件下，直径较小的焊丝比直径较大的焊丝具有较高的熔敷效率、送给性能、焊接电流范围和矫直性等最佳综合性能。

熔嘴和管极电渣焊所用的焊丝、熔嘴板以及板极电渣焊用的板极的选择原则和上述相同。在焊接低碳钢和低合金结构钢时，通常用 09Mn2 钢板作板极和熔嘴板，熔嘴板的厚度一般为 10mm，熔嘴管一般用 $\Phi 10mm \times 2mm$ 的 20 号无缝钢管。熔嘴板的宽度及板极尺寸应按接头的形状和焊接工艺需要确定。

板极电渣焊用的板极，其厚度一般为 8~16mm，当焊接大断面时，可以用更厚的板。板极的宽度一般为 70~110mm。太宽会使熔宽不均匀，且焊接电流易波动太窄，在焊大断面时，板极数目过多，造成设备和操作上的困难。板极长度应足以填满装配间隙形成完整的焊缝金属。

2. 焊剂

电渣焊用的焊剂主要起两个作用：①熔化成熔渣后能使电能转换成焊接热以熔化填充金属和母材；②该熔渣能保护熔融焊缝金属不受大气污染。因为电渣焊焊接过程焊剂用量较少，所以一般不通过焊剂对焊缝渗入合金元素。

电渣焊对所用焊剂的基本要求是：能迅速和容易地形成电渣过程，并保证电渣过程稳定。为此，焊剂熔化形成的熔渣必须能导电，并具有相当的电阻以产生焊接所需的热量。熔渣导电性不能过高，否则增加焊丝周围电流分流，从而减弱高温区内液体的对流作用，使母材熔深减小，以至产生未焊透缺欠。此外，电渣的黏度必须适当，保证具有足够好的流动性以产生良好的循环流动，使热量在接头中均匀分布。若太稠太黏，则容易引起夹渣和咬肉现象。若太稀就会使熔渣从焊件边缘与滑块之间的缝隙中流失，无法保持一定渣池深度而影响焊接质量的稳定，严重时会破坏焊接过程。熔渣的熔点必须大大低于被焊金属的熔点，其沸点必须略高于工作温度，避免由于过量损耗而可能改变其工艺特性。凝固在焊缝表面的渣壳应容易清除。

焊剂运输与存放必须有良好的包装，防止受潮，一般用前宜重新烘干。在开始焊接时必须加一定量焊剂，以建立电渣过程，随后焊接过程由于在焊缝两表面凝成薄层渣，而使渣池的熔渣有所减少，必须及时往熔池中添加焊剂，以保持渣池深度。通常每 9kg 熔敷金属使用约0.5kg 焊剂。

常用电渣焊焊剂的类型、化学成分和用途见表 14.2。

表 14.2 常用电渣焊焊剂的类型、化学成分和用途

牌号	类型	化学成分（质量分数）/%	用途
HJ170	无锰、低硅、高氟	$SiO_2 = 6\sim9$，$TiO_2 = 35\sim41$，$CaO = 12\sim22$，$CaF_2 = 27\sim40$，$NaF = 1.5\sim2.5$	固态时有导电作用，用于电渣焊开始时形成渣池
HJ360	中锰、高硅、中氟	$SiO_2 = 33\sim37$，$CaO = 4\sim7$，$MnO = 20\sim26$，$MgO = 5\sim9$，$CaF_2 = 10\sim19$，$Al_2O_3 = 11\sim15$，$FeO \leqslant 1.0$，$S \leqslant 0.10$，$P \leqslant 0.10$	用于焊接低碳钢和某些低合金钢
HJ431	高锰、高硅、低氟	$SiO_2 = 40\sim44$，$MnO = 34\sim38$，$CaO \leqslant 6$，$MgO = 5\sim8$，$CaF_2 = 3\sim7$，$Al_2O_3 \leqslant 4$，$FeO \leqslant 1.8$，$S \leqslant 0.06$，$P \leqslant 0.08$	用于焊接低碳钢和某些低合金钢

14.1.5 电渣焊的工艺参数

焊接参数是影响焊接操作、焊缝质量和方法的因素。所有这些参数匹配恰当时，就会形成稳定的焊接过程，并产生高质量的焊缝金属。

14.1.5.1 焊接电流

焊接电流和送丝速度是成正比的，并且可以看作是一个变参数。当采用恒定电压电源时，加快送丝速度便提高焊接电流和熔敷效率。

当提高焊接电流时，焊接熔池的深度也增大。当用直径 $\varPhi$3.2mm 焊丝和接近 400A 电流焊接时，提高电流也增大焊缝的宽度。当用直径 $\varPhi$3.2mm 焊丝和高于 400A 电流焊接时，提高电流便减小焊缝宽度。

对于直径 $\varPhi$3.2mm 焊丝，一般采用 500~700A 电流。在以低于 500A 焊接电流焊接时，易于产生裂纹的金属或焊接条件，可能要求大的形状系数。

14.1.5.2 焊接电压

焊接电压是一个特别重要的参数，它对母材的熔深和焊接过程的稳定性有着重要的影响。改变焊接电压是控制熔深的主要方法，提高电压便增大熔深和焊缝的宽度。为保证侧壁完全熔合，焊缝中部的熔深需要略高于预期值，因为在焊缝边缘部位必须抵消水冷滑块的激冷作用。

电压也必须保持在一定的范围内，以保证焊接过程的稳定。如果电压太低，便产生短路或在金属熔池上燃弧；如果电压太高，可能由于飞渣和在渣池顶面燃弧而使焊接过程不稳定。对每根焊丝选用 32~35V 焊接电压。焊接较厚部件时，选用较高的电压，具体电压推荐参数见表 14.3。

表 14.3 丝极电渣焊焊接电压的确定

接头形式	焊接速度 /m·h^{-1}	每根焊丝所焊厚度 /mm				
		50V	70V	100V	120V	150V
对接接头	0.3~0.6	38~42	42~46	46~52	50~54	52~56
对接接头	1~1.5	43~47	47~51	50~54	52~56	54~58
T 型接头	0.3~0.6	40~44	44~46	46~50	—	—

14.1.5.3 焊丝伸出长度

当采用丝极电渣焊时，渣池表面到导电嘴底端之间的距离称作焊丝伸出长度。在熔嘴电渣焊焊接方法中不存在焊丝伸出长度。采用恒压电源和等速送丝机构时，增大焊丝的伸出长度将增大其中的电阻，这必须通过加长焊丝在导电渣池内的长度来补偿。

一般采用 50~75mm 的焊丝伸出长度。伸出长度小于 50mm 会引起导电嘴过热；伸出长度大于 75mm，电阻增大会引起焊丝过热。

14.1.5.4 焊丝摆动

厚度在 75mm 以下的板材可用不摆动的焊丝焊接。但当材料厚度大于 50mm 时，焊丝通常沿板厚方向做横向摆动。这种方式的摆动使热量有助于获得较好的边缘熔合。摆动速度在 8~40mm/s 之间变化，速度随板厚加大而变快。一般来说，摆动速度是以 3~5s 的往复运动时间为基础，提高摆动速度便减小了焊缝宽度。因此，摆动速度必须与其他参数匹配。为了与母材完全熔合及抵消冷却滑块的激冷作用，在摆动行程终端每次应停留一段时间，停留时间可在 1~2s 内变化。

14.1.5.5 渣池深度

最小渣池深度应能使焊丝插到熔池之中，并仅靠渣池表面熔化，渣池太浅引起熔渣飞溅并在渣池表面燃弧，渣池过深将减小焊缝宽度。在过深的渣池中环流不良，结果可能造成夹渣。渣池最佳深度是 38mm，但是渣池浅到 25mm 或深到 51mm，都不会有重大的影响。

通常根据焊丝送进速度来保持渣池深度的稳定，送丝速度与渣池深度的关系如表 14.4 所示。

表 14.4　送丝速度与渣池深度的关系

送丝速度 /m·h⁻¹	60~100	100~150	150~200	200~250	250~300	300~450
渣池深度 /mm	30~40	40~45	45~55	55~60	60~70	65~75

14.1.5.6 焊丝根数和间距

随着每根焊丝所占的金属厚度的增加，焊缝宽度略有减小，焊接熔池的深度则显著减小。一般来说，对于厚度 130mm 以下的部件，可以利用一根摆动的焊丝焊接；而厚度 300mm 以下的工件，可用两根摆动焊丝焊接。每增加一根摆动的焊丝，工件厚度相应可增大约 150mm。这适用于丝极电渣焊和熔嘴电渣焊。如果焊丝不摆动，每根焊丝可焊接约 65mm 的板厚。

按下列经验公式确定焊丝间距。

$$B = \frac{\delta + 10}{n}$$

式中：B——焊丝间距 /mm；

δ——焊件厚度 /mm；

n——焊丝数量 / 根。

14.1.5.7 接头间隙

为取得足够的渣池尺寸、良好的熔渣环流效果以及在熔嘴电渣焊中为安放熔嘴及其绝缘层所需的间隙，要求有最低限度的接头间隙。增大接头间隙不会影响焊接熔池深度，然而却会增大焊缝宽度并因此增大形状系数。过大的接头间隙需要大量的填充金属，这可能是不经济的。而且接头间隙过大可能引起边缘未熔合。接头间隙一般为 20~40mm，取决于母材厚度、焊丝根数以及是否做焊丝摆动。

各种电渣焊的典型材料的工艺参数分别如表 14.5 至表 14.7 所示。

表 14.5　直缝丝极电渣焊的工艺参数

被焊工件材料	工件厚度 / mm	焊丝数量 / 根	装配间隙 / mm	焊接电流 / A	焊接电压 / V	焊接速度 / m·h⁻¹	送丝速度 / m·h⁻¹	渣池深度 / mm
Q235 Q345 20	50	1	30	520~550	43~47	约1.5	270~290	60~65
	70	1	30	650~680	49~51	约1.5	360~380	60~70
	100	1	33	710~740	50~54	约1	400~420	60~70
	120	1	33	770~800	52~56	约1	440~460	60~70

注：焊丝直径为 3mm，接头形式为对接接头。

表 14.6　环缝丝极电渣焊的工艺参数

被焊工件材料	工件外圆直径 / mm	工件厚度 / mm	焊丝数量 / 根	装配间隙 / mm	焊接电流 / A	焊接电压 / V	焊接速度 / m·h⁻¹	送丝速度 / m·h⁻¹	渣池深度 / mm
25 钢	Φ600	80	1	33	400~420	42~46	约0.8	190~200	45~55
		120	1	33	470~490	50~54	约0.7	240~250	55~60
	Φ1200	80	1	33	420~430	42~46	约0.8	200~210	55~60
		120	1	33	520~530	50~54	约0.7	270~280	60~65
		160	2	34	410~420	46~50	约0.7	190~200	45~55
		200	2	34	450~460	46~52	约0.7	220~230	55~60
		240	2	35	470~490	50~54	约0.7	240~250	55~60

注：焊丝直径为 3mm。

表 14.7　熔嘴电渣焊的工艺参数

结构形式	被焊工件材料	接头形式	工件厚度 / mm	熔嘴数量 / 个	装配间隙 / mm	焊接电压 / V	焊接速度 / m·h⁻¹	送丝速度 / m·h⁻¹	渣池深度 / mm
非刚性固定结构	Q235A Q345 20钢	对接接头	80	1	30	40~44	约1	110~120	40~45
			100	1	32	40~44	约1	150~160	45~55
			120	1	32	42~46	约1	180~190	45~55
		T 型接头	80	1	32	44~48	约0.8	100~110	40~45
			100	1	34	44~48	约0.8	130~140	40~45
			120	1	34	46~52	约0.8	160~170	45~55

续表

结构形式	被焊工件材料	接头形式	工件厚度/mm	熔嘴数量/个	装配间隙/mm	焊接电压/V	焊接速度/m·h⁻¹	送丝速度/m·h⁻¹	渣池深度/mm
刚性固定结构	Q235A 16MnMo 20MnSi	对接接头	80	1	30	38~42	约0.6	65~75	30~40
			100	1	32	40~44	约0.6	75~80	30~40
			120	1	32	40~44	约0.5	90~95	30~40
		T型接头	80	1	32	42~46	约0.5	60~65	30~40
			100	1	34	44~50	约0.5	70~75	30~40
			120	1	34	44~50	约0.4	80~85	30~40
大截面结构	35钢 20MnMo 20MnSi	对接接头	400	3	32	38~42	约0.4	65~70	30~40
			600	4	34	38~42	约0.3	70~75	30~40
			800	6	34	38~42	约0.3	65~70	30~40
			1000	6	34	38~44	约0.3	75~80	30~40

注：焊丝直径为3mm，熔嘴板厚10mm，熔嘴管尺寸为 Φ10mm×2mm。

14.1.6 电渣焊的焊接工艺过程

14.1.6.1 接头准备加工

电渣焊的主要优点之一是接头准备加工比较简单。它基本上是Ⅰ型坡口，因此只需在坡口表面上加工成直边即可，可以用热切割、机械加工等方法完成。如果采用水冷滑块，坡口两侧的面板表面必须适当磨光，以避免漏渣和卡住滑块。

焊接区应没有油污、氧化皮或水分，但不需要像其他焊接方法通常要求的那样清洁。切割表面不应有黏附的熔渣，但是表面轻微氧化是无害的。在焊接开始之前应注意保护接头。包覆在滑块周围带有水分的材料，即通常所谓的"泥"将会引起气孔，这种材料在焊接之前应完全干燥。同样，水冷滑块的渗漏可能引起气孔或焊缝表面缺欠。

14.1.6.2 接头装配

焊接之前，应使接头具有符合要求的对中度和间隙，应使用刚性夹具或跨接头的定位板，如图14.10所示。定位板是一种桥型板，沿接头焊到每个部件上，这样便可在焊接过程中保持对中，如图14.11所示。定位板设计成留有空当的可跨接固定位置的Ⅱ型板，在焊接完成后，将定位板拆除。

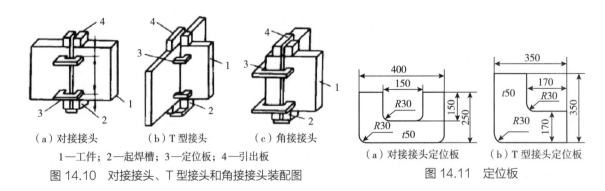

（a）对接接头　（b）T型接头　（c）角接接头

1—工件；2—起焊槽；3—定位板；4—引出板

图14.10　对接接头、T型接头和角接接头装配图

（a）对接接头定位板　（b）T型接头定位板

图14.11　定位板

　　熔嘴电渣焊方法允许接头有错边。错边大的板可以用易于装配的特殊滑块进行焊接，或在滑块和工件之间的间隙内填塞难熔材料或钢带（钢带必须与母材的成分相似）。

　　按经验可确定不同接头适合的接头间隙，见表 14.8。随着接头向上焊接，由于焊缝收缩使两焊件逐渐靠近。考虑到这种收缩，一般接头顶部的间隙比底部应大 3~6mm。影响收缩余量的因素包括材料类型、接头厚度和接头长度。

表 14.8　不同厚度焊件的装配间隙

焊件厚度	50~80	80~120	120~200	200~400	400~1000	>1000
对接接头装配间隙	28~30	30~32	31~33	32~34	34~36	36~38
T 型接头装配间隙	30~32	32~34	33~35	34~36	36~38	38~40

　　当接头间隙过大时，可以用焊丝摆动来补偿过大的接头间隙。当接头间隙过小时，接头填充可能太快而引起裂纹或侧壁未熔合。由于焊缝收缩也能使小的接头间隙并拢而中断导电嘴的横向摆动。

14.1.6.3　工件的倾斜度

　　焊接接头的轴线应处于垂直或接近垂直的位置。偏离垂直位置的斜度可达 10°。偏斜角度更大时，加大了焊接难度而易产生夹渣和边缘未熔合。在熔嘴电渣焊中，导电嘴的对中可能是一个问题。焊剂环或涂焊剂的导电嘴需要用弹簧将导电嘴夹在接头中间。

14.1.6.4　工件的接地

　　由于电渣焊方法所采用的电流较高，所以良好的接地是重要的。通常对于每根焊丝有两根 40mm² 的焊接电缆就足够了。最好是接工件的电缆直接接在引导槽的下面，可最大限度地减小焊件中的强磁场对熔滴过渡的影响。不推荐使用接地弹簧夹钳，因为其有过热倾向。

14.1.6.5　引入板、引出板和起焊板

　　在要求接头的全长度全焊透的场合，需使用引入板和引出板。引入板通常被看作起焊板，它是装在接头的底部，联合使用引入板和起焊板来开始焊接过程。引入板和起焊板组成了一个启动焊接的凹槽，凹槽表面与母材表面齐平。可以采用铜模（通常水冷），但不在铜模上直接引弧，而在铜模的底部放一小块或两小块母材，在其上引弧。

　　引出板钢号应与母材相同或相似，可以采用铜板，但必须用水冷却。引出板的厚度应与母材相同，并且在接头端部可靠地与工件两块钢板相接。在超出工件钢板上部的引出板中间形成凹坑而结束焊接。

14.1.6.6　焊丝的位置

　　焊丝的位置决定了产生最大热量的部位，焊丝通常应处于接头的中心。但如果焊丝向一侧偏移，则可向相反方向移动导电嘴以抵消这一偏移。在焊接直角接头和 T 型接头或任何角焊缝接头时，焊丝可能要做偏移以形成所要求的焊缝金属几何形状。

14.1.6.7　焊接的开始和结束

　　一般的起焊方法是在焊丝和起焊板之间引弧。这可以用 2 种方法进行：①将钢棉球放在焊丝和

起焊板之间并接通电源；②焊丝带电向起焊板送进。后一种方法要求焊丝端有一尖顶，电弧一旦引燃，便缓慢添加焊剂直到电弧熄灭，目前这种方法在电渣焊中使用较广。

特别重要的是焊接过程中不能中断焊接作业。在焊接开始之前应检查设备，并准备足够的焊丝和焊剂。不能因补充焊丝而中止焊接，焊接设备必须能连续工作，直到焊接完成。

当焊缝达到引出板时，必须遵循填满弧坑的工艺进行停焊，否则可能产生弧坑裂纹。通常当熔渣达到引出板顶部并填满弧坑时，逐渐降低送丝速度。焊接电流也同时减小。当送丝停止时，便切断电源，然后沿焊件的顶边和底边平齐地将两端的引板和焊缝金属割掉。

简单的敲渣锤可以用于清渣，但风铲的清渣效率更高。渣也会黏附于铜滑块上，如果采用铜模也会黏附在铜模壁上。在清渣操作中需要戴上护目镜。

14.1.6.8 接头形式

电渣焊的基本接头形式是 I 型对接接头，也可用于生产其他的接头形式，如直角接头、T 型接头和端边接头，也可以用电渣焊焊接过渡接头、角焊缝、十字型接头、堆焊和塞焊。如表 14.9 所示为典型的电渣焊接头形式与尺寸。除对接接头、直角接头和 T 型接头以外，其余形式的接头需要设计专用的挡块。

表 14.9　电渣焊接头形式与尺寸

接头形式		图形		接头尺寸 / mm（除 θ 和 α 以外）				
		标注方式	详图					
常用接头	对接接头			δ	50~60	60~120	120~400	>400
				b	14	26	28	30
				B	28	30	32	34
				e	2±0.5			
				θ	45°			
	T 型接头			δ	50~60	60~120	120~200	200~400	>400
				b	24	26	28	28	30
				B	28	30	32	32	34
				δ_0	≥60	≥δ	≥120	≥150	≥200
				R	5				
				α	15°				
	角接接头			δ	50~60	60~120	120~200	200~400	>400
				b	24	26	28	28	30
				B	28	30	32	32	34
				δ_0	≥60	≥δ	≥120	≥150	≥200
				e	2±0.5				
				θ	45°				
				R	5				
				α	15°				

续表

接头形式	图形		接头尺寸 / mm（除 θ 和 α 以外）
	标注方式	详图	
特殊接头 叠接接头			同对接接头
特殊接头 斜角接头			同 T 型接头，β>45°
特殊接头 双 T 型接头		固定式水冷成形板	两块立板应先叠接，然后焊 T 型接头

14.1.7 电渣焊的焊缝质量

任何焊接方法在焊接过程中都可能出现异常情况，从而在焊缝中引起各种缺欠。电渣焊接头常见的缺欠、产生原因以及预防措施列于表 14.10 中。

表 14.10　电渣焊接头缺欠、产生原因及预防措施

名称	特征	产生原因	预防措施
热裂纹	（1）热裂纹一般不伸展到焊缝表面，外观检查不能发现，多数分布在焊缝中心，呈直线状或放射状，也有的分布在等轴晶区和柱晶区交界处，热裂纹表面多呈氧化色彩，有的裂纹中有熔渣（2）产生于焊接结束或中间突然停止处	（1）产生热裂纹的主要原因是焊丝送进速度过大造成熔池过深（2）母材中的 S、P 等杂质元素含量过高（3）焊丝选用不当（4）引出结束部分的裂纹主要是由于焊接结束时，焊接送丝速度没有逐步降低	（1）降低焊丝送进速度（2）降低母材中 S、P 等杂质元素含量（3）选用抗热裂纹性能好的焊丝（4）金属件冒口应远离焊接面（5）焊接结束前应逐步降低焊丝送进速度
冷裂纹	（1）冷裂纹多存在于母材或热影响区，也有的由热影响区或母材向焊缝中延伸，冷裂纹在焊接结构表面即可发现，开裂时有响声，裂纹表面有金属光泽（2）沿着焊接接头处的应力集中处开裂（缺欠处）	（1）主要是焊接应力过大，金属较脆（2）复杂结构，焊缝很多，没有进行中间热处理（3）高碳钢、合金钢焊后没及时进炉热处理（4）焊接结构设计不合理，焊缝密集，或在板的中间停焊（5）焊缝中有未焊透、未熔合、咬边等缺欠，又没及时清理或焊补	（1）设计时，结构上应避免密集焊缝及在中途停焊（2）焊缝很多的复杂结构，焊接部分焊缝后，应进行中间清除应力热处理（3）高碳钢、合金钢焊后应及时进炉，有的要采取焊前预热，焊后保温措施（4）焊缝上缺欠要及时清理（5）室温低于零度时，电渣焊要尽快进炉，并采取保温措施
未焊透	焊接过程中母材没有熔化与焊缝之间造成一定缝隙，内部有熔渣，在焊缝表面即可发现	（1）焊接电压过低（2）焊丝送进速度太慢或太快（3）渣池太深（4）过程不稳定（5）焊丝或熔嘴距水冷成形滑块太远	（1）选择适当的焊接工艺参数（2）保持稳定的电渣过程（3）调整焊丝或熔嘴，使其距水冷成形滑块距离及在焊缝中位置符合工艺要求

续表

名称	特征	产生原因	预防措施
未熔合	焊接过程中与母材已熔化，但焊缝金属与母材没有熔合，中间有片状夹渣，未熔合一般在焊缝表面即可发现，但也有不延伸至焊缝表面	（1）焊接电压过高，送丝速度过低 （2）渣池过深 （3）电渣过程不稳定 （4）熔剂熔点过高	（1）选择适当的焊接工艺参数 （2）保持电渣过程稳定 （3）选择适当的熔剂
气孔	氢气孔在焊缝断面上呈圆形，在纵断面上沿焊缝中心线方向生长，多集中于焊缝局部地区	（1）主要是水分进入渣池 （2）水冷成形滑块漏水 （3）耐火泥进入渣池 （4）熔剂潮湿	（1）焊前仔细检查水冷成形滑块 （2）熔剂应烘干
	一氧化碳气孔在焊缝横截面上呈密集的蛹形，在纵截面上沿柱晶方向生长，一般整条焊缝都有	（1）采用无硅焊丝焊接沸腾钢，或含硅量低的钢 （2）大量氧化铁进入渣池	（1）焊接沸腾钢时采用含硅焊丝 （2）工件焊接面应仔细清除氧化皮，焊接材料应去锈
夹渣	常存在于焊缝中或熔合线上，常呈圆形，中有熔渣	（1）电渣过程不稳定 （2）熔剂熔点过高 （3）熔嘴电渣焊时，采用玻璃丝棉绝缘时，绝缘块进入渣池数量过多	（1）保持稳定电渣过程 （2）选择适当熔剂 （3）不采用玻璃丝棉的绝缘方式

14.1.8 电渣焊的应用

14.1.8.1 钢结构

电渣焊方法在钢结构中得到广泛的应用。电渣焊方法具有很多独特的优点，使其成为一种较理想的焊接方法。如焊缝金属熔敷效率高、焊接缺欠产生倾向小以及自动焊等，是选用电渣焊方法的几点理由。对于大断面和较复杂外形的焊件，为满足设计和使用条件的要求，电渣焊是一种低成本的焊接方法。但是，如果在接头的焊接过程中由于某种原因致使焊接过程中断，必须认真检查再引弧区域是否存在缺欠。根据用途认为不合格的区域，必须用另一种适用的焊接方法修补。

电渣焊方法在结构中的一种常用实例是不等厚度翼缘之间的过渡接头，是一种对接接头。由于采用了专为这种接头形式设计的铜滑块，不等厚度的焊接就不成问题。

在钢结构中电渣焊另一常用的实例是箱型柱和宽翼缘中加强筋的焊接。在所有的情况下，加强筋焊缝是 T 型接头。电渣焊的一种引人注意的应用是连接大型宽工字梁。腹板厚度是 51mm，焊缝高度或翼缘长度是 8.2m，焊缝形式是 T 型接头。腹板的每一面应焊接到翼缘上或单独焊或同时进行焊接。电渣焊的另一种常用实例是翼缘的拼接，这是相同厚度钢板之间的一种简单对接焊缝。

14.1.8.2 机器制造

在机器制造领域中，大型水压机和机床适用大厚板制造。设计经常要求采用大于钢厂单件生产的钢板，可采用电渣焊将两块或更多块钢板拼接在一起。

在机器制造中的其他应用实例包括转炉、齿轮坯、电机机座、水压机框架、涡轮机卡箍、收缩环、破碎机机体和压路机轮缘。这些部件都是用板材成形并沿纵缝焊成。

14.1.8.3　压力容器

化工、石油、传输以及动力工业用的压力容器以各种形状和规格制成，壁厚从不到 13mm 到大于 400mm。现行的制造方法将板材滚轧成容器的壳体并焊接纵缝。在大型容器或厚壁容器中，壳体可以用两块或更多块弧形板制造并用几条纵缝焊接。

压力容器结构中使用的钢，一般是用控轧工艺制成的，或者经过热处理。因此，当采用像电渣焊那样高的热输入焊接这些钢时，焊接热影响区不能具有满意的机械性能。为了改善机械性能，焊件应进行必要的热处理。

支管与厚壁容器的连接、起重吊耳与容器的焊接和大直径容器外壳周向堆高，也已经采用了电渣焊。

14.1.8.4　铸件

电渣焊经常用于铸件的生产。铸造和电渣焊的冶金特性是相似的，两者对焊后热处理的反应也相似。目前，许多大型的难以铸造的部件则是铸成几个小的质量高的部件，然后用电渣焊方法组焊而成。成本有所降低，质量通常也得到提高。与母材相配的焊缝金属具有均匀的组织，因此也具有颜色相近、可加工性以及其他所需要的性能。

14.1.9　相关标准

目前国内外常见电渣焊标准如下。

JB/T 6967：1993《电渣焊　通用技术条件》

ISO 14174：2012 *Welding consumables-Fluxes for submerged arc welding and electroslag welding-Classification*

ISO 14343：2009 *Welding consumables-Wire electrodes，strip electrodes，wires and rods for arc welding of stainless and heat resisting steels-Classification*

ASME/SEC Ⅱ C SFA-5.25：2001 *Specification for carbon and low-alloy steel electrodes and fluxes for electroslag welding*

JIS Z 3353：2013 *Electroslag welding wires and fluxes for mild steel and high strength steel*

14.2　摩　擦　焊

14.2.1　摩擦焊概述

摩擦焊具有接头质量好、适于连接同种或异种金属、生产效率高、节能、无污染等基本特点。我国已成功地把摩擦焊技术应用于石油钻杆、抽油杆、汽车半轴、涡轮增压器、异种钢排气阀、水内冷电机、紫铜不锈钢拼头套、铝铜导电子、锅炉水冷壁、刀具等产品的制造上。近十年来，摩擦焊接的产品范围越来越广，也取得了很大的经济效益和社会效益。我国应用摩擦焊技术所焊接的产品只相当英、美、日等发达国家的 1/5 至 1/10，应用领域有限。目前摩擦焊技术逐渐向自动化方向发展，同时一些重要零部件的焊接越来越多地采用了摩擦焊技术。此外，摩擦焊焊机也向大型化和微型化方向发展。

14.2.2　摩擦焊原理

摩擦焊是利用焊件接触端面相对运动中相互摩擦所产生的热来实现材料可靠连接的一种压力焊方法。其焊接过程是在压力的作用下，相对运动的待焊材料之间产生摩擦，使界面及附近温度升高并达到热塑性状态，随着顶锻力的作用，界面氧化膜破碎，材料发生塑性变形与流动，通过界面元素扩散及再结晶冶金反应而形成接头。图 14.12 所示为旋转摩擦焊的过程，是将机械能转化为热能进行焊接的。焊接过程不加填充金属，不加焊剂，也不用保护气体，全部焊接过程只需要几秒钟。

两焊件接合面之间在压力作用下高速相对摩擦便产生两个效果：①破坏了接合面上的氧化膜或其他污染层，使干净金属暴露出来；②发热使接合面很快形成热塑性层。在随后的摩擦扭矩和轴向压力作用下，这些破碎的氧化物和部分塑性层被挤出接合面外而形成飞边，剩余的塑性变形金属就构成焊缝金属，最后的顶锻使焊缝金属获得进一步锻造，形成了质量良好的焊接接头。摩擦焊接头是在被焊金属熔点以下形成的，属于固态焊接的方法。

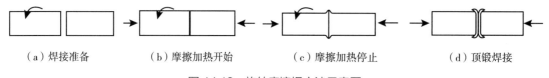

（a）焊接准备　　（b）摩擦加热开始　　（c）摩擦加热停止　　（d）顶锻焊接

图 14.12　旋转摩擦焊方法示意图

14.2.3　摩擦焊分类

摩擦焊的方法很多，一般根据焊件的相对运动和工艺特点进行分类。在实际生产中，连续驱动摩擦焊、相位控制摩擦焊、惯性摩擦焊和搅拌摩擦焊应用的比较普遍。

通常所说的摩擦焊主要是指连续驱动摩擦焊、相位控制摩擦焊、惯性摩擦焊和轨道摩擦焊，统称为传统摩擦焊，它们的共同特点是靠两个待焊件之间的相对摩擦运动产生热能。而搅拌摩擦焊、嵌入摩擦焊、第三体摩擦焊和摩擦堆焊，它们是靠搅拌头与待焊件之间的相对摩擦运动产生热量而实现焊接。

摩擦焊方法及分类如下。

（1）连续摩擦焊：一种普通类型的摩擦焊，在焊接过程中，工件被主轴电机连续驱动，以恒定的转速旋转，直至达到规定的摩擦时间或摩擦变形量，工件才立即停止旋转和顶锻焊接。

（2）惯性摩擦焊：工件的旋转端被夹持在飞轮里，焊接过程开始时首先将飞轮和工件的旋转端加速到一定的转速，然后飞轮与主电机脱开，同时工件的移动端向前移动，工件接触后开始摩擦加热。在摩擦焊加热过程中，飞轮受摩擦扭矩的制动作用，转速逐渐下降，当转速为零时，焊接过程结束。

（3）径向摩擦焊：将一个带有或无斜面的圆环装在一个对开破口的管子端面上，摩擦焊焊接时使圆环旋转，并向两个管端施加径向摩擦力。当摩擦停止时，停止圆环的转动，并向它施加顶锻压力。

（4）相位摩擦焊：主要用于相对位置有要求的工件，如六方钢、八方钢、汽车操纵杆等，要求工件焊后棱边对齐、方向对正或相位满足要求。在实际应用中，主要有机械同步相位摩擦焊、插销配合摩擦焊和同步驱动摩擦焊。

（5）搅拌摩擦焊：将一个相对耐高温硬质材料制成的一定形状的搅拌针旋转插入两被焊材料连接的边缘处，搅拌头调整旋转，在两焊件连接边缘产生大量的摩擦热，从而在连接处产生金属塑性软化区，该塑性软化区在搅拌头的作用下受到搅拌、挤压，并随着搅拌头的旋转沿焊缝向后流动，形成塑性金属流，并在搅拌头离开后的冷却过程中，受到挤压而形成固相焊接接头。

（6）线性摩擦焊：待焊的两个工件一个固定，另一个以一定的速度做往复运动，或两个工件做相对往复运动，在压力的作用下两工件的界面摩擦产生热量，从而实现焊接。

（7）摩擦堆焊：堆焊金属圆棒高速旋转，并向母材金属施加摩擦压力。由于母材体积大、导热好、冷却速度快，使摩擦表面从堆焊金属和母材的交界面移向堆焊金属一边。同时堆焊金属凝结过渡到母材上形成堆焊焊肉。当母材相对于堆焊金属棒转动或者移动时，在母材上就会形成堆焊焊缝。

（8）轨道摩擦焊：主要用于焊接非圆断面工件。直线轨道摩擦焊工件沿直线轨道，以一定的振幅和频率保证振动速度达到要求的数值，使焊接表面做相对的反复振动摩擦。圆形轨道摩擦焊工件的每个质点以相同的半径和转速，沿圆形轨道使焊接表面做相对的移动摩擦。接头加热到焊接温度以后，就停止工件的摩擦运动，进行顶焊。

14.2.4　摩擦焊特点

摩擦焊技术的主要优点有如下几个方面。

（1）焊接施工时间短，生产效率高，对焊件准备通常要求不高。单件焊接时间一般为几秒至几十秒。

（2）焊接热循环引起的焊接变形小，焊后尺寸精度高，不用焊后校形和消除应力。

（3）机械化、自动化程度高，焊接质量稳定。当给定焊接条件后操作简单，不需要特殊的焊接技术人员。

（4）适合异种材料焊接，对常规熔化焊不能焊接的铝 – 钢、铝 – 铜、钛 – 铜、金属间化合物 –钢等都可焊接。

（5）焊接时不产生烟雾、弧光和有害气体等，不污染环境，被誉为绿色焊接技术。

摩擦焊的缺点和局限性如下。

（1）对非圆形截面焊接较困难，所需设备复杂；对盘状薄零件和薄壁管件由于不易夹固，焊接比较困难。

（2）对形状及组装位置已经确定的构件，很难实现摩擦焊接。

（3）接头容易产生飞边，必须焊后进行机械加工。

（4）夹紧部位容易产生划伤或夹持痕迹。

14.2.5 摩擦焊接头形成过程与工艺参数

旋转摩擦焊过程分为初始摩擦、不稳定摩擦、稳定摩擦、停车、顶锻、顶锻维持 6 个阶段，摩擦焊过程参数的变化如图 14.13 所示。

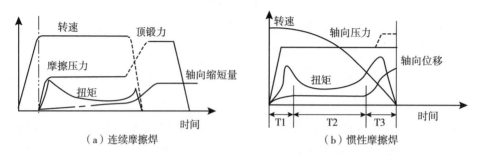

（a）连续摩擦焊   （b）惯性摩擦焊

图 14.13　连续摩擦焊和惯性摩擦焊过程参数变化曲线

连续驱动摩擦焊主要参数有转速、摩擦压力、摩擦时间、摩擦变形量、停车时间、顶锻时间、顶锻压力、顶锻变形量。其中，摩擦变形量和顶锻变形量（总和为缩短量）是其他参数的综合反应。

（1）转速与摩擦压力。转速和摩擦压力直接影响摩擦扭矩、摩擦加热功率、接头温度场、塑性层厚度和摩擦变形速度等。转速和摩擦压力的选择范围很宽，它们不同的组合可得到不同的规范，常用的组合有强规范和弱规范。强规范时，转速较低，摩擦压力较大，摩擦时间短；弱规范时，转速较高，摩擦压力较小，摩擦时间长。

（2）摩擦时间。摩擦时间影响接头的加热温度、温度场和质量。如果时间短，则界面加热不充分，接头温度和温度场不能满足焊接要求；如果时间长，则消耗能量多，热影响区大，高温区金属易过热，变形大，飞边也大，消耗的材料多。碳钢工件的摩擦时间一般为 1~40s。

（3）摩擦变形量。摩擦变形量与转速、摩擦压力、摩擦时间、材质的状态和变形抗力有关。要得到牢靠的接头，必须有一定的摩擦变形量，通常选取 1~10mm。

（4）停车时间。停车时间是转速由给定值下降到零时所对应的时间，直接影响接头的变形层厚度和焊接质量。当变形层较厚时，停车时间要短；当变形层较薄而且希望在停车阶段增加变形层厚度时，则可加长停车时间。

（5）顶锻压力、顶锻变形量和顶锻速度。顶锻压力的作用是挤出摩擦塑性变形层中的氧化物和其他有害杂质，并使焊缝得到锻压，结合牢靠，晶粒细化。顶锻压力的选择与材质、接头温度、变形层厚度和摩擦压力有关。材料的高温强度高时，顶锻压力要大；温度高、变形层厚度小时，顶锻压力要小（较小的顶锻压力就可得到所需要的顶锻变形量）；摩擦压力大时，相应的顶锻压力要小一些。顶锻变形量是顶锻压力作用结果的具体反映，一般选取 1~6mm。顶锻速度对焊接质量影响很大，如顶锻速度慢，则达不到要求的顶锻变形量，一般为 10~40mm/min。

惯性摩擦焊在参数选取上与连续驱动摩擦焊不同，主要参数有起始转速、转动惯量和轴向压力。

（1）起始转速。起始转速具体反映在工件的线速度上，对钢－钢焊件，推荐的速度为 152~456

m/min。低速（＜91m/min）焊接时，中心加热偏低，飞边粗大不齐，焊缝成漏斗状；中速（91~273 m/min）焊接时，焊缝深度逐渐增加，边界逐渐均匀；如果速度大于360m/min焊接时，焊缝中心宽度大于其他部位。

（2）转动惯量。飞轮转动惯量和起始转速均影响焊接能量。在能量相同的情况下，大而转速慢的飞轮产生顶锻变形量较小，而转速快的飞轮产生较大的顶锻变形量。

（3）轴向压力。轴向压力对焊缝深度和形貌的影响几乎与起始转速的影响相反，压力过大时，飞边量增大。

当焊接材料、接头形式和焊接参数确定后，摩擦焊接头的质量主要取决于焊接参数的稳定。

14.2.6　材料的摩擦焊焊接性及摩擦焊的应用

材料的摩擦焊焊接性是指材料在摩擦焊焊接过程中形成优质接头的能力。所谓优质接头，一般是指与母材等强度及等塑性，所涉及的材料有金属材料、陶瓷材料、复合材料、塑料等。

影响材料摩擦焊焊接性的主要因素如下。

（1）材料的互溶性。同种材料或互溶性好的异种材料容易进行摩擦焊焊接；有限互溶、不能相互溶解和扩散的两种材料，很难进行摩擦焊焊接。

（2）材料表面氧化膜。金属表面的氧化膜容易破碎，则焊接较容易，如低碳钢的摩擦焊焊接性比不锈钢好。

（3）材料的力学性能。高温强度高、塑性低、导热性好的材料不容易焊接；力学性能差别大的异种材料也不容易焊接。

（4）合金的碳当量。碳当量高、淬硬性好的合金材料焊接比较困难。

（5）高温氧化性。一些活性金属及高温氧化性大的材料难以焊接。

（6）生成的脆性相。凡是能形成脆性化合物层的异种材料，很难获得高可靠性的焊接接头。在这类材料焊接过程中必须设法降低焊接温度或减少焊接时间，以控制脆性化合物层的长大，或者添加过渡金属层进行摩擦焊焊接。

（7）摩擦系数。摩擦系数低的材料，加热功率低，得到的焊接温度低，就不容易保证接头的质量，如焊接黄铜、铸铁等就比较困难。

（8）材料的脆性。大多数金属材料都具有很好的摩擦焊焊接性能，而对于焊接性不好的陶瓷材料和异种材料，为了提高接头性能，摩擦焊焊接时应选用合适的过渡金属层。

摩擦焊焊接性是相对而言的，某些焊接性能不好的材料随着摩擦焊工艺的发展和设备的改进有可能成为焊接性好的材料。旋转摩擦焊主要用于旋转体工件间的焊接及不同材料间的焊接。摩擦焊可焊的材料见表14.11。

表 14.11　摩擦焊可焊接的材料

材料	1	2	3	4	5	6	7	8	9	10	11	12	13	14	15	16	17	18	19	20	21	22	23	24	25	26	27	28	29	30
30 排气阀门材料															○									○	○		○	△	○	○
29 马氏体时效钢														○	○									○	○	○	○	△	○	
28 易切削钢														△	△									△	△	△	△	△		
27 不锈钢			○	△	○	○								○	○			△	△				△	○	○		○			
26 工具钢														○	○							○		○	○	○				
25 低合金钢			○	△					○					○	○									○	○					
24 碳钢			○	△	○	○	○		○	○				○	○								○	○						
23 Zr			○		○																		○							
22 硬质合金 W-C			○																											
21 W																					○									
20 U																				○										
19 合金 Ti			○																○											
18 Ti			○		○												○	○												
17 Ta																	○													
16 Pb																○														
15 合金 Ni															○															
14 Ni			○											○																
13 合金 Nb													○																	
12 Mo												○																		
11 合金 Mg			○								○																			
10 Fe										○																				
9 Co																														
8 Cu-Zn			○				○																							
7 Cu-Sn						○																								
6 Cu-Ni					○																									
5 Cu	○		○	△	○																									
4 合金 Al			○	○																										
3 Al																														
2 合金 Ag		△																												
1 Ag																														

注：○ 标记表示高强度冶金结合（有的要进行焊后热处理）。
　　△ 标记表示可进行摩擦焊，但不能形成高强度结合。
　　无标记的表示未进行摩擦焊试验或还未能焊。

14.2.7　传统摩擦焊设备

摩擦焊的机械化程度较高，焊接质量对设备的依赖性很大，要求设备要有适当的主轴转速，有足够大的主轴电动机功率、轴向压力和夹紧力，还要求设备同轴度好、刚度大。根据生产需要，还需配备自动送料、卸料、切除飞边等装置。

连续驱动摩擦焊焊机和普通型连续驱动摩擦焊焊机主要由主轴系统、加压系统、机身、夹头、检测与控制系统和辅助装置 6 部分组成，如图 14.14 和图 14.15 所示。

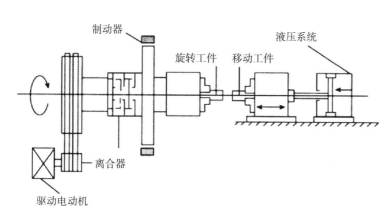

图 14.14　连续驱动摩擦焊焊机的基本结构　　　图 14.15　普通型连续驱动摩擦焊焊机

（1）主轴系统。主要由主轴电动机、传动皮带、离合器、制动器、轴承和主轴等组成，主要作用是传送焊接所需要的功率，承受摩擦扭矩。

（2）加压系统。主要包括加压机构和受力机构。加压机构的核心是液压系统。受力机构的作用是为平衡轴向力（摩擦压力、顶锻压力）和摩擦扭矩及能防止焊机变形，保持主轴与加压系统的同心度。扭矩的平稳常利用装在机身上的导轨来实现。

（3）机身。机身一般为卧式，少数为立式。为防止变形和振动，应有足够的强度和刚度。主轴箱、导轨、拉杆、夹头都装在机身上。

（4）夹头。夹头分为旋转夹头和固定夹头两种。旋转夹头又有弹簧夹头和三爪夹头之分。弹簧夹头适宜于直径变化不大的工件；三爪夹头适宜于直径变化较大的工件。为了使夹持牢靠，不出现打滑旋转、后退、振动等，夹头与工件的接触部分硬度要高、耐磨性要好。

（5）检测与控制系统。参数检测主要涉及时间（摩擦时间、刹车时间、顶锻上升时间、顶锻维持时间）、加热功率、摩擦压力（一次压力和二次压力）、顶锻压力、变形量、扭矩、转速、温度、特征信号（如摩擦开始时刻、功率峰值及所对应的时刻）等。控制系统包括程序控制和参数控制。程序控制用来完成上料、夹紧、滑台快进、滑台工进、主轴旋转、摩擦加热、离合器松开、刹车、顶锻保证、车除飞边、滑台后退、工件退出等顺序动作及其联锁保护等。焊接参数控制，则根据方案进行相应的诸如时间控制、功率峰值控制、变形量控制、温度控制、变参数复合控制等。

（6）辅助装置。主要包括自动送料、自动卸料和自动切除飞边装置等。

14.2.8　摩擦焊的相关标准与安全

各国均制定了有关摩擦焊的标准，如 BS 6223、DVS 2909 等。我国也有相关标准，如国内行业标准 JB/T 4251：1999，本标准是对 JB/T 4251：1986《摩擦焊　通用技术条件》的修订，修订时仅按有关规定做了编辑性修改，技术内容没有改变。本标准规定了实施摩擦焊的基本规则及要求，适用于钢材、铝及铝合金、铜及铜合金等母材之间圆形端面工件的摩擦焊，目前仍处于未实施状态。除

此之外，我国摩擦焊还有 GB/T 37777—2019《惯性摩擦焊工艺方法》、JB/T 8086：2015《摩擦焊机标准》。国际上也有通行的 ISO 标准，如 ISO 15620：2019《焊接　金属材料的摩擦焊》。

14.3　扩 散 焊

14.3.1　扩散焊原理及分类

扩散连接近年来在航空航天、电子和能源等工业部门获得了广泛的应用。这种方法是异种材料、耐热合金以及新材料（如高性能陶瓷、金属间化合物、复合材料等）连接的主要方法。

扩散焊是在一定温度和压力条件下使待焊表面相互接触，通过微观塑性变形或通过待焊面产生的微量液相而扩大待焊面的物理接触，然后经较长时间的原子相互扩散来实现冶金结合的一种焊接方法。

扩散焊可以根据不同的标准进行分类，一般可分为固相扩散连接和液相扩散连接。固相扩散连接所有的界面反应均在固态下进行，液相扩散连接是在异种材料之间发生相互扩散，使界面组分变化，导致连接温度下液相的形成而进行连接。扩散焊也可按是否加中间扩散层、保护方式进行分类，如图 14.16 所示。

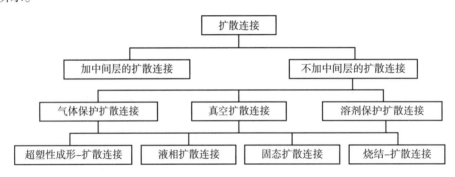

图 14.16　扩散焊的分类

14.3.2　扩散焊接头形成过程

扩散连接就是对焊件施加压力使界面凹凸不平处产生微观塑性变形达到紧密接触，再经过保温、原子间的相互扩散而形成牢固接头。固相扩散连接可以分为塑性变形使连接界面接触、接触界面的原子扩散和晶界迁移、界面和空洞的消失 3 个阶段，如图 14.17 所示。

14.3.3　扩散焊的接头形式与工艺参数

扩散焊的接头形式比熔化焊类型多，可进行复杂形状的接合，如平板、圆管、中空、T 型和蜂窝结构均可进行扩散焊，如图 14.18 所示。

扩散焊的工艺参数有：焊接温度、焊接时间、焊接压力、环境气氛、表面状态、中间层选择等。

14.3.4　扩散焊的特点

扩散焊的优点如下。

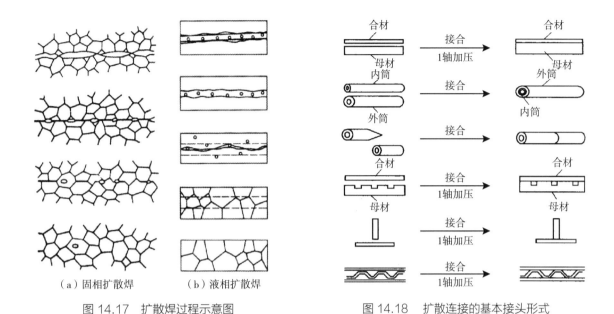

（a）固相扩散焊　　（b）液相扩散焊

图 14.17　扩散焊过程示意图　　　　图 14.18　扩散连接的基本接头形式

（1）扩散焊接头质量好，焊缝中不存在熔化焊缺欠，也不存在过热组织和热影响区。

（2）同种材料焊接时，可获得与母材性能相同的接头，几乎不存在残余应力。

（3）扩散焊时因基体不过热、不熔化，可以焊接几乎所有的金属或非金属。

（4）精度高，变形小，焊后无须加工。

（5）可以进行大面积板及圆柱的连接。

（6）可以焊接结构复杂、厚薄相差大的工件，能对组装件中许多接头同时实施焊接。

扩散焊的缺点如下。

（1）时间长，效率低。

（2）对接合表面要求严格。

（3）设备一次性投资较大，且工件的尺寸受到设备的限制，无法进行连续式批量生产。

14.3.5　扩散焊的应用

扩散焊应用在一些特种材料中。扩散焊可以焊接的材料很广，除了可以实现同种材料的扩散焊，还可实现异种材料的扩散焊、陶瓷材料的扩散焊、金属间化合物的扩散焊、复合材料的扩散焊等。属同种材料扩散焊的有：钛合金的扩散焊、镍合金的扩散焊、高温合金的扩散焊等。属异种材料扩散焊的有：金属与金属间化合物的扩散焊（如 Ti 与 TiAl）、金属与陶瓷的扩散焊（如 Al 与 Al_2O_3）等。属复合材料的扩散焊有：SiC 纤维增强 TiAl 基复合材料、C/C 复合材料等的连接。扩散焊可焊材料如图 14.19 所示。

扩散焊应用在一些特殊结构中，如航空航天工业、电子工业、核工业，图 14.20 所示为航空发动机工业中采用扩散焊制作的零部件。

没有中间层

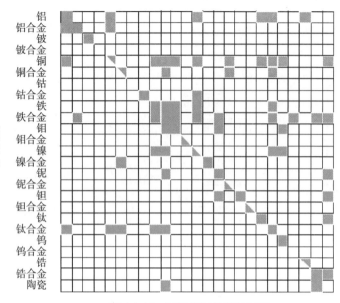

图 14.19 可进行扩散焊的材料

图 14.20 扩散焊焊接的航空发动机零部件

14.3.6 扩散焊设备

根据扩散焊时所应用的加热热源和加热方式，可以把扩散焊焊机分为感应加热、辐射加热、接触加热、电子束加热、辉光放电加热、激光加热、光束加热等。在实际中应用最广的是高频感应加热和电阻辐射加热。

扩散焊焊接设备一般包括加热系统、加压系统、保护系统、控制系统。如图 14.21 和图 14.22 所示分别为电阻辐射加热和高频感应加热真空扩散焊焊机结构示意图。

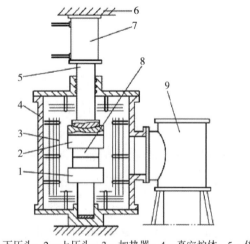

1—下压头；2—上压头；3—加热器；4—真空炉体；5—传力杆；6—机架；7—液压系统；8—工件；9—真空系统

图 14.21 电阻辐射加热真空扩散焊焊机结构示意图

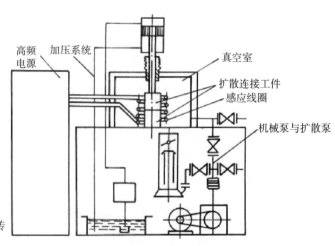

图 14.22 高频感应加热真空扩散焊焊机结构示意图

14.3.7　扩散焊研究进展

近年来，人们对瞬时液相扩散焊（Transient Liquid Phase Diffusion Bonding，TLP）和超塑成形 / 扩散连接（Superplastic Forming/Diffusion Bonding，SPF/DB）的研究较多。

14.3.7.1　瞬时液相扩散焊

瞬时液相扩散焊（TLP）通常采用比母材熔点低的材料作中间夹层，在加热到连接温度时，中间层熔化，在结合面上形成瞬间液膜，在保温过程中，随着低熔点组元向母材的扩散，液膜厚度随之减小直至消失，再经一定时间的保温而使成分均匀化，如图 14.23 所示。

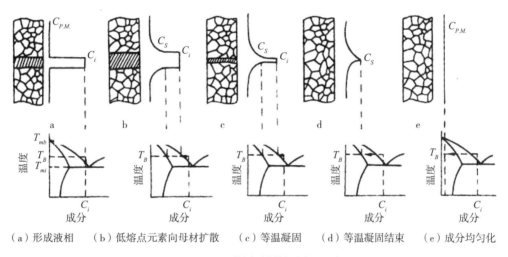

　　（a）形成液相　　　（b）低熔点元素向母材扩散　　　（c）等温凝固　　　（d）等温凝固结束　　　（e）成分均匀化

图 14.23　瞬时液相扩散焊过程示意图

中间层材料其焊接温度低于母材的熔点（焊接温度为母材熔点的 0.6~0.8 倍），进而缩小热影响区带来的不利影响。选择中间层准则：① 中间层应具有较好的塑性变形能力；② 中间层合金成分中应包含加速扩散的有益元素，同时需要添加一些降低熔点的元素，从而加速原子在母材中的溶解和扩散，以保证中间层合金的熔点低于所要焊接的母材；③ 中间层合金与被焊接母材之间不能发生不利的化学反应，如产生脆性相或者一些低熔点共晶相。

瞬时液相扩散焊与钎焊相比，具有如下优点。

（1）TLP 接头在等温凝固完成后具有明显不同于母材与填充金属的成分，并在一定情况下最终的显微组织中分辨不出填充金属。

（2）TLP 接头比一般硬钎焊接头的强度高。

（3）TLP 接头的重熔温度高于钎焊接头而耐高温性能好。

（4）TLP 焊接容许母材表面存在一定的氧化膜，具有一定的"自清净"能力。

TLP 焊接工艺的上述优点决定了它可用于一般钎焊难以胜任的场合。对力学性能要求高（不低于母材）、服役温度高的耐热合金的焊接，接头形式只允许采用对接（钎焊采用搭接），特别是在先进材料的连接（如单晶材料、先进陶瓷、金属基复合材料）等场合，其应用前景更为广阔。但 TLP 焊接也存在对中间层要求严、端面粗糙度要求严、焊接时间长等缺点。

14.3.7.2 超塑成形 / 扩散连接

超塑性是指在一定的温度下，对于等轴细晶粒组织，当晶粒尺寸、材料的变形速率小于某一数值时（如钛合金晶粒尺寸小于 $3\,\mu m$、变形速率 $10^{-3}/s \sim 10^{-5}/s$），拉伸变形可以超过 100%，甚至达到 1500%，这种行为叫作材料的超塑性行为。材料的超塑性成形和扩散连接的温度在同一温度区间，因此可以把成形与连接放在一起进行，从而构成超塑成形 / 扩散连接（SPF/DB）。

用 SPF/DB 可以制造钛合金薄壁复杂结构件（飞机大型壁板、翼梁、舱门、发动机叶片），如波音 747 飞机上有 70 多个钛合金结构件就是应用这种方法制造的，典型结构的钛合金超塑性扩散连接如图 14.24 所示。用这种方法制成的结构件，与常规方法相比质量轻，刚度大，可减轻质量 30%，降低成本 50%，并提高加工效率。

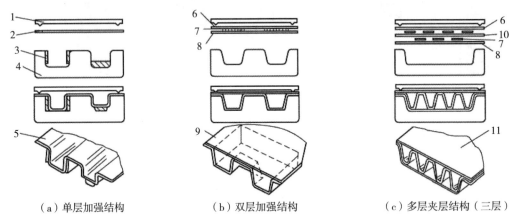

（a）单层加强结构　　　　　　（b）双层加强结构　　　　　　（c）多层夹层结构（三层）

1—上模密封压板；2—超塑性成形板坯；3—加强板；4—下成形模具；5—超塑性成形件；6—外层超塑性成形板坯；7—不连接涂层区（钇基或氮化硼）；8—内层板坯；9—超塑性成形的两层结构件；10—中间层板坯；11—超塑性成形的三层结构件

图 14.24　典型结构的钛合金超塑性扩散连接

14.4　高　频　焊

14.4.1　高频焊原理与分类

高频焊是用流经工件连接面的高频电流所产生的电阻热，并在施加（或不施加）顶锻力情况下实现金属间相互连接的一类焊接方法。高频范围为 $300kHz \sim 450kHz$。

高频焊的基础就是利用高频电流的两大效应——集肤效应和邻近效应。

（1）集肤效应。向导体通以高频电流时，导体断面上出现电流分布不均、电流中大部分仅沿着导体表层流动。

（2）邻近效应。当高频电流在两导体中彼此反方向流动或在一个往复导体中流动时，电流集中流动于导体邻近侧。

高频焊分为高频接触焊和高频感应焊，其原理如图 14.25 所示。

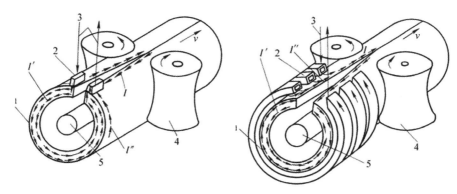

（a）高频接触焊　　　　　　　　（b）高频感应焊

1—管坯；2—电极；2′—感应器；3—接高频电源；4—挤压辊；5—阻抗器；I—焊接电流；I′、I″—分流；v—焊接速度

图 14.25　直缝管高频焊原理

由于较小的加热深度，感应焊优先用于薄壁件的焊接，在管子内加入磁性材料可降低损失。

14.4.2　高频焊特点

高频焊的优点为焊接速度快，热影响区小，焊前无须清理工件待焊处表面氧化物及污物，能焊金属种类广。高频焊的缺点为焊接时对装配质量要求高，电源回路中高压部分对人体和设备安全有危险，维修费用高。

14.4.3　高频焊应用

适焊材料包括低碳钢、低合金高强钢、不锈钢、铝合金、钛合金（需用惰性气体保护）、铜合金（黄铜件要使用焊剂）、镍、锆等金属材料。

可焊结构类型包括各种直缝管、螺旋缝管、散热片管、螺旋翅片管（如图 14.26 所示）、电缆套管等、各种断面的结构型材（T 型、I 型、H 型等）、板（带）材等（如图 14.27 所示），如汽车轮圈、汽车车厢板、工具钢与碳钢组成的锯条、刀具等。如图 14.28 所示为高频电阻焊 H 型钢机组。

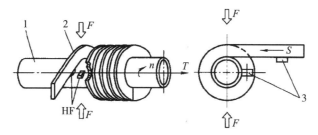

HF—高频焊电源；n—管子转动方向；S—翅片送料方向；F—挤压力；T—管子移动方向；1—管子；2—翅片；3—触头

图 14.26　螺旋翅片管焊接原理

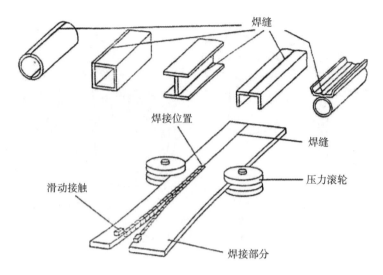

图 14.27 高频焊在生产各种断面型材上的应用

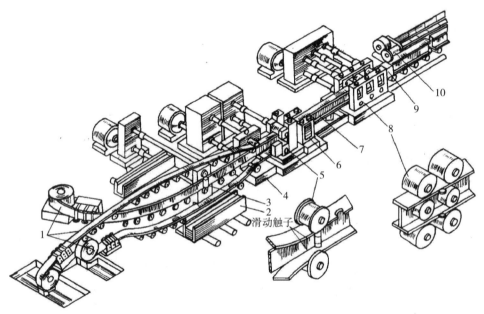

1—卷钢开卷机；2—翼板毛坯输送装置；3—腹板边缘镦粗机；4—翼板矫平机；5—高频电阻焊机；
6—去毛刺整形；7—冷却；8—矫正；9—探伤；10—飞锯

图 14.28 高频电阻焊 H 型钢机组

14.4.4 高频焊设备与安全

以高频焊直缝管设备为例，高频焊制管机组是由水平导向辊、高频发生器及其输出装置、挤压辊、外毛刺清除器、磨光辊、机身以及一些辅助机构、工具等部分组成，如图 14.29 所示，实物如图 14.30 所示。

高频焊时，影响人身安全的最主要因素在于高频焊电源，高频发生器回路中的电压非常高，如果操作不当，一旦发生触电，必将导致严重的人身事故。因此，高频发生器机壳与输出变压器必须良好接地，而且设备周围特别是工人操作位置还应铺设耐压 35kV 的绝缘橡胶板。

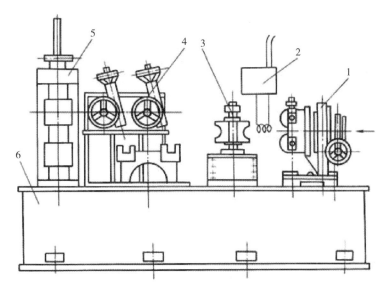

1—水平导向辊；2—高频发生器及其输出装置；3—挤压辊；4—外毛刺清除器；5—磨光辊；6—机身

图 14.29　高频焊制管机组

图 14.30　高频焊制管机组实物图

此外，高频电磁场对人体和周围物体也有作用，如可使周围金属发热，可使人体细胞组织产生振动，并引起疲劳、头晕，所以对高频设备裸露在机壳外面的各高频导体还须用薄铝板或铜板加以屏蔽，使工作场地的电场强度不大于 40V/m。

14.4.5　高频焊的工艺参数

影响高频焊质量的主要因素有电源频率、会合角、管坯坡口形状、电极、感应圈，以及阻抗器的安放位置、输入功率、焊接速度、焊接压力（挤压力）等，一些常用参数如下。

常用频率：450kHz。

加热深度：几个百分之一毫米，事实上沿导热方向的深度较大。

工作电压：100V。

焊接电流：1000~2000A。

焊机机头的功率设计参数为：26kVA、60kVA、140kVA、280kVA。

在高频焊钢管时，焊接速度取决于机器功率和壁厚。从经济上讲，高频焊更适合薄件的焊接。

14.5 旋 弧 焊

14.5.1 旋弧焊原理和工艺过程

旋弧焊属于电弧压力焊范畴，原理如图 14.31 所示。两管状工件对接端面间的电弧，在与其垂直的磁场中受到一个沿端面圆周切线方向的作用力的驱动下，沿端面圆周做高速旋转运动，使端面加热熔化并使其邻近区域达到足够的塑性状态，迅速加压顶锻即可形成牢固接头。带辅助电极的旋弧焊如图 14.32 所示。旋弧焊过程如图 14.33 和图 14.34 所示，参数的变化如图 14.35 所示。

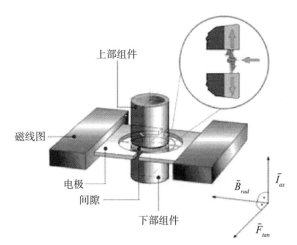

图 14.31　旋弧焊原理简图

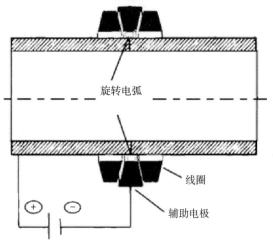

图 14.32　带辅助电极的旋弧焊原理简图

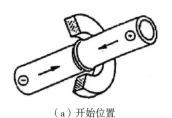

（a）开始位置

两个工件相互接触，接触电流磁场产生作用

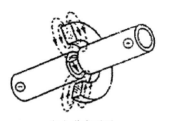

（b）分离引弧

工件相互移开至一定的间隙，打着电弧

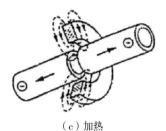

（c）加热

电弧转动，接口表面熔化

（d）焊接结束

工件靠到一起并顶锻，焊接电流和磁场消失

图 14.33　旋弧焊过程简图

图 14.34 旋弧焊过程

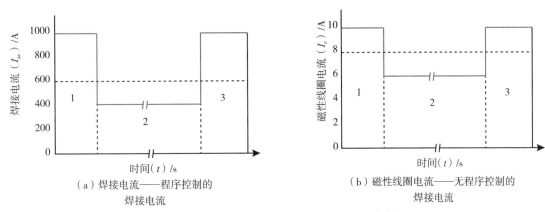

（a）焊接电流——程序控制的
焊接电流

（b）磁性线圈电流——无程序控制的
焊接电流

1—引弧和工件移开阶段；2—加热阶段；3—熔化阶段

图 14.35 旋弧焊过程参数的变化

14.5.2 旋弧焊参数

旋弧焊重要的参数如下。

（1）焊接电流 [见图 14.35（a）]。

（2）磁性线圈电流 [见图 14.35（b）]。

（3）焊接时间（焊接的开始时间是指焊件移开时刻，结束时间是指顶锻开始时刻）。

（4）顶锻力（顶锻力取决于焊件的截面积）。

（5）保护气体流量（保护气体使电弧稳定，且提高引弧和焊接过程的可重复性）。

旋弧焊参数调节见表 14.12。

表 14.12 旋弧焊参数参考值

焊接参数	移开距离	焊接电流	磁性线圈电流	电弧燃烧时间	顶锻时间	顶锻力	保护气体流量
调节范围	1.5~3.0mm	50~1500A	1~25A	0.4~15s	0.5s	15~150N/mm²	0~15L/min

14.5.3 旋弧焊的特点

旋弧焊的优点如下。

（1）优先用于薄管状截面工件。

（2）热裂纹倾向小。

（3）适合于含碳量高和易切削钢的焊接。

（4）易实现自动化。

（5）焊接时间短并且在生产企业中生产周期短。

（6）无须焊接材料。

旋弧焊的缺点如下。

（1）不适合实心截面的焊接。

（2）淬火钢和调质钢的热影响区硬度和强度降低。

（3）接头表面不允许有涂层。

14.5.4　旋弧焊的应用

可用于管状截面壁厚为 0.7~5mm、直径为 5~300mm 的工件，以及适当长度的非旋转状工件的焊接。

旋弧焊对焊件的要求如下（见图 14.36）。

（1）焊件截面必须为管状，这样电弧才能沿着接口表面旋转。

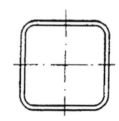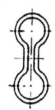

图 14.36　适合旋弧焊的管状截面

（2）焊件截面必须为封闭状，这样电弧才能沿着接口表面旋转。

（3）焊件必须导电并可熔化。

旋弧焊可焊接的材料如下。

在实际生产中，旋弧焊可焊接的材料见表 14.13。例如 PKW 后轴、主轴、过滤器罩、散热器中的水联接套管、摩托车支撑轴、用于 PKW 控制的齿条等。

表 14.13　旋弧焊可焊接的材料组合

母材	碳钢	合金钢	奥氏体钢	易切削钢	铸钢	可锻铸铁
碳钢	×	×		×	×	×
合金钢	×	×				
奥氏体钢						
易切削钢	×			×		
铸钢					×	
可锻铸铁						×

注：× 可用旋弧焊。

14.5.5 旋弧焊设备简介

旋弧焊设备主要由焊接电源、磁场系统、控制系统、夹紧装置、顶锻机构等组成，如图 14.37 所示。

1—夹紧传动装置；2—激磁电源；3—电磁线圈；4—顶锻传动机构；5—活动座板；6—振荡器；7—焊接电源；8—焊接电流调节器；9—保护气瓶；10—机架

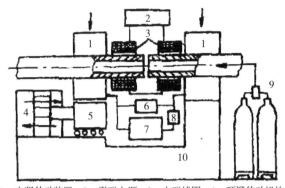

图 14.37　旋弧焊焊机典型结构示意图

14.6 超声波焊

14.6.1 超声波焊焊接原理、特点及分类

14.6.1.1 超声波焊焊接原理

焊接所采用的超声波是指利用频率为 16kHz~120kHz、振幅为 5~120μm 的机械振动。超声波焊焊接时，在焊件上通过超声工具头或耦合杆施加一定的压力，超声波以垂直或平行焊件表面方向施加到焊件的相互接触区，超声能集中在焊件待焊接面之间的界面处，声能转换成热能使界面处形成金属键合或熔化连接。超声波发生器是一个提供电能的装置，它将工频电流转变为超声波频电流。换能器是利用逆压电效应或磁致伸缩效应将电能转换成声能的转换器，变幅杆（或称聚能器）用来放大振幅，并通过上声极（焊接工具头）传递到工件，换能器、变幅杆、耦合杆和上声极（焊接工具头）构成声学系统。

利用超声波振动能可以焊接金属，也可以焊接塑料。典型的金属超声波焊焊接系统如图 14.38 所示，本节内容主要以金属超声波焊焊接为主，塑料超声波焊焊接在塑料焊接中详述。

超声波焊焊接所用的振动能量由几瓦到数千瓦，导入焊件待焊接面的振幅是 10~40μm。

金属超声波焊焊接过程经历了以下 3 个阶段。

1—超声波发生器；2—换能器；3、4—变幅杆；5—耦合杆；6—静载；7—上声极；8—工件；9—下声极；F—静压力；v_1—纵向振动方向；v_2—弯曲振动方向

图 14.38　金属超声波焊焊接原理示意图

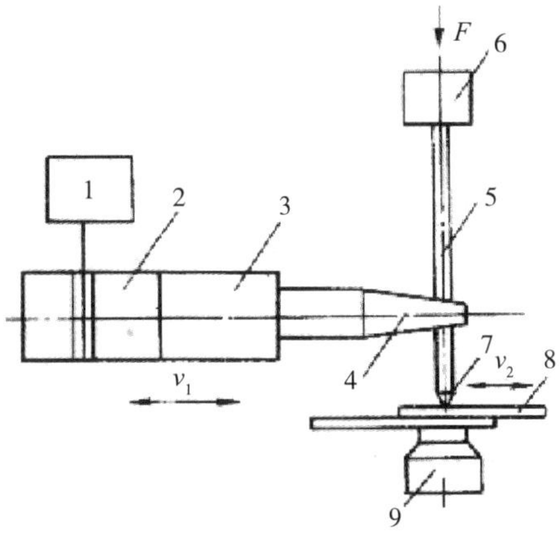

1. 摩擦

超声波焊焊接的第一个过程主要是摩擦，与摩擦焊相近，其相对摩擦速度较快，是因为摩擦距离短，仅仅为几十微米。这一过程的主要作用是排除工件表面的油污、氧化物等杂质，使纯净的金属表面暴露出来。

2. 应力应变

在被焊件的两表面处剪切力的方向每秒变化几千次，这种应力也会产生摩擦，并达到金属之间形成冶金结合的条件。

在上述两个步骤中，由于弹性滞后，局部表面滑移及塑性变形的综合结果使被焊件两接触表面的局部温度升高。经过测定，焊接区的温度为金属熔点的 35%~50%。

3. 固相连接

超声波焊焊接界面处发生了相变、再结晶、扩散以及金属间的键合等冶金现象，是一种固相连接过程。

14.6.1.2 超声波焊焊接特点

（1）金属的超声波焊焊接是一种热影响小的固相连接方法。焊接时，既不向工件输送电流，也不向工件引入高温热源，只是在静压力下将弹性振动能量转变为工件间的摩擦功、形变能及随后的有限的温升。两金属之间的冶金结合是在母材不发生熔化的情况下实现的。金属超声波焊焊接方法属于压焊方法。

（2）超声波焊焊接适合于箔材或丝材的焊接。由于超声波焊焊接不存在热传导与电阻率问题，所以对不同厚度的金属箔、片、丝等可以进行较为理想的焊接，尤其是对于难焊接的铝及铝合金的焊接更能体现出其优越性。

（3）超声波焊焊接适合于物理性能差异较大、厚度相差较大的异种材料的焊接，见表 14.14。

表 14.14 各种金属之间的超声波焊焊接性参考

	Ag	Al	Au	Be	Cu	Fe	Ge	Li	Mg	Mo	Ni	Pd	Pt	Si	Sn	Ta	Ti	W	Zr
Zr	●	●	●		●	●				●									●
W		●	●		●	●				●	●		●			●	●	●	
Ti		●	●	●	●	●			●	○	●		●			●	●		
Ta	●	◎			●	●				○	●	●	●	●		●			
Sn		●													●				
Si	◎	◎			◎								◎	◎					
Pt			●		●	◎	●				●	●	◎						
Pd	●	●	●		●	●					●	●							
Ni		◎	●		●	◎	○			●	◎								
Mo		●			●	●				●									
Mg	●				●				●										
Li						○	○												
Ge		◎	◎																
Fe	●	●	●	●	◎	◎													
Cu	●	◎	●	●	◎														
Be		●		●															
Au	◎	●	◎																
Al	●	◎																	
Ag	◎																		

注：●国外已试验成功的组合材料。
○国内已试验成功的组合材料。
◎国内外均已试验成功的组合材料。

（4）超声波焊焊接时间短，效率高，适合于自动化焊接。

（5）超声波金属焊焊接具有环保、节能、操作方便等优点。

14.6.1.3　超声波焊焊接工艺方法分类

常见的金属超声波焊焊接方法分为点焊、缝焊、环焊和线焊。

1. 点焊

点焊可根据上声极的振动状态分为纵向振动系统（轻型结构）、弯曲振动系统（重型结构）、介于二者之间的轻型弯曲振动系统等。轻型结构采用功率小于 500W 的焊接设备来焊接，重型结构采用千瓦级大功率焊接设备来焊接，轻型弯曲振动系统适用于中小功率焊接设备来焊接，它兼有两种振动系统的诸多优点。

按照能量传递方式，点焊可分为单侧式和双侧式，如图 14.39 所示。当超声振动能量只通过上声极导入时为单侧式点焊，分别从上下声极导入时为双侧式点焊，目前应用最广泛的是单侧式点焊。

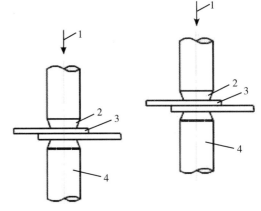

1—静压力；2—上声极；3—焊件；4—下声极

图 14.39　超声波点焊示意图

2. 缝焊

缝焊的振动系统按其焊盘的振动状态可分为纵向振动系统、弯曲振动系统和扭转振动系统 3 种形式。其中最常见的是纵向振动系统，只是滚盘的尺寸受超声功率的限制。前 2 种较为常用，如图 14.40 所示，其盘状声极的振动方向与焊接方向垂直。缝焊可以获得密封的连续密封焊缝，通常工件被夹持在上下焊盘之间，在特殊情况下可采用平板式声极。

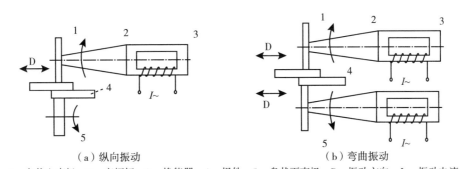

（a）纵向振动　　　　　　　　　　　（b）弯曲振动

1—盘状上声极；2—变幅杆；3—换能器；4—焊件；5—盘状下声极；D—振动方向；I~—振动电流

图 14.40　超声波缝焊振动系统示意图

3. 环焊

环焊可以一次形成封闭的焊缝，采用的是扭转振动系统。焊接时，耦合杆带动上声极做扭转振动，振幅相对于声极轴线呈对称分布，轴心区振幅为零，边缘位置振幅最大。显然，环焊是最适用于微电子器件的封装工艺。有时环焊也用于对气密性要求特别高的直线焊缝的场合，用来替代缝焊。

由于环焊的一次焊缝的面积较大，需要有较大的超声功率输入，所以常采用多个换能器的反向同步驱动方式。

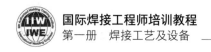
4. 线焊

线焊可以看成点焊方法的一种延伸，它是利用线状上声极或将多个点焊声极叠合在一起，在一个焊接循环内形成一条直线焊缝，现在已经通过线状上声极一次获得 150mm 长的线状焊缝，这种方法最适用于金属薄箔的线状封口。

14.6.2 超声波焊焊接设备组成

超声波点焊焊机的典型结构组成包括超声波发生器、声学系统、加压机构、程控装置等几个部分。

14.6.2.1 超声波发生器

超声波发生器用来将工频（50Hz）电流变换成超声频率（15kHz~60kHz）的振荡电流，并通过输出变压器与换能器相匹配。焊接过程中负载的改变会导致声学系统谐振频率的变化。为确保焊接质量的稳定，超声波发生器频率的自动跟踪是一个必备的性能要求。利用负载的反馈信号构成发生器的自激状态，实现频率的自动跟踪，达到最优负载匹配的目的。有些发生器还装有恒幅控制器，以确保声学系统的机械振幅保持恒定。

14.6.2.2 声学系统

1. 换能器

换能器是用来将超声波发生器的电磁振荡转换成相同频率的机械振动。常用的换能器有压电式和磁致伸缩式 2 种。压电式换能器是基于逆压电效应，如锆钛酸铅压电晶体，当在压电晶体的轴向施加交变电场时，晶体就会沿着一定方向发生同步的伸缩现象，即电致伸缩现象，其主要优点是效率高和使用方便，一般效率可达 80%~90%；磁致伸缩式换能器是依靠磁致伸缩效应而工作。将单元铁磁体材料置于磁场中时，铁磁体将发生有序化运动，并引起材料在长度上的伸缩现象，即磁致伸缩现象。磁致伸缩式换能器是一种半永久性器件，工作稳定可靠，但其效率仅为 20%~40%。

2. 聚能器

聚能器又称变幅杆，在声学系统中起着放大换能器输出的振幅并耦合传输到工件的作用，常用的材料有 45 号钢、30CrMnSi、超硬铝合金、钛合金等。

3. 耦合杆

耦合杆用来改变振动形式，一般是将聚能器输出的纵向振动改变为弯曲振动，一般选择与聚能器相当的材料制作耦合杆，两者采用钎焊连接。

4. 声极

超声波焊焊机中直接与工件接触的声学部件称为上、下声极。对于超声波点焊焊机来说，可以用各种方法与聚能器或耦合杆相连接，而缝焊焊机的上、下声极是一对滚盘。

14.6.2.3 加压机构

向工件施加静压力的加压机构是形成焊接接头的必要条件，目前主要由液压、气压、电磁加压和自重加压等几种。其中液压方式冲击力小，主要用于大功率焊机，小功率焊机多采用电磁加压或自重加压方式，这种方式可以匹配较快的控制程序。实际使用中加压机构还可能包括工件的夹持机构。

14.6.3　超声波焊焊接工艺要点

超声波焊焊接的主要工艺参数是超声波振幅、超声波频率、焊接压力和焊接时间。

超声波振幅体现的是超声波功率的大小，常用振幅为 5~25μm。在铝合金超声波焊焊接中，当振幅为 17μm 时抗剪强度最大，振幅减小则强度显著降低；当振幅 < 6μm 时，无论采用多长时间或多大的静压力都不能形成焊点。对于弹性模量比较低的金属（Al、Mg），所选用振幅较小（约 10 μm），所选功率一般低于 1000W；对于弹性模量比较高的金属（Ti、Fe），所选用振幅比较大（> 15μm），所选功率大于 1000 W。振幅的大小直接影响焊件材料塑性变形大小、材料流动程度和焊接区域摩擦热，对焊接质量起重要作用。

超声波频率的选择与被焊材料的性质和厚度有关，焊接较薄材料时，应选用较高的振动频率，这样可以降低振幅；焊接较厚材料时，应选用较低的振动频率，匹配以较高的振幅和超声波功率。

焊接压力是使两被焊接件表面紧密接触，以保证超声波有效传递的关键参数，同时又会直接影响功率输出及工件变形，被焊材料的厚度、硬度越大，焊接压力也需要随之增加。焊接压力增加，声负载增加，此外焊接压力增加，母材压缩增大，母材有效厚度减小。

焊接时间的选择依赖于超声波振幅、焊接压力的综合作用结果，其实质是声能量在焊接界面处转换为热量的体现。但是，由于超声波焊焊接时散热快，焊接时间都比较短，一般控制在 4s 以内。

铝合金、铜、钛合金超声波焊焊接工艺规范分别见表 14.15 至表 14.17。

表 14.15　铝及铝合金的超声波焊焊接规范

厚度 /mm	工艺参数			振动头材料	硬度（HV）/kg·mm^{-2}
	压力 /kg	时间 /s	振幅 /μm		
0.3~0.7	20~30	0.5~1.0	14~16		
0.8~1.2	35~50	1.0~1.5	14~16	45 号钢	16~180
1.3~1.5	50~70	1.5~2.0	14~16		

表 14.16　纯铜的超声波焊焊接规范

厚度 /mm	工艺参数			振动工作头		
	压力 /kg	时间 /s	振幅 /μm	球星半径 /mm	材料	硬度（HV）/kg·mm^{-2}
0.3~0.6	30~70	1.5~2	16~20	10~15	Cr. 45	160~180
0.7~1.0	80~100	2~3	16~20	10~15	Cr. 45	160~180
1.1~1.3	110~130	3~4	16~20	10~15	Cr. 45	160~180

表 14.17　钛及钛合金的焊接规范

牌号	厚度 /mm	工艺参数			振动头材料
		压力 /kg	时间 /s	振幅 /μm	
TA3	0.2	40	0.3	16~18	
	0.25	40	0.25	16~18	
TA4	0.25	40	0.25	16~18	HRC60
	0.5	60	1.0	18~20	

超声波焊焊接过程中，母材不发生熔化，焊点不受过大压力及变形，也没有电流分流等问题，因而在设计焊点的点距、边距等参数时，与电阻焊相比较要"自由"得多，详见如下。

（1）超声波焊的边距没有限制。

（2）超声波焊的点距可任意选定，可以重叠，甚至可以重复焊（修补）。

（3）超声波焊的行距可以任选。

但是，在超声波焊的接头设计中却有一个特殊问题，即如何控制工件的谐振问题。当上声极向工件引入超声波振动时，如果工件沿振动方向的自振频率与引入的超声波振动频率相当或接近，就可能引起工件的谐振，其结果往往会造成已焊焊点的脱落，严重时可导致工件的疲劳断裂，解决上述问题的简单方法就是改变工件与声学系统振动方向的相对位置或者在工件上夹持质量块以改变工件的自振频率。

14.6.4 超声波焊焊接工艺的典型应用

超声波焊焊接技术最早应用于集成电路元件的互连，电池制造、微电机制造及汽车电器等也大量应用了该焊接技术。目前应用比较成熟的工艺包括线束超声波焊（见图14.41）、线束与端子超声波焊（见图14.42）、锂电池电芯极耳和极片超声波焊（见图14.43），涉及镍带＋铜箔、镍带＋铝带、铝带＋铝箔、铝带＋铝盖、铝壳＋铝镍复合带等材料的焊接，汽车电器的焊接涉及汽车接线端子、汽车线束、马达端子、继电器片、电解电容极片、碳刷片、散热架片等工艺的焊接，各种家电用品、电子元器件引线、继电器、电磁线圈、变压器等也用到该焊接技术。

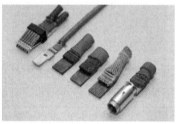
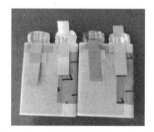

图14.41 Cu线束超声波焊　　　图14.42 线束与端子超声波焊　　　图14.43 锂电池电芯极耳超声波焊

14.7 螺 柱 焊

14.7.1 螺柱焊原理及过程

将金属螺柱或类似的其他金属紧固件（栓、钉等）焊接到工件上去的方法叫作螺柱焊。主要有电弧螺柱焊和电容放电螺柱焊，以电弧螺柱焊较为常用，如图14.44所示。

电弧螺柱焊过程如下。

它与焊条电弧焊的焊条引弧原理相同，都是短路提升引弧，不同的是螺柱被夹持在焊枪的夹头上，与工件短路定位，焊枪的提升机构使螺柱上升引弧，形成熔池，当提升机构释放时，给螺柱一个压力使螺柱浸入熔池，冷却形成焊缝。过程如图14.45所示，参数变化如图14.46所示。

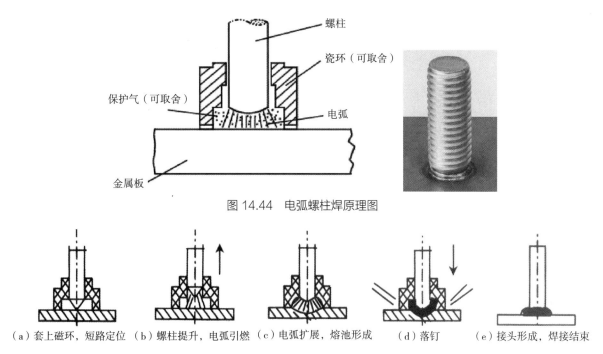

图 14.44　电弧螺柱焊原理图

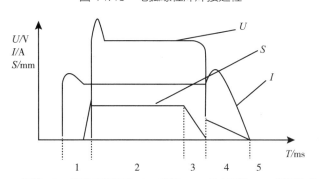

（a）套上磁环，短路定位　（b）螺柱提升，电弧引燃　（c）电弧扩展，熔池形成　　（d）落钉　　（e）接头形成，焊接结束

图 14.45　电弧螺柱焊焊接过程

1—短路；2—提升引弧焊接；3—落钉；4—有电顶锻；5—焊接结束

图 14.46　螺柱焊过程电流、电压、螺柱位移的变化时序

　　除了电弧螺柱焊，还有电容放电螺柱焊和短周期螺柱焊。电容放电螺柱焊是储能电容快速放电产生的电弧作为热源，它的特点是焊接时间短、不需保护、需用专用螺柱，如图 14.47 所示。短周期螺柱焊使用的电流是经过波形调制的，特点是不需要保护、螺柱不用特殊加工、更容易实现自动化。

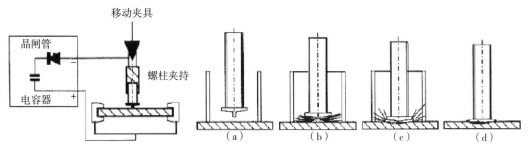

（a）螺柱带有起弧凸起，与工件保持一定距离　（b）凸起点与工件接触产生电弧，并使凸点熔化　（c）加压　（d）焊接结束

图 14.47　电容放电螺柱焊焊接过程

14.7.2 电弧螺柱焊设备

14.7.2.1 焊接电源

要求电源外特性为直流下降特性，具有良好动特性，较大额定焊接电流，较高空载电压，较小负载持续率。

14.7.2.2 焊枪

焊枪有手持式和固定式2种，机械部分由夹持机构、电磁提升机构和弹簧加压机构组成，电气部分由焊接开关、电磁铁、焊接电缆组成。

14.7.2.3 控制系统

手工操作螺柱焊焊机的控制系统是指焊接电流、焊接电压等参数的控制，常与焊接电源做成一体；而自动螺柱焊焊机的控制系统还包括焊枪行走机构、送钉系统的控制。

如图14.48所示为一种自动螺柱焊焊机成套设备的组成。

图14.48　自动螺柱焊焊机

14.7.3 螺柱焊的应用

螺柱焊可以代替铆接或钻孔螺丝紧固等，广泛用于汽车、造船、机车、机械、锅炉、容器、建筑、民用等领域，如图14.49所示，现在螺柱在轿车制造中的使用量日益增长。

  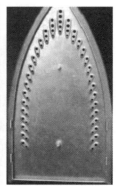

（a）钢结构（Φ22mm）　（b）容器（Φ12mm）　（c）家用电器（Φ6mm）

图14.49　螺柱焊的应用

14.7.4 螺柱焊缺欠与质量检验

螺柱焊常见缺欠如图14.50所示。

采用机械负荷对螺柱焊质量进行检验的例子如图14.51所示。

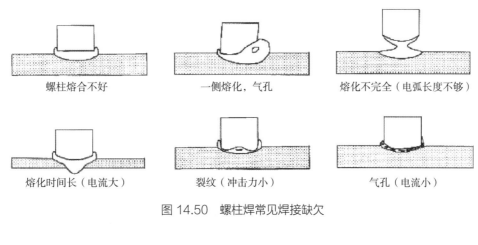

图 14.50　螺柱焊常见焊接缺欠

（a）弯曲大于 60°　　　（b）螺柱在拉力作用下断裂　　　（c）钢板上的拉断面（钢板厚度 6mm）

图 14.51　采用机械负荷对螺柱焊检验实例

14.7.5　螺柱焊的相关标准

螺柱焊的国际标准：ISO 14555：2006，螺柱型号的国际标准：ISO 13918：2008。

14.7.6　螺柱焊研究进展

近年来，随着摩擦焊尤其是搅拌摩擦焊技术的迅速发展，摩擦螺柱焊也得到了较大的研究和发展。

摩擦螺柱焊最早是由英国焊接研究所（TWI）提出，在 20 世纪 80 年代中期，英国汤姆森焊接与检测有限公司（Thompson Welding & Inspection Limited）公司自主开发出世界上第一台水下摩擦焊原理样机，英国焊接研究所在实验室借此开始进行水下摩擦焊试验，结果显示水下摩擦焊可以得到冶金性能合格的高强度焊接接头。由于当时水下摩擦焊相关的文献很少，TWI 采用实验室设备首先进行了一系列相关试验，并将这种技术命名为摩擦螺柱焊（Friction Stud Welding）。

摩擦螺柱焊过程：首先摩擦焊焊机带动螺柱高速旋转，然后将螺柱按一定速度轴向进给；当旋转螺柱与基板接触时开始摩擦剪切过程，所产生的摩擦热对螺柱进行加热，使其达到热塑性状态并在底部摩擦接触剪切面上发生塑性流动，摩擦热同时对基板上的接触部位加热，使整个焊接区达到高温和高压状态；摩擦过程持续一小段时间（时间很短，通常只有几秒）后螺柱迅速停转，然后维持或增大轴向压力进行顶锻，从而获得接合紧密的焊接接头，如图 14.52 所示。

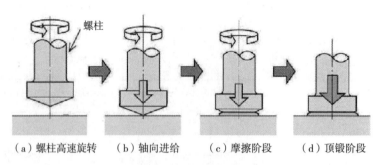

（a）螺柱高速旋转　（b）轴向进给　（c）摩擦阶段　（d）顶锻阶段

图 14.52　摩擦螺柱焊过程

目前，摩擦螺柱焊在水下环境可以获得较好的连接质量，在水下牺牲阳极等非重要钢结构物的连接方面已成功应用；另外，铝板 – 钢螺柱异种材料摩擦螺柱焊也取得成功，并且具有巨大的应用潜力。

14.8 爆 炸 焊

14.8.1 爆炸焊原理

爆炸焊是利用炸药爆炸产生的冲击力造成焊件的迅速碰撞，通过结合面上的塑性变形而实现连接的一种焊接方法，如图 14.53 所示。爆炸焊接头形成机制如图 14.54 所示。

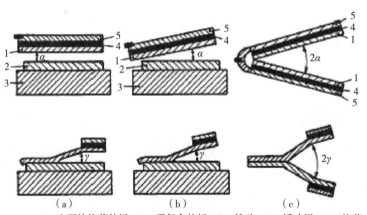

（a）　　　　　　（b）　　　　　　（c）

1—上面放炸药的板；2—需复合的板；3—铁砧；4—缓冲层；5—炸药

图 14.53　爆炸焊原理

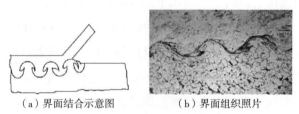

（a）界面结合示意图　　　（b）界面组织照片

图 14.54　爆炸焊接头形成机制

14.8.2　爆炸焊特点

（1）能焊相同或异种材料，可焊化学性质相差悬殊的金属材料。

（2）工艺简单易掌握，容易操作，比较经济。

（3）不仅能点焊和线焊，还可以面焊（爆炸复合）。

14.8.3　爆炸焊应用

爆炸焊可用于生产复合材料，提供具有特殊物理和化学性能的结构材料。

爆炸焊应用较多的是制造复合板，复合爆炸焊工艺有平行法和角度法，如图 14.55 所示。基板与复合板厚度比一般为（1∶1）～（10∶1），如采用爆炸焊可以制造钛 – 钢复合板，爆炸焊钛 – 钢复合板结合区的组织形态如图 14.56 所示。

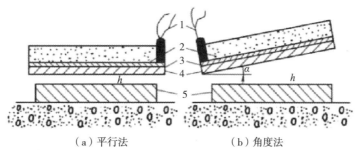

（a）平行法　　　　　　（b）角度法

1—雷管；2—炸药；3—缓冲层；4—覆板；5—基板；α—安装角；h—间隙

图 14.55　复合板爆炸焊装配方式示意图

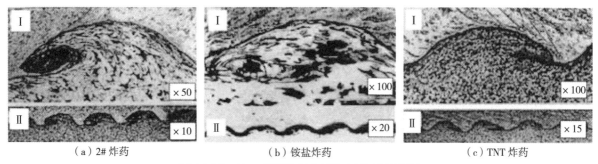

（a）2# 炸药　　　　　　（b）铵盐炸药　　　　　　（c）TNT 炸药

图 14.56　钛 – 钢爆炸复合板结合区的组织形态

爆炸焊的形式很多，就金属材料形状而言，除板 – 板之外，还有管 – 管、管 – 管板、管 – 棒，以及金属粉末与板的爆炸焊；从接头形式上，有对接、搭接、压接、斜接，如图 14.57 所示。

爆炸焊可焊材料见表 14.18。

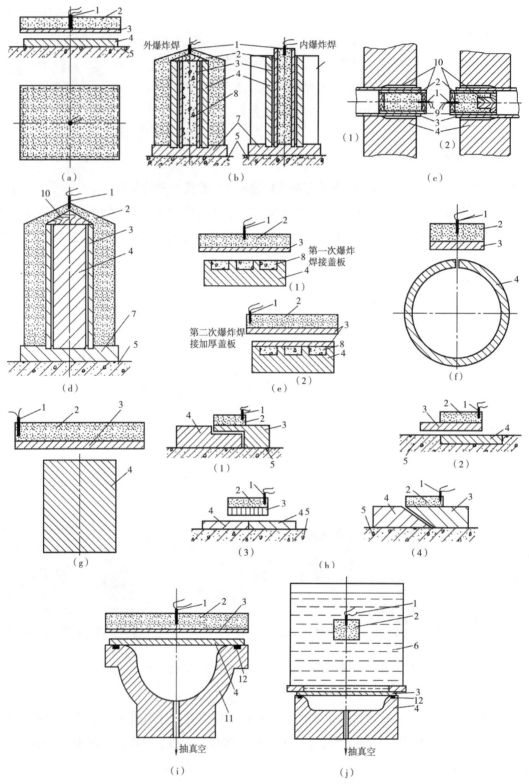

（a）板－板 （b）管－管 （c）管－管板 （d）管－棒 （e）板－凹形件 （f）板－管 （g）板－棒 （h）板－板爆炸
（i）爆炸焊接－爆炸成形 （j）爆炸成形－爆炸焊接 搭接（1）（2）、对接（3）、斜接（4）

1—雷管；2—炸药；3—复层（板或管）；4—基层（板、管、管板、棒或凹形件）；5—地面（基础）；6—传压介质（水）；
7—底座；8—低熔点或可溶性材料；9—塑料管；10—木塞；11—模具；12—真空橡皮圈

图 14.57　爆炸焊的形式

表 14.18　爆炸焊可焊材料组合

	1 碳钢	2 低合金钢	3 合金钢	4 不锈钢	5 银	6 铝合金	7 金	8 钴合金	9 铜合金	10 镁	11 钼	12 铌	13 镍	14 铅	15 铂	16 钽	17 钛	18 钨	19 锆	20 哈氏合金	21 钨铬钴合金
21 钨铬钴合金			●	●																	
20 哈氏合金	●		●										●							●	
19 锆	◎	○	●	○		○			○			○				◎	◎		◎		
18 钨	○	○																			
17 钛	◎	○	◎	○	●	◎			○	●		○	○			◎	◎				
16 钽	◎	○	●	○		◎	●		○			◎	●			◎					
15 铂												●	●		●						
14 铅	○	○							○												
13 镍	◎	◎	◎	○		◎	●		◎	●			◎								
12 铌	◎	○	○	○								◎									
11 钼	○	○	○																		
10 镁	●		●			●				●											
9 铜合金	◎	○	◎	◎	◎	◎	○		◎												
8 钴合金			●	●																	
7 金	●		●	○			●														
6 铝合金	◎	○	◎	◎	●	◎															
5 银	●			●	●																
4 不锈钢	◎	○	◎	○																	
3 合金钢	◎	○	◎																		
2 低合金钢	○	○																			
1 碳钢	◎																				

注：●国外已经试验成功的组合。
　　○我国已经试验成功的组合。
　　◎国内外均已试验成功的组合。

14.8.4　爆炸焊的安全措施

（1）炸药库要严格管理，管理人员必须昼夜值班，限制无关人员进入。

（2）爆炸场地应设置在远离建筑物的地方，进行爆炸焊的场所周围不得有可能受到损害的物体。

（3）从事爆炸焊工作的人员必须进行工种训练和考核，只有通过考核并取得操作证者才可以进行操作。

（4）在进行爆炸焊操作之前应确保所有工作人员和物品均处于安全地带，并确保做好防声、防震措施。

14.9 铝 热 焊

14.9.1 铝热焊原理

铝热焊是利用金属氧化物与铝之间的铝热反应所产生的热量（化学能）加热熔化工件和填充接头间隙以实现连接，如图 14.58 所示。

常用的氧化剂有 Fe_2O_3、CuO、MnO 粉末，还原剂为 Al 粉。Fe_2O_3 粉与 Al 粉之间的铝热反应如下。

$$Fe_2O_3 + 2Al \longrightarrow Al_2O_3 + 2Fe + 760kJ/mol$$

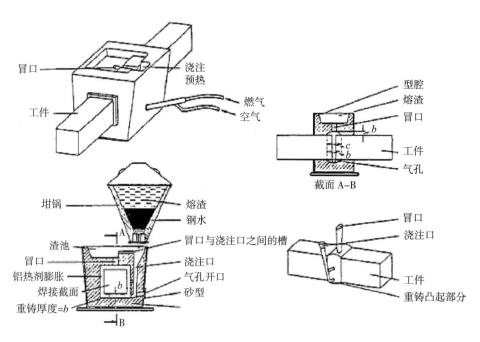

图 14.58 铝热焊原理

14.9.2 铝热焊设备与材料

铝热焊设备简单，主要是成形模具、坩埚、预热工具、修磨工具等，如图 14.59 所示。

铝热焊的接头质量是通过填加物来控制的。

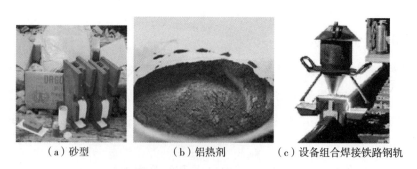

（a）砂型 （b）铝热剂 （c）设备组合焊接铁路钢轨

图 14.59 铝热焊设备与材料

14.9.3 铝热焊的特点

（1）铝热焊设备简单，投资少，焊接操作简单，无须电源。

（2）尤其适于野外作业。

（3）它的缺点是焊缝金属为相当粗大的铸造组织，性能较差。

14.9.4 铝热焊的应用

铝热焊主要用于铁路钢轨、行车轨道、起重机轨道等的焊接，也用于较大截面修复的焊接，可焊母材有钢、铸钢、铜等。

14.10 冷 压 焊

14.10.1 冷压焊的原理

冷压焊是在室温条件下，借助压力使待焊金属产生塑性变形而实现固态焊接的方法。通过塑性变形挤出连接部位的氧化膜等杂质，使纯净金属紧密接触达到晶间结合，过程如图 14.60 所示。

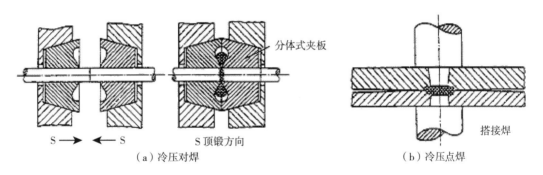

（a）冷压对焊　　　　　　（b）冷压点焊

图 14.60　冷压焊工艺原理

14.10.2 冷压焊的特点及应用

特点：无须填料，无高温，设备简单易实现自动化。对焊件表面状态要求高，要彻底清除油、水等。

应用：冷压焊主要用于怕升温的材料和产品的焊接。理想材料是铝、钛、锌、铅、银等，硬材料可通过加过渡层的方法实现，用于电气行业和太空领域。图 14.61 所示为冷压焊的几种应用实例。

较小截面的冷压焊可用手、用钳进行焊接，如 $3 \sim 4 \, \text{m}^2$ 的 Al，较大截面的工件用机械装置焊接，通常需一次或附加几次顶锻。

14.10.3 其他冷压焊方法

其他几种形式的冷压焊方法如图 14.62 至图 14.64 所示。

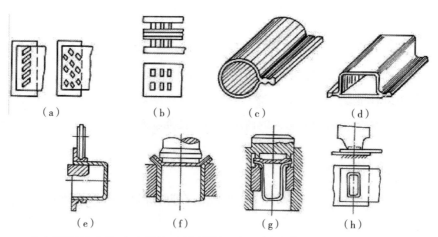

（a）铝箔多点点焊 （b）铝板双面镶焊铜板 （c）滚焊制管 （d）矩形容器滚压焊
（e）筒体与法兰单面滚压焊 （f）容器封头挤压焊 （g）蝶形封头双面套压焊 （h）单面套压焊

图 14.61 冷压焊的应用实例

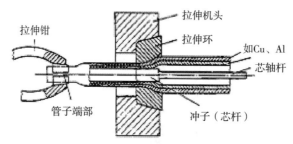

图 14.62 拉伸过程中的冷压焊

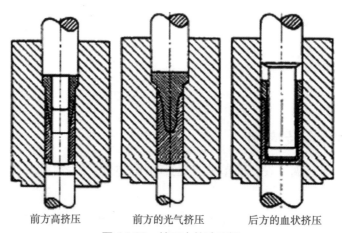

前方高挤压　　　　前方的光气挤压　　　　后方的血状挤压

图 14.63 挤压中的冷压焊

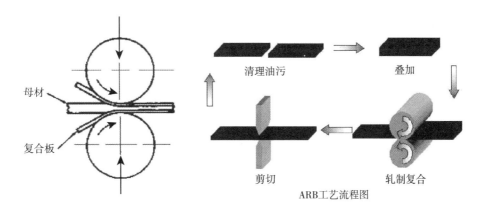

图 14.64　滚焊制取复合板

14.11 电磁脉冲焊

14.11.1 电磁脉冲焊的原理

电磁脉冲焊焊接工艺是 20 世纪 60 年代国外兴起的新型焊接方法。根据电磁感应原理，当电磁线圈中通过很大的脉冲电流时，会产生很强的脉冲磁场，在附近的金属中产生感应电流。根据楞次定律，感应电流的磁场与原磁场的方向相反，从而产生排斥力。利用电磁线圈与其附近金属焊件之间的这种瞬时、强大的电磁斥力，使该金属焊件高速撞击另一焊件，使撞击部位产生剧烈塑性变形而形成固相连接，如图 14.65 所示。

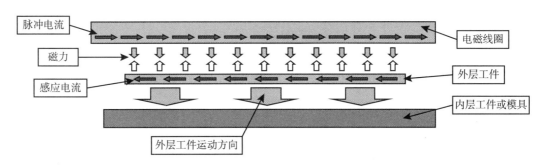

图 14.65　电磁脉冲焊焊接的原理

14.11.2 电磁脉冲焊接头形成过程

把内层工件和外层工件一同放入一个特制的工作线圈中，并保持一定间隙互不接触；当高压充电电源给脉冲储能电容器充电后，接通高压间隙放电开关，则电容所储存的几十千焦甚至上百千焦的电能在几十微秒的时间内向线圈快速放电，线圈中流过很强的脉冲电流，产生很强的脉冲磁场；在外层工件中产生很强的感应涡流和反向感应磁场，两磁场相互排斥产生强大的脉冲电磁力，迫使外层工件以很高的速度及动能猛烈撞击内层工件而实现焊接，如图 14.66 所示。目前普遍认为电磁脉冲焊与爆炸焊的机理相似，即当一焊件高速、猛烈撞击另一焊件时，在两焊件接触面产生剧烈的塑性变形和射流，这样就清除了接触表面的吸附层和氧化膜，使两个纯净的焊件表面在高压作用下紧密结合在一起，产生与爆炸焊相类似的波浪状微观结构，形成牢固的金属键连接，实现两金属的完全焊合，如图 14.67 所示。

电磁脉冲焊的工艺流程：待焊面的表面处理（物理的或化学的）→焊接→焊后处理，如热处理、性能及质量检查等。该工艺的要求：待焊表面应认真清理，使其干净和无污染；其中应有一种材料具有良好的导电性和耐冲击性能；为了有利于射流的形成，应有初始接触角存在；表面处理后应立即进行焊接，否则会因处理过的表面上重新形成吸附层和氧化层而增加焊接难度，甚至无法焊接。

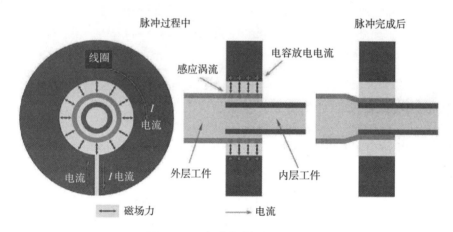

图 14.66　电磁脉冲焊焊接过程

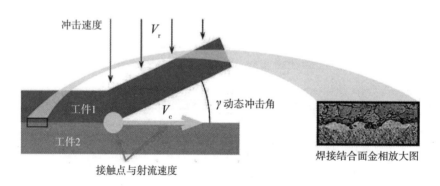

图 14.67　电磁脉冲焊接头形成机理

14.11.3 电磁脉冲焊的特点

电磁脉冲焊的特点：① 焊接过程很短，瞬间（30~100μs）即可完成，生产效率高；② 可焊接异种金属，即使两金属的晶体结构和性能差别很大；③ 可使金属材料和高分子材料进行连接或焊接；④ 一般在常温（即冷态）下进行，且焊接过程无明显的升温，故可保持材料原有的性能；⑤ 兼有电磁成形和爆炸焊的一些特点，但比爆炸焊安全，且简单易行；⑥ 能量易精确控制，质量稳定，重复性好，故容易实现机械化和自动化；⑦ 无须助焊剂和填充材料，成本低廉；⑧ 绿色环保，低碳节能，整个过程无热、无辐射、无烟尘、无废气、无火花等污染。

14.11.4 电磁脉冲焊的应用

目前，在发达国家电磁脉冲焊已应用在很多领域，如汽车、家用电器，尤其是在航空、航天及军事工业中，已部分或全部用来代替铆接或焊接，成效是显著的。该方法不但能焊接 Al、Cu 及其合金，而且还可以焊接低碳钢、不锈钢、Ti 及其合金等的同种和异种金属，甚至可焊接金属与非金属。接头形式多为管－管套接接头、管－棒套接接头，也可焊接板－板搭接接头。图 14.68 所示为几种材料的电磁脉冲焊焊接接头。在我国电磁脉冲焊的应用还刚起步，大有研究和开发的必要。电磁脉冲焊方法是由多学科交叉而成的边缘性工艺技术，随着这些学科的发展和现代技术的进步，以及对该工艺的不断深入研究和开发，可以想象在不久的将来，电磁脉冲焊焊接工艺必将会像现在的普通焊接工艺一样普及和受欢迎，必将推动经济建设的发展。

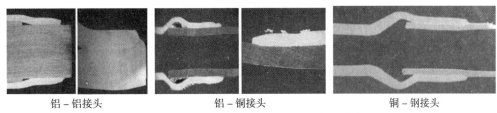

铝－铝接头　　　　铝－铜接头　　　　铜－钢接头

图 14.68　几种材料的电磁脉冲焊焊接接头

14.11.5 电磁脉冲焊焊接设备

电磁脉冲焊焊接设备主要由脉冲发生器和电磁线圈 2 个部分组成，如图 14.69（a）所示。

（1）脉冲发生器：由电容器组、充电电路和放电电路组成。单相电源由变压器升压后，经可控整流器输出直流电流对电容器组充电，当充电电压达到一定数值时，脉冲发生器输出脉冲信号，引燃管导通，储存在电容器组中的电场能迅速向电磁线圈放电。此电容器组和电磁线圈组成一个振荡回路，即电容器组中储存的电场能量 $E = CU^2/2$ 转化成线圈所带的磁场能量 $E = LI^2/2$。

（2）电磁线圈：焊接电磁线圈是用来产生磁场和电磁力的，需要足够的刚度，通常安装在环形金属盒中。线圈是由多道传导性很高的铜或者铝合金绕成螺旋形，根据所需要传导的电流大小不同，线圈的横截面积通常为 $10\sim100\text{mm}^2$。

除此以外，一套完整的电磁脉冲焊焊接设备还包括控制柜、操作台、工作站等，如图 14.69（b）所示。

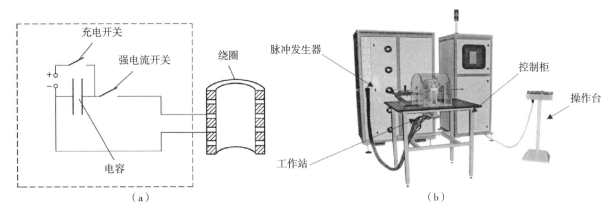

（a）　　　　　　　　　　　　　　　　（b）

图 14.69　电磁脉冲焊焊接设备

14.12　搅拌摩擦焊

　　搅拌摩擦焊在经历 30 多年的不断发展后，在工业制造领域特别是高端制造中已经取得了辉煌的成绩，目前搅拌摩擦焊焊接在飞机制造、机车车辆和船舶制造中已经得到应用，主要用于铝合金、镁合金、铜合金、钛合金和铝基复合材料的焊接，钛合金和钢的焊接也有研究。

14.12.1　搅拌摩擦焊原理

图 14.70　搅拌摩擦焊过程示意图

　　搅拌摩擦焊焊接（Friction Stir Welding，FSW）是一种新型的连接技术，由英国焊接研究所（TWI）于 1991 年发明。在焊接过程中，利用高速旋转的搅拌头与工件摩擦产生的热量使被焊材料局部塑化，在旋转搅拌头的临近区域内，形成了一层充分塑化金属层，当搅拌头沿着焊接界面移动时，塑化材料在搅拌头的转动摩擦力作用下由搅拌头的前部移向后部，搅拌头前端不断形成热塑性金属并出现金属的挤压流动现象，进而填补搅拌头后侧的空腔，并在搅拌头的挤压下形成致密的固相焊缝，如图 14.70 所示。由于是固相连接，被焊材料在焊接过程中不发生熔化，所以 FSW 能够有效避免熔化焊中常见的气孔、裂纹等缺欠，形成强度高、变形小的优质接头。这种方法的出现成功解决了低熔点金属材料尤其是铝合金的连接问题，已成功应用于 1000 系列、2000 系列、5000 系列、6000 系列和 7000 系列等几乎所有型号的铝合金的连接。

　　虽然与熔化焊相比 FSW 的热输入较低，不会引起被焊材料的熔化，但在高强铝合金的焊接中，搅拌头所施加的热作用仍会导致接头发生局部的热软化效应，使接头的性能低于母材。因此，多年来提高高强铝合金 FSW 接头的力学性能一直是研究的热点。在以往的研究中曾通过对所得接头进行焊后热处理来实现这一目的。虽然这种方法能在一定程度上恢复接头的性能，但对工业实际应用而言成本过高，对于大尺寸构件甚至难于实现。

14.12.2　搅拌摩擦焊特点

　　搅拌摩擦焊是一种固态连接技术，它不仅具有高质量、低成本、低变形、易于自动化等特点，而且不需要填充材料和保护气、能耗低、对环境无污染，是一种理想的绿色连接技术。它的出现解决了在熔焊下难于焊接的材料的焊接问题，并且扩大了结构设计过程中材料的选择范围。

　　相对传统的熔焊，搅拌摩擦焊具有以下优点。

　　（1）焊接接头质量高，不易产生缺欠。焊接过程无气孔和凝固裂纹等缺欠产生，无合金元素的烧损和偏析，接头组织致密，焊核区是致密精细的等轴晶组织结构，表现为各向同性。接头静态性能指标皆优于熔焊接头，搅拌摩擦焊接头性能数据离散性小，与熔焊接头相比，搅拌摩擦焊接头具有优异的抗疲劳性能，对于 LF5、LF6 等铝合金材料，焊缝区的断裂韧性甚至超过母材。

（2）搅拌摩擦焊焊缝应力低、变形小。搅拌摩擦焊焊接温度低于常规熔焊方法，焊接过程中没有材料的凝固收缩，接头的残余应力低，焊接结构的变形小，其主要原因是焊接过程中搅拌工具的轴肩和搅拌针上特殊设计的塑流位移沟槽和螺纹对焊缝区域的材料实施动态锻压作用，进一步降低了焊缝区域的残余应力和结构变形。

（3）搅拌摩擦焊是自动化焊接工艺、生产效率高。搅拌摩擦焊的施焊条件是具有机床设备类似的运动伺服驱动以及焊接参数的传感、设置和控制。焊接过程类似于铣床机械加工，焊接参数容易实现直接的测量和控制，非常适合自动化焊接。产品生产不需要严格的焊接工人培训和认证，只需要简单的数控操作培训就可以从事批量化的工业产品生产。焊接生产效率由设备的运动控制决定，对于薄板铝合金材料，如 2mm 的 6061Al 材料，焊接速度可以达到 6m/min。而且，搅拌摩擦焊焊接深度直接由搅拌工具的搅拌针的长度决定，对于厚度 0.5~100mm 的铝合金板材，搅拌摩擦焊可以一次单道实现焊接，与普通熔焊工艺相比较，生产效率可以提高 5~10 倍。

（4）焊接成本较低，不用填充材料，也不用保护气体。厚焊接件边缘不用加工坡口。焊接铝材工件不用去氧化膜，只需去除油污即可。对接时允许留一定间隙，不苛求装配精度。

（5）焊件有刚性固定，且固相焊时加热温度较低，故焊件不易变形。这点对较薄铝合金结构（如船舱板、小板拼成大板）的焊接极为有利，这是熔焊方法难以做到的。

（6）搅拌摩擦焊是节能、节材、环保和绿色的焊接技术。搅拌摩擦焊只在焊接区产热，并且直接由机械能转变为摩擦热能和塑性变形能，不需要热的传导，不需要电源加热，没有焦耳热损失，焊接热效率高，与电阻点焊比较可以节约 90% 的电能。通常情况下，搅拌摩擦焊不需要保护气和焊丝，焊接界面不需要特殊的打磨和开坡口，除电能外，几乎没有其他消耗。焊接过程工件不熔化，所以不会产生飞溅和烟尘，不需要吸尘装置，焊接环境良好；没有弧光、紫外和高频辐射，操作者可直接目视观察焊接过程，没有电击危险，是一种名副其实的绿色焊接技术。

搅拌摩擦焊技术存在 3 个固有模式。第一，背部需刚性支撑且易出现背部弱连接，导致接头难以成形并降低接头强度；第二，有效承载厚度减薄，导致焊缝边缘产生应力集中和疲劳失效；第三，焊缝尾部的匙孔不可避免，造成"木桶效应"，降低力学性能。以上固有模式的存在难以达到工程应用技术指标的要求，影响轻量化、高强度系数、高可靠性的设计性能。这是搅拌摩擦焊的基本问题，亟须开展搅拌摩擦焊系列新技术，实现焊接工件的高可靠连接。

14.12.3　搅拌摩擦焊工艺参数

焊接工艺参数是影响接头性能的重要因素之一。搅拌摩擦焊焊接过程中，在焊具确定的情况下，影响接头性能的工艺参数主要包括搅拌头的倾角、搅拌头的旋转速度、搅拌头的插入深度、插入速度、插入停留时间、焊接速度、焊接压力、回抽停留时间、搅拌头的回抽速度等。

14.12.4　搅拌摩擦焊的缺欠及防止措施

14.12.4.1　搅拌摩擦焊的缺欠及影响因素

FSW 过程中，当焊接参数、焊具结构和工况不合理时，导致不合理的焊接热输入和材料流动，引起缺欠的产生。例如热输入过大或下压量过大时，形成飞边缺欠，进而引起焊缝减薄和局部应力集中；热输入过低时，材料流动不充分，易产生孔洞、隧道或沟槽等缺欠。当搅拌针长度与工件厚度、搅拌头的对中或工件间隙等匹配不良时，也产生根部弱结合和未焊透等缺欠。同时，受 FSW 固有模式影响，焊接结束后搅拌针的回抽引起匙孔缺欠的产生，易形成"木桶效应"，降低接头的使用性能。根据上述焊接缺欠基本特征将其分为贯穿型焊接缺欠和区域型焊接缺欠，具体特征和诱因见表 14.19。

表 14.19 焊接缺欠特征和诱因

缺欠分类	具体缺欠及特征	诱因
贯穿型缺欠	起皮：表面粗糙向上鼓起的薄层金属	受材料本身特性和热输入影响导致焊缝表面出现纹路不清向上鼓起的薄片或块状薄层金属
	沟槽：贯穿焊缝表面沟状未连接	热输入不匹配，材料欠塑化或过塑化难以充分回填焊具行走后侧留下的空腔并沿焊缝方向扩展，形成沟槽缺欠
	弱结合：根部材料塑变，但未形成有效连接	针长板厚不匹配、下压量不足和焊具不对中导致根部材料流变不足，未实现有效冶金结合
	未焊透：焊缝根部未发生塑变且存在缝隙	针长板厚不匹配、下压量不足和焊具不对中导致根部材料未发生塑性变形，未实现结合
区域型缺欠	孔洞：焊缝内部材料填充不足留下空腔	热输入不匹配，材料欠塑化或过塑化难以充分回填焊具行走后侧留下的空腔，形成沿焊缝方向断续的孔洞缺欠
	匙孔：焊具回抽焊缝尾部的宏观孔洞	FSW 结束后，焊具回抽，在焊缝末端位置无塑性材料的填充，形成宏观匙孔缺欠

FSW 缺欠主要分为飞边、沟槽、未焊合、孔洞等，缺欠的产生是由在焊接过程中焊缝金属经历

了不同的热 – 机过程所致，过热或塑性材料不足均导致缺欠的产生。搅拌头的形状对接头缺欠的形成影响巨大。如果搅拌头设计不当难以保证塑性材料充分流动，焊后易产生孔洞缺欠；焊接压力主导焊接过程的热输入，影响材料的塑性流动，焊接压力过大产生飞边缺欠，焊接压力不足导致焊缝内部产生孔洞，进一步降低焊接压力，孔洞缺欠会扩展为沟槽。如由于搅拌针扎入深度不够引起焊接压力不足，在接头底部产生未焊合缺欠。焊接缺欠是多种因素共同作用的结果，对于不同的焊接过程及被焊材料，焊接压力、焊接速度和旋转速度是相互制约的。其中，沟槽缺欠位于前进侧焊缝表面，是搅拌头在对接板表面机械搅动后未形成连接的一种严重缺欠；孔洞缺欠的形成主要是由于焊接过程中热输入不够，达到塑性化状态的材料不足，材料流动不充分而导致在焊缝内部形成材料未完全闭合的现象；未焊合是指在焊缝底部未形成连接或不完全连接而出现的"裂纹状"缺欠，焊接压力过小时容易形成根部未焊合；飞边缺欠出现在焊缝表面，通常是由于焊接压力过大而导致较多的塑性材料从轴肩两侧挤出，冷却后形成的一种缺欠。

焊接参数是影响 FSW 缺欠形成的又一主要因素。研究表明，随着搅拌头转速的增加和焊接速度的减小，在靠近焊接构件下部材料结合趋于良好，但是搅拌头转速过高有可能导致焊接缺欠的产生。在其他条件不变的情况下，当搅拌头的转速较低时，焊缝表面出现沟槽缺欠；当转速升高时，沟槽逐渐变细，最终消失。搅拌头的转速一定时，若焊接速度较慢，焊缝表面光洁明亮，但在焊缝背面可见到由于金属熔化出现收缩；随焊接速度增加，这种收缩会消失；继续增加焊速，焊缝表面的光洁度变差，在试样内部会出现隧道型缺欠；若焊接速度过快，隧道型缺欠逐渐增大，甚至会在表面出现沟槽。保持相同焊接规范而改变搅拌头对工件的压力时，同样会影响焊缝的成形。压力较小时，会出现内部隧道型缺欠或表面沟槽；若加大压力，会使焊缝成形得到改善。另外，产生隧道型缺欠的一个原因是工艺参数选择不当，当焊接旋转速度过小或者焊接速度过大时也会在焊缝中产生这类缺欠，因旋转速度减小和焊接速度增大都会直接导致焊接时焊缝中的温度降低，从而达到塑性状态的金属体积减小，并且塑性金属的流动性也变差，导致搅拌针前移后留下的匙孔不能完全填满而留下隧道型缺欠。综上可见，针对不同类型的焊接缺欠，通过焊具设计和参数调控等均能在一定程度上控制缺欠的产生，却难以完全避免，影响金属结构件的使用性能，严重时甚至导致产品报废。因此，针对典型缺欠，亟须开展系列修复技术，实现对缺欠的等承载修复。

14.12.4.2　搅拌摩擦焊缺欠的修复

目前，围绕搅拌摩擦焊焊缝匙孔和缺欠的补焊问题，已展开针对性研究，研究思路可以大致分为 2 种模式：① 通过改进搅拌摩擦焊焊具和在线控制系统，实现无匙孔搅拌摩擦焊，如伸缩式焊具、锥形无轴肩焊具和摩擦点焊（Friction Bit Joining，FBJ）技术；② 采用焊后再补焊的方法对焊缝匙孔和缺欠进行修复，如熔化焊、摩擦塞焊、搅拌摩擦焊和填充式搅拌摩擦焊等。

1.搅拌摩擦焊技术的改进

1）伸缩式焊具

采用的伸缩式焊具 FSW 技术能够直接消除焊缝匙孔，基本原理如图 14.71 所示。焊具结构的特点就在于轴肩与搅拌针采用了分体式设计，焊接过程与常规 FSW 基本相同，不同点在于当焊接结束时，搅拌针逐渐进行回抽，通过轴肩下部塑性金属的回填，最终消除匙孔。该方法的实现不仅需借助于复杂的控制和动力系统以及相应的机械结构，而且焊接过程中无法引起充足的塑性金属回填空腔，虽然消除了焊缝匙孔，但会造成焊缝尾部接头有效厚度变薄，难以彻底消除"木桶效应"。

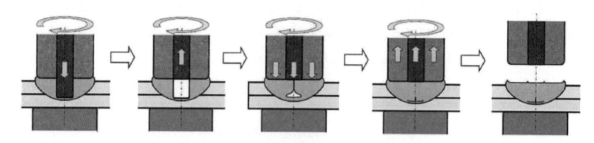

图 14.71　伸缩式焊具搅拌摩擦焊原理示意图

2）锥形无轴肩焊具

锥形无轴肩焊具可实现无匙孔 FSW，焊具实物如图 14.72 所示。但是，由于无轴肩的存在导致热输入难以控制且焊接过程不稳定，易出现未焊合、飞边和沟槽等焊接缺欠；同时，焊缝前进侧易出现飞边缺欠，而后退侧出现沟槽缺欠，接头底部存在明显的宏观裂纹缺欠，焊缝有效厚度明显减小，进一步降低了焊缝的机械性能和承载能力，其焊接接头的强度系数仅为 50%~60%，明显低于铝合金 FSW 焊缝的强度系数。

图 14.72　锥形无轴肩焊具实物图

3）FBJ 技术

FBJ 技术能够实现 1.8mm 厚 5754-O 铝合金薄板与 1.4mm 厚 DP590 或 DP980 高强钢薄板的无匙孔点焊。焊具为单体式且由 4140 钢制成，在焊接过程中利用搅拌针的高速旋转（500~600rpm）穿透上部的铝合金板，并以更高的转速（约 2000rpm）与下部的高强钢板接触并形成点焊接头，最后借助主轴的急停反转实现焊具主体与搅拌针的分离，钢制搅拌针焊接于搭接接头内，实现无匙孔点焊。但采用该技术焊具利用率低，单支焊具仅能实现一次无匙孔点焊且焊接成本高。

2. 贯穿型缺欠修复

贯穿型缺欠主要包括起皮、沟槽、隧道、弱结合、未焊透等焊接缺欠和表面损伤、长裂纹等外源诱发缺欠，以上缺欠在特定方向具有显著的扩展特征，目前主要以搅拌摩擦补焊修复为主。

1）采用钨极惰性气体保护焊（Tungsten Inert Gas，TIG）修复

目前，绝大多数焊接缺欠都采用手工 TIG 焊方法进行修补。该方法虽然操作十分简便，但热输入量大，易造成焊缝局部区域晶粒粗大，韧性降低，同时在补焊部位极容易出现较大的残余应力和残余变形；而且采用此方法往往不能一次补焊成功，而大多数铝合金材料不适宜多次补焊，补焊次数过多将会造成接头处合金元素烧损，严重影响接头质量，甚至出现废品，使生产成本和周期大幅度提高。

2）TIG 填丝修补匙孔复合无针表面搅拌摩擦处理技术

针对自支撑搅拌摩擦焊焊缝匙孔修复补焊，为消除补焊过程中对背部支撑体的依赖和弧焊修复潜在缺欠及性能弱化现象，采用 TIG 预填丝与搅拌摩擦处理相结合的方法对匙孔进行修复，其原理如图 14.73 所示。采用 TIG 预填丝并形成余高金属，以消除收弧阶段可能存在的缺欠，设计无搅拌针焊具搅拌摩擦处理焊具，通过无针焊具对具有余高的 TIG 预填丝匙孔进行搅拌摩擦处理，如图 14.73（b）所示，以消除熔焊匙孔修复潜在缺欠并强化修复接头。

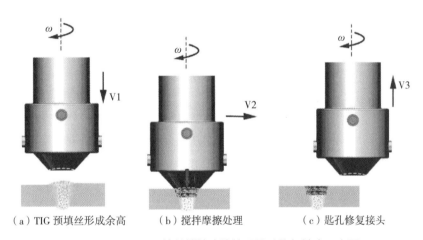

（a）TIG 预填丝形成余高　　（b）搅拌摩擦处理　　（c）匙孔修复接头

图 14.73　TIG 预填丝搅拌摩擦处理匙孔修复技术示意图

3）二次搅拌摩擦处理

采用搅拌摩擦补焊消除了隧道缺欠，修复区晶粒尺寸相比原焊核有所减小，避免了服役过程中的应力集中。此外，可采用偏针搅拌摩擦补焊消除表面沟槽和修复隧道型缺欠，偏针工艺指修复中心线位于沟槽所在位置。修复后接头横截面如图 14.74 所示，偏针修复接头抗拉强度可达到原始缺欠焊缝的 220%，接头断裂位置在靠偏针附近焊核区（WNZ）与热机影响区（TMAZ）之间。

（a）原始缺欠接头　　　　　　　（b）偏针修复接头

图 14.74　接头宏观形貌

4）补偿法搅拌摩擦焊

针对 FSW 接头匙孔和孔洞以及外源磨损和腐蚀等区域性缺欠，通过检测手段缺欠定位、机械几何化和填充进行修复。当焊缝沟槽和隧道以及外源损伤缺欠尺寸过大导致材料缺失过多，将难以单纯通过搅拌摩擦补焊实现高质量修复。因此，进行待修复缺欠的机械几何化和额外材料填充极其必要。可采用固相填充 + FSW 进行区域型体积缺欠的修复，并以匙孔缺欠作为主要研究对象。该工艺能够成功的修复匙孔，实验发现 2219C10S 铝合金修复后接头强度不低于 335MPa。此外也有针对 2219C10S 铝合金板材 FSW 缝匙孔采用熔焊填充 + FSW 补焊的方式修复匙孔的研究，该试验思路为先采用手工 TIG 焊填充匙孔，之后采用 FSW 补焊，修复后接头组织如图 14.75 所示。FSW 补焊处理可有效地改善焊缝区组织由铸态树枝晶向锻态细小等轴晶转变，但熔焊填充过程中高热输入易导致接头软化严重。

（a）手工熔焊填充后接头　　　　　　　　（b）搅拌摩擦补焊后接头

图 14.75　匙孔修复接头宏观组织

除上述 2 种方法外，也可采用垂直补偿 FSW，通过焊前引入同质补偿条的方式进行缺欠修复，修复过程如图 14.76 所示。修复过程中补偿条被打碎并充分与待修复材料混合，成功实现了大尺寸缺欠高质量修复。根据缺欠特征，可对缺欠进行多种形式的规则化，再进行补偿修复，实现大尺寸板材的高质量焊接与修复。同时，采用异质低熔点材料作为补偿条更易进行高熔点材料的高组配缺欠修复。

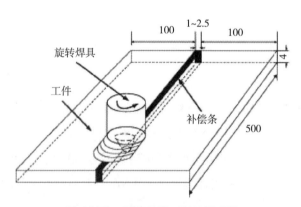

图 14.76　垂直补偿 FSW 原理图

3. 区域体积型缺欠修复

针对体积型缺欠，如匙孔、孔洞等，常规 FSW 即可对此缺欠进行修复，但焊后非消耗式搅拌针的回抽也造成匙孔缺欠，难以避免。因此，修复过程中引入消耗式焊具，可有效实现匙孔等缺欠的回填，取得等承载接头。

1）摩擦塞焊

摩擦塞焊技术同样能够消除焊缝匙孔，如图 14.77 所示。摩擦塞焊前，先在焊缝缺欠处加工定位孔，接着用型钻依据补焊具体需要将定位孔加工为锥形孔；将与被补焊工件成分相同且头部为锥形的棒料插入锥形孔，棒料高速旋转并在其头部与锥孔表面之间摩擦生热形成塑性层；塑性层生成后，棒料急停并向下锻压直到塑性层冷却形成补焊接头。美国航天飞机制造公司将摩擦塞焊应用于航天运载器贮箱箱底的焊接缺欠修补工作，有效缩短了贮箱的生产周期，降低了生产成本，提高了贮箱工作的可靠性。但采用该技术焊后需要进行二次加工去除多余材料，且焊缝区域应力集中较严重，降低了焊缝的机械性能，该技术要求设备在施加顶锻力的同时急停，对设备性能要求较高。

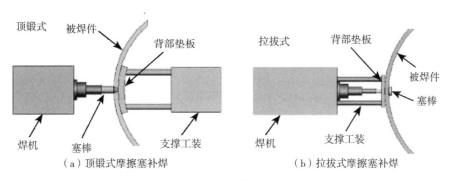

（a）顶锻式摩擦塞补焊　　　　　（b）拉拔式摩擦塞补焊

图 14.77　摩擦塞焊原理

2）主被动填充搅拌摩擦修复

主被动填充搅拌摩擦修复技术利用一系列具有不同直径和轴肩形貌的无针焊具以及填充块，采用逐级填充的修复方法，在无针焊具提供的顶锻压力、摩擦产热和形变的共同作用下，促进修复界面材料的固态焊合并消除弱连接缺欠，实现了焊缝匙孔和金属结构件的体积型缺欠的高质量修复，如图 14.78 所示。采用该方法可一次修复成功不同深度的匙孔缺欠，避免了其他技术修复过程中二次缺欠的产生；同时，对于塑性变形能力较差的镁合金等，具有显著的修复效果。但该技术在背部无支撑领域的修复受到较大限制，且焊后需二次表面处理降低局部应力集中现象，增加了焊后处理工序。AZ31B 镁合金和 7N01-T4 铝合金的修复接头抗拉强度分别达到无缺欠搅拌摩擦接头强度的 96.3% 和 82.1%。

名称	匙孔	第一次主动填充修复	第二次主动填充修复	第三次被动填充修复	完成
旋转搅拌头			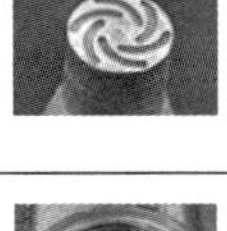		
宏观形貌		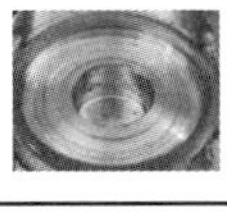	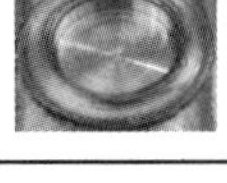		

图 14.78　主被动填充搅拌摩擦修复

3）填充式搅拌摩擦焊

填充式搅拌摩擦焊（Filling Friction Stir Welding，FFSW）用于高速列车车体和燃料储箱等结构的缺欠及匙孔修复，提升焊接结构可靠性。FFSW 匙孔修复过程如图 14.79 所示。其中，如图 14.79（a）所示为耗材棒扎入阶段，即耗材棒高速旋转并扎入待补焊匙孔内过程；如图 14.79（b）所示为补焊阶段，即耗材棒与匙孔及轴肩与被焊工件之间实现紧密接触，耗材棒与匙孔周围摩擦产热，材料发生塑性变形和流动，对匙孔进行填充补焊过程；如图 14.79（c）所示为补焊结束阶段，即焊具提起过程，耗材棒锥体部分因摩擦和形变产热发生材料塑性流动填充于匙孔内，界面及轴肩作用区域材料出现连续的塑性变形和流动现象，实现对焊缝匙孔的固相填充补焊。

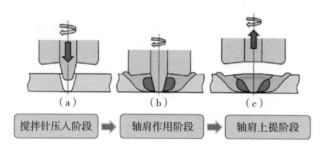

图 14.79　FFSW 示意图

FFSW 利用与被焊结构同质或者异质的可消耗式搅拌针与匙孔周围材料摩擦产热，引起材料塑性流变和元素扩散，实现对焊缝匙孔和缺欠的固相补焊。FFSW 焊接工作部的特点是轴肩和耗材棒采用分体式设计，焊接工作部的可加工性和调节性提高，减小材料浪费且节约资源，通过夹持柄尾部内置调节螺栓，耗材棒长度可精确微调，实现不同深度匙孔缺欠的填充修补。

FFSW 不仅可用于修复一般焊接点状缺欠及搅拌摩擦焊匙孔，而且可以用于长期服役结构件表面或内部体积型缺欠，突破常规搅拌摩擦焊焊接技术固有弊端，具有修复接头质量与母材等强、焊后残余应力和变形小等优点。

14.12.5 搅拌摩擦焊技术发展

为解决搅拌摩擦焊背部连接问题、焊缝边缘产生应力集中和疲劳失效问题，以及焊缝尾部的匙孔问题，近些年一些创新的搅拌摩擦焊技术逐渐出现。

14.12.5.1 自持式搅拌摩擦焊

1. 双轴肩搅拌摩擦焊

1）双轴肩搅拌摩擦焊原理

双轴肩搅拌摩擦焊（Bobbin Tool Friction Stir Welding，BTFSW）是常规 FSW 的衍生技术，基本工作原理如图 14.80 所示。BTFSW 焊具以一定的速度旋转进入被焊工件对接面，使上、下轴肩分别与工件上、下表面紧密接触，利用轴肩和搅拌针与被焊工件之间的摩擦和材料形变产生摩擦热和塑性流动。当搅拌

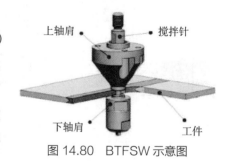

图 14.80　BTFSW 示意图

头沿焊接方向移动时，塑性金属在搅拌针和轴肩的摩擦挤压作用下发生流动，实现无支撑条件下待焊工件的冶金连接。

2）双轴肩搅拌摩擦焊特点

BTFSW 与常规 FSW 相比，其优势主要体现在以下几方面。

（1）降低焊接设备垂直方向载荷，并降低对设备刚性的要求。

（2）无须背部刚性垫板支撑，降低焊接工装要求，节约人力和物力成本。

（3）焊接工况性加强，可实现变化板厚、三维立体空间多角度焊接。

（4）彻底消除 FSW 焊缝根部缺欠，不存在未焊透缺欠。

（5）焊接工件受热均匀，有效降低焊接变形并提升接头性能的均匀性。

BTFSW 与常规 FSW 相比较，其存在以下局限性。

（1）搅拌头受力工况要求苛刻。由于搅拌针直径明显小于轴肩直径，且在焊接过程中，搅拌针不仅受到前进阻力，而且受到下轴肩的强大扭矩作用，极易导致搅拌针沿上轴肩根部断裂。

（2）焊接控制要求更高。与常规 FSW 不同，BTFSW 焊接接触条件更加复杂，尤其是对导热性不好的薄板焊接，焊接控制难度会更高。

（3）针对环形件焊接，焊前需预制焊接起始孔，焊后则需要从背面拆卸下轴肩，尤其针对密闭结构难以实现下轴肩的拆卸和安装。

（4）上、下轴肩的存在导致 BTFSW 热输入远高于常规 FSW，接头软化严重并降低接头力学性能；同时，针对薄壁结构，高热输入易引起焊接失稳变形，导致接头难以成形。

（5）BTFSW 为零倾角焊接，焊接工装夹具要求更高且缩小焊接工艺窗口。

2. 自支撑搅拌摩擦焊

自支撑搅拌摩擦焊（Self Support Friction Stir Welding，SSFSW$_2$）突破了常规 FSW 焊具单个轴肩的固有模式，采用大直径的内凹式上部轴肩和小直径的外凸式下部支撑体设计，利用倾角可调且呈上凹下凸的非对称轴肩，实现了中空及密闭结构在背部自支撑条件下的有效固相连接，如图 14.81（a）所示。

此工艺可解决铝合金中空及密闭结构在无刚性垫板支撑条件下常规 FSW 技术难以焊接、常规熔化极惰性气体保护焊（Metal Inert Gas，MIG）方法焊接变形大，以及 BTFSW 焊接过程中热输入大导致接头的力学性能降低和需要设置导引孔使得操作过程复杂的问题。

主要是由于该工艺焊具创新性的采用了大直径内凹式的上部轴肩和小直径外凸式的下部轴肩相结合的方式，如图 14.81（a）所示。该焊具的特点为上、下部轴肩分别呈现内凹外凸式且焊接过程中倾角可进行调节。为了实现在焊接过程中的背部自支撑，设计了如图 14.82 所示的焊接实施方式。同时考虑到 SSFSW$_2$ 焊具在焊接过程中下部轴肩起到垫板的支撑作用，需要的垂直下压力较小。另外，其在焊接过程中可实现倾角的调节，有利于拓宽焊接参数的范围，如图 14.83 所示，并且在无倾角的基础上，可实现板材厚度的自适应；该焊具在焊前无须预置导引孔和导出孔，简化了焊接操作过程，具体示意图如图 14.84 所示。在焊接过程中，由于下部轴肩的自支撑作用，铝合金中空型材结构在背部无支撑的情况下可实现背部的良好成形，避免弱连接或者未焊透的问题发生，如图 14.85 所示。

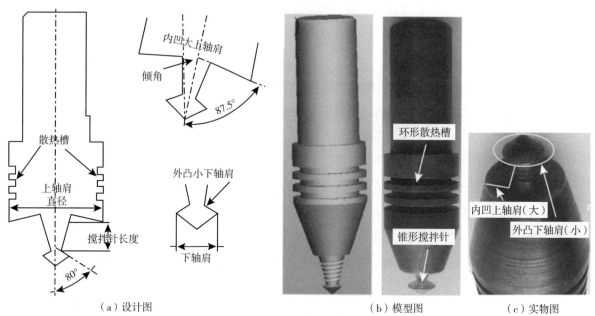

（a）设计图　　　　　　　　　　（b）模型图　　　　　（c）实物图

图 14.81　自支撑搅拌摩擦焊具模型图和实物图

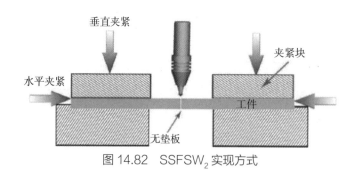

图 14.82　SSFSW₂ 实现方式

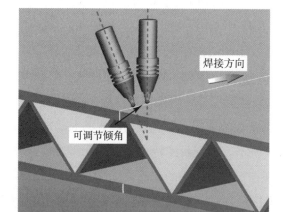

图 14.83　SSFSW₂ 焊具倾角调节示意图

（a）　　　　　　　　　　　　（b）　　　　　　　　　　　　（c）

图 14.84　SSFSW₂ 焊具焊接前导引孔设置

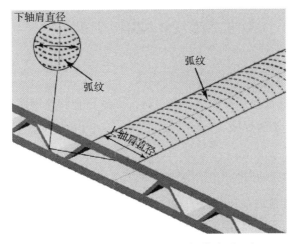

图 14.85　SSFSW₂ 正反面焊缝成形示意

14.12.5.2　无减薄搅拌摩擦焊

无论是常规搅拌摩擦焊还是衍生的双轴肩搅拌摩擦焊都没有很好地解决由于轴肩压入导致所形成焊缝的表面低于母材（焊缝减薄）的问题。而 FSW 焊缝减薄一般会伴随着飞边的产生，影响焊缝表面成形质量；同时，FSW 焊缝减薄降低了接头的有效承载面积，从而会降低接头的承载能力；另外，FSW 焊缝减薄还容易导致焊缝与母材的交界处出现尖锐的棱边，导致 FSW 焊缝可能成为服役结构件潜在的安全隐患。为消除 FSW 接头的焊缝减薄现象，提高接头质量，国内外研究人员从焊具改进设计、辅助工艺应用等角度进行了大量的研究工作。目前能够缓解 FSW 接头减薄问题的方法主要有静止轴肩搅拌摩擦焊、零下压量搅拌摩擦焊和焊前预制凸台等。

1. 静止轴肩搅拌摩擦焊

1）静止轴肩搅拌摩擦焊原理

静止轴肩搅拌摩擦焊（Stationary Shoulder Friction Stir Welding，SSFSW₁）是英国焊接研究所（The Welding Institute，TWI）在常规 FSW 的基础上将搅拌针与轴肩分开，开发出的一项新型的 FSW 工艺技术。SSFSW₁ 焊具由保持静止的轴肩及旋转的搅拌针组成，如图 14.86 所示。在焊接时，先将旋转的搅拌针插入工件，使静止轴肩与工件表面紧密接触，旋转的焊具与周围材料发生摩擦并在两者接触界面产生热量，在摩擦热作用下焊具周围的材料发生软化并呈现黏塑性状态，之后，搅拌针沿焊接方向移动并且静止轴肩在工件表面滑动，在静止轴肩、搅拌针两侧冷态金属以及垫板的约束下，有效地阻止了塑性材料外溢和流失，同时位于搅拌针前方的塑性材料在搅拌针挤压作用之下发生剧烈塑性变形，并从搅拌针侧边向搅拌针后方流动，对搅拌针后方的空缺位置进行填充，从而形成无减薄和缺欠的焊缝。

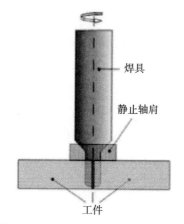

图 14.86　SSFSW₁焊接原理示意图

2）静止轴肩搅拌摩擦焊优势

与常规 FSW 相比，SSFSW₁具有以下优势。

（1）接头焊缝表面成形光滑，大大减少了焊后修复时间，对接头的疲劳强度有较大提高。

（2）焊接时热输入减小，热影响区宽度变窄，厚度方向热输入更均匀，焊接变形变小。

（3）焊缝区减薄量更小，接头有效承载面积提高。

（4）SSFSW₁具有巨大的优势焊接低热导率材料，如钛合金和热塑性复合材料等；同时，通过结构的合理设计可实现 T 型接头的焊接。

2. 零下压量搅拌摩擦焊

零下压量搅拌摩擦焊焊具轴肩为内凹形设计，如图 14.87 所示。该焊具为焊接过程中的塑性材料提供存储空间，将加热的材料约束在轴肩的端面内，避免材料向外溢出。轴肩内部充足的材料可提高焊具与材料之间的作用力，同时在轴肩的端面上加工了螺旋槽，增加产热面积，促进形成高质量的焊缝。螺旋槽结构还可以起到产生向下的锻压力，引导材料向内流动的效果，保障无减薄焊缝的稳定成形。该焊接过程中，焊具的下压量为零，有效避免焊缝的减薄问题；同时，零下压量 FSW 焊接接头没有出现减薄问题，零下压量 FSW 不同参数下的接头强度均高于常规 FSW。

3. 焊前增材／减材搅拌摩擦焊

当母材的厚度无差异时，焊具对母材的压入会导致焊接接头的减薄。如果焊接区域略高于其他区域，焊具压入对焊接接头造成减薄无影响。因此，一些学者通过焊前预加工减材或者随焊增加的方式，在焊接区域预制凸台，以实现搅拌摩擦焊接头的无减薄。通过焊前减材控制搅拌摩擦焊压痕

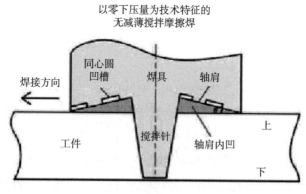

图 14.87　零下压量 FSW 焊具设计

深度的工艺方法,其主要是在进行搅拌摩擦焊焊接前,先对焊接工件化学铣削,铣去工件焊接区域外的部分,使其厚度减小,而工件的焊接区域形成凸起,如图 14.88 所示,以补偿 FSW 接头的减薄量。该方法解决了搅拌摩擦焊接后焊接接头减薄的问题,适用于对尺寸精度要求高或形状复杂,难以机械加工的工件的焊前预加工,同时也适用于薄壁工件的焊前加工。该方法不产生切削应力,零件无变形。

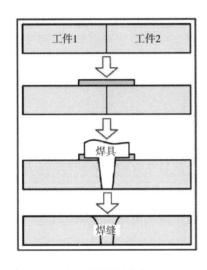
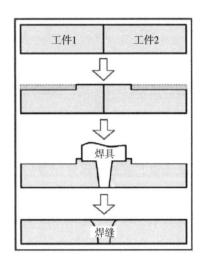

(a) 焊前增材方法   (b) 焊前减材方法

图 14.88 当前消除 FSW 焊缝减薄现象的主要方法

另外,还有一种通过随焊增材来消除焊缝减薄的搅拌摩擦焊方法,它涉及一种随焊填丝搅拌摩擦焊焊接方法。此方法在焊接过程中随焊送入带状焊丝,如图 14.89 所示。利用轴肩的搅拌摩擦和锻压作用将带状焊丝焊接在母材表面,增加焊缝厚度,消除减薄效应,该方法所形成的焊缝为规则的鱼鳞纹焊缝,且平滑美观。通过随焊送入带状焊丝的方法解决焊缝减薄的问题,送丝设备结构简单,焊接成本低,操作简便,容易实现。

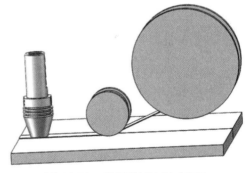

图 14.89 随焊增材控制减薄量

4. 微减薄搅拌摩擦焊

微减薄搅拌摩擦焊是"一次焊接,二次成形"的搅拌摩擦焊,该方法的焊具采用分体式设计,由外置大轴肩和内置小轴肩及其搅拌针组成;焊接前,通过调节内外轴肩的高度差实现对内外轴肩不同下压量的控制。搅拌头整体设计如图 14.90 所示。内外轴肩均采用内凹形结构设计,增强焊接过程中对塑性材料的锻压作用和包拢效果,并有利于焊缝成形良好。焊接时,内置小轴肩起一次成形的作用,主要保证焊缝内部的成形;外置大轴肩对于焊缝表面以及近表面起到二次碾压成形作用,消除飞边缺欠,保证接头表面宏观成形并实现无减薄焊接。

图 14.90 无减薄 FSW 焊具设计

无减薄 FSW 中，大部分接头没有发生减薄，甚至焊缝区的厚度略大于母材的厚度。FSW 中，在轴肩和搅拌针的共同作用下，焊缝金属发生软化，为粘塑性状态，存在惯性流动的现象。轴肩下压过程对焊缝金属施加了向下的作用力，垫板对焊缝金属施加了向上的反作用力；由于轴肩的刚性限制，轴肩作用区的塑性材料流动无法穿过轴肩内壁，当轴肩向前移动时，由于之前被轴肩限制的材料依旧具有向上流动的趋势，所以在轴肩移开的瞬间向上流动，随后在塑性材料快速冷却硬化作用下，流动停止。正是在这种惯性流动的作用下，出现焊缝厚度略高于母材厚度的现象。

14.12.6 搅拌摩擦焊工程应用

1. 在航空领域的应用

航空制造领域对连接结构强度和可靠性的要求非常苛刻，在任何新工艺应用之前，相关的结构性能考查和可靠性认证工作都必须十分谨慎和周全。在传统的飞机结构制造中，对焊接结构都采取非常慎重和保守的态度，搅拌摩擦焊作为一种航空应用前景非常乐观的新型固态焊接工艺，在航空制造领域推广之前的基础研究工作显得尤为重要和迫切。工业发达的欧美国家在搅拌摩擦焊兴起不久就广泛开展了其在航空应用的基础预研工作，主要集中在飞机结构的制造工艺、材料的焊接适应性和结构的航空服役综合性能测试等方面。

2. 在造船领域的应用

船舶制造和海洋工业是 FSW 首先得到商业应用的 2 个工业领域，主要应用在甲板、侧板、防水壁板、船体外壳、主体结构件、直升机降落平台、水上观测站、海洋运输结构件、帆船桅杆及结构件、船用冷冻器中空平板等。铝合金材料传统连接方法为铆接和弧焊连接，铆接增加了制造时间、人力和物料使用量，且铝合金熔焊时易产生变形、缺欠和烟尘等，也限制了弧焊的使用。所以 FSW 技术的发展，以高集成度的预成形模块化制造来代替传统的船舶加强件结构的制造，是船舶制造技术发展的必然和革命性的进步。

3. 在陆路交通领域的应用

对于陆路交通工业，FSW 在列车制造领域的应用主要为高速列车、轨道列车、地铁车厢、有轨电车和集装箱等；在汽车上主要应用于引擎、底盘、车身支架、汽车轮毂、液压成形管附件、车门预成形件、车体空间框架、卡车车体、载货车的尾部升降平台、汽车起重器和装甲车的防护甲板等。法国阿尔斯通（Alstom）公司和丹麦丹斯蒂尔（DanStir）公司目前正在进行车辆部件的 FSW 工业化研究。日立公司在进行单层和双层挤压件连接时都采用了 FSW 技术，用于市郊特快列车车辆的制造。日本住友轻金属公司已将 FSW 工艺用于地铁车辆，接合质量良好。日本住友轻金属公司生产的 FSW 焊接板已用于日本新干线车辆的制造，质量合格。

4. 搅拌摩擦焊展望

作为革命性的绿色焊接技术，FSW 的出现对焊接技术的发展产生了巨大的冲击和推动。目前已在航空航天、交通运输等领域得到广泛应用，其应用速度已远远超过了对焊接过程中一些基本科学问题的理解。可焊接材料也由铝、镁、铜、钛等有色金属发展到复合材料和黑色金属，在异种材料焊接中也显示了良好的开端。随着焊接设备和搅拌头的发展，可应用 FSW 的可焊材料会更加广泛，同时可提高焊接速度、优化接头性能、降低成本、实现自动化生产。结合搅拌摩擦焊在工业中的应用和固相连接机理的明晰，搅拌摩擦焊今后的发展可能会在以下领域重点开展研究。

（1）耐高温高强度搅拌头的研制。耐高温高强度搅拌头的研制为搅拌摩擦焊在复合材料、钢材、钛合金等高温硬质材料的应用。

（2）搅拌摩擦焊焊缝缺欠的等强修复。发展新型的固相连接技术，实现搅拌摩擦焊焊缝缺欠的等强修复尤为重要，如搅拌针可消耗的填充式搅拌摩擦焊。

（3）搅拌摩擦焊焊缝的无损检测。发展准确、高效、无损的搅拌摩擦焊焊缝内部缺欠和残余应力的检测技术，如中子衍射和高能同步辐射 X 射线。

（4）搅拌摩擦焊机器人。柔性和三维搅拌摩擦焊的实现，将大大拓宽搅拌摩擦焊的应用领域。

（5）搅拌摩擦焊机理。搅拌摩擦焊接头的金属塑性流动机理和失效机理有待深入研究。

（6）搅拌摩擦焊新方法。为适应不同领域对搅拌摩擦焊的需求和接头的性能进一步优化，有待发展新型的搅拌摩擦焊方法，如背部无支撑搅拌摩擦焊以适应中空结构的搅拌摩擦，填丝搅拌摩擦焊以补偿轴肩对焊缝的减薄问题。

14.12.7　搅拌摩擦焊使用标准

随着近些年搅拌摩擦焊的飞速发展，国际上已经制定了通用的搅拌摩擦焊术语、接头设计以及生产制造等一系列标准，ISO 系列标准的现行标准为 2020 年版本，该版标准自 2020 年 6 月起执行，分为以下部分。

ISO 25239-1《搅拌摩擦焊　铝及铝合金　第 1 部分：术语及定义》

ISO 25239-2《搅拌摩擦焊　铝及铝合金　第 2 部分：焊接接头设计》

ISO 25239-3《搅拌摩擦焊　铝及铝合金　第 3 部分：焊接操作工的技能评定》

ISO 25239-4《搅拌摩擦焊　铝及铝合金　第 4 部分：焊接工艺规程及评定》

ISO 25239-5《搅拌摩擦焊　铝及铝合金　第 5 部分：质量与检验要求》

我国也有与之相对应的标准体系 GB/T 34630 系列标准，该标准的现行版本为 2017 年版。

参考文献

［1］Thomas W M . Friction Stir Butt Welding［J］. International Patent Application No. PCT/GB92/0220, 1991.

［2］Hilgert J, Santos J F, Huber N. Shear layer modelling for bobbin tool friction stir welding［J］. Science and Technology of Welding and Joining, 2012, 17（6）：454-459.

［3］Thomas W M, Wiesner C S, Marks D J, et al. Conventional and bobbin friction stir welding of 12% chromium alloy steel using composite refractory tool materials［J］. Science and Technology of Welding and Joining, 2009, 14（3）：247-253.

［4］Hilgert J, Schmidt H N B, Dos Santos J F, et al. Thermal models for bobbin tool friction stir welding［J］. Journal of Materials Processing Technology, 2011, 211（2）：197-204.

［5］Nunes A C. Counterrotating-shoulder mechanism for friction stir welding［J］. NASA Tech Briefs, 2007, 31（4）：58,

60.

［6］刘会杰，侯军才，赵云强，等．上下轴肩逆向旋转的自持式搅拌摩擦焊接方法：CN101979209A［P］．2011.

［7］Dos Santos J F，Hilgert J. Apparatus for friction stir welding：US20120248174A1［P］．2012.

［8］Chen Z W，Pasang T，Qi Y. Shear flow and formation of nugget zone during friction stir welding of aluminium alloy 5083-O［J］. Materials Science and Engineering A，2008，474（1-2）：312-316.

［9］Liu H J，Hou J C，Guo H. Effect of welding speed on microstructure and mechanical properties of self-reacting friction stir welded 6061-T6 aluminum alloy［J］. Materials & Design，2013，50：872-878.

［10］Threadgill P L，Ahmed M M Z，Martin J P，et al. The use of bobbin tools for friction stir welding of aluminium alloys［J］. Materials Science Forum，2010，638-642：1179-1184.

［11］Hou J C，Liu H J，Zhao Y Q. Influences of rotation speed on microstructures and mechanical properties of 6061-T6 aluminum alloy joints fabricated by self-reacting friction stir welding tool［J］. International Journal of Advanced Manufacturing Technology，2014，73（5-8）：1073-1079.

［12］董春林，董继红，赵华夏，等．6082 铝合金双轴肩 FSW 接头组织及腐蚀性能［J］.焊接学报，2012，33（10）：5-9.

［13］张健，李光，李从卿，等．2219-T4 铝合金双轴肩 FSW 与常规 FSW 接头性能对比研究［J］.焊接，2008，（11）：50-52.

［14］Huang Y X，Wan L，Lv S X，et al. Novel design of tool for joining hollow extrusion by friction stir welding［J］. Science and Technology of Welding and Joining，2013，18（3）：239-246.

［15］Huang Y X，Wan L，Huang T F，et al. The weld formation of self-support friction stir welds for aluminum hollow extrusion［J］. International Journal of Advanced Manufacturing Technology，2016，87（1-4）：1067-1075.

［16］Wan L，Huang Y X，Guo W，et al. Mechanical properties and microstructure of 6082-T6 aluminum alloy Joints by self-support friction stir welding［J］.Journal of Materials Science and Technology，2014，30（12）：1243-1250.

［17］Wan L，Huang Y X，Lv Z L，et al. Effect of self-support friction stir welding on microstructure and microhardness of 6082-T6 aluminum alloy joint［J］. Materials & Design，2014，55：197-203.

［18］Davies P S，Wynne B P，Rainforth W M. Development of microstructure and crystallographic texture during stationary shoulder friction stir welding of Ti-6Al-4V［J］. Metallurgical and Materials Transactions A，2011，42（8）：2278-2289.

［19］Widener C A. High-rotational speed friction stir welding with a fixed shoulder［C］. Montreal：6th International Syposium on Friction Stir Welding，2006.

［20］Wei S，Martin J. New technoques：Robotic Friction Stir Welding［C］Beijing：10th International Symposium on Friction Stir Welding，2014.

［21］Doude H R，Schneider J A，Nunes A C. Influence of the tool shoulder contact conditions on the material flow during friction stir welding［J］. Metallurgical and Materials Transactions A，2014，45（10）：4411-4422.

［22］李金全．2219 铝合金差速搅拌摩擦焊接特征及接头组织性能研究［D］.哈尔滨：哈尔滨工业大学，2013.

［23］Li J Q，Liu H J. Design of tool system for the external nonrotational shoulder assisted friction stir welding and its experimental validations on 2219-T6 aluminum alloy［J］. International Journal of Advanced Manufacturing Technology，2013，66（5-8）：623-634.

［24］Wu H，Chen Y C，Strong D，et al. Stationary shoulder FSW for joining high strength aluminum alloys［J］. Journal of

Materials Processing Technology，2015，221：187-196.

［25］申浩 . 6061-T6 铝合金的静止轴肩搅拌摩擦焊工艺及组织性能研究［D］. 天津：天津大学，2014.

［26］Li D X，Yang X Q，Cui L，et al. Effect of welding parameters on microstructure and mechanical properties of AA6061-T6 butt welded joints by stationary shoulder friction stir welding［J］. Materials & IDesign，2014，64：251-260.

［27］Ahmed M M Z，Wynne B P，Rainforth W M. Through-thickness crystallographic texture of stationary shoulder friction stir welded aluminium［J］. Scripta Materialia，2011，64（1）：45-48.

［28］Sun Z P，Yang X Q，Li D X，et al. The local strength and toughness for stationary shoulder friction stir weld on AA6061-T6 alloy［J］. Materials Characterization，2016，111：114-121.

［29］Sun T，Roy M J，Strong D，et al. Comparison of residual stress distributions in conventional and stationary shoulder high-strength aluminum alloy friction stir welds［J］. Journal of Materials Processing Tech nology，2017，242：92-100.

［30］张会杰、王敏、张骁、等 . 一种实现搅拌摩擦焊焊缝零减薄的焊具及焊接方法：CN201410138224.9［P］. 2014.

［31］Zhang H J，Wang M，Zhou W J，et al. Microstructure-property characteristics of a novel non-weld-thinning friction stir welding process of aluminum alloys［J］. Materials & Design，2015，86：379-387.

［32］Zhang H J，Wang M，Zhang X，et al. Microstructural characteristics and mechanical properties of bobbin tool friction stir welded 2A14-T6 aluminum alloy［J］. Materials & Design，2015，65：559-566.

［33］黄永宪、韩冰、吕世雄、等 . 能够消除焊缝减薄的带状焊丝随焊送入搅拌摩擦焊方法：CN103157903A［P］. 2013.

［34］Guan M，Wang Y，Huang Y，et al. Non-weld-thinning friction stir welding［J］. Materials Letters，2019，255（15）：126506.

［35］Mishra R S，Ma Z Y. Friction stir welding and processing［J］. Materials Science and Engineering R，2005，50（1）：1-78.

［36］Ji S D，Xing J W，Yue Y M，et al. Design of friction stir welding tool for avoiding root flaws［J］. Materials，2013，6（12）：5870-5877.

［37］宋友宝、杨新岐、崔雷、等 . 异种高强铝合金搅拌摩擦焊搭接接头的缺欠和拉伸性能［J］. 中国有色金属学报，2014，24（5）：1167-1174.

［38］刘会杰、张会杰、黄永宪、等 . 搅拌摩擦焊接缺欠的补焊方法［J］. 焊接学报，2009，30（1）：1-4.

［39］杨新岐、方大鹏、栾国红、等 . Al-Cu 合金搅拌摩擦焊接头的疲劳性能［C］. 第十三届全国疲劳与断裂学术会议论文集，2006.

［40］Lomolino S，Tovo R，Dossantos J. On the fatigue behaviour and design curves of friction stir butt-welded Al alloys［J］. International Journal of Fatigue，2005，27（3）：305-316.

［41］郭国林、王志国、杨君翼、等 . 异种不锈钢搅拌摩擦焊对接接头组织和力学性能［J］. 热加工工艺，2017，46（21）：61-63.

［42］黄永宪、韩冰、吕世雄、等 . 基于固态连接原理的填充式搅拌摩擦焊匙孔修复技术［J］. 焊接学报，2012，33（3）：5-8.

［43］张昭、张洪武 . 焊接参数对搅拌摩擦焊搅拌区材料融合的影响［J］. 金属学报，2007，43（3）：321-326.

［44］邢丽、柯黎明、周细应、等 . LF6 铝合金薄板的搅拌摩擦焊焊缝成型及性能［J］. 南昌航空工业学院学报，2001，15（2）：1-4.

［45］黄华，董仕节，吴勇，等 . LF21 板搅拌摩擦焊接头组织与焊接工艺关系的研究［J］. 热加工工艺，2006，35（3）：1-3.

［46］张华，林三宝，吴林，等 . AZ31 镁合金搅拌摩擦焊接头断裂机制［J］. 材料工程，2005，（1）：33-36.

［47］赵衍华，林三宝，吴林 . 2014 铝合金搅拌摩擦焊接头缺欠分析［J］. 焊接，2005，（7）：9-12.

［48］Uematsu Y，Tokaji K，Tozaki Y. Effect of re-filling probe hole on tensile failure and fatigue behaviour of friction stir spot welded joints in Al-Mg-Si alloy［J］. International Journal of Fatigue，2009，30（10-11）：1956-1966.

［49］Padhy G K，Wu C S，Gao S. Auxiliary energy assisted friction stir welding - status review［J］. Science and Technology of Welding and Joining，2015，20（8）：631-649.

［50］Lammlein D H，DeLapp D R，Fleming P A，et al. The application of shoulderless conical tools in friction stir welding: An experimental and theoretical study［J］. Materials & Design，2009，30（10）：4012-4022.

［51］Lim Y C，Squires L，Pan T Y，et al. Study of mechanical joint strength of aluminum alloy 7075-T6 and dual phase steel 980 welded by friction bit joining and weld-bonding under corrosion medium［J］. Materials & Design，2015，69：37-43.

［52］Huang T，Sato Y S，Kokawa H，et al. Microstructural Evolution of DP980 Steel during Friction Bit Joining［J］. Metallurgical and Materials Transactions A，2009，40（12）：2994-3000.

［53］Li W P，Diao G Y，Liang Z M. Repair Welding of Tunnel Defect in Friction Stir Weld of Al-Zn-Mg Alloys［C］. International Conference on Mechanical Engineering and Control Automation，2017.

［54］周利，韩柯，刘朝磊，等 . 2219 铝合金搅拌摩擦焊接头缺欠补焊［J］. 航空材料学报，2016，36（1）：26-32.

［55］Liu H J，Zhang H J. Repair welding process of friction stir welding groove defect［J］. Transactions of Nonferrous Metals Society of China，2009，19（3）：563-567.

［56］王国庆，赵刚，郝云飞，等 . 2219 铝合金搅拌摩擦焊缝匙孔形缺欠修补技术［J］. 宇航材料工艺，2012，42（3）：24-28.

［57］郝云飞，白景彬，田兵，等 . 熔焊填充 +FSW 修补搅拌摩擦焊缝匙孔型缺欠的接头组织性能研究［J］. 航空制造技术，2014，（10）：83-87.

［58］Ji S D，Meng X C，Ma L，et al. Vertical compensation friction stir welding assisted by external stationary shoulder［J］. Materials & Design，2015，68：72-79.

［59］Ji S D，Meng X C，Li Z W，et al. Investigation of vertical compensation friction stir-welded 7N01-T4 aluminum alloy［J］. International Journal of Advanced Manufacturing Technology，2016，84（9-12）：2391-2399.

［60］Metz D F，Weishaupt E R，Barkey M E，et al. A microstructure and microhardness characterization of a friction plug weld in friction stir welded 2195 Al-Li［J］. Journal of Engineering Materials and Technology，2012，134（2）：21005-21011.

［61］Xiong J Z，Yang X Q，Lin W，et al. Evaluation of inhomogeneity in tensile strength and fracture toughness of underwater wet friction taper plug welded joints for low-alloy pipeline steels［J］. Journal of Manufacturing Processes，2018，32：280-287.

［62］王国庆，张丽娜，朱瑞灿，等 . 摩擦塞补焊技术研究现状及展望［J］. 电焊机，2017，47（1）：17-25.

［63］Ji S D，Meng X C，Huang R F，et al. Microstructures and mechanical properties of 7N01-T4 aluminum alloy joints by active-passive filling friction stir repairing［J］. Materials Science and Engineering: A，2016，664：94-102.

［64］Ji S D，Meng X C，Zeng Y M，et al. New technique for eliminating keyhole by active-passive filling friction stir repairing ［J］. Materials & Design，2016，97：175-182.

［65］Han B，Huang Y X，Lv S X，et al. AA7075 bit for repairing AA2219 keyhole by filling friction stir welding ［J］. Materials & Design，2013，51：25-33.

［66］Huang Y X，Han B，Lv S X，et al. Interface behaviours and mechanical properties of filling friction stir weld joining AA 2219 ［J］. Science and Technology of Welding and Joining，2012，17（3）：225-230.

［67］Huang Y X，Han B，Tian Y，et al. New technique of filling friction stir welding ［J］. Science and Technology of Welding and Joining，2011，16（6）：497-501.

［68］赵熹华.压力焊［M］.北京：机械工业出版社，1989.

［69］赵熹华，冯吉才.压焊方法及设备［M］.北京：机械工业出版社，2005.

［70］李亚江，王娟，刘鹏.特种焊接技术及应用［M］.北京：化学工业出版社，2004.

［71］曹朝霞，曹润平，张家龙，等.特种焊接技术［M］.北京：机械工业出版社，2015.

［72］曹凤国.超声加工技术［M］.北京：化学工业出版社，2005.

［73］袁易全.近代超声原理及应用［M］.南京：南京大学出版社，1996.

［74］关长石，费玉石.超声波焊接原理与实践［J］.机械设计与制造，2004，（6）：104-105.

［75］朱政强，吴宗辉，范静辉.超声波金属焊接的研究现状与展望［J］.焊接技术，2010，39（12）：1-6.

［76］中国机械工程学会焊接学会.焊接手册：第1卷：焊接方法及设备［M］.2版.北京：机械工业出版社，2005.

［77］冯若，姚锦钟，关立勋.超声手册［M］.南京：南京大学出版社，1999.

［78］任淑荣，马宗义，陈礼清.搅拌摩擦焊接及其加工研究现状与展望［J］.材料导报，2007，21（1）：86-92.

［79］赵衍华，林三宝，吴林.2014铝合金搅拌摩擦焊接头缺欠分析［J］.焊接，2005，（7）：9-12.

［80］訾炳涛，巴启先.电磁脉冲焊接新工艺［J］.焊接技术，1997，（4）：47.

［81］孙明如.电磁脉冲焊原理及应用［J］.焊接技术，1999，（6）：13-15.

［82］徐亚国，焦向东，周灿丰，等.摩擦螺柱焊水下焊接工艺的初步研究［J］.热加工工艺，2015，44（11）：190-192.

［83］尹欣，刘元朋，文振华.摩擦焊及其检测技术［M］.北京：知识产权出版社，2012.

［84］石新华，殷万武，袁承彬，等.超声波金属焊接工艺参数相关性分析［J］.科学技术创新，2017，（34）：13-17.

［85］彭和，Chen Daolun，蒋显全，等.金属材料超声波点焊研究进展［J］.材料导报，2020，34（6）：11064-11070.

［86］倪增磊，杨嘉佳，李帅，等.金属薄材超声波点焊的研究进展［J］.焊接，2020，（4）：33-41.

［87］Ni Z L，Yang J J，Hao Y X，et al. Ultrasonic spot welding of aluminum to copper：a review ［J］. International Journal of Advanced Manufacturing Technology，2020，107（1-2）：585-606.

［88］林三宝，范成磊，杨春利.高效焊接方法［M］.北京：机械工业出版社，2012.

［89］美国焊接学会.焊接手册：第2卷：焊接方法［M］.7版.北京：机械工业出版社，1988.

［90］王文其，张思，卢文玲，等.焊接新技术新工艺实用指导手册［M］.哈尔滨：黑龙江文化电子音像出版社，2007.

［91］陈祝年.焊接工程师手册［M］.2版.北京：机械工业出版社，2010.

［92］中国机械工程学会焊接学会.焊接手册：第1卷：焊接方法及设备［M］.3版.北京：机械工业出版社，2008.

［93］袁焕中.电弧焊及电渣焊［M］.北京：机械工业出版社，1988.

［94］常晶舒，陈健，冷冰，等.国内电磁脉冲焊接技术研究进展与展望［J］.焊接，2019，（5）：13-17.

[95] 苏子龙，徐永庚，高雷，等.电磁脉冲焊接技术研究现状及发展趋势 [J].焊接技术，2020，49（7）：1-7.

[96] 宋艳芳，张宏阁.电磁脉冲焊接技术研究现状及发展趋势 [J].热加工工艺，2015，44（11）：13-17.

[97] 蒋显全，王浦全.汽车材料轻量化与电磁脉冲焊接技术 [C].广州：中国铝加工产业年度大会，2018.

本章的学习目标及知识要点

1. 学习目标

（1）掌握各种焊接工艺的基本原理。

（2）掌握各种焊接工艺的工艺要点。

（3）了解各种焊接工艺的应用。

（4）了解各种焊接方法的接头形式。

2. 知识要点

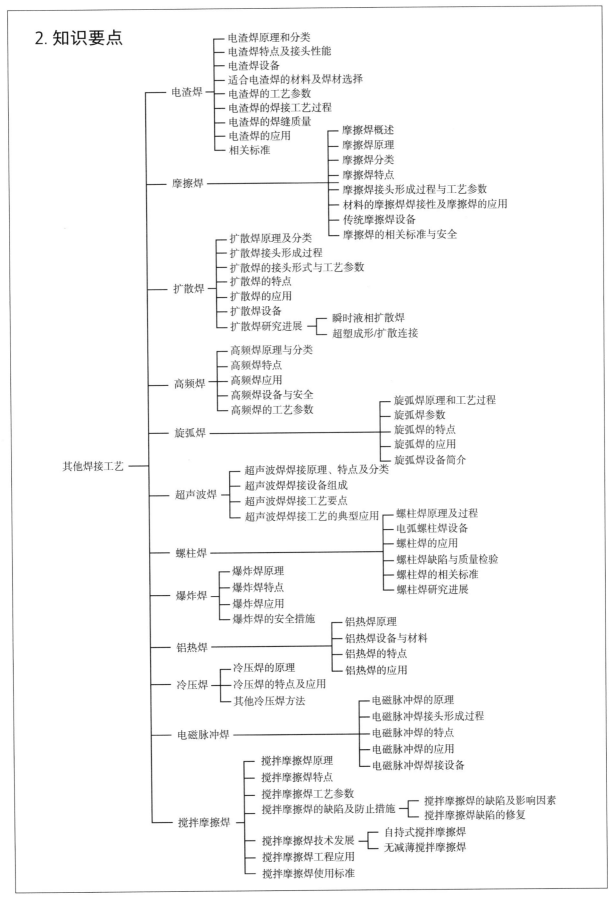

电渣焊
- 电渣焊原理和分类
- 电渣焊特点及接头性能
- 电渣焊设备
- 适合电渣焊的材料及焊材选择
- 电渣焊的工艺参数
- 电渣焊的焊接工艺过程
- 电渣焊的焊缝质量
- 电渣焊的应用
- 相关标准

摩擦焊
- 摩擦焊概述
- 摩擦焊原理
- 摩擦焊分类
- 摩擦焊特点
- 摩擦焊接头形成过程与工艺参数
- 材料的摩擦焊焊接性及摩擦焊的应用
- 传统摩擦焊设备
- 摩擦焊的相关标准与安全

扩散焊
- 扩散焊原理及分类
- 扩散焊接头形成过程
- 扩散焊的接头形式与工艺参数
- 扩散焊的特点
- 扩散焊的应用
- 扩散焊设备
- 扩散焊研究进展
  - 瞬时液相扩散焊
  - 超塑成形/扩散连接

高频焊
- 高频焊原理与分类
- 高频焊特点
- 高频焊应用
- 高频焊设备与安全
- 高频焊的工艺参数

旋弧焊
- 旋弧焊原理和工艺过程
- 旋弧焊参数
- 旋弧焊的特点
- 旋弧焊的应用
- 旋弧焊设备简介

超声波焊
- 超声波焊焊接原理、特点及分类
- 超声波焊焊接设备组成
- 超声波焊焊接工艺要点
- 超声波焊焊接工艺的典型应用

螺柱焊
- 螺柱焊原理及过程
- 电弧螺柱焊设备
- 螺柱焊的应用
- 螺柱焊缺陷与质量检验
- 螺柱焊的相关标准
- 螺柱焊研究进展

爆炸焊
- 爆炸焊原理
- 爆炸焊特点
- 爆炸焊应用
- 爆炸焊的安全措施

铝热焊
- 铝热焊原理
- 铝热焊设备与材料
- 铝热焊的特点
- 铝热焊的应用

冷压焊
- 冷压焊的原理
- 冷压焊的特点及应用
- 其他冷压焊方法

电磁脉冲焊
- 电磁脉冲焊的原理
- 电磁脉冲焊接头形成过程
- 电磁脉冲焊的特点
- 电磁脉冲焊的应用
- 电磁脉冲焊焊接设备

搅拌摩擦焊
- 搅拌摩擦焊原理
- 搅拌摩擦焊特点
- 搅拌摩擦焊工艺参数
- 搅拌摩擦焊的缺陷及防止措施
  - 搅拌摩擦焊的缺陷及影响因素
  - 搅拌摩擦焊缺陷的修复
- 搅拌摩擦焊技术发展
  - 自持式搅拌摩擦焊
  - 无减薄搅拌摩擦焊
- 搅拌摩擦焊工程应用
- 搅拌摩擦焊使用标准

其他焊接工艺

第15章

切割与坡口加工工艺

编写：冯剑鑫　吕国辉　审校：张岩

焊接结构件的下料及坡口加工可以采用机械切割和热切割来完成，其中热切割工艺在焊接结构件的坡口加工中的应用更为广泛。因此，需要了解和掌握各种热切割方法的工艺、特点、应用以及切割面质量的评价方式。

15.1 切割及坡口加工方法（ISO 9692）

切割是使固体材料分离的方法，是焊接生产备料工序的重要加工方法，广泛应用于现代工业生产中。金属材料的切割可以采用机械切割和热切割等。

15.1.1 机械切割

机械切割是在常温下的切割，是对板材粗加工的一种常用方式，属于冷切割。机械切割及加工坡口常用的方式主要有车削、剪切、锯切、铣削、刨削和磨削等。车床主要用于加工轴、盘、套和其他具有回转表面的工件，是机械制造和修配工厂中使用最广的一类机床。铣床和钻床等旋转加工的机械都是从车床引申出来的。板材的边缘和坡口的加工一般采用刨削、铣削和滚剪。管材、厚壁筒体、端盖、封头和法兰等零部件的边缘和坡口主要采用车削加工。大型或重型结构部件，由于工件尺寸大，常使用电动磨削加工。

对于装配精度要求严格的结构部件，以及淬硬倾向较高或对热敏感的金属材料，热切割后需对其边缘再做机械加工，或直接采用机械切割的方式加工坡口。

15.1.2 热切割

热切割是利用热能使材料分离的切割方式，最常见的有火焰切割、等离子弧切割和激光切割等。这些常见的切割方法，几乎可以切割所有工程材料。

热切割可以按照其物理过程、机械化程度和能源类型进行分类。按照物理过程分类可以分为燃烧切割、熔化切割和升华切割。按机械化程度分类可以分为手工切割、半机械化切割、机械化切割和自动化切割。按能源的分类方式如图 15.1 所示。

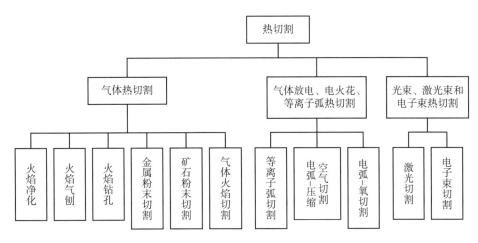

图 15.1　热切割分类

15.1.3　焊接坡口

依据 GB/T 3375—1994 焊接术语标准，坡口指的是根据设计或工艺需要，在焊件的待焊部位加工并装配成的一定几何形状的沟槽。各种坡口的基本形式有 I 型坡口、V 型坡口、U 型坡口，在此基础上加以组合可以形成很多坡口形式，如卷边坡口、Y 型坡口、双 Y 型坡口、单边 Y 型坡口、双面 V 型坡口、单边 V 型坡口、K 型坡口、双面 U 型坡口、J 型坡口、双面 J 型坡口等。

采用坡口焊缝主要是为了保证接头能焊透而不出现工艺缺欠。在设计或选择坡口焊缝时，必须注意施焊可达性，其中主要考虑坡口角度、根部间隙、钝边和根部半径等参数。

坡口的选择受材料种类、材料厚度、焊接方法、焊接位置、焊接可达性等因素的影响。

目前，焊接坡口准备主要采用的国际标准如下。

ISO 9692-1：2013《焊接和相关工艺　坡口准备　第 1 部分：钢的焊条电弧焊、熔化极气体保护焊、气焊、TIG 焊和能量束焊》

ISO 9692-2：1998《焊接和相关工艺　坡口准备　第 2 部分：钢的埋弧焊》

ISO 9692-3：2016《焊接和相关工艺　坡口准备　第 3 部分：铝及其合金的熔化极气体保护焊和 TIG 焊》

ISO 9692-4：2003《焊接和相关工艺　坡口准备　第 4 部分：复合钢板》

15.2　火焰切割原理、设备与辅件

15.2.1　切割原理

火焰切割是利用氧气 – 燃气火焰及切割氧进行的热切割工艺。原理是用燃气与助燃气体混合燃烧产生的热量将金属表面预热，使预热处金属达到燃烧温度，并使其呈活化状态，然后送进高纯

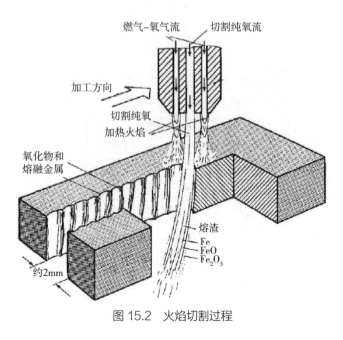

图 15.2 火焰切割过程

度、高速度的切割氧流，使金属在氧中剧烈燃烧，生成氧化物熔渣的同时放出大量的热，借助这些燃烧热和熔渣不断加热切口处金属，并使热量迅速传递，直到工件底部，反应过程向深度和移动方向进行，所产生的氧化物和熔融金属混合后被切割氧气流吹出并产生割口。从宏观上来说，金属火焰切割的过程实际上是钢中的铁在高纯度氧流中燃烧的化学过程与借切割氧流动排除熔渣的物理过程相结合的一种热加工过程，如图 15.2 所示。

火焰切割设备简单、使用灵活方便；切割速度快、生产效率高；成本低、适用范围广。可用于切割各种形状的金属零件，厚度达 1000mm；可以切割碳钢、低合金钢；可用于零件毛坯的下料，也可用于零件的开坡口或割孔。

15.2.2 切割设备

手工气割用的设备和器具如图 15.3 所示。除了割炬，其余如氧气瓶、乙炔气瓶、回火防止器、氧气管、减压器气瓶等与气焊用的相同。本节主要介绍割炬和割嘴。割炬又称割枪，在切割中的主要功能是向割嘴稳定地供送预热用的气体和气割氧，并能控制这些气体的压力和流量，调节预热火焰的能率和特性等。割炬按照乙炔气体和氧气混合的方式不同分为射吸式和等压式 2 种，前者多用于手工切割，后者多用于机械化切割。不同种类割炬如图 15.4 所示。

各种切割枪所采用的割嘴形式也是多种多样的，割嘴必须与割炬相配合，它的尺寸根据切割厚度确定。常用的切割嘴有环型割嘴、间隙割嘴和单元割嘴等，如图 15.5 所示。

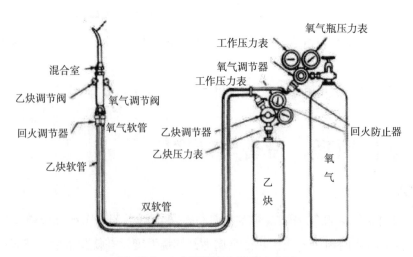

图 15.3 气割用设备和器具示意图

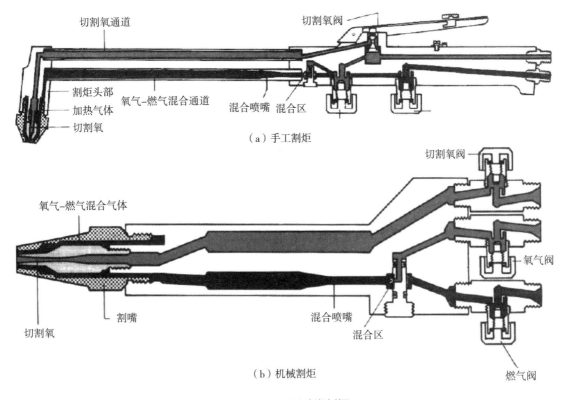

图 15.4　不同种类割炬

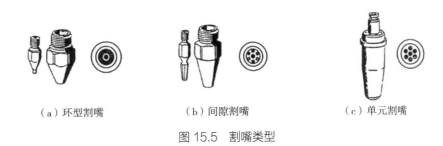

（a）环型割嘴　　　　　（b）间隙割嘴　　　　　（c）单元割嘴

图 15.5　割嘴类型

15.2.3　切割辅件及特殊应用

在金属加工中，火焰切割技术是一种经济的加工方法。切割可分为手动切割和机械化切割，如图 15.6 和图 15.7 所示。

图 15.6　手动切割机

图 15.7　数控切割机

采用机械化切割设备既能提高切割效率，减轻劳动强度，又能提高切割面的质量及工件的尺寸精度，省去切割后的机械加工工作量，甚至可省去机械加工工序，从而可以节约材料、降低成本、提高效益。主要采用的机械化切割设备包括手扶式半自动切割机、带有行走小车的半自动切割机、仿形切割机、H 形钢切割机、多向切割机、管子切割机、钢管马鞍型切割机、钢管桩切割机、钢锭切割机等。

15.3 火焰切割工艺

15.3.1 火焰切割的参数

一般情况下，根据割件厚度选择割炬的型号，用同一型号的割炬切割不同厚度的钢材时，也要根据厚度选择不同号码的割嘴。当割炬型号和割嘴号码基本确定后，气割时的切割参数主要是切割氧压力、切割速度、预热火焰的能率等。

氧 – 乙炔射吸式割炬进行切割的工艺参数见表 15.1。氧丙烷等压式割炬进行切割的工艺参数见表 15.2。由于两种割炬的工作方式不同，所以在选择参数上也有所不同，需要根据材料种类、材料厚度、气体种类、割嘴形式、割炬种类、割嘴的孔径等选择切割所用气体压力和流量大小。

表 15.1 氧乙炔射吸式割炬工艺参数

型号	割嘴号码	割嘴形式	切割低碳钢厚度 /mm	切割氧孔径 /mm	气体压力 /MPa		气体消耗量 / L·min⁻¹	
					氧气	乙炔	氧气	乙炔
G01–30	1		3~10	0.7	0.2		13.3	3.5
	2		10~20	0.9	0.25		28.3	4.0
	3		20~30	1.1	0.3		36.7	5.2
G01–100	1		10~25	1.0	0.3		36.7~45	5.8~6.7
	2	环形	25~50	1.3	0.4	0.001~0.1	58.2~71.7	7.7~8.3
	3		50~100	1.6	0.5		91.7~121.7	9.2~10
G01–300	1		100~150	1.8	0.5		130~150	11.3~13
	2		150~200	2.2	0.65		183~233	13.3~18.3
	3		200~250	2.6	0.8		242~300	19.2~20
	4		250~300	3.0	1.0		367~433	20.8~26.7

表 15.2 氧丙烷等压式割炬（机器切割）工艺参数

割嘴号码	切割厚度 /mm	氧气压力 / MPa	燃气压力 / MPa	切割速度 /mm·min⁻¹	备注
1	5~10	0.3	0.03	500~450	
2	10~20	0.3	0.03	450~350	
3	20~40	0.35	0.03	350~300	
4	40~60	0.45	0.04	300~250	配机用等压式割炬
5	60~100	0.6	0.04	250~230	
6	100~150	0.7	0.04	230~200	

15.3.2　切割面质量要求

切割面质量要求主要包括气割面的质量要求和割件尺寸精度的要求。具体的质量要素包括割纹深度、平均粗糙度、直角误差、斜角误差、后拖量、边缘熔化度和垂直度等。气割精度主要包括割件尺寸和坡口尺寸偏差及板边直线度等，通常是根据割件的用途和性能要求在图纸和技术文件中做出规定。热切割的切割面的质量要求评定主要采用的标准是 ISO 9013，标准全称为"热切割分类 – 产品几何尺寸及质量公差"，采用此标准内容进行评定切割面的质量。

15.3.3　影响火焰切割过程的工艺因素

影响火焰切割的过程主要是影响切割质量和切割速度。影响因素主要有以下几个方面。

15.3.3.1　气体的影响

气体对切割面的影响主要包括切割氧和燃气，切割氧对切割过程的影响主要包括纯度、流量和压力等。氧气的纯度对切割质量影响很大，纯度越高，燃烧反应速度越快，越能提高切割速度；若氧气纯度低，为了保证金属在氧气中的相同燃烧效果，氧气的耗量必然增加，随着切割厚度的增加，氧气耗量的增加量变大。

切割氧的流量是由割嘴号码选定，号码越大氧流量越大。若氧流量不足，会引起金属燃烧不完全，并使清渣能力减弱，造成挂渣；若氧气流量过大，其切割速度可提高 10%~20%，但切割面略显粗糙，而且会使金属冷却，甚至造成切割中断。

切割过程为了能把金属整个厚度割透，并能快速向前切割，要求切割氧具有较大的流速和动量，这就需要切割氧具有一定的压力。普通切割时，压力增大，氧流量相应也增加，能切割的厚度也随之增大。但压力增大到一定值时，可切割厚度也达到最大值，再增加压力，可切割厚度反而减小。切割氧压力对切割速度的影响也大致相同。

燃气的纯度对切割质量和切割过程的影响不太大，但燃气中的杂质会产生一些影响。如乙炔里含有一定的空气，会造成爆炸危险性增加；如果含有硫化氢，将破坏焊接和切割的质量，故含量不能太高。

15.3.3.2　割嘴及焊炬的影响

火焰切割过程所选用的割嘴以及切割枪的工作方式不同，对切割过程也有很大影响，主要是由于切割嘴的大小、尺寸、形式以及焊炬的工作方式会直接影响到气体的压力、流量以及产生的火焰温度，后续的清渣过程也同样受到影响。

15.3.3.3　机械装置的影响

在生产制造过程中，为了提高效率，通常使用机械辅助装置，这些辅助装置主要作用是提高切割速度和保证切割成形。切割速度要合适，不能过快也不能过慢。过快将产生后拖和切不透，甚至翻浆烧坏割嘴，中断切割；切割速度过慢，上缘烧塌，下缘挂渣严重，割缝变宽，切割面质量也很不理想。

15.3.3.4　被切割材料的影响

在切割过程中，金属中含有的各种元素对火焰切割有很大影响，有些杂质甚至使金属不能实施火焰切割。碳、锰、铬、钼等合金元素对材料的切割性能有很大影响，如当含碳量小于 0.4% 时，可以维持金属的切割过程；当含碳量达到 1%~1.2% 时，材料基本已经无法进行切割了。另外除了金属材料含有的元素对切割过程有影响，金属本身在加工成形过程也可能产生一些缺欠，如果处理不好，对切割过程影响很大。

综上所述，影响火焰切割质量的工艺因素主要包括：气体（压力、流量、混合比、纯度、类型和温度等）、割嘴（结构、寿命和切割角度等）、机械装置（机器结构、寿命和切割速度等）和被切割材料（化学成分、厚度和尺寸精度等）。

15.3.4 火焰切割的应用

15.3.4.1 火焰切割的必备条件

从材料的角度考虑，根据火焰切割的原理和过程可以判断，并非所有的金属材料都可以应用火焰切割进行加工，只有满足以下条件的金属才能实现切割过程。

（1）金属的导热率不能太高。

（2）金属的燃点应低于它的熔点。

（3）金属能同氧气发生剧烈的燃烧反应并放出足够的反应热。

（4）金属燃烧生成的氧化物（熔渣）的熔点应低于该金属的熔点，且流动性好。

（5）金属中阻碍气割过程和提高钢的淬硬性的杂质要少。

15.3.4.2 火焰切割的应用范围

火焰切割主要用于满足要求的金属材料切割，部分金属及其氧化物的熔点、燃烧热和材料的切割性见表 15.3。

表 15.3 某些金属及其氧化物的熔点、燃烧热和材料的气割性

金属	熔点 /℃	金属氧化物	氧化反应热 /kJ	氧化物熔点 /℃	气割性
Fe	1535	FeO	267.8	1380	良好
		Fe_2O_3	1120.5	1539	
		Fe_3O_4	823.4	1565	
Mn	1260	MnO	389.5	1785	良好
Cr	1615	Cr_2O_3	1142.2	2275	很差
Ni	1455	NiO	244.3	1950	很差
Mo	2620	MnO_2	543.9	795	非常差
W	3370	WO_3	546.0	1470	差
Al	660	Al_2O_3	1645.6	2048	不可割
Cu	1082	CuO	156.9	1021	不可割
		Cu_2O	169.9	1230	
Ti	1727	TiO_2	912.1	1775	良好

从表 15.3 可以看出，铁的熔点略低于其氧化物的熔点，但氧化反应热大，尤其熔点黏度低，流动性好，易于为切割氧排除，故气割性良好；铜及其合金因反应热很少，而热导率又很高，故不可气割；铝虽然氧化反应热很高，但其氧化物 Al_2O_3 的熔点高出其熔点 2 倍以上，且燃点接近于熔点，故也不可气割。铬和镍的氧化物熔点都很高，难以气割，可以采取其他切割方式，如熔化切割。

火焰切割主要用于一般结构钢的切割，因其主要成分是铁，气割性良好；如果钢中增大碳当量的合金元素不断增加，则其气割性能将变差，甚至不能切割。对于板厚在 3~300mm 范围内的碳钢和低合金钢，建议使用火焰切割，此时切割消耗的能耗也很小。

15.4 等离子弧切割

15.4.1 等离子弧切割的基本原理

等离子弧是高能量密度的压缩电弧，它的温度一般在 10000℃ 以上，最高温度可达到 50000℃，可以用于焊接，也可以用于切割。等离子弧切割是利用等离子弧的热能实现金属材料熔化的切割方法，利用高速、高温和高能的等离子气流来加热和熔化被切割材料，并借助内部的或外部的高速气流（或水流）将熔化材料排开，直至等离子气流束穿透工件背面而形成切口，其切割原理如图 15.8 所示。

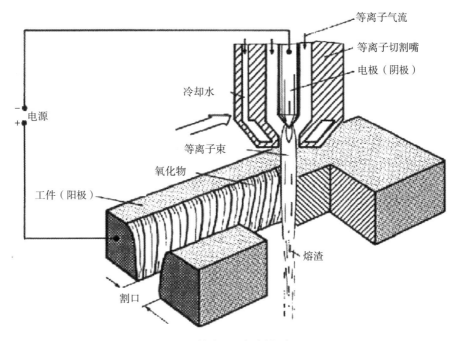

图 15.8　等离子弧切割方法原理

15.4.2 等离子弧切割的设备

等离子弧切割的设备由电源、割炬、控制系统、气路系统和冷却系统等组成，如图 15.9 所示。如果是机械化切割和自动化切割还需配备能实现切割动作的小型切割机、数控切割机或切割机器人。

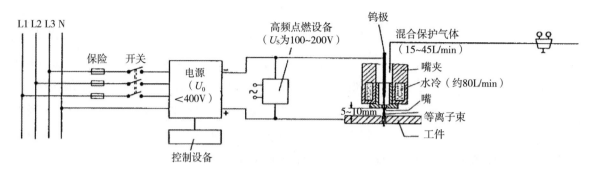

图 15.9 等离子弧切割设备图

等离子弧切割的电源一般采用陡降外特性的直流电源（直流正接），电源输出的空载电压比等离子弧焊要高，一般在 150V 以上。近代的电源基本上都是 100% 负载持续率，采用逆变和斩波的电源结构，恒流输出稳定。

等离子弧切割设备的控制程序包括控制提前输送工作气体、滞后切断工作气体、接通高频引燃电弧、控制冷却水冷却、调节辅助装置如小车行走路径，还要包括电流过大或者短路的自保护系统。

等离子弧切割的割炬基本上和等离子弧焊的焊枪相同，一般由电极、电极夹头、喷嘴、冷却水套、中间绝缘体、气室、水路、气路、馈电体等组成，是产生等离子弧并进行切割的关键部件。

15.4.3 等离子弧切割的切割气体及参数

15.4.3.1 等离子弧切割气体

等离子弧切割的气体选择，主要是有氩气、氮气、氢气、氧气、空气和某些混合气体等。其中氩气是单原子气体，易电离，电离度高，电弧稳定，而且在高温下不会和金属发生反应，所以对电极和喷嘴有一定的保护作用。但由于它的导热系数低，导热性能差，弧柱较短，故切割能力低，一般不单独使用，而是和氢气或氮气混合使用。各种气体的切割性见表 15.4，各种切割气体适用的材料见表 15.5。

表 15.4 切割气体特性

	氢气（H_2）	氩气（Ar）	氮气（N_2）	氧气（O_2）	压缩空气	组合气体 He、Ne、N_2、H_2
气体特性	（1）高导热性 （2）小分子量，纯氢气密度小，不适合单独使用 （3）充当氩气的补充气体可以在高速度切割时得到高质量切割表面	（1）高原子量，易吹出熔融物 （2）低电离能量 （3）低导热系数，低能量 （4）纯氩气成本高，使用较少	（1）导热性和分子量界于 H_2 和 Ar 之间 （2）附加 Ar 可以提高导热性和切割面质量 （3）使用纯 N_2 或混合气体 （4）切割面富 N_2 导致焊接气孔的产生	（1）氧化金属 （2）减小熔融物黏性，易被吹出 （3）小切割边缘和导角 （4）较小的毛刺 （5）使用纯 O_2 或混合气体（N_2O_2）	（1）便宜切割气体 （2）改变表面张力和熔融物黏性 （3）切割飞溅小，颗粒细小 （4）很高的切割速度情况下，切割面质量好，毛刺较小 （5）切割面富 N_2 导致焊接气孔的产生	与压缩空气相似，较少氧化氮（氧气不足）

表 15.5　各种切割气体适用的材料

气体种类	可切割的材料
氩气 + 氢气	高合金钢、有色金属（铝合金、钛、钼等）
氮气	高合金钢、铝、钛、铜
氧气	结构钢
压缩空气	结构钢、铬镍钢
氩气 + 氮气	铬镍钢
氩气 + 氮气 + 氢气	铬镍钢
二氧化碳	高合金钢

15.4.3.2 等离子弧切割参数

等离子弧切割参数包括电流、空载电压、气体流量、切割速度和喷嘴距工件的高度等参数的选择。切割电流主要受喷嘴孔径和电极直径限制。因为切割电流过大，极易烧损电极和喷嘴，且易产生双弧，对于非氧化性气体等离子弧切割时，可按照下式选用电流。

$$I = (70\sim100)\, d$$

式中：I——切割电流 /A；

　　　d——喷嘴孔径 /mm。

空载电压与工作气体的电离度有关，所以需要考虑预定使用的工作气体种类和切割厚度，然后在设计切割电源时确定空载电压。空载电压高易于引弧，切割大厚件和采用双原子气体时，空载电压相应要高。空载电压还与割炬结构、喷嘴至工件距离、气体流量等有关。高空载电压对手工切割存在安全问题，要注意防护。

气体流量与喷嘴孔径相适应。气体流量大，利于压缩电弧，使等离子能量更为集中，提高工作电压，对提高切割速度和及时吹走熔化金属有利。但流量过大，从电弧中带走的热量过多，降低切割能力，使切割面质量恶化，也不利于电弧稳定。

切割速度主要受切割质量制约，通常是根据割件的材质选择，以无粘渣或少量挂渣时切割速度为宜。

喷嘴距工件的高度对于切割质量也有一定的影响，电极的内缩量一定时（常为 2~4mm），喷嘴距工件的高度一般为 6~8mm。

常用的高合金钢和铝的切割工艺参数如表 15.6 所示。

15.4.4　等离子弧切割的特点和应用

等离子弧切割相对于其他切割方式的优缺点如下。

（1）与机械切割相比，等离子弧切割具有切割厚度大，切割灵活，装夹工件简单和可以切割曲线等优点。

（2）与氧–乙炔火焰切割相比，等离子弧具有能量集中，切割变形小和起始切割时不用预热等优点。

表 15.6　等离子弧切割参数

材料	板厚 /mm	电流 /A	切口宽度 /mm	优化切割速度 / mm·min⁻¹	气体消耗 /NL·min⁻¹		
					Ar	H₂	N₂
高合金钢	2	50	2.0	1600	5	—	10
	5	50	2.0	1000	12	8	—
	5	100	3.0	1800	12	8	—
	20	100	3.0	400	12	8	—
	40	250	4.5	300	15	12	—
	60	250	4.5	150	15	12	—
	125	500	9.0	100	30	15	—
铝	5	50	2.0	1500	12	8	—
	5	100	3.0	2500	12	8	—
	10	100	3.0	1200	12	8	—
	20	100	3.0	600	12	8	—
	40	250	4.5	500	15	12	—
	85	250	4.5	150	15	12	—

（3）与机械切割相比，等离子弧切割公差大，切割过程中产生弧光辐射、烟尘和噪声等公害。

（4）与氧 – 乙炔火焰切割相比，等离子弧切割设备费用贵，切割用电源空载电压高，不仅耗电量大，而且在割枪绝缘不好的情况下，易对操作人员造成电击。

等离子弧柱的温度高，可达 10000~30000℃，远远超过所有金属和非金属的熔点。因此，等离子弧切割过程不依靠氧化反应，而是依靠熔化来切割材料。因而其适用范围比氧燃气切割大得多，能切割绝大多数材料，包括非金属和金属。等离子弧切割其切口窄，切割面的质量较好，切割速度快，切割厚度可达 150~200mm。目前在不锈钢和铝合金结构的热切割过程中，制造行业几乎已经完全采用等离子弧切割下料。

15.5　激　光　切　割

15.5.1　激光切割原理及设备

利用激光的能量对材料进行热切割的方法称为激光切割。它可以切割金属材料和非金属材料，是一种多功能的切割工艺方法。

激光是利用原子受激辐射原理在激光器中使工作物质受激励而获得的经放大后射出的光，具有亮度高、方向性好、单色性好的特点。激光束经聚焦后其光斑直径最小能达到 0.01mm，功率密度可以达到 $10^9 W/cm^2$ 以上。材料加工经常采用 CO_2 激光器、Nd–YAG 激光器和光纤激光器等。

激光切割包括激光燃烧切割、激光熔化切割和激光升华切割。

（1）激光燃烧切割是利用激光束加热工件使之达到其燃点，再用活性气体（如氧气或空气）使其燃烧，并排除燃烧物而形成割缝。其原理类似普通的氧 – 燃气切割，只是利用激光作为预热的热源，如图 15.10 所示，主要用于切割钢和钛等金属材料。

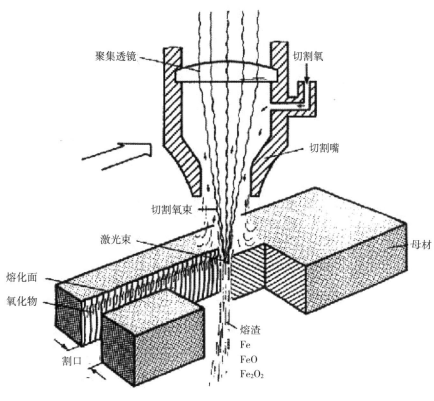

图 15.10　激光燃烧切割原理

（2）激光熔化切割是利用激光束加热工件使之达到熔化，借助喷射非氧化性气体（如氩、氮、氦等），排除熔融物质而形成割缝。大多数金属材料的切割都属于熔化切割。

（3）激光的升华切割是当高能量密度的激光束照射到材料表面时，材料在极短的时间内被加热到气化点，并以气体蒸发的形式从切割区逸散掉而形成割缝。因为材料的气化热很大，所以切割金属材料时需激光功率密度约为 $10^8 W/cm^2$，多用于极薄金属材料和纸、布、木材、塑料等非金属材料的切割。

激光切割的设备主要由激光器、导热系统、计算机数控（CNC）控制的运动系统等组成，此外还有抽吸系统以保证有效地去除烟气和粉尘。

15.5.2　激光切割特点及应用

激光切割的特点如下。

（1）切割质量好。由于激光光斑小，因而割口窄，一般碳钢切缝宽度可小到 0.1~0.2mm；切口两边平行并与表面垂直，切割零件的尺寸精度可达 ±0.05mm，切割表面光洁美观，其粗糙度达 Ra10μm 级，一般割后不必机械加工即可直接使用。

（2）能切割的材料种类多。凡是能吸收激光能量的金属材料或非金属材料，均可以进行激光切割。

（3）切割效率高。可以实现高速切割，尤其是薄板，切割速度可达每分钟数米至数十米；由于变形小，切割时工件不必用工夹具固定，可以多工位操作，即一台激光器可供几个工作台切割。

（4）无接触切割。切割时割炬与工件无接触，不存在工具磨耗问题；对不同材料或不同零件切割，不需要换任何零部件，易于实现无人化自动切割；噪声低，振动小，对环境基本上无污染。但是激光切割设备昂贵，一次性投资大。目前因受激光器功率和设备体积的限制，只能切割中、小厚度的材料，一般切割厚度小于15mm。而且随工件厚度的增加，切割速度明显下降。

激光切割的应用如下。

焊接母材的切割时，激光切割主要采用CO_2激光，气体为4.5%CO_2、13.5%N_2和82%He组成的混合气体。使用激光可切割金属材料、塑料、木材和陶瓷材料，切割参数见表15.7。

表 15.7　激光切割参数

材料	厚度 /mm	切割速度 /m·min^{-1}	功率 /W	材料	厚度 /mm	切割速度 /m·min^{-1}	功率 /W
S235	1	5	500	结构钢	6	2.5	4000
S235	1	9	1000	Cr/Ni 钢	10	2	4000
S235	8	1	1000	铝合金	6.3	2.5	6000
S355	15	0.8	4000	编织物	1 层	80	400

15.6 热切割质量等级标准

ISO 9013：2017《热切割　热切割分类　几何产品规格和质量公差》，本国际标准适用于采用氧燃气火焰切割、等离子弧切割和激光切割的材料，使用范围分别为火焰切割 3~300mm、等离子弧切割 0.5~150mm、激光切割 0.5~32mm。

ISO 9013 与切割有关的图解定义如图 15.11 和图 15.12 所示，有关参数定义见表 15.8。

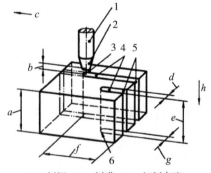

1—割炬；2—割嘴；3—切割束流；
4—割口；5—切割起点；6—切割终点；
a—工件厚度；b—割嘴距离；c—前进方向；
d—割口宽度；e—切割厚度；f—割口宽度；
g—底部割口宽度；h—切割方向

图 15.11　图解定义 1

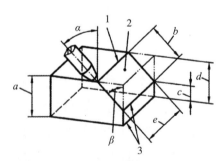

1—割口上边缘；2—割口表面；3—割口下边缘；
a—工件厚度；b—割口厚度；c—钝边厚度；
d—切割厚度；e—切割长度；α—割炬倾角；β—割口倾角

图 15.12　图解定义 2

表 15.8　有关切割面质量参数的定义

定义	代号	图解
切割后拖量是指在切割方向上一条割纹的两点之间的间距	n	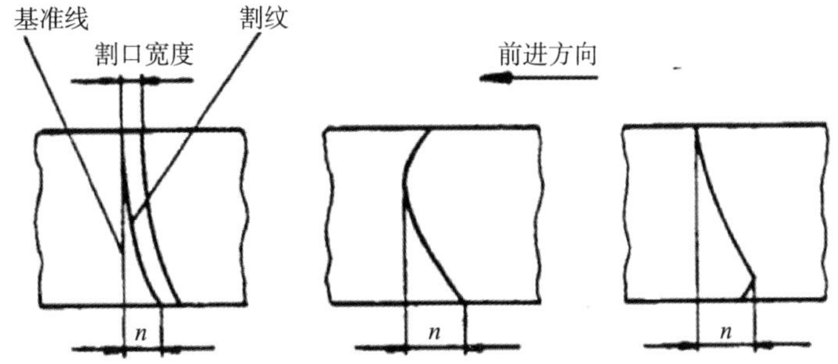
直角和斜角误差是指切割面最高点与最低点的切线的理论垂直距离	u	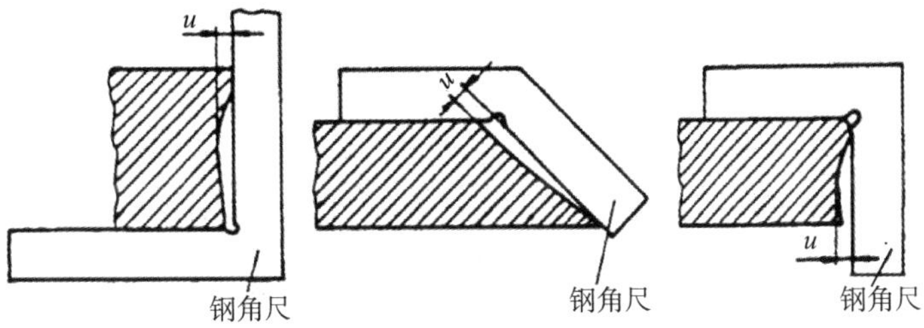
割纹深度是指平均粗糙度 $Rz5$	h	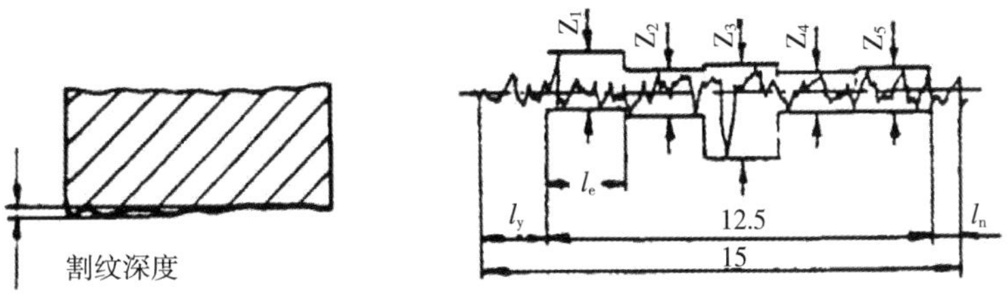
边缘熔化是指切面上棱边一定形状的尺寸	r	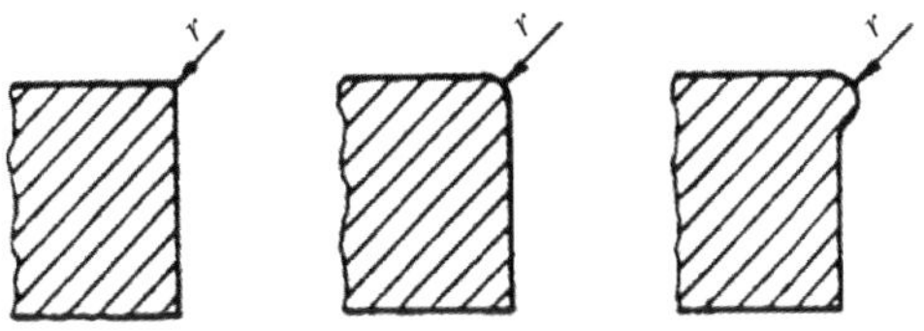

关于切割面的质量等级将采用下列参数进行分等：

——直角和斜角误差（u）

——平均粗糙度（$Rz5$）

以下参数以目视进行判断：

——后拖量（n）

——边缘熔化度（r）

此外还有垂直度，即指实际切断面与被切割表面的垂线之间的最大偏差。

切割面的质量参数主要是直角和斜角误差（u）（见表 15.9）、平均粗糙度（$Rz5$）（见表 15.10）和工件尺寸偏差。直角和斜角误差（u）的分级范围如图 15.13 所示；平均粗糙度（$Rz5$）分级范围如图 15.14 所示。

表 15.9　直角和斜角误差（u）

范围	直角和斜角误差 /mm	范围	直角和斜角误差 /mm
1	0.05+0.003a	4	0.8+0.02a
2	0.15+0.007a	5	1.2+0.035a
3	0.4+0.01a	—	—

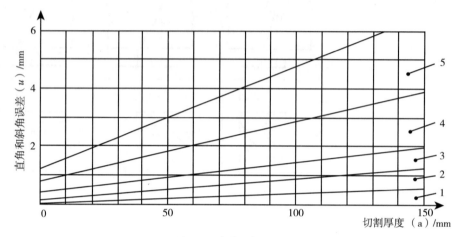

注：1~5 名称见表 15.9。

图 15.13　直角和斜角误差（u）- 工件厚度到 150mm

表 15.10　平均粗糙度（$Rz5$）

范围	平均粗糙度 /mm	范围	平均粗糙度 /mm
1	10+0.6a	3	70+1.2a
2	40+0.8a	4	110+1.8a

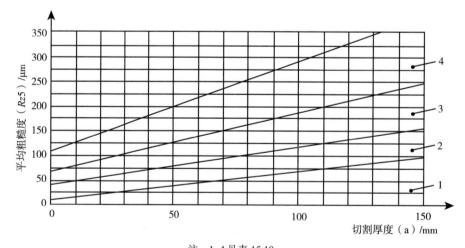

注：1~4 见表 15.10。

图 15.14　平均粗糙度（$Rz5$）- 工件厚度到 150mm

工件尺寸偏差是指工件基本尺寸（或称名义尺寸）与切割后的实际尺寸之差值。

工件尺寸偏差分为 1、2 两个等级，具体见表 15.11 和表 15.12。

表 15.11 公称尺寸的极限偏差——1 级公差

单位：mm

工件厚度	公称尺寸									
	> 0 < 3	≥ 3 < 10	≥ 10 < 35	≥ 35 < 125	≥ 125 < 315	≥ 315 < 1000	≥ 1000 < 2000	≥ 2000 < 4000	≥ 4000 < 6000	≥ 6000 < 8000
	极限偏差									
> 0 ≤ 1	± 0.075	± 0.10	± 0.10	± 0.20	± 0.20	± 0.30	± 0.40	± 0.65	± 0.90	± 1.60
> 1 ≤ 3.15	± 0.10	± 0.15	± 0.20	± 0.25	± 0.25	± 0.35	± 0.40	± 0.65	± 1.00	± 1.75
> 3.15 ≤ 6.3	± 0.20	± 0.20	± 0.25	± 0.25	± 0.30	± 0.40	± 0.45	± 0.70	± 1.10	± 1.90
> 6.3 ≤ 10	—	± 0.25	± 0.30	± 0.30	± 0.35	± 0.45	± 0.55	± 0.75	± 1.25	± 2.20
> 10 ≤ 15	—	± 0.30	± 0.35	± 0.40	± 0.45	± 0.55	± 0.65	± 0.85	± 1.50	± 2.50
> 15 ≤ 20	—	± 0.40	± 0.40	± 0.45	± 0.55	± 0.75	± 0.85	± 1.2	± 1.90	± 2.80
> 20 ≤ 25	—	± 0.45	± 0.50	± 0.60	± 0.70	± 0.90	± 1.10	± 1.60	± 2.40	± 3.25
> 25 ≤ 32	—	—	± 0.70	± 0.70	± 0.80	± 1.0	± 1.6	± 2.25	± 3.00	± 4.00
> 32 ≤ 50	—	—	± 0.7	± 0.7	± 0.8	± 1.0	± 1.6	± 2.5	± 3.8	± 5.0
> 50 ≤ 100	—	—	± 1.3	± 1.3	± 1.4	± 1.7	± 2.2	± 3.1	± 4.4	± 5.6
> 100 ≤ 150	—	—	± 1.9	± 2	± 2.1	± 2.3	± 2.9	± 3.8	± 5.1	± 6.3
> 150 ≤ 200	—	—	± 2.6	± 2.7	± 2.7	± 3.0	± 3.6	± 4.5	± 5.7	± 7.0
> 200 ≤ 250	—	—	—	—	—	± 3.7	± 4.2	± 5.2	± 6.4	± 7.7
> 250 ≤ 300	—	—	—	—	—	± 4.4	± 4.9	± 5.9	± 7.1	± 8.4

表 15.12 公称尺寸的极限偏差——2 级公差

单位：mm

工件厚度	公称尺寸									
	> 0 < 3	≥ 3 < 10	≥ 10 < 35	≥ 35 < 125	≥ 125 < 315	≥ 315 < 1000	≥ 1000 < 2000	≥ 2000 < 4000	≥ 4000 < 6000	≥ 6000 < 8000
	极限偏差									
> 0 ≤ 1	± 0.5	± 0.6	± 0.6	± 0.7	± 0.7	± 0.8	± 0.9	± 0.9	—	—
> 1 ≤ 3.15	± 0.6	± 0.6	± 0.7	± 0.7	± 0.8	± 0.9	± 1	± 1.1	± 1.4	± 1.4
> 3.15 ≤ 6.3	± 0.7	± 0.8	± 0.9	± 0.9	± 1.1	± 1.2	± 1.3	± 1.3	± 1.6	± 1.6
> 6.3 ≤ 10	—	± 1	± 1.1	± 1.3	± 1.4	± 1.5	± 1.6	± 1.7	± 1.9	± 2
> 10 ≤ 15	—	± 1.8	± 1.8	± 1.8	± 1.9	± 2.3	± 3	± 4.2	± 4.3	± 4.5
> 15 ≤ 20	—	± 1.8	± 1.8	± 1.8	± 1.9	± 2.3	± 3	± 4.2	± 4.3	± 4.5
> 20 ≤ 25	—	± 1.8	± 1.8	± 1.8	± 1.9	± 2.3	± 3	± 4.2	± 4.3	± 4.5
> 25 ≤ 32	—	± 1.8	± 1.8	± 1.8	± 1.9	± 2.3	± 3	± 4.2	± 4.3	± 4.5
> 32 ≤ 50	—	± 1.8	± 1.8	± 1.8	± 1.9	± 2.3	± 3	± 4.2	± 4.3	± 4.5
> 50 ≤ 100	—	—	± 2.5	± 2.5	± 2.6	± 3	± 3.7	± 4.9	± 5.3	± 4.5
> 100 ≤ 150	—	—	± 3.2	± 3.3	± 3.4	± 3.7	± 4.4	± 5.7	± 6.1	± 5.6
> 150 ≤ 200	—	—	± 4	± 4	± 4.1	± 4.5	± 5.2	± 6.4	± 6.8	± 7.1
> 200 ≤ 250	—	—	—	—	—	± 5.2	± 5.9	± 7.2	± 7.6	± 7.9
> 250 ≤ 300	—	—	—	—	—	± 6	± 6.7	± 7.9	± 8.3	± 8.6

在 ISO 9013 标准中，切割面质量标记举例，如图 15.15 所示。

例 1：

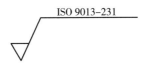

ISO 9013–231

图 15.15 ISO 9013 标记举例

按 ISO 9013 标准，u 为区域 2，$Rz5$ 为区域 3，工件尺寸偏差为 1 级（见表 15.11）。

例 2：（用文字描述）

ISO 9013–342　按 ISO 9013 标准，u 为区域 3，$Rz5$ 为区域 4，工件尺寸偏差为 2 级（见表 15.12）。

15.7　其他切割工艺

15.7.1　电弧－氧气切割

电弧－氧气切割是利用电弧和切割纯氧进行切割的热切割方法，如图 15.16 所示。电弧－氧气切割时，电弧在空心电极与工件之间燃烧，由电弧和材料燃烧产生的热量使材料和切割氧产生连续燃烧反应，反应向厚度和加工方向进行，所产生的氧化物和熔融物被切割氧吹出，形成割口。其中空心部分的氧气可以由空气替代形成电弧压缩空气切割。

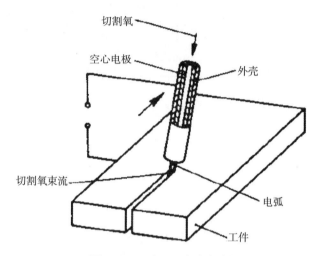

图 15.16　电弧－氧气切割

15.7.2　碳弧气刨

碳弧气刨是利用在碳棒与工件之间产生的电弧热将金属熔化，同时用压缩空气将这些熔化金属吹掉，从而在金属上刨削出沟槽的一种热加工工艺。

碳弧气刨用的设备主要有电源、气刨枪、电缆、气管和压缩空气源等。使用的电极材料是碳棒，如图 15.17 所示。

碳弧气刨的特点如下。

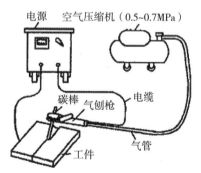

图 15.17　碳弧气刨设备

（1）与用风铲或砂轮相比，效率高，噪声小，并可减轻劳动强度。

（2）与等离子弧气刨相比，设备简单，压缩空气容易获得，成本低。

（3）由于碳弧气刨是利用高温而不是利用氧化作用刨削金属的，所以不仅适用于黑色金属，而且适用于不锈钢、铝、铜等有色金属及其合金。

（4）由于碳弧气刨是利用压缩空气把熔化金属吹去，所以可进行全位置操作；手工碳弧气刨的灵活性和可操作性较好，因而在狭窄工位或可达性差的部位，碳弧气刨仍可使用。

（5）清除焊缝或铸件缺欠时，被刨削面光洁铮亮，在电弧下可清楚地观察到缺欠的形状和深度，故有利于清除缺欠。

（6）碳弧气刨也具有明显的缺点，如渗碳问题、产生烟雾、噪声较大、粉尘污染、弧光辐射、对操作者的技术要求较高。

碳弧气刨工艺可以加工大多数金属材料。工业生产中可用于清焊根、开坡口、清除焊缝中的缺欠、清除铸件的缺欠等。

15.7.3 水射流切割

水射流切割是将水增至超高压 100MPa~400MPa，经节流小孔（$\Phi 0.15mm~\Phi 0.4mm$），使水压势能转化为射流动能，用这种高速密集的水射流进行切割。磨料水射流切割则是再往水射流中混入磨料粒子，经混合管形成磨料射流进行切割。在磨料射流中，水射流作为载体使磨料粒子加速，由于磨料质量大、硬度高，磨料水射流较之水射流其射流动能更大，切割效能更强。水射流切割的设备如图 15.18 所示。

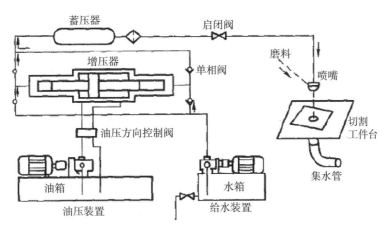

图 15.18　水射流切割的设备

水射流切割是冷态切割的一种，其最大特点是非热源的高能量射流束加工，切割中无热过程，故可切割几乎所有的金属和非金属材料，特别是各种热切割方法难以或不能加工的材料。除此之外，还具有以下的一些特点。

（1）由于水的冷却作用，被切割工件的温升很小，切口中（包括切割面）的温度低于 70℃，不产生热变形和热影响区，所以不会改变被切割材料的材质和性能；这对于合金钢、有色金属，如钛锆等热敏感性强的材料加工尤为合适，可直接制备金相试验用的试件。

（2）切口质量高，没有毛刺、挂渣，切割面垂直、平整，粗糙度低，而且也无撕裂或应变硬化现象出现，薄金属板切割边不发生卷口。

（3）切口宽度较小，纯水切割时，水射流的直径通常为 0.1~0.5mm，加磨料型的喷嘴孔径为 1mm 左右，套料切割的场合有利于提高材料利用率。

（4）可以在材料上任意一点开始和中止切割，而且加工零件内部开孔非常方便。

（5）因切割中反作用力小，切割头易用机器人操纵，故能切割三维曲形工件。

（6）不产生有害人体健康的有毒气体和粉尘等，对石棉、毛织物和纤维合成材料尤为合适。

（7）对那些严禁明火作业的物质和区域，如炸药、核原料、海洋钻井、采油平台、炼油厂、大型油（气）储罐区以及油气输送管道等场合可安全切割。

（8）设备投资等同于等离子切割而远低于激光切割，切割成本和其他方法相当。

水射流切割的缺点如下。

（1）切割硬质材料时切割速度较低。

（2）切割精度与机械加工相比稍差。

水射流切割的应用范围非常广泛，可以切割任何材质的工件。近年来，其应用领域仍在不断拓展，包括汽车制造业、航空航天工业、建材业、建筑业、造船业、造纸业、皮革业、食品行业、石油化工、机械制造业、电子工业、医疗器械、装饰艺术业等，典型参数见表 15.13。

表 15.13　水射流切割参数

材料	厚度 /mm	切割速度 /mm·min⁻¹	材料	厚度 /mm	切割速度 /mm·min⁻¹
橡胶	2	25	高合金	10	230
	10	10		40	50
	20	2		100	15
塑料（PU）	2	20	钛	10	270
	5	6		40	55
	10	2		100	20
塑料（PTFE、PVC）	2	6	铝	10	700
	5	2		40	140
	10	0.8		100	35
胶合板	2	25	大理石	10	800
	5	4		40	150
	10	0.5		120	40
泡沫塑料	10	25	玻璃	10	600
	100	5		40	120
				100	33

15.7.4 金属粉末切割

金属粉末切割是向反应部位送进金属粉末的火焰切割。通过金属粉末的燃烧所产生的附加热量以及所生成的金属氧化物使得切割熔渣相当稀薄，从而能够用切割氧束流易于将熔渣吹走，如图 15.19 所示。金属粉末切割可以用于有色金属、铸铁、高合金钢和混凝土的切割。

15.7.5 火焰钻孔

火焰钻孔是用氧矛在矿石或金属材料内钻孔，它是一种热钻孔法。

在矿石材料中，氧矛燃烧所产生的金属氧化物在接触矿石时，将黏性的矿石熔融物在形成硅酸盐的情况下，转变为一种稀薄得熔渣（熔岩），然后用氧束流将此熔渣吹出，如图 15.20 所示。

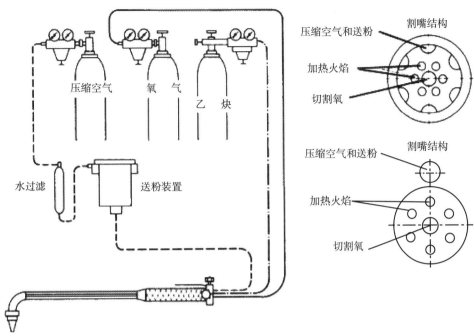

图 15.19 金属粉末火焰切割

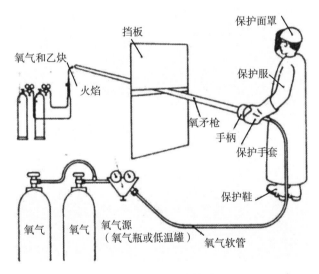

图 15.20 火焰钻孔

参考文献

［1］GSI.SFI–Aktuell［M］.Duisburg: Gesellschaft für Schweiβtechnik International mbH，2010.

［2］陈祝年.焊接工程师手册［M］.北京：机械工业出版社,2010.

［3］中国机械工程学会焊接学会.焊接手册：第 1 卷：焊接方法及设备［M］.北京：机械工业出版社,1992.

［4］邓文英.金属工艺学：下［M］.4 版.北京：高等教育出版社,2000.

［5］宗培言.焊接结构制造技术与装备［M］.北京：机械工业出版社,2007.

［6］陈裕川.焊接结构制造工艺实用手册［M］.北京：机械工业出版社,2012.

［7］Thermal cutting — Classification of thermal cuts — Geometrical product specification and quality tolerances: ISO 9013:2017
　　［S/OL］.［2017–02］. https://www.iso.org/standard/60321.html.

［8］全国焊接标准化技术委员会. 焊接术语：GB/T 3375—1994［S/OL］.［1994–06］. https://www.cssn.net.cn/cssn/productDetail/
　　c8b67628696e6d6b4d45456634ce65b0.

［9］霍华德·B.卡里，斯科特·C.黑尔策. 现代焊接技术［M］.6 版. 北京：化学工业出版社，2010.

本章的学习目标及知识要点

1. 学习目标

（1）掌握火焰切割的原理、特点及应用。

（2）掌握火焰切割过程的影响因素。

（3）了解等离子弧切割原理、特点及应用。

（4）了解激光切割原理、特点及应用。

（5）了解其他热切割工艺的切割过程。

（6）掌握热切割切面质量评价标准。

2. 知识要点

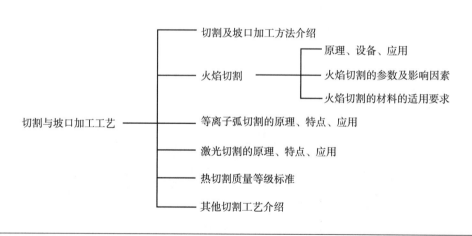

第⑯章

表面工程技术

编写：钱强　审校：俞韶华

本章在概要介绍表面工程技术的基础上，着重介绍堆焊技术与热喷涂技术。热喷涂技术是在阐述其定义、分类和特点之后，介绍常用热喷涂工艺方法及各自的特点，喷涂涂层与基体的结合机理和提高其结合强度的途径，热喷涂前处理、后处理（加工）等工艺过程，不同功能的热喷涂涂层及热喷涂的应用领域等内容。堆焊技术的介绍是对比实现构件连接作用的焊接展开的，首先介绍堆焊稀释率和堆焊合金化2个堆焊领域的重要概念，并介绍适合于堆焊的常用方法及如何正确选择合适的堆焊方法等。

16.1 表面工程技术

16.1.1 表面工程简介

表面工程是将材料表面与基体一起作为一个系统进行设计，利用表面改性技术、表面处理技术和表面涂覆技术，使材料表面获得材料本身没有而又希望具有的性能的系统工程。

表面工程是改善机械零件、电子电器元件基质材料表面性能的一门科学和技术。对于机械零件，表面工程主要用于提高零件表面的耐磨性、耐蚀性、耐热性、抗疲劳强度等力学性能，以保证现代机械在高速、高温、高压、重载以及强腐蚀介质工况下可靠而持续地运行；对于电子电器元件，表面工程主要用于提高电子电器元件表面的电、磁、声、光等特殊物理性能，以保证现代电子产品容量大、传输快、体积小、高转换率、高可靠性；对于机电产品的包装及工艺品，表面工程主要用于提高表面的耐蚀性和美观性，以实现机电产品优异性能、艺术造型与绚丽外表的完美结合；对于生物医学材料，表面工程主要用于提高人造骨骼等人体植入物的耐磨性、耐蚀性，尤其是生物相容性，以保证患者的健康并提高生活质量。

16.1.2 表面工程技术分类

表面工程以各种表面技术为基础。通常表面工程技术分为3类，即表面改性技术、表面处理技术和表面涂覆技术。随着表面工程技术的发展，又出现了复合表面工程技术和纳米表面工程技术，见表16.1。

表 16.1　表面工程技术分类

名称及简介	分类	
表面改性技术：通过改变基质材料成分，达到改善性能的目的，不附加膜层	扩散渗入（化学热处理）	非金属元素表面渗入
		金属元素表面渗入
		复合元素表面渗入
	离子注入	非金属离子注入
		金属离子注入
		复合离子注入
	转化膜技术	电化学转化膜
		化学转化膜
		金属着色技术
表面处理技术：不改变基质材料成分，只改变基质材料的组织结构及应力状态，达到改善性能的目的，不附加膜层	表面变形处理	喷丸
		辊压
		挤孔
	表面淬火	感应加热表面淬火
		激光加热表面淬火
		电子束加热表面淬火
	表面纳米加工	—
表面涂覆技术：在基质材料表面上制备涂覆层，涂覆层的材料成分、组织、应力按照需要制备	电化学沉积	电镀：槽镀、滚镀
		电刷镀：电刷镀、摩擦电刷镀
	化学沉积	化学镀
	气相沉积	物理气相沉积：真空蒸发、溅射、离子镀
		化学气相沉积：化学气相沉积（CVD）、等离子体增强 CVD（PCVD）、激光 CVD
	热喷涂	火焰喷涂：氧－乙炔喷涂、燃气高速火焰喷涂、燃油高速火焰喷涂
		电弧喷涂：电弧喷涂、高速电弧喷涂
		等离子喷涂：等离子喷涂、高能等离子喷涂、低压等离子喷涂
		特种喷涂：气体爆燃喷涂、电熔爆喷涂、激光喷涂、冷喷涂
	堆焊	氧－乙炔火焰堆焊、手工电弧堆焊、气体保护堆焊、埋弧堆焊、等离子弧堆焊、电渣堆焊、电火花堆焊
	熔覆	氧－乙炔火焰熔覆、真空电热熔覆、激光熔覆、电子束熔覆
	热浸镀	—
	粘涂	—
	涂装	通用涂装技术
		特殊涂装技术：静电涂装、电泳涂装、流化床涂装、烧结法涂装

注：复合表面工程技术：综合运用多种表面工程技术，通过各技术间的协同效应改善表面性能。

纳米表面工程技术：以传统表面工程技术为基础，通过引入纳米材料、纳米技术改善。

16.1.3　表面工程的功能

表面工程可使零件上的局部或整个表面具备的功能包括：① 提高耐磨性、耐腐蚀、耐疲劳、耐氧化、防辐射性能；② 提高表面的自润滑性；③ 实现表面的自修复性（自适应、自补偿和自愈合）；④ 实现表面的生物相容性；⑤ 改善表面的传热性或隔热性；⑥ 改善表面的导电性或绝缘性；⑦ 改善表面的导磁性、磁记忆性或屏蔽性；⑧ 改善表面的增光性、反光性或吸波性；⑨ 改善表面的湿润性或憎水性；⑩ 改善表面的黏着性；⑪ 改善表面的吸油性；⑫ 改善表面的摩擦因数（提高或降低）；⑬ 改善表面的装饰性或仿古做旧性等。表面工程的功能还可以列举很多，如减振、密封、催化等。

16.2　热喷涂技术介绍（ISO 14924、ISO 14922）

16.2.1　热喷涂简介

16.2.1.1　热喷涂技术基本概念

热喷涂技术是表面工程学的重要组成部分，也是表面工程领域内表面改性最有效的技术之一。根据 ISO 14917：2017《热喷涂　术语、分类》给出的定义，可以将热喷涂描述为在喷涂枪内或外将喷涂材料加热到塑性或熔化状态，然后喷射于经预处理的基体表面上，基本保持未熔状态形成涂层的方法。热喷涂技术涂层形成原理如图 16.1 所示。通过热喷涂可以赋予基体表面特殊功能，如具有耐磨、耐蚀、耐高温氧化、电绝缘、隔热、防辐射、减磨、密封等性能。原则上讲可在任何固体物质上喷涂，可喷涂的材料有金属、合金、塑料、陶瓷、金属陶瓷以及它们的复合物等。

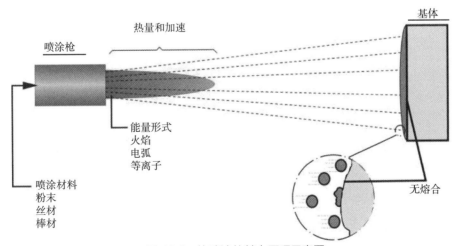

图 16.1　热喷涂的基本原理示意图

热喷涂技术可用于对部件的预保护、修复和新产品的制造，可使工件获得所需要的尺寸和性能，广泛应用于航天、航空、船舶、汽车、机车、石化、纺织、桥梁、机械制造等领域。

热喷涂技术的诞生业内普遍认为是 1911 年瑞士的一位工程师发明了熔池喷涂方法。之后至 20 世纪五六十年代，先后诞生了粉末火焰喷涂、电弧喷涂、初期等离子喷涂等喷涂方法，但因喷涂枪本身的性能不理想，同时与之相配套的喷涂材料、喷涂前中后处理（加工）技术及涂层设计等全方位技术和设施尚不够完善，因此这一时期的热喷涂技术的应用还不够充分，发展速度也不快。随后爆炸喷涂的发明和应用大大提高了涂层质量，同时各种等离子喷涂技术（含低压等离子）的不断完善提高，以及到 20 世纪 80 年代超音速喷涂设备技术的发明，全球热喷涂技术在这一阶段的发展很快。进入 21 世纪，热喷涂技术发展非常迅猛，如轴向送粉和大功率等离子喷涂设备及冷动力喷涂设备的相继诞生，以及纳米送粉器的应用等，热喷涂技术的应用迎来了黄金时期。

随着相关技术的发展，各种热喷涂技术层出不穷，喷涂设备（喷涂枪）的发展方向可归纳为采取措施增加供给喷涂材料的热能或动能，其中最为典型的是等离子喷涂，它是以提高喷涂材料的加热温度来实现涂层的性能，而超音速喷涂和冷动力喷涂则是以提高喷射粒子的速度来实现与基体的很好结合。如图 16.2 所示为各类喷涂方法喷射粒子的温度与速度情况。也可以这样说，现代热喷涂技术已经不仅仅停留在"热"字上了，涂层的形成不仅仅是包含固相沉积，同样涵盖气相沉积或固、液、气三相沉积。21 世纪初发展起来的冷气动力喷涂技术是完全固相沉积；PS–PVD 等离子物理气相沉积、LPPS 超低压等离子喷涂技术则可实现气相沉积或固、液、气三相沉积。这些都是对热喷涂技术的补充和拓展，已成为现代热喷涂技术的重要组成部分。热喷涂技术是正在迅速发展的高新技术，其中部分涂层制备工艺技术已纳入先进制造技术名单。

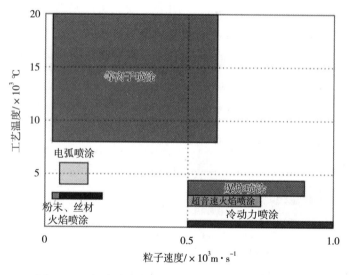

图 16.2 各类喷涂方法喷射粒子速度与工艺温度情况

16.2.1.2 热喷涂技术的原理

热喷涂技术工艺方法很多，各有其特点，无论何种工艺方法，喷涂过程中形成涂层的原理和涂层结构基本一致。热喷涂形成涂层（除固相沉积）的过程一般（冷动力喷涂有所不同）经历 4 个阶段，分别为喷涂材料加热熔化阶段、雾化阶段、飞行阶段、碰撞沉积阶段。加热熔化阶段是指在喷涂过程中，喷涂材料（粉末、线或棒材）进入热源高温区，被加热至熔化或半熔化状态。雾化阶段主要发生在喷涂材料（粉末、线或棒材）被加热熔化形成熔滴，在外加压缩气流或热源自身气流动力的作用下，熔滴雾化破碎成非常细小的微粒并加速粒子的飞行这一过程。飞行阶段是指加热熔化状态或半熔化状态的粒子在外加压缩气流或热源自身气流动力的作用下被加速飞行，通常粒子飞行过程中首先被加速，随着飞行距离的增加而减速。碰撞沉积阶段是指具有一定温度和速度的喷涂粒子在接触基体材料的瞬间，以一定的动能冲击基体材料表面，产生强烈的碰撞，而碰撞基体的瞬间喷涂粒子的动能转化为热能并传递给基体材料，当然粒子本身所带有的温度也同时传递到基体材料上。喷涂粒子随着基体凹凸不平的表面产生形变，由于将热大部分热传递到基体上，变形粒子迅速冷凝并伴随着体积收缩，其中大部分粒子呈扁平状牢固地黏结（镶嵌）在基体表面上，而部分碰撞后散失掉了。随着喷涂粒子束不断地冲击碰撞基体表面，碰撞—变形—冷凝收缩—填充连续进行，颗粒与颗粒之间相互交错叠加地黏结在一起形成层片状涂层结构。

16.2.2　热喷涂的分类及各种方法简介

16.2.2.1　热喷涂的分类

根据标准 ISO 14917：2017 和 GB/T 18719，按照热喷涂使用的能量载体形式的不同可分类如下，如图 16.3 所示。

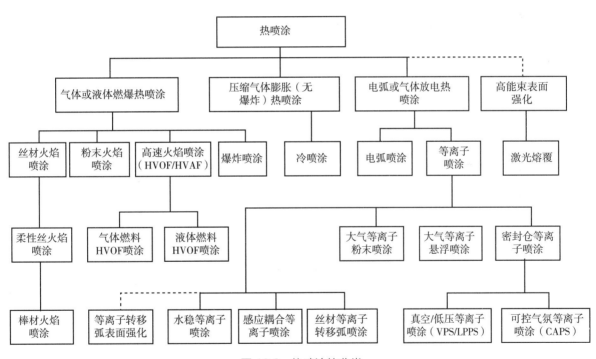

图 16.3　热喷涂的分类

16.2.2.2　各种方法简介

1. 粉末火焰喷涂

粉末火焰喷涂原理（见图 16.4）：乙炔等燃气与氧气分别通过喷枪气阀混合后，从喷嘴的环形孔或梅花孔喷出，点燃形成燃烧火焰。利用送粉气流产生的负压与粉末自身重力作用，抽吸喷枪上粉斗中的粉末，使粉末颗粒随气流从喷嘴中心进入火焰，粒子被加热熔化或软化成为熔融粒子，焰流推动熔滴以一定速度撞击在基体表面形成扁平粒子，不断沉积形成涂层。有的喷枪设置有压缩空气

气体：氧气＋乙炔、丙烷、氢气、天然气
火焰温度：3160℃（最高火焰温度）
典型粒子尺寸：20μm < d < 120μm
材料：粉末（金属、合金、陶瓷）
粒子速度：50m/s 左右
沉积效率：6kg/h（金属），2kg/h（陶瓷）

图 16.4　粉末火焰喷涂原理示意图

喷嘴，通过压缩空气给熔滴以附加的推动力，从而提高熔滴的速度。借助独立的送粉装置的喷涂装置，以及借助压缩空气或惰性气体，通过软管将粉末送入喷枪。

2.线（棒）材火焰喷涂

线材火焰喷涂原理（见图 16.5）：乙炔等燃气与氧气通过气阀分别进入喷枪并混合后在喷嘴出口处产生燃烧火焰，另外通过气阀进入喷枪的压缩空气，借助喷枪内的驱动机构通过送丝滚轮带动线（棒）材连续地通过喷嘴中心孔送入火焰区域并被加热熔化。压缩空气通过空气帽形成锥形的高速气流，使熔化的喷涂材料从线材端部脱离，并雾化成细微的颗粒，在火焰和气流的推动下，沉积到经过预处理的基体表面形成涂层。为适应不同直径和不同材质的线（棒）材，采用不同的喷嘴和空气帽，并调节送丝速度。在特殊场合下，也采用惰性气体作雾化气体。

气体：氧气＋乙炔、丙烷、氢气、天然气
火焰温度：3160℃（最高火焰温度）
材料：丝（棒）材（金属、合金、陶瓷）
直径：2~6mm
粒子速度：200m/s（最大粒子速度）
沉积效率：8kg/h（金属材料）

图 16.5　线（棒）材火焰喷涂原理示意图

3.超音速火焰喷涂

超音速（高速）火焰喷涂原理（见图 16.6）：将燃烧气体（或液态燃油）与助燃气体（氧气或空气）在喷枪内燃烧室连续燃烧，燃烧的火焰在燃烧室内产生高压并通过与燃烧室相连的喷嘴产生高速焰流，喷涂粉末被送入高速射流中加热、加速喷射到经预处理的基体表面并形成涂层。燃料可使用乙炔、丙烷、氢气、天然气等气体燃料，并可用航空煤油等液体燃料，助燃气体可用氧气，称为高速火焰喷涂，英文缩写为 HVOF，也可使用空气，称为高速空气（燃料）火焰喷涂，英文缩写为HVAF。

气体：氧气＋乙炔、丙烷、氢气、天然气、煤油
火焰温度：3160℃（最高火焰温度）
材料：粉末（金属、合金、陶瓷）
典型粒子尺寸：10μm < d < 45μm
粒子速度：300~650m/s
沉积效率：4~8kg/h（金属），2~4kg/h（陶瓷）

图 16.6　超音速火焰喷涂原理示意图

超音速（高速）火焰喷涂方法，其起源可追溯到 20 世纪 50 年代，美国联合碳化物公司（UCC）首先研制成功爆炸喷涂，因涂层质量好，在航天航空工业等领域得到了广泛应用，但其缺点是喷涂效率低。1982 年，高速火焰喷涂技术以 Jet-Kote 为代表的商品化产品成为第一代 HVOF 喷涂设备，HVOF 喷涂技术的突出特点是具有与爆炸喷涂涂层相当的涂层质量，且具有相当高的喷涂效率，有人称其为连续的爆炸喷涂。作为热喷涂领域最有影响的喷涂技术得到了迅猛的发展，大大扩大了热喷涂的应用。热喷涂技术本身已经历了几个时代的发展。第一代的 HVOF 喷涂系统以 Jet-Kote 喷枪为代表；第二代 HVOF 喷涂系统以 1989 年出现的 Diamond Jet、Top-Gun 和 CDS 为代表；第三代 HVOF 喷涂系统以 1992 年研制成功的 JP-5000 型喷枪开始，之后诞生了 DJ-2700 喷涂装备。由于 HVOF 具有非常高的速度和相对较低的温度，特别适合于喷涂 WC-Co 等金属陶瓷，涂层耐磨性能与气体爆炸喷涂层相当，显著优于等离子喷涂层和电镀硬铬层，结合强度可达 150MPa。另外，HVOF 喷涂也可用于喷涂熔点较低的金属及合金，实验表明 HVOF 自熔剂合金涂层的耐磨性能优于喷熔（焊）层，可超过电镀硬铬层。因此，HVOF 金属涂层的应用潜力非常大。

4. 爆炸喷涂

爆炸喷涂原理（见图 16.7）：爆炸喷涂也称气体燃爆式喷涂，是一种利用可燃气体（乙炔、氢气、甲烷、丙烷等）混合物发生有方向的爆炸，以突然爆发的热能加热（熔化）喷涂材料并使熔化颗粒加速，并轰击到基体表面形成涂层的喷涂方法。爆炸喷涂的喷涂过程可包括可燃气体混合物填充、送粉及惰性气体气垫保护、燃爆、清扫等循环往复连续过程。每次燃爆可在基体上形成一个圆斑状涂层，其厚度一般为 5~20μm，直径约为 20mm，燃爆是连续循环过程，燃爆喷涂频率一般为 2~10 次 /s，燃爆形成的喷涂颗粒最高可达 1200m/s，因此爆炸喷涂的突出特点是涂层质量好、效率低。

气体：氧气＋乙炔、氢气、甲烷等
火焰温度：>3300 ℃
材料：粉末（金属、合金、陶瓷）
粒子速度：约 600m/s
熔敷效率：3~6kg/h

图 16.7　爆炸喷涂原理示意图

气体燃爆式喷涂又可分为燃气重复爆炸喷涂和线爆炸喷涂。燃气重复爆炸喷涂是将一定比例的氧气和乙炔混合通过火花塞点火引爆，造成气体的急剧膨胀而产生爆炸，释放出的热能使喷枪筒内温度突然上升到 3300 ℃以上，并形成冲击波。热能将喷涂粉末熔融，冲击波使熔粒加速到 2 倍以上音速，然后喷射到基材的表面形成涂层。最后将惰性气体（氮气）引入枪筒内置换，直到下一个爆炸过程开始。线爆炸喷涂是使金属丝突然通过强大的电流，利用电热能量使金属丝爆炸成微粒黏附在基材表面形成涂层。

5. 冷（动力、气）喷涂

冷（动力、气）喷涂原理（见图 16.8）：冷喷涂（Cold Spray）又称为冷空气动力学喷涂法（Cold Air Dynamic Spray）或动力喷涂（Kinetic Spray），它是基于空气动力学原理的一种新型喷涂技术。喷涂过程是将高压气体导入收放型 Laval 喷嘴，流过喷嘴喉部后产生速度高达 300~1200m/s 的超音速气流，喷涂粉末从喷枪后部沿轴向送入高速气流中，粒子经加速后形成高速粒子流（300~1000m/s），在温度远低于相应材料熔点的完全固态下撞击基体，通过较大的塑性流动变形而沉积于基体表面上形成涂层。冷喷涂工作气体可用高压压缩空气、氮气、氩气、氦气，以及它们的混合气体。为了增加气流的速度和提高粒子的速度，还可以将工作气体预热后再送入喷枪，通常预热温度根据不同喷涂材料来选择，一般小于 600℃。为了获得较高的粒子速度，所用粉末的喷涂距离根据要求一般为 5~50mm。冷（动力、气）喷涂的最突出特点是喷涂材料是在较低温度下实现涂层的沉积，在基体上形成的涂层可以是压应力涂层，这一点与其他热喷涂是完全不同的。

气流温度：约 600℃
气流速度：1000m/s
材料：粉末（金属、合金、陶瓷）
典型粒子尺寸：1~50μm
沉积效率：3~15kg/h

图 16.8 冷（动力、气）喷涂原理示意图

6. 电弧喷涂

电弧喷涂原理（见图 16.9）：电弧喷涂是金属丝材在电弧热源的作用下被熔化、雾化，并高速喷射到工件表面形成涂层的一种工艺。具体过程为喷涂时，分别连接喷涂电源正、负极的 2 根喷丝，经送丝机构均匀、连续地送进喷枪，并经 2 个导电嘴送到喷枪的前端，2 根丝材端部接触产生短路电弧并熔化，此时高压空气将电弧熔化的金属雾化成金属微熔滴，并将微熔滴加速喷射到工件表面，经冷却、沉积过程形成涂层。电弧喷涂的金属丝材既是电极又是喷涂材料，可称为自耗电极。当 2 根丝接触并引燃后，喷涂丝连续不断送进，补充熔化部分，保持电弧稳定。电弧喷涂的突出特点之一是效率高，此项技术可赋予工件表面优异的耐磨、防腐、防滑、耐高温等性能，在机械制造、电力电子和修复领域中获得广泛的应用。

能量：电能
电弧温度：4000~6000℃
材料：导电材料（丝材）
粒子速度：150m/s
熔敷效率：约 20kg/h（专用设备 200kg/h）

图 16.9 电弧喷涂原理示意图

7. 等离子喷涂

等离子喷涂原理（见图 16.10）：等离子喷涂是采用等离子弧中的非转移弧为热源，主要以粉末为喷涂材料的热喷涂工艺。具体可描述为发生器又叫等离子喷枪，产生等离子射流。等离子体喷枪的电极（阴极）和喷嘴（阳极）分别接整流电源的负极和正极，根据喷涂工艺的需要，向喷枪供给工作气体氮气（N_2）或氩气（Ar），也可以再通入 5%~10% 的氢气，这些混合气体进入弧柱区后，将发生电离，形成等离子体。高频电源接通使腔体内电极（阴极）端部与喷嘴（阳极）之间产生火

花放电并引燃电弧（电弧引燃后，切断高频电路），引燃后的电弧在 3 种压缩效应的作用下被加热到很高的温度，体积剧烈膨胀，高速、大冲击力地从喷嘴喷出。此时，通过送粉管送入枪体中的粉状材料在等离子焰流中被很快加热到熔融状态，并高速喷射到工件基体的表面形成涂层。当熔滴高速撞击基体表面时，发生强烈塑性变形，在表面铺展开来，迅速冷却，并黏附在基材表面，不断喷射的无数扁平颗粒堆垛起来互相衔接，在工件表面就形成了一定厚度的等离子喷涂层。

气体：氩气、氢气、氦气、氮气
等离子温度：可达 20,000℃
材料：粉末（金属、合金、陶瓷）
典型粒子尺寸：5~150μm
粒子速度：450m/s（最大粒子速度）
熔敷效率：4~8kg/h

图 16.10 等离子喷涂原理示意图

等离子喷涂不断发展，除常规等离子喷涂外，还有低压等离子喷涂，高能、高速等离子喷涂，超音速等离子喷涂等。等离子喷涂的特点是等离子焰流温度高，同时粒子喷射速度比较快，特别适合喷涂陶瓷和难熔金属。

热喷涂的工艺方法有很多，广泛使用的热喷涂方法有粉末（丝材）火焰喷涂、电弧喷涂、等离子喷涂、超音速喷涂（HVOF）和爆炸喷涂等。对于以上方法，各自有其自己的特点。火焰喷涂和电弧喷涂具有设备价格低，操作简单的特点，其涂层得到广泛的应用，特别是在对涂层与基体之间的结合强度要求不是很高时。有时涂层的性能如结合强度有特别要求时，等离子喷涂、超音速喷涂（HVOF）和爆炸喷涂就有其独特的优势。等离子喷涂特别适合喷涂陶瓷类材料，爆炸喷涂涂层的结合强度优势使得在一些要求结合强度特别高的场合具有独特的优势，超音速喷涂（HVOF）有涂层致密、结合性能好、气孔率低等特点，得到了广泛的应用，尤其对金属陶瓷类材料的喷涂有独特的优势。热喷涂方法的典型特征参数详见表 16.2。

表 16.2 热喷涂方法的典型特征参数

特征值	方 法					
	火焰喷涂	电弧喷涂	高速火焰喷涂（HVOF）	爆炸喷涂	大气等离子喷涂	低压等离子喷涂
焰流温度 / ℃	3200	600~5000	3200	4000	6000~20000	6000~20000
粒子速度 / m·s⁻¹	30~200	100~300	300~650	500~700	150~400	—
结合强度 / N·mm⁻²	10~20	10~30	> 70	> 75	> 70	> 70
气孔率 / %	10~15	5~15	0.5~2	0.25~2	2~3	—
喷涂效率 / kg·h⁻¹	5~20	10~35	20~30	1	2~10	3~15
相对价格比	1	2	3	4	4	5

16.2.3 喷涂层与基体的结合

16.2.3.1 喷涂层与基体的结合

与基体具有良好的结合是保证喷涂层能正常使用的基本条件。基本结合方法包括机械结合、物理结合、化学结合和冶金结合。化学结合和冶金结合的强度要比机械结合和物理结合高得多。一般喷涂层与基体的结合以机械结合为主，因此结合强度相对较低。具体分析内容如下。

1. 微观机械"夹持"作用

基体的表面从微观上看是凹凸不平的，熔化的颗粒喷射到基体表面后，填满或部分填满表面凹的部分，待冷却后，喷涂材料被机械"夹持"在基体表面。影响这一作用最主要的因素是熔化颗粒所具有的动能 $E = 1/2mv_p^2$，而影响动能的最主要因素是粒子喷射的速度。爆炸喷涂和超音速喷涂正是由于粒子喷射速度的大大提高，极大地提高了粒子所具有的动能。粒子在撞击到基体表面时，动能转化为机械能，从而提高了涂层的结合强度。当然，粒子的质量、基材的表面状态等也都影响这种机械"夹持"作用。

2. 微观"焊接"作用

温度高的熔滴撞击到基材表面一些尖角部分，会造成基材尖角局部的熔化，从而实现微观"焊接"作用。影响其主要因素是熔滴的温度，如难熔金属（W、Mo、Ta）喷涂时，除了质量大（动能大）外，其熔点高达 2620℃（如 Mo），熔化粒子温度是造成结合强度好的重要原因。因此，Mo 既可用于工作涂层也可作为打底材料。在喷涂过程中，将基体预热至较高的温度可使基体表面与喷涂粒子容易发生冶金反应提高结合强度，但这只有在惰性气体保护下的低气压喷涂时才能实现。

3. 扩散作用

这一点主要是针对喷焊（喷涂 + 重熔）而言。扩散效果 $D = f(t、T)$，它是时间和温度的函数。随温度的提高，扩散效果变好，喷焊（喷涂 + 重熔）是充分提高了温度及扩散时间，故其结合强度比单纯喷涂好得多，可达钎焊程度。

16.2.3.2 提高热喷涂层与基体结合强度的途径

（1）表面清洁并毛化，具有一定的粗糙度。表面油污和氧化膜将阻止喷涂粒子与基体的直接接触，不利于结合，因此应完全清除。通过表面喷砂粗化，不仅可以增加表面积和表面不规则性，增强机械咬合，而且产生塑性变形，增加表面能，有利于结合。

（2）提高基体预热温度或粒子温度。提高接触界面的温度和高温下的接触时间，有助于界面元素的扩散，增强冶金结合。

（3）提高粒子速度，促使粒子与基体的直接物理接触，有利于反应的进行。

（4）喷涂具有自粘接效应的高结合强度过渡涂层。

（5）选择线胀系数等物理性能与基体相近的涂层材料。

16.2.3.3 喷涂层内的内应力

由于涂层材料和基体材料之间组织结构的不同和物理性能的差异，涂层中会残留残余应力。它与喷涂工艺方法、喷涂条件、涂层材料与基体材料之间物理性能差异等密切相关。其构成一方面是由于涂层材料与基体材料组织结构的不同，或经热喷涂工艺处理后涂层材料产生组织转变，使涂层体积发生变化而导致的应力（组织应力）；另一方面是在涂层形成过程中，当熔融态颗粒撞击基体材料表面，在产生变形的同时急速冷却而凝固，粒子凝固过程中体积收缩，产生微观收缩应力，这些应力积聚造成涂层整体的残余应力。

涂层中的残余应力是热喷涂涂层最典型的特点之一。大多数残余应力是以拉应力形式存在，残余拉应力影响涂层的使用性能，限制涂层厚度，工艺上采取很多措施就是为了消除和减少这种残余应力。

16.2.4　热喷涂基体表面预处理及涂层后处理和后加工

16.2.4.1　热喷涂基体表面预处理

基体金属表面的预处理状况决定着热喷涂涂层与基体的结合性能，因此对其使用寿命有决定性的影响。表面预处理包括表面净化，除去金属表面的油脂、其他污物、锈、氧化皮、旧涂层、焊接熔粒，以及对表面的粗化处理。

喷砂是对待喷涂表面进行粗化的最常用处理方法之一，它能达到符合技术要求的粗糙度，使涂层与基体很好地啮合，并可去除油污、锈、氧化皮、旧涂层等。常用的其他粗化处理方法还有车螺纹、滚花、电拉毛等，粗化处理可提高涂层与基体的结合强度。有人认为喷钼或镍铝合金等"打底"材料也可归为预处理，粗化处理加上"打底"材料的使用能更大幅度提高涂层与基体的结合强度。在粗化处理中应注意，喷砂等粗化处理对基体材料的疲劳强度都有一定的影响。喷砂对低强度材料和未经淬火的零部件，其疲劳强度影响不大，但对高强度的淬火材料就有不同程度的损害；车螺纹、滚花和电拉毛，由于基体材料表面缺口处应力集中，其疲劳强度会降低，承载的截面积相应减小，其承载能力会下降。

在表面预处理过程中，工件必须保持干燥，在不利的气候条件下要采用必要的保护措施。预处理与喷涂工序之间，工件停留时间应尽可能缩短。晴天或温度高的气候条件下，其停留时间不得超过12h；雨天、潮湿、盐雾或含硫的气候环境下，其停留时间不得超过2h。工作环境的大气温度至少应高于气温5℃或基体的温度至少高于大气露点3℃。必要时，还应采取其他有效措施，如遮盖、加热或输入净化、干燥的空气，以便满足工作环境的要求。

16.2.4.2　涂层后处理和后加工（ISO 14924：2005）

1. 涂层后处理

涂层后处理包括重熔处理、扩散处理和封孔处理（封闭处理）。

重熔处理是喷焊工艺的第二步，通常用于火焰重熔和感应重熔的材料是一种自身具备脱氧、造渣、除气和良好润湿性能的一种合金，即自熔合金。按照主基材料的不同可分为钴基、镍基和铁基，镍基自熔合金（Ni-Cr-B-Si 合金）熔点约为1050℃。喷焊是首先在工件表面喷涂一种自熔合金，然后用火焰、感应等加热方式使涂层达到其熔点并在工件表面发生熔融，大大提高涂层的致密度及与基体的结合强度，喷焊涂层具有更优秀的耐磨、耐腐蚀性能，特别是抗冲击性能优秀，以上可称为两步法喷焊。手工常用边喷涂边重熔的喷焊方式，称为一步法喷焊。可用于等离子转移弧（PTA）

喷焊（堆焊），以及利用激光进行表面熔覆的材料应用更加广泛，这里重熔处理主要是指喷焊中自熔合金的重熔。

封孔处理（封闭处理）通常是指用于防腐处理的涂层，通常在喷涂完成后，涂层表面喷、刷上一层封闭（封孔）剂。喷涂涂层是有一定的孔隙，特别是常用于防腐喷涂的电弧喷涂和丝材火焰喷涂的孔隙率相对是比较高的，如不封闭处理腐蚀介质会通过孔隙渗入到基体，涂层与基体之间发生化学或电化学反应，导致涂层防腐失败。树脂类封闭剂常用于铁基锌涂层和铝涂层的封闭处理，以及工作温度不高条件下的抗大气、工业气氛和海水条件下的腐蚀；对于高温抗氧化介质，常用含有铝的煤焦油封孔剂，最高工作温度可达980℃。对于经封闭处理的涂层，以及有需要的场合（如强腐蚀或装饰），可在表面再涂装面漆。

2. 涂层后加工

包括切削加工和磨削加工，切削热喷涂涂层较好的刀具有3类：①添加碳化钽、碳化铌的超细晶粒硬质合金；②陶瓷刀具材料；③立方氮化硼（CBN）。由于热喷涂涂层材料的结构与常用的金属材料差异较大，热喷涂涂层的切削与普通切削材料有所不同，切削数据可参考相应资料。热喷涂涂层的精加工，通常采用磨削方法，因为它可以获得更高的精度与更好的表面光洁度，以满足使用要求。

16.2.5 热喷涂涂层的功能

通过使用不同喷涂材料并配以相应的工艺方法，可制备各种功能不同的涂层，如耐腐蚀涂层、耐磨损涂层、耐高温氧化涂层、耐高温磨损涂层、耐磨减摩涂层、热障涂层、可控间隙密封涂层、导电绝缘涂层、远红外辐射涂层、电磁屏蔽吸波涂层、生物功能涂层等。下面介绍几种典型的涂层功能。

16.2.5.1 耐磨损涂层

磨损是造成机械工业设备零部件最主要的失效形式。零部件磨损通常会伴随温度升高，因此耐磨损涂层除需坚硬不易破碎外，通常还需耐热，同时可能伴随化学介质腐蚀。因环境、工作温度和磨损条件不同，可能会发生磨粒磨损、黏着磨损、疲劳磨损、微动磨损、腐蚀磨损等。零部件表面层磨损的破坏形式表现为擦伤、点蚀、剥落、咬合、微观磨损。在实际磨损现象中，通常是几种形式的磨损同时存在，而且一种磨损发生后往往诱发其他形式的磨损。如疲劳磨损的磨屑会导致磨粒磨损，而磨粒磨损所形成的洁净表面又将引起腐蚀或黏着磨损。微动磨损就是一种典型的复合磨损，在微动磨损中可能出现黏着磨损、氧化磨损、磨粒磨损和疲劳磨损等多种形式。随着工况条件的变化，不同形式磨损的主次不同。耐磨损涂层的选用必须优先考虑发生磨损的主要原因，并以此来决定涂层材料和涂层性能的选择。Fe、Ni、Co基自熔性合金、WC–Co、Cr_3C_2–NiCr等金属陶瓷、Al_2O_3、Al_2O_3–TiO_2、Cr_2O_3等陶瓷材料具有较好的综合性能，是常用的耐磨损涂层材料，可根据不同的磨损性能选择不同涂层。

16.2.5.2 防腐耐蚀涂层

防腐耐蚀涂层可分为防大气（工业、城乡、海洋）环境腐蚀、化学介质（气体、溶液）腐蚀和高温氧化（腐蚀）等。耐大气腐蚀钢铁结构件如输变电铁塔、钢结构桥梁、海上石油钻井平台、煤矿井架、混凝土钢筋等，常采用 Al、Zn、Al-Zn 合金加封闭复合涂层，防护期一般可达 20 年以上。防化学介质腐蚀的涂层主要是承受酸、碱、盐类的腐蚀，此类情况可选择 Fe、Ni、Co 基合金、自熔性合金、有色金属、陶瓷等，注意密封处理。如金属化工容器的表面防护采用 Sn、Pb、Cr18-8 不锈钢、巴氏合金和塑料涂层。实际中经常同时发生 2 种以上的破坏形式，如机械零部件在工况条件下，发生腐蚀的同时（除大气腐蚀外）往往伴随有磨损的发生，产生腐蚀磨损；化学气体腐蚀、化学介质腐蚀环境并伴随有磨损腐蚀的机械零部件，根据具体的工况条件（介质、温度、浓度、压力等）选择合适的金属、合金、陶瓷等涂层材料进行防护，常用的有 Ni-Cu、Ni-Cr-Mo、Ni-Cr-Al、MCrAlY、Co-Cr-W、Al_2O_3、Al_2O_3-TiO_2、Cr_2O_3、Cr_3C_2-NiCr 等涂层材料。高温氧化和高温腐蚀的工况条件是涂层材料在满足抗高温氧化和高温腐蚀的必要条件的同时，还必须充分考虑涂层材料与基体材料线胀系数之间的匹配，避免因温度变化和局部过热而导致涂层早期失效。

16.2.5.3　耐高温热障涂层

目前，热障涂层（TBC）已经成功应用于航空发动机和燃气轮机燃烧室、涡轮叶片、尾喷管、过渡段等其他热端部件，是这些领域的关键技术之一。其主要作用：①提高燃气温度，有效提高发动机的热效率；②有效降低热端部件金属材料表面温度，从而延长热端部件的服役寿命。其基本的理论依据是陶瓷材料具有化学稳定性好、高的熔点和低的热导率，以及涂层含有一定数量的孔隙率，因而使热障涂层成为很好的高温隔热材料。热障涂层能把喷气发动机和燃气轮机的高温部件与高温燃气隔离开来，通常仅 200~400μm 厚的热障陶瓷涂层就能使金属零件表面的温度降低 200~300℃，并保护涡轮机叶片或其他热端部件免受燃气的腐蚀和冲蚀。热障涂层的制备通常采用 HVOF 喷涂 MCrAlY 结合底层、大气等离子喷涂（APS）或真空等离子喷涂（VPS）中间层和工作顶层（Y_2O_3-ZrO_2）。随着航空发动机推重比的增加，其热端部件所承受的温度越来越高，对热障涂层提出了更高的要求，为此推动热障涂层新材料和涂层新结构的发展非常重要，另外纳米 ZrO_2 涂层也成功用于航空发动机。热障涂层的应用为航空发动机和燃气轮机工业带来重大的改进和效益。

16.2.5.4　可磨耗密封涂层

可磨耗密封涂层借助压缩气体可使高速旋转机械如压缩机、燃气轮机等的旋转叶片与壳体之间获得理想的流动间隙，从而可有效地提高压缩机效率。航空航天发动机、地面燃气轮机的间隙控制、高温密封是该涂层最典型的应用，此工作条件下的可磨耗密封涂层，要求其性能为：①可磨耗性：涂层质软，易刮削，受 300m/s 线速度的叶片端部刮削而不损伤叶片尖部、涂层本身呈碎屑而无剥落；②耐高温性、耐热振：耐 1000~1350℃高温氧化；耐高温燃气冲蚀，受 2~3 倍声速的高温燃气冲蚀涂层无剥落；涂层多孔，具有良好的耐热振性和隔热性；③高温化学性能稳定，高温使用条件下与金属基体或结合底层不发生有害化学反应；④结合强度高，不易发生涂层剥落；⑤刮削面光滑，不影响气流的导向和流动特性。

可磨耗密封涂层采用复合陶瓷涂层材料，有金属 - 非金属复合涂层、金属陶瓷复合涂层和陶瓷复合涂层 3 类。前两类一般用于 800℃以下，工作温度小于 550℃的可选用镍或铜包石墨（CM03-1 系列、CM36、KF-21、KF-25、F507 等）涂层；750~800 ℃的选用 CM04 系列、KF-31、F509 等；

850~900℃的选用 CM26、CM46 等涂层；后者则向 1000℃以上方向发展，大于 1000℃的选用（ZrO_2-Y_2O_3）MCrAlY+ 聚苯酯系列复合材料涂层。可采用氧 – 乙炔火焰喷涂或等离子喷涂制备可磨耗密封涂层。AlSi-BN 聚酯复合材料是近来发展起来的新型磨耗涂层材料，如 AlSi-40% 聚酯（CS-1）、AlSi-BN 聚酯（CS-2）、AlSi-BN（CS-3）、AlSi-50% 聚酯（CS-4）。

16.2.5.5 导电、绝缘功能涂层

为保持导体材料的纯净性，要求涂层与喷涂原始材料性能一致，如微波组件、各类传感器、量子电子器件等的纯金属 Cu、Ag 等高导电功能涂层的制备，通常此类涂层制备首选冷气动力喷涂方法，而 $YBa_2Cu_3O_{7-x}$ 超导涂层则常常采用等离子喷涂，且展示了良好的应用前景。

陶瓷材料不仅具有高的硬度和优良的耐磨性，还具有良好的绝缘性能。高能速等离子喷涂 Al_2O_3 陶瓷涂层孔隙率低，绝缘强度高，是目前绝缘涂层应用最理想、最广泛的涂层之一。如采用有机或无机物质对 Al_2O_3 陶瓷涂层进行封闭处理，则将获得更为优良的绝缘效果。该绝缘涂层已用于对高分子材料薄膜进行活化处理的电晕放电辊表面，效果良好。

16.2.5.6 生物功能涂层

构成生物体的硬组织晶体是羟基磷灰石 [$Ca_5(PO_4)_3OH$]，作为人工骨骼及生物体硬组织的代用材料必须满足的基本条件：①材料必须无毒，适应人体环境；②对生物体具有良好的适应性与亲和性，无副作用产生；③耐体液腐蚀，且具有耐磨性；④具有人体运动所必需的力学性能，如抗弯曲、耐压、抗冲击等。

在不锈钢或钛金属基体上等离子喷涂羟基磷灰石 [$Ca_5(PO_4)_3OH$] 涂层或氟磷石灰等生物陶瓷，可有效地克服金属人工骨骼与生物体组织的不兼容性和体液腐蚀的问题，是理想的人工骨骼材料，已在人体髋关节、肘关节、骨盆、股骨、人造牙齿等临床方面得到应用。

16.2.6 常用喷涂材料

关于喷涂材料各国相应的分类及材料标准不尽相同，热喷涂材料的种类，按形式的不同可分为粉末、线材、棒材、带材、柔性丝等。按成分不同可分为金属、非金属、陶瓷、碳化物、自熔合金、复合粉、塑料、非晶体等。根据应用目的不同还可以分为耐磨损材料、耐腐蚀材料、耐高温材料、隔热热障材料等。详细内容在 IWE 教程材料部分介绍。

16.2.7 热喷涂的应用

热喷涂技术在国民经济的各个领域发展十分活跃。在过去的 10 年中，热喷涂技术每年以 5%~10% 的增长速度迅速发展。应用技术的增长主要由技术的发展而带动。高价值的等离子喷涂涂层仍占有较大比例，等离子喷涂、高速火焰喷涂、冷气动力喷涂明显地保持增加。热喷涂的应用领域相当广泛，以下就长效防腐及在航空、汽车、钢铁、能源等领域的典型应用进行介绍，如表 16.3 所示。

表 16.3　热喷涂技术的典型应用

应用领域	热喷涂应用设备、部件、零件
航空、航天、国防	航空发动机（叶片、燃烧室、可磨耗密封涂层等），运载火箭，飞机起落架，坦克，武器装备
电力	发电厂：汽轮机缸遂，吸、排风机叶轮，磨煤机系统，锅炉"四管"。水电站：水轮机叶轮。风力发电：底座。柴油发电机零部件
冶金、有色	炼钢轧钢：高炉渣口、风口，轧辊，连铸机轧辊，冷轧 S、输送辊，炉底辊。热镀锌生产线。热轧工具：无缝钢管轧顶，剪叶。有色装备：水压机、油压机柱塞
汽车	曲轴、离合器套、气门、微粒传感器、同步环、燃料喷油嘴、发动机缸体、活塞、活塞环
煤炭	井筒，柱塞，刮板机中部槽
石油化工	柱塞、套筒、泵、轴，钻杆接头，贮罐及大口径管，泥浆泵套，储油罐，化工容器，地面烟气轮机
机械	通用机械：各种轴类，电机转子、盖，液压柱塞，阀门密封面，风机叶轮，拉丝机平辊、塔伦等。印刷机械：激光雕刻网纹辊，纸张输送夹爪，基础部件
造纸	造纸烘缸，胸辊，泵
制糖	压榨辊，底梳，面梳，煮糖罐
纺织	涤纶、腈纶设备，倍捻机锭环、加捻器摩擦盘、导丝器、卷绕槽筒
铁路	钢轨，内燃机车零件
钢铁件长效防护	桥梁，水闸门，铁塔，通讯装置，公路设施，发电厂配电装置，地下电缆支架，航标浮鼓
建筑装潢	壁画，雕塑
医疗卫生	人工牙齿，人工骨骼（髋关节、肘关节等）

16.2.8　热喷涂的质量保证

随着科学技术及现代工业的快速发展，热喷涂的涂层性能检测及热喷涂的质量控制越来越被人们重视。国际国内相关标准及规程也不断制定和颁布，基本形成了完整的标准体系。国际标准 ISO 14922：1999（GB/T 19352.1—2003）是热喷涂质量保证方面的系列标准，它由 4 个标准构成，即 ISO 14922（热喷涂构件的质量要求）。第一部分：选择和使用指南；第二部分：全面质量要求；第三部分：标准质量要求；第四部分：基本质量要求。以标准体系中的全面质量要求为例，其质量管理体系要素包括合同、设计评审、热喷涂及涂层检验人员培训及认证、热喷涂工艺评定与工艺规程等 20 多个。目前在欧洲已按照这个标准开展企业认证工作多年，但其普及程度与 ISO 3834 认证相比，还有一定差距。

热喷涂从业人员素质和水平是热喷涂质量控制的关键因素。早在 1998 年就颁布了 ISO 14918：1998（GB/T 19824—2005），并于 2018 年对标准进行修订，标准中给出了热喷涂从业人员资格考核的相关规定。国际上非常重视热喷涂从业人员职业培训，如德国等欧洲国家较早就开展了这方面工作。欧洲焊接联合会热喷涂委员会于 1993 年就制定了有关热喷涂人员的培训、考试和资格认证方面的规程，规程中将热喷涂从业人员分为 3 类：①欧洲热喷涂技师（ETSS）；②欧洲热喷涂教师（ETSP）；③欧洲热喷涂工（ETS）。

16.2.9 热喷涂的安全与防护

热喷涂生产应用中会涉及高温火焰、高温电弧、紫外线辐射、噪声、粉尘、易燃易爆气体等。可在小范围内对环境和人体造成影响，我国已颁布国家标准 GB/T 11375—1999《金属和其他无机覆盖层 热喷涂 操作安全》。下面从安全要求和防护要求 2 个方面加以介绍。

16.2.9.1 安全要求

热喷涂会涉及很多安全要求，如防火、喷砂技术、气瓶及减压器、电弧喷涂、等离子喷涂等电器和机械设备方面的安全要求，要按照相关法规执行。热喷涂的基本安全注意事项，总体上与焊接及切割的生产应用相同。

热喷涂操作有明火产生，要求特别注意喷枪不能对着人和一些易燃物质。纸张、木材、沾油的棉纱、破布和清洗溶剂等能够引起燃烧，所以在喷涂施工现场，不能贮藏或存放易燃物质，以免发生火灾。除油溶剂和封闭剂的基本组分都含有碳氢化合物，都是易燃品。关于它们在使用、搬运和贮存中，以及在热喷涂区域附近，都要遵守特殊的操作注意事项（安全操作规程）。

在露天开阔的场地工作时，可以穿戴普通的工作服装。当在受限制的空间或部分敞开区域内，喷涂铅和其他非常有毒的材料时，必须穿戴所必备的工作服和呼吸防护用品。对于使用过的工作服和其他呼吸防护用品，要彻底清洗干净，在完全没有铅微尘和其他有毒材料附着以后，才能够重新使用。并要求每天以及用餐停歇时间都要将工作服和所有防护用品换下来。

密闭的容器、锅炉、压力容器和船舱等受限制的空间，通风和清理可燃烧的材料是工作先决的必要条件，气瓶都应该放置在工作区的外面。空气中的金属粉尘和微细分散的固体（颗粒），或它们的堆积物应该作为容易爆炸物对待。为了使粉尘爆炸的危险降至最小，应该避免金属粉尘堆积，要求随时进行清理运出。现场照明要使用低于 36V 的低压电照明，施工工人要穿高筒胶鞋工作。在整个操作期间，至少应该有一个经过营救培训的人员站在外面，随时准备进行抢救工作。

16.2.9.2 防护要求

1. 臭氧、氮氧化物和金属粉尘的防护

对于臭氧、氮氧化物、金属粉尘及金属氧化物等有害物质可采用的防护措施是：① 工作现场应宽敞，空气流通，最好配有通风装置。现场工作人员应戴防尘口罩，最好是滤膜防尘口罩。② 安装封闭式防护通风罩，并隔离操作，以便有效地隔离有害因素与人体的接触。封闭式防护通风罩又分为 2 种。一种是局部封闭式防护通风罩，它是将工件和热源（如等离子弧等）封闭在防护通风罩内，即将工作点罩住，然后把有害物质排除掉，抽风罩口的抽气速度以 1m/s 左右较为适宜。另一种是全封闭式防护通风罩，它是将工件和整个工作机构封闭在防护罩内，等于是一个封闭的工作室，而控制系统等均在工作室外隔离操作。这样在喷涂过程中产生的有害因素可最大限度地控制在密封罩内，同时用抽风机经过滤器、分离器处理和通过管道连续不断地将全部有害物质排除掉。尽最大可能实现机械化、自动化操作，操作者实现远距离监视和控制。

2. 火焰及弧光辐射的防护

（1）人体裸露部分要严防等离子弧的照射，如不戴防护镜不得直接观察火焰及弧光。

（2）氧-乙炔火焰喷涂操作者必须戴深色防护眼镜，为了反射热辐射，最好使用镀铬深色镜面的防护镜。

（3）等离子弧喷涂操作者，最好使用有反射护目镜的面罩。一般的镜片以绿色和黄色吸收紫外线效果较好。

（4）安装封闭式防护通风罩并隔离操作对防止光辐射、热辐射等效果最好。防护罩不仅可以将弧光遮挡，而且吸收了紫外线和红外线。工作时可通过装有防护镜的观察窗口进行观察。

3. 噪声的防护

噪声不严重时可以采用戴隔音耳罩或在耳内塞棉花来降低噪声 10~20dB。采用隔音室和机械化自动隔离操作是防护噪声最理想的措施。尤其当使用大功率等离子弧喷涂时，更应该采取这种防护措施。

4. 高频电场的防护

首先，高频发生器系统应设有屏蔽装置。另外要提高设备的引弧能力，缩短引弧时间。其措施主要有：一是提高和保证喷枪的加工精度，以便减少使用高频火花检查电极对中的次数和时间；二是火花间隙和钨极内缩距离应调整在所要求范围内，尽可能减少使用高频的时间；三是在电器线路上要充分保证引弧后，能立即切断高频电路；四是要实现微弱高频火花，且能瞬间引弧的方法。

5. 放射性防护

在热喷涂技术中防护放射性主要是防护钍钨电极中钍的放射性，特别要防止钍粉进入人体内所产生的内照射。主要从保管、加工、粉尘后处理和个人防护 4 个方面采取措施。

16.2.10　热喷涂工程应用相关国际标准

ISO 14232-1：2017《热喷涂　粉末　第 1 部分：成分与供货条件》

ISO 14232-2：2017《热喷涂　粉末　第 2 部分：性能与化学成分》

ISO 2063-1：2019《热喷涂　锌、铝及其合金　第 1 部分：腐蚀防护系统的设计考虑和质量要求（第二版）》

ISO 2063-2：2017《热喷涂　锌、铝及其合金　第 2 部分：腐蚀防护系统的实行》

ISO 14921：2010《热喷涂　工程构件热喷涂涂层的应用过程》

ISO 14922-1：1999《热喷涂　热喷涂结构的质量要求　第 1 部分：选择和使用指南》

ISO 14922-2：1999《热喷涂　热喷涂结构的质量要求　第 2 部分：全面质量要求》

ISO 14922-3：1999《热喷涂　热喷涂结构的质量要求　第 3 部分：标准质量要求》

ISO 14922-4：1999《热喷涂　热喷涂结构的质量要求　第 4 部分：基本质量要求》

ISO 14924：2005《热喷涂　热喷涂涂层的后处理和加工》

ISO 14231：2000《热喷涂　热喷涂设备的验收检查》

ISO 12690：2010《金属和其他无机涂层　热喷涂　操作安全》

ISO 12671：2021《热喷涂　热喷涂涂层　图纸上的符号表示》

ISO 17834：2003《热喷涂　高温下防腐和抗氧化涂层》

ISO 14919：2015《热喷涂　火焰和电弧喷涂用线材、棒材和缆材　分类　技术供应条件》

ISO 14923：2003《热喷涂　热喷涂涂层的表征和试验》

ISO 14920：2015《热喷涂　自熔合金的喷涂及重熔》

16.3 堆 焊 技 术

16.3.1 堆焊的基本概念

堆焊是为增大或恢复焊件尺寸，或使焊件表面获得具有特殊性能的熔敷金属而进行的焊接。堆焊可以提高零件耐磨、耐热、耐腐蚀等性能。堆焊的物理本质、冶金过程、热过程等基本规律与一般熔化焊没有区别，但堆焊的目的是使零件表面充分发挥堆焊合金的性能，使零件获得更高的使用寿命。

由于堆焊过程中不仅堆焊材料发生熔化，母材表面也发生不同程度的熔化，堆焊金属的实际化学成分不仅与堆焊材料的化学成分及其合金元素的过渡有关，而且在很大程度上也取决于母材对堆焊材料的稀释程度，习惯上将堆焊过程的这一物理化学过程称为堆焊金属的合金化和母材对堆焊金属的稀释。堆焊金属的合金化和稀释问题是设计堆焊工艺、选择堆焊材料时必须重点考虑的因素。因此，从堆焊技术本身来讲应该注意以下 2 个概念。

16.3.1.1 堆焊稀释率

母材金属对熔敷金属冲淡的程度称为稀释率。稀释率用母材金属或先前焊道的堆焊金属在整个堆焊焊道中所占百分比来确定。

即：$d = B/(B+f)$

式中，d 为稀释率；B 为母材熔化的面积；f 为熔敷金属的面积，稀释率示意图和照片如图 16.11 所示。

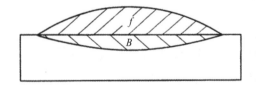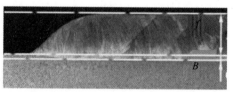

图 16.11　稀释率示意图和照片

堆焊稀释率对堆焊层的化学成分和使用性能影响显著，因此在选择堆焊方法和堆焊规范时必须考虑到各种堆焊方法的稀释率和堆焊规范参数对稀释率的影响。影响稀释率的堆焊规范参数包括电流、电极直径、干伸长、极性、堆焊速度、搭接量、堆焊层数、电极的摆动幅度和摆动频率等。堆焊热输入增加时一般会导致母材的熔化量增加，稀释率因此也增加。不同堆焊方法的稀释率区别较大，一般来说能量密度高的堆焊方法稀释率较低。多层堆焊可以降低稀释率，当堆焊层数达到三层后稀释率一般不再受堆焊规范参数的影响。实际工作中许多情况下，希望多层堆焊和成分、组织、性能逐渐过渡，如抗高应力及冲击磨料磨损的堆焊层。各种堆焊方法和它们相应的熔敷速度和稀释率等，概括起来可列成表 16.4。

表 16.4　各种堆焊方法的熔敷速度和稀释率

堆焊方法		稀释率 / %	熔敷速度 / kg·h⁻¹	最小堆焊层厚度 /mm	熔敷效率 / %
氧 – 乙炔堆焊	手工送丝	1~10	0.5~1.8	0.8	100
	自动送丝	1~10	0.5~6.8	0.8	100
	粉末堆焊	1~10	0.5~1.8	0.8	85~95
焊条电弧堆焊		10~20	0.5~5.4	2.5	55~70
钨极氩弧堆焊		10~20	0.5~4.5	2.4	98~100
熔化极气体保护电弧堆焊		10~40	0.9~5.4	3.2	90~95
自保护电弧堆焊		15~40	2.3~11.3	3.2	80~85
埋弧堆焊	单丝	30~60	4.5~11.3	3.2	95
	多丝	15~25	11.3~27.2	4.8	95
	串联电弧	10~25	11.3~15.9	4.8	95
	单带极	10~20	12~36	3.0	95
	多带极	8~15	22~68	4.0	95
等离子弧堆焊	自动送粉	5~15	0.5~6.8	0.8	85~95
	手工送粉	5~15	0.5~3.6	2.4	98~100
	自动送丝	5~15	0.5~3.6	2.4	98~100
	双热丝	5~15	13~27	2.4	98~100
电渣堆焊		10~14	15~75	15	95~100

16.3.1.2　堆焊合金化

所谓堆焊合金化是指把所需要的合金元素通过堆焊材料过渡到堆焊金属中的过程。合金元素的过渡形式往往随堆焊方法不同而异，而同一种堆焊方法也可有不同的合金过渡方式。常用的合金化方法有 5 种：①焊条药皮掺合金法；②焊剂掺合金法；③合金焊丝或焊带掺合金法；④药芯焊丝掺合金法；⑤合金粉末掺合金法。实际堆焊过程中，无论采用上述哪一种合金化方法，都存在合金元素的损失问题，如堆焊过程因飞溅和氧化而导致的损失等。因此，经常用合金元素的过渡系数来说明合金元素利用率的高低。合金元素的过渡系数等于它在熔敷金属中的实际含量与它的原始含量之比。影响过渡系数的因素很多，凡是能减少氧化、蒸发，以及有利于合金元素向堆焊金属中转移的因素都可以提高过渡系数。

16.3.2　堆焊的特点

（1）堆焊的方法多。堆焊有多种方法，如焊条电弧堆焊、气焊、熔化极气体保护堆焊、埋弧堆焊、等离子弧堆焊、电渣堆焊等。

（2）稀释率（熔合比）低（小）。要获得预期的堆焊成分和效果，必须尽量减少母材的熔入量，减小熔合比，降低稀释率。

（3）堆焊金属与母材差异大。堆焊金属与母材成分通常相差悬殊，为防止堆焊、焊后热处理和零件使用过程中产生开裂或剥离，堆焊金属与母材应有相近的线膨胀系数和相变温度，必要时先堆过渡层。

（4）堆焊零件繁杂、金属类型多。被堆焊的零件种类繁多，工作条件十分复杂，堆焊材料包括几乎所有类型的金属，必须根据具体情况正确选用堆焊材料，才能使堆焊零件具有高的使用寿命（关于堆焊材料选择在以后内容中介绍）。

16.3.3 各种堆焊方法简介

焊条电弧堆焊具有设备简单、机动灵活、成本低的特点，特别是通过药皮、焊芯或管状焊芯等类型的焊条进行堆焊，几乎能获得所有的堆焊合金成分，因此应用广泛。但焊条电弧焊的缺点是生产效率低、稀释率高、不易获得薄而均匀的堆焊层，劳动条件差。随着堆焊方法日益广泛地被应用，焊条电弧堆焊和氧–乙炔堆焊等堆焊方法已远远满足不了要求，发展了各种自动堆焊方法。

总的来讲，对每种堆焊工艺来说，总是希望母材稀释尽可能低，堆焊层质量尽可能高（包括表面质量和内在质量），而且随着被堆焊件尺寸的增大，更迫切要求高效率的堆焊方法。也就是说，一种理想的堆焊方法应该将"优质、高效、低稀释率"三者集于一身，然而这三者之间既是互相关联的，又是互相制约的。近年来开发的堆焊材料和堆焊方法都是围绕着"优质、高效、低稀释率"这一目标进行的。常用堆焊方法的主要特点如表16.5所示。

表 16.5　常用堆焊方法的主要特点

序号	堆焊方法		特点
1	焊条电弧堆焊		特点：应用广泛，设备简单通用、机动灵活 缺点是：生产效率低、劳动条件差、稀释率较高、对操作者水平要求较高，易产生操作失误 主要工艺特点：①采用小电流（偏小 10%~15%，以降低稀释率），快速焊，小摆动，窄焊道；②一般材料，预热温度 100~300℃（按碳当量选），对淬硬倾向大的耐磨合金，合金含量大于 10%，预热温度 300~550℃；③用专用夹具防止变形
2	氧–乙炔堆焊		特点：氧–乙炔火焰温度较低（3050~3100℃），火焰加热面积大，稀释率低（1%~10%），堆焊层厚度较小（1mm 左右），因氧–乙炔焰作用在 WC 上温度合适，尤其适于 WC 粉芯丝堆焊 缺点是：堆焊效率低、工件热输入大、变形大 工艺特点：①焊前工件清洁处理，焊时工件平放；②堆焊时用碳化焰，焊丝与熔化区在碳化焰中，防止氧化；③先用碳化焰将工件表面加热至半熔化温度呈"出汗"态，再添入堆焊材料，勿令母材完全熔化形成熔池；④单层堆焊一般焊层厚 2~3mm
3	埋弧堆焊	单丝	方法简便，常用，堆焊层平整，质量稳定，但熔深大，效率低，稀释率高（约 50%）
		多丝	有双丝、三丝和多丝，将几根丝并列在电源一个电极上，并同时向熔池送进，电弧周期性地从一根焊丝移到另一根焊丝，熔深浅，焊道宽，效率高
		带极	焊材为带状（宽 40~100mm、厚 0.4~0.7mm），电弧在带极端部局部燃烧，并在带极端部宽度上来回移动，稀释率低（3%~9%），主要用于容器内衬的不锈钢防腐堆焊
		串联电弧	母材不接电极，电弧在 2 条自动送进的焊丝之间燃烧，能量大部分用于熔化焊丝，稀释率低
		丝极埋弧堆焊工艺参数	堆焊电流 $I=(85\sim110)d$，d 为焊丝直径，焊丝伸出长度一般为 20~50mm，电弧电压应与电流匹配，电源极性为直流电源时宜反接，焊丝直径一般为 2.5~5mm，堆焊速度适中

续表

序号	堆焊方法		特点
4	等离子弧堆焊		电弧在焊嘴的机械压缩作用下，使电弧能量密度提高，弧柱中心温度达 2400~5000℃，可堆焊难熔材料，稀释率小于 8%，设备复杂，成本高 工艺特点：①离子气流量一般取 300~500L/h；②堆焊电流适用即可，不可太大或太小；③通常送粉气流量为 400~600L/h，送粉量为 1000~6000g/min；④喷嘴端面与工件距离一般为 5~10mm
5	气体保护焊	MAG 气体保护焊	① CO_2 气体保护堆焊为熔化极堆焊，其堆焊成本低，堆焊效率比焊条电弧堆焊高 3 倍以上；②保护气为 CO_2 或 CO_2、Ar、O_2 的混合气；③焊丝可用实心丝，也可用粉芯丝；④焊丝直径可为细丝（$\Phi \leqslant 1.2mm$）、粗丝（$\Phi = 1.2$~$1.6mm$），细丝为小电流，短路过渡，粗丝为大电流，喷射过渡；⑤施焊方式为半自动，可现场作业；⑥电源为平特性电源，等速送丝，直流反接
		钨极氩弧堆焊	①堆焊电流稳定，焊层形状易控制，常用于堆焊形状比较复杂、质量要求高的工件；②直流正接
6	电渣堆焊		是利用熔化态焊剂的电阻热熔化堆焊材料和基体金属。堆焊材料可以是焊丝、焊带、粉芯焊带、板带等，也可将粉末由送粉器送入熔池。堆焊过程中无电弧，稀释率低，用平特性电源
7	碳弧堆焊		将需要堆焊的材料用黏结剂制成合适的形状，放于工件表面，然后用碳弧熔化堆焊金属。这种方法堆焊合金含量可以很高，但堆焊效率低，劳动条件差
8	激光堆焊		将合金粉用热喷涂方式喷涂于工件表面，再用激光束来进行重熔，将喷涂层的机械结合变为冶金结合，可以堆焊一些结构精密的工件
9	高频堆焊		利用高频电流产生肌肤效应加热工件堆焊部分，并熔化堆焊合金粉末，形成通常 0.1~2mm 的薄层
10	摩擦堆焊		利用金属与工件之间表面摩擦热，形成保护层的热压堆焊方法

16.3.4　堆焊方法的选择

原则：优质、高效、低稀释率。选择堆焊方法时需要考虑以下因素。

16.3.4.1　堆焊层的性能质量要求

堆焊层的性能受成分和金相组织的影响，多数堆焊层是在焊后状态使用的，结构上是铸造组织，成分和组织都很不均匀。在堆焊合金确定条件下，成分的变化在工艺方面主要受母材稀释和合金元素过渡系数的影响。不同的工艺方法的特点不同，如氧－乙炔堆焊时的增碳、电弧堆焊时元素的烧损。不同堆焊方法堆焊层凝固速度差别很大，因而产生不同的金相组织，这对性能也有很大影响。此外，由于工艺原理和机械化、自动化水平的不同，堆焊层性能的稳定性也有很大差别。

不同使用条件对堆焊层质量的要求也有很大差别。如阀门表面堆焊钴铬钨合金时，为保证质量常采用氧－乙炔堆焊或粉末等离子弧堆焊，以保证堆焊层的完整性要求，此时也对堆焊材料的质量和焊工的操作技能提出严格要求。又如对于抗腐蚀的堆焊层，因为裂纹、针眼孔、夹渣等小缺欠都可能产生快速的局部腐蚀而引起灾难性的破坏，因此必须保证堆焊层完整无缺欠，当然同时还必须严格控制稀释率，以确保成分满足抗腐蚀性能的要求。以上情况下常用带极埋弧堆焊和改进型的熔化极气体保护电弧堆焊。此外，挖土机铲斗等工件的堆焊，通常只要求耐磨损来延长使用寿命，对堆焊层中气孔、裂纹等缺欠的限制不是十分严格，稀释率的影响也小些，可以在现场手工堆焊。

16.3.4.2 堆焊件的结构特点和冶金特点

堆焊面积非常大，如加氢反应器内壁堆焊，宜采用电渣堆焊或带极埋弧堆焊。如果要求堆焊层薄，堆焊部位准确，则必须采用氧－乙炔堆焊或钨极氩弧堆焊。对于大型的、难以运输和翻转的工件，推荐用焊条电弧堆焊或半自动熔化极气体保护电弧堆焊。

碳化钨硬质合金堆焊宜采用氧－乙炔堆焊、钨极氩弧焊和药芯焊丝 MIG 焊。堆焊时是否需要采用加热、保温等措施，除和堆焊材料有关外，还和堆焊件材质、结构和堆焊方法有关。对于小线能量的堆焊方法可能要预热，而大线能量的就不一定需要。当基材和堆焊层线胀系数差别大时往往需要过渡层。

16.3.4.3 堆焊材料的形状

堆焊方法的选择要和使用堆焊材料形状相适应，具体可参见表 16.6。堆焊材料的形状与它的可加工性有关，拉拔性能较好的材料，可以做成实心焊丝、焊带，如低合金钢、不锈钢、铝青铜、耐蚀镍基合金等，可供埋弧堆焊、熔化极气体保护堆焊等方法使用；而轧拔性能较差的材料，可以铸成圆或条状棒，供氧－乙炔堆焊、钨极氩弧堆焊使用。随着焊接材料加工技术的发展，目前可以将许多高合金的脆性材料制成粉（粒）状，一方面，它们可以用于粉末等离子弧堆焊、氧－乙炔堆焊、激光堆焊等堆焊方法；另一方面，还可以将粉末材料制成管状焊丝，用于多种自动和半自动堆焊方法。很多堆焊合金都能很方便地制成堆焊焊条，但如果合金轧拔性能较差，只能通过药皮过渡合金时，则元素的烧损是主要问题，尤其对贵重金属来说，不是可取的方法。

表 16.6　常用堆焊材料的形状及适用的堆焊方法

堆焊材料形状		适用的堆焊方法
条状	焊条	焊条电弧堆焊
	铸条（丝、棒）	氧－乙炔堆焊、等离子弧堆焊、钨极氩弧堆焊、摩擦堆焊
丝状		氧－乙炔堆焊、钨极氩弧堆焊、熔化极气体保护堆焊、埋弧堆焊、振动堆焊、等离子弧堆焊
带状		埋弧堆焊、电渣堆焊、高速带极堆焊
粉状		等离子弧堆焊、氧－乙炔堆焊、激光堆焊
块状		碳弧堆焊

16.3.4.4 堆焊方法的特点

不同的堆焊方法，在稀释率、熔敷速度和最小堆焊厚度等方面都各有特点。从使用的角度，希望选择稀释率低、熔敷速度高、能焊出性能合格的最小堆焊厚度的堆焊方法。在选择堆焊方法和确定堆焊工艺时，应在允许的稀释率水平时具有最高的熔敷速度，而稀释率应控制在 20% 以下。

16.3.4.5 经济性

堆焊的目的是延长部件工作区的寿命以获取最大的经济效益，所以经济的合理性是选择堆焊方法的决定性因素。堆焊成本包括人工成本、堆焊材料的成本、设备和运输成本。钴基合金、镍基合金和碳化钨的材料价格昂贵，铁基合金的价格取决于贵金属的含量和制造成本，熔敷速度高的堆焊方法可相对降低成本。

16.3.5　堆焊技术的回顾与新发展

回顾我国 20 世纪五六十年代，堆焊技术手段主要是焊条电弧焊、电渣堆焊、埋弧堆焊、振动电弧堆焊和氧 – 乙炔堆焊，堆焊技术在修复和表面强化领域已经有一定应用，但技术水平不够高，且未形成产业规模。20 世纪 70 年代以后等离子弧堆焊、低真空熔结、CO_2 气体保护堆焊和氧 – 乙炔喷焊工艺等相继发展。20 世纪 80 年代，以开发应用高碳高铬耐磨合金粉块碳弧堆焊技术、大面积耐磨复合钢板堆焊制造技术为代表在冶金、水泥等行业取得了良好的应用效果。同时不锈钢带极电渣堆焊技术在冶金、化工等行业得到了应用，开发的焊剂、焊带和成套工艺替代了进口产品。20 世纪 90 年代是中国堆焊药芯焊丝应用和发展的重要时期，国内开发出多项堆焊自保护药芯焊丝，达到国外同类产品水平。药芯焊丝的应用和发展使得一些高合金含量、高硬度的堆焊材料能够制成用途广泛的自动化生产用焊丝，取代了手工堆焊，国内在采用堆焊方法开发复合材料耐磨制品，开发高效、优质堆焊技术，以及大功率、低稀释率粉末等离子弧堆焊技术方面取得了一定进展。这一时期，随着国内冶金企业规模的扩大，在各种轧辊的堆焊制造和再制造方面突显其重要性，开发的热成形部件堆焊材料既具有良好的耐磨性，又具有优良的耐冷热疲劳性能。用该材料堆焊的产品比用传统的 3Cr2W 堆焊的产品寿命提高 1.5 倍以上，成品率提高 30%~40%。该技术已在宝钢、鞍钢、重钢、太钢等大中型冶金企业推广应用。

进入 21 世纪，优质、高效、低稀释率、绿色环保的堆焊技术已成为堆焊领域的研究发展方向，以激光堆焊、电子束堆焊、聚焦光束堆焊等为代表的高能束堆焊技术有广阔的发展，如激光精密堆焊、激光特殊材料堆焊、激光大面积堆焊。另外，脉冲电弧堆焊法（如电接触堆焊、电火花堆焊、直流脉冲 TIG 堆焊、模具微区脉冲补焊技术）、冷分子堆焊法、宽带极电渣堆焊、高效等离子弧堆焊、堆焊工艺专家系统的开发等方面均取得了长足的发展。堆焊药芯焊丝年产量已占国内堆焊材料总量的 50% 以上，年产达数万吨，目前产销量仍在快速增长，已形成规模产业。其应用主要集中在钢厂轧辊、火电厂磨煤辊及磨盘，水泥厂水泥立磨及磨盘堆焊，以及大面积复层耐磨钢板的堆焊制造等。在产业应用方面，如我国冶金行业轧钢设备中的轧辊，据不完全统计，全国年消耗轧辊量约折合人民币 30 亿元，采用堆焊方法修复旧轧辊和制造新轧辊已成为我国轧辊企业降低成本提高效益的重要举措。又如在石化和锅炉行业中，量大面广的阀门，由于密封面质量不过关，在 20 世纪 70 年代曾成为影响企业生产正常运行的瓶颈，历经 40 多年的发展历程，目前阀门密封面堆焊方法到堆焊材料均已取得长足发展，并已在企业中普遍应用，还建立了相应的阀门密封面堆焊标准。

堆焊技术由于堆焊层与母材能实现冶金结合、堆焊获得的表面层厚度最大、所用的设备相对比较简单、易于实现工地现场施工、在技术上也较成熟的特点，堆焊成为表面工程和再制造工程的重要技术手段，得到了大规模产业化发展和应用。随着中国制造业的不断发展，堆焊技术作为工业领域尤其是重工业领域解决高耐磨、耐热、耐腐蚀等方面问题的不可缺少的手段，必将在钢铁冶金、矿山、电力、化工、水利、建材、煤炭、核电、军工和机械制造等行业做出新贡献。

16.3.6 堆焊的安全与防护

由于几乎任何一种熔化焊焊接方法均可用于堆焊，因此焊接时产生的各种污染环境的有害因素在堆焊时同样存在，故对堆焊生产的安全与防护问题也必须重视。堆焊过程中涉及的安全问题有触电、可燃性和危险性气体引起的火灾和爆炸等，而堆焊过程中产生的有害气体、堆焊烟尘、弧光辐射、高频电磁波、放射性射线等也会对操作者的健康构成威胁，其中有害气体、堆焊烟尘和弧光辐射对身体和健康的危害程度最大。另外，采用不同的堆焊工艺方法、不同的堆焊材料及母材时，所产生危害的特点和性质各不相同，因此必须根据具体情况制定合理的安全与防护措施，以创造安全、清洁和文明的生产条件。

堆焊过程中必须针对其危害采取相应的安全防护措施，以保障堆焊操作人员的安全。避免有害气体和堆焊粉尘的危害，多采用通风保护措施，减少弧光辐射通常以个人防护措施为主。至于各种堆焊工艺所特有的危害也应有相应措施加以防护，安全防护包括通风防护措施、个人防护措施、放射性防护措施、高能束堆焊特殊防护措施、火焰堆焊回火防护措施等方面。具体方法可参照堆焊所使用的不同焊接工艺的防护措施。

参考文献

［1］李金桂. 现代表面工程设计手册［M］. 北京：国防工业出版社，2000.

［2］吴子健. 现代热喷涂技术［M］. 北京：机械工业出版社，2018.

［3］徐滨士，刘世参. 中国材料工程大典：第16卷：材料表面工程：上［M］. 北京：化学工业出版社，2006.

［4］徐滨士，刘世参. 中国材料工程大典：第16卷：材料表面工程：下［M］. 北京：化学工业出版社，2006.

［5］中国机械工程学会焊接学会. 焊接手册：第1卷：焊接方法及设备［M］. 3版. 北京：机械工业出版社，2008.

［6］王娟. 表面堆焊与热喷涂技术［M］. 北京：化学工业出版社，2004.

［7］张忠礼. 钢结构热喷涂防腐蚀技术［M］. 北京：化学工业出版社，2004.

［8］GSI.SFI-Aktuell［M］. Duisburg: Gesellschaft für Schweiβtechnik International mbH，2010.

［9］何实，李家宇，赵昆. 我国堆焊技术发展历程回顾与展望［J］. 金属加工（热加工），2009，（22）：25-27.

［10］Thermal spraying—Terminology, classification：ISO 14917:2017［S/OL］.［2017-03］. https://www.iso.org/standard/60996.html.

［11］全国金属与非金属覆盖层标准化技术委员会. 热喷涂 术语、分类：GB/T 18719—2002［S］.［2002.05］.https://www.cssn.net.cn/ProductDetail/4ddeb6bd6953b9b32df1a2b8d1e50c86.

［12］Thermal spraying — Post-treatment and finishing of thermally sprayed coatings: ISO 14924: 2005［S］.［2005-08］. https://www.iso.org/standard/41825.html.

本章的学习目标及知识要点

1. 学习目标

（1）了解表面工程技术的定义、分类及作用。

（2）掌握表面工程技术中常用表面工艺方法的功能和特点。

（3）掌握常用热喷涂技术方法及各自的性能特点，了解各种不同功能的热喷涂涂层。

（4）了解热喷涂涂层与基体的结合机理和提高其结合强度的途径。

（5）对比堆焊工艺方法，理解热喷涂前处理、后处理（加工）等工艺过程。

（6）了解热喷涂质量控制要求及相关标准，了解热喷涂的应用领域。

（7）对比构件的焊接掌握堆焊定义的内涵，并正确理解堆焊稀释率和堆焊合金化两个概念。

（8）掌握堆焊方法的特点，能在实际应用中正确选择堆焊方法。

（9）结合堆焊技术的特点了解堆焊的主要应用领域。

2. 知识要点

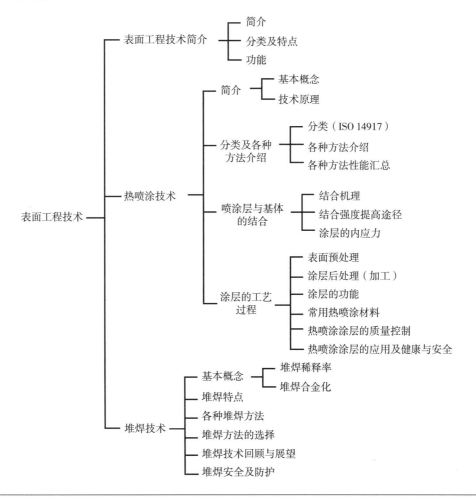

第⑰章

焊接机械化与机器人

编写：李海超 审校：高洪明

焊接自动化水平影响着国家工业发展的速度，将光、机、电技术与焊接技术相结合，是实现焊接自动化和智能化的必然途径。本章从焊接机械化与自动化的分类、应用需求分析、焊接机器人原理及应用、焊接过程传感原理等方面介绍出发，重点讲解全位置焊、窄间隙焊、遥控焊、水下焊等应用场景中的焊接自动化，并对大型刮板输送机中部槽数字化和自动化焊接生产线进行应用案例介绍。最后对增材制造的数字化和自动化知识进行介绍，提高学生的视野和应用能力。

17.1 焊接机械化与自动化概述

17.1.1 前言

焊接作为基础制造工艺的一环，是一种精确、可靠、低成本、高效率的材料连接方法，焊接技术和自动化水平影响着国家工业发展的速度。当前及今后的一段时期，在信息技术等新兴技术强有力的推动下，各行各业正发生着深刻变革，焊接装备面临从手动、半自动化到自动化和智能化的升级，企业面临重新布局。

目前，我国已经成为世界上最大的焊接设备生产国和出口国，产能大于需求。但是制造业中的焊接自动化使用比例仍较低，企业现有自动化焊接设备（含焊接机器人）占总焊接设备的比例为10%~15%，自动化率还不足30%，同发达工业国家的80%差距甚远。今后5~20年的时间，对焊接自动化设备的需求量将明显增加。尤其是锅炉、压力容器、船舶、钢结构、桥梁、汽车、机车、冶金设备、采矿机械、石油化工装置、家用电器、医疗设备和半导体器件等重点制造业都需要装备自动化程度高、性能优良、可靠性好的各种自动化专用成套焊接设备和焊接机器人工作站以及焊接生产线，市场容量相当大，发展前景乐观。

焊接过程的智能化和柔性化是焊接自动化的核心问题之一。将光、机、电技术与焊接技术相结合，实现焊接与智能化技术的集成是实现精确焊接和柔性焊接的重要途径。提高焊接电源的可靠性、质量稳定性和控制，以及优良的动感性，开发研制具有调节电弧运动、送丝和焊枪姿态，能检测焊缝坡口、温度场、熔池状态、熔透情况，适时提供焊接规范参数的高性能电源，积极开发焊接过程的计算机模拟技术，是实现焊接自动化的一个重要方面。

工业机器人在制造业的应用范围越来越广泛，其标准化、模块化、网络化和智能化程度越来越高。焊接机器人的用量占工业机器人的 50% 以上，在汽车制造、造船、工程机械和航空等领域，智能化焊接机器人较为广泛的应用，大幅度提高了焊接质量和生产效率。焊接机器人的大量应用是焊接机械化、自动化发展的趋势。汽车、电子电器、工程机械等行业大量使用工业机器人自动化生产线，不仅节约了人工成本，而且能够确保产品质量和较高的生产效率。

根据国际工业机器人联合会发布的《全球机器人 2019——工业机器人》报告数据，全球机器人年销售额再创新高为 165 亿美元，2018 年全球工业机器人出货量为 42.2 万台，比上年增长 6%。2018 年，中国、日本、韩国、美国和德国五大工业机器人市场占到全球安装量的 74%。2020 年，我国机器人装机量占全球的 44%，中国工业机器人市场已连续八年稳居全球第一。2016—2020 年，中国工业机器人产量从 7.2 万套快速增长到 21.2 万套，年均增长 31%。医疗、养老、教育等行业智能化需求的持续释放，服务机器人、特种机器人蕴藏巨大发展潜力。2020 年，全国规模以上服务机器人、特种机器人制造企业营业收入 529 亿元，同比增长 41%，人类与机器人协作的普及率正在上升，协同机器人的安装量增长了 11%。根据《中国制造 2025》的发展纲要，我国将把机器人等智能装备产业作为战略新兴产业予以重点扶持。

本部分的主要目的是阐述焊接中的机械化、自动化以及焊接机器人技术。主要从技术的发展、分类、工作原理、应用等几个角度进行讲解。重点对焊接机器人、焊接过程传感方法进行介绍。

17.1.2　焊接过程的自动化程度分类

焊接作业动作包括焊接参数调整（电流、电压、焊接速度等）、移动焊枪、填加焊丝、工件送进、装夹工件、拆卸工件。通常按照完成这些动作的自动化程度，将完成焊接作业的方法分为手工焊、半机械化焊、机械化焊、自动化焊。

（1）半机械化焊。焊接设备完成了焊接过程动作的某一个或几个动作，如 GMAW 中，送丝机给焊枪填丝，手工移动焊枪。

（2）机械化焊。焊接设备完成全部焊接过程动作，焊工连续地控制和监督焊接过程，工件装夹和拆卸人工完成。

（3）自动化焊。焊接设备根据预设的程序独立地完成所有焊接作业动作。

表 17.1 以工业中常用的气体保护焊（GTAW、GMAW）为例，分别进行了对比。表 17.2 对各种分类的自动化程度进行了定性的描述。

根据对产品的适应能力不同，自动化焊接系统可以分为如下 2 类。

（1）刚性自动化系统，也称专机，主要针对中、大批量定型产品，特点为成本低、效率高，但适应的产品单一，一旦产品换型，生产线就要更换。

（2）柔性自动化系统，主要指通过编程可改变操作的机器，产品换型时，只需通过改变相应程序，便可适应新产品。机器人属于典型的具有柔性的设备。在中、小批量产品焊接生产中，手工焊仍是主要焊接方式，焊接机器人使小批量产品自动化焊接生产成为可能。

表 17.1 气体保护焊自动化程度分类

方法名称	手工焊	半机械化焊	机械化焊	自动化焊
TIG				
MIG/MAG	—			

表 17.2 焊接自动化程度

自动化程度	焊枪或工件的送进	焊接材料送进	工件装夹及更换	焊接速度的调节
手工焊	手动	手动	手动	手动
半机械化焊	手动	机械	手动	手动
机械化焊	机械	机械	手动	机械
自动化焊	机械	机械	自动	机械

随着市场经济的快速发展，企业的产品从单一品种大批量生产变为多品种小批量生产，要求生产线具有更大的柔性。所以，焊接机器人在生产中的应用越来越广泛，机器人焊接已成为焊接自动化的发展趋势。

17.1.3 实现机械化、自动化的设备

实现焊接过程的机械化、自动化需要用一些装置来替代焊工的部分或全部工作，根据需要可以采用不同的设备，常用设备如图 17.1 所示。

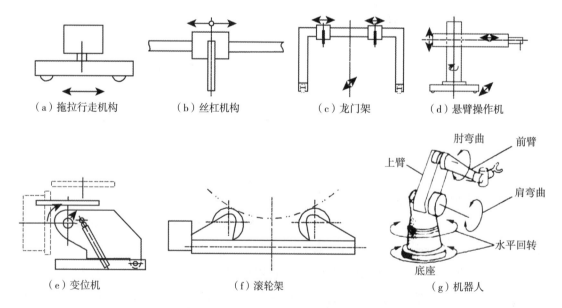

（a）拖拉行走机构   （b）丝杠机构   （c）龙门架   （d）悬臂操作机

（e）变位机   （f）滚轮架   （g）机器人

图 17.1 实现机械化、自动化的设备

17.1.4　机械化、自动化、机器人的优缺点

机器人焊接是焊接自动化的革命性进步，它突破了传统的焊接刚性自动化方式，开拓了一种柔性自动化新方式，主要优点如下。

（1）能代替人在危险、污染或特殊环境下完成各种焊接任务。

（2）能代替人从事简单而单调重复的焊接任务，解放劳动力，提高生产效率。

（3）机器人的焊接操作具有相当高的重复再现精度，可以保证可靠稳定的焊接质量。

（4）降低对工人操作技术难度的要求。

（5）具有柔性，可快速适应产品变化。

（6）增强生产管理的计划性和预见性，准确的预算材料消耗量和生产成本。

焊接机器人与焊接专机的优缺点比较见表 17.3。

表 17.3　焊接机器人与焊接专机的优缺点比较

比较点	焊接专机	焊接机器人
对工件装配尺寸和精度要求	较严格（靠工装夹具保证尺寸）	较严格（可用跟踪、寻位传感器跟踪焊缝）
焊缝的长度和形状	较长的直线或者圆焊缝	可以较短，适合复杂的空间曲线
焊接效率	主要取决于焊缝长度，越长效率越高	这也要取决于焊缝数量（也就是工件需要变位的次数），数量越多，机器人比专机效率越高
传感器	适用有限	可以适用多种传感器
产品的生产数量	单一产品，大批量	可以小批量，可以单件
产品改型周期	长	可长可短
设备适应改型的能力	困难，刚性化生产	容易，柔性化生产
投资额与回收期	较低，较短	稍高，稍长

17.1.5　焊接自动化设备的应用

在焊接生产中，经常需要根据焊件特点设计与制造自动化的焊接工艺装备，如焊接机床、焊接中心、焊接生产线等自制的成套焊接设备，大多可采用通用的焊接电源、自动焊机头、焊枪执行机构或者机器人、送丝机构、焊车等设备组合，并由一个可编程的微机控制系统将其统一协调成一个整体。焊接自动化设备中应用计算机控制技术，不仅是控制各项焊接参数，而且必须能够自动协调成套焊接设备各组成部分的动作，实现无人操作，即实现焊接生产数控化、自动化和智能化。

随着焊接电源技术的发展，微机控制的 IGBT 式逆变焊接电源，是实现智能化控制的理想设备。

在焊接自动化设备的应用中需要注意如下的问题。

（1）保证零件制备质量。提高胎具、夹具的精度，保证待加工工件的一致性，清除表面锈蚀、油污、残留金属屑等。

（2）保证工件结构合理。使焊接设备具有可达性，能够同时满足焊接位置和焊接姿态对设备的要求。

（3）保证焊接工艺合理。包括焊接工艺参数与焊枪位置控制的适应，以及焊接位置和熔池保护，常用如图 17.2 所示的方法来保护熔池。

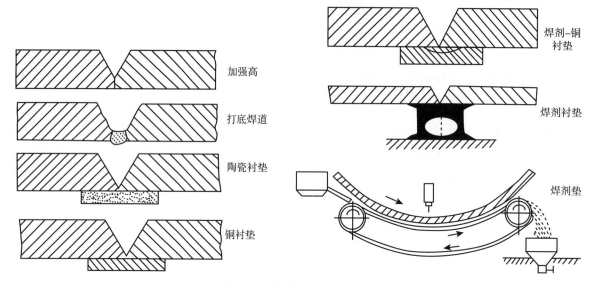

加强高

打底焊道

陶瓷衬垫

铜衬垫

焊剂–铜衬垫

焊剂衬垫

焊剂垫

图 17.2　常用的熔池保护方法

17.1.6　健康与安全

国家对于劳动环境保护要求越来越高，强调在焊接生产中实现绿色焊接。而焊接技术的本身又是强弧光、热辐射、飞溅、烟尘等危险环境，劳动环境差，因此需要改善劳动安全卫生条件。

采用焊接专机或者机器人焊接，焊工通过培训成为操作人员，从而从高温、强光、烟尘和强体力劳动环境中解放出来，配以良好的除烟除尘系统，保证焊工工作空间的空气质量良好，并增加防护围栏和安装安全保护设施。

采用自动化焊接，劳动条件更为健康，工作效率更高，减少伤病和医疗费用，间接经济效益高。

17.2　焊接机器人

17.2.1　概述

焊接机器人技术是工业机器人技术在焊接领域的应用，代表着高度先进的焊接机械化和自动化。焊接机器人根据预设的程序同时控制焊接端的动作和焊接过程，可就不同的场合进行重新编程。焊接机器人应用的目的在于提高焊接生产效率、提高生产能力、提高生产质量的稳定性和降低成本。

在准备应用焊接机器人之前，购置之初必须研究产品是否适合于机器人化；其次需要考虑成本，包括硬件费用、测试和用户培训；再次必须分析现有的焊接产量，同时逐项列出所包含的所有作业阶段及其相关费用。

17.2.2　工业机器人的组成、分类、常用术语

关于工业机器人的定义尚未统一，目前联合国标准化组织采用的美国机器人协会的定义如下。

"工业机器人是一种可重复编程和多功能的、用来搬运材料、零件的机械手，或能执行不同任务而具有可改变的和可编程动作的专门系统"。这个定义不能概括工业机器人的今后发展，但可说明目前工业机器人的主要特点。到目前为止，工业机器人发展大致可分为 3 代。第一代机器人，即目前广泛使用的示教再现型工业机器人，这类机器人对环境的变化没有应变或适应能力。第二代机器人，即在示教再现机器人上加感觉系统，如视觉、力觉、触觉等。它具有对环境变化的适应能力，目前已有部分传感机器人投入实际应用。第三代机器人，即智能机器人，具有自身发展能力，能以一定方式理解人的命令，感知周围环境、识别操作对象，自行规划操作顺序以完成赋予的任务。这种机器人更接近人的某些智能行为，目前尚处于实验室研究阶段。

工业机器人可以按照如下的方式分类。

1. 按照驱动方式分类

（1）气压驱动（压缩空气）。

（2）液压驱动（重型机器人，如搬运、点焊机器人）。

（3）电驱动（电动机），应用最多。

2. 按照受控的运动方式分类

（1）点位控制（Point to Point，PTP）型，如点焊、搬运机器人。

（2）连续轨迹控制（Continuous Path，CP）型，如弧焊、喷漆机器人。

3. 按照应用领域分类

（1）工业机器人，面向工业领域的多关节机械手或多自由度机器人。

（2）特种机器人，用于非制造业的各种机器人，服务机器人、水下机器人、农业机器人、军用机器人等。

工业机器人主要名词术语如下。

（1）自由度（Degree of Freedom），这是反映机器人灵活性的重要指标。一般来说，有 3 个自由度就可以达到机器人工作空间任何一点，但焊接不仅要达到空间某位置，而且要保证焊枪的空间姿态。因此，弧焊和切割机器人至少需要 6 个自由度，点焊机器人需要 5 个自由度。

（2）末端操作器（End Effector），位于机器人腕部末端、直接执行工作要求的装置。如夹持器、焊枪、焊钳等。

（3）位姿（Pose），工业机器人末端操作器在指定坐标系中的位置和姿态。

（4）工作空间（Work Space），工业机器人执行任务时，其腕轴交点能在空间活动的范围。

（5）额定负载（Rated Load），工业机器人在限定的操作条件下，其机械接口处能承受的最大负载（包括末端操作器），用质量或力矩表示。

（6）重复位姿精度（Pose Repeatability），工业机器人在同一条件下，用同一方法操作时，重复 n 次所测得的位姿一致程度。

（7）轨迹重复精度（Path Repeatability），工业机器人第六轴法兰中心沿同一轨迹跟随 n 次所测得的轨迹之间的一致程度。

（8）点位控制（Point to Point），控制机器人从一个位姿到另一个位姿，其路径不限。

（9）外部检测功能（External Measuring Ability），机器人所具备对外界物体状态和环境状况等的检测能力。

（10）内部检测功能（Internal Measuring Ability），机器人对本身的位置、速度等状态的检测能力。

（11）自诊断功能（Self Diagnosis Ability），机器人判断本身全部或部分状态是否处于正常的能力。

17.2.3 焊接机器人的工作原理

现在广泛应用的焊接机器人都属于第一代工业机器人，它的基本工作原理是示教再现。示教也称导引，即由操作者导引机器人，一步步地按实际任务操作一遍，机器人在导引过程中自动记忆示教的每个动作的位置、姿态、运动参数、工艺参数等，并自动生成一个连续执行全部操作的程序。完成示教后，只需给机器人一个启动命令，机器人将精确地按示教动作步骤，逐步完成全部操作。

一台通用的工业机器人，按其功能划分，一般由 3 部分组成，分别为机器人手臂总成、控制器总成（软硬件）、示教系统，如图 17.3 所示。

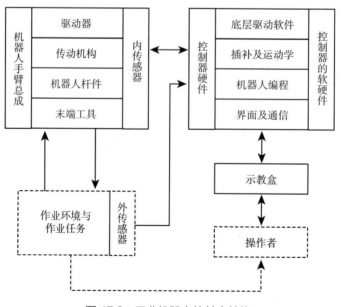

图 17.3　工业机器人的基本结构

机器人手臂总成是机器人的执行机构，它由驱动器、传动机构、机器人杆件、关节、末端执行工具、内部传感器等组成。它的任务是精确地保证末端工具所要求的位置、姿态和实现其运动。

控制器是机器人的神经中枢，它由计算机硬件、软件和一些专用电路构成。其软件主要是指控制器系统软件，包括底层驱动软件、插补软件、机器人运动学软件、机器人专用语言，以及机器人自诊断、自保护功能软件等，它处理机器人工作过程中的全部信息和控制其全部动作。

示教系统是机器人与操作者之间的人机界面，在示教过程中它将控制机器人的全部动作，并将其全部信息送入存储器中，是机器人专用的操作终端。

17.2.4　焊接机器人的运动学

机器人的机械臂是由数个刚性杆体由旋转或移动关节串联而成，是一个开环关节链，开链的一端固接在基座上，另一端是自由的，安装着末端操作器（如焊枪），在机器人操作时，机器人手臂前端的末端操作器必须与被加工工件处于相适应的位置和姿态，而这些位置和姿态是由若干个臂关节的运动所合成的。因此，机器人运动控制中，必须要知道机械臂各关节变量空间和末端操作器的位置和姿态之间的关系，这就是机器人运动学建模。一台机器人机械臂结构几何参数确定后，其运动学模型即可确定，这是机器人运动控制的基础。

对于高速、高精度机器人，还必须建立动力学模型，由于目前通用的工业机器人（包括焊接机器人）最大运动速度都在 3m/s 内，精度都不高于 0.1mm，所以都只做简单的动力学控制。

17.2.5　机器人的驱动与控制

机器人的驱动与控制主要是指机器人各关节如何按照运动学计算的位置被驱动，以及如何实现运动控制。机器人常用的驱动方式主要有液压驱动、气压驱动和电机驱动 3 种类型。目前电机驱动占主流，但是在负载大、运动精度要求不高、有防爆、水下要求的场合，液压驱动仍然能够获得满意的应用。弧焊机器人的作业特点是工作速度不高，空行程速度高，驱动器满足功率要求和轨迹运动精度要求。点焊机器人在焊点之间的行程短，要求快速移动焊钳，因此机器人的驱动器并不需要运动轨迹精度要求，但是除了满足功率要求外，还需要考虑在较大的惯性负载条件下的加速度满足作业要求，即负载惯量折算到电机轴的值是否在驱动电机允许的范围内。

电机是机器人驱动系统中的执行元件，常采用步进电机、直流伺服电机、交流伺服电机。交流伺服电机由于具有更高的转矩质量比和转矩体积比，不需要定期维修，已经占据了主流的地位。把直流伺服电机的转子和定子位置互换，驱动电路根据转子的位置换向，实现无刷结构。无刷电机转子轴上连接光电码盘，检测转子的位置。

位置（包括线性位置和角度位置）传感器是机器人中最基本、最重要的内传感器之一，有时还利用其单位采样时间的位移量实现速度测量。光学编码器（光电码盘）是非接触型传感器，分辨率高，是机器人中应用最多的位置检测元件，如图 17.4 所示。旋转编码器比线性编码器成本低，结构紧凑，不仅机器人的旋转关节采用，线性关节也都采用。在工作原理上编码器可分为绝对式编码器和增量式编码器。绝对式编码器在系统加电后就能给出实际的线性或旋转位置，所以采用这种位置检测元件的机器人工作时不需要关节校准过程。增量式编码器仅提供跟踪基准点的相对信息，因此相应的机器人系统加电后需要经过校准过程才能正常工作。虽然绝对式编码器具有位置记忆性的优点，但是其成本远高于增量式编码器，未实现广泛应用。目前机器人上安装的增量式编码器配置了脉冲记忆电路，由电池供电，在不掉电的情况下，能够提供绝对位置信息。

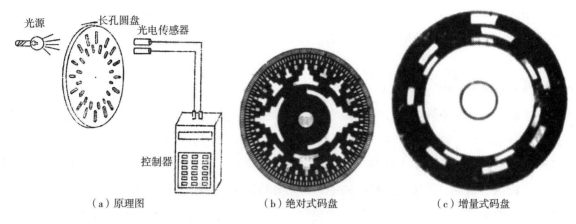

（a）原理图　　　　　　（b）绝对式码盘　　　　　　（c）增量式码盘

图 17.4　光电码盘原理示意图

机器人运动时，需要控制它的位置、速度、加速度等，因此机器人至少是一个位置控制系统。有些机器人一般在位置控制基础上附加传感器的决策和控制，提高机器人的智能水平，完成更多的作业任务。机器人是由多关节组成，每个关节运动都影响机器人末端的位置和姿态，大多数的机器人采用关节运动，一般难以直接检测机器人末端的运动，属于半闭环系统，仅从电动机轴上闭环。

机器人机械手端部从起点（包括位置和姿态）到终点的运动轨迹空间曲线叫路径。轨迹规划的任务是用一种函数来"内插"或"逼近"给定的路径，并沿时间轴产生一系列"控制设定点"，用于控制机械手运动。目前常用的轨迹规划方法有关节变量空间关节插值法和笛卡尔空间规划 2 种方法。

17.2.6　焊接机器人的示教

焊接机器人的基本工作方式是"示教再现"，操作通过电缆连接在机器人控制器上的示教盒，控制机器人各个关节的运动，调整机器人末端工具的位姿，并逐点记录，得到机器人的运动路径，通过示教盒或控制面板上的再现按钮实现再现。机器人的示教编程是通过示教盒上人机界面，按照机器人规定的编程语言完成的。

实际上，机器人编程与传统的计算机编程不同，机器人操作的对象是各类三维物体，运动在一个复杂的空间环境，还要监视和处理传感器信息。因此，其编程语言主要有 2 类，分别为面向机器人的编程语言和面向任务的编程语言。

面向机器人的编程语言的主要特点是描述机器人的动作序列，每一条语句大约相当于机器人的一个动作，整个程序控制机器人完成全部作业，这类机器人语言可分为如下 3 种。

（1）专用的机器人语言，美国的 Unimation 公司于 1979 年推出了 VAL 语言。它是在 BASIC 语言基础上扩展的一种机器人语言，因此具有 BASIC 的内核与结构，编程简单，语句简练。VAL 语言成功地用于 PUMA 和 UNIMATE 型机器人。

（2）在现有计算机语言的基础上加机器人子程序库。如美国机器人公司开发的 AR-Basic 和 Inte11edex 公司的 Robot-Basic 语言，都是建立在 BASIC 语言上的。

（3）开发一种新的通用语言加上机器人子程序库。如美国国际商用机器公司（IBM）开发的 AML 机器人语言。

17.2.7　焊接机器人离线编程

机器人离线编程时采用计算机图形学的方法，建立机器人及其工作环境模型，利用规划算法，实现对图形的操作和控制，在脱离现场机器人的情况下，实现机器人的轨迹规划和仿真。离线编程技术可以实现 CAD/CAM/ROBOTICS 一体化，在不接触实际机器人的情况下，通过图形环境进行人机交互，完成任务编程。离线编程技术可以提高生产效率、降低成本和增强机器人操作的安全性，其更重要的意义在于能够实现示教编程难以实现的复杂路径或者精度要求高的编程，尤其是在切割领域的应用。表 17.4 为示教编程和离线编程 2 种方式的对比。

表 17.4　示教编程和离线编程的比较

示教编程	离线编程
（1）需要实际机器人系统和工作环境 （2）编程时机器人停止工作 （3）在实际机器人系统上试运行程序 （4）编程质量取决于操作员的经验 （5）难以实现复杂的机器人轨迹路径	（1）需要机器人系统和工作环境的几何模型 （2）编程过程不影响实际机器人的工作 （3）通过图形仿真验证程序 （4）采用规划算法获得最佳路径 （5）可实现复杂轨迹路径的编程

17.2.8　焊接机器人系统

用于焊接的工业机器人系统主要分为弧焊机器人系统和点焊机器人系统。

17.2.8.1　弧焊机器人系统

弧焊机器人可以被应用在所有电弧焊、切割技术范围和类似的工艺方法中。最常用的应用范围是结构钢和不锈钢的熔化极活性气体保护焊（CO_2 气体保护焊、MAG 焊），铝及特殊合金熔化极惰性气体保护焊（MIG），不锈钢和铝的加冷丝和不加冷丝的钨极惰性气体保护焊（TIG）以及埋弧焊。除气割、等离子弧切割和等离子弧喷涂外还实现了在激光切割上的应用。

如图 17.5 所示为一套完整的弧焊机器人系统，它包括机器人机械手、控制系统、焊接装置、焊件夹持装置。焊件夹持装置上有 2 组可以交替进入机器人工作范围的旋转工作台。

如图 17.6 所示为典型的弧焊机器人的主机简图。点至点方式移动速度可达 60m/min 以上，其轨迹重复精度可达到 0.1mm，它们可以通过示教和再现方式或通过编程方式工作。

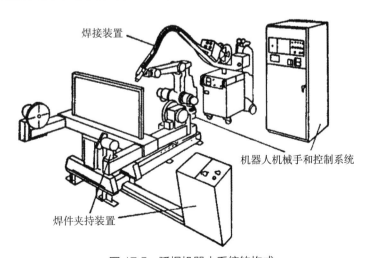

图 17.5　弧焊机器人系统的构成

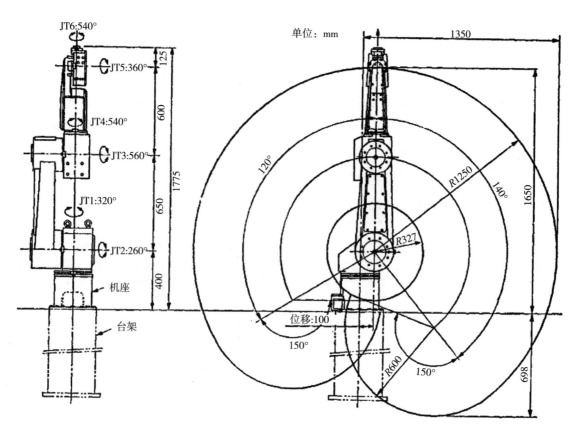

图 17.6 典型弧焊机器人简图

17.2.8.2 点焊机器人系统

与弧焊机器人系统相似，点焊机器人系统也是由机器人、焊接系统和工装卡具等构成。由于点焊钳较重，所以点焊机器人的负载能力一般可达 50~100kg，根据所选用的点焊钳种类的不同，可以分为一体式焊钳点焊机器人系统和分离式点焊机器人系统，如图 17.7 和图 17.8 所示。

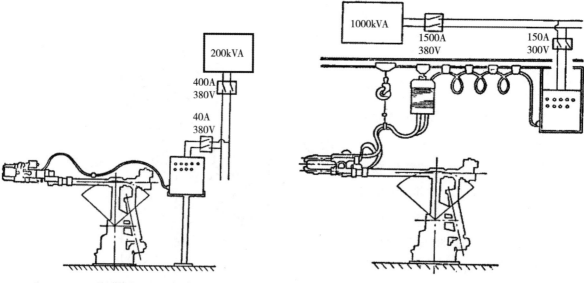

图 17.7 一体式焊钳点焊机器人系统   图 17.8 分离式焊钳点焊机器人系统

17.2.9　焊接机器人的典型应用

　　弧焊机器人只是焊接机器人系统的一部分，在实际的工程应用中，还应有行走机构、小型与大型移动机架、焊接结构等。

　　机器人的行走机构和移动机架用来扩大工业机器人的工作范围，同时还具有各种用于接受、固定及定位工件的转胎、定位装置和夹具。在最常见的结构中，工业机器人固定于基座上，工件转胎则安装于其工作范围内。也有悬挂在龙门架上的结构，如图 17.9 所示。图 17.10 所示为常用的胎具结构。

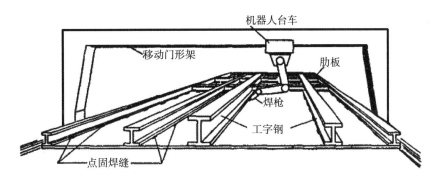

图 17.9　安装在龙门架上的机器人系统

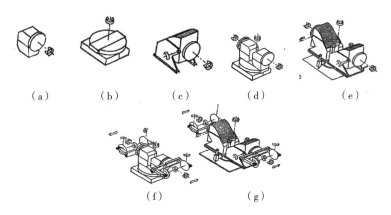

图 17.10　机器人焊接常用的胎具结构

　　焊接机器人系统中实际应用的焊接设备包括焊接电源、送丝设备、焊枪、电缆、气瓶等。由于要进行参数规划，必须由机器人控制器直接控制焊接设备。图 17.11 所示为焊枪与机器人连接的一个例子，在装卡焊枪时应注意焊枪伸出的焊丝端部的位置应符合机器人使用说明书所规定的位置，否则示教再现后焊枪的位置和姿态将产生偏差。

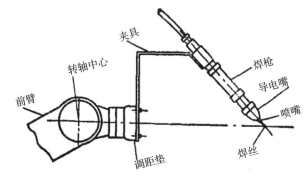

图 17.11　焊枪与机器人末端的连接方式

　　在焊接机器人的应用中，还必须考虑弧焊机器人的操作安全问题。安全设备对于工业机器人工位是必不可少的。工业机器人应在一个被隔开的空间内工作，用门或光栏保护，机器人的工作区通过电和机械方法加以限制。机器人操作人员和维修人员必须经过特别严格的培训。

从安全观点出发，常出现下面几种危险情况。

（1）在示教时，示教人员为了更好地观察，必须进到机器人及工件近旁。在此种工作方式时，限制机器人的最高移动速度和急停按键会提高安全性。

（2）在维护及保养时，维护人员必须靠近机器人及其周围设备工作和检测操作。

（3）在突然出现故障后观察故障时应特别注意。

17.3 焊接过程传感技术

17.3.1 概述

机器人焊接涉及几何量、物理量等多方面的参数，为了测量每一个参数而采用的传感器又涉及多种原理，所以传感器的种类繁多，对它们进行分类便于了解其概况。从使用目的的角度看，机器人传感器可分为两大类，分别为用于测量、控制机器人自身状态的内传感器和为进行某种操作而安装在机械手或移动机器人上的外传感器。

一部分机器人用传感器已发展得很成熟，但更多的尚处于研究探索阶段。这里仅概括介绍重要的、有代表性的几种。

焊接中存在着不可避免的误差和各种变化，变化超出允许范围后机器人无法用高效的程序控制方法完成任务。采用传感器实时监测相关参数并及时做出反应的方法可以间接地消除这种不利因素，然而至今还没有通用的传感器。从自动化或人工智能在焊接操作方面的进展来讲，传感器的开发则是一项基础工作。焊接机器人传感器的研究几乎均集中在弧焊方面。这类传感器属于机器人的外部传感器，也可用于其他自动化焊接设备。

弧焊工艺对传感器的要求有以下几方面。

（1）能够保证特定工艺所需的传感精度。

（2）不受焊接工艺中光、热、烟雾、飞溅、电磁场等因素的干扰。

（3）可靠、耐用。

（4）体积小、重量轻，不影响焊枪运动。

（5）可用范围宽。

（6）价格低。

工作条件恶劣是弧焊机器人用传感器有别于普通机器人传感器的重要原因。弧焊传感器按照使用目的可分为如下 3 类。

（1）焊缝位置自动跟踪传感器：检测焊缝位置，用量占焊接传感器总量的 80%。

（2）焊接质量控制传感器：检测坡口尺寸等决定焊接参数的条件，用量占焊接传感器总量的 10%。

（3）具有以上二者功能的传感器，用量占焊接传感器总量的 10%。

这种分类方法揭示了焊缝跟踪传感器的地位，而按工作原理分类则更便于了解各种传感器的具体特点。

用于弧焊过程控制的传感器有很多种。目前电弧传感器和光学传感器占有突出的地位，应用于弧焊机器人中的传感器与以上情况相同，也主要是以上 2 种传感器，但电弧传感器用得更多。

17.3.2　电弧传感

电弧传感原理是电弧长度的变化引起电流（电压）变化。焊枪在搭接、角接和 V 型焊缝上方做横向摆动，从而产生弧长变化。通过检测电弧电压或电弧电流可以反映电弧的长短变化，从而确定焊缝的位置。利用电弧的这一特点可以把电弧本身当作传感器对具有大的接头断面轮廓变化的焊缝进行跟踪。为了获得可靠的跟踪信号需要检测焊丝或钨极到达坡口左右两个边缘时的电信号，因此要附加电极的运动，这种运动频率约为几赫兹。如果两边电压相等，说明跟踪无偏差；如果某一侧的电压大，说明电极到达该边缘时比到达对侧边缘时更远离工件，即跟踪偏向对侧。

电弧传感器有许多优点：无接触、不受弧光、烟气的干扰，可以进行高低和横向两维跟踪，在焊枪旁不需要附加装置，不占用空间，焊枪的可达性不受影响，价格低。它已经成功地用于弧焊机器人及一般自动焊设备，是目前最常用的实时机器人弧焊传感器。其局限性是：可分辨的最小搭接厚度一般为 2.5~3mm，不能用于紧密对接焊缝。电弧传感器要求接头为具有对称坡口的对接、角接和厚板搭接，不能在起弧之前找到焊缝起点，送丝速度等影响电弧稳定性的因素都不利于传感器工作。焊接电源的特性对电弧传感器的影响很大，这种传感器适用于水平外特性直流电源的系统。影响电弧稳定性的焊接工艺都对该传感器的使用不利。在 CO_2 焊的短路过渡情况下，要采取措施保证检测信号的稳定性。

图 17.12 所示为水平放置的角焊缝焊枪位置控制原理。图 17.12（a）所示为焊枪摆动和弧长的变化，而图 17.12（b）所示为响应的焊接电流的变化。其中的虚线代表了接头与焊枪的目标位置没有偏差的情况，而实线则代表有偏差时的情况。

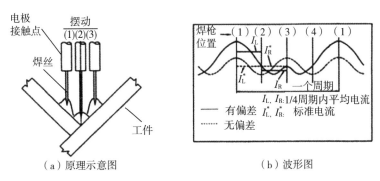

（a）原理示意图　　　　　　　（b）波形图

图 17.12　摆动电弧传感原理示意图

上述的摆动方法由于受机械方面的限制，摆动频率一般只能达到几赫兹。这就限制了电弧传感器在高速和薄板搭接接头焊接中的应用。为此人们提出了旋转电弧的方法，其原理如图 17.13（a）所示。电极固定在偏心齿轮中的一个位置上，此齿轮由电机通过另一个齿轮驱动，这种结构中电弧的旋转频率可以达到 100Hz。

旋转电弧用于接头跟踪的原理如图 17.13（b）所示。电弧旋转的位置（C_f，R，C_r，L）由旋转编码器测量得到。图中给出了与电弧的旋转位置相关的电弧电压波形基本模式。如图中的虚线所示，当焊枪的中心在接头的中心时（$\Delta X = 0$），电弧电压波形的峰值点位于 C_f 和 C_r 处，而谷值点位于 R 和 L 处。

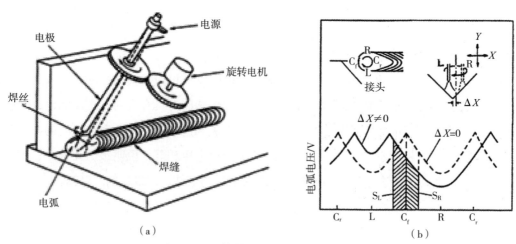

（a）　　　　　　　　　　　（b）

图 17.13　旋转电弧传感原理示意图

当焊枪偏向右边时（$\Delta X \neq 0$），如图中的实线所示，在峰值点 C_f 处的相位向前移动，相对于 C_f 点的波形是不对称的。这时比较点 C_f 左右两边相同相角的电压波形的面积（积分值）S_R 和 S_L，即可求出焊枪沿 X 轴方向的偏差。这里选取的是电弧电压波形用于接头跟踪，从原理上讲也可以用电弧电流的波形。对于焊枪高度的控制，可以采用每一个旋转周期的电弧电流波形的积分值做信号。

与摆动电弧传感器相比，高速旋转电弧传感器具有如下特点。

（1）高速旋转增加了焊枪位置偏差的检测灵敏度，极大地改善了跟踪的精度。

（2）高速旋转使快速的控制相应性能的实现成为可能。

17.3.3　结构光传感

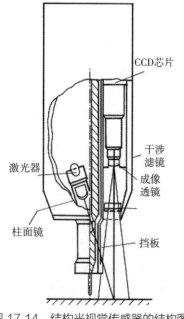

图 17.14　结构光视觉传感器的结构图

为了获取接头的三维轮廓，人们研究了基于三角测量原理的主动视觉方法。由于采用的光源的能量大都比电弧的能量要小，一般把这种传感器放在焊枪的前面以避开弧光直射的干扰。主动光源一般为单光面或多光面的激光或扫描的激光束。为简单起见，分别称之结构光法和激光扫描法。由于光源是可控的，所获取的图像受环境的干扰可去掉，真实性好。

如图 17.14 所示为与焊枪一体的结构光视觉传感器的结构图。激光束经过柱面镜形成单条纹结构光。由于 CCD 摄像机与焊枪有合适的位置关系，避开了电弧光直射的干扰。

由于结构光法中的敏感器件都是面型的，实际应用中所遇到的问题主要是：当结构光照射在经过钢丝刷去除氧化膜或磨削过的铝板或其他金属板表面时，会产生强烈的二次反射，这些光也成像在敏感器件上，往往会使后续的处理失败。另一个问题是投射光纹的光强分布不均匀，由于获取的图像质量需要经过较为复杂的后续处理，精度也会降低。

同结构光方法相比，激光扫描方法中光束集中于一点，因而信噪比要大得多。目前用于激光扫描三角测量的敏感器主要有二维面型 PSD、线型 PSD 和 CCD。如图 17.15 所示为面型位置传感器与激光扫描器组成的接头跟踪传感器的原理结构。瑞典 ASEA 公司还研究出采用此种原理的与焊枪连接在一起的系统。其空间位置信息可以直接由 PSD 的信号算出，扫描振镜可以做得很小，结构紧凑，扫描频率也很高。

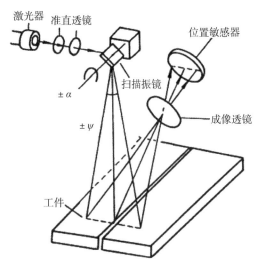

图 17.15　激光扫描传感器结构原理图（面型）

缺点是面型 PSD 同样存在激光的二次反射问题，由于扫描激光束光点小，情况会好一些，但会降低测量精度。

PSD 是模拟器件，可以接收经过调制的信号以克服环境光的干扰，其信号处理相对容易且比较快、分辨率较高、价格较低，使用的人比较多。但是这种器件无法对曝光量进行控制并且是集中效应器件，当工件表面状态较差时（表面反射率变化很大）其精度会降低。高性能的 CCD 器件在这方面显示出更好的适应性能。

典型的采用基于线阵 CCD 的激光扫描视觉传感器的结构原理如图 17.16 所示。它采用转镜进行扫描，扫描速度较高（10Hz）。通过测量电机的转角，增加了一维信息，可以测量出接头的轮廓尺寸。

在焊接自动化领域中，视觉传感器已成为获取信息的重要手段。在获取与焊接熔池有关的状态信息时，一般多采用单摄像机，这时图像信息是二维的。在检测接头位置和尺寸等三维信息时，一

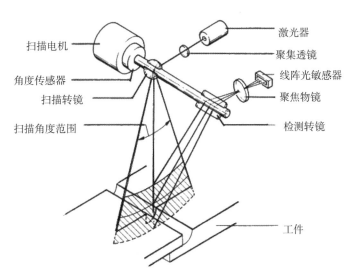

图 17.16　基于线阵 CCD 的激光扫描视觉传感器的结构原理

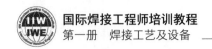

般采用激光扫描或结构光视觉方法，而激光扫描方法与现代 CCD 技术的结合代表了高性能主动视觉传感器的发展方向。

17.3.4 被动视觉传感

机器人视觉涉及 3 个方面的问题，即视觉敏感器、照明、视觉信息处理的硬件和软件。在弧焊过程中，由于存在弧光、电弧热、飞溅和烟雾等多种强烈的干扰，使用何种视觉传感方法是首先需要确定的问题，在弧焊机器人中，根据使用的照明光的不同，可以把视觉方法分为被动视觉和主动视觉。这里被动视觉指利用弧光或普通光源和摄像机组成的系统，而主动视觉一般指使用具有特定结构的光源和摄像机组成的视觉传感系统。

如图 17.17 所示为从一幅典型熔池图像中提取熔池特征的过程，步骤如下。

（1）寻找图像烁亮区的中心点 C。

（2）沿 f_{kv} 方向获得偏离 C 点的第 i 条扫描线上的灰度，根据灰度分布特征寻找边界点 A 和 B，计算第 i 条熔池宽度。

（3）从多条宽度中找出最大宽度 W_{fmax}。

（4）确定最大熔池宽度处的中心点 C'。

（5）以 C' 点为起点获得 f_{kw} 方向上的灰度分布。

（6）找到穿过平坦区后 f_{kw} 方向上的每个峰值点 D。

（7）确定最大的峰值点 D。

（8）计算 C' 点到 D 点的距离为半长 L_{fmax}。

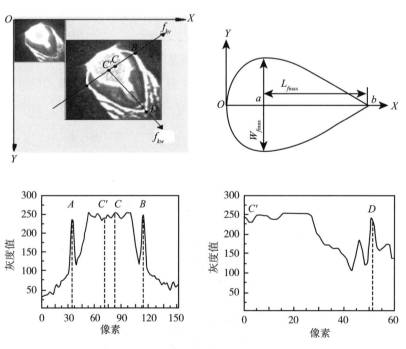

图 17.17 典型熔池图像特征的提取

17.3.5　接触传感

接触式焊缝跟踪传感器一般是将导轮或导杆置于焊枪前方，其与焊缝坡口直接接触，检测焊接位置偏差，能够进行横向调节和高度调节，起到控制焊枪机构运动的功能。接触式焊缝跟踪传感器结构简单，成本较低，在一定程度上能够有效避免电弧磁、光、飞溅等的影响，是最先应用于焊缝跟踪的传感器。但是，如果焊接过程中飞溅过多时会影响跟踪的效果。

接触式焊缝跟踪传感器包括探针接触式、探针触摸式、电极接触式。在焊接机器人系统中常用的接触传感为电极接触式，如图 17.18 所示为电极接触式传感的原理图，常用于寻找初始焊接位置，可有效地检测机器人路径的示教点和实际位置之间的偏差量，在程序中进行修改，需要焊接电源支持。

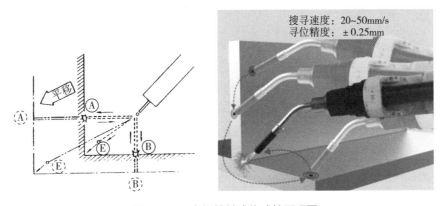

图 17.18　电极接触式传感的原理图

17.3.6　传感在自动化焊接中的应用

在自动化焊接技术的应用中，如果焊枪偏离焊缝，极易导致飞溅、气孔、焊不透、焊漏等焊接缺欠。而焊接过程中的热变形的存在，对零件的加工尺寸、坡口尺寸、定位精度、夹具刚性等提出了要求，因此自动化焊接中需要进行实时传感，调整焊枪的位置和姿态，满足焊接质量的要求。

目前，自动化焊接中的传感主要包括 2 个方面的内容，分别为焊缝跟踪传感和焊缝成形传感，其中以焊缝跟踪传感为主。焊缝跟踪传感系统的应用主要包括以下 3 种方式。

17.3.6.1　焊前传感器示教

焊接前，操作焊枪沿焊缝的轨迹走一遍，同时通过传感器检测焊缝的轨迹信息，并记录焊缝轨迹上各个位置的坐标，生成焊缝的程序，焊接设备根据传感器示教的程序进行运动。

17.3.6.2　焊缝实时跟踪

在焊接过程中，采用传感器检测焊缝的偏差信息，获得电弧相对于焊缝中心的偏差，并将获得的偏差反馈到机器人的控制器，驱动焊枪实时纠偏，这种方式能够补偿焊接工件热变形带来的偏差。

17.3.6.3 焊接轨迹实时修正

焊接设备根据事先编好的程序运动，在运动过程中，传感器实时检测焊接工件的变形情况以及焊枪到工件之间的距离，并把检测的信息与示教程序的位置信息进行比较，修正示教程序。

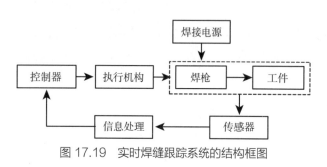

图 17.19　实时焊缝跟踪系统的结构框图

在实际生产中，根据传感器的应用多少依次是电弧传感、结构光传感、接触式传感。这些传感器通过与自动化焊接系统中的控制器、执行机构等配合完成焊缝跟踪或成形控制，实时焊缝跟踪系统的结构框图如图 17.19 所示。

17.4 全位置焊

17.4.1 概述

随着石油工业和天然气工业的发展，管道输送油气以其安全、经济、高效的优点正在飞速发展。长距离、大管径、高压力正成为路上油气输送管道的发展方向。管线用钢 X56–X70 系列高强钢广泛用于管道的建设中，从而管道焊接设备、焊接工艺和焊接材料得到了很大的发展。同时在纯净水管道安装、航空航天、造船、石化换热器等行业，采用自动化的全位置焊代替手工焊已经成为行业的发展趋势。研制全位置自动焊焊接设备的目的就是提高焊接质量和生产效率、减轻工人的劳动强度，提高我国的管道施工水平。

管道全位置自动焊就是指在管道相对固定的情况下，行走机构带动焊枪沿轨道围绕管壁 360° 的范围内运动，进行自动焊接。一般而言，全位置自动焊装置由运动机构、行走轨道、自动控制系统等部分组成。

17.4.2 全位置焊焊接设备的分类

管道全位置焊焊接设备是一类重要的专用焊接设备。全位置管焊设备主要包括管－管焊接设备和管－板焊接设备。其技术包括程控数字化焊接电源、高精密焊接机头、焊接参数专家、弧长跟踪和横摆技术等，全位置焊焊接工艺包括 MIG/MAG、TIG 等几种方法。

管－管焊接设备是指管与管对接的焊接设备，需焊接的 2 个圆管固定不动，机头上的转盘带动焊枪部分自动绕管子旋转 $n \times 360°$ 运动。对于焊接工作量大、作业条件较差的大口径管道焊接，如输油、输气管线的铺设工程，一般采用爬行小车式轨道自动旋转焊管系统，采用熔化极气体保护焊的焊接工艺，设备如图 17.20 所示。对小口径管道的焊接主要采用结构紧凑的管焊接机头，一般分为开启式和密封式，如图 17.21 所示。开启式管焊机头外形，其形状与普通的夹钳相似，又称为钳式机头，手工装卡操作方便。封闭式焊接机头结构紧凑，可满足狭窄空间范围或夹层环境下的可达性操作，焊接工艺一般采用钨极氩弧焊。

（a）　　　　　　　　　　　　　　（b）

图 17.20　大管径的全位置焊焊接系统

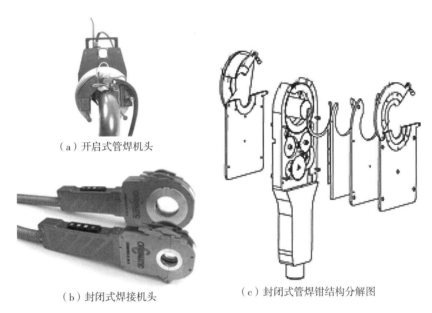

（a）开启式管焊机头

（b）封闭式焊接机头　　　　　　　　（c）封闭式管焊钳结构分解图

图 17.21　小管径的全位置焊焊接机头

管 – 板焊接设备是指焊接锅炉、换热器等装置上管与板之间对接的焊接设备，需焊接的管与板不动，机头上的转盘带动焊枪部分自动绕管子旋转 $n \times 360°$ 运动，一般采用钨极氩弧焊焊接工艺，设备的外形如图 17.22 所示。

图 17.22　管 – 板焊接设备

17.4.3　用于大管径的全位置焊焊接系统

大管径的全位置焊焊接系统为了提高焊接效率，一般采用 GMAW 焊接工艺。因此，从熔滴过渡、焊接参数、焊枪位置、姿态的控制提出了更高的要求，其结构主要包括焊接小车、轨道和焊接系统。

17.4.3.1　焊接小车

焊接小车是实现全位置焊焊接的驱动机构，它安装在焊接轨道上，带着焊枪沿管壁做圆周运动。核心部分是行走机构、送丝机构和焊枪摆动调节机构。行走机构由电机和齿轮传动机构组成，控制单元发出位置和速度指令，电机应带有测速反馈机构，以保证电机在管道环缝的各个位置准确对位，而且具有较好的速度跟踪功能。送丝机构必须确保送丝速度准确稳定，具有较小的转动惯量，动态性能较好，同时应具有足够的驱动转矩。焊枪摆动调节机构应具有焊枪相对焊缝左右摆动、左右端停留、上下左右姿态可控、焊枪角度可以调节的功能。各个部分均由计算机实现可编程的自动控制，程序启动后，焊接小车各个部分按照程序的逻辑顺序协调动作。在需要时也可由人工干预焊接过程，而此时程序可根据干预量自动调整焊接参数并执行。同时，焊接小车应具有外形美观、体积小、重量轻、操作方便等特点。

17.4.3.2 轨道

轨道是装卡在管子上供焊接小车行走和定位的专用机构。轨道的结构直接影响焊接小车行走的平稳和位置精度，从而影响焊接质量。轨道应满足：①装拆方便、易于定位；②结构合理、重量轻；③有一定的强度和硬度，耐磨、耐腐蚀。

17.4.3.3 全位置焊焊接参数的调节

焊接小车的行走速度、送丝速度和焊枪的摆动频率是 3 个主要参数，焊枪的高度调节一般采用弧长跟踪。

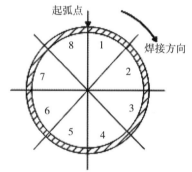

图 17.23　全位置焊焊接路径的分段

将管道的圆周分为左右两个半圆，然后将两个半圆沿顺时针、逆时针方向等分，定出焊接节点，如图 17.23 所示。通过大量的试验可以在焊缝的每个节点处获取理想的焊接参数，如在选取了合适的焊接工艺之后，通过大量的试验确定出节点 0°、30°、60°、90°、120°、150°、180° 处的理想的焊接电流、电压、送丝速度、小车行走速度、焊枪摆动频率等一系列参数，然后将这些参数输入到计算机内进行自动拟合、运算，这样就实现了从 0° ~180° 的自动焊接。在焊接过程中可以根据实际情况调节焊接参数，如送丝速度、摆动频率等，但这些参数的调节相互关联，需要参数调节匹配。

送丝平稳性直接影响焊接质量。送丝方式可以简单分为拉丝和推丝 2 种方式。拉丝时焊枪离送丝机的安装位置较近，焊接中焊丝离开送丝机后受到的阻力较小，因此可以保证送丝过程平稳，但送丝机和焊丝盘均须安装在焊接小车之上，增加了焊接小车的重量，不但装拆困难，还容易造成焊接小车行走不稳。使用直径为 0.8mm 或 1.0mm 的小盘焊丝（重量约为 5kg）减轻了焊接小车的重量和负载，又使得焊接过程容易控制，但对焊接效率有一定的影响。采用推丝方式时，将送丝机构安装于焊接小车之外，减小了焊接小车的体积和重量，可以使用大功率的送丝机和直径为 1.2mm 的大盘焊丝（重量约为 20kg），从而提高焊接效率。然而，由于推丝时送丝机离焊枪较远，两者之间须有送丝软管相连，当焊丝被连续推送到焊枪嘴处时，焊丝受到的摩擦阻力较大，而且焊接过程中送丝软管的弯曲度对送丝的平稳程度有一定的影响，严重时会造成送丝不畅。

17.4.4 全位置焊焊接的应用

在实际的应用中，需要考虑管道焊接打底焊的焊接工艺，管道内称全位置焊焊接的自动焊工艺。

17.5 窄间隙焊

17.5.1 概述

窄间隙焊是指厚板对接接头，焊前不开坡口或只开小角度坡口，并留有窄而深的间隙，采用气体保护焊或埋弧多层焊等完成整条焊缝的高效率焊接方法。从定义上来看，窄间隙焊并不是一种常规意义上的焊接方法，而是一种特殊的焊接形式。窄间隙焊的特征是：①窄间隙焊是利用了现有电弧焊方法的一种特别技术；②多数采用 I 型坡口，或角度很小（0.5°~7°）的 U 型、V 型坡口，坡口角度大小视焊接变形量而定；③多层焊接；④自下而上的各层焊道数目基本相同（1 道或 2 道）；⑤采用小或中等热输入进行焊接；⑥有全位置焊焊接的可能。

20 世纪 80 年代，日本压力容器研究委员会施工分会第八专门委员会曾审议了窄间隙焊的定义，并做了规定：窄间隙焊是把厚度为 30mm 以上的钢板，按小于板厚的间隙相对放置开坡口，再进行机械化或自动化弧焊的方法（板厚小于 200mm 时，间隙小于 20mm；板厚超过 200mm 时，间隙小于 30mm），窄间隙焊具有如下的优点。

（1）较小的坡口间隙，减少了金属填充量，节约能源与焊接材料，从而降低了成本。

（2）具有窄而深的坡口，有利于保护焊接过程，焊接接头材料得到有效保护。

（3）焊接热影响区比较小，冷却速度比较快，基本不变形，焊接接头的晶粒细小，具有良好的综合力学性能。

（4）具有较小的残余应力和较小的熔池体积。

在工艺应用方面，与其他焊接工艺有如下共同的特点。

（1）焊缝坡口截面积方面，该技术比一般的工艺方法减少 30% 以上。

（2）坡口形状多为 I 型、V 型，或者 U 型，坡口面角度极小，一般为 0.5°~7°。

（3）焊接方法分为双道多层和单道多层，在板厚方向上的焊接方法是一致的。

（4）很小的线能量，特别是在双道多层焊方面。

（5）特殊的工艺，导入丝、气、电、脱渣以及改善侧壁熔合。

17.5.2 窄间隙焊焊接的分类

窄间隙焊焊接一般通过窄间隙焊焊接设备来实现。按照方法分类，窄间隙焊焊接技术可以分为多种，每种方法在各自的应用领域和特性上又可以细分为以下几个方面。

（1）窄间隙钨极氩弧焊（NG-GTAW）：窄间隙钨极氩弧焊基本不会有熔渣和飞溅现象出现，主要用于压力管道的全位置焊焊接，焊道成形好，质量高。一般用于厚度适中的板材的焊接。采用低频脉冲电流窄间隙 TIG 或者热丝 TIG 方式，有效防止磁偏吹。

（2）窄间隙熔化极气体保护焊（NG-GMAW）：NG-GMAW 过程中，由于侧壁与焊丝夹角很小，容易造成电弧对坡口侧壁热输入不足，导致侧壁熔合不良，这是 NG-GMAW 非常突出的问题。根据参考文献，NG-GMAW 主要分为 2 类，一类是通过控制电弧或焊丝来实现电弧对侧壁的加热，另一类主要通过焊接参数控制实现窄间隙焊接。前者又分为麻花状焊丝旋转摆动、波浪式焊丝摆动、机械式摆动和旋转电弧式摆动等。后者包括大直径焊丝、脉冲控制、药芯焊丝交流焊等。对于常规厚板（30~80mm）的窄间隙焊接，坡口间隙一般在15mm以内。在脉冲电流窄间隙焊下，甚至出现了坡口间隙仅为5~6mm的超窄间隙焊焊接技术。

（3）窄间隙埋弧焊（NG-SAW）：NG-SAW的电流密度较大，大大增强了熔敷效率和熔深。由于熔渣和焊剂具有保温作用，限制了电弧辐射的热量散失，从而提高热效率，改善焊缝成形，主要应用领域为一些大型焊接结构和低合金钢厚壁容器。接头具有很好抗延迟冷裂能力，综合力学性能好。与一般工艺相比，生产效率提高50%~80%，大部分为焊接水平面的焊缝。

（4）多种窄间隙MAG焊和MAG焊：加强了焊接电弧对2焊件侧壁的加热效果，使得两侧壁熔合具有一定的可靠性。将焊丝弯曲成螺旋状，使电弧旋转；把2根焊丝相互缠在一起，使得电弧扭转；使焊丝焊枪从偏心孔穿过，并让焊枪以很快的速度进行旋转，与电弧的旋转方向一样；把波浪形弯曲焊丝从坡口宽度方向连续送入，促使电弧摆动；用一个弯曲的齿轮使焊条弯曲，让电弧来回摇动；采用2根焊丝，使其分别偏向焊件的侧壁。总之，通过电弧旋转提高侧壁熔合，或者焊丝摆动实现侧壁熔合，或者放置磁偏吹改善侧壁熔合。

（5）气电焊（EG）：是一种气体保护焊的工艺方法，在焊接时，立焊接头坡口两侧用冷却块堵上，使坡口封闭。在焊缝的中心位置，送进焊丝。母材受熔池热而熔化，有效降低了间隙不均匀，组对时错边、加工时裂口等坡口加工缺欠的敏感性。可以采用直径为1.6mm的药芯焊丝焊接U型或V型坡口立焊，具有比较高的效率。可以实现窄坡口横焊，有规律地在坡口角度为15°~20°的坡口中间改变焊接电流的大小，控制焊道形貌。

（6）焊条电弧焊窄间隙焊：在进行焊条电弧焊操作时，可以一直焊接，不需要除渣。为了提高焊接效率，可以把间隙减少到12mm。

17.5.3 用于核电主管道的窄间隙焊焊接系统

核电厂主回路管道（简称主管道）是连接核岛主系统反应堆压力容器、蒸汽发生器和主泵泵壳的重要部件，主管道焊接是整个核电厂建造的关键环节，直接关系到核电厂建造的质量和进度。万一由于质量问题发生管道泄漏可能会对周围的环境以及人员造成极为严重的伤害，同时因为核电站存在核辐射，对主管道的维修和维护所付出的代价很高。此外，由于受主管道本身结构尺寸（直径约1m，壁厚约100mm）和作业条件的影响，很难确保良好的主管道的产品质量。

在国外，早在20世纪60年代到20世纪70年代，自动焊技术就被应用在了核电站的主管道焊接上。但在国内，2000年以后才开始对主管道自动焊技术进行研究。核电站建设的难点之一便是现场焊接作业。与传统手工焊焊接工艺相比，窄间隙焊焊接具有的优点：①可以连续焊接，提高了生产效率；②焊接过程简单，对焊工的要求低；③熔敷金属填充量少，使金属的充填量减少了84%左右，而且可以在焊接热输入不太大的情况下，实现高效率焊接；④焊缝质量较高。采用自动焊设备，对焊接参数进行正确设置后能使焊接过程准确自动进行，所能带来的效果是焊缝的热输入量不仅十分稳定而且非常合理，得到的是均匀细小的晶粒组织。

核电厂主管道采用窄间隙脉冲 TIG 自动焊工艺，目前主要采用加拿大利宝地 LIBURDI 公司的全位置脉冲 TIG 自动管焊机，该设备包括一个数字化控制的焊接电源，一个远程编辑器控制站，一个监视系统，一个焊接机头和轨道，具有性能稳定、操作简单、过程可控、适用管径范围大等特点。焊接现场如图 17.24 所示，坡口形式如图 17.25 所示。

图 17.24 焊接现场图

主管道材料是 Z3CN20-09M 奥氏体不锈钢。由于奥氏体不锈钢的热导率小，线膨胀系数大，在焊接局部加热和冷却过程中会产生较大的拉应力，坡口钝边高度 2.5mm，坡口组对间隙 ≤ 1mm，内错边量 ≤ 1.5mm。根据焊口组对实际宽度的不同，将焊接坡口分为根部焊道、填充焊道、填充末期焊道和盖面焊道 4 个区域。焊接填充材料选用实心焊丝 ER316L，正面焊缝保护气体采用 99.999% 的高纯氩，背面保护气

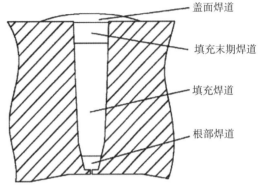

图 17.25 坡口形式

体采用 99.99% 的纯氩。不同焊道的焊缝宽度不同，所选用的工艺参数也有一定的差异。

主管道坡口组对的难度在过渡段，在焊接过程中，通过检查关联焊口的位置状态来确定当前焊口的控制变形措施，如改变引弧位置、增加局部自熔焊道等。例如，在焊接 C4 焊口时，在 C1 焊口布置百分表，用于监测焊接 C4 焊口引起的 C1 焊口内错边量的变化，通过改变 C4 焊口引弧位置或增加 C4 焊口局部自熔焊道，调整 C1 焊口的内错边量。如果出现焊缝侧壁熔合不良、焊缝成形不美观或焊缝剩余深度不一致等情况，可使用或不使用填充材料对焊缝进行再熔合。

在不同类型焊道的规定参数中选取对应的工艺参数，自动焊不需配备焊缝打磨工，操作人员数量仅为手工焊的 1/2。自动焊省去了打磨工序，不仅降低了操作人员的工作强度，也使焊接一道焊口的时间比手工焊缩短了 1/3。同时自动焊焊接热输入约为手工焊的 2/3，在较小的焊接热输入下，实现了高效焊接。单台机组的焊材使用量自动焊约为手工焊的 1/10，大大减少了焊接金属填充量，提高了焊缝的熔敷效率。自动焊排除了人为因素的影响，焊缝合格率相比手工焊也有所提高。主管道焊接处在核岛安装的关键路径上自动焊使单台机组主管道的焊接工期从 173 天缩短至 147 天，这对于整个核电机组建设工期的贡献是巨大的。

17.6 焊接机器人及自动化的其他应用

17.6.1 多轴联动机器人焊接技术在国防工业的应用

大型飞机机身铝合金壁板机器人激光焊接技术，关键技术如下。

（1）机器人九轴协调控制技术。

（2）变截面、薄壁管束 TIG 焊接工艺。

（3）大曲率、羊角接头焊缝激光跟踪技术。

（4）焊接变形预测与控制技术。

（5）机器人焊接离线编程与仿真技术。

（6）光纤激光机器人柔性焊接技术。

机器人焊接装备及应用如图 17.26 所示。

（a）焊接机器人装备现场 1　　　　　　　　　（b）焊接机器人装备现场 2

（c）机器人焊接　　　（d）结构光焊缝跟踪　　　（e）激光焊接飞机机身　　　（f）飞机机身

图 17.26　机器人焊接装备及应用

17.6.2　无导轨全位置焊焊接机器人

无导轨全位置焊焊接机器人示例如图 17.27 所示。

关键技术：

（1）无轨道全位置焊焊接。

（2）机器人由计算机编程，实时控制焊接全过程。

（3）新型 CCD 光电跟踪传感器实时跟踪多层焊缝，无须焊工紧盯熔池人工跟踪焊缝。

（4）具有焊枪角摆机构。

（5）与焊接电源联动控制。

（a）大型球罐焊接现场　　　（b）鞍钢鱼雷罐焊接试验

（c）西珑池水电工程焊接试验

图 17.27　无导轨全位置焊焊接机器人示例

17.6.3 遥操作水下焊接机器人

工作原理：水下干式舱跨骑在损伤管道上，往舱内充入略大于水深压力的高压气体，将海水从舱内排出，舱壁内外压力平衡，形成干式高压环境，然后在舱内进行管道干式高压全位置焊焊接修复。机器人装备及管道干式高压全位置焊焊接原理如图 17.28 所示。

关键技术：
（1）控制策略：微观自主、宏观遥控。
（2）安全措施：接触引弧、直流电机驱动。
（3）工作模式：水面焊工与舱内潜水员协同。

（a）遥操作海底管道干式高压维修焊接机器人

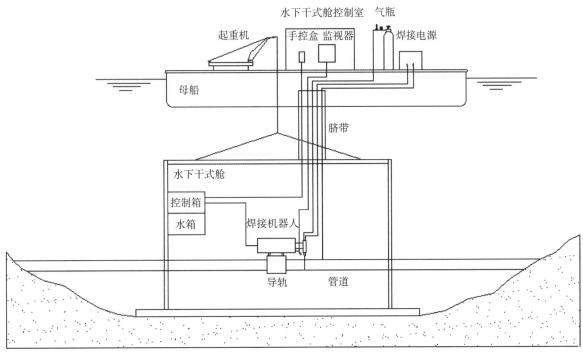

（b）海管维修用水下干式高压焊接原理图

图 17.28　遥操作水下焊接机器人

17.7 实例：大型刮板输送机中部槽数字化 / 自动化焊接

17.7.1 背景介绍

在煤炭开采过程中，刮板输送机需要反复承受采煤机的截割反力、自重力和牵引力，还需要反复承受液压支架的推力和拉力。

中部槽是刮板输送机的主体，是关键焊接结构件，重量占整机的75%。如井下工作面长为300m，机头＋机尾＋过渡槽长约10m，中部槽总长为290m，每节长为1.5m，需要193节，材料强度为1400MPa，硬度为HB450。材料的高强化及大厚度，易出现焊接缺欠（未熔合、裂缝等），将对采煤机组的安全运行产生潜在威胁。刮板输送机作为焊接结构，其强度、可靠性、使用寿命等直接影响采煤机效率和采煤成本。刮板输送机结构如图17.29所示。

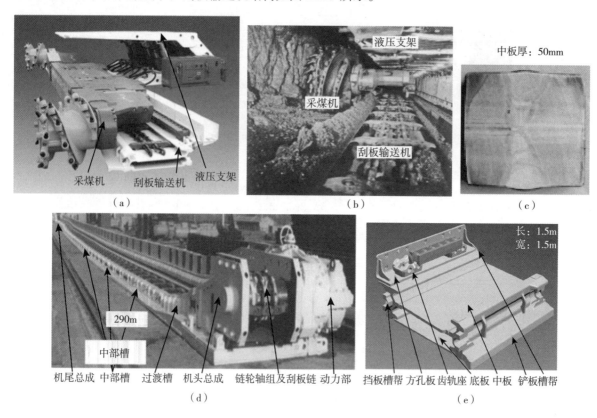

图 17.29　刮板输送机结构图

17.7.2　生产现况

目前我国煤矿刮板输送机结构件焊接多采用半自动MAG焊，中部槽采用单工位弧焊机器人的较少。中部槽数字化／自动化组装焊接生产线在国内外还是空白，目前正在研发阶段，已出现部分试焊产品。

国外主要煤机机械制造企业在焊接加工方面多采用自动化焊接设备，机器人焊接技术获得了良好的应用，刮板输送机整体质量水平与整机寿命高于国内产品。美国某公司中部槽机器人焊接工作站如图17.30所示，2006年美国某公司中部槽双机器人工作如图17.31所示。

下料：数控火焰精密切割

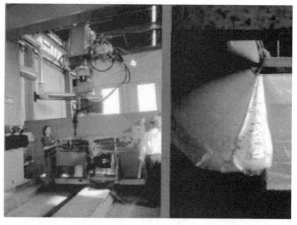

图 17.30　美国某公司中部槽机器人焊接工作站

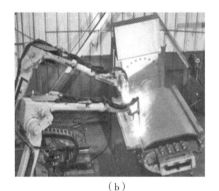

（a）　　　　　　　　　　　　　　（b）

图 17.31　2006 年美国某公司中部槽双机器人焊接工作

保护气体：$Ar+CO_2$（10%）

装配：手工焊一次完成

焊接电流：350A

焊接变形控制：采用双机器人，利于热输入平衡

盖面焊道：摆动焊

焊接质量保证：焊接 3~4 层，人工打磨焊缝表面一次

钢板：AR450

焊丝：瑞典 ESAB ER100–S1，直径为 1.2mm

板厚：40mm

焊接工艺：安川双机器人焊接

焊接顺序：一台从中间向一端走、另一台从另一端向中间走

焊接效率：比手工焊提高 1 倍

使用寿命：提高 1 倍

17.7.3　中部槽生产线组成及研发

　　组装 / 焊接线三维布置图（见图 17.32）由智能组装、激光复合打底、中板双机器人双丝焊接 1、中板双机器人双丝焊接 2、底板组装、底板机器人双丝焊接 1、底板机器人双丝焊接 2、底板内焊缝掏焊专机、工件 RGA 传输系统、总控制系统等部分组成。

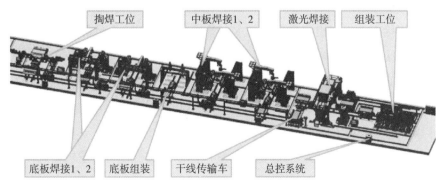

图 17.32　组装 / 焊接线三维布置图

采用激光焊焊接与数控结合，焊接系统带有激光跟踪传感器、坡口检测传感器、温度检测传感器、变形量检测传感器。激光－复合数控门（7 轴）焊接系统如图 17.33 所示，试焊产品如图 17.34 所示。

图 17.33　激光－复合数控龙门（7 轴）焊接系统　　　　图 17.34　试焊产品

17.8　机器人焊接的推广应用

智能制造是基于新一代信息技术，贯穿设计、生产、管理、服务等制造活动各个环节，具有信息深度自感知、智慧优化自决策、精准控制自执行等功能的先进制造过程、系统与模式的总称。具有以智能化工厂为载体、以关键制造环节智能化为核心、以端到端数据流为基础、以网络互联为支撑等特征。

机器人是智能制造的核心要素，应具备如下条件。

（1）精准控制自执行：对设备、系统、生产线、车间、企业的作业状态进行调整并执行决策。

（2）信息深度自感知：准确感知设备、系统、产品、车间、企业的实施运行状况。

（3）智慧优化自决策：对实时运行状态数据进行识别、分析、处理，根据分析结果，自动做出判断与决策。

一般的机器人焊接还停留在自动化层面，然而数字化车间则要求机器人焊接过程在线可视、焊后可追踪评价。数字化焊接车间是指车间内实现：①焊接设备自动化；②控制过程数字化；③生产数据实时监控；④生产管理、监视网络化；⑤产品质量控制可追溯。

机器人焊接对焊接人才也提出了更高的要求。普通焊接对焊接人员的要求：①掌握基础的焊接理论知识；②了解焊接设备的基本操作；③强调焊工有较高的手工操作水平。自动化焊接对焊接人员的要求：焊工的技能水平不仅仅体现手工操作水平，也体现焊工对焊接自动化装备的操作、认识等技能的提升。数字化／智能化焊接对人才的要求：①机器人焊接工作站设计与配置；②机器人焊接基本原理与操作编程；③机器人焊接高级编程与系统维护。

《中国制造 2025》将机器人作为一种智能装备和产品予以支持，将工业机器人作为推进制造过程智能化的一种重要手段。

17.9　增材制造技术

17.9.1　增材制造技术简介

增材制造（Additive Manufacturing，AM）俗称 3D 打印，是快速原型技术（Rapid Prototyping Technology，RPT）的一个重要分支。增材制造是近年来发展起来的，根据 CAD（计算机辅助设计）模型快速生产零件的技术总称，集成了 CAD 技术、数控技术、激光技术和材料技术等现代科技成果，是先进制造技术的重要组成部分。

增材制造技术有许多种，最常见的包括快速成形、快速制造、直接数字制造和快速模具制造等。快速成形是采用数字模型，如 CAD，通过将材料沉积到底层上来成形样件。快速制造是利用增材制造方法来制造全功能产品。直接数字制造是指利用增材制造技术将一个零件的数字化描述或设计转化为最终产品。快速模具制造是指利用增材制造方法制造一个模具或直接完成小批量工装的生产。

与传统制造技术相比，3D 打印技术有以下突出优点。

（1）优化生产结构，节约材料和能源。

（2）生产开发周期短，加工效率高。

（3）具有很高的设计灵活性，真正意义上实现了数字化、智能化和并行化制造。

（4）成形材料广泛，可实现多种材料以任意方式复合的成形技术。

（5）应用范围广，适合于新产品开发、快速单件及小批量零件制造、复杂形状零件的制造、模具的设计与制造等，也适合于难加工材料的制造、外形设计检查、装配检验和快速逆向工程等。

17.9.2　3D 打印材料

3D 打印材料是 3D 打印技术发展的重要物质基础，在某种程度上，材料的发展决定着 3D 打印能否有更广泛的应用。目前 3D 打印材料主要包括工程塑料、光敏树脂、橡胶类材料、金属材料和陶瓷材料等，除此之外，彩色石膏材料、人造骨粉、细胞生物原料以及砂糖等食品材料也在 3D 打印领域得到了应用。3D 打印所用的这些原材料都是专门针对 3D 打印设备和工艺而研发的，与普通的塑料、石膏、树脂等有所区别，其形态一般有粉末状、丝状、层片状、液体状等。通常，根据打印设备的类型和操作条件的不同，所使用的粉末状 3D 打印材料的粒径为 1~100μm 不等，而为了使粉末保持良好的流动性，一般要求粉末具有高球形度。

17.9.2.1　工程塑料

工程塑料指被用作工业零件或外壳材料的工业用塑料，是强度、耐冲击性、耐热性、硬度和抗老化性均优的塑料。工程塑料是当前应用最广泛的一类 3D 打印材料，常见的有苯乙烯（Acrylonitrile Butadiene Styrene，ABS）类材料、树脂（Polycarbonate，PC）类材料、尼龙类材料等。

17.9.2.2　光敏树脂

光敏树脂即 Ultraviolet Rays（UV）树脂，由聚合物单体与预聚体组成，其中加有光（紫外光）引发剂（或称为光敏剂），在一定波长的紫外光（250~300nm）照射下能立刻引起聚合反应完成固化。光敏树脂一般为液态，可用于制作高强度、耐高温、防水材料。目前研究光敏材料 3D 打印技术的主要有美国 3D System 公司和以色列 Object 公司，常见的光敏树脂有 Somos Next 材料、树脂 Somos 11122 材料、Somos 19120 材料和环氧树脂。

17.9.2.3 橡胶类材料

橡胶类材料具备多种级别弹性材料的特征，这些材料所具备的硬度、断裂伸长率、抗撕裂强度和拉伸强度，使其非常适合于要求防滑或柔软表面的应用领域。3D 打印的橡胶类产品主要有消费类电子产品、医疗设备以及汽车内饰、轮胎、垫片等。

17.9.2.4 金属材料

近年来，3D 打印技术逐渐应用于实际产品的制造，其中金属材料的 3D 打印技术发展尤其迅速。在国防领域，欧美发达国家非常重视 3D 打印技术的发展，不惜投入巨资加以研究，而 3D 打印金属零部件一直是研究和应用的重点。3D 打印所使用的金属粉末一般要求纯净度高、球形度好、粒径分布窄、氧含量低。目前用于 3D 打印的金属粉末材料主要有钛合金材料、钴铬合金材料、不锈钢材料和铝合金材料等，此外还有用于打印首饰用的金、银等贵金属粉末材料。

17.9.2.5 陶瓷材料

陶瓷材料具有高强度、高硬度、耐高温、低密度、化学稳定性好、耐腐蚀等优异特性，在航空航天、汽车、生物等行业有着广泛的应用，但由于陶瓷材料硬而脆的特点使其加工成形尤其困难，特别是复杂陶瓷件需通过模具来成形，模具加工成本高、开发周期长，难以满足产品不断更新的需求。

17.9.2.6 其他 3D 打印材料

除了上面介绍的 3D 打印材料外，目前用到的还有彩色石膏材料、人造骨粉、细胞生物原料和砂糖等材料。

17.9.3　3D 打印分类

如前所述，3D 打印的专业名称为增材制造。增材是指 3D 打印通过将原材料沉积或黏合为材料层以构成三维实体的制造方式。下面以其中代表性工艺方法简单介绍。

17.9.3.1 激光选区烧结 SLS

SLS 也称为选择性激光烧结，其工艺原理是预先在工作台上铺一层粉末材料（金属或非金属粉末），激光在计算机控制下，按照截面轮廓信息，对实心部分粉末进行烧结，然后不断循环，层层堆积成形。

17.9.3.2 熔融沉积成形 FDM

FDM 是将丝状的热熔性材料加热融化，同时三维喷头在计算机的控制下，根据截面轮廓信息，将材料选择性地涂敷在工作台上，快速冷却后形成一层截面。一层成形完成后，机器工作台下降一个高度（即分层厚度）再成形下一层，直至形成整个实体造形。其成形材料种类多，一般是热塑性材料，如蜡、ABS、PC、尼龙等，以丝状供料。成形件强度高、精度高，主要适用于成形小塑料件。

17.9.3.3 光固化成形 SLA

SLA 是最早实用化的快速成形工艺，采用液态光敏树脂为原料，工艺原理是用特定波长与强度的激光聚焦到光固化材料表面，使之由点到线，由线到面顺序凝固，完成一个层面的绘图作业，然后升降台在垂直方向移动一个层面的高度，再固化另一个层面，这样层层叠加构成一个三维实体。

17.9.3.4 立体喷印 3DP

3DP 工艺由美国麻省理工学院（MIT）于 1993 年开发的，该工艺与 SLS 工艺类似，采用粉末材料成形，如陶瓷粉末、金属粉末。3DP 工艺中，材料粉末不是通过烧结连接起来的，而是通过喷头用黏结剂（如硅胶）将零件的截面"印刷"在材料粉末上面。

17.9.3.5 数字光处理成形 DLP

DLP 工艺是利用光固化和投影仪 DLP 技术通过可见光将光敏树脂逐层固化成的 3D 对象，3D 对象从上到下逐层创建堆积而成。

17.9.3.6 分层实体制造 LOM

LOM 工艺是根据三维 CAD 模型每个截面的轮廓线，在计算机控制下，发出控制激光切割系统的指令，使切割头做 X 方向和 Y 方向的移动。供料机构将地面涂有热熔胶的箔材（如涂敷纸、涂敷陶瓷箔、金属箔、塑料箔材）一段段地送至工作台的上方。激光切割系统按照计算机提取的横截面轮廓用二氧化碳激光束对箔材沿轮廓线将工作台上的纸割出线，并将纸的无轮廓区切割成小碎片，然后，由热压机构将一层层纸压紧并黏合在一起，可升降工作台支撑正在成形的工件，并在每层成形之后降低一个纸厚，以便送进、黏合和切割新的一层纸，最后形成由许多小废料块包围的三维原型零件，然后取出，将多余的废料小块剔除，最终获得三维产品。

17.9.4 3D 打印流程

从广义上说，3D 打印完整流程主要包括 5 个步骤，如图 17.35 所示。

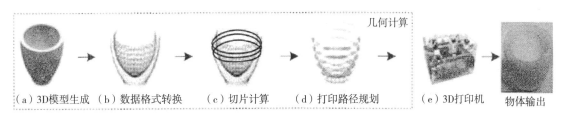

图 17.35　3D 打印流程

（1）3D 模型生成。利用三维计算机辅助设计（CAD）、建模软件建模或通过三维扫描设备（如激光扫描仪、结构光扫描仪等）来获取生成 3D 模型数据。这时所得到的 3D 模型数据格式可能会因不同方法而有所不同，有些可能是扫描所获的点云数据，有些可能是建模生成 NURBS 曲面信息等。

（2）数据格式转换。将上述所得到的 3D 模型转化为 3D 打印的 STL 格式文件。STL 是 3D 打印业内所应用的标准文件类型，它是以小三角面片为基本单位即三角网格离散地近似描述三维实体模型的表面。

（3）切片计算。通过计算机辅助设计技术（CAD）对三角网格格式的 3D 模型进行数字切片（Slice），将其切为一片片的薄层，每一层对应着将来 3D 打印的物理薄层。

（4）打印路径规划。切片所得到的每个虚拟薄层都反映着最终打印物体的一个横截面，在将来3D打印中打印机需要进行类似光栅扫描式填满内部轮廓，因此需要规划出具体的打印路径，并对其进行合理的优化，以得到更快更好的切片打印效果。

（5）3D打印机。3D打印机根据上述切片及切片路径信息来控制打印过程，打印出每一个薄层并层层叠加，直到最终打印物体成形。

从上述3D打印过程可知，要实现3D打印，3D模型是前提和基础，否则"巧妇难为无米之炊"，而3D打印使3D模型"落到实处"。但是，大多情况下，现有方法直接得到的3D模型并不能直接输出给3D打印机。因为大部分设计模型都是由建筑师、工程师或设计人员所提供，他们都倾向于使用专业设计软件，如Maya、3ds Max和Sketch UP等。还有一些三维模型数据来自三维扫描设备，如激光扫描仪、结构光扫描仪等。这些模型数据信息并未考虑到3D打印的具体需求与约束，如果直接输出到3D打印机，通常会导致各种各样的问题，如模型尺寸过大，超过打印机能打印的尺寸限制或没有考虑稳定性导致打印出物体无法正常放置等。

17.9.5　3D打印技术的应用案例

第一台可用的3D打印机是由3D系统公司（3D System Corp）于1984年制造的。21世纪以来，这类机器的销量有了大量提升，其价格也在下降。根据3D打印咨询公司沃勒斯协会（Wohlers Associates）的调查，2012年全球3D打印市场价值22亿美元，相比2011年增长了29%，3D打印及其相关产业将成为一个巨大的市场。

3D打印技术已广泛应用于建筑设计、结构、工业设计、汽车、航空、土木工程、医疗、生物科技（人体组织替换）、眼镜等产业领域的原型零件生产和分布式制造，甚至包括了食品行业。

案例一："打印"出来的赛车

比利时鲁汶工程联合大学的16名工科学生组成了一个名为Group T的团队，参加了2012年大学生方程式挑战赛。他们团队的赛车"亚里安"是世界上第一辆大部分零件通过3D打印制造的赛车。这辆以希腊神话中一匹有神的血统的马命名的赛车使用了各种创新和绿色科技，在比赛中不负盛名，在霍根海姆赛道于4s内从0加速至100km/h，并达到了141km/h的最高速度。赛车使用的尖端科技除了电力传动和生物复合材料，还有玛瑞斯（Materialise）公司的3D打印技术，如图17.36所示。

图17.36　3D打印的赛车

案例二：更安全的人体下颚骨

2011年6月，一位83岁的女性在荷兰接受手术，成为3D打印下颚骨的第一位受益者。但直到现在，有关这项具有突破性的手术的细节才对外公布。

这个下颚骨采用高精度激光—层层熔合钛粉制成，没有使用胶水或者液体黏合剂。科技人员称这场手术成功地为使用 3D 打印给更多患者定制身体组件铺开了道路，如图 17.37 所示。

图 17.37　3D 打印的下颚骨

案例三：战斗机钛制结构组件

近年来，位于芝加哥的菲利普服务工业子公司 Sciaky 已经受到航空业和防卫工业领域的关注。Sciaky 拥有独家的直接制造（DM）流程，使用电子束焊焊接技术来一层层地构件零件，已经在很多不同的工业领域进行了应用，如图 17.38 所示。使用这种技术制造的零件尺寸最大可达 5.8m×1.2m×1.2m。

在 2012 年 2 月，Sciaky 与宾夕法尼亚州立大学应用研究实验室合作改进了 DM 工艺，宾夕法尼亚州立大学应用研究实验室内将设立一个 560 平方米的直接数学增长创新金属加工中心，作为 DARPA 的开源生产项目下的世界级生产工艺展示中心。

图 17.38　3D 打印的战斗机组件

17.9.6　3D 打印技术存在的问题与前景展望

近年来，3D 打印技术得到了快速的发展，其实际应用领域逐渐增多，但 3D 打印材料的供给形势却并不乐观，成为制约 3D 打印产业发展的瓶颈。目前，我国 3D 打印原材料缺乏相关标准，国内有能力生产 3D 打印材料的企业很少，特别是金属材料主要依赖进口，价格高，这就造成了 3D 打印产品成本较高，影响了其产业化的进程，因此当前的迫切任务之一是建立 3D 打印材料的相关标准，加大对 3D 打印材料研发和产业化的技术和资金支持，提高国内 3D 打印用材料的质量，从而促进我国 3D 打印产业的发展。

铸造、锻造、焊接等金属材料制造技术经过上百年的研究、应用和发展，积累了丰富的使用经验，形成了完善的标准体系。3D 打印也一样需要一个漫长技术积累和验证过程，只有通过长期、大量的应用研究，发现和解决方法本身固有的问题，才能使 3D 打印技术的应用不断向广度和深度发展。

参考文献

［1］本刊编辑部. 国际机器人联合会 2020 年全球工业机器人统计数据［J］. 机器人技术与应用，2020，（5）：47-48.

［2］陈启愉，吴智恒. 全球工业机器人发展史简评［J］. 机械制造，2017，55（7）：1-4.

［3］张华，李志刚. 水下焊接机器人技术发展现状及趋势［J］. 机器人技术与应用，2008，（6）：11-14.

［4］王治富. 汽车行业焊接自动化现状及发展趋势［J］. 汽车工艺与材料，2012，（5）：11-13.

［5］中国机械工程学会焊接学会. 焊接手册：焊接结构［M］.3 版. 北京：机械工业出版社，2008.

［6］蔡自兴，谢斌. 机器人学［M］.3 版. 北京：清华大学出版社，2015.

［7］张广军，李海超，许志武. 焊接过程传感与控制［M］. 哈尔滨：哈尔滨工业大学出版社，2013.

［8］林三宝，蔡笑宇，杨春利. 先进焊接技术系列：窄间隙 GMA 焊接技术［M］. 北京：机械工业出版社，2021.

［9］邓启文，陈强，郭继周，等.3D 打印技术对武器装备发展的影响［J］. 国防科技，2014，35（4）：63-66.

［10］黄秋实，李良琦，高彬彬. 国外金属零部件增材制造技术发展概述［J］. 国防制造技术，2012，（5）：26-29.

［11］焦向东，朱加雷. 石油化工行业特种焊接机器人技术现状及发展［J］. 现代焊接，2016，（8）：2-6.

［12］李海超，吴林，高洪明，等. 应用于遥控焊接的激光视觉传感辅助遥控示教［J］. 焊接学报，2006，（5）：39-42.

［13］周灿丰，王龙. 遥操作焊接机器人焊接信息采集系统研究［J］. 焊接，2018，（7）：1-6.

本章的学习目标及知识要点

1. 学习目标

（1）掌握焊接自动化程度的分类。

（2）掌握焊接机器人的工作原理。

（3）了解几种主要的焊接过程传感方式。

（4）了解全位置焊焊接设备的应用。

（5）在理解窄间隙焊焊接原理的基础上，掌握窄间隙焊焊接的分类和应用。

（6）了解增材制造技术和应用。

2. 知识要点

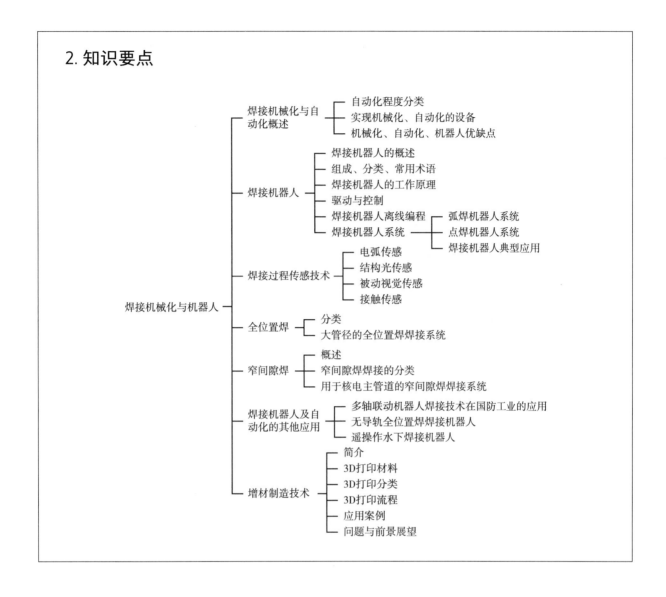

第18章

钎 焊

编写：钱强　何珊珊　审校：朱艳

本章从钎焊工艺、钎焊材料、方法选择和典型产品钎焊实例4个方面做介绍，具体内容主要包括钎焊特点、原理、典型钎焊方法、钎焊工艺过程、钎料、钎剂、钎料与钎剂的搭配、材料的钎焊性、钎焊工艺的选择、钎焊接头设计及具体产品钎焊实例等，便于对钎焊技术有全面了解。

18.1 钎焊工艺

钎焊技术是一种既古老又现代的金属连接技术，可用于材料连接或制备材料涂层，可以连接各种复杂精密的零部件，能够保证焊接质量及降低制造成本。钎焊作为三大焊接技术之一，它是采用（或过程中自动生成）低于母材熔点的金属材料作钎料，采取低于母材固相线高于钎料液相线的温度将钎料加热到熔化，通过熔化的钎料将母材连接在一起。利用液态钎料在母材的间隙中或表面上润湿、毛细流动、填充、铺展、与母材的相互作用（溶解、扩散或产生金属间化合物），冷却凝固形成牢固的接头，从而将母材连接在一起。

18.1.1 钎焊特点

钎焊工艺是在连接处通过钎料的熔化和接触面处的原子间相互扩散实现连接。钎焊过程中，母材没有达到熔化温度，仅钎料熔化，图18.1所示为钎焊与熔化焊工作温度示意图。因此，用于钎焊的钎料应具有与母材相关的2个特性：①钎料的熔点应低于母材的熔点；②钎料能够在母材表面上润湿铺展。由此可知，钎焊与熔化焊不同，与其他焊接方法相比，钎焊具有以下特点。

（1）钎焊加热温度较低，一般低于母材熔点，对母材的组织和性能影响较小，但同时接头耐热能力差。

（2）钎焊接头平整光滑，外形美，工件的尺寸精度高，尤其采用均匀加热的钎焊方法，工件变形较小。

（3）钎焊可用于复杂、精密和可达性差的部件的连接，这一点使其成为某些部件的唯一连接方法。

（4）钎焊生产效率高，某些方法一次可焊几十条或百条以上焊缝。

（5）可实现异种金属及金属与非金属的连接，可以钎焊任意组合的金属材料。

（6）钎焊接头的强度比熔焊低，搭接接头可提高承载能力，但同时也增加了母材的用量和结构的重量。

（7）钎焊工件连接表面的清理和工件装配质量要求都很高。

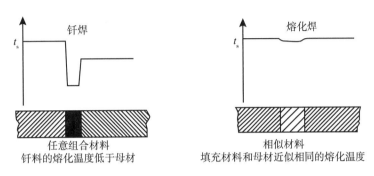

图 18.1　钎焊与熔化焊工作温度示意图（注：t_s 为母材熔化温度）

18.1.2　钎焊基本原理

钎焊是采用高于钎料熔点、低于母材熔点的温度加热，通过加热熔化的液态钎料在母材表面或间隙中润湿、铺展、毛细流动填缝，最终凝固结晶实现材料连接的方法。因此，钎焊包含 2 个基本过程：一是钎料熔化并填满钎缝的过程；二是钎料与母材相互作用的过程。即在一定的条件下，熔化的液态钎料自行流入固态母材之间的间隙，并依靠毛细作用力保持在间隙内，其中小部分母材溶解于液态钎料中，同时钎料组分原子扩散进入到母材，且某些情况下在固液界面还会发生一些复杂的化学反应，当液态钎料填满间隙并保持一定时间后，冷却凝固形成钎焊接头。但是并非任何熔化的钎料都能顺利填入接头的间隙中，即填缝必须具备一定的条件。液态钎料对固态母材的润湿铺展以及钎焊接头间隙的毛细作用是熔化钎料填缝的基本条件，而且液态钎料要与母材发生润湿，必须要清除金属表面的杂质及氧化膜。因此，钎焊接头形成涉及钎焊时的去膜机制、液态钎料的润湿和填缝过程、液态钎料与固态母材之间的相互作用。

18.1.2.1　金属表面氧化膜及去膜机制

无论是钎料还是固体母材，其表面总是覆盖一层厚度不等的氧化膜。在钎焊过程中，去除母材表面的氧化膜是保证液态钎料良好的润湿母材，并顺利完成钎焊连接的基本前提。由于材料性质、成分上的差异，其表面氧化膜也表现出不同的特性，而且对于不同的钎焊方法和钎料 / 母材体系，其氧化膜的去除机制是不完全相同的。金属表面氧化膜的去除通常可分为 2 个阶段来考虑，包括钎焊前去膜和钎焊时去膜。氧化膜的去除方式主要有 2 种：一是物理方式，如机械刮擦使氧化膜破碎，或是采用超声波振动法。二是化学方式，即利用钎剂与母材表面氧化膜的反应达到去除氧化膜的目的。钎焊过程中多数是通过化学机制去除氧化膜的。钎焊方法及被钎材料的多样性决定了材料表面氧化膜去除的复杂性。因此，不同钎焊方法及母材表面氧化膜的去除机制是不完全相同的。

1. 物理方法去膜

在钎焊某些金属或合金时，可利用机械刮擦作用破除母材表面的氧化膜。采用机械去膜的钎焊方法称为刮擦钎焊。机械去膜可借助于刮刀、锉、钢丝刷、烙铁等坚硬物体刮擦液态钎料层下的母材表面，也可直接利用钎焊棒端头刮擦加热到钎焊温度的母材表面，在破除氧化膜的同时钎头端头受热熔化。

2. 钎剂去膜

钎剂去膜的机制有溶解、剥落、松动、被流动的钎剂推开等。对于不同的母材，钎剂去膜机制侧重点也不同，有的是2种作用，有的甚至是4种作用兼而有之，使钎焊过程得以完成。

3. 无钎剂钎焊过程中母材表面氧化膜的去除

用钎剂去除氧化膜存在清洗残渣的困难，并且在一些情况下由于各种原因而不能完全清除干净，因而存在潜在的腐蚀危险。如在钎焊过程不使用钎剂，则可以避免上述问题。为此，研究人员开发了一些无钎剂钎焊的方法。一些不用钎剂而在空气中进行钎焊的过程，往往靠钎料中的挥发组元在加热时与氧化膜反应，将其还原破坏或从母材氧化膜的破隙渗入膜下，再由它和母材的互溶与润湿以及钎料的流布来推开氧化膜。

钎焊时的真空环境是借助于机械装置得到的，在真空条件下进行钎焊有利于钎焊过程的进行。而不同的母材在真空条件下具有不同的去膜机制，即使同一类母材，在不同的钎焊温度下，其去膜机制也可能不同。如钛的氧化膜在温度高于700℃时强烈地溶入钛中，它是通过氧化膜溶入母材而去除的。而钎焊不锈钢时，温度超过900℃，其本身所含的碳即足以使氧化膜被还原而破坏。

18.1.2.2 液态钎料的填缝过程

钎焊时，把钎料放在钎缝间隙附近，钎料熔化后能够自动填充缝隙，即钎料填缝，实现钎料填缝过程的必要条件之一是钎料对母材的润湿。清洁母材表面，能实现更好的润湿作用。所谓润湿是液相取代固相表面气相的过程，按其特征可分为附着润湿、浸渍润湿和铺展润湿。附着润湿是指固体与液体接触后，将液气相界面和固气相界面变为固液相界面的过程；浸渍润湿是指固体浸入流体的过程，在此过程中固气相界面被固液相界面所取代，而液相表面没有变化；铺展润湿是液滴在固体表面上铺开的过程，即以液固相界面和新的液气相界面取代固气相界面和原来的液气相界面的过程。实现钎焊过程多为铺展润湿，如图18.2所示。

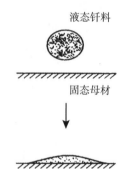

液态钎料

固态母材

图18.2　铺展润湿示意图

影响钎料润湿作用的主要因素有钎料和母材成分、母材表面氧化物、钎剂、母材表面粗糙度和钎焊温度等。

1. 钎料和母材成分的影响

一般来说，如果钎料与母材在液态和固态下均无相互作用，则它们之间的润湿性就很差；若钎料和母材之间能相互溶解或形成金属间化合物，则液态钎料就能较好地润湿母材。因此，钎焊时要根据母材选择合适的钎料。

此外，钎料中添加表面活性物质时，可明显减少液态钎料的表面张力，改善钎料对母材的润湿性。表面活性物质，即液态钎料中表面张力小的组分，将聚集在液体表面层呈现正吸附，使液体表面张开力显著减小。表面活性物质的这种有益作用已在实际钎焊中得到应用。

2. 金属表面氧化物的影响

在常规条件下，大多数金属表面都有一层氧化膜。氧化物的熔点一般都比较高，在钎焊温度下为固态，它们的表面张力值很低。因此，钎焊时将产生不润湿现象，表现为钎料成球，不铺展。另外，许多钎料合金表面也存在一层氧化膜。当钎料熔化后被自身的氧化膜包覆，此时其与母材之间是2种固态的氧化膜之间的接触，因此产生不润湿。

3. 钎剂的影响

钎剂对液态钎料润湿性的影响，主要表现在2个方面。当用钎剂去除了母材和钎料表面的氧化膜后，液态钎料就可以和母材金属直接接触，从而改善润湿。另外，当母材和钎料表面覆盖了一层液态钎剂后，可以使母材的界面张力增大，液态钎料的界面张力减小，从而改善钎料的润湿铺展性能。

4. 母材表面粗糙度的影响

母材表面粗糙度对钎料的润湿铺展性有明显影响，这是因为较粗糙的母材表面布满纵横交错的细槽，对液态钎料起到特殊的毛细作用，从而促进钎料在母材表面的铺展，改善润湿性。但当钎料与母材相互作用较强时（如锡锌钎料与LF21铝合金母材），较粗糙母材表面所存在的细槽会迅速被液态溶解而不复存在，因此母材表面粗糙度的影响不明显。

5. 钎焊温度的影响

温度越高，液态钎料对母材的润湿性越好，在母材表面的铺展面积也越大。但并非钎焊温度越高越好，温度过高，钎料铺展能力过强，会造成钎料流失，即钎料流散到不需要钎焊的部位，而不易填满钎缝。同时温度过高还可能造成母材晶粒长大、过热、过烧和钎料溶蚀母材等问题。因此，必须综合考虑钎焊温度的影响，在实际钎焊过程中，通常钎焊温度较钎料液相线高 30~80℃。

另外，要实现钎料填缝过程还需要毛细作用。将金属细管插入液态钎料中，管子的半径足够小，则在管壁处的液面就呈现连续的弯曲液面，因而产生附加压力，使钎料沿细管上升，这就是毛细现象。通常钎缝间隙比较小，如同毛细管，因此具有明显的毛细作用，这是钎料自动填缝的原因。但钎料能否填满接头间隙，取决于它在母材间隙中的毛细流动特性。

当将两互相平行的金属板垂直插入液态钎料中时，假设平行金属板无限大，钎料量无限多，由于存在毛细作用，如果钎料可以润湿金属板，则会出现如图 18.3 所示的情形。

当液体钎料对母材的润湿性越好，平行板间隙值越小，液态钎料的爬升高度越大，因此钎料填充间隙能力取决于其对母材的润湿性和接头间隙。并以小间隙为佳，即为使液态钎料能填满间隙，在接头设计和装配时必须保证小的间隙。

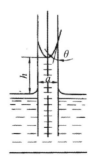

图 18.3　两平行板间液体的毛细作用
（钎料润湿母材）

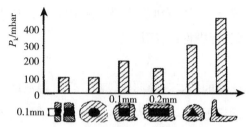

图 18.4 不同间隙形状下的填充压力

注：P_k 为填充压力。

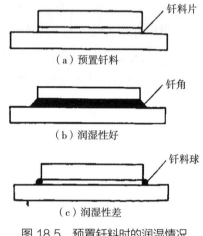

（a）预置钎料

（b）润湿性好

（c）润湿性差

图 18.5 预置钎料时的润湿情况

间隙不同，其产生的填充压力也不同，如图 18.4 所示，影响钎料流入间隙的速度。在实际钎焊过程中，液体钎料与母材或多或少地存在相互扩散，使液态钎料的成分、密度、黏度和熔点发生变化，从而使毛细填缝现象复杂化。

液态钎料在水平位置的平行间隙中的填缝更接近于实际钎焊时的情况。由于间隙是处于水平位置，液态钎料填缝时的附加压力与重力垂直，所以重力不起抵消附加压力的作用。

在实际钎焊的过程中，很多情况下需要将钎料预先放置在钎缝的间隙内，此时润湿和毛细作用仍具有重要的意义。预置钎料时的润湿情况如图 18.5 所示。当钎料对母材润湿性良好并且钎缝间隙适宜时，液态钎料填满间隙并在钎缝四周形成过渡圆滑的钎角；若润湿性不好，会造成钎缝填充不良，外部不能形成良好的钎角；若间隙过大，会造成液态钎料流失，不能形成钎焊接头；如果钎料对母材完全不润湿，则液态钎料会流出间隙，聚集成钎料球，也不能形成钎焊接头。

18.1.2.3 钎料与母材的相互作用

钎料与母材之间的作用可归为 2 种：一种是固态母材向液态钎料的溶解；另一种是液态钎料向母材的扩散。这些相互作用对钎焊接头性能影响很大。母材向钎料的适当溶解会改变钎料的成分。改变的结果如果有利于最终形成的钎缝组织，则钎焊接头的力学性能提高；母材溶解的结果是在钎缝中形成脆性化合物相，则钎焊接头的力学性能降低。母材的过度溶解会使液态钎料的熔化温度和黏度提高，流动性变坏，导致不能填满接头间隙。有时过度溶解还会造成母材溶蚀缺欠，严重时甚至出现溶穿。

钎焊时，在母材向液态钎料溶解的同时，也出现钎料组分向母材的扩散。如果扩散进入母材的钎料组分浓度在饱和溶解度之内，则形成固溶体组织，这对接头的性能没有不良影响。若冷却时扩散区发生相变，则组织会产生相应的变化，并因此影响到接头的性能。

18.1.3 钎焊方法分类

钎焊时需要将工件加热到一定温度下进行，根据钎焊温度的不同，钎焊可分为软钎焊（<450℃）、硬钎焊（>450℃）和高温钎焊（>900℃）。一切能够使工件按照一定条件升温的热源均可用作钎焊时的加热。因此，钎焊方法通常根据热源或加热方式来分类。典型钎焊方法分类（根据加热方式）如图 18.6 所示。

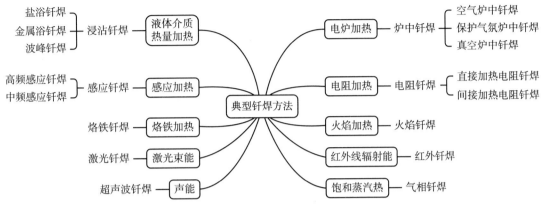

图 18.6　典型钎焊方法分类（根据加热方式）

18.1.4 典型钎焊方法简介

钎焊过程主要是通过创造必要的温度条件，确保匹配适当的母材、钎料、钎剂或气体介质之间进行必要的物理化学过程，从而获得优质的钎焊接头。根据上述实现钎焊所获得的温度条件可知，钎焊方法主要有炉中钎焊、浸沾钎焊、电阻钎焊、感应钎焊、火焰钎焊、激光钎焊等多种。本部分针对典型钎焊方法的钎焊原理、特点及主要应用做介绍，见表 18.1，不同钎焊方法使用的典型设备如图 18.7 至图 18.12 所示。

表 18.1　常用钎焊方法简介

钎焊方法	分类		原理	特点及应用
炉中钎焊	空气炉中钎焊［图 18.7（a）］		把加有钎剂、钎料的焊件放入一般工业电炉中加热至钎焊温度完成钎焊	钎焊加热均匀，变形小，设备简单，成本低，但加热速度较慢，焊件严重氧化；多用于钎焊铝、铜、铁及其合金
	保护气氛炉中钎焊	还原性气氛炉中钎焊［图 18.7（b）］	加有钎料的焊件在还原性气氛或惰性气氛包围下，在电炉中加热进行钎焊	能精确控制温度，加热均匀，变形小，一般不用钎剂，钎焊质量好，但设备费用较高，加热慢，钎料和工件不宜含大量易挥发元素；适用于钎焊碳钢、合金钢、硬质合金、高温合金等，如汽车铝制散热器、空调蒸发器、冷凝器、水箱等
		惰性气氛炉中钎焊		
	真空炉中钎焊	热壁型［图 18.7（c）］	使用真空钎焊容器，焊件放入容器内，容器放入炉中加热到钎焊温度，然后容器在空气中冷却	能精确控制温度，加热均匀，变形小，能针对难焊的高温合金，不用钎剂，钎焊质量好；设备费用高，钎料和工件不宜含较多的易挥发元素；可钎焊含有 Cr、Ti、Al 等元素的合金钢、高温合金、钛合金、铝合金和难熔金属；钎焊面积大而连续的接头
		冷壁型	加热炉与钎焊室合为一体，炉壁作成水冷套，内置热反射屏，炉盖密封	
浸沾钎焊	盐浴浸沾钎焊	外热式［图 18.8（a）］	多为氯盐的混合物作盐浴，钎焊件加热和保护靠盐浴来实现。外热式由槽外部电阻丝加热；内热式靠电流通过盐浴产生的电阻热来加热自身和进行钎焊	加热快，能精确控制温度；但设备费用高，焊后需仔细清洗；主要用于硬钎焊。适用于以铜基钎料和银基钎料钎焊钢、铜及其合金、合金钢及高温合金。还可钎焊铝及其合金，批量生产
		内热式［图 18.8（b）］		

钎焊方法	分类	原理	特点及应用
浸沾钎焊	金属浴钎焊	将经过表面清洗，并装配好的钎焊件进行钎剂处理，然后浸入熔化钎料中，钎料把钎焊处加热到钎焊温度实现钎焊	加热快，能精确控制温度；但钎料消耗大，焊后处理复杂；主要用于以软钎料钎焊铜、铜合金及钢。对于一些钎缝多而复杂的产品，如蜂窝式换热器、电机电枢等用此法更优
浸沾钎焊	波峰式钎焊（图18.9）	在熔化钎料的底部安放一泵，依靠泵的作用使钎料不断地向上涌动，印刷电路板在与钎料的波峰接触的同时随传送带向前移动实现钎焊	生产效率高；但钎料损耗较大；作为印刷电路板批量钎焊方法
电阻钎焊	直接加热式［图18.10（a）］	电极压紧两个零件的钎焊处，电流通过钎焊面形成回路，靠通电中钎焊面产生的电阻热加热到钎焊温度实现钎焊	加热快，生产效率高，成本较低；控制温度困难，工件形状、尺寸受限；主要用于钎焊刀具、电机的定子线圈、导线端头，以及各种电气元件的触点
电阻钎焊	间接加热式［图18.10（b）］	电流或只通过一个零件，或根本不通过焊件。前者钎料熔化和另一零件加热是依靠通电加热的零件向它导热来实现。后者电流是通过并加热一个较大的石墨板或耐热合金板，焊件置于此板上，全部依靠导热来实现，对焊件仍需压紧	
感应钎焊（图18.11）	高频（150kHz/S~700kHz/S）	焊件钎焊处的加热是依靠它在交变磁场中产生的感应电流的电阻热来实现的	加热快，钎焊质量好；但温度不能精确控制，工件形状受限；广泛用于钎焊钢、铜及铜合金、高温合金等的具有对称形状的焊件；批量钎焊小件如管状接头、管与法兰、轴和盘的连接
感应钎焊（图18.11）	中频（1kHz/S~10kHz/S）		
火焰钎焊（图18.12）	氧-乙炔焰	用可燃气体或液体燃料的气化产物与氧气或空气混合燃烧所形成的火焰来实现钎焊加热的	设备简单，灵活性好；但控制温度困难，操作技术要求高；主要用于钎焊钢和铜
火焰钎焊（图18.12）	压缩空气雾化汽油火焰或空气液化石油火焰		适用于铝合金的硬钎焊
几种特种钎焊	红外线钎焊 红外线钎焊炉	用红外线灯泡的辐射热对钎焊件加热钎焊	焊点的可靠性和重复性高，容易实现自动化；仅能点状加热、工件形状、尺寸受限；适于钎焊电子元器件及玻璃绝缘子等，印刷电路板上小型元器件
几种特种钎焊	红外线钎焊 小型红外线聚光灯钎焊		连接磁线存储器、挠性电缆等
几种特种钎焊	激光钎焊 —	利用激光束所产生的热能对薄壁精密零件实行局部加热，从而使金属连接起来	实现小面积快速加热，但只能实现逐点扫描钎焊，设备成本高；适用于钎焊微电子器件、无线电、电讯器材，以及精密仪表等零部件
几种特种钎焊	脉冲加热钎焊 平行间隙钎焊法	利用电阻热原理进行软钎焊的方法，以脉冲的方式在短时间内供给钎焊所需热量	在印刷电路板上装集成电路块及晶体管等元器件
几种特种钎焊	脉冲加热钎焊 再流钎焊法	通过脉冲电流用间接加热的方法在被焊的材料上涂一层钎料或在材料间放入加工成适当形状的钎料，并在其熔化瞬间同时加压完成钎焊	在印刷电路上装集成电路块、二极管、片状电容等元器件，以及挠性电缆的多点同时钎焊等
几种特种钎焊	气相钎焊 —	利用非活性有机溶剂被加热沸腾产生的饱和蒸汽与工件表面接触时凝结放出的潜热加热焊件，来使钎料熔化实现钎焊	精确控制温度，加热均匀，钎焊质量高；成本高；用于钎焊印刷电路板上的接线柱、在陶瓷基片上钎焊陶瓷片或芯片基座外部引线等

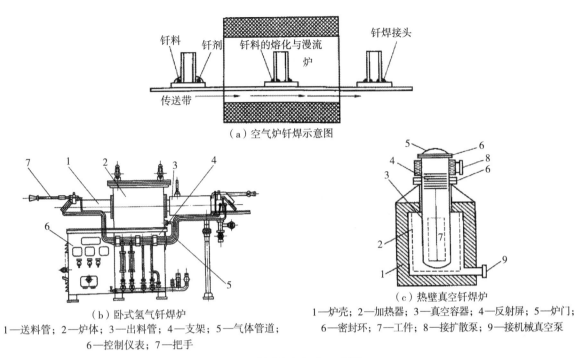

（a）空气炉钎焊示意图

（b）卧式氢气钎焊炉

1—送料管；2—炉体；3—出料管；4—支架；5—气体管道；
6—控制仪表；7—把手

（c）热壁真空钎焊炉

1—炉壳；2—加热器；3—真空容器；4—反射屏；5—炉门；
6—密封环；7—工件；8—接扩散泵；9—接机械真空泵

图 18.7　炉中钎焊设备示意图

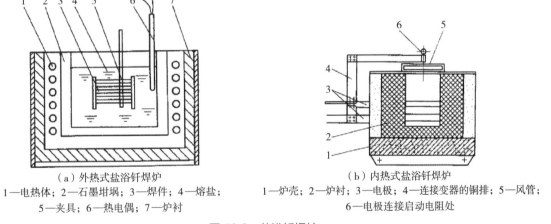

（a）外热式盐浴钎焊炉

1—电热体；2—石墨坩埚；3—焊件；4—熔盐；
5—夹具；6—热电偶；7—炉衬

（b）内热式盐浴钎焊炉

1—炉壳；2—炉衬；3—电极；4—连接变器的铜排；5—风管；
6—电极连接启动电阻处

图 18.8　盐浴钎焊炉

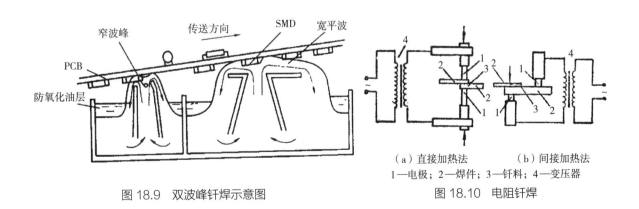

图 18.9　双波峰钎焊示意图

（a）直接加热法　　　（b）间接加热法

1—电极；2—焊件；3—钎料；4—变压器

图 18.10　电阻钎焊

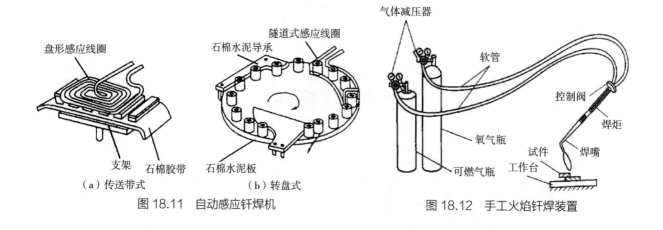

（a）传送带式　　　　　（b）转盘式
图 18.11　自动感应钎焊机

图 18.12　手工火焰钎焊装置

18.1.5 钎焊工艺过程

钎焊的生产过程很多，如钎焊前准备、零件装配和固定、钎焊、钎焊后清理及质量检验等。其中，典型的钎焊工艺过程由以下步骤构成。

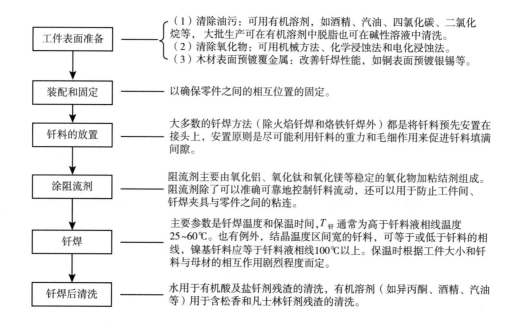

工件表面准备 ──（1）清除油污：可用有机溶剂，如酒精、汽油、四氯化碳、二氯化烷等，大批生产可在有机溶剂中脱脂也可在碱性溶液中清洗。
（2）清除氧化物：可用机械方法、化学浸蚀法和电化浸蚀法。
（3）木材表面预镀覆金属：改善钎焊性能，如铜表面预镀银锡等。

装配和固定 ── 以确保零件之间的相互位置的固定。

钎料的放置 ── 大多数的钎焊方法（除火焰钎焊和烙铁钎焊外）都是将钎料预先安置在接头上，安置原则是尽可能利用钎料的重力和毛细作用来促进钎料填满间隙。

涂阻流剂 ── 阻流剂主要由氧化铝、氧化钛和氧化镁等稳定的氧化物加粘结剂组成。阻流剂除了可以准确可靠地控制钎料流动，还可以用于防止工件间、钎焊夹具与零件之间的粘连。

钎焊 ── 主要参数是钎焊温度和保温时间，$T_{钎}$ 通常为高于钎料液相线温度 25～60℃。也有例外，结晶温度区间宽的钎料，可等于或低于钎料的相线，镍基钎料应等于钎料液相线100℃以上。保温时根据工件大小和钎料与母材的相互作用剧烈程度而定。

钎焊后清洗 ── 水用于有机酸及盐钎剂残渣的清洗，有机溶剂（如异丙酮、酒精、汽油等）用于含松香和凡士林钎剂残渣的清洗。

18.2 钎焊材料（ISO 3677）

钎焊材料是钎焊过程中起去除或破坏母材钎焊部位氧化膜作用的钎剂和在低于母材熔点的温度下熔化并填充钎焊接头的钎料的总称。因此，钎焊材料根据所起作用不同分为钎料和钎剂，钎剂起到去除氧化膜的作用，钎料是在钎焊时的填充材料，被钎焊件依靠熔化的钎料连接起来。因此，钎焊材料的质量好坏、性能优劣和合理的选择对钎焊接头的质量有很大的影响。

18.2.1 钎料

钎料较少用纯金属，而多用二元合金或多元合金，以更有利于获得所需的熔化温度。理想的钎料常使用主组元和母材的基本金属相同的共晶类合金。为了满足钎焊工艺和钎焊接头性能要求，钎料应满足以下要求。

（1）合适的熔化温度范围，一般比母材的熔化温度低。

（2）在钎焊温度下具有良好的润湿作用，能填充接头间隙。

（3）与母材的物理作用和化学作用应保证它们之间形成牢固地结合。

（4）成分稳定尽可能减少钎焊温度下元素的损耗，少含或不含稀有金属和贵金属。

（5）能满足钎焊接头物理、化学和力学性能等要求。

18.2.1.1 钎料分类

钎料可分为软钎料（易熔钎料，熔点低于450℃）、硬钎料（难熔钎料，熔点高于450℃）和高温钎料（熔点高于900℃），各种钎料的熔点范围如图18.13所示。

软钎料主要包括：铋基、铟基、锡基、镉基、锌基和铅基等钎料。

硬钎料主要包括：铝基、银基、铜基、锰基、镍基、金基、钯基、镁基、钼基和钛基等钎料。

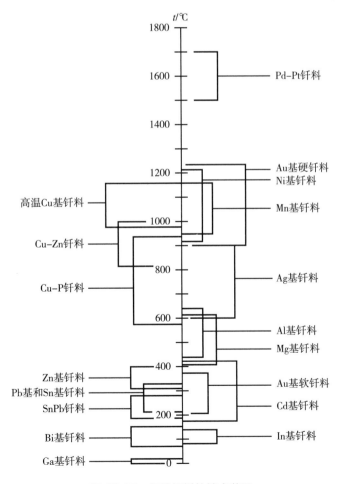

图 18.13 各种钎料的熔点范围

18.2.1.2 钎料的型号（牌号）表示

1. 相关标准及规定

目前钎料的国际标准和我国的国家标准、行业标准如下。

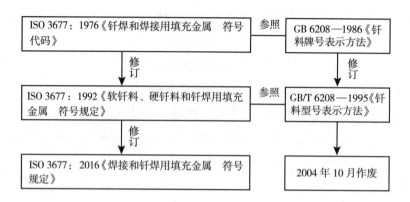

（1）标准制定依据。原标准 GB 6208—1986《钎料牌号表示方法》是参照国际标准 ISO 3677：1976《钎焊和焊接用填充金属　符号代码》制订的。ISO 3677：1976 已修订为 ISO 3677：1992《软钎料、硬钎料和钎焊用填充金属　符号规定》，为此，我国也制定了新的国家标准 GB/T 6208—1995《钎料型号表示方法》。

ISO 3677：1992 标准中，对钎料符号表述已做了全面修订，硬钎料和钎焊填充金属用"B"表示，软钎料用"S"表示，而原标准均用"B"表示。

（2）关于将标准名称《钎料牌号表示方法》改为《钎料型号表示方法》的问题。

① 原来我国钎料标准均习惯称之为"牌号"，其实牌号一般都作为企业具体产品而给出的，同一型号的产品各企业牌号不一定相同，所以将《钎料牌号表示方法》改为《钎料型号表示方法》更合适。

② 中国焊接材料检测中心将焊接材料中的焊条、焊丝等代号均称之为"型号"，钎料、钎焊剂均属焊接材料范畴，为理顺关系现统一称为"型号"。

（3）关于在型号中未表示钎料固－液相线温度的问题，在 ISO 3677 标准中规定钎料型号中第三部分要标注钎料固－液相线温度，但在我国标准中均未标出。主要原因是目前钎料固－液相线温度测定国际国内尚无标准，所用仪器不同而测量出的误差则很大，可见将此内容引入标准中无法贯彻执行。在美国、日本、德国的标准中未采用 ISO 标准，也未将固－液相线温度列入型号。

（4）关于钎焊填充金属。钎焊填充金属在国内应用尚属开发阶段，少量应用也是选用其他类焊接材料，因此本标准未将其列入。

2. GB/T 6208—1995 介绍

GB/T 6208—1995 于 2004 年 10 月作废，在此仅作为介绍钎料型号表示的辅助材料。其型号表示方法的说明如下。

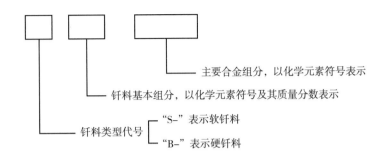

主要合金组分，以化学元素符号表示

钎料基本组分，以化学元素符号及其质量分数表示

钎料类型代号　"S-"表示软钎料
　　　　　　　"B-"表示硬钎料

（1）钎料型号由两部分组成，钎料型号两部分用隔线"-"分开。

（2）钎料型号第一部分用一个大写英文字母表示钎料的类型，"S"表示软钎料，"B"表示硬钎料。电子行业用软钎料将符号"E"标在第二部分之后。

（3）钎料型号中的第二部分由主要合金组分的化学元素符号组成。

①在这部分中的第一个化学元素符号表示钎料的基本组分，其他化学元素符号按其质量百分数（质量分数，%）顺序排列，当几种元素具有相同质量百分数（质量分数，%）时，按其原子序数顺序排列。

②软钎料每个化学元素符号后都要标出其公称质量百分数（质量分数，%）。硬钎料仅第一个化学元素符号后标出公称质量百分数。公称质量百分数（质量分数，%）取整数误差 $\pm 1\%$，若其元素公称质量百分数（质量分数，%）仅规定最低值时，应将其取整。

③公称质量小于1%（质量分数，%）的元素在型号中不必标出，如果元素是钎料的关键组分一定要标出时，按规定予以标出：软钎料型号中可仅标出其化学元素符号；硬钎料型号中将其化学元素符号用括号括起来。

（4）每个型号中最多只能标出 6 个化学元素符号。

（5）型号示例

①一种质量分数为锡 60%、铅 39%、锑 0.4% 的软钎料，其型号为 S-Sn60Pb40Sb。

②一种质量分数为锡 63%、铅 37% 电子工业用软钎料，其型号为 S-Sn63Pb37E。

③一种二元共晶钎料的质量分数为银 72%、铜 28%，其型号为 B-Ag72Cu。

④一种成分基本相同的钎料，但含一种关键元素锂（质量分数 <1%），其型号为 B-Ag72Cu（Li）。

⑤一种质量分数为镍 63%、钨 16%、铬 10%、铁 3.8%、硅 3.2%、硼 2.5%、碳 0.5%、磷 0.6%、锰 0.1%、钴 0.2% 的镍基钎料，其型号为 B-Ni63WCrFeSiB。

18.2.1.3　典型钎料介绍

1. 软钎料（熔点低于 450℃ 的钎料）

锡铅钎料是软钎料中应用最广的一种。高锡铅合金含 Sn61.9% 时，即形成熔点为 183℃ 的共晶。纯锡加入铅后强度提高，在共晶成分附近时强度和硬度最高，但导电率则随铅量增大而降低。在锡铅合金中加入锑，用以减轻钎料在液态时的氧化程度，并提高接头的热稳定性。含锑一般控制在 3% 以下，以免钎料发脆。若加入银可使晶粒细化并提高耐腐蚀性。含锡高的锡铅料在低温下有冷脆性。锡铅钎料的国家标准为 GB/T 3131—2020。当温度高于 100% 时，强度急剧下降。

2. 硬钎料

硬钎料由于强度高，可用于钎焊受力构件，应用越来越广，如钎焊钢、铜用的银基钎料和铜基钎料、钎焊铝用的铝基钎料等在各工业部门得到极为广泛的应用，在高温场合镍基钎料越来越受到人们的重视。现就已纳入国家标准的几种硬钎料介绍如下。

1）铜基钎料

铜基钎料由于其经济性好，在钢、合金钢、铜和铜合金的钎焊方面获得了广泛的应用。国家标准 GB/T 6418 中将铜基钎料分为铜钎料、铜锌钎料和铜磷钎料。

2）银基钎料

银基钎料是应用最广泛的一类硬钎料，由于熔化温度不是很高，能润湿很多金属，并且有良好的强度、延性、导热性、导电性和抗腐蚀性。广泛应用于钎焊低碳钢、结构钢、不锈钢、铜及铜合金、可伐合金（铁钴镍合金）、难熔金属等。按国家标准 GB/T 10046，银基钎料可分为银铜钎料、银铝钎料、银铜锂钎料、银铜锌钎料、银铜锡钎料、银铜锌镉钎料、银铜锌锡钎料、银铜锌锰钎料。

3）镍基钎料

镍基钎料具有优良的抗腐性和耐热性，因它的钎焊接头可以承受的工作温度可达 1000℃，镍基钎料常用于钎焊奥氏体不锈钢、双相不锈钢、马氏体不锈钢、镍基合金和钴基合金等，也可用于碳钢和低合金钢的钎焊，镍基钎料的钎焊接头在液氧、液氮等低温介质内也可有满意的性能。

按国家标准 GB/T 10859—2008 中的规定，镍基钎料可分为镍铬硅硼钎料、镍铬钨硼钎料、镍硅硼钎料、镍铬硅钎料、镍磷钎料、镍铬磷钎料、镍锰硅铜钎料。

4）锰基钎料

锰基钎料的延性好，对不锈钢、耐热钢具有良好的润湿能力，钎缝有较高的室温和高温强度，以及中等抗氧化性和耐腐蚀性。在锰镍钎料中加入铬、钴、铜、铁、硼等元素可降低钎料的熔化温度，改善工艺性能和提高抗腐蚀性。但锰基钎料的蒸气压高，抗腐蚀不够，它适用于在低真空及保护气氛下钎焊在 500℃左右长期工作的不锈钢和耐热钢部件。锰基钎料的国家标准为 GB/T 13679。

5）铝基钎料

铝基钎料用来钎焊铝和铝合金，其主要以铝硅合金为基础，有时加入铜、锌、锗等元素以满足工艺要求，如在铝镁合金中加入 1%~1.5% 镁，可用于铝合金的真空钎焊。铝基钎料已纳入国家标准 GB/T 13815 的有铝硅合金、铝硅铜合金和铝硅镁合金。

18.2.1.4 钎料的选择

钎料的选择应从使用要求、钎料与母材相互匹配和经济角度等方面进行全面考虑，主要原则如下。

（1）从使用要求上考虑，有高温强度和抗氧化性能要求时，易用镍基钎料；对于钎焊接头强度和工作温度要求不高的，可采用软钎料；对耐蚀性要求高的铝钎焊接头，应采用铝硅钎料；对要求导电性好的电气零件，应选用含银量高的银基钎料或含锡量高的锡基钎料。

（2）选择钎料时，应考虑钎料与母材的相互匹配，尽量选择主成分与母材主成分相同的钎料，保证钎焊时具有良好的润湿性。选择钎料的熔化温度区间小的，避免引起熔析。钎料中的某一重要组元应能与母材产生液态互溶、固溶或固液异分化合物的相互作用，以便形成牢固地结合。要避免形成脆性相，如钎焊钢和镍时不能选择铜磷钎料，因为会在界面生成极脆的磷化物相。

（3）选择钎料时还要注意钎焊温度，各种钎料的熔化温度如图 18.14 和图 18.15 所示，钎料的液相线要低于母材固相线至少 20℃，保证钎焊时母材不熔化，仅钎料熔化。并且保证钎焊温度下钎料的主要成分具有较高的化学和热稳定性，以免钎焊过程钎料成分发生改变。此外，钎焊加热方式对钎料的选择也是有一定影响的，如炉中钎焊不宜选用含易挥发元素的钎料，真空钎焊要求钎料不含高蒸气压元素。

（4）此外，还要考虑经济性，如制冷机中铜管的钎焊，使用银钎料焊接质量很好，但用铜磷银钎焊或铜磷锡钎焊的接头也不错，但后者价格要比前者便宜很多。因此，从经济性出发，在能保证钎焊接头质量的前提下，应选用价格便宜的钎料。

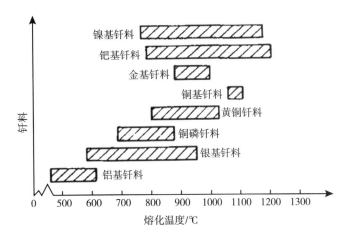

图 18.14　各类硬钎料的熔化温度范围

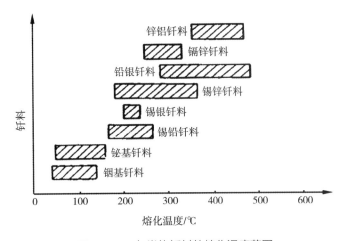

图 18.15　各类软钎料的熔化温度范围

总之，钎料的选择要从多方面考虑，包括设计要求、母材性能和经济性等多方面。

表 18.2 给出了各种材料组合适用的钎料，可以参照选择。

18.2.2　钎剂

由于待焊母材表面覆盖的氧化膜阻止钎料与母材的润湿，影响钎焊。因此，钎焊前要清除母材和钎料表面的氧化膜，常常用钎剂清理氧化膜。因此，钎剂的主要用途是去除母材和液态钎料表面上的氧化物，保护母材和钎料在加热过程中不会进一步氧化以及改善钎料对母材表面的润湿能力。根据钎料、母材、钎焊方法和工艺的不同，可以选择不同的钎剂。

18.2.2.1　钎剂的基本要求

要满足工艺要求，使用的钎剂应具备以下性能。

（1）具有足够的去除母材和钎料表面氧化物的能力。

（2）熔化温度及最低活性温度略低于钎料的熔化温度。

（3）在钎焊温度下具备足够的润湿能力。

（4）钎剂应具有良好的热稳定性。

表 18.2 各种材料组合适用的钎料

	Al 及其合金	Be、V、Zr 及其合金	Cu 及其合金	Mo、Nb、Ta、W 及其合金	Ni 及其合金	Ti 及其合金	碳钢及低合金钢	铸铁	工具钢	不锈钢
Al 及其合金	Al–P Sn–Zn Zn–Al Zn–Cd	—	—	—	—	—	—	—	—	—
Be、V、Zr 及其合金	不推荐	无规定	—	—	—	—	—	—	—	—
Cu 及其合金	Sn–Zn Zn–Cd Zn–Al	Ag–	Ag– Cd– Cu–P Sn–Pb	—	—	—	—	—	—	—
Mo、Nb、Ta、W 及其合金	不推荐	无规定	Ag–	无规定	—	—	—	—	—	—
Ni 及其合金	不推荐	Ag–	Ag– Au– Cu–Zn	Ag–Cu Ni–	Ag– Ni– Au– Pd– Cu– Mn–	—	—	—	—	—
Ti 及其合金	Al–Si	无规定	Ag–	无规定	Ag–	无规定	—	—	—	—
碳钢及低合金钢	Al–Si	Ag–	Ag– Sn–Pb Au– Cu–Zn Cd	Ag–Cu Ni–	Ag– Sn–Pb Au– Cu–Ni	Ag–	Ag– Cu–Zn Au– Ni– Cd–Sn–Pb Cu	—	—	—
铸铁	不推荐	Ag–	Ag– Sn–Pb Au Cu–Zn Cd–	Ag–Cu Ni–	Ag– Cu Cu–Zn Ni–	Ag–	Ag– Cu–Zn Sn–Pb	Ag– Cu–Zn Ni– Sn–Pb	—	—
工具钢	不推荐	不推荐	Ag– Cu–Zn Ni–	不推荐	Ag– Cu Cu–Zn Ni–	不推荐	Ag–Cu Cu–Zn Ni–	Ag– Cu–Zn Ni–	Ag–Cu Cu– Ni–	—
不锈钢	Al–Si	Ag–	Ag– Cd– Au– Sn–Pb Cu–Zn	Ag–Cu Ni–	Ag– Ni– Au– Pd– Cu–Sn–Pb Mn–	Ag–	Ag– Sn–Pb Au– Cu– Ni–	Ag– Cu– Ni– Sn–Pb	Ag–Cu Ni–	Ag– Ni– Au– Pd– Cu–Sn–Pb Mn–

（5）钎剂应具有无毒、无腐蚀性和易于清除性。

但实用的钎剂常常不能全面满足上述性能要求，特别是去膜能力和腐蚀性之间往往是矛盾的，通常以满足去膜能力要求下采取工艺措施防止腐蚀。同时在保证钎剂满足一系列的使用性能的基础上，还要考虑经济性。

18.2.2.2 钎剂的作用

钎剂是在钎焊过程与钎料配合使用，当然有些钎焊过程不使用钎剂。但钎焊技术中利用钎剂清除氧化膜仍是目前使用最广泛的方法，钎剂在钎焊中的作用如下。

1. 去膜作用

钎剂去膜作用主要有反应去膜和溶解去膜 2 种方式。反应去膜是指熔融状态的钎剂与氧化膜发生化学反应，使其消失或破坏。溶解去膜是钎剂在熔融状态下将母材与钎料表面的氧化膜溶解于熔融钎剂中，或通过溶解作用破坏氧化膜，从而改善液态钎料在母材上润湿。

2. 保护作用

钎剂在熔融状态下，以液态薄膜覆盖在母材和钎料表面，从而隔绝空气起到保护作用，可以避免钎料和待焊部位进一步氧化。

3. 活性作用

钎剂中某些元素或物质与待焊金属或合金表面作用，会使母材表面活化，易于钎料形成冶金结合，从而改善液态钎料对母材的润湿。

18.2.2.3 钎剂的选择

钎剂的选择要根据钎焊母材、钎料类型、钎焊温度等来选择，一般钎剂选择根据以下几个方面。

（1）钎剂与被焊母材的匹配。要考虑钎剂对母材的作用过程、去膜和保护效果。同时要根据氧化膜的性质而定，偏碱性的氧化膜如 Fe、Ni、Cu 等的氧化物，常使用酸性的含硼酸酐的钎剂，偏酸性的氧化膜，常用含碱性 Na_2CO_3 的钎剂。

（2）钎剂的有效温度范围受具体钎料的钎焊温度影响。要保证钎剂的活性温度区间与钎料的熔化温度和钎焊温度相匹配，以便充分发挥钎剂的去膜作用。

（3）钎剂的选择还要根据钎焊方法，如电阻钎焊时，钎剂配料成分要允许通过电流，一般要求稀释钎剂。

此外，钎剂的选择还要考虑钎焊接头的技术要求和钎焊工艺。应保证钎剂的熔化温度、活性温度、理化性能在钎焊工艺条件下能够达到最理想状态。根据钎焊温度不同，将使用的钎剂分为软钎剂和硬钎剂。在 450℃ 以下钎焊使用的钎剂称为软钎剂，主要分为有机软钎剂和无机软钎剂两大类。在 450℃ 以上钎焊使用的钎剂称为硬钎剂。此外，还有特殊类型的钎剂，如气体钎剂。

有关钎剂方面已纳入标准的有 GB/T 15829—2021《软钎剂 分类与性能要求》和 JB/T 6045：2017《硬钎焊用钎剂》。

18.2.3 钎料和钎剂的搭配

钎焊过程中，钎剂与钎料要合理搭配，钎焊时钎料最好在钎剂完全熔化后 3~5s 开始熔化，尽可能使钎剂达到理想的活化性能。这种熔化顺序虽然可以通过加热速度来进行一定调节，但主要取决于钎剂以及钎料本身的熔化温度。对升温速度缓慢的工件，钎剂的熔化温度选择比较接近钎料液相线的温度，升温越慢越应选择钎剂熔化温度靠近钎料液相线的温度。对熔化温度区间大的钎料，钎焊时需要快的加热速度，防止熔化的低熔部分随钎缝流走而产生溶析，从而产生一个不熔的钎料瘤。此时选择的钎剂的熔化温度接近或略高于钎料的固相线，以推迟钎剂活化性能到来的时间，从而避免钎料中低熔部分过早流走。

18.3 钎焊方法选择及产品钎焊实例

18.3.1 材料的钎焊性

材料的钎焊性是指材料对钎焊加工的适应性，即材料在一定的钎焊条件下获得优质接头的难易程度。钎焊性的好坏首先与材料表面形成的氧化物成分及其去除的难易程度有关。例如，铜和铁表面氧化物的稳定性低容易去除，故钎焊性好；铬的氧化物稳定性高，不易去除，含铬的金属必须采用活性大的钎剂或纯度高的还原性气体才能将其去除。铝的氧化物更难去除，相对来说，铝的钎焊性就差。

钎焊性的好坏还表现在钎焊加热温度对工件材料组织和性能的影响上。例如硬铝 2A12 的固相线温度相当低，目前还没有合适的钎料使其在硬钎焊时不发生过烧，故钎焊性差。钎焊性的又一重要标志是钎料对它的润湿作用。大多数钎料对铜、钢的润湿作用都比较好，对钼、钨的差。前者钎焊性好，后者钎焊性差。

钎焊性好坏又与工件材料同钎料作用后的产物性能有关。钛和钛合金同大多数钎料作用会在界面区形成脆性化合物相，故钛的钎焊性差。又如低碳钢在炉中钎焊时对保护气氛的纯度要求较低，而含铝、钛等元素的高温合金只有在真空钎焊时才能获得良好的钎焊接头。

总之，钎焊性不但取决于材料本身，且与钎料、钎剂和钎焊方法有关，故需要根据具体情况进行评定。

18.3.2 钎焊工艺的选择

如前所述，钎焊工艺方法有多种，合理的钎焊工艺方法的选择要依据工件的材料与尺寸、钎料与钎剂、生产规模、成本和各种钎焊工艺方法的特点等。

铝及铝合金可以选择软钎焊工艺和硬钎焊工艺。软钎焊方法主要有火焰钎焊、烙铁钎焊和炉中钎焊等。这些方法在钎焊时一般都采用钎剂，火焰钎焊和烙铁钎焊时，应避免热源直接加热钎剂，以防钎剂过热失效。另外，铝能溶于含锌量高的软钎料中，为了避免母材溶蚀，接头一旦形成应立即停止加热。硬钎焊方法主要有火焰钎焊、炉中钎焊、浸沾钎焊、真空钎焊和气体保护钎焊等。火焰钎焊多用于小型工件和单件生产。空气炉中钎焊铝及铝合金时，一般应预置钎料，为了防止母材过热甚至熔化，必须严格控制加热温度。浸沾钎焊一般采用膏状或箔状钎料。装配好的工件应在钎焊前进行预热，使其温度接近钎焊温度，然后浸入钎剂中钎焊。钎焊时要严格控制钎焊温度和钎焊时间。钎焊温度一般介于钎料液相线温度和母材固相线温度之间。工件在钎剂槽中浸沾时间必须保证钎料能充分熔化和流动，但时间不宜过长。铜及铜合金可用多种方法进行钎焊，如烙铁钎焊、浸沾钎焊、火焰钎焊、感应钎焊、电阻钎焊、炉中钎焊、接触反应钎焊等。

碳钢和低合金钢可以采用各种常规的钎焊工艺方法。如采用火焰钎焊时，宜用中性或稍带还原性的火焰，操作时应尽量避免火焰直接加热钎料和钎剂。调质钢的钎焊适合选择加热速度快的感应钎焊和浸沾钎焊。不锈钢常采用的方法有烙铁钎焊、火焰钎焊、感应钎焊、炉中钎焊等常用工艺方法。高温合金是航空、航天发动机中的关键材料，尤其是有些部件为了满足高温下的使用要求设计成复杂气冷结构，如空心气冷涡轮叶片和导向器叶片、蜂窝封严结构，钎焊是这些结构和材料的最有效连接方法。因为真空钎焊能获得更好的保护效果和钎焊质量，是高温合金应用比较广泛的工艺方法。

因此，钎焊工艺方法的选择要结合工件的材料、尺寸、各种钎焊方法的特点和经济性等因素来选择。

18.3.3 钎焊接头设计

（1）设计原则：① 首先考虑接头强度；② 其次还要考虑组合件的尺寸精度、零件的装配、定位钎料的安置和接头间隙等工艺问题。

（2）接头设计时应注意如下几点。

① 搭接长度

它是保证接头与母材具有相等承载能力的关键，搭接长度 $L = a \cdot \dfrac{\sigma_b}{\sigma_\tau} \cdot \delta$。

式中：σ_b——母材的抗拉强度 /MPa；

σ_τ——钎焊接头的拉剪强度 /MPa；

δ——母材厚度 /mm；

a——安全参数。

在生产实践中，对采用银基、铜基、镍基等强度较高的钎料的接头，搭接长度通常为薄件厚度的 2~3 倍；对采用锡铅等软钎料钎焊的接头，可为薄件厚度的 4~5 倍，但不希望搭接长度大于15mm。因为此时钎料很难填满间隙，往往形成大量缺欠。由于工件的形状不同，搭接接头的具体形式各不相同，如图 18.16 至图 18.21 所示。

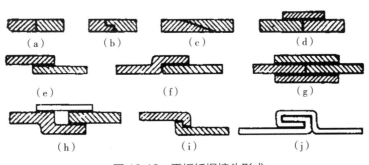

图 18.16 平板钎焊接头形式

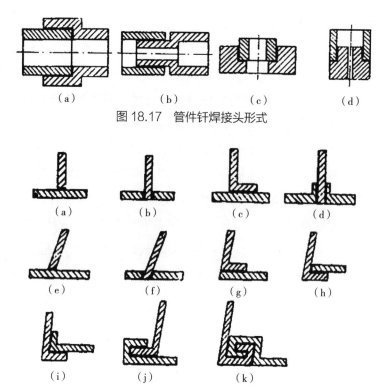

图 18.17 管件钎焊接头形式

图 18.18 Ｔ型和斜角钎焊接头

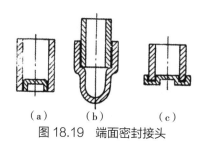

图 18.19 端面密封接头

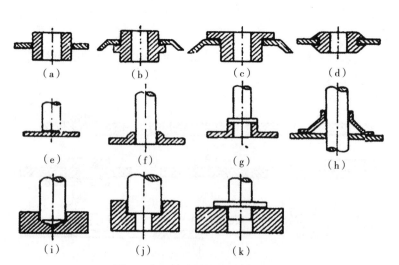

图 18.20 管或棒与板的接头形式

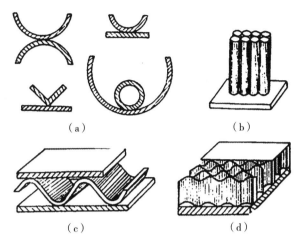

（a）典型接头 （b）管状散热器接头 （c）夹层结构接头 （d）蜂窝结构接头

图 18.21　线接触钎焊接头

② 接头与载荷关系问题

接头设计时应避免在载荷作用下接头处发生应力集中，另外在受撕裂、冲击、振动等载荷作用时也应特别注意接头设计的合理性，如图 18.22 所示列举了一些实例。

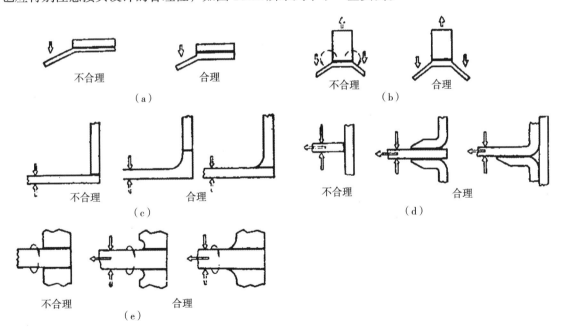

图 18.22　受动载或重载荷接头的合理设计或不合理设计

③ 开设工艺孔

工艺孔是指为满足工艺上的要求而在接头上开的孔。钎焊时空气受热膨胀有可能阻碍钎料的填隙，也可能使已填满间隙的钎料重新排列，如图 18.23 所示。

④ 钎缝间隙

间隙的大小在很大程度上影响钎焊接头强度和钎缝的致密性。这是由于钎焊是靠毛细作用使钎料填满间隙的。间隙过小，钎料流入困难，在钎缝内造成夹渣、气孔和未钎透，导致接头强度下降；

接头间隙过大，毛细作用减弱，钎料不能填满间隙，也会使接头的致密性变坏，强度下降。间隙尺寸如图 18.24 所示。

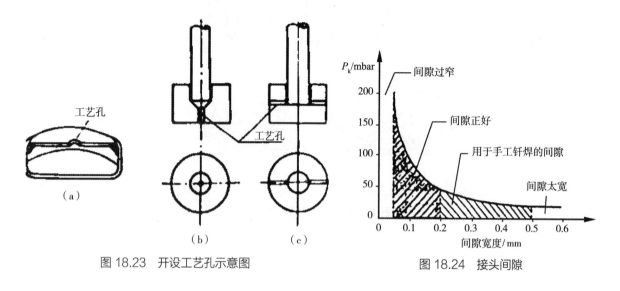

图 18.23　开设工艺孔示意图　　　　　　　　图 18.24　接头间隙

18.3.4 成本与经济性

选择钎焊工艺进行结构的连接时，既要考虑材料钎焊性和方法的适应性等方面，同时在选择工艺方法、设备和相应的钎焊材料等方面还要考虑成本和经济性。如选择炉中钎焊时，选择保护气体炉中钎焊或真空炉中钎焊均能获得良好钎焊质量，但设备成本高。因此，一般钎焊重要工件时才选择。钎焊接头设计时在考虑承载能力的同时也要考虑节省材料等因素，如在搭接长度的设计，在保证接头承载能力与焊件承载能力相等的原则下，避免搭接长度过大，即增加结构重量同时耗费材料，不经济。此外，钎料的选择上也要考虑经济性，从经济角度出发，在能保证钎焊接头质量的前提下，应选用价格便宜的钎料。

18.3.5 产品钎焊实例

本部分以汽车空调蒸发器和冷凝器的钎焊为例做介绍，汽车空调蒸发器和冷凝器种类多、结构复杂。汽车空调蒸发器和冷凝器有管片式、管带式等结构。由于铝合金具有密度低和良好的热传导性成为制造汽车空调蒸发器和冷凝器的理想材料，除此之外，铝还有成形性、耐蚀性优良和价格相对便宜等优点。

18.3.5.1 材料的钎焊性

用于制造换热器常用的铝合金有高纯铝、铝锰合金和铝镁硅合金。铝的化学性质非常活泼，铝对氧的亲和力很大，在表面上很容易形成一层致密、稳定且熔点高的氧化膜，这层致密的氧化膜使得铝及铝合金具有良好的耐腐蚀性，但采用钎焊工艺加工铝材时，需要去除氧化膜，否则熔化的钎料不能润湿母材，因此铝及铝合金钎焊时需除去表面氧化膜，但形成的氧化膜非常稳定难以去除，并且去除后很快又会形成新的氧化膜，致使铝及铝合金的钎焊性较差。

铝镁合金由于含有镁，镁也会形成稳定的氧化膜 MgO，因此很难去除，所以铝镁合金的钎焊性一般较差。铝合金中加入的合金元素不同，其钎焊性也不同，铝锰合金的钎焊性较优良。

18.3.5.2 钎焊工艺的选择

铝及铝合金可以选择软钎焊工艺和硬钎焊工艺。气体保护钎焊是目前用于生产紧凑型铝热交换器最先进的大规模生产技术，并在加热装置、通风装置、空调及冰箱制造中扮演越来越重要角色，成为制造汽车热交换器最常用的方法。

18.3.5.3 钎料和钎剂的选择

1. 钎料

铝及铝合金软钎焊主要采用锌基钎料和锡铅钎料，由于钎料与母材成分和电极电位相差很大，易使接头产生腐蚀，铝及铝合金采用软钎焊方法不多。铝及铝合金硬钎焊一般采用铝基钎料，其中铝硅钎料应用最广。铝硅钎料优点及气体保护钎焊铝常用的铝硅钎料类型见表18.3。铝硅钎料通常以粉末、膏状、丝材和薄片等形式供应。在有些场合，采用以铝为芯体，以铝硅为复层的钎料复合板，并作为钎焊缝组件的一部分。钎焊时，复合板上的钎料熔化后，受毛细作用和重力作用填满接头间隙。

表 18.3　铝硅钎料优点及常用的铝硅钎料类型

铝硅钎料类型 （AWS 牌号）	Si 元素含量（质量分数）/%	熔化温度 / ℃	铝硅钎料优点
BAlSi-2	6.8~8.2	577~617	（1）钎料的基本成分与母材类似，可确保有良好的润湿性，实现优良的冶金结合； （2）钎料固相线温度至少比母材低40℃，可避免母材在加热过程中熔化； （3）固液相线之间温差相对小，可良好控制熔化钎料的流动性； （4）钎料耐蚀性与母材相似； （5）钎料成形性较好
BAlSi-3	9.3~10.7	521~585	
BAlSi-4	11.0~13.0	577~582	
BAlSi-5	9.0~11.0	577~599	

另外，研究者还发明了一种复合材料，通过轧制成形的钎料薄板材料和铝硅钎料作为包覆层与铝芯材紧密结合，经过轧制工艺获得。钎焊薄板材料的芯板通常是铝锰合金，包覆层为铝硅合金，其硅含量为 6.8%~8.2% 和 11.0%~13.0%，实际应用时，含硅量为 11.0%~13.0% 的钎料与二元共晶成分相似，其熔化温度范围窄，使得熔化的覆层具有很好的流动性。钎焊薄板材料在蒸发器和冷凝器的钎焊上应用。

2. 钎剂

铝及铝合金表面的氧化膜致密稳定，为了使熔化钎料自由流动到被焊接区域并确保母材表面良好的润湿性，必须在钎料熔化之前清除氧化膜。常用的铝硬钎剂主要有两大类，分别为氯化物钎剂和氟化物钎剂。在采用气体保护钎焊工艺时，清除氧化膜主要是通过氟化物基钎剂来完成，其主要成分为 $KAlF_4$ 和 K_3AlF_6 的共晶体，熔化的氟铝酸钾钎剂在铝表面具有良好的润湿性，且能去除钎料和基体表面的氧化层，并能抑制氧化膜进一步生成。对合金的腐蚀性小，并能为合金提供一定防护。冷却后残留的钎剂在表面形成很薄的一层，且不吸潮、防腐蚀、无须清洗。

18.3.5.4 钎焊接头的设计

铝合金钎焊接头通常使用搭接、套接和 T 型接完成，很少采用对接方式。搭接和 T 型接这 2 种类型其毛细作用最强，钎料在钎缝中的流动能力最强。同时还要注意钎缝间隙。其中，钎缝间隙影响钎焊工艺和钎缝质量，间隙越窄，液态钎料在钎缝中的毛细作用越强，但易夹渣。间隙太宽，钎料难于流布到尽头。为方便钎料的流入，组配铝及铝合金部件时，应避免压紧固定或紧配合接头。但在一些有特殊要求的钎缝中，如需要密封、特殊受力或无变形要求的钎缝，需要考虑钎缝设计。汽车空调蒸发器和冷凝器主要部件组装后放入钎焊炉中，汽车空调蒸发器和冷凝器如图 18.25 所示。

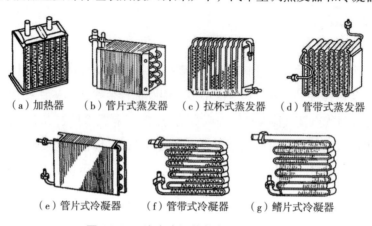

（a）加热器　（b）管片式蒸发器　（c）拉杯式蒸发器　（d）管带式蒸发器

（e）管片式冷凝器　（f）管带式冷凝器　（g）鳍片式冷凝器

图 18.25　汽车空调的蒸发器和冷凝器

18.3.5.5 钎焊工艺过程

本实例介绍的产品采用的材料多为铝复合材料（3A21 铝锰合金表面包覆 5%~10% 板厚的钎料层），包覆层（钎料）的成分分别为 Al-（11%~12.5%）Si 和 Al-（6.8%~8.2%）Si，其熔化温度分别为 577~582℃ 和 577~612℃。选择的钎焊方法为制造汽车热交换器最常用的气体保护钎焊方法。采用的设备是连续式钎焊炉，由干燥炉、加热炉、冷却室、充气冷却室构成。组装好的部件通过传送带送到炉中，通过辐射或对流多区加热获得合适的温度分布，每个区的温度可以通过自动或人工控制来调节。具体工艺为：① 将冷凝器或蒸发器进行焊前组装；② 将组装好的部件浸入由 $KAlF_4$ 和 K_3AlF_6 的共晶物粉末组成的钎剂水溶液中（水的质量分数为 5%~10%），即湿法涂敷钎剂；③ 取出后，在 100℃ 左右的烤箱中烘干，保证涂敷钎剂的部件完全干燥；④ 将涂有钎剂的蒸发器或者冷凝器送入连续式钎焊炉，炉中充入 99.9995% 高纯氮，严格控制水分含量和氮气保护气氛的氧含量，使得炉气氛中的氧气的体积分数小于 100×10^{-6}，露点低于 –40℃。钎焊温度为 595℃，分为 5 段控制加热，炉温分布为 600℃、610℃、615℃、620℃、625℃，采用温度调节计进行自动控温。每段温度与设定温度偏差一般为 1~2℃。产品以 268mm/min 速度向前移动，使产品的加热温度在钎焊温度区持续 1min 以上。

18.4 钎焊的健康与安全

18.4.1 钎焊中对人体的危害

18.4.1.1 钎焊材料中的有毒物质

钎焊时使用的各种钎剂，焊前和焊后使用的清洗剂等，以及一些钎料和被焊母材金属，其中含有某些有毒物质见表 18.4。

表 18.4　钎焊材料中的有毒物质

钎焊材料		有毒物质
钎剂	软钎剂	无机酸、无机盐和有机盐等
	硬钎剂	氯化物、氟化物、碘化物等
	气体钎剂	所有钎剂及其化合物的产物，如氯化氢、氟化氢、氯硼酸钾等
清洗剂		酸、碱类，有机溶剂如四氯化碳、三氯乙烯、丙酮等
母材、镀层和钎料		有毒金属元素 Be、Zn、Cd、Pb 等

18.4.1.2　易燃易爆物

火焰钎焊时常采用可燃气体或液体燃料（如乙炔、液化石油气、雾化汽油、煤气等）与助燃气体氧气或空气混合燃烧，这些燃料都是易燃易爆品。

18.4.1.3　高频电磁场

感应钎焊时采用的高频感应加热热源在工作过程中高频电磁场泄漏严重，对周围环境构成严重电磁波污染，造成无线电波干扰和对人身体健康危害。

18.4.1.4　噪声

钎焊设备如真空钎焊炉的真空系统、循环水冷却系统等工作时产生的噪声，也会对身体造成危害。首先是听觉器官，强烈的噪声和长时间暴露在一定强度噪声环境中，可引起听觉障碍、噪声性耳聋等症状。此外，噪声对中枢神经系统和血管系统也有不良影响，出现血压升高、心跳过速等症状，还会使人产生厌倦、烦躁等。

18.4.2　钎焊中安全与防护

18.4.2.1　火焰钎焊操作安全与防护

火焰钎焊时常采用氧 – 乙炔火焰、压缩空气雾化火焰、空气液化石油气火焰等进行钎焊加热，这些气体都是易燃易爆气体，使用的容器为压力容器，在搬运、贮存这些材料和气体时，都易产生不安全因素，操作不当易发生事故。

钎焊前，应严格检查设备和安全装置。氧气瓶应符合国家颁布的《气瓶安全监察规定》和 TJ 30《氧气站设计规范（试行）》的规定。乙炔瓶的充装、检验、运输储存等均应符合原国家劳动部颁布的《溶解乙炔气瓶安全监察规程》和《气瓶安全监察规程》规定。用于钎焊的液化石油气钢瓶的制造和充装量都应符合《液化石油气钢瓶》规定。检查瓶阀、接管螺纹和减压器等有无缺欠，减压器不得沾有油污，如发现漏气、滑扣和表针不正常等情况应及时维修，在安装和拆卸减压器时，不能将面部正对着减压器。钎焊过程中要严格遵守操作规程，以避免爆炸和火灾事故发生。

18.4.2.2　感应钎焊操作安全与防护

感应钎焊是将钎焊件放在感应线圈所产生的交变磁场中，依靠感应电流加热焊件。生产实践证明，感应钎焊时电流频率使用范围较宽，一般为 10kHz~460kHz。

对高频加热电源最有效的防护是对其泄漏出来的电磁场进行有效屏蔽。通常是采用整体屏蔽，即将高频设备和馈线、感应线圈等放置在屏蔽室内，操作人员在屏蔽室外进行操作。

18.4.2.3 通风和对毒物的防护

由于钎焊前清洗和钎焊过程中会产生有毒、有害物质污染环境，损害操作者的健康，所以在钎焊操作过程中，必须采取妥善的防护措施。

通常采用的有效防护措施是室内通风。它可将钎焊过程中所产生的有毒烟尘和毒性物质挥发气体排出室外，有效保证操作者的健康和安全。通常生产车间通风换气的方式有自然通风和机械通风。在工业生产厂房中，要求采用机械通风排除有害物质。机械通风又可分为全面排风和局部排风 2 种。钎焊过程中产生大量有毒有害物质，难于用局部排风排出室外时，可采用全面排风的方法加以补充排除。对腐蚀性气体和剧毒气体应单独设置排风系统，排入大气之前要进行预处理，达到国家规定有害物排放标准后方可排放。

对有毒有害物品的存放和使用应严格按照有关环保及技术安全部门的相关管理规定进行，避免造成人身伤害和环境污染。对含有毒有害物质的钎剂和钎料，在保管和使用时应特别注意，按有关规定采取特殊的防护措施，在其包装、盒子和包封上必须贴有明显、醒目的标志及注意事项。

参考文献

［1］张启运，庄鸿寿.钎焊手册［M］.2 版.北京：机械工业出版社，2008.

［2］史耀武.中国材料工程大典：第 22 卷：材料焊接工程［M］.北京：化学工业出版社，2006.

［3］中国机械工程学会焊接学会.焊接手册：第 1 卷：焊接方法及设备［M］.3 版.北京：机械工业出版社，2008.

［4］朱艳，赵霞，钱兵羽.钎焊［M］.2 版.哈尔滨：哈尔滨工业大学出版社，2018.

［5］杜森 P. 萨古利奇.先进钎焊技术与应用［M］.李红，叶雷，译.北京：机械工业出版社，2019.

［6］GSI.SFI–Aktuell［M］.Duisburg: Gesellschaft für Schweißtechnik International mbH，2010.

［7］Massalski T B.Binary alloy phase diagrames［M］.Metal Park,Ohio：Amer soc Met，1986.

［8］庄洪寿，Lugscheider E.不锈钢真空钎焊时的脱氧和润湿机理［J］.焊接学报，1982，3（4）：54–55.

［9］Filler metal for soldering and brazing–Designation：ISO 3677：2016［S/OL］.［2016–09］.https：//www.iso.org/standard/62625.html.

［10］单庆成.汽车空调热交换器氮气炉钎焊工艺的研究［D］.重庆：重庆大学，2009.

本章的学习目标及知识要点

1. 钎焊的学习目标

（1）理解钎焊原理及与熔化焊的主要区别；在此基础上全面了解钎焊的主要特点。

（2）掌握典型钎焊工艺及钎焊工艺的选择原则。

（3）掌握钎料、钎剂的作用及选择原则。

（5）掌握材料的钎焊性、接头设计要点，并了解钎焊工艺过程。

2. 钎焊的知识要点

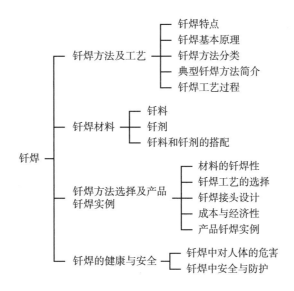

第⑲章

塑料连接工艺

编写：高欣 审校：钱强

塑料是一种以高分子量合成树脂为主要成分的人工合成材料（合成树脂是高分子化合物，也称聚合物）。塑料具有优越的成形机加工性能，其原料来源丰富，在工程材料中有广泛的应用。本章介绍塑料材料的种类、典型焊接方法、设备及其工艺特点，以及实际焊工考试应用的国际标准与安全知识。

19.1 塑　　料

塑料是 20 世纪以来发展最快用途最广的一种新型材料。1869 年，美国人 J.W. 海厄特发现在硝酸纤维中加入樟脑和少量酒精可制成一种可塑性物质，热压下可成形为塑料制品，命名为赛璐珞。1909 年，美国人 L.H. 贝克兰在用苯酚和甲醛来合成树脂方面，做出了突破性的进展，取得第一个热固性树脂——酚醛树脂。人们称前者为半合成树脂，后者称为合成树脂。合成树脂的发明使人们能够利用石油、煤、木材、石灰石、食盐、空气、乙烷、水和天然气等普遍而又便宜的东西，用人工合成的方法进行大规模工业化生产，并且在短短的几十年还衍生出了一大批各有特长的树脂新品种，使塑料成为很有发展前途的一个独立材料体系。

生产塑料的原料含有碳，如石油、天然气、木材、煤、乙烷等，则它属于有机化学范畴。在这些物质中存在不饱和键，如单个分子、单体的乙烯、氯乙烯等。这些单分子、单体的物质可以通过化学反应形成多分子（也称大分子）多体物质，如聚乙烯（PE）、聚氯乙烯（PVC）。由单分子结构的物质（大多为气态或液态）转变成多分子结构的物质，这一过程称为聚合作用。

塑料的结构是由链状分子构成，或称纤维状分子。与棉花的网状纤维相类似，是无序卷绕状。根据分子链的构造，塑料可分热塑性塑料、弹性塑料（合成橡胶）和热固性塑料，见表 19.1。

表 19.1　塑料的基本结构与性能

	非交联链状分子：在室温下，通常处于软到硬、韧状态 类型：热塑性塑料 热塑性塑料：通过链分子的卷绕作用，即分子运动的阻碍作用，塑料在受热时，不像水那样只处于一种固定的液态形式，而是处于不同状态的变化之中，即硬—弹塑料—热塑性，达到热塑性状态就可焊接 典型材料：玻璃纤维增强塑料（Fiberous Glass Reinforced Plastic，简写 FGRP）：由合成树脂和玻璃纤维经复合工艺制作而成的一种功能型的新型材料 结合聚合物（Crystalline Polymer）：可形成长程三维有序晶体的聚合物
	粗网目的交联链状分子：不能熔化，可膨胀及不溶解，在室温下，通常处于弹性、软状态 类型：弹性塑料（合成橡胶） 弹性塑料：该类塑料由于内部结构的原因（粗网目交联链状分子结构），不能熔化，不能达到热塑性状态，故不具备可焊性
	细网目的交联链状分子：不能熔化，不能膨胀及不溶解。在室温下，通常处于硬状态 类型：热固性塑料 热固性塑料：该类塑料由于内部结构的原因（细网目交联链状分子结构）在受热时不会变软，一直处于硬状态，直到破坏，因此不具备可焊性

在实际中，人们使用的塑料不是纯塑料，而是添加了一些辅助材料，如稳定剂、强化剂和着色剂等，由此获得特殊性能和降低成本。

19.2　热塑性塑料的焊接原理和焊接方法的分类

19.2.1　热塑性塑料的焊接原理

热塑性塑料在热塑性状态和压力的作用下就可实现焊接，它是机械连接（2个焊件纤维状分子互相非规则的卷绕），通常仅相同类型的塑料可以焊接。综上所述，热塑性塑料的焊接原理是利用热作用，使塑料连接处发生熔融，并在一定压力下粘接在一起。塑料焊接可以使用或者不使用填充材料进行焊接。

19.2.2　热塑性塑料的焊接方法的分类

根据德国标准 DIN 1910–3《焊接　塑料的焊接、工艺》将塑料焊接方法分类如下，见表 19.2。

表 19.2　塑料焊接方法分类

焊接方法			获得塑性状态途径	主要接头形式[①]
热风焊接			热风加热（手动、自动）	S，T，Lap
加热元件焊接	直接加热式	加热板式焊接	在焊件之间放置加热板加热	S，Lap
		承插式焊接	在焊件的内、外表面放置加热元件加热	Lap
		热丝套筒式焊接	电热丝加热	Lap
	间接加热式	热合焊接	用加热元件在 1 个或 2 个外表面加热	Lap（薄膜）

续表

焊接方法	获得塑性状态途径	主要接头形式[①]
超声波焊接	通过内、外摩擦加热	S，T
高频焊接	通过电介质逸散加热	Lap（薄膜）
摩擦焊接	通过旋转摩擦	S
溶剂焊接	通过单体溶剂使其在冷却状态变成塑性，然后施加压力	S，T，Lap
激光焊接	通过激光加热	S，T，Lap

注：①S—对接接头；T—T型接头；Lap—搭接接头。

19.3 热塑性塑料的种类

热塑性塑料是指在特定温度范围内，可以反复加热软化和冷却硬化的塑料。主要的品种有聚氯乙烯（PVC）、氯化聚氯乙烯（PVC-C）、聚乙烯（PE）、聚丙烯（PP）、丙烯腈－丁二烯－苯乙烯（ABS）、聚酰胺（PA）、聚偏氟乙烯（PVDF）、聚四氟乙烯（PTFE）等。

19.3.1 聚乙烯（PE）

聚乙烯（PE）是由最简单的不饱和烃（即乙烯单体）经过高压或低压聚合而成的一种烯烃族树脂，原料来源于石油。1933年英国首先制得低密度聚乙烯，并于1939年开始工业化生产。目前聚乙烯的主要品种有低密度聚乙烯（LDPE）、高密度聚乙烯（HDPE）、线型低密度聚乙烯（LLDPE）、超高分子量聚乙烯（UHMWPE）。

聚乙烯主要用于薄膜、容器、管材、板材、单丝等产品。

聚乙烯分子含有少量双键和醚基，导致耐候性不好，易老化，需要添加稳定剂和抗氧化剂来改善性能。

19.3.2 聚丙烯（PP）

聚丙烯（PP）是以石油炼制厂的丙烯气体为原料聚合而成的聚烃族热塑性塑料。按结构不同可分为PP-H等规聚丙烯、PP-B间规聚丙烯、PP-R无规聚丙烯。原料来源丰富，价格便宜，是通用热塑性树脂中发展最快的一种。聚丙烯是热塑性塑料中材质量最轻的一种树脂，密度为0.91~0.92g/cm³，呈白色蜡状，比聚乙烯透明度高，强度、刚度和热稳定性也高于聚乙烯，而且易燃、化学稳定性好。通过共混、填充、增强、添加助剂、交联、定向拉伸等方法能开发出各种性能的新产品进入工程塑料领域，以代替ABS等塑料。

聚丙烯塑料可用于注射、挤出成形加工，常见产品应用领域有电子电器、汽车部件、家用电器、管材、板材、薄膜等。

19.3.3 聚氯乙烯（PVC）

聚氯乙烯（PVC）是由氯乙烯单体聚合而成的一种非结晶型通用热塑性塑料。

硬聚氯乙烯管的弱点是缺口反应灵敏。根据荷兰 40 多年的使用经验总结出一点，管道损坏都是由于管子表面擦伤所造成。因此，硬聚氯乙烯管除了在运输和安装过程中应防止擦伤外，也不宜套丝，只能使用注塑的螺纹。

硬聚氯乙烯管的连接以承插式粘接为最佳，但接头的承插管件与管件的公差配合要求很高，要求不能满足时可采用承插式焊接接头。缺乏管件时则采用接触（摩擦）焊。

软聚氯乙烯管是由聚氯乙烯树脂与增塑剂、稳定剂和其他添加料配合制成。由于成分中增塑剂含量高达 30% 以上，常温下截面易变形，低温下材质易脆化。在使用过程中增塑剂易挥发，管子老化迅速，加上有鼠咬、霉变等问题，使用寿命极短，只能作临时装接管材使用。

19.3.4 丙烯腈 – 丁二烯 – 苯乙烯共聚物（ABS）

ABS 为丙烯腈、丁二烯、苯乙烯 3 种单体形成共聚物，英文名称 Acrylonitrile-Butadiene-Styrene，缩写为 ABS。在 –40~100℃ 范围内仍能保持韧性、强度、刚度、具有良好的抗热变形能力。ABS 表面光滑，具有优良的抗沉积性，不使油污固化结垢，堵塞管道，不受电腐蚀和土壤腐蚀，宜作埋地管。

ABS 分为通用级（抗冲击）、耐热级和阻燃级等。ABS 常用于灌溉、潜水泵、地下电气导管、腐蚀性盐水溶液、原油和食物（含流体腐蚀剂的有机物），以及纯化学品和其他敏感产品的工业管装置。

19.3.5 氯化聚氯乙烯（PVC–C）

氯化聚氯乙烯（PVC–C）是 PVC 的重要改性产物，其分子结构中氯含量明显高于 PVC，耐热性明显高于 PVC，同时还具有优异的力学性能、耐化学腐蚀性、非导电性等。

19.3.6 聚酰胺（PA）

聚酰胺（PA），又称尼龙，1935 年合成。具有良好的刚性、韧性、耐高温性和良好的耐溶剂特性。可在 105℃ 时输送流体化学品，但 62℃ 以上时容易水解，即 62℃ 以上时不输送水。PA 大多小管径 ＜ 25mm，主要用作油管代替铜管，价格昂贵。

19.4 塑料焊接设备和焊接工艺

见德国焊接学会规程 DVS 2207–3《热塑性塑料板、管的热风焊》。

19.4.1 热风焊设备和工艺

19.4.1.1 热风焊焊接设备

所谓热风焊就是将热风作为热源。

（1）手工热风焊焊接设备如图 19.1 所示。

（2）机械热风焊焊接设备用热风作为热源，也称挤压式焊接设备，如图 19.2 所示。

19.4.1.2 热风焊焊接工艺

将热风作为热源，焊接材料根据需要可以是焊条（硬），也可以是带状的（软），焊接时将焊条往坡口里压，随着热风的加热使焊件坡口侧和焊条都处于热塑性状态，在外加压力的作用下实现焊接。通常软、硬 PVC 和 PE 均采用此法焊接，焊接速度在 250mm/min 左右。

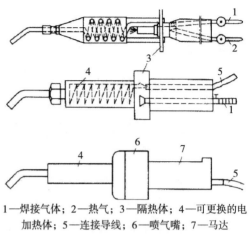

1—焊接气体；2—热气；3—隔热体；4—可更换的电加热体；5—连接导线；6—喷气嘴；7—马达

图 19.1　手工热风焊焊接

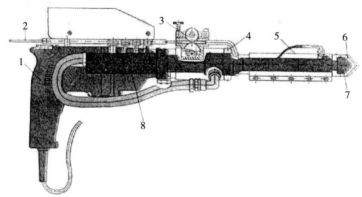

1—马达；2—焊丝；3—送丝机构；4—挤出器；5—熔化室；6—焊接压头；7—加热嘴；8—空气加热器

图 19.2　挤压式热风焊焊机（送丝）

（1）手工热风摆动焊如图 19.3 所示，坡口形式如图 19.4 所示，热风焊主要用来焊接板材。

（2）机械热风焊。U5R 型机械热风挤压焊机如图 19.5 所示，接头形式如图 19.6 所示，焊接参数如下。

焊接材料：PE、PP、PVC、PC　　　　　焊接效率：0.5～2kg/h

焊丝：Φ3mm　　　　　　　　　　　　板厚：6～25mm

重量：8.3kg　　　　　　　　　　　　起动功率：1000W 230V（AC），转数控制

挤压加热器：675W 230V（AC）　　　　空气加热器：2200W 230V（AC）

熔化室控制器：温度控制　　　　　　　控制器空气温度：温度控制

对气体的要求：300L/min（最大）　　　注：挤压加热器和空气加热器对最低温度都有要求。

19.4.2　加热元件焊接设备和工艺

19.4.2.1　加热元件焊接设备

1. 加热板式焊接设备

德国焊接学会规程 DVS 2207-1《热塑性塑料的焊接　聚乙烯制管道、管道部件和面板的加热元件焊接》规定了加热板式焊接方法。

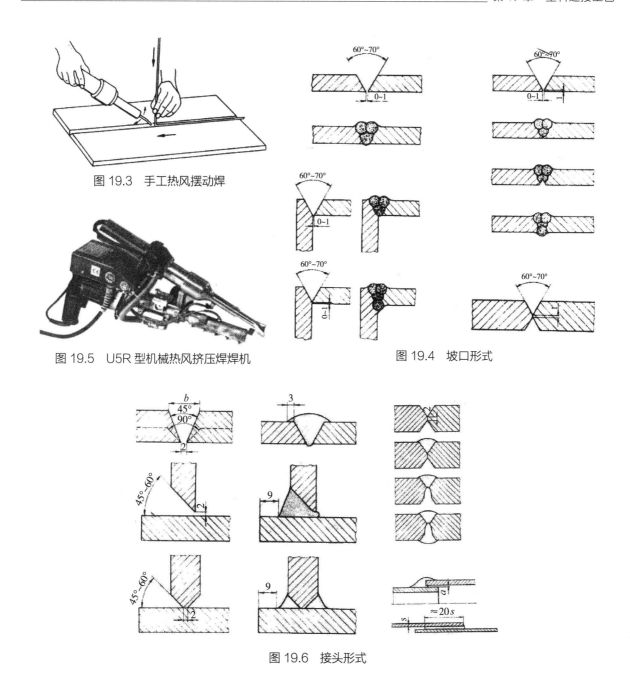

图 19.3　手工热风摆动焊

图 19.5　U5R 型机械热风挤压焊焊机

图 19.4　坡口形式

图 19.6　接头形式

加热板为焊接热源。加热板焊机主要由恒温电加热板（温度最高可达 270℃）、双面电动平整切削刀、对中固定支架、压力装置等部分组成。

2. 承插式焊接设备

承插式焊接设备以加热凸凹模为加热元件提供焊接热源用于管道焊接。

3. 热丝套筒式焊接设备

热丝套筒式焊接设备的铜线圈通电后产生焦耳效应，使电热丝发热为热源。该设备主要由电源控制箱、热丝套筒和固定支架等组成，用于管道焊接，如图 19.7 所示。

19.4.2.2 加热元件焊接工艺（德国焊接学会规程 DVS 2207-1 对此做了规定）

1. 加热板式焊接（见图 19.8）

焊接步骤：

（1）打开开关接通电源，恒温加热板进行加热，加热板要保持清洁，不能碰撞划伤。

（2）将待焊接的塑料管放到卡具上对中卡好。

（3）用电动双面平整刨刀清理接头端部，使焊件达到平、齐、无错边，并保持焊接部位清洁。

（4）将已预热完毕的加热板移至两清理合格的焊件之间并施加一定预焊压力，使两管的接头端部靠在加热板上达到一定时间后（不同壁厚，不同直径，采用不同时间），撤掉加热板。将两个塑料管端面靠紧，施加一定焊接压力，作用在焊接表面的焊接压力为 0.15N/mm²（不同直径，不同壁厚，采用不同压力与时间）。固定锁死，开始冷却。冷却一定时间后，松开锁紧装置，则完成焊接。

2. 承插式焊接（见图 19.9）

3. 热丝套筒式焊接（见图 19.10）

焊接步骤：

（1）先检查塑料管的待焊端，应无椭圆度。

（2）分别将待焊的塑料管待焊端部（约 100mm）用刮刀均匀地刮干净（如同削土豆皮）。

（3）将刮好的塑料管分别从电熔管件两端插入管件内，直至接头端紧密接触。

（4）接好管件电源线，并根据管件上的标志在控制箱上调整焊接参数。

（5）打开开关接通电源，直到电源自动关闭并达到一定冷却时间后，则完成焊接。

图 19.7　热丝套筒式焊机

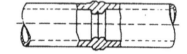
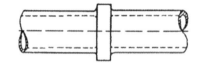
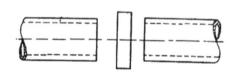

图 19.8　加热板式焊接示意图

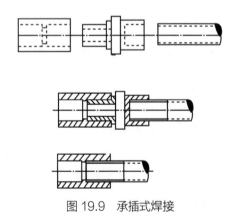

图 19.9　承插式焊接

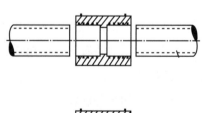
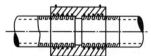

图 19.10　热丝套筒式焊接

19.4.3 超声波焊焊接设备和工艺

19.4.3.1 超声波焊焊接设备

超声波焊焊接设备的主要组成部分如图 19.11 所示。包括：① 超声波发生器；② 超声波传递压头；③ 振动声波极和转换器；④ 底座；⑤ 压力机；⑥ 控制装置。

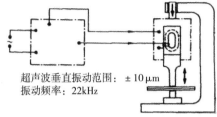

超声波垂直振动范围：± 10 μm
振动频率：22kHz

德国标准 DIN 1320–4 规定了听觉可辨认的噪声为 16Hz~16kHz。工业中应用的超声波焊焊接设备的频率通常为 20kHz~40kHz，超出听觉范围，可以不采取防护措施。

19.4.3.2 塑料超声波焊焊接工艺

图 19.11　超声波焊焊接设备构造

1. 接头形式（见图 19.12 ）

德国焊接学会规程 DVS 2216–2《塑料工件和半成品的超声波焊》对此做了规定。

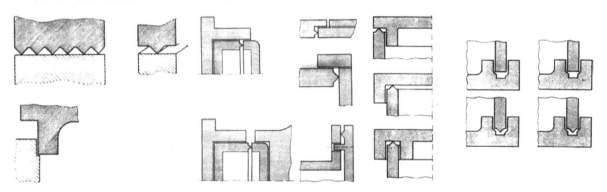

图 19.12　塑料超声波焊接头形式

2. 塑料的种类和规格

（1）首先应用的塑料是 PS 和 PE，然后是硬 PVC 和聚丙烯酸酯。

（2）常用于焊接薄膜、板或半成品工件。

19.4.4 高频焊接设备和工艺

19.4.4.1 高频焊接设备

高频塑料焊机由高频发生器、带有滤波器的高频电路、匹配器、工作装置、控制装置和电极组成。高频发生器的作用是将网络低频电能转变成高频电能，对于塑料焊接经常采用的工作频率为 27.12MHz，并且其偏差为 ± 0.6%，这是国际上认可的工业频率，其功率一般为 0.6kW~150kW。

PS、PP、PE 不适用高频焊接，硬 PVC、软 PVC、ABS、PA 适用高频焊接。

19.4.4.2 高频焊焊接（HF）工艺（见德国焊接学会规程 DVS 2219–1）

高频焊所需的热量是通过高频交变电场产生的。所能焊接的材料必须满足电介质损失（逸散）系数足够大的条件。德国标准 DIN 16960 中给出了标准值：系数为 0.1 时，高频加热良好；系数为 0.01 时，有可能进行高频加热；系数为 0.001 时，不可能进行高频加热。施加一定的压力，通过高频交变电场，在适宜的塑料中产生振子（分子振动），他的高频运动使其内部摩擦，由此产生热量。只有具备该性能的塑料并且在加热时具有足够的塑性和熔化流动性才能进行高频焊接。满足这些条件最典型的材料为硬 PVC 和软 PVC。在室温时，PVC–P 处于较软的并且是弹性状态，当其被加热时，首先通过一塑性区，在该区域内，对其可进行热变形，而这时仍实现不了对其焊接，只有将其一直加热到熔化状态时才能被焊接。PVC–P 的熔化状态的温度范围相对较宽，是理想的进行高频焊接的材料。

可采用高塑料焊接方法进行焊接的热塑性塑料还有聚酰胺（PA）、丙烯腈－丁二烯－苯乙烯共聚物（ABS）、聚氨酯（PUB）、低分子聚甲基丙烯甲酯（PMMA）、乙酰丁酯纤维素（CAB）、乙酸酯纤维素（CA）和丙酸酯纤维素（CP）。PE、PP、PS 和 PTFE 不能高频焊接，高频焊接通常只适用于薄膜。

塑料高频焊接电极配置图示如图 19.13 所示。

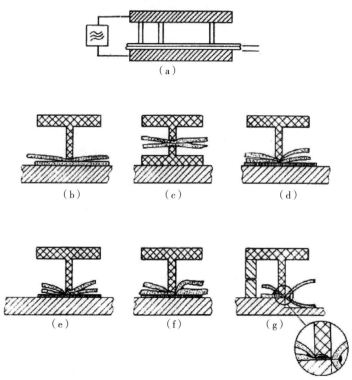

（a）构造（b）单电极（c）双电极（d）分电极（e）组合的分电极（f）单边配置电极（g）双边配置电极

图 19.13　电极配置图示

19.5　塑料焊工的培训与考试

19.5.1　热塑性塑料焊接考试标准

塑料焊接人员－焊工资格－热塑性焊接组件，其焊工考试按照 EN 13067 执行。本标准适用热塑性塑料焊接人员资格考试，包括理论考试和实作考试。

19.5.2　焊工考试技能和知识

焊工考试分为理论考试和实作考试。

实作考试在塑料焊考官（PWE）监督下根据相关焊接工艺规程，按照标准内的材料分组规定试件进行焊接。特别要注意考试应在平焊位置进行，考试完成的条件应与生产条件一致。

理论考试应该在塑料焊考官（PWF）监督下进行，焊工至少要考核 20 道相关资格考试内容的题目，考试要有书面答题记录，可以采用多项选择题方式，考试时间为 1h，不可以携带辅助工具，试题可涵盖如下内容。

（1）热塑焊的设计和相关规定。

（2）工作范围的符号表示。

（3）焊接设备的操作和监控，焊接工艺。

（4）现场焊接相关知识。

（5）焊工考试试件的准备。

（6）热塑焊材料的性能。

（7）焊接缺欠的预防和避免。

（8）选择焊接工艺对焊接缺欠预防的知识。

（9）WPS 和焊接记录的知识。

（10）无损检测和破坏性检测的知识。

19.5.3　塑料焊考官（PWE）的职责

考试应由 PWE 监督，并且进行标记；PWE 对具体考试选定相关试件；PWE 不能监督自己培训的考生；PWE 具有独立的专业判断能力；PWE 应检查考生信息，检测试验室资质和培训场地。

19.5.4　试件的评定和验收

试件的评定应在具有资质的试验室进行。评定分为 2 部分：目视检测和破坏性检测。评定合格可标记为"c"——符合，评定不合格标记为"nc"——不符合。

目视检测依据 EN 13100-1《热塑料半成品焊接接头无损检测　第 1 部分：目视检查》。

破坏性检测包括如下内容。

（1）弯曲试验，依据 EN 12814-1。

（2）拉伸试验，依据 EN 12814-2。

（3）剥离试验，依据 EN 12814-4。

19.5.5　检测结果和证书

实作考试首先试件要符合标准中规定的准备要求，焊接完成的焊件要通过相应的试验；理论考试要求正确率不低于 80%；最终结果需要实作考试和理论考试均满足要求才能颁发证书，证书有效期为 2 年。

19.6 健康与安全

塑料焊接施工健康和安全在整个生产制造过程中非常重要。从管理角度要遵从国家的法规，尤其是在特种设备领域有特殊的要求。从技术角度要考虑塑料使用的领域，如燃气领域要防止易燃、易爆、腐蚀性和静电。

19.6.1 基本安全知识

易燃、易爆、腐蚀性物品通常是塑料管道的输送介质，尤其是燃气类物品。按照气源分类，燃气可以分为天然气、人工燃气、液化石油气和生物质气。而燃气作为一种优质能源，给我们生产和生活带来方便的同时，也会带来一定的危险。由于燃气具有一定的易燃、易爆和毒性，使得一旦泄露，可以在泄漏附近与空气混合，形成爆炸性气体。当遇到明火、高温、电磁辐射、无线电和微波等时，可能会引起火灾和爆炸。燃气泄漏是会挥发和扩散的，在较高压力下燃气会喷出并迅速扩散。如果形成的蒸汽云没有遇到明火，则随着扩散而浓度降低，危害性减少；但是如果发生火灾或爆炸，就会造成严重的人员伤亡和财产损失。

静电也会引起爆炸和火灾。静电的产生既有外因也有内因，外部条件包括两种物质的摩擦、两种物质的紧密接触再分离以及物质发生电解或者其他带电体的感应等。静电防护就是为防止静电积累所引起的人身电击、火灾与爆炸、电子器件失效，以及对生产过程中产生的不良影响而采取的防范措施。

19.6.2 安全与防护

工作前要检查设备、工具的绝缘层是否有破损现象，同时检查焊接接地及各接触点是否接触良好。在狭小的舱室或容器内焊接时，要设有监护人员。严禁利用厂房的金属结构、管道、轨道及其他金属搭接作为导线。严格执行焊机规定的负载，避免焊机超负荷工作。操作人员必须戴防护手套、穿工作鞋与工作服、戴防护眼镜。

室外现场焊接时，应该注意防止灰尘和泥土进入焊机，防止污水及其他液体对焊机和操作人员造成伤害。潮湿环境下建议使用低电压设备进行工作，保证设备在稳定的工作条件下运行。

特殊环境下焊接作业，如容易产生火灾、爆炸、触电、中毒、窒息等事故时，必须要有特殊保障和处理突发事故应急方案。恶劣气象条件下要停止焊接操作，确保安全作业。

参考文献

[1] Welding; Welding of Plastics, Processes：DIN 1910-3 :1977 [S/OL].[1977-09]. https://www.beuth.de/en/standard/din-1910-3/699207.

[2] Plastics welding personnel – Qualification of welders – Thermoplastics welded assemblies;German version: EN 13067:2020［S/OL］.［2020-11］. https://www.beuth.de/en/standard/din-en-13067/324345673.

[3] Non destructive testing of welded joints of thermoplastics semi-finished products – Part 1: Visual examination; German

version: EN 13100—1:2017 ［S/OL］.［2017–08］. https://www.beuth.de/en/standard/din–en–13100–1/264630737.

［4］Welding of thermoplastics – Heated element welding of pipes, piping parts and panels made out of polyethylene: DVS 2207–1:2015 ［S/OL］.［2015–08］. https://www.beuth.de/en/technical–rule/dvs–2207–1/237820352.

［5］Welding thermoplastic materials – Hot–gas string–bead welding, hot–gas welding with torch separate from filler rod pipes, pipe components and sheets – Procedures, requirements: DVS 2207–3:2019 ［S/OL］.［2019–12］. https://www.beuth.de/en/technical–rule/dvs–2207–3/316099047.

［6］High–frequency joining of thermoplastics in series fabrication: DVS 2219–1:2005 ［S/OL］.［2004–04］.https://www.beuth.de/en/technical–rule/dvs–2219–1/80193094.

［7］郑伟义，陈国龙，陈志刚 . 塑料焊接技术 [M]. 北京：化学工业出版社，2015.

本章的学习目标及知识要点

1. 学习目标

（1）掌握塑料的分类和典型可以焊接的材料。

（2）掌握常用塑料焊接方法和焊接工艺特点。

（3）了解塑料焊接焊工考试欧洲标准。

（4）了解安全要求，并且能够在实际中应用。

2. 知识要点

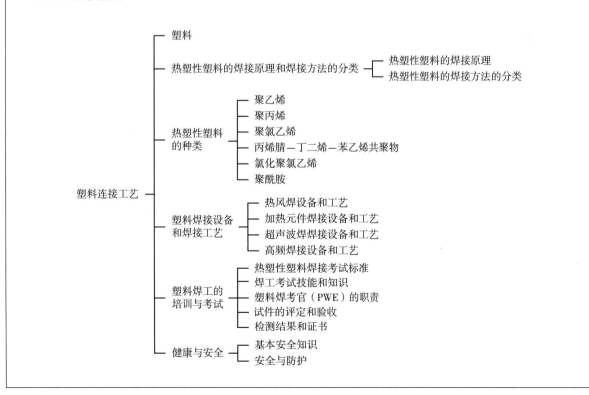

第20章

陶瓷及复合材料连接工艺

编写：李淳　许志武

本章介绍陶瓷材料的定义、分类、结构陶瓷的性能特点和陶瓷材料的应用。重点讲述陶瓷材料的焊接难点，简要介绍陶瓷材料常用的焊接方法、陶瓷基复合材料的定义与分类，重点讲述常用的陶瓷基复合材料焊接方法及特点。本章旨在使读者了解陶瓷及其复合材料焊接时的主要问题，并能够选择合适的焊接方法。

20.1　陶瓷材料的定义

陶瓷是用天然或合成化合物经过成形和高温烧结制成的一类无机非金属材料，具有高熔点、高硬度、高耐磨性、高耐腐蚀性等优点，在航空航天、汽车、核能、化工、电子领域有着广泛的应用。与金属材料由金属键结合而成不同，陶瓷材料一般是由共价键、离子键或混合键结合而成，键合力强，具有很高的弹性模量和硬度。陶瓷材料的理论强度高于金属材料，但具有较大的脆性，表面较小的伤痕与内部缺欠均有可能造成突发性的破坏，并且在室温下陶瓷几乎不具有塑性。

目前，陶瓷的概念已不仅局限于其传统的含义，各类新型陶瓷层出不穷。从整体上看，陶瓷是硬而脆的高熔点材料，具有低的导电性和导热性、良好的化学稳定性和热稳定性，以及较高的压缩强度和一些独特的性能，如绝缘性和电、磁、声、光、热以及生物相容性等，可广泛用于机械、电子、宇航、医学、能源等各个领域，成为现代高技术材料的重要组成部分。陶瓷的焊接也日益受到人们的重视。

20.1.1　陶瓷的分类

陶瓷是一种无机非金属材料，按其应用特性可分为功能陶瓷和工程结构陶瓷两大类。功能陶瓷包括电子陶瓷、高温陶瓷、光学陶瓷、绝缘陶瓷等。功能陶瓷具有电绝缘性、半导体性、磁性、化学吸附性、生物适应性、耐辐射性等多种功能，且具有相互转化功能。工程结构陶瓷强调材料的力学性能，以及具有的耐高温、高强度、超硬度、高绝缘性、高耐磨性、抗腐蚀性等性能，在工程领域得到广泛的应用。工程结构陶瓷按其化学组成分为氧化物陶瓷和非氧化物陶瓷两大类，见表 20.1。

表 20.1　常见结构陶瓷分类

种类		组成材料
氧化物陶瓷		Al_2O_3, MgO, ZrO_2, SiO_2, UO_2, BeO 等
非氧化物陶瓷	碳化物	SiC, TiC, B_4C, WC, UC, ZrC 等
	氮化物	Si_3N_4, AlN, BN, TiN, ZrN 等
	硼化物	ZrB_2, WB, TiB_2, LaB_6 等
	硅化物	$MoSi_2$ 等
	氟化物	CaF_2, BaF_2, MgF_2 等
	硫化物	ZnS, TiS_2R 等
	碳和石墨	C

20.1.2　结构陶瓷的性能特点

（1）物理性能。陶瓷材料的物理性能与金属材料有较大的区别，主要表现在以下 2 个方面：陶瓷的线膨胀系数比金属低，一般为 10^{-5} / K~10^{-6} / K；陶瓷的熔点比金属的熔点高得多，有些陶瓷可在 2000~3000℃的高温下工作且保持室温时的强度，而大多数金属在 1000℃以上就基本丧失了强度。

（2）化学性能。陶瓷的组织结构十分稳定。在它的离子晶体中，金属原子被非金属原子所包围，受到非金属原子的屏蔽，因而形成极为稳定的化学结构。一般情况下不再与介质中的氧发生作用，甚至在 1000℃的高温下也不会氧化。由于化学结构稳定，大多数陶瓷具有较强的抵抗酸、碱、盐类以及抵抗熔融金属腐蚀的能力。

（3）力学性能。陶瓷材料多为离子键构成的晶体或共价键构成的共价晶体，这类晶体结构有明显的方向性。多晶体陶瓷的滑移系很少，受到外力时几乎不能产生塑性变形，常常发生脆性断裂，抗冲击能力较差。由于离子晶体结构的关系，陶瓷的硬度和室温弹性模量都较高。陶瓷内部存在大量的气孔，致密程度比金属差很多，所以抗拉强度很低，但因为气孔在受压时不会导致裂纹扩展，所以陶瓷的抗压强度还是比较高的。

20.1.3　陶瓷的应用

功能陶瓷目前主要用于电、磁、光、声、热和化学等信息的检测、转换、传输、处理和存储等，并已在电子信息、集成电路、计算机、能源工程、超声换能、人工智能、生物工程等众多近代科技领域显示出广阔的应用前景。根据功能陶瓷组成结构的易调性和可控性，可以制备超高绝缘性、绝缘性、半导性、导电性和超导电性陶瓷；根据其能量转换和耦合特性，可以制备压电、光电、热电、磁电和铁电等陶瓷；根据其对外场条件的敏感效应，则可以制备热敏、气敏、湿敏、压敏、磁敏和光敏等敏感陶瓷。高温超导氧化物陶瓷的发现使功能陶瓷的研究成为全球性的热点，高温超导陶瓷的研究开发为未来的技术革命带来新的曙光。

结构陶瓷传统上被认为是脆性的、不可冲击的、不宜作机械部件的，经过一二十年研究，这些缺点已经有了显著的改进，现已形成包括氮化硅系统、碳化硅系统和氧化锆、氧化铝增韧系统的高温结构陶瓷，以及陶瓷基复合材料的两大系列的结构陶瓷，并作为热机部件、切削刀具、耐磨损界面腐蚀部件进入机械工业、汽车工业、化学工业、造纸工业、纺织工业等传统工业领域。

回收废热的高温热交换器是高温结构陶瓷具有特色的一个应用。通常金属热交换器的工作温度为 1100℃，燃料节省率仅为 20%~30%；而陶瓷热交换部件，如碳化硅工作温度可提高至 1370℃，燃料节省率高达 50%。在热交换器领域中，结构陶瓷应用前景诱人，至今已在炼钢工业以及其他金属冶炼工业中使用。

光学透明陶瓷如透明氧化铝和镁铝尖晶石等在具有陶瓷材料本身的高强度、高耐磨性和高硬度等优点的同时还具备良好的透光性，可用作透明装甲、光学透镜、激光主体材料、激光窗口、光学热交换器、电弧封套、高压弧光灯等。

高性能陶瓷刀具是首先商品化的一种结构陶瓷。由于美国成功用于高速切削和寿命延长而提高生产效率，每年节约成本达数十亿美元。用于机械、化工等方面的耐磨损、耐磨蚀部件，如密封环、轴承、喷嘴、内衬等也是结构陶瓷应用的主要领域。此外，结构陶瓷用作金属热挤压模也显示其优越性。

20.2 陶瓷材料连接

陶瓷材料具有强度高、耐腐蚀性好、高温性能好等诸多优良性能，但由于陶瓷材料的高硬度，很难将其加工成复杂的形状，而实现陶瓷材料的连接可以有效解决上述问题，进而实现陶瓷材料在工业生产中的大规模应用。因此，目前已有较多关于陶瓷材料连接的研究。

20.2.1 陶瓷材料连接的难点

由于陶瓷材料与金属材料化学键键型不同，加上陶瓷本身特殊的物理化学性能，所以无论是与金属连接还是陶瓷自身的连接都存在不少的难点。这些难点包括：①大部分陶瓷的导电性很差或基本不导电，并且熔点较高，很难采用电弧焊等熔化焊方法进行连接；②陶瓷材料的配位键主要有离子键和共价键 2 种，都非常稳定，因而陶瓷很难被熔化的金属所润湿；③目前最为常用的提升钎料在陶瓷表面润湿的方法是在钎料中添加活性元素，但活性元素会与陶瓷反应生成脆性反应层，过厚的脆性反应层会极大地削弱接头的连接质量；④陶瓷的线膨胀系数小，与绝大多数金属的线膨胀系数相差较大，通过加热连接陶瓷与金属时，接头中会产生残余应力，削弱了接头的力学性能；⑤陶瓷的熔点高，硬度和强度高，不容易变形，陶瓷的扩散连接要求被连接件表面非常平整与清洁。

由此可见，陶瓷连接有 3 个主要问题需要解决，一是陶瓷与金属的润湿性问题；二是陶瓷与钎料的界面反应控制问题；三是应力的缓解问题。对于第一个问题，可以通过陶瓷金属化或利用活性金属元素加以解决；对于第二个问题，可以通过优化工艺参数的方式加以解决；对于第三个问题，通常采用添加中间层或复合钎料的方法加以解决。中间层的选择依据有 2 种观点，一是采用塑性中间层，二是采用线膨胀系数与陶瓷相适应的中间层。而复合钎料通常是指在钎料中添加具有较低热膨胀系数的增强相（如颗粒、晶须等）来调控钎料的热膨胀系数，实现陶瓷向金属侧热膨胀系数的梯度过渡。

20.2.2　陶瓷连接件的应用

陶瓷连接件具有较好的高温性、耐腐蚀性和耐磨性，并且采用陶瓷替代部分金属部件可以有效降低构件的重量，陶瓷与自身及其与金属的连接件在真空设备、汽车、能源等多个领域有着重要的应用。

在真空设备方面，常用的真空设备经常由金属制成，在外界无法对设备内部的情况进行有效观察，透明陶瓷与金属的连接件可以作为真空设备的观察窗，通常采用钎焊和玻璃钎焊等方法实现二者的连接。

在汽车领域，由 Si_3N_4 陶瓷与钢材组成的复合转子比全金属转子重量轻 40% 左右，而且能够耐受 1000℃ 的高温，这些特性可以提升涡轮的加速性能和燃料的效率，减少尾气的排放，这类转子在重载柴油发动机上已有应用，通常采用活性金属钎焊的方法实现复合转子中陶瓷与金属的连接。

固体氧化物燃料电池是一种新型的清洁能源，具有成本低、污染小、能量转化率高、燃料多样化以及噪声小等优势，为了满足高功率输出需求，需要将多个单电池互连构建成电池堆，其中实现陶瓷电池片与不锈钢连接体的气密连接是其中的关键技术，目前通常使用空气反应钎焊技术实现电池片与不锈钢连接体之间的连接。

20.2.3　常用的陶瓷材料连接方法

陶瓷连接方法主要包括瞬时液相连接、扩散连接、混合氧化物玻璃连接、活性钎焊连接、空气反应钎焊连接和超快激光连接等。

20.2.3.1　钎焊

钎焊是利用被称为钎料的外加金属或合金来实现材料连接的方法，它是把钎料和母材一起加热，使熔点比母材低的钎料熔化，通过毛细作用润湿并填满母材接头间隙形成钎缝，在钎缝中钎料与母材相互扩散、溶解、冷凝而形成牢固接头的焊接方法。它是现代焊接技术的三大主要组成部分之一，钎焊与其他两类焊接技术（熔焊和压焊）之间，虽有共同之处，但存在本质的区别，钎焊时只有钎料熔化而母材保持固态。

20.2.3.2　扩散连接

扩散连接是一种通过原子扩散乃至化学反应实现陶瓷连接的方法。这里所说的扩散连接指的是固相扩散连接，即热压扩散连接。这种连接方法的优势在于连接强度类似于基体材料，精确的尺寸控制，薄的和厚的部分能够互相连接，铸造、锻造和烧结粉末产品及异种材料能连接。扩散连接的特点是接头质量稳定，收缩与变形小，尺寸容易控制，连接强度高，接头耐蚀性好，可实现大面积连接。但对连接表面处理的要求较高，连接时间较长，设备昂贵，生产效率低，对零件尺寸、形状要求严格。

20.2.3.3 瞬时液相连接

瞬时液相连接是一种以液相为中间媒介的连接方法。它采用多层金属（或合金）作中间层，芯部为较厚的耐热合金，两侧为很薄的低熔点合金（B / A / B 结构，B 的厚度远小于 A）。在连接温度下，低熔点金属 B 直接熔化或与芯部金属 A 作用生成低熔点的共晶物间接熔化，在随后的保温过程中，通过原子的扩散使液相消失而等温凝固及成分均匀化。瞬时液相连接方法兼具钎焊和扩散焊的优点，连接温度较低、接头强度高和耐热性好。该技术的潜在优势是可以在较低的温度下连接高温使用的接头，甚至连接件的使用温度可以超过焊接温度，这种连接方法的缺点是对于理想的中间相，能够供选择的合金系数量受限，合适的接头反应非常有限。

20.2.3.4 混合氧化物玻璃连接

混合氧化物玻璃连接是采用类似于陶瓷烧结时所用的混合氧化物玻璃材料，其中加入一定比例的陶瓷颗粒，在一定温度下使这些氧化物熔化，通过化学反应将陶瓷连接在一起。氧化物玻璃与陶瓷化学相容性好，其黏度、流动性和熔点便于控制，且氧化物玻璃的析晶可以提高结合层的力学性能和抗腐蚀性能。因为所采用的连接方法类似于陶瓷烧结，所以形成接头的显微结构与母材相同，组织上的连续性和物理化学性质的相似性，使该方法克服了在其他连接方法中难以解决的连接界面区域存在残留应力的问题，并由于接头具有与母材相同的结构，所以能充分发挥陶瓷母材的性能优势。

20.2.3.5 空气反应钎焊连接

空气反应钎焊连接与玻璃连接类似，在空气中进行连接，不需要真空或惰性气氛保护。钎料体系以贵金属为主，添加适量金属氧化物用于提高钎料的润湿性能，Ag-CuO 是常用的空气反应钎焊钎料体系；以贵金属为主的接头具备良好的变形能力，可以吸收部分热应力和冲击应力。该方法主要应用于固体氧化物燃料电池的封接。

20.2.3.6 超快激光连接

2019 年美国加利福尼亚大学的学者发明了一种利用超快激光实现陶瓷快速连接的方法，实现了氧化铝与氧化锆陶瓷的快速焊接。这种方法具有较高的焊接效率，有助于陶瓷连接件在工业生产中的大规模应用。

在这些连接方法中活性金属钎焊法由于操作工艺简单、连接强度高、接头尺寸和形状适应性广而显示出强大的生命力，成为结构陶瓷连接的首选技术。

20.3 陶瓷基复合材料的定义

陶瓷基复合材料是通过在陶瓷基体中引入第二相增强材料，以实现增强、增韧目的的多相材料，又称为多相复合陶瓷或复相陶瓷。

20.3.1 陶瓷基复合材料的分类

根据增强相的类型，陶瓷基复合材料可分为如下几种。

（1）纤维增强陶瓷基复合材料。这类材料的纤维与基体陶瓷之间应具有良好的化学相容性和物理相容性。常用的纤维有 SiC、C、Al$_2$O$_3$ 等。

（2）晶须增强陶瓷基复合材料。常用的晶须主要有 SiC 等。

（3）颗粒弥散增强陶瓷基复合材料。颗粒有刚性颗粒和延性颗粒 2 种，均匀弥散于陶瓷基体中，起到增加强度和韧性的作用。刚性颗粒是高强度、高硬度、高热稳定性和化学稳定性的陶瓷颗粒，如 SiC、TiC、B$_4$C 等。延性颗粒是金属颗粒，如 Cr 等。

（4）原位生长陶瓷基复合材料。通过在基体原料中加入可生成第二相的元素或化合物，在陶瓷基体致密化过程中直接通过高温化学反应或相变过程，原位生长出均匀分布的增强相，形成陶瓷基复合材料。

根据所用的基体材料，可分为玻璃基复合材料、氧化物陶瓷基复合材料、非氧化物陶瓷基复合材料等。

玻璃基复合材料的优点是易于制作且增韧效果好。典型的玻璃基复合材料有 C$_f$ / 石英玻璃、Nicalon / LAS 复合材料等。玻璃基复合材料的致命缺点是由于玻璃相的存在而容易产生高温蠕变，同时玻璃相还容易向静态转化而发生析晶，使性能受损，这样使用温度也受到限制。

氧化物陶瓷基复合材料的基体主要有 MgO、Al$_2$O$_3$、SiO$_2$ 和莫来石等，这些材料均不宜在高应力与高温环境中使用，因为 Al$_2$O$_3$ 的抗热振性能较差；SiO$_2$ 易发生高温蠕变和相变；莫来石虽然有较低的线膨胀系数和良好的抗蠕变性能，但使用温度也不能超过 1200℃。

非氧化物陶瓷基复合材料，如 Si$_3$N$_4$、SiC 等，由于具有较高的强度、弹性模量、抗热振性能和优异的高温力学性能而受到重视。

20.3.2 陶瓷基复合材料的性能及应用

与一般陶瓷相比，陶瓷基复合材料具有更高的强度和韧性，而与一般金属材料相比，陶瓷基复合材料具有耐高温、耐氧化、强度高、耐腐蚀、弹性模量大等特点。

（1）颗粒增强陶瓷基复合材料具有价格低、易于制造等特点，有广泛的应用价值和良好的发展前景。目前，颗粒增强陶瓷基复合材料主要用作高温材料和超硬高强材料，如陶瓷发动机中燃气轮机的转子、定子和蜗形管，以及无水冷陶瓷发动机中的活塞顶盖、燃烧器、柴油机的火花塞、活塞罩、汽缸套、复燃烧室等。表 20.2 给出了几种颗粒增强陶瓷基复合材料的性能。

表 20.2　几种颗粒增强陶瓷基复合材料的性能

复合材料种类	颗粒（体积分数）/ %	抗弯强度 / MPa	断裂韧性 / MPa · m$^{\frac{1}{2}}$
TiC$_p$ / Al$_2$O$_3$	30	≤ 700	3.2
SiC$_p$ / Al$_2$O$_3$	20	≤ 520	4.0~5.0
B$_4$C$_p$ / Al$_2$O$_3$	50	620	4.5

（2）晶须增强陶瓷基复合材料具有优异的增韧效果。这类材料中，SiC 晶须增强 Al$_2$O$_3$ 复合材料

和 SiC 晶须增强 Si_3N_4 复合材料是最为成熟。前者可用来制造模具、刀具、耐磨球阀、轴承、内燃机喷嘴、钢套、机油阀门和各种内衬等；后者可用来制造燃气轮机的转子、定子，以及无水冷陶瓷发动机中的活塞顶盖、燃烧器、柴油机的火花塞、活塞罩、汽缸套等。表 20.3 给出了几种晶须增强陶瓷基复合材料的性能。

表 20.3　几种晶须增强陶瓷基复合材料的性能

材料种类	晶须（体积分数）/ %	抗弯强度 / MPa		断裂韧性 / $MPa \cdot m^{\frac{1}{2}}$	密度 / $g \cdot cm^{-3}$	备注
		25℃	1350℃			
SiC_w / Al_2O_3	0	300~400	—	2.5~4.0	—	—
	20	650~800	—	7.5~9.0	—	—
SiC_w / 玻璃	0	77	—	1.0	—	—
	20	125~190	—	3.8~5.5	—	—
SiC_w / 莫来石	0	200	—	2.2	—	—
	20	420	—	4.7	—	—

（3）纤维增强陶瓷基复合材料具有最佳增韧和增强效果。所用的纤维主要有 SiC、C、Al_2O_3 等，C_f/ C 复合材料作为一种高温复合材料，可用作固体火箭发动机喷管、航天飞机结构部件、飞机及赛车的刹车装置、热元件和机械紧固件、热交换器、航空发动机的热端部件等。SiC_f / SiC 复合材料因其优异的高温性能与耐腐蚀性能受到了广泛的关注，被认为是新一代航空发动机与核反应堆包壳的理想材料。表 20.4 给出了几种纤维增强陶瓷基复合材料的典型性能。

表 20.4　几种纤维增强陶瓷基复合材料的典型性能

复合材料	纤维（体积分数）/ %	抗弯强度 / MPa	弹性模量 / GPa	断裂功 / $kJ \cdot m^{-2}$	密度 / $g \cdot cm^{-3}$
C_f / B_2O_3–SiO_2–Na_2O–Al_2O_3（单向纤维增强）	0	100	60	0.004	—
	50	700	193	5.0	—
C_f / LAS（Li_2O–Al_2O_3–SiO_2）（单向纤维增强）	0	150	77	0.003	—
	50	680	168	3.0	—
C_f / SiO_2 玻璃（单向纤维增强）	0	51.5	—	0.009	—
	50	600	—	7.9	—
SiC_f / LAS（Li_2O–Al_2O_3–SiO_2）	46	755	138	—	—

（4）纳米增强陶瓷基复合材料中纳米相不仅改善了复合材料的力学性能、断裂韧性和高温力学性能，而且还提高了其硬度、弹性模量和抗热震性。常见的纳米增强陶瓷基复合材料为氧化物陶瓷

中引入 SiC、Si_3N_4 纳米相组成复合材料，其断裂强度和耐高温性能均有较大提高。表 20.5 给出了几种纳米增强陶瓷基复合材料的典型性能。

表 20.5 几种纳米增强陶瓷基复合材料的典型性能

复合材料种类	纳米相（体积分数）/ %	抗弯强度 / MPa	断裂韧性 / MPa·$m^{\frac{1}{2}}$	最高使用温度 / ℃
SiC / Al_2O_3	0	350	3.5	800
	25	1520	4.8	1200
Si_3N_4 / Al_2O_3	0	350	3.5	800
	25	850	4.7	1300

20.4 陶瓷基复合材料的连接

20.4.1 陶瓷基复合材料的焊接形式

在核工业、航天航空工业和电真空器件生产中，陶瓷基复合材料的焊接占有非常重要的地位。目前通常遇到的涉及陶瓷基复合材料的焊接有如下几种形式。

（1）陶瓷基复合材料与陶瓷基复合材料的焊接。

（2）陶瓷基复合材料与金属之间的焊接。

（3）陶瓷基复合材料与非金属之间的焊接。

（4）陶瓷基复合材料与半导体材料之间的焊接等。

20.4.2 晶须或颗粒增强陶瓷基复合材料焊接的基本特点

这类复合材料的焊接类似于单质陶瓷的焊接，一般来说，可以用焊接单质陶瓷同样的工艺来焊接这类复合材料。陶瓷基复合材料焊接的基本原理则与陶瓷焊接的基本原理是相同的。

与金属材料不同，不同的陶瓷基体具有不同的键合类型，如离子键、共价键、离子键与共价键的混合形式等。焊接时往往需要暂时地及（或）局部地破坏材料的原子键合，并建立起新的键合。

陶瓷基复合材料焊接具有陶瓷焊接的一些特点。如陶瓷熔点高且高温分解，不能用熔化焊方法进行焊接；大多数陶瓷不导电，不能利用电弧焊或电阻焊进行焊接；陶瓷脆性大、流塑性极差，难以利用压力焊进行焊接；化学惰性大、不易润湿，因此钎焊也较为困难。另外，陶瓷基复合材料焊接还有自身结构带来的一些问题，如焊接过程中基体材料与增强材料可能会发生不利的反应，造成增强物（纤维、晶粒和颗粒）性能下降，因此焊接时间与温度一般都不能太长或太高。

20.4.3 纤维增强陶瓷基复合材料的焊接特点

与单质陶瓷、晶须增强陶瓷基复合材料、颗粒增强陶瓷基复合材料相比，纤维增强陶瓷基复合材料的焊接性有自己的特点。纤维增强陶瓷基复合材料具有高度的各向异性，通常需要焊接接头尽量保持这种各向异性。当连接面平行于纤维方向时，纤维增强陶瓷基复合材料的焊接实际上等于基体材料的焊接；而当连接面与纤维方向不平行时，则焊接接头中的纤维与纤维必须有一定量的搭接。

由于高断裂韧性陶瓷基复合材料增韧机制一般为纤维拔出机制。纤维/基体界面的结合强度在很大程度上决定了复合材料的性能。一般来说，焊接时不得使用过高的温度或过大的压力，以免造成纤维/基体界面结合程度的变化，防止复合材料性能降低。

20.5 陶瓷基复合材料的焊接方法

20.5.1 钎焊

钎焊是利用钎料在高温下熔化，其中的活性组元和复合材料发生反应，形成稳定的反应梯度层，从而将2种材料连接到一起。由于陶瓷基复合材料的化学惰性使之不易润湿，所以可以采用以下2种方法进行钎焊：一是用活性钎料直接进行连接；二是分2步，先对复合材料待连接面采用热喷涂、PVD沉积金属层、CVD法和离子注入等方法进行金属化处理后，再用一般钎料进行连接。钎焊结合的主要机制是钎料在界面处可以产生机械和化学的结合，机械结合可以认为是钎料质粒嵌入或渗入复合材料表层的微孔区，而化学结合强度归结于钎料和基体间的物质转移和反应。

钎焊中钎料的选择对接头的性能方面起了关键的作用，钎料选择要考虑以下几个方面。

（1）钎料和母材的润湿性问题。由于陶瓷基复合材料很难被润湿，大多数钎料在接头上往往只形成球珠，很少或根本不产生润湿，这就导致了接头强度较低。所以选择钎料中添加表面活性元素Si、Mg、Ti等。钎料中加Ti、Zr、Hf、Pd等过渡族元素或稀有元素具有较强的化学活性，在高温下对复合材料具有一定的亲和性。

（2）由于陶瓷基复合材料钎焊时存在钎料/基体，钎料/增强相，基体/增强相3种界面。因此，在选择钎料时要注意钎料对基体和增强相的共同作用。

（3）钎料和复合材料热膨胀系数的差异，产生的残余应力导致接头在使用过程中开裂，因此要考虑在中间层中加入塑性材料或线膨胀系数和复合材料相合适的材料作为缓冲层。

综上所述，常用的活性钎料是Ag-Cu-Ti，通过钎焊技术形成的接头的热膨胀系数与母体材料不同，从而导致在接点区域产生应力集中，而且由于钎料熔点比较低，这样钎焊接头的使用温度不超过500℃。因此，高温活性钎料尚待进一步的研究。

20.5.2 部分过渡液相连接（PTLPB）

PTLPB是为了解决活性钎焊、固相扩散焊中的问题，即低温连接时使用温度低，高温连接时热应力大而使材料的性能受到损害。PTLPB使用复合层中间层（如B-A-B的形式，其中A厚度远大于B厚度），在连接温度下形成液相，随着连接时间的延长，过渡液相被高熔点金属层消耗，同时过渡液相和母材发生反应的一种连接方法。一般认为它可以分为以下4个阶段。

（1）中间层的熔化和扩大，此过程速度取决于液相扩散。

（2）液相的继续扩大，同时成分均匀化并达到液相线，这一阶段既有液相扩散又有固相扩散。

（3）液相凝固阶段。由固相扩散控制，凝固时间取决于液相的宽度和互扩散系数。

（4）固相均匀化阶段。

这种连接方法与固相扩散焊相比，连接温度更低；不需要使用更大的压力，避免了复合材料性能的降低；另外，由于液相的存在，被连接件的表面质量不要求太高；和钎焊相比，使用温度可以大幅度提高；陶瓷基复合材料（CMCs）表面的润湿性要求降低。由于中间层是由多种金属构成的，因此不仅要考虑中间层对复合材料的适用性，还要考虑各层金属之间的作用，防止生成脆性金属相降低了接头的性能。

20.5.3　利用聚合物分解进行连接

聚合物分解连接 CMCs 是通过陶瓷先驱体聚合物在高温下分解转化为陶瓷进而实现连接的一种方法。但由于聚合物在高温分解过程中会产生大量的气孔，这将会大大降低接头的强度。为此，可以通过在聚合物中添加活性或惰性填充物、纤维，在分解过程中施压，以及增加渗透和分解次数来改善这一情况。舍伍德（W. J. Sherwood）等人用活性金属 Al 粉、Ti 粉、Si 粉加涂 C 的碳化硅（Nicalon）短纤维和 SiC 含量高的陶瓷先驱体聚合物混合成的浆料，作为连接材料连接 CMCs。被连接的 CMCs 表面经过研磨后涂上混合浆料，用钢卡具装配成接头试样，放在惰性气体容器中加热到 1000℃，保温 1h，连接后的试样再经过 5 次以上的浸润和加热分解以强化接头。用这种方法获得接头的四点抗弯强度可以达到 75MPa~100MPa。这种连接方法的优点在于接头与待连接复合材料的热膨胀系数相匹配，连接后不会产生过大的残余应力，在聚合物的高温分解过程中不需要施加很大的压力。但它的不足之处在于聚合物的分解会导致接头处产生大量气孔，这会大大降低接头强度，因此接头可靠性不高。

20.5.4　新型陶瓷连接技术——ARCJoinT

ARCJoinT 是一种反应成形连接方法。该工艺首先把碳质混合物放到接点区域，并用夹具固定，在 100~120℃温度下热处理 10~20min，然后将 Si 和 Si 合金以浆料的形式涂到接点周围，然后根据浆料的类型，在 1250~1450℃对其保温 10~15min，熔融状态的 Si 或 Si 合金与 C 发生反应，形成可控硅含量的 SiC。使用这种方法在 25℃、800℃、1200℃时的四点弯曲强度值分别是（65±5）MPa、（66±9）MPa、（59±7）MPa。

在这个方法中，可以根据冶金成分决定其他相成分，接头的厚度也可以通过调节碳质浆料的成分和夹紧力大小来控制。由 ARCJoinT 方法连接后的连接件在高温下可以保持其结构的完整性，具有良好的机械强度和耐环境稳定性。它也可以连接大尺寸部件和形状复杂部件，可满足接头厚度要求和成分要求，可以修复材料部件所存在的缺欠。但是由于接头产物是 SiC，因此接头较脆，强度较低。

以上几种方法共同的缺点是需要对连接件进行整体加热。这样做一方面，如果连接件的体积大，则需要加热设备和加热功率增大，这样势必会造成资源浪费；另一方面，由于连接件的各个部分热膨胀系数不同，整体加热会造成很高的残余应力，损坏连接件。因此，有必要发展局部加热的连接方式，目前提出的有微波连接和电子束连接等方法。这些连接方法都是使用高能量，集中加热接头

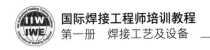
区域，使接头熔化并进行连接。但由于目前对热源的加热过程控制还不成熟，因此还需要进一步的研究。

20.6　陶瓷连接所涉及的标准

目前关于陶瓷及其复合材料连接的标准较少，对于电子行业陶瓷外壳的钎焊可参考标准 SJ 21333：2018《陶瓷外壳及金属外壳钎焊工艺技术要求》和 SJ 21402：2018《微电子封装陶瓷及金属外壳钎焊后处理工艺技术要求》。对于陶瓷连接接头，其力学性能测试可参考 ISO 17095：2013 *Fine ceramics（advanced ceramics，advanced technical ceramics）—Test method for interfacial bond strength of ceramic materials at elevated temperatures*。

参考文献

［1］李亚江，王娟，刘鹏.异种难焊材料的焊接及应用［M］.北京：化学工业出版社，2004.

［2］李亚江.特殊及难焊材料的焊接［M］.北京：化学工业出版社，2003.

［3］陈茂爱，陈俊华，高进强.复合材料的焊接［M］.北京：化学工业出版社，2005.

［4］徐正，倪宏伟.现代功能陶瓷［M］.北京：国防工业出版社，1998.

［5］尹衍升，陈守刚，李嘉.先进结构陶瓷及其复合材料［M］.北京：化学工业出版社，2006.

［6］柯晴青，成来飞，童巧英，等.连续纤维增韧陶瓷基复合材料的连接方法［J］.材料工程，2005，（11）：58-63.

［7］柴建国.机械制造基础［M］.苏州：苏州大学出版社，2004.

［8］刘建华.镁铝尖晶石的合成、烧结和应用［M］.北京：冶金工业出版社，2019.

［9］史耀武.焊接技术手册［M］.福州：福建科学技术出版社，2005.

［10］司晓庆，李淳，郑庆伟，等.Ag-CuO-Al$_2$O$_3$复合钎料空气反应钎焊 SOFC 及服役性能［J］.焊接学报，2020，41（5）：1-6.

［11］Penilla E H，Devia-Cruz L F，Wieg A T，et al. Ultrafast Laser Welding of Ceramics［J］. Science，2019，365（6455）：803-808.

［12］罗红林.复合材料精品教程［M］.天津：天津大学出版社，2018.

本章的学习目标及知识要点

1.学习目标

（1）了解陶瓷及其复合材料的定义与分类。

（2）了解陶瓷及其复合材料的主要应用。

（3）掌握陶瓷焊接的主要难点。

（4）掌握陶瓷及其复合材料的主要焊接方法。

2. 知识要点

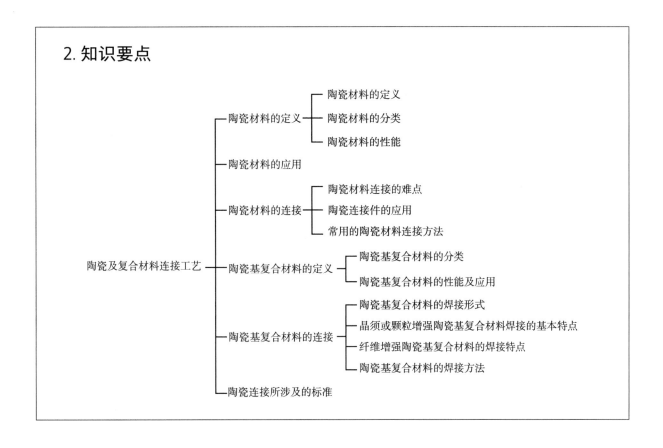

第 21 章

焊接工艺实验

编写：邵辉　陈君　董捷　葛振超　审校：徐林刚

焊条电弧焊、熔化极气体保护焊、钨极惰性气体保护焊、埋弧焊、气焊和热切割均是目前常用的手工或半机械化的焊接和切割方法。由于这些方法自身工艺的局限，会产生不同的焊接和切割的缺欠及其他问题。在焊接方法的基本理论基础上，本章中的各种焊接工艺实验内容，均是结合具体焊接实验图示和数据，使读者能够进一步了解每种焊接、切割方法中主要参数和技能操作技术的变化对焊缝成形、熔深和焊接缺欠以及切割面质量的影响，从而为焊接、切割工艺的制定提供良好的基础，加强实践上的基本认识。

21.1 焊条电弧焊实验

21.1.1 焊条电弧焊实验的目的及方法

焊条电弧焊实验目的是通过焊条电弧焊的实验进一步了解焊接参数的变化，如焊接电流、电弧电压和焊接速度等的变化，对焊缝外观成形及焊缝内部质量的影响，进而可以有效地帮助焊接工艺人员在制作焊接工艺时正确选择焊接参数，保证焊接产品的质量。

焊条电弧焊焊接实验的方法主要是通过改变不同的焊接参数来焊接试件，通过试件可以直观地观察焊缝的外观，并同时配以不同的无损检测或破坏性检测的方法，验证不同的参数对焊缝成形、熔深的影响。在实验的过程中通过参数的改变人为的制造典型的焊接缺欠，了解焊接缺欠的产生原因，总结缺欠的防止措施。

21.1.2 主要参数对焊缝的影响

21.1.2.1 焊接电流

焊接电流是焊条电弧焊的主要焊接参数，焊接电流直接影响焊接质量和生产效率。因为焊条电弧焊的焊接速度和电弧电压是由焊工手工控制的，所以焊工一般在操作的过程中所需要调节的重要的参数为焊接电流。在选择焊接电流时，应根据焊条的类型、焊条直径、焊件厚度、接头形式、焊接位置和焊接层数综合来考虑，现针对几个典型因素来研究焊接电流的选择不同而对焊缝成形的影响，并结合表 21.1 所涉及的内容进行实验，表中内容由学员进行填写。

1. 同一焊条直径、同一焊接速度，不同的焊接电流的影响

在焊条直径与焊接速度一定的条件下（采用碱性焊条 E5015，焊条直径 Φ3.2mm，焊接速度 4mm/s），而焊接电流变化时，其焊缝的外观和焊缝的熔深变化情况如图 21.1 所示。从图 21.1 中明显可以看出熔池的大小不一致，也就说明了在焊条直径与焊接速度一定的条件下，焊接电流由小到大变化时，焊缝的熔池的形状、焊缝的余高和焊缝的熔深都发生了明显的变化。由于焊接电流增加导致焊缝的热输入增加，有可能导致母材热影响区塑性、韧性发生变化而影响焊接接头的力学性能。

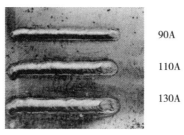

图 21.1　同一直径不同焊接电流的焊缝成形

2. 同一焊接电流、同一焊接速度，不同的焊条直径的影响

在焊接电流与焊接速度一定的条件下（采用碱性焊条 E5015，焊接电流 130A，焊接速度 4mm/s），而焊条直径变化时，其焊缝的外观和焊缝的熔深情况如图 21.2 所示。由于不同的焊条直径其焊接电流的范围是不一样的，选择 130A 的电流，对于 Φ3.2mm 来说是正常的焊接电流，而对于 Φ4.0mm 的焊条而言，低于正常的焊接电流，焊接熔深变浅，焊缝宽度变大。

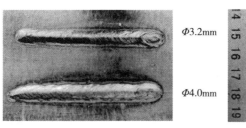

图 21.2　焊条直径不同时，焊缝的外观与熔深

表 21.1　焊接电流变化对焊缝形状影响的实验

焊接参数	同一焊条直径（Φ3.2mm）不同焊接电流					同一焊接电流不同焊条直径		
	90A	100A	110A	120A	130A	Φ2.5mm	Φ3.2mm	Φ4.0mm
焊缝宽度								
焊缝余高								
焊缝熔深								
结论								

21.1.2.2 焊接速度

焊接速度是指焊接过程中焊条沿焊接方向移动的速度，即单位时间内完成的焊缝的长度。焊条电弧焊时，在保证焊缝满足所要求的尺寸、外观和熔合良好的原则下，焊接速度由焊工根据具体情况灵活掌握，同时满足焊接工艺的规定，焊接速度变化对焊缝的外观和焊缝的熔深等都会产生不同的影响。结合表 21.2 所涉及的内容进行实验。

1. 焊接速度变化

在焊条直径和焊接电流一定的条件下（采用碱性焊条 E5015、焊条直径 $\Phi 3.2mm$、焊接电流 120A），而焊接速度变化时，其焊缝的外观和焊缝的熔深变化情况如图 21.3 所示。

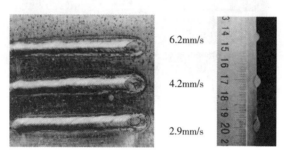

图 21.3 焊接速度不同时，焊缝的外观与熔深

结果说明，在焊条直径与焊接电流一定时，当焊接速度不同，焊缝呈现出不同的外观。当焊接速度过快时，焊缝变窄，焊缝波纹变尖且不均匀，容易产生咬边现象；随着焊接速度减慢，焊缝的宽度逐渐增加，余高增加，熔深随之增加，焊缝热输入增加，进而影响接头的塑性和韧性。

2. 焊接速度不变化

在焊接电流与焊接速度一定的条件下（采用碱性焊条 E5015，焊接电流 130A，焊接速度 4mm/s），而焊条直径变化时，其焊缝的外观和焊缝的熔深情况如图 21.4 所示。

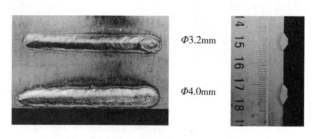

图 21.4 焊条直径不同时，焊缝的外观与熔深

当焊接电流与焊接速度一定时，选用两个直径的焊条 $\Phi 3.2mm$ 和 $\Phi 4.0mm$ 焊接，由于不同的焊条直径所产生的电阻热不同，其焊接电流的范围也是不一样的，选择 130A 的电流，对于 $\Phi 3.2mm$ 来说是正常的焊接电流范围，而对于 $\Phi 4.0mm$ 的焊条而言，低于正常的焊接电流，焊接熔深变浅，焊缝宽度变大。

表 21.2　焊接速度变化对焊缝形状影响的实验

焊接参数	同一焊条直径（Φ3.2mm）相同焊接电流，不同焊接速度					同一焊接电流不同焊条直径，同一焊接速度		
	1mm/s	3mm/s	5mm/s	7mm/s	9mm/s	Φ2.5mm	Φ3.2mm	Φ4.0mm
焊缝宽度								
焊缝余高								
焊缝熔深								
结论								

21.1.2.3 电弧电压

　　焊条电弧焊时，焊缝的宽度主要是依靠焊条的横向摆动来控制，而随着电弧长度的变化电压随之变化，焊缝的宽度也发生变化。焊条电弧焊电弧电压大小主要是焊接电弧长度决定的，电弧越长则电弧电压越高，反之则越低。以酸性和碱性焊条为例，选择直流电源，采用直径 Φ3.2mm 的焊条，都选择焊接电流为 120A，分别测试 2 种焊条在不同弧长时，弧长的变化与电压之间的关系，进而了解弧长的变化对焊缝的外观成形包括焊缝的宽度、余高和焊缝熔深的影响，其弧长与电压的变化关系见表 21.3。

表 21.3　弧长与电压的关系（酸性焊条）

焊条种类	酸性焊条（正常弧焊为焊条直径）							碱性焊条（正常弧焊为焊条直径一半）						
	弧长 1	弧长 2	弧长 3	弧长 4	弧长 5	弧长 6	断弧	弧长 1	弧长 2	弧长 3	弧长 4	弧长 5	弧长 6	断弧
1 组电压														
2 组电压														
3 组电压														
平均值														
余高变化														
焊缝宽度														
熔深变化														
结论														

21.1.3 焊条电弧焊缺欠的产生与防止措施

　　焊条电弧焊常见且容易出现的缺欠，通过实际操作的方式，分析缺欠产生的原因，在操作过程中配以不同的实验来验证缺欠是如何产生的，进而通过操作的方式来解决如何正确有效防止焊接缺欠产生的方法，通过实验填写表 21.4。

表 21.4　焊条电弧焊缺欠产生的原因

常见缺欠	产生原因 1	产生原因 2	产生原因 3	产生原因 4	产生原因 5	产生原因 6	通过实际操作验证
气孔							
咬边							
夹渣							
裂纹							
未熔合							
未焊透							
防止措施							

21.1.4　焊接参数实例

焊条电弧焊的焊接工艺参数包括焊接电流、电弧电压、焊接速度，这些因素都是影响焊缝成形和内部质量的重要因素，所以在焊接产品之前，需要有一个合格的焊接工艺规程来要求焊工按此工艺进行焊接。

为了能够更好地了解焊条电弧焊的焊接电流、焊条直径、焊接位置、焊接速度和母材厚度之间的联系，现选择母材 Q355、厚度 $t=12\text{mm}$、V 型 60° 坡口的板，并以平焊单面焊双面成形为例进行分析，焊接参数见表 21.5，焊缝外观如图 21.5 所示。

平焊在焊接时受到重力的影响，若焊接电流过大，则容易产生烧穿现象。所以平焊打底焊焊接时，选择的电流较小，在锯齿形摆动的过程中，在坡口两侧稍微停留，靠电弧和熔池的温度达到单面焊双面成形的效果。若焊接时在坡口两侧未做短暂停留，则容易导致焊缝中间的熔池温度过高，导致焊缝背面余高过高或产生烧穿现象，且坡口两侧熔合质量差。在填充焊接时，每层的焊缝厚度不要过厚，在锯齿形摆动过程中，为保证坡口两侧熔合良好，需短暂停留。盖面焊接时，注意控制熔池的形状，并保证坡口两侧熔合以避免出现未熔合和咬边的现象。

表 21.5　平焊焊接参数

焊缝层道数	焊道	焊材规格 / mm	焊接电流 / A	电弧电压 / V	焊接速度 / mm·s^{-1}	热输入 / kJ·mm^{-1}
	1	Φ3.2	65	20	0.9	1.16
	2	Φ4.0	160	25	3.1	1.03
	3	Φ4.0	160	25	2.0	1.60
	4	Φ4.0	160	25	2.2	1.45

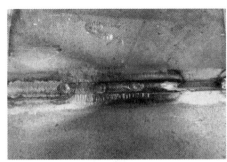
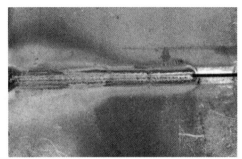

（a）焊缝正面　　　　　　　　　　　　　　　（b）焊缝背面

图 21.5　平焊焊缝外观

21.2 TIG 焊实验

21.2.1　TIG 焊实验的目的及方法

　　TIG 焊实验目的是通过实验了解焊接参数的变化，如焊接电流、电弧电压和焊接速度等的变化对焊缝外观成形及焊缝内部质量的影响，进而可以有效地帮助焊接工艺人员在制作焊接工艺时正确选择焊接参数，保证焊接产品的质量。

　　TIG 焊焊接实验的方法主要是通过使用不同的焊接参数来焊接试件，通过观察焊缝的外观，同时配以不同的检测方法，显示不同的参数对焊缝成形、熔深的影响。在实验中人为的制造典型的焊接缺欠，了解焊接缺欠的产生原因，总结缺欠的防止措施。

21.2.2　主要参数对焊缝的影响

21.2.2.1　焊接电流

　　焊接电流是 TIG 焊的主要焊接参数，焊接电流直接影响焊接质量和生产效率。在选择焊接电流时，应根据钨极直径、焊丝直径、焊件厚度、接头形式、焊接位置和焊接层数来综合考虑，现针对几个典型因素来研究焊接电流的选择不同而对焊缝的成形的影响，并结合表 21.6 所涉及的内容进行实验。

表 21.6　焊接电流变化对焊缝影响的实验

焊接参数	同一钨极焊丝直径（Φ2.4mm）不同焊接电流			
	90A	120A	150A	180A
焊缝宽度				
焊缝熔深				
结论				

　　在钨极直径为 Φ2.4mm，焊接速度 5mm/s，而焊接电流变化时，其焊缝的外观变化情况如图 21.6 所示。可以看出熔池的大小不一致，说明在钨极直径与焊接速度一定的条件下，焊接电流由小到大变化时，焊缝的熔池形状和焊缝的熔深都发生了明显的变化。由于焊接电流增加导致焊缝的热输入增加，有可能造成母材热影响区塑性、韧性发生变化而影响焊接接头的力学性能。

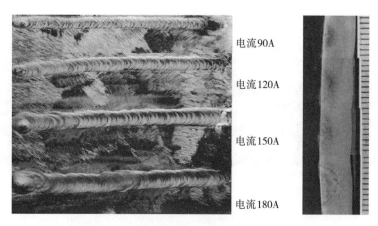

图 21.6　同一直径钨极不同焊接电流的焊缝成形

21.2.2.2 焊接速度

焊接速度是指焊接过程中焊枪沿焊接方向移动的速度，即单位时间内完成的焊缝的长度。焊接速度不同的焊缝成形如图 21.7 所示。TIG 焊时，在保证焊缝满足所要求的尺寸、外观和熔合良好的原则下，焊接速度由焊工根据具体情况灵活掌握，焊接速度变化对焊缝的外观和焊缝的熔深等都会产生不同的影响。

在焊接电流一定时，当焊接速度不同，焊缝呈现出不同的外观。当焊接速度过快时，焊缝变窄，容易产生咬边现象；随着焊接速度减慢，焊缝的宽度逐渐增加，熔深随之增加，焊缝热输入增加，进而影响接头的塑性和韧性。结合表 21.7 所涉及的内容进行实验。

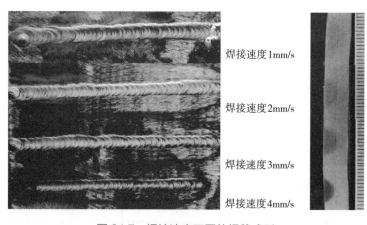

图 21.7　焊接速度不同的焊缝成形

表 21.7　焊接速度变化对焊缝影响的实验

焊接参数	同一钨极焊丝直径（Φ2.4mm）相同焊接电流，不同焊接速度					同一焊接电流不同钨极焊丝直径，同一焊接速度		
	1mm/s	3mm/s	5mm/s	7mm/s	9mm/s	Φ2.5mm	Φ3.2mm	Φ4.0mm
焊缝宽度								
焊缝余高	—	—	—	—	—			
焊缝熔深								
结论								

21.2.2.3 电弧电压

TIG 焊时，其电弧电压大小主要是由焊接电弧长度决定的，电弧越长则电弧电压越高。弧长不同的焊缝成形如图 21.8 所示。以直径 $\Phi2.4mm$ 的钨极为例，选择焊接电流为 120A，不填丝焊接，测试在不同弧长时，弧长的变化与电压之间的关系，进而了解弧长变化对焊缝的外观成形包括焊缝的宽度、余高和焊缝熔深的影响，其弧长与电压的变化关系见表 21.8。

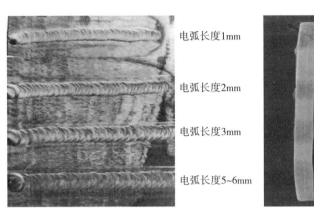

图 21.8　弧长不同的焊缝成形

表 21.8　弧长与电压的关系

	弧长 1	弧长 2	弧长 3	弧长 4	弧长 5	弧长 6
电压						
焊缝宽度						
熔深变化						
结论						

21.2.2.4 钨极角度

钨极端部形状对电弧稳定性和焊缝成形有很大影响，端部形状有锥台形、圆锥形、半球形和平面形。钨极端头形状是一个重要工艺参数。根据所用焊接电流种类，选用不同的端头形状，尖端角度的大小会影响钨极的许用电流、引弧和稳弧性能，钨极角度的影响见表 21.9。

表 21.9　钨极角度的影响

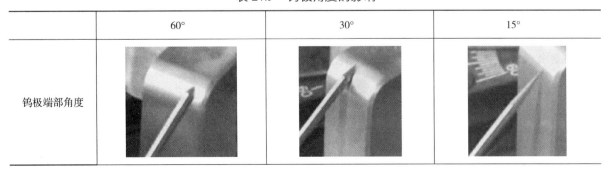

	60°	30°	15°
钨极端部角度			

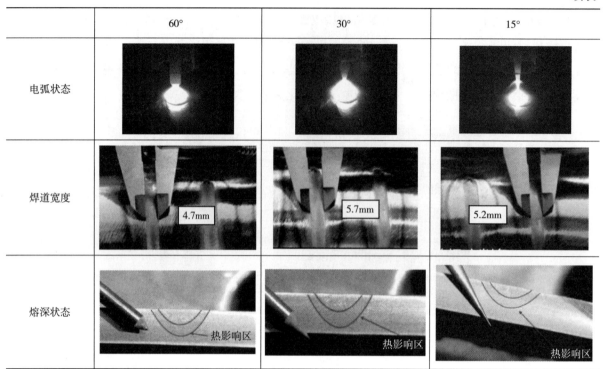

	60°	30°	15°
电弧状态			
焊道宽度	4.7mm	5.7mm	5.2mm
熔深状态	热影响区	热影响区	热影响区

21.2.3 焊接电流与钨极直径的关系

根据所用焊接电流种类，钨极选用不同的端头形状，尖端角度的大小会影响钨极的使用电流、引弧和稳弧性能，表 21.10 列出了钨极尖端尺寸与电流的关系。

表 21.10 钨极尖端尺寸与电流的关系

钨极直径/mm	尖端头直径/mm	尖端角度/(°)	电流/A	
			恒定电流	脉冲电流
1.6	0.8	30	10~70	10~140
2.4	0.8	35	12~90	12~180
	1.1	45	15~150	15~250
3.2	1.1	60	20~200	20~300
	1.5	90	20~250	25~350

21.2.4 Ar 流量与喷嘴直径的关系以及气体流量对保护效果的影响

在一定条件下，气体流量和喷嘴直径有一个最佳配合范围。对手工氩弧焊而言，当气体流量为 5~25L/min 时，其对应的喷嘴直径为 5~20mm。在此范围内，气体保护效果最好，有效保护区最大。如果气体流量过小或喷嘴直径过大，会使气流挺度差，排除周围空气的能力弱，保护效果不佳；若气体流量太大或喷嘴直径过小，会因气流速度过高而形成紊流，这样不仅缩小了保护范围，还会使空气卷入，降低保护效果。喷嘴直径与气体流量的关系见表21.11。

表 21.11　喷嘴直径与气体流量的关系

焊接电流 /A	直流焊接		交流焊接	
	喷嘴直径 /mm	气体流量 /L · min^{-1}	喷嘴直径 /mm	气体流量 /L · min^{-1}
10~100	4~9.5	4~5	8~9.5	6~8
101~150	4~9.5	4~7	9.5~11	7~10
151~200	6~13	6~8	11~13	7~10
201~300	8~13	8~9	13~16	8~15
301~500	13~16	9~12	16~20	8~15

喷嘴尺寸和气体流量对保护效果的影响如图21.9所示。

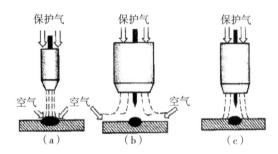

图 21.9　喷嘴尺寸和气体流量对保护效果的影响

21.2.5　TIG 焊缺欠的产生与防止措施

TIG 焊常见缺欠，通过分析缺欠产生的原因，并在操作过程中配以不同的实验来验证缺欠是如何产生的，进而找到有效防止焊接缺欠的措施。TIG 焊缺欠产生的原因可填入表21.12。

表 21.12　TIG 焊缺欠产生的原因

常见缺欠	产生原因 1	产生原因 2	产生原因 3	产生原因 4	产生原因 5	产生原因 6	通过实际操作验证
气孔							
咬边							
夹钨							
裂纹							
未熔合							
未焊透							
防止措施							

21.2.6 焊接参数典型值

TIG 焊的焊接工艺参数包括焊接电流、电弧电压、焊接速度，这些因素都是影响焊缝成形和内部质量的重要因素，所以在焊接产品之前，需要有一个合格的焊接工艺规程来约束焊工按此工艺进行焊接。

为了能够更好地了解 TIG 焊的焊接电流、钨极直径、焊接位置、焊接速度和母材厚度之间的联系，现选择母材 Q345、厚度 $t=6mm$、V 型 60° 坡口的板、平焊单面焊双面成形为例进行分析，焊接参数见表 21.13，焊缝外观如图 21.10 所示。

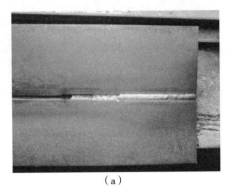
（a）

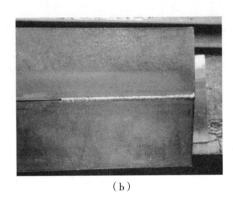
（b）

图 21.10　TIG 焊试件

在焊接时采用直流正接法（负极性），摆动方式采用锯齿形摆动。

平焊在焊接时受到重力的影响，若焊接电流过大，则容易产生烧穿现象。所以平焊打底焊焊接时，选择的电流较小，在锯齿形摆动的过程中，在坡口两侧稍微停留，靠电弧和熔池的温度达到单面焊双面成形的效果，若焊接时在坡口两侧未做短暂停留，则容易导致焊缝中间的熔池温度过高，导致焊缝背面余高过高或产生烧穿现象，且坡口两侧熔合质量差。在填充焊接时，每层的焊缝厚度不要过厚，在锯齿形摆动过程中，为保证坡口两侧熔合良好，需短暂停留。盖面焊接时，注意控制熔池的形状，并保证坡口两侧熔合以避免出现未熔合和咬边的现象。

表 21.13　焊接参数

点固焊	位置	
	焊点个数	2 个
	焊点长度	8~10mm

焊缝层道数	焊道	钨极直径/mm	焊接电流/A	电弧电压/V	焊接速度/mm·s⁻¹	热输入/kJ·mm⁻¹
	1	Φ2.4	80~90	11~12	0.6	0.86
	2	Φ2.4	110~120	13~14	1.5	1.05
	3	Φ2.4	110~120	13~14	1.5	1.0

21.3 熔化极气体保护焊实验

21.3.1 熔化极气体保护焊特点及实验目的

熔化极气体保护焊为最常用的焊接方法之一，与焊条电弧焊比较，由于不需要焊接送给动作，对焊工操作水平要求较低；与钨极氩弧焊比较，由于自动送给焊丝，生产效率有很大提高。但具备这些优点，相应也会有对应的缺点。

熔化极气体保护焊焊接实验目的是通过实验进一步了解焊接参数的变化，如焊接电流、焊接速度和保护气体等的变化对焊缝外观成形以及焊缝内部质量的影响，进而有效帮助焊接工艺人员在制作焊接工艺时正确选择焊接参数，保证焊接产品的质量。

熔化极气体保护焊焊接实验主要是通过改变不同的焊接参数的方法来焊接试件，通过观察焊缝的外观，并同时配以不同的无损检测或破坏性检测的方法，准确地显示不同的参数对焊缝成形、熔深的影响。在实验的过程中通过参数的改变人为地制造典型的焊接缺欠，了解焊接缺欠产生的原因，总结缺欠的防止措施。

21.3.2 主要焊接参数对焊缝的影响

熔化极气体保护焊为保证焊接质量首先应合理选择焊接参数。而焊接参数种类很多，某一个参数发生变化，其他参数也需要做适当调整才能保证焊接过程稳定。

21.3.2.1 焊接电流和焊接速度对焊缝成形的影响

焊缝成形主要考虑 2 点，一是焊缝熔深，工艺参数中焊接电流、焊接速度直接影响着焊缝熔深；二是焊缝外观成形，焊工操作水平、焊接参数匹配直接影响焊缝外观成形。

在焊接速度不变时，选择不同焊接电流（电流越大，电压应与其匹配），对焊缝成形的影响如图 21.11 所示。可以看出，随着焊接电流的增加，焊缝熔深、熔宽均有一定增加。而增加电流，会使收弧弧坑增大，停弧时会造成缩孔等缺欠；减小电流，会使焊缝熔深不足。焊接电流变化时对焊缝的影响可填入表 21.14。

图 21.11　不同焊接电流对焊缝成形的影响

表 21.14 焊接电流变化时对焊缝的影响

焊接参数	同一焊丝直径（Φ1.2mm）不同焊接电流			焊接电流 150A，不同焊丝直径	
	100A	150A	250A	Φ1.0mm	Φ1.2mm
焊缝熔宽					
焊缝余高					
焊缝熔深					
结论					

在焊接电流不变时，选择不同焊接速度对焊缝成形的影响如图 21.12 所示。可以看出，随着焊接速度的增加，焊缝熔宽、熔深均有一定减少。而速度过大，会使熔深不足；速度过小，会使焊缝熔宽增大，焊缝过烧。焊接速度变化时对焊缝的影响可填入表 21.15。

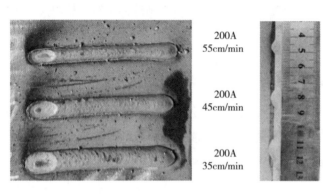

图 21.12 不同焊接速度对焊缝成形的影响

表 21.15 焊接速度变化时对焊缝的影响

焊接参数	同一焊丝直径（Φ1.2mm）同一焊接电流，不同焊接速度			
	20cm/min	30cm/min	40cm/min	50cm/min
焊缝熔宽				
焊缝余高				
焊缝熔深				
结论				

21.3.2.2 保护气体对焊缝的影响

1. 保护气体不同对熔深的影响

在采用相同焊接电流时，电弧达到最稳定的状态下，保护气体的不同会影响到熔深，如图 21.13 所示。可以看出，随着 CO_2 在保护气体中比例的增加，焊缝熔深也会有相应的增加。

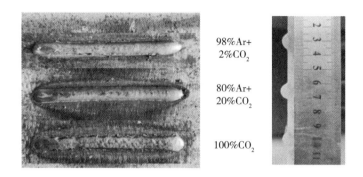

图 21.13　不同保护气体对熔深的影响

2. 气体流量对保护效果的影响

根据材料种类合理选择保护气体流量，若使用保护气体流量不合适，会造成材料合金成分的烧损、焊接电弧不稳定、焊缝气孔等问题，如图 21.14 所示。

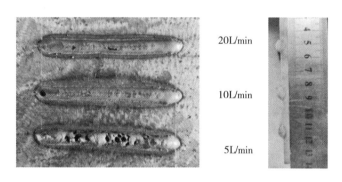

图 21.14　不同气体流量对保护效果的影响

21.3.3　熔化极活性气体保护焊缺欠产生及防止措施

对熔化极活性气体保护焊常见且容易出现的缺欠采取实际操作的方式，通过分析缺欠产生的原因进行实际操作，在操作过程中并配以不同的实验来验证缺欠是如何产生的，进而通过操作的方式来解决如何正确有效防止焊接缺欠的产生。熔化极活性气体保护焊缺欠产生及防止可按照表 21.16 所示的形式填写。

表 21.16　熔化极活性气体保护焊缺欠产生及防止措施

常见焊接问题	产生原因 1	产生原因 2	产生原因 3	产生原因 4	防止措施	通过实际操作验证
气孔						
未熔合						
咬边						
成形不良						
飞溅						

21.3.4 熔化极惰性气体保护焊焊接铝合金

熔化极惰性气体保护焊（MIG，见图 21.15）与熔化极活性气体保护焊（MAG）相比较，焊接操作类似，主要区别在于材料种类的不同（生产中主要用来焊接铝镁等合金），通过保护气体成分调整进行不同材料的焊接，如生产中采用氩氦混合气体焊接铝合金型材。通过实际操作和配以相应检测方式，发现不同的问题是如何产生，进而通过焊接操作等方式解决不同焊接问题。熔化极惰性气体保护焊缺欠产生及防止可按表 21.17 所示的形式填写。

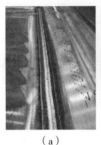
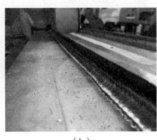
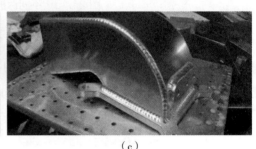

（a）　　　　　　　（b）　　　　　　　（c）

图 21.15　熔化极惰性气体保护焊（MIG）产品图片

表 21.17　熔化极惰性气体保护焊缺欠产生及防止措施

常见焊接问题	产生原因 1	产生原因 2	产生原因 3	产生原因 4	防止措施	通过实际操作验证
气孔						
未熔合						
裂纹						
成形不良						
表面发黑						

21.3.5 熔化极药芯焊丝气体保护焊焊接

熔化极药芯焊丝气体保护焊的焊接参数与实心焊丝焊接主要参数一致，区别在于药芯焊丝金属皮包裹焊药，通过焊药成分不同，具备了类似于焊条电弧焊药皮的不同性能。

如图 21.16 所示给出的焊接参数和观察图片可以看出，药芯在外观质量、焊接效率等方面均有所不同，通过实际操作进行药芯焊丝焊接与实心焊丝焊接在焊接效率、外观成形等方面区别和分析原因。实心焊丝焊接与药芯焊丝焊接比较可按表 21.18 所示的形式填写。

药芯焊丝
GFL-71

焊接电流
220~240A

焊接电压
23~24V

保护气体
100%CO_2

实心焊丝
ER50-6

焊接电流
130~140A

焊接电压
17.5~18V

保护气体
100%CO_2

（a）　　　　　　　　　　　　　　　（b）

图 21.16　药芯焊丝和实心焊丝立焊盖面焊接参数比较

表 21.18　实心焊丝焊接与药芯焊丝焊接比较

比较　　焊接	实心焊丝	药芯焊丝	分析原因	通过实际操作验证
焊接效率				
外观成形				
飞溅				
内部质量				

21.3.6　焊接练习

（1）Q355 钢板，板厚 12mm，平焊位置，焊丝直径 Φ1.2mm，坡口角度为 60°，表 21.19 所示为焊接练习的相关内容。

表 21.19　焊接练习

接头形式	层道	焊接电流	焊接电压	保护气体	气体流量

（2）图 21.17 所示为给出的图片，请说明产生缺欠的原因并给出防止措施。

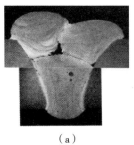

（a）　　　　　　　　（b）　　　　　　　　（c）　　　　　　　　（d）

图 21.17　熔化极气体保护焊焊接缺欠

21.4 埋弧焊实验

21.4.1 埋弧焊实验的目的及方法

埋弧焊实验目的是通过实验了解焊接参数的变化，如焊接电流、电弧电压和焊接速度等的变化对焊缝外观成形的影响以及焊缝内部质量的影响，进而可以有效帮助焊接工艺人员在制作焊接工艺时正确选择焊接参数，保证焊接产品的质量。

埋弧焊焊接实验的方法主要是通过使用不同的焊接参数来焊接试件，通过观察焊缝的外观，同时配以不同的无损检测或破坏性检测的方法，显示不同的参数对焊缝成形、熔深的影响。在实验中人为的制造典型的焊接缺欠，了解焊接缺欠的产生原因，总结缺欠的防止措施。

21.4.2 焊接电流对熔深的影响及焊接电流范围

焊接电流是决定焊丝熔化速度、熔深和母材熔化量的最重要的参数。焊接电流对熔深影响最大，焊接电流与熔深几乎是直线正比关系，随着焊接电流的提高，熔深和余高同时增大，焊缝的形状系数变小。为防止烧穿和焊缝裂纹，焊接电流不宜选得太大，但电流过小也会使焊接过程不稳定并造成未焊透或未熔合。焊接电流的变化对焊缝影响的实验可按表 21.20 所示的形式填写，焊接电流对焊缝成形的影响如图 21.18 所示。

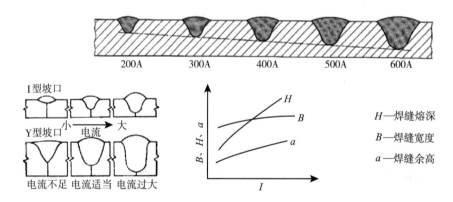

图 21.18　焊接电流对焊缝成形的影响

表 21.20　焊接电流的变化对焊缝影响的实验

焊接参数	同一焊丝直径（Φ3.0mm）不同焊接电流				同一焊接电流不同焊丝直径		
	300A	400A	500A	600A	Φ3.0mm	Φ4.0mm	Φ5.0mm
焊缝宽度							
焊缝余高							
焊缝熔深							
结论							

21.4.3 电弧电压对焊缝宽度和焊缝余高的影响及电弧电压范围

电弧电压与电弧长度成正比,在其他参数不变的条件下,随着电弧电压的提高,焊缝的宽度明显增大,而熔深和余高则略有减小。电弧电压过高时,会形成浅而宽的焊道,从而导致未焊透和咬边等缺欠的产生。此外焊剂的熔化量增多,使焊缝表面粗糙,脱渣困难。但电弧电压过低,会形成高而窄的焊道,使边缘熔合不良。为获得成形良好的焊道,电弧电压与焊接电流应相互匹配。当焊接电流加大时,电弧电压应相应提高。电弧电压对焊缝成形的影响如图 21.19 所示。

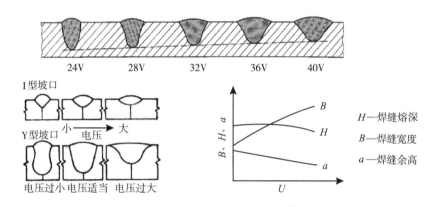

图 21.19　电弧电压对焊缝成形的影响

21.4.4 焊接速度对焊缝熔深、焊缝宽度和焊缝余高的影响及焊接速度范围

在其他参数不变的条件下,提高焊接速度,单位长度焊缝上的热输入量和填充金属量减少,因而熔深、熔宽和余高都相应地减少。焊接速度太快,会产生咬边和气孔等缺欠,焊道成形不好。焊接速度太慢,可能引起烧穿。焊接速度对焊缝成形的影响如图 21.20 所示,不同参数对焊缝成形的影响可按表 21.21 所示的形式填写。

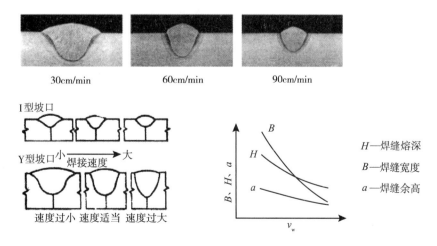

图 21.20　焊接速度对焊缝成形的影响

表 21.21 不同参数对焊缝成形的影响

焊接参数	同一焊丝直径（Φ4.0mm）相同焊接电流，不同焊接速度				同一焊接电流不同焊丝直径，同一焊接速度		
	10cm/min	13cm/min	16cm/min	20cm/min	Φ3.0mm	Φ4.0mm	Φ5.0mm
焊缝宽度							
焊缝余高							
焊缝熔深							
结论							

21.4.5 其他参数对焊道成形的影响

其他参数对焊道成形的影响如图 21.21 所示。

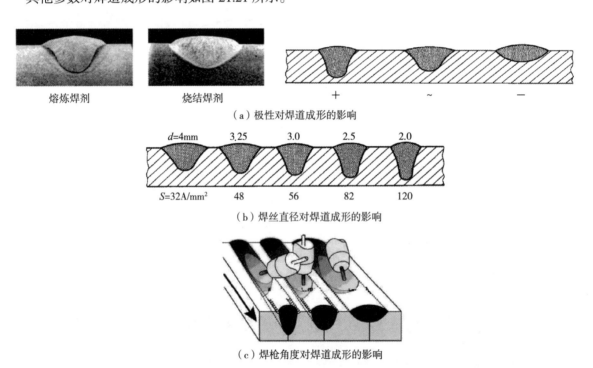

（a）极性对焊道成形的影响

（b）焊丝直径对焊道成形的影响

（c）焊枪角度对焊道成形的影响

图 21.21 其他参数对焊缝成形的影响

21.4.6 引弧板、收弧板在埋弧焊焊接中的应用

埋弧焊焊接速度较快，焊接板件较厚，为了避免引弧和始焊区域因热量不足引起的缺欠和收弧区易出现的收弧缺欠，而加装的引弧板和收弧板，能够有效避免部分缺欠。其应用如图 21.22 所示。

图 21.22 引弧板、收弧板在埋弧焊焊接中的应用

21.4.7 埋弧焊缺欠的产生与防止措施

通过分析埋弧焊常见缺欠产生的原因，在操作过程中通过不同的实验来验证缺欠是如何产生的，找到有效防止焊接缺欠产生的方法。埋弧焊缺欠产生的原因可按表 21.22 所示的形式填写。

表 21.22　埋弧焊缺欠产生的原因

常见缺欠	产生原因 1	产生原因 2	产生原因 3	产生原因 4	产生原因 5	产生原因 6	通过实际操作验证
气孔							
咬边							
夹渣							
裂纹							
未熔合							
未焊透							
防止措施							

21.5 气焊与热切割实验

21.5.1 气焊与热切割实验目的及方法

气焊与热切割实验目的是通过气焊和一些热切割参数对其焊缝和切割面的影响，使大家对气焊和热切割操作结果有一个更直观的认识。

气焊与热切割实验的方法是通过改变不同的工艺参数焊接或切割试件，如焊接时通过改变火焰类型、焊接方向、切割时通过改变行走速度、气体流量、气体种类等，通过实验图片来观察和比较对焊缝和切割面的影响。

21.5.2 主要焊接工艺参数对焊缝的影响

21.5.2.1 不同类型火焰对焊缝的影响

如图 21.23 所示为氧化焰和中性焰焊接碳钢（Q345）的焊缝形态。

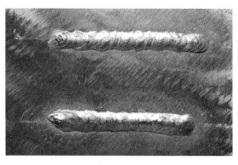

氧化焰

中性焰

图 21.23　不同类型火焰对碳钢焊缝的影响

由图 21.23 可见，焊接碳钢最适合采用中性焰；氧化焰焊接的焊道表面粗糙，熔深较浅；碳化焰由于火焰温度不集中，无法有效熔化焊丝而不能焊接。

通过上面实验图片，分别用中性焰和氧化焰焊接，我们还可以比较出哪些不同？不同类型火焰焊接碳钢的影响可按表 21.23 所示的形式填写。

表 21.23 不同类型火焰焊接碳钢的影响

焊接参数	氧化焰	中性焰
焊缝宽度		
焊缝余高		
焊缝熔深		

21.5.2.2 不同焊接方向对焊缝的影响

众所周知，气焊分为左焊法和右焊法，图 21.24 所示为左焊法和右焊法的图片。一般来讲，右焊法由于焊接的试板偏厚，掌握起来没有左焊法容易，但是熔深较大，适合较厚板的焊接。

（a）左焊法

（b）右焊法

图 21.24 不同焊接方向对焊缝的影响

21.5.2.3 气焊用焊剂对焊缝表面的影响

气焊焊剂是气焊时的助熔剂，其作用是去除氧化物和改善母材润湿性等。图 21.25 所示为焊接 304 不锈钢材料时，使用不锈钢焊剂 CJ101 的效果。

（a）未使用焊剂　　　　　　　　　　（b）使用焊剂

图 21.25 焊剂对焊缝表面的影响

在焊接操作时，焊接非合金和低合金钢可以不使用焊剂。而焊接其他钢种，如气焊不锈钢时，必须使用相应焊剂，才能保证焊缝外观和内部质量。

21.5.3　主要切割工艺参数对切割表面质量的影响

影响切割表面质量的因素很多，如行走速度、气体流量、气体压力、机械装置、被切割材料等。这里主要以火焰切割为例，讨论影响火焰切割的因素。

21.5.3.1　行走速度对切割面的影响

当行走速度较慢时，碳钢板上表面容易被熔化而形成圆角；当行走速度较快时，由于切割氧吹力不足，板材下边沿会残留大量金属氧化物，如图 21.26 所示。

（a）行走速度较慢　　　　　　　　　　　　　（b）行走速度较快

图 21.26　行走速度对切割面的影响

21.5.3.2　气体流量对切割面的影响

当乙炔流量较大时，碳钢板表面会附着大量黑烟，板材内部会渗碳；当氧气流量较大时，坡口表面会由于氧化而起褶皱，如图 21.27 所示。

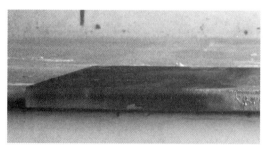 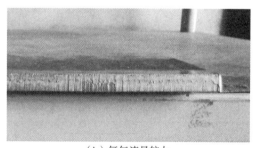

（a）乙炔流量较大　　　　　　　　　　　　　（b）氧气流量较大

图 21.27　气体流量对切割面的影响

21.5.3.3　气体压力对切割面的影响

火焰切割时，氧气正常的压力范围是 0.3MPa~0.5MPa，将氧气压力调大时，碳钢板上表面容易被熔化；将氧气压力调小时，切割面后拖量会减小；乙炔正常的压力范围是 0.02MPa~0.05MPa，乙炔压力增大会产生危险，压力过小将不能切割工件，如图 21.28 所示。

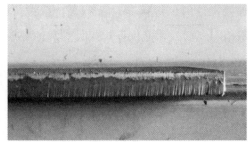

（a）氧气压力大 　　　　　　　　　　　（b）氧气压力小

图 21.28　气体压力对切割面的影响

21.5.3.4 机械装置对切割面的影响

图 21.29 所示为分别用手工和机械方法切割碳钢板材的图片。显然，手工切割板材坡口面不整齐，且由于不能匀速运动，导致背面熔融金属挂渣比较多，严重时影响切割的进行。

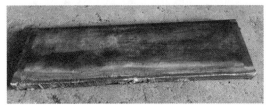

（a）手工切割 　　　　　　　　　　　　（b）机械切割

图 21.29　手工切割和机械切割对切割面的影响

21.5.3.5 不同切割气体的特点

火焰切割的常用燃烧气体是乙炔和丙烷，除此之外还有甲烷和氢气等。我们可以通过实验自行比较它们的切割质量和状态。不同燃料气体在空气和氧气中的切割情况可按表 21.24 所示的形式填写。

表 21.24　不同燃烧气体在空气和氧气中的切割情况

切割情况		乙炔	丙烷	甲烷	氢气
切割速度	空气				
	氧气				
切割面质量	空气				
	氧气				
爆炸范围	空气				
	氧气				

21.5.4　其他热切割

除了火焰气割，热切割还有许多种类，大家可以通过实验自行观察不同方法切割不同金属时的切割面状态，可将不同方法切割不同材料的情况按表 21.25 所示的形式填写。

表 21.25 不同方法切割不同材料的情况

切割类型＼割面状态＼材料种类	钢	铸铁	铜	黄铜	铝
电弧切割					
等离子弧切割					
电弧气刨					

本章的学习目标及知识要点

1. 学习目标

（1）掌握主要电弧焊参数对焊缝外观及熔深的影响，如焊接电流、焊接速度、电弧电压等。

（2）掌握主要气焊参数对焊缝外观及熔深的影响，如火焰类型、焊接方向、焊剂等。

（3）掌握各焊接方法缺欠的产生原因及防止措施。

（4）掌握主要参数对切割口的影响，如行走速度、气体流量、气体压力等。

2. 知识要点

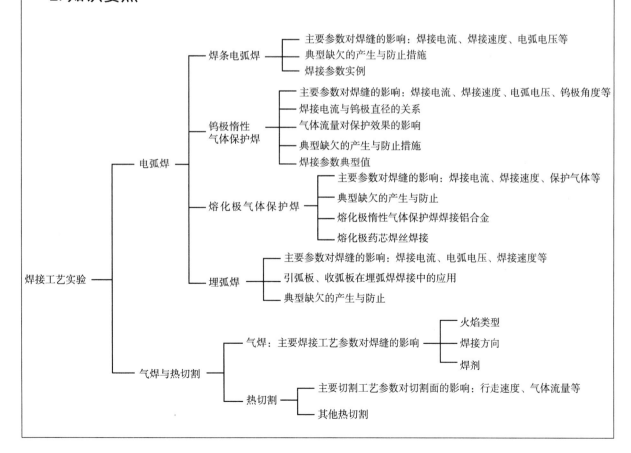